高等学校电子信息学科"十三五"规划教材·电子通信类

数字电路设计

冯建文　章复嘉　编著

西安电子科技大学出版社

内 容 简 介

本书从数字电路的基本概念出发，系统地介绍了数字电路的理论基础、基本器件、分析方法和设计方法。

本书共分为 8 章，主要内容包括概述、逻辑代数基础、逻辑门电路、组合逻辑电路、时序逻辑电路的存储元件、同步时序逻辑电路、异步时序逻辑电路和脉冲产生电路。

本书逻辑清晰、层次分明，原理讲解深入、详细，例题典型、丰富，书中还提供了大量习题供读者练习。本书配套有《基于 FPGA 的数字电路实验指导书》，可共同作为高等院校计算机类和电子信息类专业的"数字电路设计"等课程的教材，也适合学生及数字系统开发人员自学。

图书在版编目(CIP)数据

数字电路设计/冯建文，章复嘉编著. —西安：西安电子科技大学出版社，2018.5
(2018.11 重印)
ISBN 978 - 7 - 5606 - 5069 - 2

Ⅰ. ① 数… Ⅱ. ① 冯… ② 章… Ⅲ. ① 数字电路 Ⅳ. ① TN79

中国版本图书馆 CIP 数据核字(2018)第 205350 号

策划编辑　　陈　婷
责任编辑　　王　斌　陈　婷
出版发行　　西安电子科技大学出版社(西安市太白南路 2 号)
电　　话　　(029)88242885　88201467　　　　邮　　编　　710071
网　　址　　www.xduph.com　　　　　　电子邮箱　　xdupfxb001@163.com
经　　销　　新华书店
印刷单位　　陕西利达印务有限责任
版　　次　　2018 年 5 月第 1 版　　2018 年 11 月第 2 次印刷
开　　本　　787 毫米×1092 毫米　　1/16　　印张　　28
字　　数　　500 千字
印　　数　　501～3500 册
定　　价　　63.00 元
ISBN 978 - 7 - 5606 - 5069 - 2/TN

XDUP 5371001 - 2

＊＊＊如有印装问题可调换＊＊＊

前　言

　　"数字电路设计"是计算机类和电子信息类相关专业的一门重要的专业基础课程，主要介绍数字逻辑的基本概念和数字电路的基本设计方法。它也是计算机类专业高年级本科生硬件课程的前导课，其后续课程有"计算机组成原理"、"计算机接口技术"、"单片机原理与应用"、"计算机系统结构"、"数字系统设计与自动化"等。作为一门经典的传统硬件基础课程，"数字电路设计"不仅有着坚实的系统理论，而且现代数字技术的发展也使得该学科得到不断的充实。

　　本书以数字电路的"基本概念—理论基础—器件实现—电路分析与设计—集成电路应用"为主线来设计全书的架构和具体章节，力求做到逻辑清晰、简明易懂。

　　全书分为 8 章，内容安排如下：

　　第 1 章　概述：从数字电路与计算机的关系入手，介绍了数字电路的基本概念及其与模拟电路的区别，叙述了数制与编码原理、逻辑抽象的方法，并明确了课程任务和学习目标。

　　第 2 章　逻辑代数基础：介绍了数字电路的理论基础——逻辑代数的基本概念，逻辑函数的定义、公理、定律和运算规则，逻辑函数的标准表示形式以及逻辑函数的化简方法等。

　　第 3 章　逻辑门电路：以基本逻辑门的半导体器件实现为中心，主要阐述构成逻辑门的半导体器件的开关特性，以及目前广泛使用的 CMOS 门电路和 TTL 门电路的基本结构、工作原理及外部特性。

　　第 4 章　组合逻辑电路：阐述了组合逻辑电路分析与设计的基本理论、电路中的竞争与冒险，并介绍了计算机中常用的各类典型组合逻辑电路——加法器、数值比较器、译码器/编码器、数据选择器/数据分配器。

　　第 5 章　时序逻辑电路的存储元件：介绍了构成时序逻辑电路的基本记忆元件——锁存器和触发器的各种类型、电路结构、工作原理、特性方程等。

　　第 6 章　同步时序逻辑电路：详细讨论同步时序逻辑电路的分析和设计方法，并介绍了计算机中常用的各类典型同步时序逻辑电路——寄存器、计数器、移位器及其综合应用与设计。

　　第 7 章　异步时序逻辑电路：阐述了脉冲型和电平型两种类型的异步时序逻辑电路的分析与设计方法，并对常用的异步计数器进行了介绍。

　　第 8 章　脉冲产生电路：介绍了矩形脉冲波形的产生、变换和整形电路，主要包括 555 定时器、多谐振荡器、单稳态触发器和施密特触发器。

　　本书第 1 章、第 3～8 章由冯建文编写，第 2 章由章复嘉编写。在本书的编写过程中，得到了校内外同行的大力支持和帮助，在此特别感谢赵辽英教授、张怀相和戴钧副教授为本书提供了宝贵的意见和建议。

编　者

2018 年 5 月

目　录

第1章　概述 ························· 1

1.1　数字电路与计算机 ················· 1

1.2　数字与模拟 ···················· 4

1.2.1　数字信号与模拟信号 ··········· 4

1.2.2　数字电路与模拟电路 ··········· 6

1.3　数字电路的发展 ················· 7

1.4　课程任务与目标 ················· 9

1.5　数制 ······················ 10

1.5.1　进位计数制 ··············· 10

1.5.2　二进制与数字信号 ············ 11

1.5.3　数制转换 ················ 12

1.6　计算机中常用的编码 ·············· 14

1.6.1　十进制编码 ··············· 14

1.6.2　字符编码 ················ 17

1.6.3　逻辑抽象与状态编码 ··········· 18

本章小结 ······················ 21

习题 ························· 22

第2章　逻辑代数基础 ··············· 25

2.1　逻辑代数的基本概念 ·············· 25

2.1.1　逻辑变量、常量与逻辑函数 ······ 25

2.1.2　逻辑函数的表示方法 ··········· 26

2.1.3　基本运算与逻辑门 ············ 29

2.1.4　复合运算与逻辑门 ············ 31

2.2　逻辑代数的公理和定律 ············· 34

2.3　逻辑代数的运算规则 ·············· 37

2.4　逻辑函数的表示形式 ·············· 39

2.4.1　逻辑函数的基本形式 ··········· 39

2.4.2　逻辑代数的标准形式 ··········· 40

2.4.3　表示形式的转换 ············· 43

2.5　逻辑函数的化简方法 ·············· 47

2.5.1　代数化简法 ··············· 47

2.5.2　卡诺图化简法 ·············· 50

2.5.3　无关项的处理 ·············· 61

2.5.4　多输出逻辑函数的化简 ········· 63

本章小结 ······················ 65

习题 ························· 66

第3章　逻辑门电路 ··············· 72

3.1　门电路概述 ··················· 72

3.1.1　正逻辑与负逻辑 ············· 72

3.1.2　集成门电路的分类 ············ 74

3.1.3　逻辑系列 ················ 76

3.2　CMOS集成逻辑门 ··············· 77

3.2.1　MOS晶体管 ··············· 77

3.2.2　CMOS反相器 ·············· 78

3.2.3　CMOS与非门 ·············· 79

3.2.4　CMOS或非门 ·············· 80

3.2.5　CMOS传输门 ·············· 81

3.2.6　CMOS三态输出门（TS门） ······· 82

3.2.7　CMOS漏极开路输出门（OD门） ··· 84

3.3　双极型晶体管的开关特性 ··········· 86

3.3.1　二极管的开关特性 ············ 86

3.3.2　三极管的开关特性 ············ 88

3.4　TTL逻辑门 ·················· 90

3.4.1　TTL与非门 ··············· 91

3.4.2　TTL逻辑门的主要特性参数 ······ 94

3.4.3　TTL三态输出门（TS门） ········ 98

3.4.4　集电极开路输出门（OC） ······· 99

3.5　CMOS/TTL接口 ··············· 101

3.5.1　CMOS和TTL逻辑系列 ········· 101

3.5.2　用TTL门驱动CMOS门 ········· 105

3.5.3　用CMOS门驱动TTL门 ········· 106

本章小结 ······················ 107

习题 ························· 109

第4章　组合逻辑电路 ·············· 114

4.1　组合逻辑电路概述 ··············· 114

4.1.1　逻辑电路的分类 ············· 114

4.1.2　组合逻辑电路的特点 ··········· 115

4.2　组合逻辑电路的分析 ·············· 116

4.3　组合逻辑电路的设计 ·············· 124

4.3.1　组合逻辑电路的设计方法 ········ 124

4.3.2　组合逻辑电路设计实例 ········· 125

4.4　组合逻辑电路中的竞争与冒险 ········ 132

1

4.4.1 竞争与冒险的基本概念 ·········· 132
4.4.2 险象的分类 ················· 134
4.4.3 险象的判定 ················· 135
4.4.4 险象的消除 ················· 137
4.5 典型的组合逻辑电路 ·········· 140
4.5.1 加法器 ·················· 140
4.5.2 数值比较器 ··············· 151
4.5.3 编码器 ·················· 155
4.5.4 译码器 ·················· 162
4.5.5 数据选择器 ··············· 178
4.5.6 数据分配器 ··············· 186
本章小结 ······················ 188
习题 ························· 189

第 5 章 时序逻辑电路的存储元件 ······ 195
5.1 存储元件概述 ··············· 195
5.1.1 双稳态元件 ··············· 195
5.1.2 锁存器/触发器的特点与分类 ·· 196
5.2 基本锁存器 ················· 196
5.2.1 基本 R-S 锁存器 ·········· 197
5.2.2 基本 $\overline{R}$-$\overline{S}$ 锁存器 ·········· 200
5.3 钟控锁存器 ················· 202
5.3.1 钟控 R-S 锁存器 ·········· 202
5.3.2 钟控 D 锁存器 ············ 204
5.4 主从触发器 ················· 205
5.4.1 主从 R-S 触发器 ·········· 206
5.4.2 主从 J-K 触发器 ·········· 208
5.5 边沿触发器 ················· 210
5.5.1 边沿 D 触发器 ············ 211
5.5.2 边沿 J-K 触发器 ·········· 213
5.6 其他触发器 ················· 214
5.6.1 T 触发器 ················ 214
5.6.2 T' 触发器 ················ 215
5.7 不同触发器的转换 ············ 216
5.7.1 基于 D 触发器的转换 ······· 216
5.7.2 基于 J-K 触发器的转换 ····· 217
5.8 集成触发器 ················· 218
5.8.1 集成 D 触发器 ············ 218
5.8.2 集成 J-K 触发器 ·········· 220
5.9 触发器特性参数 ············· 224
本章小结 ······················ 225
习题 ························· 226

第 6 章 同步时序逻辑电路 ·········· 234
6.1 时序逻辑电路概述 ············ 234

6.1.1 时序逻辑电路的特点 ········ 234
6.1.2 时序逻辑电路的分类 ········ 235
6.1.3 时序逻辑电路的描述方法 ····· 238
6.2 同步时序逻辑电路的分析 ······ 242
6.2.1 同步时序逻辑电路的分析步骤 ·· 242
6.2.2 分析举例 ················ 246
6.3 同步时序逻辑电路的设计 ······ 253
6.3.1 设计步骤 ················ 253
6.3.2 建立原始状态图和原始状态表 ·· 254
6.3.3 状态化简 ················ 263
6.3.4 状态分配 ················ 274
6.3.5 同步时序电路设计举例 ······ 276
6.4 寄存器 ···················· 288
6.4.1 锁存器 ·················· 288
6.4.2 基本寄存器 ··············· 290
6.4.3 移位寄存器 ··············· 292
6.5 计数器 ···················· 297
6.5.1 计数器的特点和分类 ········ 297
6.5.2 二进制计数器 ············· 298
6.5.3 十进制计数器 ············· 306
6.5.4 任意进制计数器 ··········· 311
6.5.5 计数器容量的扩展 ········· 314
6.5.6 移位寄存器型计数器 ········ 317
6.6 综合应用与设计 ············· 324
6.6.1 分频器的设计 ············· 324
6.6.2 顺序脉冲发生器 ··········· 325
6.6.3 序列信号发生器 ··········· 328
本章小结 ······················ 331
习题 ························· 332

第 7 章 异步时序逻辑电路 ·········· 342
7.1 异步时序逻辑电路的分类 ······ 342
7.2 脉冲异步时序逻辑电路 ········ 343
7.2.1 脉冲异步时序逻辑电路的分析 ·· 344
7.2.2 脉冲异步时序逻辑电路的设计 ·· 350
7.3 电平异步时序逻辑电路 ········ 363
7.3.1 电平异步时序逻辑电路的描述
方法 ················· 364
7.3.2 电平异步时序逻辑电路的分析 ·· 367
7.3.3 电平异步时序逻辑电路中的竞争
··················· 372
7.3.4 电平异步时序逻辑电路的设计 ·· 377
7.4 集成异步计数器 ············· 387
7.4.1 集成异步计数器的结构 ······ 387

　　7.4.2　集成异步计数器的功能 ······· 388
　　7.4.3　集成异步计数器的应用 ······· 392
　本章小结 ····· 395
　习题 ····· 396
第8章　脉冲产生电路 ······· 404
　8.1　脉冲产生电路概述 ····· 404
　8.2　555定时器 ····· 406
　　8.2.1　555定时器的内部结构 ····· 406
　　8.2.2　555定时器的基本功能 ····· 407
　8.3　多谐振荡器 ····· 408
　　8.3.1　多谐振荡器的特点与主要参数 ····· 408
　　8.3.2　用逻辑门构成的自激多谐振荡器
　　　　　 ····· 409
　　8.3.3　555定时器构成自激多谐振荡器
　　　　　 ····· 411
　　8.3.4　石英晶体振荡器 ····· 416
　8.4　单稳态触发器 ····· 417

　　8.4.1　单稳态触发器的特点与主要参数
　　　　　 ····· 417
　　8.4.2　用555定时器构成的单稳态触
　　　　　发器 ····· 417
　　8.4.3　集成单稳态触发器 ····· 421
　　8.4.4　单稳态触发器的应用 ····· 424
　8.5　施密特触发器 ····· 426
　　8.5.1　施密特触发器的特点与主要参数
　　　　　 ····· 426
　　8.5.2　施密特触发器的结构与原理 ····· 427
　　8.5.3　用555定时器构成施密特触发器
　　　　　 ····· 430
　　8.5.4　集成施密特触发器 ····· 432
　　8.5.5　施密特触发器的应用 ····· 432
　本章小结 ····· 434
　习题 ····· 435
参考文献 ····· 439

第 1 章　概　述

数字电路是实现计算机硬件的基本电路。本章首先阐述了数字电路和计算机的关系，对比了数字电路和模拟电路的特点，介绍了数字电路的发展过程；然后明确了课程任务和学习目标；最后叙述了数制及编码的概念和原理。

1.1　数字电路与计算机

继农业革命和工业革命之后，计算机引发了人类的第三次文明革命——信息革命。1946 年，美国研制成功了第一台电子计算机 ENIAC(Electronic Numerical Integrator And Computer)。它是一种具有逻辑判断、存储和信息处理以及选择、记忆、反应等功能的自动机器。

在过去的 30 年内，计算机彻底改变了我们的世界。它不仅大大地增强了人类的创造力和生产力，而且对我们的日常生活产生了深远的影响。如今，从航空航天与军事领域到汽车、智能家电与可穿戴设备等生活领域，从天文学、生物学到物理学、化学，计算机已经无处不在。

电子计算机是数字电路技术应用的典型代表，它是伴随着电子技术的发展而发展的。现代计算机的发展起源于英国数学教授 Charles Babbage。他认为可以利用蒸汽机进行运算。起先他设计差分机用于计算导航表，1820 年，他开始设计包含现代计算机基本组成部分的分析机(Analytical - Engine)。Charles Babbage 的蒸汽动力计算机虽然最终没有完成，以今天的标准看也是非常原始的，然而，它勾画出了现代通用计算机的基本功能部分，在概念上是一个突破。

此前的计算机都是基于机械运行方式的，尽管开始引入一些电学部件，但都从属于机械结构。此后，随着电子技术的飞速发展，计算机开始了由机械向电子时代的过渡，电子越来越成为计算机的主体，机械越来越成为从属体，二者的地位发生了变化，计算机也发生了质的转变。

1906 年美国的 Lee De Forest 发明了电子管，这为电子数字计算机的发展奠定了基础。1935 年 IBM 推出 IBM 601 机，这是一台能在一秒钟内算出乘法的穿孔卡片计算机。这台机器无论在自然科学还是在商业意义上都具有重要的地位。1938 年 Claude E.Shannon 发表了用继电器进行逻辑表达的论文，同年柏林的 Konrad Zuse 和他的助手们完成了一个机械可编程二进制形式的计算机，其理论基础是布尔(Boolean)代数，后来该计算机被命名为Z1。它的功能比较强大，用类似电影胶片的东西作为存储介质，可以运算 7 位指数和 16 位小数，可以用一个键盘输入数字，用灯泡显示结果。1939 年美国加利福尼亚的 David Hewlett 和 William Packard 在他们的车库里造出了 Hewlett - Packard 计算机。1939 年 11 月美国的 John V.Atanasoff 和他的学生 Clifford Berry 完成了一台 16 位的加法器，这是第一台真空管计算机。1939 年 Zuse 和 Schreyer 在他们的 Z1 计算机的基础上发展出了 Z2 计算机，并用继电器改进它的存储和计算单元。1940 年 Schreyer 利用真空管完成了一个 10 位的加法器，并使用氖灯作为存储装置。

1943 年到 1959 年这一时期的计算机通常被称为第一代计算机。第一代计算机使用真空管，所有的程序都是用机器码编写的，并使用穿孔卡片。典型的机器就是 UNIVAC（通用自动计算机）。1943 年 1 月 Mark Ⅰ 自动顺序控制计算机在美国研制成功。整个机器长为 51 英尺（注：1 英尺＝0.3048 米），重 5 吨，有 75 万个零部件，使用了 3304 个继电器，以 60 个开关作为机械只读存储器。其程序存储在纸带上，数据可以来自纸带或卡片阅读器。该计算机被用来为美国海军计算弹道火力表。1943 年 9 月 Williams 和 Stibitz 完成了 "Relay Interpolator"，后来命名为"Model Ⅱ Relay Calculator"。这是一台可编程计算机。同样使用纸带输入程序和数据。其运行更可靠，每个数用 7 个继电器表示，可进行浮点运算。1943 年 12 月，英国推出了最早的可编程计算机，包括 2400 个真空管，目的是破译德国的密码，其每秒能翻译大约 5000 个字符。

真空管时代的计算机尽管已经步入了现代计算机的范畴，但其体积之大、能耗之高、故障之多、价格之贵大大制约了它的普及应用。直到晶体管被发明出来，电子数字计算机才找到了腾飞的起点。1947 年 Bell 实验室的 William B. Shockley、John Bardeen 和 Walter H. Brattain 发明了晶体管，开辟了电子时代新纪元。

对于现代的电子数字计算机，一个完整的计算机系统包括了硬件系统和软件系统。硬件系统是指构成计算机的物理设备，即由机械、光、电、磁等器件构成的具有计算、控制、存储、输入和输出功能的实体部件。拆开任何一台台式计算机或笔记本电脑，或者家里的任何一台家电（如洗衣机、冰箱等），你就会发现硬件的真相——不可或缺的是一块块电路板及其上面的芯片。这个直观的现象，意味着计算机技术飞速发展的背后，是电子技术的飞速发展。从电子数字计算机诞生伊始，计算机技术和电子技术就不可分割。下面介绍电子数字计算机的发展史。

（1）第一代电子管计算机。1946 年，宾西法尼亚大学研制的 ENIAC 交付使用，标志着第一代电子管计算机的诞生。与此同时，美籍匈牙利数学家冯·诺伊曼设计了具有存储器、能存储程序且能自动执行程序的计算机方案——EDVAC。这一设计方案于 1949 年 5 月在英国剑桥大学试制成功。这种计算机被称为"冯·诺伊曼计算机"，其运行速度每秒达几万次。第一代电子管计算机的特点主要有：使用电子管作为基本逻辑部件，体积大，耗电多，可靠性差，成本高；采用电子射线管作为存储部件，容量小，后来外存储器使用了磁鼓存储信息，扩充了存储容量；没有系统软件，只能用机器语言或汇编语言编程；输入与输出主要用穿孔的纸带或卡片，编程与上机都很费时、费力。

（2）第二代晶体管计算机。1959 年美国研制成第一台大型通用晶体管计算机，开始了以晶体管代替电子管的时代。第二代晶体管计算机的主要特点有：用晶体管代替电子管作为基本逻辑部件，具有速度快、寿命长、重量轻、体积小、功耗小等优点。

（3）第三代集成电路计算机。1964 年 4 月，美国 IBM 公司宣布制成通用的集成电路计算机，标志着第三代电子计算机的诞生。第三代集成电路计算机的特点主要有：使用中、小规模集成电路作为基本逻辑部件，从而使计算机体积更小，耗电更省，成本更低，运算速度有了更大的提高，它的使用使计算机进入了普及阶段；采用半导体存储器作为主存储器，使存储容量和存储速度有了大幅度的提高，增强了系统的处理能力；系统软件有了很大发展，出现了分时操作系统，多用户可共享软硬件资源；在程序设计方法上采用了结构化程序设计，为研制更加复杂的软件提供了技术上的保证。

（4）第四代大规模集成电路计算机。1971 年，英特尔公司发布了世界上第一个微处理器芯片 4004，在 3 mm×4 mm 面积上集成晶体管 2250 个，每秒运算速度达 6 万次，标志着大规模集成电路计算机时代的到来。第四代大规模集成电路计算机的特点主要有：基本逻辑部件为大规模集成电路，使计算机体积、重量和成本大幅度降低，出现了微型机；作为主存的半导体存储器，其集成度越来越高，容量越来越大，外存储器广泛使用软、硬磁盘，并引进了光盘；使用方便的输入和输出设备相继出现；软件产业高速发展，各种实用软件层出不穷；计算机技术与通信技术相结合，计算机网络把世界紧密联系在一起；使多媒体技术崛起。

随着对大规模集成电路计算机研究的深入，从 20 世纪 80 年代开始，日本、美国以及欧洲等发达国家和地区都宣布开始新一代计算机的研究，先后出现了神经网络计算机、生物计算机和光子计算机等新型计算机。普遍认为新一代计算机的特征是高度智能，它模拟人的智能行为，理解人类自然语言，并继续向着微型化、网络化、多媒体化和智能化方向发展。

由上可见，计算机的发展史实际上就是电子技术的发展史，计算机也是电子技术发展的产物。

从底层硬件到顶层的应用，可以将电子计算机系统划分为图 1.1 所示的层次结构。

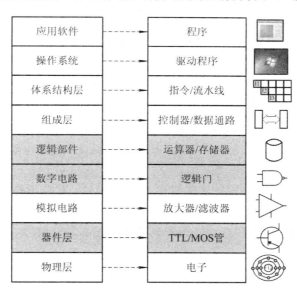

图 1.1　电子计算机系统的层次结构

在图 1.1 中，最底层是物理层，即电子的运动。器件层描述了晶体管或者真空管等电子器件上电流和电压的关系模型。可以将器件组合在一起，构成放大器或滤波器等组件，称为模拟电路。模拟电路的输入和输出是连续变化的电压值。也可以用与、或、非等逻辑门器件构成数字电路，将电压控制在规定的范围内，并抽象为 0 和 1。在计算机中，使用数字电路构造更复杂的逻辑部件，如运算器或者存储器等。在组成层，通过控制器，将计算机的各个逻辑部件连接，并控制数据通路，完成指令的执行，实现了计算机的硬件组成。

体系结构层关注的是从程序员所看到的计算机的属性，包括指令系统、寄存器组、存储器结构等，这一层次提供了硬件与软件的接口。

在计算机的软件系统中，操作系统（OS, Operating System）是直接运行在裸机上的最基本的系统软件，它管理计算机系统的各种软、硬件资源，使其被高效使用，同时也为计算机系统和用户之间提供接口，便于用户解决问题。最顶层为应用软件，它是为解决用户的特定问题的任何其他软件，其必须在操作系统的支持下才能运行，完成人们预期的任务。

可见，数字电路是计算机的硬件实现。在图 1.1 中，有阴影标示的层次（器件层、数字电路、逻辑部件）为本课程涉及的层次，再向上为"计算机组成原理"课程及"计算机系统结构"课程的研究范畴。

1.2 数 字 与 模 拟

1.2.1 数字信号与模拟信号

自然界中的物理量分为数字量和模拟量两类。数字量是指在时间上和数量上都是离散的物理量，其变化在时间上是不连续的，总是发生在一系列离散的瞬间，而且数量及变化单位有精度限制。例如，世界人口数、中国网民数、生产的汽车数等均属数字量。模拟量是指在时间上或在数值上连续变化的物理量，如今天的温度、大气压强、行车速度等。模拟量在连续变化过程中的任何一个取值都有具体的物理意义，如某时刻的温度值。

表示数字量的信号称为数字信号；表示模拟量的信号称为模拟信号。例如，人口数是数字信号，温度是模拟信号。

1. 数字信号

在电路中，无论是数字信号还是模拟信号，都要以电流或电压的形式表达。数字信号使用电压的高低或脉冲形式来表示数字量，模拟信号则直接使用电压或电流的大小表示模拟量。

数字信号是作用时间离散的电压或者电流脉冲信号，其波形被赋予特定的数字含义后，用以表示数字量。应用最广泛的是二值数字信号（二电平），用电平的高低或者脉冲的有无表示"1"和"0"两个数字。图 1.2 为几种常见的数字信号的波形。

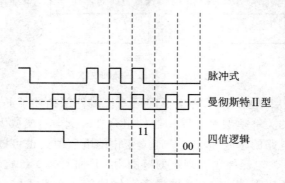

图 1.2 数字信号的脉冲波形与编码

在图 1.2 中，v_1、v_2 和 v_3 是二值数字信号。其中，v_1 是电平型编码，高电平被赋值"1"，低电平被赋值"0"。电平型编码在表示"1"时，高电平维持了位周期的全部时间，不需要归零，因此又称为不归零制(NRZ, Non - Return - to - Zero)。v_2 是脉冲型编码，有脉冲被赋值"1"，无脉冲被赋值"0"。这种编码的"1"在位周期中，高电平只维持了部分时间，然后归零，因此又被称为归零制(RZ，Return - to - Zero)。v_3 是一种双相码，称为曼彻斯特Ⅱ型编码。无论是"0"编码还是"1"编码，在位周期的中点处均会翻转，"1"编码从高电平跳变到低电平，"0"编码从低电平跳变到高电平。这个跳变既可以作为时钟信号，也可以作为数据信号。这种编码具有自同步能力和良好的抗干扰性能，广泛应用于网络传输与通信系统中。

数字信号的形式，除上述二电平外，还有三、四、八及十六等多电平码型，这些又称为多值逻辑(MVL，Multi - Valued Logic)编码方式。图 1.2 中的 v_4 就是一种四电平数字信号，它的最高电平用 11 表示，次高电平用 10 表示，较低电平用 01 表示，而最低电平用 00 表示。这种 MVL 编码的优点是传输数据的时间缩短，缺点是电平识别与电路设计难度增加。

2. 模拟信号

模拟信号是一种时变信号，其电压或电流波形的幅值是连续的，即在某一取值范围内可以取无限多个数值。例如，图 1.3 所示的正弦电压模拟信号是连续信号。

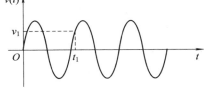

在长距离传输和多次加工、放大过程中，模拟信号的波形容易受噪声的影响，使信号失去一些信息，表现为声音、图像失真，严重时出现信号中断。

相比模拟信号，数字信号具有以下优点：

图 1.3 正弦波电压模拟信号

(1) 抗干扰能力强。数字信号是以高低电平或者脉冲的有无来表示"0"和"1"的，只要噪声引起的误差不超出规定的门限值，其信号就保持不变。

(2) 表示精度高、范围大。数字信号当扩展编码的位数后，能够表示更为精确、更为广泛的数值。

(3) 便于存储与加密。数字信号以 0/1 代码的形式，方便地存储于存储设备中，也便于进行加密与解密运算。

(4) 差错可控，可靠性高。可以通过各种校验码，对数字信号表示的数值进行校验，保证数据的正确性。

鉴于数字信号的优越性，现实中，常常对模拟信号进行数字化处理，将模拟信号变成数字信号，这个转换过程称为模-数(A/D，Analog/Digital)转换。模-数转换一般需要三个步骤：抽样、量化和编码。抽样是指用每隔一定时间的信号采样值序列来代替原来在时间上连续的信号，也就是在时间上将模拟信号离散化。量化是用有限个幅度值近似原来连续变化的幅度值，把模拟信号的连续幅度变为有限数量的、有一定间隔的离散值。编码则是按照一定的规律，把量化后的值用二进制数字表示，然后转换成二值或多值的数字信号流。这样得到的数字信号可以通过电缆、微波干线、卫星通道等数字线路传输，或者保存至存储器。在通信系统的接收端，也可以将数字信号再转换成模拟信号，称为数-模(D/A，Digital/Analog)转换。

1.2.2 数字电路与模拟电路

那么究竟什么叫做数字电路呢？数字电路是指用数字信号完成对数字量进行算术运算和逻辑运算的电路，又称为数字系统或数字逻辑电路。而模拟电路是处理模拟信号的电子电路。它们有以下区别：

（1）在一个周期内模拟电路的电流和电压是持续变化的（模拟信号），而数字电路的电流和电压是脉动变化的（数字信号）。

（2）模拟电路和数字电路都是信号变化的载体，模拟电路多使用元器件（如三极管）的放大特性来工作，而数字电路多使用器件的开关特性来工作。

（3）模拟电路可以在大电流高电压下工作，而数字电路只是在小电压、小电流、低功耗下工作。

（4）模拟电路的数学基础是微积分，数字电路的数学基础是布尔代数。

数字电路、大规模集成电路的迅猛发展掀起了"数字革命"浪潮，使得很多曾经的模拟系统变成了"数字系统"。例如，20 年前，大多数照相机、录像机使用模拟信号储存图片与视频，有线电视和电话信号也是模拟的。如今数码相机将图像轻松记录成 3264×1860 的像素矩阵；而数码录像机将视频图像采用 MPEG - 4 的高压缩比的数字格式存储；有线电视则使用数字电视机顶盒，使得电视成为高清的多媒体终端；在通话两端的电话信号虽然是模拟的声音信号，但是经过模-数转换和数-模转换，在电话交换网络中使用数字程控交换机交换的是数字信号。

相比模拟电路，数字电路有着不可比拟的优点：

（1）性能稳定，结果可重现。给定相同的输入序列，一个设计正确的数字电路总能精确地产生相同的结果。但是对于模拟电路，则会由于温度、湿度、电源电压、元件老化等诸多因素，导致输出的结果发生变化。

（2）更易于学习与设计。数字设计又称为逻辑设计，其数学基础是逻辑代数。它是基于逻辑的，不需要特别繁杂的数学知识或高深的物理学知识。对于不是特别复杂的逻辑电路，普通学习者就可以理解与掌握其原理。但是对于模拟电路的电容、电感或者晶体管等模拟器件，则需要微积分的数学基础，要求对模型进行计算才能理解并认识它们的内部特性和工作过程。

（3）可模块化设计，灵活性好。当一个复杂的问题被逻辑抽象为数字形式时，往往可以依据输入、输出之间的逻辑关系，将其划分成相对完整的电路模块，由不同人、使用不同的方法分别设计，最后合成一个完整的数字系统，是比较灵活的。但是模拟电路，则由于需要考虑干扰、耦合等诸多因素，进行模块设计不是那么容易。

（4）具有可编程性。现今的数字电路设计大多数基于可编程逻辑器件（PLD，Programmable Logic Device），能够使用开发工具、硬件描述语言（HDL，Hardware Description Language）来对硬件进行配置，并且还能模拟、仿真和综合。可编程性也使得硬件可重复使用，带来了低成本和经济性。

（5）具有高速性。高速性体现在两方面：一方面是数字电路的器件速度非常快，单个晶体管的开关时间可以达到 10 ps，要组成一个完整、复杂的器件，从输入到输出的延迟时间也还不到 2 ns；另一方面是数字电路开发的快捷性，开发工具非常完善、先进，便于设计、仿真、模拟、综合等操作，大大缩短了开发周期。

1.3 数字电路的发展

电子技术是 20 世纪发展最迅速、应用最广泛的技术，它已经使得工业、农业、科教、医疗、文化娱乐以及人们的日常生活发生了根本的变革。特别是数字电子技术，在近几十年来，取得了令人瞩目的进步。

1. 数字电路与器件的发展

电子技术的发展是以电子器件的发展为基础的，电子器件经历了由电子管、晶体管到半导体集成器件的过程。20 世纪初直至 20 世纪中叶，主要使用的电子器件是真空管，也称为电子管。随着固体微电子学的进步，第一只晶体三极管于 1947 年问世，开创了电子技术的新领域。随后 20 世纪 60 年代初，模拟和数字集成电路相继问世。20 世纪 70 年代末，微处理器问世，电子器件及应用出现了崭新的局面。

相应地，随着电子器件的发展，数字电路也从分立器件电路发展到如今的巨大规模集成电路。实际上数字系统的历史可追溯到 17 世纪，1624 年 Blaise Pascal 设计了一台机械的数值加法器，在 1671 年，德国数学家 Gorge Boole 发明了一台可进行乘法与除法的机器。19 世纪用于计算航行时间表的计算机问世。1937 年，贝尔实验室的 Claude Shannon 向人们展示了如何使用开关来实现逻辑和数学运算。从真空管的诞生、半导体三极管的发明，到集成电路的发明，都划时代地推动了数字逻辑和计算机的发展。从 1946 年的 ENIAC 电子数字计算机、20 世纪 70 年代初英特尔设计出的第一个微处理器到现在最新一代的超级计算机，现代数字系统正以惊人的速度发展。

2. 集成电路的发展与分类

集成电路的优势及其飞速发展，使其已经成为数字电路的主流形式。集成电路(IC, Integrated Circuit)是指在一块极小的硅单晶片上，利用半导体工艺制作出晶体二极管、三极管及电阻、电容等元件，并连接成可实现特定功能的电子电路。从外观上看，集成电路是一个不可分割的完整器件，集成电路在体积、重量、耗电、寿命、可靠性及电性能方面远远优于晶体管元件组成的电路。1960 年 12 月，世界上第一块硅集成电路制造成功；1966 年，美国贝尔实验室使用比较完善的硅外延平面工艺制造成第一块公认的大规模集成电路。1988 年，16M DRAM 问世，1 cm^2 大小的硅片上集成有 3500 万个晶体管，标志着进入超大规模集成电路阶段的更高阶段。1997 年，300 MHz 的奔腾 II 问世，采用 0.25 μm 工艺。2009 年，Intel 酷睿 i 系列全新推出，创纪录地采用了领先的 32 纳米工艺。2015 年，英特尔第七代 i7 处理器采用最新的 14 nm 工艺制造。随着芯片上元件和布线的缩小，芯片的功耗降低而速度大为提高，最新生产的微处理器的时钟频率高达 3 GHz(3×10^9 Hz)。从集成度角度来看，集成电路从产生到成熟大致经历了如下过程：

(1) 小规模集成电路 SSIC(Small Scale Integrated Circuit)：每片上集成 1~10 等效门或 10~100 个元件。

(2) 中规模集成电路 MSIC(Medium Scale Integrated Circuit)：每片上集成 10~100 等效门或 100~1000 个元件，出现于 1966 年。

（3）大规模集成电路 LSIC(Large Scale Integrated Circuit)：每片上集成 100～10 000 等效门或 1000～100 000 个元件，出现于 1970 年。

（4）超大规模集成电路 VLSIC(Very Large Scale Integrated Circuit)：每片上集成超过 10 万个元件，出现于 20 世纪 70 年代后期。

（5）甚大（特大）规模集成电路 ULSIC(Ultra Large Scale Integrated Circuit)：每片上集成 10^7～10^9 个元件，出现于 1993 年。

（6）巨大规模集成电路 GSIC(Giga Scale Integrated Circuit)：每片上集成 10^9 个以上元件，出现于 1994 年。

20 世纪 80 年代初，出现了专用集成电路（ASIC, Application Specific Integrated Circuit)，它是为特定用户或特定电子系统制作的集成电路。到 20 世纪 80 年代末，专用集成电路制作技术已趋向成熟，标志着数字集成电路发展到了新的阶段。

集成电路技术的发展一直遵循着著名的摩尔定律，即每 18 个月芯片集成度大致增长一倍。集成电路技术的发展使得集成电路产品从传统的板上系统（System-on-Board）发展到今天的片上系统（System-on-a-Chip）。其间集成电路产业结构经历了三次大的变革，并导致了独立的集成电路设计行业的形成。

第一次变革发生在以加工制造为主导的 IC 产业发展的初级阶段。20 世纪 70 年代，集成电路的主流产品是微处理器、存储器以及标准通用逻辑电路。整个 IC 产业处在以生产为导向的初级阶段，后又逐步形成封装业单独分列的局面。在这个时期，IC 制造商在 IC 市场中充当重要角色，IC 设计只作为附属部门而存在。这时的 IC 设计和半导体工艺密切相关，IC 设计主要以人工为主，CAD 系统仅作为数据处理和图形编程之用。

第二次变革的标志是代加工公司与 IC 设计公司的崛起。20 世纪 80 年代，集成电路的主流产品为微处理器（MPU, Micro-Processor Unit)、微控制器（MCU, Micro-Controller Unit）及专用集成电路 ASIC。20 世纪 80 年代后期，以自动逻辑综合器为代表的第二代电子设计自动化（EDA, Electronic Design Automatic）及计算机辅助工程（CAE, Computer Aided Engineering)工具为设计师从被动地对设计结果进行分析验证转向主动地选择最佳设计方案提供了一个基本手段。CAE 使得设计师可以在可预期的时间内，完成 10 万门级的复杂电路设计，使产品设计的效率成倍提高。20 世纪 90 年代，第三代 EDA 工具出现，在设计前期就可以利用设计工具完成分层次设计，可以支持几百万门甚至几千万门电路的复杂电路设计，并在器件内部嵌入 CPU、DSP、RAM、ROM 等部件，同时这一时期出现了现场可编程器件 FPGA(Field Programmable Gate Array)。

第三次变革发生在 20 世纪 90 年代初，在各半导体厂家共同努力下，进行了一系列标准化工作，如制定了硬件描述语言 VHDL(Very-High-Speed Integrated Circuit Hardware Description Language)、网表格式等，从而使得人们可以自由地实现最佳设计。在标准化的支持下，电路设计师不需要知道电路设计的具体内容就可以完成版图制作，电路设计可以很好地从一个设计环境移植到另一个设计环境。

3. 数字电路的分类

按照电路结构，可以将数字电路分为分立元件电路和集成电路两种。前者将晶体管、电阻、电容等元器件用导线在线路板上连接起来；后者将上述元器件和导线通过半导体制造工艺做在一块硅片上而成为一个不可分割的整体电路。

按照半导体的导电类型，可以将数字电路分为双极型数字电路和单极型数字电路两种。前者以双极型晶体管作为基本器件，如 TTL 和 ECL；后者以单极型晶体管作为基本器件，如 CMOS。

　　按照电路的功能特点，数字电路可以分为组合逻辑电路和时序逻辑电路。前者的输出只与当时的输入有关，电路无反馈，如编码器/译码器、加法器、比较器、数据选择器等。后者的输出不仅与当时的输入有关，还与电路原来的状态有关，存在着反馈，具有记忆功能，如触发器、计数器、寄存器等。

1.4　课程任务与目标

　　本课程研究的对象为数字电路，研究的内容为数字电路的基本原理及其分析、设计方法。课程的任务和目的如下：

　　(1) 掌握数字电路的基本理论知识。

　　(2) 掌握数字电路的基本分析和设计方法。

　　(3) 理解计算机中常见数字电路部件的工作原理。

　　(4) 具备应用数字电路理论初步解决数字逻辑问题的能力。

　　数字电路设计是工程，而工程就意味着"解决问题"。一个成功的数字电路设计者，应具备的能力有：

　　(1) 分析问题并进行逻辑抽象的能力。数字电路设计的首要工作就是将一个问题以逻辑设计的角度来进行分析，并抽象出输入与输出的逻辑变量，建立模型。如果不能正确地分析问题、建立模型，就无法进行下一步。

　　(2) 构思与设计的能力。构思含有研究与创新的工作，设计则依据常规的设计技巧和经验实现构思，完成具体的设计。

　　(3) 实现设计与调试的能力。将设计付诸实现，在 EDA(Electronic Design Automatic) 技术高度发达的今天，已经变得越来越容易了。然而，调试能力却始终是数字电路设计工程师必须练就的功夫，如果不能发现问题，就不能解决问题。成功的调试过程需要合理的计划、系统的方法、耐心和逻辑。

　　(4) 考虑商业要求与其他因素。工程师的工作总是受到其他非工程因素的影响，包括商业上对器件的要求、设计规范标准、社会因素、环境与可持续发展因素、安全因素等。

　　(5) 风险意识。在设计的整个过程中，要始终保有风险意识。从选择元件到整个设计完成的每个阶段，都要在成果、代价以及失败风险之间仔细权衡。

　　(6) 沟通能力。无论是在项目进行的中间，还是在最终要将成功的设计交给部门、客户或者其他工程师，都需要双向的沟通交流，包括倾听与表达。如果没有好的沟通和表达能力，那就永远不能走完数字电路设计的成功历程。

　　本书的内容安排与阐述思路如下：

　　在本书的第 1 章，回答了以下问题：数字电路有什么用处？它与计算机有什么关系？什么是数字电路和数字信号？与模拟电路和模拟信号相比，有什么优点？数字信号是如何编码的？怎么将问题进行逻辑抽象与状态编码？

　　数字电路的数学基础是布尔代数，又称为逻辑代数。在第 2 章中介绍了逻辑代数的基本概念与基本公理、定理与规则，然后讲述了逻辑函数的表示形式，重点为逻辑函数的化简方法。

数字电路的基本元件是逻辑门，第 3 章介绍了逻辑门的基本器件半导体二极管和三极管、TTL 门电路、MOS 门电路。

数字电路分为组合逻辑电路和时序逻辑电路，在第 4 章阐述了组合逻辑电路的分析方法和设计方法，前者是指对给定的电路进行分析，推导出其逻辑功能；后者是指对于某个问题，使用逻辑设计方法进行设计，并用数字电路实现。第 4 章还介绍了计算机中常用的各种组合逻辑部件的原理与应用，包括加法器、比较器、译码器、编码器、数据选择器和数据分配器。

在时序逻辑电路中，最基本的记忆元件是触发器，时序逻辑电路根据时钟信号的作用方式分为同步时序逻辑电路和异步时序逻辑电路。第 5 章介绍了基本触发器的原理及其各种变型触发器；第 6 章则阐述了同步时序逻辑电路的分析方法和设计方法，也介绍了计算机中常用的同步时序逻辑部件，包括寄存器、移位器和计数器；第 7 章的主要内容是异步时序逻辑电路的分析与设计，包含脉冲型和电平型两种异步时序逻辑电路以及异步计数器的原理与应用。

1.5　数　　制

数字电路处理的数字信号是基于二进制 0 和 1 的数码，但是现实生活中，很多信息并非是基于二进制的。数字电路的设计者必须将二进制数码和实际数字、事件或者条件等事物之间建立对应的关系。

1.5.1　进位计数制

数制又称为进位计数制，即按进位制的方法进行计数。数制由两大要素组成：基数 R 与各数位的权 W。基数 R 决定了数制中各数位上允许出现的数码个数，基数为 R 的数制即称为 R 进制数。权 W 则表明该数位上的数码所表示的单位数值大小。因此，权 W 是与数位的位置有关的一个常数，不同的数位有不同的权，同一个数码位于不同的位置，其所代表的数值也不同，故又称为位权。

假设任意数值 N 用 R 进制数来表示，表示形式为用 $m+k$ 个自左向右排列的符号来表示 N：

$$N = (D_{m-1}D_{m-2}\cdots D_0.D_{-1}D_{-2}\cdots D_{-k})_R$$

其中，D_i 为该进制的基本符号，$D_i \in [0, R-1]$，i 为各个数位的编号，$i = -k, -k+1, \cdots, m-1$，小数点在 D_0 和 D_{-1} 之间，则数值 N 的实际值为：

$$N = \sum_{i=-k}^{m-1}(D_i \times R^i) \tag{1.1}$$

其中，第 i 位的权 W_i 为 R^i。通常最左边的数位 D_{m-1} 的权最大，称为最高有效位 MSB（most significant bit）；最右边的数位 D_{-k} 的权最小，称为最低有效位 LSB（least significant bit）。

我们最熟悉的是十进制，它的基数为 10，它允许使用的数字是 10 个，即 0～9。十进

制数 1635.458 就可以写为

$$1635.458 = 1 \times 10^3 + 6 \times 10^2 + 3 \times 10^1 + 5 \times 10^0 + 4 \times 10^{-1} + 5 \times 10^{-2} + 8 \times 10^{-3}$$

R 进位计数制的主要特点就是逢 R 进一。计算机中常见的数制有二进制、八进制、十进制、十六进制，它们允许使用的数字符号分别为 0～1、0～7、0～9、0～9 及 A～F，A～F 为 10～15 的十六进制符号。表 1.1 列出了二、八、十、十六进制数据之间的关系。

表 1.1　二、八、十、十六进制数据之间的关系

二进制	八进制	十进制	十六进制
00000	00	00	00
00001	01	01	01
00010	02	02	02
00011	03	03	03
00100	04	04	04
00101	05	05	05
00110	06	06	06
00111	07	07	07
01000	10	08	08
01001	11	09	09
01010	12	10	0A
01011	13	11	0B
01100	14	12	0C
01101	15	13	0D
01110	16	14	0E
01111	17	15	0F
10000	20	16	10
10001	21	17	11
10010	22	18	12
10011	23	19	13
...	...	...	...

1.5.2　二进制与数字信号

数字电路处理的对象是数字信号，虽然编码方式和波形不同，但是处理的数字量都是基于二进制编码的二值信号，即在时间和数值上均离散、具有"0"和"1"两种数值的脉冲或者电平信号。因此，二进制的 0 和 1 是构成数字系统的基本信号，一个二进制位称为一个比特(bit)，一个字节(Byte)包含 8 比特。计算机的存储器容量和运算器单位，一般都以字节为度量单位。可见，计算机也是用二进制表示信息的。

那么为何在数字系统和计算机中要使用二进制来表示信息并处理信息呢？其原因主要有以下几点：

(1) 比较容易找到具有二值状态的物理器件来表示和实现存储。例如，可以使用脉冲的有无、电压的高低、MOS管的导通和截止状态来表示 1 和 0，也可以使用磁化单元的 N – S/S – N 极性、纸带上有无打孔来存储 1 和 0。

(2) 二值性使二进制数据的存储具有抗干扰能力强、可靠性高的优点。

(3) 二进制数的运算规则非常简单，运算输入状态和输出状态较少，便于使用数字电路实现。例如，1 位二进制数进行加减运算的输入状态组合最多有 8 种，运算结果状态也只有 4 种；而 1 位十进制数进行加减运算的输入状态组合最多有 1000 种，运算结果状态有 100 种。

(4) 二进制数据的 0 和 1 与逻辑推理中的"真"和"假"相对应，为实现逻辑运算和逻辑判断提供了便利。

1.5.3 数制转换

由于人们总是习惯于使用十进制数据，因此计算机中支持用户以十进制形式输入数据，在计算机内部转化为二进制进行存储和运算，最后又将处理的结果以十进制形式输出给用户。为书写方便，我们也通常将二进制数据用八进制和十六进制表示。下面就来讨论不同进制数据之间的转换。

1. 二进制数转换成十进制数

任何进制数转换成十进制数，都只需利用式(1.1)进行计算。计算的本质就是加权求和。

在书写时，为区别数字串是二进制还是十进制、八进制或十六进制表示，通常将数字串用括弧括起来，括弧外边右下角标以数制的基数 2、10、8、16，也可以直接在数字串后面加大写的"B"、"D"、"Q"、"H"或小写的"b"、"d"、"q"、"h"，分别代表二进制(Binary)、十进制(Decimal)、八进制(Octal)和十六进制(Hexdecimal)。例如，二进制数据 1011 可以用 $(1011)_2$、1011B 或 1011b 来表示；十进制数据 123.45 可以用 $(123.45)_{10}$、123.45D、123.45d 表示。不同进制数可在同一表达式中出现，如表达式 2B.DH＝43.8125D＝53.64Q 是正确的。

在不同的计算机编程语言中，进位计数制的表达方式也不同(与编译器有关)。例如，在 C 语言中，十六进制数 2A8CH 用 0x2A8C 来表示；Pascal 语言中记作 ＄2A8C，Verilog HDL 中记作 14′h2A8C，"′"前的 14 表示 14 位二进制，h 表示它之后是十六进制的数字串。

【例 1.1】 将下列各数转化为十进制数。

解 $(5AC.E6)_{16}=5\times16^2+10\times16^1+12\times16^0+14\times16^{-1}+6\times16^{-2}=(1452.898\ 437\ 5)_{10}$

$(123.67)_8=1\times8^2+2\times8^1+3\times8^0+6\times8^{-1}+7\times8^{-2}=(93.859\ 375)_{10}$

$(11\ 011.011)_2=1\times2^4+1\times2^3+0\times2^2+1\times2^1+1\times2^0+0\times2^{-1}+1\times2^{-2}+1\times2^{-3}$
$$=(27.375)_{10}$$

2. 十进制数转换成二进制数

十进制数的整数部分和小数部分，必须分别进行转换处理，得出结果后再合并。

十进制整数转化为二进制数的方法是：除以 2，取余数，作为整数低位，除以 2 取余数后，继续对商做除法，直至商为 0。

十进制小数转化为二进制数的方法是：乘以 2，取整数，作为小数高位，乘以 2 取整数后，继续对小数做乘法，直至积为 0 或小数位数已满足精度要求。

值得注意的是，并不是所有的十进制小数都可以完全等价地转化为二进制数，即有可能乘积不能够为 0，此时必须使用精度来控制转换结束。

【例 1.2】　将 $(114.35)_{10}$ 转化为二进制数，要求精度大于 10%。

解　按照除 2 取余法，可得 $(114)_{10}=(1110010)_2$。计算过程如下：

2|114	余数		0.35		
2|57	0	（最低位）	× 2	取整数	
2|28	1		0.70	0	（最高位）
2|14	0		× 2		
2|7	0		1.40	1	
2|3	1		× 2		
2|1	1		2.80	0	
0	1	（最高位）	× 2		
			5.60	1	（最低位）

对于小数部分，由于要求精度大于 10%，而 $1/16 < 1/10 = 10\%$，因此取 4 位小数即可，按照乘 2 取整法，可得 $(0.35)_{10}=(0.0101)_2$。所以：

$$(114.35)_{10}=(1110010.0101)_2$$

3. 二进制数与八进制、十六进制数之间的转换

由于 3 位二进制数可以恰好组成 1 位八进制数，因此由二进制数转化为八进制数比较简单：从小数点开始，向两边每 3 位划为一组，整数部分不足 3 位的，在前面补"0"，小数部分不足 3 位的，在后面补"0"，然后写出各组对应的八进制数字。

同理，二进制数转化为十六进制数据的方法为：从小数点开始，向两边每 4 位一组，整数部分不足 4 位的，在前面补"0"，小数部分不足 4 位的，在后面补"0"，然后写出各组对应的十六进制数字符号。

反之，由八进制数转化为二进制数的方法是：将每一位八进制数字写出它的 3 位二进制编码。需要注意的是，不能省略高位或低位的"0"，当整个转换完成时，才可以省略高位或低位的"0"。而十六进制数转化为二进制数，也只需将每一位十六进制数字写出它的 4 位二进制编码即可。

【例 1.3】　将 $(11011.11001)_2$ 转化为八进制、十六进制和十进制，将 $(571.23)_8$ 和 $(A8.E9)_{16}$ 转化为二进制数。

解　　　$(11011.11001)_2=(33.62)_8=(1B.C8)_{16}=(27.781\,25)_{10}$

或　　　　11011.11001B＝33.62Q＝1B.C8H＝27.78125D

$$(571.23)_8=(101\ 111\ 001.010\ 011)_2$$

$$(A8.E9)_{16}=(1010\ 1000.1110\ 1001)_2$$

1.6　计算机中常用的编码

1.6.1　十进制编码

如上所述，人们习惯于使用十进制表示数据，但计算机内任何信息只能以二进制形式存储。二一十进制码，简称 BCD(Binary Coded Decimal)码，就是使用二进制来编码十进制数字 0~9 的。

由于十进制数字有 10 个，所以二进制编码状态也必须有 10 个，因此一般使用四位二进制编码来表示一位十进制数字，并选用 16 个 4 位二进制编码中的 10 个来表示数字 0~9。不同的选择构成不同的 BCD 码。表 1.2 是各种常用 BCD 码的对应关系。

表 1.2　BCD 码的对应关系

十进制数	8421 码	2421 码	5211 码	4311 码	84-2-1 码	格雷码	余三码
0	0000	0000	0000	0000	0000	0000	0011
1	0001	0001	0001	0001	0111	0001	0100
2	0010	0010	0011	0011	0110	0011	0101
3	0011	0011	0101	0101	0010	0010	0110
4	0100	0100	0111	1000	0110	0110	0111
5	0101	1011	1000	0111	1011	1110	1000
6	0110	1100	1010	1011	1010	1010	1001
7	0111	1101	1100	1100	1001	1000	1010
8	1000	1110	1110	1110	1000	1100	1011
9	1001	1111	1111	1111	1111	0100	1100

BCD 码分为有权码和无权码。

1. 有权码

有权码的每一位都有固定的权值，加权求和的值即是它所表示的十进制数字。常见有权码有 8421 码、2421 码、5211 码、4311 码、84-2-1 码等，它们每一位的权就是编码名称中的四个数字，例如，8421 码的四位二进制数位的权从高到低依次是 8、4、2、1。从表 1.2 中可以发现，8421 码实际上就是十进制数字 0~9 的二进制编码本身，是最常用的一种 BCD 码，它可以在数字字符"0"~"9"的 ASCII 码(30H~39H)之间方便地转换。在没有特别指出的一般情况下，所提到的 BCD 码通常就是指 8421 码。

表 1.2 中除 8421 码外的各有权码还有一个共同的特性：它们都是自补码，即任何两个相加之和等于 9 的编码，互为反码。例如，4311 码的"3"(0100)和"6"(1011)互为反码等。自补码有利于减法的运算处理。另外，对于 2421 码、5211 码、4311 码，任何两个和数大于等于 10 的 BCD 编码直接相加，会在最高位产生向左的进位，有利于实现逢十进一的运算规则。

2. 无权码

无权码的四位二进制编码的每一位并没有固定的权，主要包括余三码、格雷码等。

余三码就是对应的 8421 码加上 0011 构成的，它的主要优点是执行十进制加法时，可以正确地产生进位信号，而且便于进行减法运算。

格雷码(Gray Code)又称为循环码，它的任何相邻的两个编码(如 2 和 3、7 和 8、9 和 0 等)之间只有一位二进制位不同，其余三位二进制对应位均相同。它的优点是用它构成计数器时，在从一个编码变到下一个编码时，只有一个触发器翻转即可，波形更完美、可靠。

凡是符合"相邻编码之间只有一位不同"这个规则的编码，都可以称为格雷码，因此格雷码的编码方案有许多种，表 1.2 只给出了其中的一种。

格雷码是工程应用非常广泛的一种编码。表 1.3 就是一种四相八拍的步进电机的脉冲控制编码，A、B、C、D 是步进电机的四个励磁线圈。按照表 1.3 所示的控制顺序，每通过 8 个脉冲，则步进电机转动一步，即转过一个齿距角，如 0.9°。显然，每个脉冲与其相邻的脉冲编码只有 1 位不同，而且脉冲 8 和脉冲 1 的编码也是相邻的(只有 1 位不同)，因此这个编码是格雷码。

表 1.3 步进电机的脉冲编码

脉冲序号	$D\,C\,B\,A$	脉冲序号	$D\,C\,B\,A$
1	0001	5	0100
2	0011	6	1100
3	0010	7	1000
4	0110	8	1001

构造任意位数的格雷码有两种简便方法：

(1) 添加前缀法，即递归地使用如下规则构造 $n+1$ 位格雷码。

① 1 位的格雷码有两个码字：0 和 1。

② $n+1$ 位格雷码有 2^{n+1} 个码字：前 2^n 个码字(即前一半)是在 n 位格雷码的前面添加 0 前缀，后 2^n 个码字(即后一半)是 n 位格雷码逆序排列后，前面添加 1 前缀。

【例 1.4】 使用上述方法构造 4 位的格雷码。

解 构造过程如图 1.4 所示。图中，阴影所示方框中数字为其上方同样大小的方框中数字的逆序排列，下面有下划线的数字是添加的前缀 0/1。

① 1 位格雷码，有 2 个码字：0 和 1。

② 2 位格雷码，有 4 个码字：前 2 个码字是 1 位格雷码的前面各添一个前缀 0，则为 00 和 01；后 2 个码字是 1 位格雷码逆序抄写，并且前面各添一个前缀 1，则为 11 和 10；结果 4 个码字是 00、01、11、10。

③ 3 位格雷码，有 8 个码字：前 4 个码字是 2 位格雷码的前面各添一个前缀 0，则为 000、001、011、010；后 4 个码字是 2 位格雷码逆序抄写(即 10、11、01、00)，并且前面各添一个前缀 1，则为 110、111、101、100；结果 8 个码字是 000、001、011、010、110、111、101、100。

④ 4 位格雷码，有 16 个码字：前 8 个码字是 3 位格雷码的前面各添一个前缀 0，则为 0000、0001、0011、0010、0110、

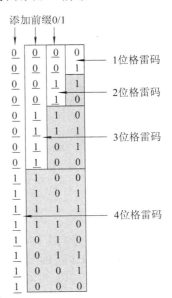

添加前缀0/1

图 1.4 例 1.4 的构造过程

0111、0101、0100；后 8 个码字是 3 位格雷码逆序抄写（即 100、101、111、110、010、011、001、000），并且前面各添一个前缀 1，则为 1100、1101、1111、1110、1010、1011、1001、1000；结果 16 个码字是 0000、0001、0011、0010、0110、0111、0101、0100、1100、1101、1111、1110、1010、1011、1001、1000。

（2）异或运算法：首先写出 n 位二进制编码（2^n 个码字），然后在最高位前面添加 0，变成 $n+1$ 位，最后对每个码字相邻两位做异或运算（相异得 1，相同得 0），得到的即为 n 位的格雷码。

【例 1.5】 使用异或运算方法构造 4 位格雷码。

解 构造过程如图 1.5 所示。$\oplus$ 为异或运算的符号，$G_3 G_2 G_1 G_0$ 为 4 位格雷码。

① 写出 4 位二进制的 16 个编码：0000～1111。

② 在最高位前面添加 0：0 0000～0 1111。

③ 对每个编码做异或运算，得到格雷码的 16 个码字 0000、0001、0011、0010、0110、0111、0101、0100、1100、1101、1111、1110、1010、1011、1001、1000。

由例 1.4 和例 1.5 可以看出，两种方法构造的格雷码是一致的。

最后需要说明的是，计算机的运算器硬件是基于二进制设计的，因此，要实现 BCD 码的算术运算比较复杂。在某些情况下，必须对二进制运算器的运算结果进行修正，以便产生正确的十进制结果。我们也可以在二进制运算器的基础上，通过添加硬件电路实现十进制运算器，详见"4.5.1 加法器"一节。

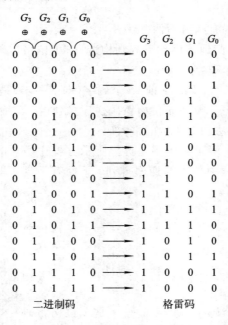

图 1.5　例 1.5 的构造过程

【例 1.6】 完成下列转换：

① 写出 $(91.3)_{10}$ 的 8421BCD 码、5211BCD 码和余三码。

② 将 $(0111\ 0010)_{8421}$ 转换为二进制数值。

解 ① 参照各 BCD 码的定义，可以写出：

$(91.3)_{10} = (1001\ 0001.0011)_{8421} = (1111\ 0001.0101)_{5211} = (1100\ 0100.0110)_{余三码}$

② 首先求出 $(0111\ 0010)_{8421}$ 对应的十进制数值：

$$(0111\ 0010)_{8421} = (72)_{10}$$

然后将十进制数转换为二进制数：

$$(72)_{10} = (1001000)_2$$

所以

$$(0111\ 0010)_{8421} = (1001000)_2$$

1.6.2 字符编码

计算机中信息的概念是广泛的，除了数值信息外，还包括大量的非数值信息，即没有数值大小概念的信息，如字符信息、汉字信息、图形符号信息等。这些信息在计算机中也必须以二进制代码形式存在，它们的表示在本质上也同样是对信息的编码。字符就是最常见的非数值信息。

字符编码方式有很多种，现在应用最广泛的是美国国家信息交换标准字符码，简称 ASCII(American Standard Code for Information Interchange)码。

ASCII 码用 7 位二进制代码表示一个西文字符，因此，它可以表示 128 个常用字符。表 1.4 列出了 128 个字符的 ASCII 编码，其中，$B_6 B_5 B_4 B_3 B_2 B_1 B_0$ 是 ASCII 的 7 位二进制编码。

表 1.4 ASCII 码对照表

$B_6B_5B_4$ / $B_3B_2B_1B_0$	000	001	010	011	100	101	110	111
0000	NUL	DLE	SP	0	@	P	、	p
0001	SOH	DC1	!	1	A	Q	a	q
0010	STX	DC2	"	2	B	R	b	r
0011	ETX	DC3	#	3	C	S	c	s
0100	EOT	DC4	$	4	D	T	d	t
0101	ENQ	NAK	%	5	E	U	e	u
0110	ACK	SYN	&	6	F	V	f	v
0111	DEL	ETB	'	7	G	W	g	w
1000	BS	CAN	(	8	H	X	h	x
1001	HT	EM	)	9	I	Y	i	y
1010	LF	SUB	*	:	J	Z	j	z
1011	VT	ESC	+	;	K	[	k	{
1100	FF	FS	,	<	L	\	l	|
1101	CR	GS	=	M	]	m	}
1110	SO	RS	.	>	N	↑	n	~
1111	SI	US	/	?	O	_	o	DEL

ASCII 码包含了 95 个可打印字符和 33 个控制字符在。95 个可打印字符对应计算机

终端能够敲入并显示和打印出来的字符，包括 52 个英文大写和小写字母（A～Z、a～z）、10 个十进制数字（0～9）、33 个通用的运算符及标点符号。从表中可以看出，数字和英文字母的编码均是按其自身的顺序排列的，只要知道其中一个字符的 ASCII 码，不需查表即可推导出其他数字和字母的 ASCII 码。另外，10 个数字（0～9）的 ASCII 编码等于 30H 加上数字本身，如"5"的 ASCII 码为 35H。这样的编码设计便于在 ASCII 码（非数值数据）和 BCD 码（数值数据）之间转换。

ASCII 码中有 33 个控制字符。它们并不对应任何一个可显示或可打印的实际字符，而是被作为控制码，用于控制计算机某些外围设备的工作特性、通信协议或者某些计算机软件的运行情况，包括清除屏幕、退格、换行等。最为熟悉和常用的两个控制字符是"回车"（CR）和"换行"（LF），ASCII 编码分别为 0DH 和 0AH。为了从计算机键盘输入控制码，使用 Ctrl 键＋字母。例如，为得到控制码 01H，键入 Ctrl＋A，为得到控制码 02H，键入 Ctrl＋B，以此类推。

1.6.3　逻辑抽象与状态编码

数字电路的数学基础是布尔代数，也称为逻辑代数。数字电路通常用逻辑函数或者方程来描述输入变量和输出变量之间的逻辑关系或者状态转移顺序。

前面所述的编码都是对数据（数值型和非数值型）的编码，在数字电路的实际应用中，经常会碰到"非数据"的情况，如设备的动作、因果条件、硬件的状态等，这些事件在布尔代数中都要被抽象为逻辑变量。实际上，逻辑抽象与状态编码就是进行数字逻辑设计的第一步。

逻辑抽象是指在将某个问题用数字电路解决时，把其中的事件、状态、条件或者结果等用逻辑变量描述。状态编码可以是指对逻辑变量进行逻辑赋值，定义 0/1 的含义，也可以是指对问题中的状态进行编码与定义。

【例 1.7】　Tom 正在野炊，如果下雨或者有蚂蚁，Tom 将不能享受野炊，用数字电路输出 Tom 能否享受野炊，请对该问题进行逻辑抽象与状态编码。

解　分析野炊活动可以发现，决定 Tom 是否能享受野炊的事件是有否下雨和有无蚂蚁，有否下雨和有无蚂蚁是两个输入的条件，能否享受野炊是结果。可以有如下定义：

输入变量 1：R 表示是否下雨，$R=1$ 表示下雨，$R=0$ 表示不下雨；

输入变量 2：A 表示有无蚂蚁，$A=1$ 表示有蚂蚁，$A=0$ 表示没有蚂蚁；

输出变量：E 表示 Tom 是否享受野炊，$E=1$ 表示 Tom 很享受野炊，$E=0$ 表示 Tom 没能享受野炊。

对于例 1.7，需要注意两点：一是编码可以根据需要定义，例如，为了电路简单，也可以定义 $R=1$ 表示不下雨，$A=1$ 表示无蚂蚁；二是事件是逻辑型的，可直接定义为代表真假的 0 和 1。

【例 1.8】　闰年和平年的判断方法如下：

（1）年份不能被 100 整除，但是能被 4 整除的，是闰年。

（2）年份能被 100 整除，并且能被 400 整除的，是闰年。

（3）不满足以上两个条件的是平年。

用数字电路实现：如果是闰年，则输出 1。请进行逻辑抽象与状态编码。

解 这是一道最容易碰到的程序设计题目,在用 C 语言编程时,我们将年份作为函数的输入参数,然后进行计算,按照计算结果断定是否闰年。但是在这里,不能如此,我们应该将"年份不能被 100 整除"整体作为一个逻辑条件来处理。这样,我们可以定义:

输入变量有 A、B、C 这 3 个,其中:

A 表示年份能否被 100 整除,$A=1$ 表示能整除,$A=0$ 表示不能被整除;

B 表示年份能否被 4 整除,$B=1$ 表示能整除,$B=0$ 表示不能被整除;

C 表示年份能否被 400 整除,$C=1$ 表示能整除,$C=0$ 表示不能被整除;

输出变量为 F,表示是否闰年,$F=1$ 表示是闰年,$F=0$ 表示不是闰年。

【例 1.9】 一种温湿度控制器,使用室内温度来控制热水阀和冷水阀的启停,使用室内湿度来控制加湿器的启停,控制策略如下:

(1) 温度控制优先,即只有当室内温度在设定温度±1℃范围内时调节湿度。

(2) 温度控制方法:当室内温度低于设定温度−1℃时,开启热水阀;当室内温度高于设定温度 1℃时,开启冷水阀;当室内温度在设定温度±1℃范围内时,则保持当前水阀的状态。

(3) 湿度控制方法:当室内相对湿度低于设定湿度 10%时,开启加湿器;当室内相对湿度高于设定湿度 10%时,开启冷水阀除湿;当室内相对湿度在设定湿度±10%范围内时,则保持状态不变。

请分析该问题,进行逻辑抽象与状态编码。

解 控制器的被控对象包括 3 个设备:冷水阀、热水阀和加湿器。直观控制条件有:

(1) 室内温度在设定温度±1℃范围。

(2) 室内温度低于设定温度−1℃。

(3) 室内温度高于设定温度 1℃。

(4) 室内相对湿度低于设定湿度 10%。

(5) 室内相对湿度高于设定湿度 10%。

(6) 室内相对湿度在设定湿度±10%范围。

仔细分析可以发现,条件(1)等价于条件(2)和(3)都不满足的情况;而条件(6)等价于条件(4)和(5)都不满足的情况。因此,可以定义输入变量如下:

A:室内温度是否低于设定温度−1℃,$A=1$ 表示低于,$A=0$ 表示不低于。

B:室内温度是否高于设定温度+1℃,$B=1$ 表示高于,$B=0$ 表示不高于。

C:室内相对湿度是否低于设定湿度−10%,$C=1$ 表示低于,$C=0$ 表示不低于。

D:室内相对湿度是否高于设定湿度+10%,$D=1$ 表示高于,$D=0$ 表示不高于。

那么,条件(1)就是为 A 为假,且 B 也为假的情况,即 $\overline{A} \cdot \overline{B}$;条件(6)就是 C 为假,且 D 也为假的情况,即 $\overline{C} \cdot \overline{D}$。

输出变量如下:

F1:启停冷水阀;F2:启停热水阀;F3:启停加湿器;F1/F2/F3=1 表示开启设备,F1/F2/F3=0 表示关闭设备。

在例 1.7、例 1.8、例 1.9 这 3 个例子中,我们均把条件定义成逻辑事件,结果非真即假。但是有些工程问题的条件是系统处于的状态。例如,交通信号灯系统,条件是当前处于什么样的通行状态(通行/禁行)。又如,投币游戏机,条件是当前处于什么样的操作状态(投币/游戏/等待)。这种工程问题通常是基于顺序的过程控制，在数字电路中称为时序逻辑电路。时序逻辑问题在逻辑抽象与状态编码这一环节，需要进行两个操作：

（1）分析，对以下问题得出结论：系统的输入变量、输出变量是什么？系统有几个状态？在不同的状态下，输出变量的状态是什么？状态之间的转换顺序是怎样的？状态之间的转换条件是什么？

（2）编码，对系统状态进行编码。

【例 1.10】 在十字路口的交通信号灯，南北方向和东西方向各有红绿黄三种信号灯，按照交通法规，绿灯通行，黄灯减速慢行，红灯禁止通行。南北方向先亮绿灯（东西方向红灯），然后是黄灯，最后红灯（东西方向绿灯）。请分析问题，并进行逻辑抽象与状态编码。

解 通过分析可以知道，信号灯是被控对象；系统中没有输入逻辑信号，只有输出逻辑信号；系统有若干种状态组合，某一状态延时后，转换到下一状态。

首先，定义输出变量。

南北向红灯、黄灯和绿灯，分别定义为变量 R_1、Y_1、G_1。

东西向红灯、黄灯和绿灯，分别定义为变量 R_2、Y_2、G_2。

信号灯变量＝1，表示亮，信号灯变量＝0，表示灭。

然后，分析系统的状态。信号灯系统中的状态有 4 种，每种状态下信号灯的亮、灭状态如表 1.5 所示。按照题意，状态的转换顺序是 $S_0 \rightarrow S_1 \rightarrow S_2 \rightarrow S_3 \rightarrow S_0$。

表 1.5 交通信号灯状态与输出控制

状态	南北向红灯 R_1	南北向黄灯 Y_1	南北向绿灯 G_1	东西向红灯 R_2	东西向黄灯 Y_2	东西向绿灯 G_2
南北通行 S_0	0	0	1	1	0	0
南北慢行 S_1	0	1	0	1	0	0
东西通行 S_2	1	0	0	0	0	1
东西慢行 S_3	1	0	0	0	1	0

最后，对系统状态进行编码。常见的状态编码方式有二进制编码、格雷码和独热码（One-hot Code）。表 1.6 列出了对 $S_0 \sim S_3$ 这 4 个状态的三种编码。

表 1.6 交通信号系统的状态编码

状态	状态编码		
	二进制编码	格雷码编码	独热码 $S_0 S_1 S_2 S_3$
南北通行 S_0	00	00	1000
南北黄灯 S_1	01	01	0100
东西通行 S_2	10	11	0010
东西黄灯 S_3	11	10	0001

二进制编码是最常见的一种编码方法，直接将 4 种状态编码成两位的二进制 00、01、10、11。因为在时序逻辑电路中，状态是使用触发器来保存的，所以，这种编码方式使用的触发器最少，但是相应地，电路中的组合逻辑电路就会相对复杂。

在时序逻辑电路中，也常常使用格雷码对状态进行编码，特点是相邻的两个状态的编码只有 1 位不同。它不仅能使电路的触发器个数最少，也能让状态转换时触发器的翻转次数减少，比较适合异步时序逻辑电路。

独热码又称为 n 中取 1 码，即每种状态用单独的一位表示，因为任何时间系统只可能处在某一种状态，因此状态编码就只有一位为 1，其他均为 0。独热码的变型编码是反相 n 中取 1 码，就是编码中只有一位为 0，其他均为 1。独热码通常用于有限状态机（FSM，Finite-State Machine）的状态编码。使用独热码编码的特点是：电路中的触发器最多，但是组合逻辑复杂度最低，运行速度快，系统的工作时钟的频率可以提高。

在复杂的系统中，可以将几种编码方式结合使用。例如，一个复杂的设备控制系统，含 n 个主设备，每个主设备又含 m 个子设备，任何时候只有一个子设备工作；可以先使用 n 中取 1 码对主设备进行选择，然后通过对二进制编码选择该主设备下的 m 个子设备之一运行。

【例 1.11】 设计一个血型配对指示器，输血前，必须检测供血者和受血者的血型，相配才允许输血。下面三种情况可以输血：

（1）供血者和受血者血型相同；

（2）供血者的血型是 O 型；

（3）受血者的血型是 AB 型；

如果允许输血，则绿色指示灯亮；否则红色指示灯亮。请分析问题，并进行逻辑抽象与状态编码。

解 显然，输入变量为供血者和受血者的血型，输出变量为红色和绿色指示灯。因为血型有 4 种，所以如果把"是否某种血型"作为一个逻辑变量，那么会有 8 个输入变量。该题和前面的例题不同，可以将供血者和受血者的血型进行编码，这样，血型的编码需要 2 位，输入变量即可减少到 4 位。定义如下：

输入变量为 4 个：

XY：供血者的血型编码，00 代表 A 型血，01 代表 B 型血，10 代表 AB 型血，11 代表 O 型血。

PQ：受血者的血型编码，编码定义同上。

输出变量为 2 个：

R：红色指示灯，$R=1$，表示血型不匹配；$R=0$，血型可匹配。

G：绿色指示灯，$G=1$，表示血型匹配；$G=0$，血型不匹配。

本 章 小 结

计算机是数字电路技术发展的产物，也是数字电路系统的最典型应用。数字电路是计算机的硬件实现，数字电路技术的飞速发展推动着计算机技术的飞速发展。

数字电路是指用数字信号完成对数字量进行算术运算和逻辑运算的电路，又称为数字系统或者数字逻辑电路。而模拟电路是指处理模拟信号的电子电路。数字信号是离散变化的，使用电压的高低或脉冲形式来表示数字量；模拟信号则是连续变化的，直接使用电压或电流的大小表示模拟量。

数字信号有着抗干扰能力强、精确、便于储存与加密、易于检错纠错等优点，而数字电路也有着模拟电路不可比拟的稳定、高速、可编程、开发周期短等诸多优势。

得益于电子技术的发展，电子器件从电子管、晶体管发展到集成电路，数字电路也从分立元件电路发展到集成电路，目前，大规模集成电路已成为数字电路的主流。集成电路的集成度也从小规模、中规模发展到大规模、超大规模，直至如今的特大规模和巨大规模，集成度越来越高，功耗越来越低。

按照电路结构，数字电路可以分为分立元件电路和集成电路；按照半导体的导电类型，可以分为双极型数字电路和单极型数字电路；按照电路的功能特点，则可以分为组合逻辑电路和时序逻辑电路。

数字电路课程的基本任务是掌握数字电路的基本原理及其分析、设计方法，而要成为一个成功的数字电路设计者，除了具备上述工程技术素质外，还需要很多其他的能力。

二进制的 0 和 1 是构成数字系统的基本信号。数制有两个要素：基数 R 与各位的权 W。二进制的 $R=2$，$W=2^i$。用于表示十进制数值的二进制编码被称为 BCD 码，一般用 4 位二进制编码来表示一个十进制数字。BCD 码分为有权码和无权码，常用的 BCD 码有 8421 码、余三码和格雷码。其中，格雷码的相邻两个码字之间只有 1 位不同，在数字电路中应用广泛。

ASCII 码是一种应用最广泛的西文字符编码，含 95 个可打印字符和 33 个控制字符。

数字逻辑设计的第一步是进行逻辑抽象与状态编码。逻辑抽象是指在将某个问题用数字电路解决时，把其中的事件、状态、条件或者结果等用逻辑变量描述。状态编码可以是指对逻辑变量进行逻辑赋值，定义 0/1 的含义，也可以是指对问题中的状态进行编码与定义。

习　题

1.1　一个模拟信号的范围为 0~5 V，如果测量的精度为 ±50 mV，则此模拟信号最多可以传递多少个数值信息？如果用数字信号(0 V 表示 0，5 V 表示 1)来表示同样个数的数值信息，则需要几个比特？

1.2　画出二进制数串 01110010 的电平型、脉冲型和曼彻斯特 II 型编码的波形。

1.3　巴比伦人在 4000 年前提出了基为 60 的六十进制数制系统。一位六十进制的数字可以传递多少比特的信息？请你用六十进制表示 $(7000)_{10}$ 这个数字。

1.4　求下列各数的十进制值。

(1) $(316.5)_7$；(2) $(1011011.101)_2$；(3) $(137.25)_8$；(4) $(AB9.E)_{16}$。

1.5　将下列十进制数分别转换成二进制数、八进制数和十六进制数，保留 4 位二进制数。

(1) 129.48；(2) 117/32；(3) 1435；(4) 0.45。

1.6　完成下面的数制转换：

(1) $(101111.0111)_2$=(　　　)$_8$=(　　　)$_{16}$；

(2) $(12AB)_{16}$=(　　　)$_{10}$=(　　　)$_8$；

(3) $(727)_{10}$=(　　　)$_5$；

(4) $(727)_8$=(　　　)$_2$=(　　　)$_{16}$；

(5) $(9E6D.C)_{16} = ($ $)_{10} = ($ $)_2 = ($ $)_8$。

1.7 写出下列 BCD 码所代表的十进制数值。

(1) $(1001\ 1000\ 0110)_{8421}$；

(2) $(1001\ 1000\ 0110)_{84-2-1}$；

(3) $(1001\ 1000\ 0110)_{余三码}$；

(4) $(1100\ 1110.1000)_{4311}$。

1.8 写出下列十进制数的 8421 BCD 码、2421 BCD 码和余三码。

(1) 289；

(2) 3.1415。

1.9 一个寄存器中保存了一个 8 比特的数值 0110 1001，如果它仅仅是二进制数字，那么它代表的十进制数是多少？如果它是 8421 BCD 码，则它代表的十进制数又是多少？

1.10 将 $(1000\ 0101)_{8421}$ 转换为二进制数。

1.11 在采用异或运算方法构造 8 位格雷码时，一定会碰到如下几个连续的二进制编码，请写出其对应的格雷码，并分析编码前后它们是否相邻。

(1) 1001 0111；(2) 1001 1000；(3) 1001 1001；(4) 1001 1010。

1.12 写出"Hello Word！"字符串的 ASCII 码。

1.13 对于例 1.8 的问题，阿宝同学认为输入变量只有两个：

A 表示年份能否被 100 整除，$A=1$ 表示能整除，$A=0$ 表示不能被整除；

B 表示年份能否被 4 整除，$B=1$ 表示能整除，$B=0$ 表示不能被整除。

至于条件"年份能被 400 整除"，阿宝认为是等价于 A 和 B 都满足，即 $=A \cdot B$。

你以为如何？说出你的理由。

1.14 对于例 1.10，假设交警为了行车安全，在一个方向从黄灯变成红灯时，另一个方向没有立即从红灯变成绿灯，而是继续维持红灯片刻(如 5 s)，请重新设计其状态转换顺序和编码。

1.15 对于例 1.10，假设双向的红绿黄灯，各含左拐弯、直行、右拐弯三种灯。请设计一个合理的通行方案，并进行逻辑抽象与状态编码。

1.16 观察你的学校附近的交通信号灯(含人行通行灯)的通行规则，记录下来，假如请你为该信号灯系统设计一个数字系统，你如何进行逻辑抽象与状态编码？

1.17 Tom 要在没有蚂蚁和蜜蜂的晴天去野炊；如果他能听到百灵鸟的歌唱，即使是有蚂蚁和蜜蜂，他也要去野炊。为了用数字电路表示 Tom 是否去野炊这个问题，请你进行逻辑抽象与状态编码。

1.18 在一个冷却塔的控制系统中，控制方法如下：

(1) 如果压缩机关闭，则关闭冷却塔风机和冷却水泵。

(2) 如果压缩机开启，则开启冷却水泵。

(3) 如果冷却水泵开启，则当冷却出水温度高于设定值时，开启冷却塔风机，当冷却出水温度低于设定值时，关闭冷却塔风机。

分析该问题并进行逻辑抽象与状态编码。

1.19 对于一个 5 状态的电路，至少要使用 3 位二进制对其进行状态编码。请问可能有多少种不同的状态编码组合？

1.20 有一种 n 中取 m 码，是 n 中取 1 码的广义化，编码的特点是：每个有效码为 n 位，其中，m 位为 1，其余为 0。

(1) 考虑 3 中取 2 码，有效编码有几个？

（2）如果用 n 中取 2 码表示例 1.10 中的状态，则 n 至少为多少？

（3）推导出 n 中取 m 码的有效编码个数。

1.21　8B10B 码是 n 中取 m 码的重要变种，被应用于 802.3z 千兆以太网标准中，请查阅有关资料，说明其编码方式。

1.22　写出下列缩写词的英文全称和中文全称：

ASIC、ASCII、BCD、CAE、ENIAC、EDA、FPGA、HDL、IC、LSB、MSB、MPU、OS、PLD、VLSI。

第 2 章　逻辑代数基础

英国科学家乔治·布尔(George Boole)创立了逻辑代数，逻辑代数又称为布尔代数，是研究逻辑函数运算和化简的一种数学系统，也是用来描述、分析和简化数字电路的数学工具。

本章将要介绍的主要内容有：逻辑代数的基本概念、逻辑函数的定义、公理、定律和运算规则、逻辑函数的标准表示形式以及逻辑函数的化简方法等。

2.1　逻辑代数的基本概念

2.1.1　逻辑变量、常量与逻辑函数

逻辑代数的应用面很广，当用于开关电路时，由于所有开关元件都使用二值器件，因此只需要两个值"0"和"1"的逻辑代数就能表达电路"开"与"关"两种状态，也可表达晶体管输出的高电平与低电平。本章仅讨论逻辑代数应用于开关电路的情况，由此得出开关代数的定义。

开关代数是以二进制为基础，以开关电路为讨论对象的特殊的布尔代数，由逻辑变量集 K、逻辑常量以及"与"、"或"、"非"这 3 种基本逻辑运算所构成的代数系统，记为：

$$L = \{K, 0, 1, \cdot, +, -\} \tag{2.1}$$

其中，"0"和"1"是逻辑常量，"·"是与运算符，"+"是或运算符，"－"是非运算符。

1. 逻辑常量

在逻辑代数中，把矛盾的一方设为"1"，另一方设为"0"，使之数学化，以便可以利用公理、定理进行数学演算，达到逻辑推理的目的。逻辑常量就表达了这两个对立的逻辑状态，即逻辑"真"(true)和逻辑"假"(false)，用 0 和 1 表示。

需要注意的是，0 和 1 不表示数的大小，仅表示两种不同的逻辑状态，没有量的概念，用来表达矛盾的双方，是一种形式上的符号。例如，晶体管输出的高电平与低电平、脉冲信号的有无等，都可以用 0 和 1 来表示。

数字电路中关于正、负逻辑的规定如下：

正逻辑体制规定高电平为逻辑 1，低电平为逻辑 0；负逻辑体制规定低电平为逻辑 1，高电平为逻辑 0。

2. 逻辑变量和逻辑函数

在式(2.1)中，逻辑变量集 K 是逻辑变量的集合。逻辑变量是指反映事物逻辑关系的变量，一般用字母、数字及其组合来表示，其取值只有两个，即 0 和 1。

对于逻辑问题的讨论，需要有条件和结果，表示条件的逻辑变量就是输入变量，表示结果的逻辑变量就是输出变量。

设某一逻辑电路的输入变量为 A_1，A_2，$\cdots$，A_n，输出变量为 F，当 A_1，A_2，$\cdots$，A_n 的值确定之后，F 的值就唯一确定了，称 F 为 A_1，A_2，$\cdots$，A_n 的逻辑函数，记为：$F = f(A_1，A_2，\cdots，A_n)$。例如，有逻辑函数

$$F = f(A,B) = (A + \overline{C})B$$

在这个逻辑函数中，A、B、C 是输入变量，其中，A 和 B 引用了原变量，C 引用了反变量 $\overline{C}$；输出变量是 F。所有 4 个逻辑变量 A、B、C 和 F 的取值都只可能是 0 或 1。

3. 逻辑函数相等

设有两个逻辑函数 $F_1 = f_1(A_1，A_2，\cdots，A_n)$ 和 $F_2 = f_2(A_1，A_2，\cdots，A_n)$。如果对应输入变量 $A_1 A_2 \cdots A_n$ 的任一组取值条件下，F_1 和 F_2 的值都相等，则称逻辑函数 F_1 和 F_2 相等，记为 $F_1 = F_2$。

2.1.2 逻辑函数的表示方法

变量间逻辑关系的表示方法有多种，以下介绍常见的 6 种方式。同一个逻辑函数，可以用多种方式表达，这些表达方式之间可以互相转换。

1. 逻辑表达式

逻辑表达式是指用与、或、非等运算符所构成的表达式来描述输入、输出变量之间的因果关系。逻辑函数也称为逻辑表达式。例如，$F = f(A,B) = (A + \overline{C})B$ 是一个逻辑表达式。

2. 真值表

真值表是指用表格形式表示逻辑函数的方法。真值表展示了逻辑事件输入和输出之间全部可能的状态。

将真值表分为左右两个部分，每部分包含若干列。在列表时，应将所有输入变量置于真值表的左部，输出变量置于真值表右部。如果一个逻辑函数有 n 个输入变量，那么真值表左部就包含 n 列，输入变量的取值组合一共有 2^n 种，真值表包含 2^n 行数据。真值表是包含这 2^n 种输入变量的取值组合及其对应逻辑函数输出值所构成的表格，输入、输出变量取值都只能是 0 或 1。

【例 2.1】 请画出逻辑函数 $F = AB + BC + AC$ 对应的真值表。

解 输入变量 A、B、C 位于真值表左边 3 列，输出变量 F 位于真值表最右列，如表 2.1 所示。逻辑函数 $F = AB + BC + AC$ 中有一共 3 个输入变量，按照排列组合的规则，输入变量 A、B、C 一共有 8 种输入可能，分别是 000、001、010、011、100、101、110、111。在表 2.1 中依次填入这 8 种输入取值组合，然后把左边每一行输入变量的取值代入逻辑函数 $F = AB + BC + AC$ 中运算，把运算的结果(0 或 1)填入真值表右边 F 列对应的空格，这样就得到逻辑函数的真值表。

表 2.1　逻辑函数 $F = AB + BC + AC$ 对应的真值表

A	B	C	F
0	0	0	0
0	0	1	0
0	1	0	0
0	1	1	1
1	0	0	0
1	0	1	1
1	1	0	1
1	1	1	1

【例 2.2】　某飞机有 3 台发动机，当其中只有一台运转时，用一盏绿灯 G 点亮来指示；当其中有 2 台同时运转时，用一盏红灯 R 点亮。当 3 台同时运转时，红、绿灯均点亮来指示。请用真值表表示发动机和灯之间的逻辑关系。

解　输入为发动机状态，设输入变量为 A、B、C，运转时用 1 表示，不运转时用 0 表示；输出为红、绿指示灯，设输出变量为 G、R，灯亮用 1 表示，灯灭用 0 表示。

表 2.2　例 2.2 逻辑关系的真值表

A	B	C	G	R
0	0	0	0	0
0	0	1	1	0
0	1	0	1	0
0	1	1	0	1
1	0	0	1	0
1	0	1	0	1
1	1	0	0	1
1	1	1	1	1

根据题意，列好真值表表头，输入变量 A、B、C 在表格左边，两个输出变量 G 和 R 在表格右边，然后分为 8 行，分别填入 8 种输入取值组合，再根据题目，分析出每种输入取值条件下，G 和 R 的值，填入对应位置，从而得到发动机和灯之间逻辑关系的真值表，如表 2.2 所示。

真值表表示法的优点是直观、全面、简单。但因为表格行数 N 与输入变量数 n，存在 $N = 2^n$ 关系，所以当输入变量比较多时，表格将会太长，因此真值表表示法的缺点是，输入变量不宜多。

3. 逻辑电路图

用逻辑函数来表示变量间的逻辑关系，是为了方便获得逻辑电路图，最终用硬件来实现。用标准化的逻辑门电路图形符号来表示逻辑函数中变量之间运算关系的图，被称为逻辑电路图。图 2.1 是逻辑函数 $F=\overline{\overline{\overline{ABC}}+D\oplus E}$ 对应的逻辑电路图。

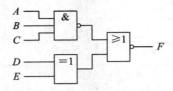

图 2.1 逻辑函数 $F=\overline{\overline{\overline{ABC}}+D\oplus E}$ 对应的逻辑电路图

4. 卡诺图

卡诺图是一种方格式几何图形。真值表中的一行对应卡诺图中的一个小方格。因此，如果输入变量数是 n，那么卡诺图也可以全面展示所有输入取值组合（2^n 种）条件下，与输出变量对应值之间的关系。与真值表的局限性类似，当输入变量数目多于 5 个以上时，卡诺图变得很复杂，很少使用。卡诺图一般用于化简逻辑函数，而且输入变量在 5 个以下。

图 2.2 是逻辑函数 $F=A\overline{B}+\overline{C}D$ 对应的卡诺图。图中，第一行 4 个小方格中分别是当输入变量 $ABCD=0000$、0001、0011 和 0010 时输出变量 F 对应的值。

F＼CD ＼AB	00	01	11	10
00	0	1	0	0
01	0	1	0	0
11	0	1	0	0
10	1	1	1	1

图 2.2 逻辑函数 $F=A\overline{B}+\overline{C}D$ 对应的卡诺图

5. 波形图

波形图是用逻辑电平的高低变化来动态表示输入变量和输出变量变化的图形，是一种动态图形语言。将逻辑函数输入变量的每一种可能出现的取值与对应的输出值按照时间顺序依次排列出来，就可以画出表示该逻辑函数的波形图。波形图也称为时序图。有两个逻辑函数：$Y=A+B$ 和 $Z=A\cdot(A+B)$。图 2.3 是 Y 和 Z 的逻辑函数对应的时序波形图。

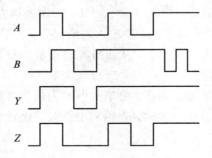

图 2.3 Y 和 Z 的逻辑函数对应的时序波形图

由于 $Y=A+B$，因此只要 A、B 中的任何一个为 1，输出 Y 为 1；而 $Z=A\cdot(A+B)=$

$A+AB=A$，因此输出 Z 的波形与 A 的波形一致。

波形图能够反映出随着时序变化，输入、输出变量的变化，因此时序波形图是分析和测试数字系统常用的一个重要方法。

6. 硬件描述语言 HDL

硬件描述语言以文本形式来描述数字系统硬件结构和行为，是一种用形式化方法来描述数字电路和系统的语言，可以从上层到下层来逐层描述自己的设计思想。即用一系列分层次的模块来表示复杂的数字系统，并逐层进行验证仿真，再把具体的模块组合由综合工具转化成门级网表，利用布局布线工具把网表转化为具体电路结构的实现。

常用的硬件描述语言有 VHDL 和 Verilog HDL。

【例 2.3】 请写出实现以下 $Y[0]$ 和 $Y[1]$ 两个逻辑函数的 Verilog HDL 代码。

$$Y[0]=\overline{EN}(\overline{S[0]} \cdot \overline{S[1]} \cdot A[0]+S[0] \cdot \overline{S[1]} \cdot B[0]+\overline{S[0]} \cdot S[1] \cdot C[0] + S[0] \cdot S[1] \cdot D[0])$$

$$Y[1]=\overline{EN}(\overline{S[0]} \cdot \overline{S[1]} \cdot A[1]+S[0] \cdot \overline{S[1]} \cdot B[1]+\overline{S[0]} \cdot S[1] \cdot C[1] + S[0] \cdot S[1] \cdot D[1])$$

解 实现 $Y[0]$ 和 $Y[1]$ 两个逻辑函数的 Verilog HDL 代码如下，在硬件开发平台上编译这段代码，根据不同时刻输入变量的取值，得到对应时刻输出变量的值。

```
module select(EN,s,A,B,C,D,Y);
    input EN;
    input [1:0]s,A,B,C,D;
    output [1:0]Y;
    assign
Y[0]=(~EN)&(((~s[0])&(~s[1])&A[0])|((s[0])&(~s[1])&B[0])|((~s[0])&(s[1])
&C[0])|((s[0])&(s[1])&D[0]));
    assign
Y[1]=(~EN)&(((~s[0])&(~s[1])&A[1])|((s[0])&(~s[1])&B[1])|((~s[0])&(s[1])
&C[1])|((s[0])&(s[1])&D[1]));
    endmodule
```

2.1.3 基本运算与逻辑门

"与"、"或"、"非"是最基本的逻辑运算，根据这三种基本运算规则，可以推导出逻辑运算的基本定理和规则，由这三种逻辑运算可以构成各种复合逻辑运算，来反映复杂数字系统中各开关之间的联系。

逻辑门是集成电路的基本组件，是对逻辑常量和变量完成基本逻辑运算的电路。简单的逻辑门可由晶体管组成。这些晶体管的组合可以使代表"0"和"1"两种信号的高、低电平在通过它们之后产生高电平或者低电平的信号（也记为"0"和"1"），从而在电路上实现逻辑运算。常见的逻辑门包括"与"门，"或"门，"非"门，"异或"门等。逻辑门可以组合使用，实现更为复杂的逻辑运算。

1. "与"运算

"与"运算又称为逻辑乘，是指某个事件受若干个条件影响，若所有的条件都齐备，该事件才能成立。

"与"逻辑运算符是"·"、"∧"或空,其定义如表 2.3 所示,逻辑表达式写作 $F=AB$。"与"运算规则是有 0 就出 0。在"与"运算的定义中,只有当输入变量 A 和 B 的取值同时为 1 时,输出变量 F 的值才为 1。

"与"运算用逻辑门符号表示就是"与"门。图 2.4 是"与"门的三种画法,图 2.4(a)是国际标准符号,图 2.4(b)是美国标准符号,图 2.4(c)是曾用符号。

表 2.3 "与"运算的定义

A	B	F
0	0	0
0	1	0
1	0	0
1	1	1

(a) 国际标准符号　　　(b) 美国标准符号　　　(c) 曾用符号

图 2.4 "与"门逻辑符号

2. "或"运算

"或"运算又称为逻辑加,是指一个事件的成立与否有许多条件,只要其中任意一个或一个以上条件成立,事件便成立。

"或"运算的运算符是"+"、"∨",其定义如表 2.4 所示,逻辑表达式写作 $F=A+B$。"或"运算规则是有 1 就出 1。在"或"运算的定义中,只有当输入变量 A 和 B 的取值同时为 0 时,输出变量 F 的值才为"0"。

"或"运算用逻辑门符号表示就是"或"门。图 2.5 是"或"门的三种画法,图 2.5(a)是国际标准符号,图 2.5(b)是美国标准符号,图 2.5(c)是曾用符号。

表 2.4 "或"运算的定义

A	B	F
0	0	0
0	1	1
1	0	1
1	1	1

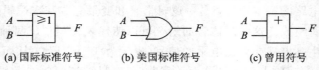

(a) 国际标准符号　　　(b) 美国标准符号　　　(c) 曾用符号

图 2.5 "或"门逻辑符号

3. "非"运算

一个事件是否成立,与条件相反。当条件成立时,事件便不成立;当条件不成立时,事件便成立，这种逻辑关系称为逻辑非。

"非"运算的运算符是"¬"或"−"，其定义如表 2.5 所示，逻辑表达式写作 $F=\overline{A}$，运算规则是取反。在逻辑函数中，A 称为原变量，$\overline{A}$ 称为反变量。在"非"运算的定义中，当输入变量 A 的取值是 0 时，输出变量 F 是 1；当输入变量 A 的取值是 1 时，输出变量 F 是 0。

表 2.5 "非"运算的定义

A	F
0	1
1	0

"非"运算用逻辑门符号表示就是"非"门。图 2.6 是"非"门的三种画法，图 2.6(a)是国际标准符号，图 2.6(b)是美国标准符号，图 2.6(c)是曾用符号。

(a) 国际标准符号 (b) 美国标准符号 (c) 曾用符号

图 2.6 "非"门逻辑符号

2.1.4 复合运算与逻辑门

使用"与"、"或"、"非"三种基本逻辑运算可以构成复合逻辑运算，本小节介绍几种常用的复合逻辑运算和逻辑门。

1. "与非"运算

"与非"运算是由"与"运算和"非"运算导出的，其定义如表 2.6 所示，逻辑表达式写作 $F=\overline{AB}$，该运算先对变量 A、B 进行"与"操作，再进行"非"操作。"与非"运算规则是有 0 就出 1。在"与非"运算的定义中，只有当输入变量 A 和 B 的取值同时为 1 时，输出变量 F 的值才为 0。

表 2.6 "与非"运算的定义

A	B	F
0	0	1
0	1	1
1	0	1
1	1	0

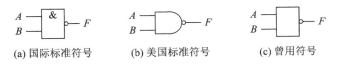

(a) 国际标准符号 (b) 美国标准符号 (c) 曾用符号

图 2.7 "与非"门逻辑符号

"与非"运算用逻辑门符号表示就是"与非"门。图 2.7 是"与非"门的三种画法，图 2.7(a)是国际标准符号，图 2.7(b)是美国标准符号，图 2.7(c)是曾用符号。

2. "或非"运算

"或非"运算是由"或"运算和"非"运算导出的，其定义如表 2.7 所示，逻辑表达式写作 $F=\overline{A+B}$，该运算先对变量 A、B 进行"或"操作，再进行"非"操作。"或非"运算规则是有 1 就出 0。在"或非"运算的定义中，只有当输入变量 A 和 B 的取值同时为 0 时，输出变量 F 的值才为 1。

表 2.7　"或非"运算的定义

A	B	F
0	0	1
0	1	0
1	0	0
1	1	0

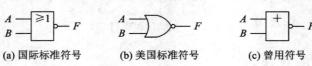

(a) 国际标准符号　　(b) 美国标准符号　　(c) 曾用符号

图 2.8　"或非"门逻辑符号

"或非"运算用逻辑门符号表示就是"或非"门。图 2.8 是"或非"门的三种画法，图 2.8(a)是国际标准符号，图 2.8(b)是美国标准符号，图 2.8(c)是曾用符号。

3. "与或非"运算

"与或非"运算是由"或"运算和"非"运算导出的，其定义如表 2.8 所示，逻辑表达式写作 $F=\overline{AB+CD}$，该运算先分别对变量 A、B 和 C、D 进行"与"操作，再进行"或"操作，最后进行"非"操作。

表 2.8　"与或非"运算的定义

A	B	C	D	F	A	B	C	D	F
0	0	0	0	1	1	0	0	0	1
0	0	0	1	1	1	0	0	1	1
0	0	1	0	1	1	0	1	0	1
0	0	1	1	0	1	0	1	1	0
0	1	0	0	1	1	1	0	0	0
0	1	0	1	1	1	1	0	1	0
0	1	1	0	1	1	1	1	0	0
0	1	1	1	0	1	1	1	1	0

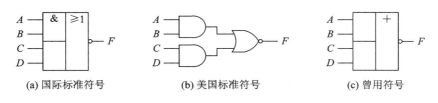

| (a) 国际标准符号 | (b) 美国标准符号 | (c) 曾用符号 |

图 2.9　"与或非"门逻辑符号

"与或非"运算用逻辑门符号表示就是"与或非"门。图 2.9 是"与或非"门的三种画法，图 2.9(a)是国际标准符号，图 2.9(b)是美国标准符号，图 2.9(c)是曾用符号。

4. "异或"运算

"异或"运算的运算符是"$\oplus$"，其定义如表 2.9 所示，逻辑表达式写作 $F=A\oplus B$，等价于 $F=\overline{A}B+A\overline{B}$。"异或"运算规则是相异得 1。在"异或"运算的定义中，当输入变量 A 和 B 的取值相同时，输出变量 F 的值为 0；当输入变量 A 和 B 的取值不同时，输出变量 F 的值为 1。

表 2.9　"异或"运算的定义

A	B	F
0	0	0
0	1	1
1	0	1
1	1	0

| (a) 国际标准符号 | (b) 美国标准符号 | (c) 曾用符号 |

图 2.10　"异或"门逻辑符号

"异或"运算用逻辑门符号表示就是"异或"门。图 2.10 是"异或"门的三种画法，图 2.10(a)是国际标准符号，图 2.10(b)是美国标准符号，图 2.10(c)是曾用符号。

5. "同或"运算

"同或"运算的运算符是"$\odot$"，其定义如表 2.10 所示，逻辑表达式写作 $F=A\odot B$，等价于 $F=\overline{A}\,\overline{B}+AB$。"同或"运算规则是相同得 1。在"同或"运算的定义中，当输入变量 A 和 B 的取值相同时，输出变量 F 的值为 1；当输入变量 A 和 B 的取值不同时，输出变量 F 的值为 0。

表 2.10　"同或"运算的定义

A	B	F
0	0	1
0	1	0
1	0	0
1	1	1

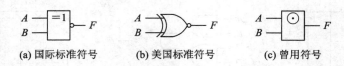

| (a) 国际标准符号 | (b) 美国标准符号 | (c) 曾用符号 |

图 2.11 "同或"门逻辑符号

"同或"运算用逻辑门符号表示就是"同或"门。图 2.11 是"同或"门的三种画法,图 2.11(a)是国际标准符号,图 2.11(b)是美国标准符号,图 2.11(c)是曾用符号。

2.2 逻辑代数的公理和定律

逻辑代数的公理为推导逻辑代数的定律提供了依据,公理和定理为逻辑代数的证明提供了演绎的数学基础。

逻辑代数的公理如表 2.11 所示。根据这些逻辑代数的公理,可用真值表法证明:对于任意的逻辑变量 A、B、C,存在如表 2.12 所示的定律。

表 2.11 逻辑代数的公理

逻辑代数的公理				
$\overline{0}=1$	$0 \cdot 0=0$	$0 \cdot 1=0$	$0+0=0$	$0+1=1$
$\overline{1}=0$	$1 \cdot 0=0$	$1 \cdot 1=1$	$1+0=1$	$1+1=1$

表 2.12 逻辑代数的基本定律

名称	逻辑代数的基本定律			
0-1 律	$A \cdot 1=A$	$A \cdot 0=0$	$A+0=A$	$A+1=1$
互补律	$A \cdot \overline{A}=0$		$A+\overline{A}=1$	
交换律	$A \cdot B=B \cdot A$		$A+B=B+A$	
结合律	$(AB)C=A(BC)$		$(A+B)+C=A+(B+C)$	
分配律	$A(B+C)=AB+AC$		$A+BC=(A+B)(A+C)$	

定律 1 0-1 律

对于任意的逻辑变量 A,有
$$A \cdot 1=A, \quad A \cdot 0=0, \quad A+0=A, \quad A+1=1$$

定律 2 互补律

对于任意的逻辑变量 A,存在唯一的 $\overline{A}$,使得
$$A \cdot \overline{A}=0, \quad A+\overline{A}=1$$

定律 3 交换律

对于任意的逻辑变量 A 和 B,有
$$A \cdot B=B \cdot A, \quad A+B=B+A$$

定律 4 结合律

对于任意的逻辑变量 A、B、C,有
$$(AB)C=A(BC), \quad (A+B)+C=A+(B+C)$$

定律 5 分配律

对于任意的逻辑变量 A、B、C，有

$$A(B+C)=AB+AC, \quad A+BC=(A+B)(A+C)$$

由表 2.11 所列的基本公理和表 2.12 所列的基本定律，推导出常用的逻辑代数定律，如表 2.13 所示。

表 2.13 常用的逻辑代数定律

名称	常 用 定 律	
重叠律	$A+A=A$	$A \cdot A=A$
吸收律	$A+AB=A$	$A(A+B)=A$
补吸收律	$A+\overline{A}B=A+B$	$A(\overline{A}+B)=AB$
并项律	$AB+A\overline{B}=A$	$(A+B)(A+\overline{B})=A$
复原律	$\overline{\overline{A}}=A$	
包含律	$AB+\overline{A}C+BC=AB+\overline{A}C$	$(A+B)(\overline{A}+C)(B+C)=(A+B)$ $(\overline{A}+C)$
摩根律	$\overline{A+B}=\overline{A} \cdot \overline{B}$	$\overline{AB}=\overline{A}+\overline{B}$

定律 6 重叠律

对于任意的逻辑变量 A，有

$$A+A=A, \quad A \cdot A=A$$

证明

$$
\begin{aligned}
A+A &= A \cdot 1+A \cdot 1 \qquad &0-1 \text{律} \\
&= A \cdot (1+1) \qquad &分配律 \\
&= A \cdot 1 \qquad &0-1 \text{律} \\
&= A \qquad &0-1 \text{律}
\end{aligned}
$$

定律 7 吸收律

对于任意的逻辑变量 A、B，有

$$A+AB=A, \quad A(A+B)=A$$

证明

$$
\begin{aligned}
A+AB &= A \cdot 1+A \cdot B \qquad &0-1 \text{律} \\
&= A \cdot (1+B) \qquad &分配律 \\
&= A \cdot 1 \qquad &0-1 \text{律} \\
&= A \qquad &0-1 \text{律}
\end{aligned}
$$

定律 8 补吸收律

对于任意的逻辑变量 A、B，有

$$A+\overline{A}B=A+B, \quad A(\overline{A}+B)=AB$$

证明

$$
\begin{aligned}
A+\overline{A}B &= (A+\overline{A})(A+B) \qquad &分配律 \\
&= 1 \cdot (A+B) \qquad &互补律 \\
&= A+B \qquad &0-1 \text{律}
\end{aligned}
$$

定律 9 并项律

对于任意的逻辑变量 A、B，有

$$AB+A\overline{B}=A, \quad (A+B)(A+\overline{B})=A$$

35

证明 $$AB+A\overline{B} = A(B+\overline{B}) \qquad 分配律$$
$$= A \cdot 1 \qquad 0-1律$$
$$= A \qquad 0-1律$$

定律 10 复原律

对于任意的逻辑变量 A，有

$$\overline{\overline{A}} = A$$

证明 设

$$F_1 = \overline{A}, \quad F_2 = \overline{\overline{A}}$$

使用基本公理，列真值表证明，如表 2.14 所示。对应输入变量 A 的任一组取值条件下，F_2 的值和输入变量 A 的取值都相等，则 $\overline{\overline{A}} = A$ 成立。

表 2.14 复原律真值表

A	$F_1 = \overline{A}$	$F_2 = \overline{\overline{A}}$
0	1	0
1	0	1

定律 11 包含律

对于任意的逻辑变量 A、B，有
$$AB+\overline{A}C+BC = AB+\overline{A}C$$
$$(A+B)(\overline{A}+C)(B+C) = (A+B)(\overline{A}+C)$$

证明 $$AB+\overline{A}C+BC = AB+\overline{A}C+BC(A+\overline{A}) \qquad 互补律$$
$$= AB+\overline{A}C+BCA+BC\overline{A} \qquad 分配律$$
$$= AB+\overline{A}C+ABC+\overline{A}BC \qquad 交换律$$
$$= AB(1+C)+\overline{A}C(1+B) \qquad 分配律$$
$$= AB+\overline{A}C \qquad 0-1律$$

推广
$$AB+\overline{A}C+BCDEF\cdots = AB+\overline{A}C$$
$$(A+B)(\overline{A}+C)(B+C+D+E+F+\cdots) = (A+B)(\overline{A}+C)$$

证明 $$AB+\overline{A}C = AB+\overline{A}C+BC \qquad 包含律$$
$$= AB+\overline{A}C+BC(1+DEF\cdots) \qquad 0-1律$$
$$= AB+\overline{A}C+BC+BCDEF\cdots \qquad 分配律$$
$$= AB+\overline{A}C+BCDEF\cdots \qquad 包含律$$

定律 12 摩根律（反演律）

对于任意的逻辑变量 A、B，有
$$\overline{A+B} = \overline{A} \cdot \overline{B}, \quad \overline{AB} = \overline{A}+\overline{B}$$

证明 设

$$F_1 = \overline{A+B}, \quad F_2 = \overline{A} \cdot \overline{B}, \quad F_3 = \overline{AB}, \quad F_4 = \overline{A}+\overline{B}$$

使用基本公理，列真值表证明，如表 2.15 所示。对应输入变量 A、B 的任一组取值条件下，F_1 和 F_2 的值都相等，F_3 和 F_4 的值都相等，则 $\overline{A+B} = \overline{A} \cdot \overline{B}$ $\overline{AB} = \overline{A}+\overline{B}$ 成立。

表 2.15　摩根律真值表

A	B	$F_1=\overline{A+B}$	$F_2=\overline{A}\cdot\overline{B}$	$F_3=\overline{AB}$	$F_4=\overline{A}+\overline{B}$
0	0	1	1	1	1
0	1	0	0	1	1
1	0	0	0	1	1
1	1	0	0	0	0

推广：

$$\overline{X_1+X_2+X_3+\cdots+X_n}=\overline{X_1}\cdot\overline{X_2}\cdot\overline{X_3}\cdots\overline{X_n}$$

$$\overline{X_1\cdot X_2\cdot X_3\cdots X_n}=\overline{X_1}+\overline{X_2}+\overline{X_3}+\cdots+\overline{X_n}$$

2.3　逻辑代数的运算规则

逻辑运算中常用到四条规则，分别是：代入规则、反演规则、对偶规则和展开规则。

1. 代入规则

任何一个逻辑等式，如果将等式两边出现的所有同一变量都用某个函数替代，则等式仍然成立，这个规则称为代入规则。即，用函数代替变量。

对于逻辑等式 $\overline{AB}=\overline{A}+\overline{B}$，令 $B=BC$，代入原式中，则

$$\overline{A(BC)}=\overline{A}+\overline{BC}=\overline{A}+\overline{B}+\overline{C}$$

以此推广得到摩根律的一般形式：

$$\overline{X_1+X_2+X_3+\cdots+X_n}=\overline{X_1}\cdot\overline{X_2}\cdot\overline{X_3}\cdots\overline{X_n}$$

$$\overline{X_1\cdot X_2\cdot X_3\cdots X_n}=\overline{X_1}+\overline{X_2}+\overline{X_3}+\cdots+\overline{X_n}$$

代入规则对推导公式有特别重要的意义。使用代入规则可以将公理和定律中的逻辑变量用任意的函数替代，从而可以推导出更多的等式，这些等式可以直接使用。

2. 反演规则

反演规则用于求反函数，即，由 $F(A，B，C\cdots)$ 求 $\overline{F}(A，B，C\cdots)$。

如果将逻辑函数 F 表达式中所有的"0"换成"1"，"1"换成"0"，"·"换成"＋"，"＋"换成"·"，原变量换成反变量，反变量换成原变量，并保持原函数表达式运算顺序不变，得到另一个逻辑函数，那么这个逻辑函数就是原函数的反函数，记作 $\overline{F}$，这个规则称为反演规则。F 称为原函数，$\overline{F}$ 称为 F 的反函数。表 2.16 给出了反演规则的替换方法。

表 2.16　反演规则的替换方法

0	→	1	A	→	$\overline{A}$
1	→	0	$\overline{A}$	→	A
·	→	＋	＋	→	·

在使用反演规则时，应注意以下 3 点：

（1）保持原有运算顺序不变，必要时可以添加括号。

（2）不属于单个变量的非号需保留，即在非号下有两个及以上变量时，非号需保留，

该非号下面的逻辑函数表达式按反演规则变换。

（3）替换时顺序可以采用先括号，再与，后或，最后非的顺序。

反演规则的属性如下：

（1）反演规则实际上是摩根律的推广。

（2）若两个逻辑函数相等，则它们的反函数也相等。此属性常用于证明逻辑等式。

【例 2.4】 求逻辑函数 $F = A[B + \overline{C}(D + \overline{E})]$ 的反函数。

解
$$\overline{F} = \overline{A} + \overline{B} \cdot (C + \overline{D}E)。$$

【例 2.5】 求逻辑函数 $\overline{F} = A\,\overline{B} + \overline{C}$ 的反函数。

解 方法 1：采用复原律得到
$$F = A\,\overline{B} + \overline{C}$$

方法 2：采用摩根律
$$F = \overline{(\overline{A} + B) \cdot \overline{\overline{C}}} = \overline{\overline{A} + B} + \overline{C} = A\,\overline{B} + \overline{C}$$

3. 对偶规则

反演规则用于求对偶函数，即，由 $F(A, B, C \cdots)$ 求 $F'(A, B, C \cdots)$。

如果将逻辑函数 F 表达式中所有的"0"换成"1"，"1"换成"0"，"·"换成"＋"，"＋"换成"·"，并且保持原函数表达式运算顺序不变，则得到另一个逻辑函数，那么这个逻辑函数就是原函数的对偶函数，记作 F'，这个规则称为对偶规则。F 称为原函数，F' 称为 F 的对偶函数。表 2.17 给出了对偶规则的替换方法。

表 2.17 对偶规则的替换方法

0	→	1	·	→	＋
1	→	0	＋	→	·

在使用对偶规则时，应注意以下 3 点：

（1）保持原有运算顺序不变，必要时可以添加括号。

（2）不属于单个变量的非号需保留，即在非号下有两个及以上变量时，非号需保留，该非号下面的逻辑函数表达式按反演规则变换。

（3）替换时顺序可以采用先括号，再与，后或的顺序，与反演规则不同的是，原变量不需要换成反变量，反变量也不需要换成原变量。

对偶规则的属性如下：

（1）如果两个函数相等，那么它们的对偶函数也相等。

（2）若一个定律是正确的，则其对偶式也一定正确。

（3）对对偶函数再求对偶，得到原函数本身，即 F 和 F' 互为对偶函数。

【例 2.6】 求逻辑函数 $F = A\,\overline{B} + B(\overline{C} + 1)$ 的对偶函数，并求对偶函数的对偶函数。

解
$$F' = (A + \overline{B})(B + \overline{C} \cdot 0)$$

如果对对偶式 $F' = (A + \overline{B})(B + \overline{C} \cdot 0)$ 再求一次对偶，得到
$$F = A\overline{B} + B(\overline{C} + 1)$$

4. 展开规则

对于任何一个逻辑函数 $F = f(X_1, X_2, \cdots, X_n)$，可以将其中任一个输入变量 X_i 分

离出来，并展开成

$$F = \overline{X_i} f(X_1, X_2, \cdots, 0, \cdots, X_n) + X_i f(X_1, X_2, \cdots, 1, \cdots, X_n)$$

或

$$F = [X_i + f(X_1, X_2, \cdots, 0, \cdots, X_n)][\overline{X_i} + f(X_1, X_2, \cdots, 1, \cdots, X_n)]$$

这就是展开规则。展开规则特别适用于化简形如 $F = X_i \cdot f(X_1, X_2, \cdots, X_n)$ 的逻辑函数。

证明 （1）令 $X_i = 0$，则

左式 $= f(X_1, X_2, \cdots X_n) = f(X_1, X_2, \cdots 0, \cdots X_n)$

右式 $= 1 \cdot f(X_1, X_2, \cdots 0, \cdots X_n) + 0 \cdot f(X_1, X_2, \cdots 1, \cdots X_n) = f(X_1, X_2, \cdots 0, \cdots X_n)$

左式 $=$ 右式

（2）令 $X_i = 1$，则

左式 $= f(X_1, X_2, \cdots X_n) = f(X_1, X_2, \cdots 1, \cdots X_n)$

右式 $= 0 \cdot f(X_1, X_2, \cdots 0, \cdots X_n) + 1 \cdot f(X_1, X_2, \cdots 1, \cdots X_n) = f(X_1, X_2, \cdots 1, \cdots X_n)$

左式 $=$ 右式

命题得证。

【例 2.7】 对逻辑函数 $F = A[AB + \overline{A}C + (A+D)(\overline{A}+E)]$ 进行化简。

解 $F = \overline{A}\{0[0B + 1C + (0+D)(1+E)]\} + A\{1[1B + 0C + (1+D)(0+E)]\}$

$F = 0 + A\{1[1B + 0C + (1+D)(0+E)]\}$

$F = A(B + E)$

2.4　逻辑函数的表示形式

2.4.1　逻辑函数的基本形式

逻辑函数 $F_1 = AB + \overline{A}C + BC$ 和 $F_2 = AB + \overline{A}C$，虽然表达式不相同，但是根据包含律可知 $F_1 = F_2$，它们的真值表是相同的，因此它们是同一个逻辑函数。

同一个逻辑函数可以用不同的表达式来表示，即表达式并不唯一。一般地，一个逻辑函数可以用与或式、或与式、与非式、或非式、与或非式以及更复杂的逻辑表达式来表示，这些表达式可以相互转换。例如，$F_1 = AB + \overline{A}C + BC$ 等价于 $F_3 = (\overline{A}+B)(A+C)$、$F_4 = \overline{\overline{AB} \cdot \overline{\overline{A}C} \cdot \overline{BC}}$ 和 $F_5 = \overline{\overline{\overline{A}+B} + \overline{A+C}}$，$F_1$、$F_3$、$F_4$、$F_5$ 分别是同一个逻辑函数对应的与或、或与、与非以及或非表达式。

在同一个逻辑函数对应的众多的表达式中，"与或式"和"或与式"被称作逻辑函数表达式的基本形式。

1. 与或表达式

与或表达式又称为"积之和"表达式，是指表达式中的每一项都是原变量或反变量通过"与"运算构成的"与"项，项和项之间都是通过"或"运算连接起来。"与"项也可以是单个原变量或者反变量。在一般的与或表达式中，允许"与"项存在不包含某些输入变量的情况。

例如，$F_1 = AB + \overline{A}C + BC$ 是由 3 个"与"项通过"或"运算连接起来的与或式。又如，$F_6 = \overline{ABC} + \overline{C}$ 是由 2 个"与"项通过"或"运算连接起来的与或式。

2. 或与表达式

或与表达式又称为"和之积"表达式，是指表达式中的每一项都是原变量或反变量通过"或"运算构成的"或"项，项和项之间都是通过"与"运算连接起来。"或"项是由一个或多个原变量或反变量通过"或"运算构成。在一般的或与式中，允许"或"项存在不包含某些输入变量的情况。

例如，$F_3 = (A+B)(\overline{A}+C)$ 是由 2 个"或"项通过"与"运算连接起来的或与式。又如，$F_7 = A \cdot (B+\overline{C})(\overline{A}+C+D)$ 是由 3 个"或"项通过"与"运算连接起来的或与式。

2.4.2 逻辑代数的标准形式

采用标准表达式的形式来表示逻辑函数的优点是，能够使同一个逻辑函数的表示唯一化。逻辑函数的标准形式有两种：标准与或式和标准或与式。标准式的特点是：含有 n 个输入变量的逻辑函数表达式中，每个输入变量必须出现在表达式的每一项中，以原变量或反变量的形式，出现且仅出现一次。

1. 最小项和标准与或表达式

一个含有 n 个输入变量的逻辑函数 F，如果它的与或式的每一个"与"项都包含了这 n 个输入变量，每个输入变量必须以原变量或反变量的形式，出现在表达式的每个"与"项中，出现一次且仅出现一次，则这样的与或式称为标准与或表达式。式中每一个"与"项称为一个最小项。

如果一个与或式中每一个"与"项都是最小项，那么该与或式是标准与或式。例如，一个逻辑函数有 3 个变量 A、B、C，根据定义，总共可构成 8 个最小项，分别是：

$$\overline{A}\,\overline{B}\,\overline{C}、\overline{A}\,\overline{B}C、\overline{A}B\,\overline{C}、\overline{A}BC、A\,\overline{B}\,\overline{C}、A\,\overline{B}C、AB\,\overline{C}、ABC$$

如果对每一个最小项的原变量用"1"代替，反变量用"0"代替，那么每个最小项对应得到一个唯一的二进制数，用 m 表示最小项，把该最小项对应二进制数的等值十进制数作为下标，对最小项排序，得到如表 2.18 所示的对应关系。

表 2.18 最小项下标对应关系表

A	B	C	最小项	编号
0	0	0	$\overline{A}\,\overline{B}\,\overline{C}$	m_0
0	0	1	$\overline{A}\,\overline{B}C$	m_1
0	1	0	$\overline{A}B\,\overline{C}$	m_2
0	1	1	$\overline{A}BC$	m_3
1	0	0	$A\,\overline{B}\,\overline{C}$	m_4
1	0	1	$A\,\overline{B}C$	m_5
1	1	0	$AB\,\overline{C}$	m_6
1	1	1	ABC	m_7

如果一个逻辑函数有 n 个输入变量，那么该逻辑函数最多含有 2^n 个最小项。标准与或式可以写成某些最小项之和的形式，但可以不包含所有的最小项。

例如，标准与或表达式 $F(A，B，C)=\overline{A}B\overline{C}+ABC$ 可以写成

$$F(A，B，C)=m_2+m_7=\sum m(2，7)$$

标准与或表达式 $F(A，B，C)=\overline{A}\,\overline{B}\,\overline{C}+A\overline{B}\,\overline{C}+A\overline{B}C+AB\overline{C}$ 可以写成

$$F(A，B，C)=m_0+m_4+m_5+m_6=\sum m(0，4，5，6)$$

最小项相邻是指两个最小项之间只有一个变量互反，其余变量相同。例如，上例中 $A\overline{B}\,\overline{C}$ 和 $A\overline{B}C$ 就是相邻最小项，$A\overline{B}\,\overline{C}$ 和 $AB\overline{C}$ 也是相邻最小项。

只有一个变量不同的两个最小项的和（相"或"），等于各相同变量之积，即消去一个变量。例如 $ABC+AB\overline{C}=AB(C+\overline{C})=AB$。

综上所述，最小项的特征如下：

（1）n 个变量一共有 2^n 个最小项，但一个逻辑函数包含几个最小项由实际问题决定。

（2）最小项中每个输入变量在其中只能以原变量或反变量的形式出现一次。

（3）对于任意一个最小项 m_i，只有唯一的一组变量取值能够使该最小项的值为 1。

（4）任意两个不同最小项相"与"，结果恒为 0，即 $m_i \cdot m_j = 0 (i \neq j)$。

（5）n 个变量对应的全部最小项相"或"，结果为 1，即 $\sum\limits_{i=0}^{2^n-1} m_i = 1$。

（6）n 个变量对应的任一个最小项有 n 个相邻最小项。

2. 最大项和标准或与表达式

一个含有 n 个输入变量的逻辑函数 F，如果它的或与式的每一个"或"项都包含了这 n 个输入变量，每个输入变量必须以原变量或者反变量的形式，出现在表达式的每个"或"项中，出现一次且仅出现一次，则这样的或与式称为标准或与表达式。式中每一个"或"项称为一个最大项。

如果一个或与式中每一个"或"项都是最大项，那么该或与式是标准或与表达式。

假如一个逻辑函数有 3 个变量 A、B、C，那么根据定义，总共可构成 8 个最大项，分别是：

$$A+B+C \quad A+B+\overline{C} \quad A+\overline{B}+C \quad A+\overline{B}+\overline{C}$$
$$\overline{A}+B+C \quad \overline{A}+B+\overline{C} \quad \overline{A}+\overline{B}+C \quad \overline{A}+\overline{B}+\overline{C}$$

如果对每一个最大项的原变量用"0"代替，反变量用"1"代替，那么每个最大项对应得到一个唯一的二进制数，用 M 表示最大项，把该最大项对应二进制数的等值十进制数作为下标，对最大项排序，得到如表 2.19 所示的对应关系。

表 2.19　最大项下标对应关系表

A	B	C	最大项	编号
0	0	0	$A+B+C$	M_0
0	0	1	$A+B+\overline{C}$	M_1
0	1	0	$A+\overline{B}+C$	M_2
0	1	1	$A+\overline{B}+\overline{C}$	M_3

A	B	C	最大项	编号
1	0	0	$\overline{A}+B+C$	M_4
1	0	1	$\overline{A}+B+\overline{C}$	M_5
1	1	0	$\overline{A}+\overline{B}+C$	M_6
1	1	1	$\overline{A}+\overline{B}+\overline{C}$	M_7

如果一个逻辑函数有 n 个输入变量,那么该逻辑函数最多含有 2^n 个最大项。标准或与表达式可以写成某些最大项之积的形式,但可以不包含所有的最大项。

例如,标准或与表达式 $F(A,B,C)=(A+B+C)(\overline{A}+B+\overline{C})$ 可以写成:

$$F(A,B,C)=M_0+M_5=\prod M(0,5)$$

标准或与表达式 $F(A,B,C)=(A+B+\overline{C})(A+\overline{B}+C)(A+\overline{B}+\overline{C})(\overline{A}+\overline{B}+\overline{C})$ 可以写成

$$F(A,B,C)=M_1+M_2+M_3+M_7=\prod M(1,2,3,7)$$

最大项相邻是指两个最大项之间只有一个变量互反,其余变量相同。例如,上例中 $A+\overline{B}+\overline{C}$ 和 $A+\overline{B}+C$ 就是相邻最大项,$A+\overline{B}+\overline{C}$ 和 $A+B+\overline{C}$ 也是相邻最大项。

只有一个变量不同的两个最大项的乘积(相"与"),等于各相同变量之和,即消去一个变量。例如 $(A+B+C)(A+B+\overline{C})=A+AB+A\overline{C}+AB+B+B\overline{C}+AC+BC=A+B$。

综上所述,最大项的特征如下:

(1) n 个变量一共有 2^n 个最大项,但一个逻辑函数包含几个最大项由实际问题决定。

(2) 最大项中每个输入变量在其中只能以原变量或反变量的形式出现一次。

(3) 对于任意一个最大项 M_i,只有唯一的一组变量取值能够使该最大项的值为 0。

(4) 任意两个不同最大项相"或",结果恒为 1,即 $M_i+M_j=1(i\neq j)$。

(5) n 个变量对应的全部最大项相"与",结果为 0,即 $\prod_{i=0}^{2^n-1}M_i=0$。

(6) n 个变量对应的任一个最大项有 n 个相邻最大项。

3. 最大项和最小项之间的关系

在同一的逻辑问题中,下标相同的最小项和最大项互为反函数,即

$$M_i=\overline{m_i} \quad 或者 \quad m_i=\overline{M_i}$$

有

$$m_0=\overline{A}\cdot\overline{B}\cdot\overline{C}$$

则

$$M_0=A+B+C=\overline{\overline{A}\cdot\overline{B}\cdot\overline{C}}=\overline{m_0}$$

利用最大项和最小项之间的关系,可以方便地把标准或与表达式转换成标准与或表达式,也可以将标准与或表达式转换成标准或与表达式。

【例 2.8】 请写出逻辑函数 $F(A,B,C,D)=(\overline{A}+B)(A+\overline{B}+\overline{C})(A+B+C+D)$ 对应的标准与或式和标准或与式。

解　　　　$F(A, B, C, D) = (\overline{A} + B)(A + \overline{B} + \overline{C})(A + B + C + \overline{D})$

$= \prod M(1, 6, 7, 8, 9, 10, 11)$

$= M_1 M_6 M_7 M_8 M_9 M_{10} M_{11}$

$= \overline{\overline{M_1} + \overline{M_6} + \overline{M_7} + \overline{M_8} + \overline{M_9} + \overline{M_{10}} + \overline{M_{11}}}$

$= \overline{m_1 + m_6 + m_7 + m_8 + m_9 + m_{10} + m_{11}}$

$= \sum m(0, 2, 3, 4, 5, 12, 13, 14, 15)$

2.4.3　表示形式的转换

1. 转换成标准形式

把逻辑函数从其他的表达形式转换成标准形式，有两种方法：真值表转换法和代数转换法。

1）真值表转换法

真值表转换法是指列出逻辑函数的真值表，利用真值表写成该逻辑函数对应的标准形式。

真值表转换标准与或式的方法是：在真值表中找出使逻辑函数输出变量 F 为 1 的最小项，把这些最小项相或，即求出该逻辑函数对应的标准与或表达式。

真值表转换标准或与式的方法是：在真值表中找出使逻辑函数输出变量 F 为 0 的最大项，把这些最大项相与，即求出该逻辑函数对应的标准或与表达式。

【例 2.9】　请将逻辑函数 $F = \overline{A} + BC$ 转换成标准与或表达式和标准或与表达式。

解　列出真值表，如表 2.20 所示。

表 2.20　逻辑函数 $F = \overline{A} + BC$ 对应的真值表

A	B	C	F
0	0	0	1
0	0	1	1
0	1	0	1
0	1	1	1
1	0	0	0
1	0	1	0
1	1	0	0
1	1	1	1

在表 2.20 真值表中找出 F 为 1 的最小项，把最小项相"或"，得到标准与或表达式：

$F(A, B, C) = \overline{A}\,\overline{B}\,\overline{C} + \overline{A}\,\overline{B}C + \overline{A}B\overline{C} + \overline{A}BC + ABC$

$= m_0 + m_1 + m_2 + m_3 + m_7$

$= \sum m(0, 1, 2, 3, 7)$

在表 2.20 真值表中找出 F 为 0 的最大项，把最大项相"与"，得到标准或与表达式：

$$F(A, B, C) = (\bar{A} + B + C)(\bar{A} + B + \bar{C})(\bar{A} + \bar{B} + C)$$

$$= M_4 M_5 M_6 = \prod M(4, 5, 6)$$

2）代数转换法

代数转换法就是利用逻辑代数公理和定律，将其他表达形式的逻辑函数转换成该逻辑函数对应的标准形式。

代数法转换标准与或式的步骤是：先利用公理和定律将其他表达形式的逻辑函数转换成基本形式的与或式，再反复利用 $A = A(B + \bar{B})$，将表达式中所有非最小项扩展成最小项，扩展完毕即求出该逻辑函数对应的标准与或表达式。

代数法转换标准或与式的步骤是：先利用公理和定律将其他表达形式的逻辑函数转换成基本形式的或与式，再反复利用 $A + B = (A + B + C)(A + B + \bar{C})$，将表达式中所有非最大项扩展成最大项，扩展完毕即求出该逻辑函数对应的标准或与表达式。也可以在求出最小项的基础上，利用 $M_i = \overline{m_i}$ 求出最大项，将所有求出的最大项相与得出该逻辑函数对应的标准或与表达式。

【例 2.10】 请将逻辑函数 $F(A, B, C) = \bar{A}B + B \oplus C$ 转换成用标准与或表达式和标准或与表达式。

解 方法 1：转换成标准与或表达式的步骤如下：

第 1 步，将逻辑函数转换成一般的与或式，得到

$$F(A, B, C) = \bar{A}B + B \oplus C = \bar{A}B + \bar{B}C + B\bar{C}$$

第 2 步，反复利用 $A = A(B + \bar{B})$，把 3 个"与"项扩充成最小项，把这些最小项相"或"，即求出标准与或表达式：

$$F = \bar{A}B(C + \bar{C}) + (A + \bar{A})\bar{B}C + (A + \bar{A})B\bar{C}$$
$$= \bar{A}BC + \bar{A}B\bar{C} + A\bar{B}C + \bar{A}\,\bar{B}C + AB\bar{C} + \bar{A}B\bar{C}$$
$$= \bar{A}\,\bar{B}C + \bar{A}B\bar{C} + \bar{A}BC + A\bar{B}C + AB\bar{C}$$
$$= m_1 + m_2 + m_3 + m_5 + m_6$$
$$= \sum m(1, 2, 3, 5, 6)$$

第 3 步，根据标准与或表达式求标准或与表达式：

$$F(A, B, C) = \sum m(1, 2, 3, 5, 6) = m_1 + m_2 + m_3 + m_5 + m_6$$
$$= \overline{\overline{m_1} \cdot \overline{m_2} \cdot \overline{m_3} \cdot \overline{m_5} \cdot \overline{m_6}}$$
$$= \overline{M_1 M_2 M_3 M_5 M_6} = M_0 M_4 M_7$$
$$= \prod M(0, 4, 7)$$

方法 2：

转换成标准或与表达式的步骤如下：

第 1 步，将逻辑函数转换成一般的或与式，得到：

$$F(A, B, C) = \bar{A}B + B \oplus C = \bar{A}B + \bar{B}C + B\bar{C} = \overline{\overline{\bar{A}B} \cdot \overline{\bar{B}C} \cdot \overline{B\bar{C}}}$$
$$= \overline{(A + \bar{B})(B + \bar{C})(\bar{B} + C)}$$

第 2 步，反复利用 $A+B=(A+B+C)(A+B+\overline{C})$，把非号下的 3 个"或"项扩充成最大项，把这些最大项相"与"，即求出标准或与表达式：

$$F(A,B,C)=\overline{(A+\overline{B})(B+\overline{C})(\overline{B}+C)}$$

$$=\overline{(A+\overline{B}+C)(A+\overline{B}+\overline{C})(A+B+\overline{C})(\overline{A}+B+\overline{C})(A+\overline{B}+C)(\overline{A}+\overline{B}+C)}$$

$$=\overline{M_1 M_2 M_3 M_5 M_6}$$

$$=M_0 M_4 M_7 = \prod M(0,4,7)$$

第 3 步，根据标准或与表达式求标准与或表达式：

$$F(A,B,C)=\prod M(0,4,7)=M_0 M_4 M_7$$

$$=\overline{\overline{M_0}+\overline{M_4}+\overline{M_7}}$$

$$=\overline{m_0+m_4+m_7}$$

$$=m_1+m_2+m_3+m_5+m_6$$

$$=\sum m(1,2,3,5,6)$$

2. 转换成无反变量的与非式和或非式

受实际器件的限制，有些应用场合会要求只能使用与非门或者或非门实现电路，且不允许或没有反变量输入电路，这时，必须将表达式转换成没有（单独）反变量的与非式或者或非式。

在不能提供反变量的情况下，由与非门实现逻辑函数时，需要将函数变换成不含反变量的与非表达式，方法如下：

（1）求出函数的最简与或表达式。

（2）对于含单独反变量的"与"项，尝试合并头部因子（逻辑"与"项中的原变量部分）完全相同的逻辑"与"项，并运用摩根定律，将尾部的反变量"或"项变成不含单独反变量的"与非"项，否则不合并。

（3）对每一个含单独反变量的"与"项，将头部的全部或者一部分插入尾部（逻辑"与"项中的反变量部分），得到合适的尾部因子。

（4）求得的尾部因子最好能被多个头部所共享，以减少逻辑门数量。

（5）利用摩根定律将函数变换为"与非-与非"形式。

【例 2.11】 将逻辑函数 $F=X\overline{Y}+X\overline{Z}+\overline{X}YZ$ 转换成不含反变量的与非表达式。

解 按照步骤变换如下：

（1）函数化简：已经是最简与或表达式。

（2）合并头部因子：

$$F=X\overline{Y}+X\overline{Z}+\overline{X}YZ=X(\overline{Y}+\overline{Z})+\overline{X}YZ=X\overline{YZ}+\overline{X}YZ$$

（3）对于"与"项 $\overline{X}YZ$，可以将头部 YZ 的全部或者部分插入尾部 $\overline{X}$，考虑到尾部因子的共享性，选择将 YZ 全部插入尾部 $\overline{X}$，得到 $\overline{XYZ}YZ$。同时，"与"项 $X\overline{YZ}$ 虽然不含单独的反变量，但是为了有共同的尾部因子，可以将头部 X 插入尾部 $\overline{YZ}$，变成 $X\overline{XYZ}$。所以有：

$$F=X\overline{YZ}+\overline{X}YZ=X\overline{XYZ}+\overline{XYZ}YZ$$

（4）利用摩根定律进行与非变换：

$$F = \overline{\overline{X\,\overline{XYZ}} + \overline{XYZYZ}} = \overline{\overline{X\,\overline{XYZ}} \cdot \overline{XYZYZ}}$$

因此，可以看出，使用 4 个与非门，即可实现该函数。

在上述的变换中，有个关键的操作：将头部的部分或者全部插入尾部，下面证明其等价性。

【例 2.12】 请证明以下 3 个等式：

（1）$A\overline{B} = A \cdot \overline{AB}$；

（2）$A \cdot \overline{B}\,\overline{C} = A \cdot \overline{AB} \cdot \overline{AC}$；

（3）$AB\overline{C} = AB\,\overline{ABC} = AB\,\overline{AC} = AB\,\overline{BC}$。

证明 （1）右边 $= A \cdot \overline{AB} = A(\overline{A}+\overline{B}) = A\overline{A} + A\overline{B} = A\overline{B} =$ 左边。

（2）右边 $= A \cdot \overline{AB} \cdot \overline{AC} = A(\overline{A}+\overline{B})(\overline{A}+\overline{C}) = A\overline{B}(\overline{A}+\overline{C}) = A \cdot \overline{B}\,\overline{C} =$ 左边。

（3）证明过程：

$$AB\,\overline{ABC} = AB(\overline{A}+\overline{B}+\overline{C}) = AB\overline{C}$$

$$AB\,\overline{AC} = AB(\overline{A}+\overline{C}) = AB\overline{C}$$

$$AB\,\overline{BC} = AB(\overline{B}+\overline{C}) = AB\overline{C}$$

类似地，在不能提供反变量的情况下，由或非门实现逻辑函数时，需要将函数变换成不含反变量的或非表达式，方法如下：

（1）求出函数的最简或与表达式。

（2）对于含单独反变量的"或"项，尝试合并头部因子（逻辑"或"项中的原变量部分）完全相同的逻辑"或"项，并运用摩根定律，将尾部的反变量"与"项变成不含单独反变量的"或非"项，否则不合并。

（3）对每一个含单独反变量的"或"项，将头部的全部或者一部分插入尾部（逻辑"或"项中的反变量部分），得到合适的尾部因子。

（4）求得的尾部因子最好能被多个头部所共享，以减少或非门数目。

（5）利用摩根定律将函数变换为"或非-或非"形式。

【例 2.13】 将逻辑函数 $F = (X+\overline{Y})(X+\overline{Z})(\overline{X}+Y+Z)$ 转换成不含反变量的或非表达式。

解 按照步骤变换如下：

（1）函数化简：已经是最简或与表达式；

（2）合并头部因子：

$$F = (X+\overline{Y}+\overline{Z})(\overline{X}+Y+Z)$$

（3）对于"或"项 $(\overline{X}+Y+Z)$，可以将头部 $Y+Z$ 的全部或者部分插入尾部 $\overline{X}$，考虑到尾部因子的共享性，选择将 Y、Z 全部插入尾部 $\overline{X}$，得到 $(\overline{X+Y+Z}+Y+Z)$。同时，"或"项 $(X+\overline{Y}+\overline{Z})$ 虽然不含单独的反变量，但是为了有共同的尾部因子，可以将头部 X 插入尾部 $\overline{Y}+\overline{Z}$，变成 $(X+\overline{X+Y+Z})$。所以有：

$$F = (X+\overline{Y}+\overline{Z})(\overline{X}+Y+Z) = (X+\overline{X+Y+Z})(\overline{X+Y+Z}+Y+Z)$$

（4）利用摩根定律进行或非变换：

$$F = \overline{\overline{(X+\overline{X+Y+Z})} \cdot \overline{(\overline{X+Y+Z}+Y+Z)}}$$

$$F = \overline{\overline{(X + \overline{X} + Y + Z)} + \overline{(\overline{X} + Y + Z + Y + Z)}}$$

因此，可以看出，使用 4 个或非门，即可实现该函数。

2.5 逻辑函数的化简方法

同一个逻辑函数可以对应有多个不同的逻辑表达式，每一个表达式对应一种逻辑电路，这些逻辑电路虽然结构不相同，功能却是相同的，逻辑表达式的形式越简单，所对应的电路结构就越简单。在同一个逻辑函数对应的多个不同的逻辑表达式中，"与/或"项数量最少、"与/或"项中逻辑变量个数最少的表达式被称为最简式。

根据某种逻辑要求归纳出来的逻辑表达式往往不是最简式，为节约器件、降低成本，减少电路的复杂性，提高电路的可靠性和工作速度，需要对逻辑表达式进行化简，去掉表达式中多余的"与/或"项，从而得到最简式，并根据最简式来搭建逻辑电路。

逻辑函数化简方法有两种：代数化简法和卡诺图化简法。

2.5.1 代数化简法

代数化简法是指运用逻辑代数的公理、定律和规则来化简逻辑函数，从而得到最简式。采用代数化简法来化简逻辑函数，其过程无一定的规律可循，化简过程中的每一步进展取决于使用公理、定律和规则的习惯与熟练程度。

1. 最简与或表达式

与或表达式比较常见，也容易与其他形式的表达式相互转换。最简与或表达式是指"与"项数量最少，并且每个"与"项中逻辑变量数也是最少的与或式。以下介绍化简成最简与或式的几种常用方法。

1）并项法

并项法是指使用互补律 $A + \overline{A} = 1$，将两个"与"项合并成一个"与"项，并消去一个逻辑变量。

【例 2.14】 用代数法化简 $F(A, B, C) = ABC + A\overline{BC} + \overline{A}BC$。

解
$$F = ABC + A\overline{BC} + \overline{A}BC = ABC + A\overline{BC} + ABC + \overline{A}BC$$
$$= AC(B + \overline{B}) + (A + \overline{A})BC$$
$$= AC + BC$$

2）吸收法

吸收法是指使用吸收律 $A + AB = A$，消去多余的"与"项。

【例 2.15】 用代数法化简 $F(A, B, C, D) = A + B\overline{A} + \overline{CD}$。

解
$$F = A + B\overline{A} + \overline{CD} = A + BA\,\overline{CD}$$
$$= A(1 + B\,\overline{CD}) = A$$

3）消去法

解：消去法是指使用补吸收律 $A + \overline{A}B = A + B$ 和包含律 $AB + \overline{A}C + BC = AB + \overline{A}C$ 消去多余的逻辑变量。

【例 2.16】 用代数法化简 $F(A，B，C)=A\overline{B}C+BC$。

解
$$F=A\overline{B}C+BC=(A\overline{B}+B)C$$
$$=(A+B)C=AC+BC$$

【例 2.17】 用代数法化简 $F(A，B，C，D)=A\overline{B}CD+\overline{A}E+BE+CDE$。

解
$$F=A\overline{B}CD+\overline{A}E+BE+CDE=A\overline{B}CD+E(\overline{A}+B)+CDE$$
$$=A\overline{B}CD+E\,\overline{A\overline{B}}+CDE=A\overline{B}CD+E\,\overline{A\overline{B}}$$

4）配项法

配项法是指使用 0-1 律 $A\cdot1=A$、互补律 $A+\overline{A}=1$，对逻辑表达式中某些"与"项扩充逻辑变量，然后使用并项法、吸收法和消去法进行化简。

【例 2.18】 证明包含律 $\overline{A}B+A\overline{C}+B\overline{C}=\overline{A}B+A\overline{C}$。

证明
$$F=\overline{A}B+A\overline{C}+B\overline{C}=\overline{A}B+A\overline{C}+(A+\overline{A})B\overline{C}$$
$$=\overline{A}B+A\overline{C}+AB\overline{C}+\overline{A}B\overline{C}=A\overline{C}(1+B)+\overline{A}B(1+\overline{C})$$
$$=A\overline{C}+\overline{A}B$$

当同一个逻辑函数采用不同的公理、定律和规则化简时，可以有不同的化简过程，如例 2.19。

【例 2.19】 用代数法求逻辑函数 $F(A，B，C，D)=A\overline{B}+A\overline{C}+\overline{(A+C)}D+CD$ 的最简与或表达式。

解 方法 1：
$$F=A\overline{B}+A\overline{C}+\overline{(A+C)}D+CD$$
$$=A\overline{B}+A\overline{C}+\overline{A}\,\overline{C}D+CD$$
$$=A\overline{B}+\overline{C}(A+\overline{A}D)+CD$$
$$=A\overline{B}+\overline{C}(A+D)+CD$$
$$=A\overline{B}+A\overline{C}+(\overline{C}+C)D$$
$$=A\overline{B}+A\overline{C}+D$$

方法 2：
$$F=A\overline{B}+A\overline{C}+\overline{(A+C)}D+CD$$
$$=A\overline{B}+A\overline{C}+\overline{A}\,\overline{C}D+CD$$
$$=A\overline{B}+A\overline{C}+CD+\overline{A}\,\overline{C}D+CD$$
$$=A\overline{B}+A\overline{C}+CD+AD+\overline{A}\,\overline{C}D+CD+\overline{A}D$$
$$=A\overline{B}+A\overline{C}+\overline{A}\,\overline{C}D+CD+(A+\overline{A})D$$
$$=A\overline{B}+A\overline{C}+(\overline{A}\,\overline{C}+C+1)D$$
$$=A\overline{B}+A\overline{C}+D$$

2. 最简或与表达式

最简或与表达式是指"或"项数量最少，并且每个"或"项中逻辑变量数也是最少的或与式。类似与或表达式的化简，或与形式的定律，例如，互补律 $A\cdot\overline{A}=0$、吸收律 $A(A+B)=A$、补吸收律 $A(\overline{A}+B)=AB$、分配律 $A+BC=(A+B)(A+C)$、并项律

$(A+B)(A+\overline{B})=A$、包含律 $(A+B)(\overline{A}+C)(B+C)=(A+B)(\overline{A}+C)$ 等，都是直接化简或与表达式时常用的定律。另外，利用对偶规则化简对偶式，再求对偶式的对偶式，得到化简后的原式，这也是化简或与式的常用方法。利用对偶规则化简的步骤是：首先，求出或与式的对偶式，得到一个与或式，然后使用与或式的化简方法进行化简，得到最简与或式，求该最简与或式的对偶式，得到最简或与表达式。

【例 2.20】 用代数法求逻辑函数 $F(A,B,C)=(A+B)(\overline{A}+\overline{B})(\overline{A}+\overline{B}+\overline{C})(B+C)$ 的最简或与表达式。

解 方法 1：利用对偶规则化简。

第 1 步，求 F 的对偶式 F'：
$$F'(A,B,C)=AB+\overline{A}\,\overline{B}+\overline{A}\,\overline{B}\,\overline{C}+BC$$

第 2 步，化简 F' 成最简与或式：
$$F'(A,B,C)=AB+\overline{A}\,\overline{B}(1+\overline{C})+BC=AB+\overline{A}\,\overline{B}+BC$$

第 3 步，求 F' 的对偶式 F：
$$F(A,B,C)=(A+B)(\overline{A}+\overline{B})(B+C)$$

方法 2：

直接化简与或式，用到了分配律 $A+BC=(A+B)(A+C)$，有表达式：
$$\begin{aligned}
F(A,B,C)&=(A+B)(\overline{A}+\overline{B})(\overline{A}+\overline{B}+\overline{C})(B+C)\\
&=(A+B)(\overline{A}+\overline{B}+0)(\overline{A}+\overline{B}+\overline{C})(B+C)\\
&=(A+B)(\overline{A}+\overline{B}+0\cdot\overline{C})(B+C)\\
&=(A+B)(\overline{A}+\overline{B})(B+C)
\end{aligned}$$

【例 2.21】 用代数法求逻辑函数 $F(A,B,C,D)=\overline{(A+B)(\overline{C}+D)+AB+C}$ 的最简与或表达式和最简或与表达式。

解 方法 1：

第 1 步，直接求最简与或式：
$$\begin{aligned}
F(A,B,C,D)&=\overline{(A+B)(\overline{C}+D)+AB+C}\\
&=\overline{(A+B)(\overline{C}+D)}\cdot\overline{AB}+C\\
&=(\overline{A}\,\overline{B}+\overline{\overline{C}+D})\cdot\overline{AB}+C\\
&=(\overline{A}\,\overline{B}+C\overline{D})(\overline{A}+\overline{B})+C\\
&=\overline{A}\,\overline{B}+\overline{A}C\overline{D}+\overline{B}C\overline{D}+C\\
&=\overline{A}\,\overline{B}+C
\end{aligned}$$

第 2 步，由最简与或式求最简或与式：
$$F(A,B,C,D)=\overline{A}\,\overline{B}+C=(\overline{A}+C)(\overline{B}+C)$$

方法 2：

第 1 步，求 F 的对偶式 F'：
$$F'(A,B,C,D)=\overline{(AB+\overline{C}D)\cdot(A+B)}\cdot C$$

第 2 步，化简 F' 成最简与或式：

$$F'(A, B, C, D) = \overline{(AB + \overline{CD}) \cdot (A + B) \cdot C}$$
$$= \overline{\overline{AB} + A\overline{CD} + B\overline{CD} \cdot C}$$
$$= \overline{\overline{AB} + A\overline{CD} + B\overline{CD} + \overline{C}}$$
$$= \overline{\overline{AB} + \overline{C}} = \overline{AB} \cdot C = (\overline{A} + \overline{B})C$$
$$= \overline{A}C + \overline{B}C$$

第 3 步，求 F' 的对偶式 F，得到的最简或与式：

$$F(A, B, C, D) = (\overline{A} + C)(\overline{B} + C)$$

代数化简法有时候难以判断化简的结果是否为最简的逻辑函数表达式。因此，逻辑代数化简法一般适用于化简逻辑函数表达式比较简单的情况。

2.5.2 卡诺图化简法

卡诺图化简法是用图解的方式，按步骤、有规律的对逻辑函数进行化简的方法。利用卡诺图化简将得到最简的与或/或与表达式。

1. 卡诺图的结构

卡诺图是描述逻辑函数的平面方格图（Karnaugh-Map）。下面以逻辑函数 $F(A, B) = A\overline{B}$ 为例，讲述真值表和卡诺图的关系以及卡诺图的构成元素和结构。

图 2.12 是表 2.21 所示真值表对应的卡诺图。由表 2.21 可知，逻辑函数有 2 个输入变量，从图 2.12(a) 中可以看到，自上而下第一行是表 2.21 中输入变量的高位 A 变量的反变量区，该行中 $A=0$；第二行是 A 变量的原变量区，该行中 $A=1$；图中，左起第一列是输入变量的低位 B 变量的反变量区，该行中 $B=0$；第二列是 B 变量的原变量区，该行中 $B=1$。这样就把卡诺图划分成了 4 个小方格，数量正好等于 2^2。每个小方格代表一个最小项，对应逻辑函数真值表的一行。表格左上方斜线的顶端写逻辑函数的输出变量 F，斜线的下方写 A 变量，其下的 0 和 1 分别代表 $\overline{A}$ 和 A，斜线的右边写 B 变量，其右边的 0 和 1 分别代表 $\overline{B}$ 和 B。如图 2.12(a) 所示，最小项的下标与 A、B 两变量的顺序和取值组合形成对应关系。

把真值表中每一个最小项的值填入对应小方格。例如，表 2.21 中最小项 m_1 对应 $\overline{A}B$，按先行后列的坐标顺序，m_1 项的值 0 应填入行坐标为 0（即 $\overline{A}$）、列坐标为 1（即 B）的小方格内。把逻辑函数的 4 个最小项的值分别填入对应小方格，就得到卡诺图如图 2.12(b) 所示。这样，卡诺图就把真值表以图形的方式表现出来了。

表 2.21　两变量逻辑函数的真值表

A	B	F	最小项
0	0	0	m_0
0	1	0	m_1
1	0	1	m_2
1	1	0	m_3

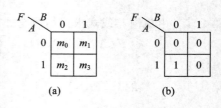

(a)　　　　　(b)

图 2.12　两变量的卡诺图

三变量卡诺图的画法类似两变量的卡诺图，不同之处是三变量卡诺图中，行安排了真值表中输入变量的最高 1 位变量，列安排了真值表中输入变量的低 2 位变量，而且变量组合按照循环码(格雷码)排序，例如，表 2.22 是三变量逻辑函数 $F(A, B, C) = \overline{A}C + B$ 的真值表。图 2.13 是对应的卡诺图。在图 2.13 中，行变量是 A，列变量是 B 和 C，行坐标排序自上而下依次是 0、1，列坐标按格雷码排序，自左向右依次是 00($\overline{B}\,\overline{C}$)、01($\overline{B}C$)、11($BC$)、10($B\overline{C}$)。图 2.13(a)给出了 8 个最小项在卡诺图中的位置，把表 2.22 中每个最小项的值填入对应位置，得到如图 2.13(b)所示的卡诺图。

表 2.22　三变量逻辑函数的真值表

A	B	C	F	最小项	A	B	C	F	最小项
0	0	0	0	m_0	1	0	0	0	m_4
0	0	1	1	m_1	1	0	1	0	m_5
0	1	0	1	m_2	1	1	0	1	m_6
0	1	1	1	m_3	1	1	1	1	m_7

类似地，图 2.14 给出了四变量的卡诺图。

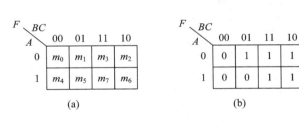

图 2.13　三变量的卡诺图

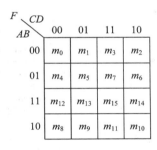

图 2.14　四变量的卡诺图

在图 2.14 中，行和列各安排两个变量，行变量是高 2 位的 A 和 B，列变量是低两位的 C 和 D。行和列上变量组合都是按格雷码排序，图 2.14 给出了 16 个最小项对应小方格的位置。

图 2.15(a)、(b)、(c)分别给出了五变量卡诺图的三种形式。它们的区别在于变量组合的排序。

综上所述，卡诺图的结构特点是：

(1) 将逻辑函数的输入变量分成数量相等或数量相近的高位和低位两组，分别将两组变量安排卡诺图的行变量和列变量，通常高位组安排为行变量，低位组安排为列变量。反之，将低位组安排为行变量，高位组安排为列变量也是可以的。需注意的是，此时最小项对应的小方格位置与本书图 2.12～2.15 中位置不同。

(2) 卡诺图的行变量和列变量，变量组合采用循环码(格雷码)排序，使几何位置上相邻的最小项在逻辑上也相邻。

(3) 卡诺图每个小方格对应真值表的一行。n 个输入变量的对应卡诺图含有 2^n 个小方格，每个小方格对应一个最小项，最小项的下标值等于小方格的行列坐标值，卡诺图中所有最小项之和等于 1。

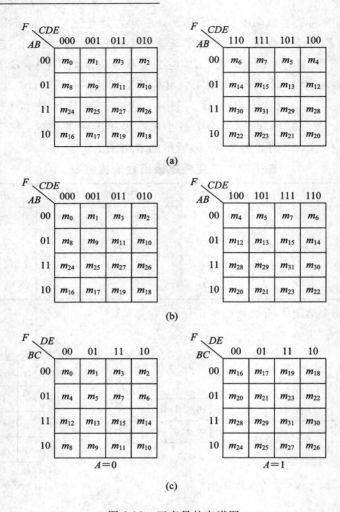

图 2.15　五变量的卡诺图

2. 逻辑函数在卡诺图上的表示

逻辑函数在卡诺图上的表示，就是讨论根据逻辑函数，怎样填入卡诺图的问题。

1）标准与或表达式在卡诺图上的表示

按标准与或式输入变量的数量画出卡诺图框架，在标准与或式包含的每一个最小项对应的小方格里填 1，其余小方格的值填 0，或不填默认为 0，就得到该标准与或表达式在卡诺图上的表示。

【例 2.22】　画出逻辑函数 $F(A, B, C, D) = \sum m(0, 4, 6, 7, 12, 15)$ 的卡诺图。

解　在图 2.16 所示的卡诺图中，填 1 的项是最小项 m_0、m_4、m_6、m_7、m_{12}、m_{15}，其余小方格留空白默认值为 0。

2）标准或与表达式在卡诺图上的表示

按标准或与表达式输入变量的数量画出卡诺图框架，把标准或与表达式的每一个最大项下标对应的小方格填 0，其余小方格的值填 1，或不填默认为 1，就得到该标准或与表达式在卡诺图上的表示。

$$F \diagdown CD$$

F \ CD AB	00	01	11	10
00	1			
01	1		1	1
11	1		1	
10				

图 2.16 $F(A, B, C, D) = \sum m(0, 4, 6, 7, 12, 15)$ 对应的卡诺图

【例 2.23】 画出逻辑函数 $F(A, B, C, D) = \prod M(0, 4, 6, 7, 12, 15)$ 的卡诺图。

解   在图 2.17 所示的卡诺图中，填 0 的项是最大项 M_0、M_4、M_6、M_7、M_{12}、M_{15}，其余小方格留空白默认值为 1。

F \ CD AB	00	01	11	10
00	0			
01	0		0	0
11	0		0	
10				

图 2.17 $F(A, B, C, D) = \prod M(0, 4, 6, 7, 12, 15)$ 对应的卡诺图

3）任意与或表达式在卡诺图上的表示

任意与或表达式填入卡诺图的方法有两种，两种方法在本质上是一回事：

(1) 将任意与或式转换成标准与或式，按照标准与或式的填入方法填入卡诺图。

(2) 利用扩项法，扩充每一个"与"项中缺乏的变量，然后往得到的最小项对应位置填入 1。具体做法是：输入变量的原变量用 1 表示，反变量用 0 表示，对于某一个"与"项，在卡诺图中找到同时满足该"与"项所含变量取值的 1 个或多个小方格填入 1，就完成了该"与"项的填入，对与或式中所有"与"项都填入完毕后，其余小方格的值填 0，或不填默认为 0，就完成了该与或式的填入。

【例 2.24】 画出逻辑函数 $F(A, B, C, D) = \overline{A}B + \overline{B}CD + AC$ 的卡诺图。

解   从图 2.18(a) 可以看出，对 $F(A, B, C, D) = \overline{A}B + \overline{B}CD + AC$ 中的第一个"与"项 $\overline{A}B$ 而言，所有能够同时满足 $A = 0$，$B = 1$ 的小方格，就是 m_4、m_5、m_6 和 m_7，对这些小方格填入 1。用扩项法可以证明这样操作的正确性，证明如下：

$$\overline{A}B = \overline{A}B(C + \overline{C})(D + \overline{D})$$

$$\overline{A}B = \overline{A}BCD + \overline{A}BC\overline{D} + \overline{A}B\overline{C}D + \overline{A}B\overline{C}\,\overline{D} = \sum m(4, 5, 6, 7)$$

所以，对于"与"项 $\overline{A}B$，不必考虑 C 和 D 的值，只要在图 2.18(a) 中找出所有能够同时满足 $A = 0$，$B = 1$ 的小方格，并填入 1 即可。

同理，对 $F(A, B, C, D) = \overline{A}B + \overline{B}CD + AC$ 中的第二个"与"项 $\overline{B}CD$，在卡诺图中找出所有能够同时满足 $B = 0$，$C = 1$，$D = 1$ 的小方格，就是 m_3 和 m_{11}，填入 1，就完成"与"项 $\overline{B}CD$ 的填入，如图 2.18(b) 所示。

对 $F(A,B,C,D)=\overline{AB}+\overline{BCD}+AC$ 中的最后一个"与"项 AC，在卡诺图中找出所有能够同时满足 $A=1$，$C=1$ 的小方格，就是 m_{10}、m_{11}、m_{14} 和 m_{15}，其中，m_{11} 已经在前一步骤中被填入1，因此只要对 m_{10}、m_{14} 和 m_{15} 填入1就完成"与"项 $\overline{BCD}$ 的填入。其余小方格留空白，默认值为0。如图 2.18(c)所示。

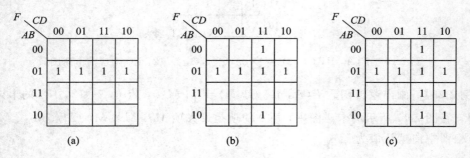

图 2.18 $F(A,B,C,D)=\overline{AB}+\overline{BCD}+AC$ 对应的卡诺图

4）任意或与表达式在卡诺图上的表示

任意或与表达式填入卡诺图的方法有两种，两种方法在本质上是一回事：

（1）将任意或与式转换成标准或与表达式，按照标准或与表达式的填入方法填入卡诺图。

（2）利用扩项法，扩充每一个"或"项中缺乏的变量，然后往得到的最大项对应位置填入0。具体做法是：输入变量的原变量用0表示，反变量用1表示，对于某一个"或"项，在卡诺图中找到同时满足该"或"项所含变量取值的1个或多个小方格填入0，就完成了该"或"项的填入，对或与式中所有"或"项都填入完毕后，其余小方格的值填1，或不填则默认为1，就完成了该与或式的填入。

【例 2.25】 画出逻辑函数 $F(A,B,C,D)=(A+B+\overline{C})(\overline{A}+\overline{C}+\overline{D})(\overline{B}+\overline{C}+D)$ 的卡诺图。

解 从图 2.19(a)可以看出，对 $F(A,B,C,D)=(A+B+\overline{C})(\overline{A}+\overline{C}+\overline{D})(\overline{B}+\overline{C}+D)$ 中的第一个"或"项 $A+B+\overline{C}$ 而言，所有能够同时满足 $A=0$，$B=0$，$C=1$ 的小方格，就是 M_2 和 M_3，对这些小方格填入0。用扩项法可以证明这样操作的正确性，证明如下：

$$A+B+\overline{C}=(A+B+\overline{C}+D)(A+B+\overline{C}+\overline{D})$$

所以，对于"或"项 $A+B+\overline{C}$，不必考虑 D 的值，只要在图 2.19(a)中找出所有能够同时满足 $A=0$，$B=0$，$C=1$ 的小方格，并填入0即可。

同理，对 $F(A,B,C,D)=(A+B+\overline{C})(\overline{A}+\overline{C}+\overline{D})(\overline{B}+\overline{C}+D)$ 中的第二个"或"项 $\overline{A}+\overline{C}+\overline{D}$，在卡诺图中找出所有能够同时满足 $A=1$，$C=1$，$D=1$ 的小方格，就是 M_{11} 和 M_{15}，填入0，就完成"或"项 $\overline{A}+\overline{C}+\overline{D}$ 的填入，如图 2.19(b)所示。

对 $F(A,B,C,D)=(A+B+\overline{C})(\overline{A}+\overline{C}+\overline{D})(\overline{B}+\overline{C}+D)$ 中的最后一个"或"项 $\overline{B}+\overline{C}+D$，在卡诺图中找出所有能够同时满足 $B=1$，$C=1$，$D=0$ 的小方格，就是 M_6 和 M_{14}，填入0。其余小方格留空白，默认值为1。如图 2.19(c)所示。

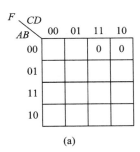 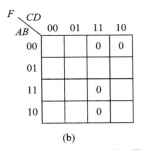

图 2.19 $F(A,B,C,D)=(A+B+\overline{C})(\overline{A}+\overline{C}+\overline{D})(\overline{B}+\overline{C}+D)$ 对应的卡诺图

3. 卡诺图上的相邻关系

卡诺图中几何位置上相邻的小方格所代表的最小项/最大项也存在相邻的关系,卡诺图上的相邻关系有三种,分别是:几何相邻、相对相邻和重叠相邻。

1) 几何相邻

几何相邻又称为边界相邻,是指在几何位置上相邻的小方格,如图 2.20 所示。图中,大"1"小方格,也就是 $m_5(\overline{A}B\overline{C}D)$ 对应的小方格,与之边界相邻的小方格是图中 4 个小"1"小方格,它们是 $m_1(\overline{A}\,\overline{B}\,\overline{C}D)$、$m_4(\overline{A}B\overline{C}\,\overline{D})$、$m_7(\overline{A}BCD)$ 和 $m_{13}(A B\overline{C}D)$,它们与 $m_5(\overline{A}B\overline{C}D)$ 小方格之间都只有一个变量不同,并且是同一个变量的原变量和反变量。

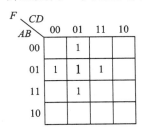

图 2.20 几何相邻

2) 相对相邻

卡诺图中行变量和列变量均采用循环码(格雷码)排序,因此位于图中同一列的两端边界上,或同一行的两端边界上的两个小方格是相邻的,这种相邻被称为相对相邻,又称为首尾相邻。例如,图 2.21(a)是位于图中同一列两端边界上的首尾相邻,图 2.21(b)是位于图中同一行两端边界上的首尾相邻。

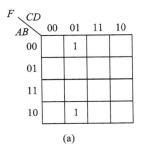 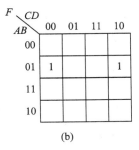

图 2.21 相对相邻

3) 重叠相邻

重叠相邻如图 2.15 所示,五变量卡诺图有三种表现形式。重叠相邻在这三种五变量

卡诺图上呈现出不同的情况。五变量卡诺图两个矩形的列坐标，如果与图 2.22(a) 和 (b) 所示的排序一致，那么当两个矩形重叠时，在位置可以重叠的小方格，它们之间存在相邻关系，这就是重叠相邻。例如，图 2.22(a) 中的 $m_7(\overline{A}\,\overline{B}CDE)$ 和 $m_{23}(A\overline{B}CDE)$，它们之间只有最高位变量不同，一个是 A，另一个是 $\overline{A}$，因此它们是相邻关系，在 $A=0$ 和 $A=1$ 两个矩阵重叠时，$m_7(\overline{A}\,\overline{B}CDE)$ 和 $m_{23}(A\overline{B}CDE)$ 是重叠在一起的。又如，图 2.22(b) 中的 $m_8(\overline{A}BC\overline{D}\,\overline{E})$ 和 $m_{12}(\overline{A}BC\overline{D}\,\overline{E})$ 是相邻的，在左右两个矩阵重叠时，$m_8(\overline{A}BC\overline{D}\,\overline{E})$ 和 $m_{12}(\overline{A}BCD\,\overline{E})$ 重叠在一起。

但是，在如图 2.22(c) 所示的列坐标排序情况下，沿中轴对折时，位置重叠的小方格才是相邻的，这种情况也称为对折相邻。例如，$m_{11}(\overline{A}B\overline{C}DE)$ 和 $m_{15}(\overline{A}BCDE)$ 它们是相邻的，但是它们在左右两个矩阵沿中轴对折时位置重叠，因此它们也被称为对折相邻。

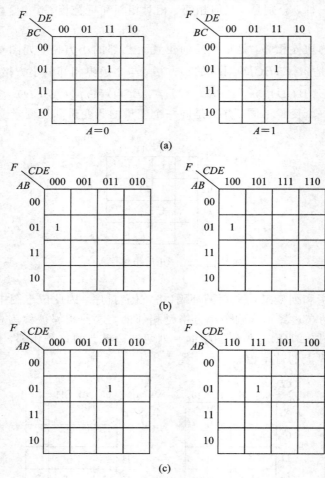

图 2.22　重叠相邻

4. 利用卡诺图消去变量

卡诺图有助于直观、快速地找到相邻最小项/最大项，利用相邻的特性可知，当把不同的 2^m 个相邻项合并为一项时，可以消去 m 个变量（$0 \leqslant m \leqslant n$，$n$ 是卡诺图输入变量的数目）。在卡诺图中消去变量的操作就是对比这 2^m 个相邻项，值发生了变化的变量就是被消去的变量。例如，将图 2.21(a)中的两个相邻最小项相"或"，消去一个变量。对比两个相邻最小项，值不同的变量 A 就是被消去的变量。用函数表达式写出来，即 $\overline{A}\,\overline{B}CD+A\overline{B}CD=\overline{B}CD$。又如，将图 2.21(b)中的两个相邻最小项相"或"，消去一个变量。对比两个相邻最小项，值不同的变量 C 就是被消去的变量。用函数表达式写出来，即 $\overline{A}B\,\overline{C}\,\overline{D}+\overline{A}BC\,\overline{D}=\overline{A}B\,\overline{D}$。

【例 2.26】 请分别对图 2.23(a)和(b)合并相邻项，并消去变量。

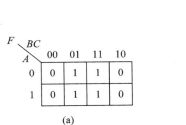

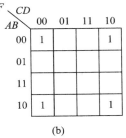

图 2.23　利用卡诺图消去变量

解　在图 2.23(a)中，与 m_1($\overline{A}\,\overline{B}C$)相邻的是 m_3($\overline{A}BC$)和 m_5($A\overline{B}C$)；与 m_3($\overline{A}BC$)相邻的是 m_1($\overline{A}\,\overline{B}C$)和 m_7(ABC)；与 m_5($A\overline{B}C$)相邻的是 m_1($\overline{A}\,\overline{B}C$)和 m_7(ABC)；与 m_7(ABC)相邻的是 m_3($\overline{A}BC$)和 m_5($A\overline{B}C$)。把这 4 个最小项相"或"，消去 2 个变量。对比相邻最小项，值不同的变量 A 和 B 就是被消去的变量。4 个最小项中共有的变量是 $C=1$，用函数表达式写出来，即 $\overline{A}\,\overline{B}C+\overline{A}BC+A\overline{B}C+ABC=C$。

在图 2.23(b)中，与 m_0($\overline{A}\,\overline{B}\,\overline{C}\,\overline{D}$)相邻的是 m_2($\overline{A}\,\overline{B}C\overline{D}$)和 m_8($A\overline{B}\,\overline{C}\,\overline{D}$)；与 m_2($\overline{A}\,\overline{B}C\overline{D}$)相邻的是 m_0($\overline{A}\,\overline{B}\,\overline{C}\,\overline{D}$)和 m_{10}($A\overline{B}C\overline{D}$)；与 m_8($A\overline{B}\,\overline{C}\,\overline{D}$)相邻的是 m_0($\overline{A}\,\overline{B}\,\overline{C}\,\overline{D}$)和 m_{10}($A\overline{B}C\overline{D}$)；与 m_{10}($A\overline{B}C\overline{D}$)相邻的是 m_2($\overline{A}\,\overline{B}C\overline{D}$)和 m_8($A\overline{B}\,\overline{C}\,\overline{D}$)。把这 4 个最小项相"或"，消去 2 个变量。对比相邻最小项，值不同的变量 A 和 C 就是被消去的变量。4 个最小项中共有的变量是 $B=0$，$D=0$，用函数表达式写出来，即 $\overline{A}\,\overline{B}\,\overline{C}\,\overline{D}+\overline{A}\,\overline{B}C\overline{D}+A\overline{B}\,\overline{C}\,\overline{D}+A\overline{B}C\overline{D}=\overline{B}\,\overline{D}$。

【例 2.27】 请分别合并图 2.24(a)～图 2.24(d)中的相邻项，并消去变量。

解　把图 2.24(a)中 8 个最小项相"或"，消去 3 个变量，被消去的变量是 A、B 和 C，化简结果是 $\overline{D}$。

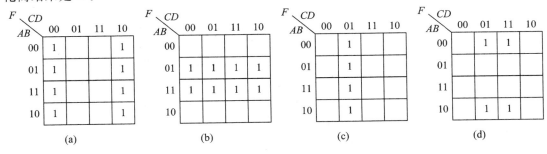

图 2.24　利用卡诺图消去变量

把图 2.24(b)中 8 个最小项相"或"，消去 3 个变量，被消去的变量是 A、C 和 D，化简

结果是 B。

把图 2.24(c)中 4 个最小项相"或"，消去 2 个变量，被消去的变量是 A 和 B，化简结果是 $\overline{CD}$。

把图 2.24(d)中 4 个最小项相"或"，消去 2 个变量，被消去的变量是 A 和 C，因此化简结果是 $\overline{B}D$。

【例 2.28】 请分别合并图 2.25(a)、(b)、(c)中的相邻项，并消去变量。

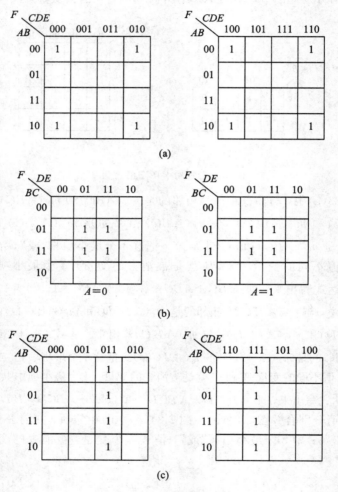

图 2.25　利用卡诺图消去变量

解 把图 2.25(a)中 8 个最小项相"或"，被消去的变量是 A、C 和 D，化简结果是 $\overline{B}\,\overline{E}$。

把图 2.25(b)中 8 个最小项相"或"，被消去的变量是 A、B 和 D，化简结果是 CE。

把图 2.25(c)中 8 个最小项相"或"，被消去的变量是 A、B 和 C，化简结果是 DE。

5. 用卡诺图化简逻辑函数

用卡诺图化简逻辑函数的步骤是：

(1) 将逻辑函数转换为基本形式(与或式/或与式)。

(2) 画出逻辑函数对应的卡诺图。

（3）找出可以合并的相邻项，画圈把它们圈在一起：

① 2^m 个相邻项可以合并为 1 个卡诺圈，消去 m 个变量。

② 在卡诺图上圈"1"的小方格，直至所有"1"都被圈，求出最简与或式；或在卡诺图上圈"0"的小方格，直至所有"0"都被圈，求出最简或与式。

③ 先画大的卡诺圈，后画小的卡诺圈。

④ 每次至少圈一个以前没有圈过的小方格，以避免冗余项，提高卡诺图效率。

（4）最后根据画圈的情况，写出最简逻辑表达式。

画卡诺圈时应注意的事项：

（1）应将尽可能多的 2^m 个相邻的 1/0 圈在一个卡诺圈内，也就是说要画极大圈。

（2）被圈在一个卡诺圈里的 1/0 的个数 x，一定要满足 $x=2^m$ 的条件，因此一个卡诺圈内 0/1 的个数 x 应该是 1、2、4、8……这样的数。若 $x \neq 2^m$ 时，就需要把这些相邻小方格分开，使它们分属于两个或两个以上卡诺圈，每个卡诺圈中 1/0 的个数满足 $x=2^m$ 的条件。

（3）每个小方格可以被多次圈用。

（4）如果一个卡诺圈中所有小方格都分别被圈入另外的卡诺圈，则这个卡诺圈是多余的，从这个卡诺圈得到的"与"项/"或"项是冗余项，可以删除。

根据卡诺圈写出最简逻辑表达式时应注意的事项：

（1）对于一个卡诺圈，消去有变化的变量，保留没变化的变量，以此得到一个"与"项/"或"项。

（2）对于圈"1"的卡诺圈，变量取值是：0 代表反变量，1 代表原变量；对于圈"0"的卡诺圈，变量取值是：1 代表反变量，0 代表原变量。

（3）将所得到的"与"项相加/"或"项相与，得到函数的最简与或式/最简或与式。

【例 2.29】 用卡诺图化简逻辑函数 $F(A, B, C, D) = \sum m(2, 6, 7, 8, 9, 10, 11, 13, 14, 15)$ 为最简与或式和最简或与式。

解 （1）求最简与或式：

第 1 步，画出四变量卡诺图的框架，根据标准与或式每个最小项的下标，把"1"填入卡诺图，默认空格为 0，得到图 2.26(a)。

第 2 步，为了得到最简与或式，应该圈"1"。找出可以合并的相邻"1"项，把它们圈在一起。这时发现卡诺圈有多种画法，按照画极大圈的原则和卡诺圈内"1"的个数等于 2^m 的原则，画卡诺圈如图 2.26(b)所示，发现还有两个"1"没有圈进去，对这两个"1"继续画大圈，得到图 2.26(c)。

第 3 步，分析图 2.26(c)中的所有卡诺圈，发现粗线卡诺圈内的每一个"1"都分别属于其他的卡诺圈，由此可知粗线卡诺圈是多余的，应当删除，得到图 2.24(d)。

第 4 步，0 代表反变量，1 代表原变量，写出每个卡诺圈对应的"与"项，把这些"与"项全部或起来得到最简与或式 $F(A, B, C, D) = A\bar{B} + C\bar{D} + BC + AD$。

（2）求最简与或式：

第 1 步，将图 2.26(a)中所有的"0"填出来，默认空格为 1，如图 2.26(e)所示。

第 2 步，找出可以合并的相邻"0"项，把它们圈在一起，如图 2.26(f)所示。

第 3 步，1 代表反变量，0 代表原变量，写出每个卡诺圈对应的"或"项，并把这些"或"

项全部与起来得到最简或与式，即 $F(A，B，C，D)=(A+C)(A+B+\overline{D})(\overline{B}+C+D)$。

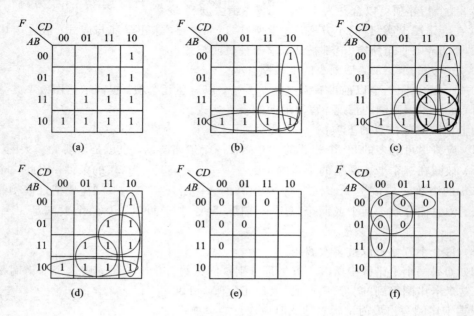

图 2.26　例 2.29 的卡诺图化简

【例 2.30】　用卡诺图化简函数 $F(A，B，C，D)=\overline{ACD+\overline{A}BC\,\overline{D}+\overline{A}\,\overline{B}(C+\overline{D})}$，求最简与或式和最简或与式。

解　(1) 求最简与或式：

第 1 步，将函数转换成与或式：

$$F(A，B，C，D)=\overline{ACD+\overline{A}BC\,\overline{D}+\overline{A}\,\overline{B}(C+\overline{D})}$$
$$=(\overline{A}+\overline{C}+\overline{D})(A+\overline{B}+\overline{C}+D)+\overline{A}\,\overline{B}C+\overline{A}\,\overline{B}\,\overline{D}$$
$$=\overline{A}\,\overline{B}+\overline{A}\,\overline{C}+\overline{A}D+A\overline{C}+\overline{B}\,\overline{C}+\overline{C}+\overline{C}D+AD+\overline{B}D+\overline{C}D+\overline{A}\,\overline{B}C+\overline{A}\,\overline{B}\,\overline{D}$$

第 2 步，画出四变量卡诺图的框架，根据与或式 F 每个"与"项，填入卡诺图得到图 2.27(a)。

第 3 步，找出相邻的"1"项，画极大圈，而且每个卡诺圈内"1"的个数等于 2^m，画卡诺圈如图 2.27(b)所示，卡诺图四个角上的"1"首尾相邻，于是把它们圈在一个卡诺圈中，如图 2.27(c)所示，还有 3 个"1"没有圈进去，这 3 个"1"和其他圈里的"1"构成两个大圈，如图 2.27(d)所示，至此，所有的"1"都被画入了卡诺圈。

第 4 步，0 代表反变量，1 代表原变量，写出图 2.27(d)中的对应的"与"项，并把这些"与"项全部或起来得到最简与或式，即 $F(A，B，C，D)=\overline{C}+\overline{B}\,\overline{D}+\overline{A}D+A\,\overline{D}$。

(2) 求最简或与式：

第 1 步，将图 2.27(a)中所有的"0"填出来，默认空格为 1，如图 2.27(e)所示。

第 2 步，找出可以合并的相邻"0"项，把它们圈在一起，如图 2.27(f)所示。

第 3 步，1 代表反变量，0 代表原变量，写出每个卡诺圈对应的"或"项，并把这些"或"项全部与起来得到最简或与式，即 $F(A，B，C，D)=(\overline{A}+\overline{C}+\overline{D})(A+\overline{B}+\overline{C}+D)$。

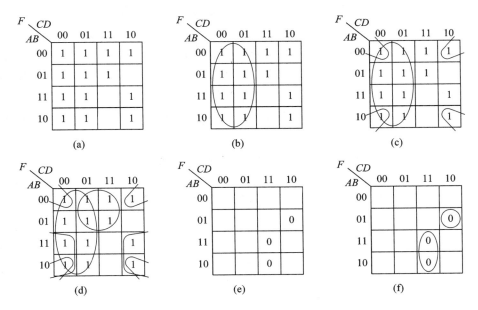

图 2.27　例 2.30 的卡诺图化简

2.5.3　无关项的处理

如果对于输入变量的所有组合，逻辑函数都有确定的输出与之对应，那么这样的函数被称为完全描述逻辑函数。但是，在一些电路中，输出值并不与所有输入变量组合有关，而是仅与一部分输入组合有关，其他的输入组合不影响输出。也就是说，某些输入组合在电路正常工作时不会出现，或即使出现也不对输出产生影响，这些输入组合就称为无关项，又称为约束项/任意项。例如，在以 8421BCD 码为输入的十进制加法器电路中，4 个输入变量分别代表了 8421BCD 码的 4 位，当输入组合为 0000～1001 时，电路输出确定的加法结果。当电路正常工作时，输入组合 1010～1111 是不会出现的，这 6 种输入组合就称为无关项，无关项在卡诺图中用 $\times$、d 或 ϕ 表示。含有无关项的逻辑函数，称为具有约束条件的函数，在与或式中，约束条件记作 $\sum d_i = 0$，在或与式中，约束条件记作 $\prod D_i = 1$。例如，$F_1(A, B, C, D) = \sum m(0, 3, 4, 7, 15) + \sum d(1, 9)$ 是具有约束条件的标准与或式；$F_2(A, B, C, D) = \prod M(1, 3, 5, 6, 12, 13) \cdot D(0, 4, 10)$ 是具有约束条件的标准或与式。

用代数方法化简具有约束条件的逻辑函数一般是很困难的，但是用卡诺图来化简却十分简单、直观。在卡诺图中，含有无关项的化简规则是：

(1) 无关项的取值可以是 0，也可以是 1。

(2) 无关项可以参加化简，也可以不参加化简。无关项是否被画入卡诺圈，是由画圈的需要决定的，参加化简的无关项应使得卡诺圈合并的小方格最多，也就是说，画入圈中的无关项应使该卡诺圈成为极大圈。

【例 2.31】　设计一个余三码输入的素数检测电路，当输入为素数时，输出为 1。试求：该电路的真值表，并用卡诺图化简之，得到最简与或表达式。

解 第1步，列真值表。用4个输入变量 $ABCD$ 表示余三码，F 表示函数输出，在正常工作情况下，$ABCD$ 只有 10 种取值组合：0011～1100，其他取值组合不可能出现，即使出现也不对输出 F 产生影响。因为十进制的个位素数是 2、3、5、7，所以当输入组合为 0101、0110、1000、1010 时输出为 1，当输入组合为 0011、0100、0111、1001、1011、1100 时输出为 0，其他输入组合就是无关项，真值表如表 2.23 所示。根据真值表，写出具有约束条件的标准与或表达式，即 $F(A，B，C，D) = \sum m(5，6，8，10) + \sum d(0，1，2，13，14，15)$。

表 2.23 素数检测电路真值表

A	B	C	D	F	A	B	C	D	F
0	0	0	0	d	1	0	0	0	1
0	0	0	1	d	1	0	0	1	0
0	0	1	0	d	1	0	1	0	1
0	0	1	1	0	1	0	1	1	0
0	1	0	0	0	1	1	0	0	0
0	1	0	1	1	1	1	0	1	d
0	1	1	0	1	1	1	1	0	d
0	1	1	1	0	1	1	1	1	d

第2步，如图 2.28(a)所示，把真值表每一行的输出 F 填入卡诺图对应小方格中，空白默认为"0"。在该卡诺图上画卡诺圈，当无关项 d 位于"1"项相邻位置时，如果把该无关项画入卡诺圈能够使该卡诺圈成为极大卡诺圈，那么该无关项 d 应该参与化简，否则不要把无关项画入卡诺圈。当所有的"1"都被画入了卡诺圈，即可停止继续画圈，此时可能有若干个无关项 d 不属于任何卡诺圈，如图 2.28(b)所示。

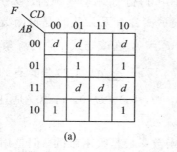
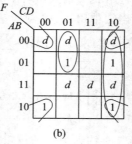

图 2.28 例 2.31 的卡诺图化简

第3步，0 代表反变量，1 代表原变量，画入圈中的无关项 d 的取值看成是"1"，圈外的无关项 d 的取值看成是"0"，写出根据图 2.28(b)中每个卡诺圈对应的"与"项，并把这些"与"项全部或起来得到最简与或式 $F(A，B，C，D) = \overline{A}\,C\overline{D} + \overline{B}\,\overline{D} + C\overline{D}$。

【例 2.32】 化简函数 $F(A，B，C，D) = \prod M(1，2，4，6，9，11，15) \cdot D(0，3，8，10，12)$ 的卡诺图，写出最简与或表达式和最简或与表达式。

解 (1) 求最简与或表达式:

第 1 步,画出四变量卡诺图的框架,根据标准或与式 F 每个最大项的下标,把"0"填入卡诺图,根据无关项的下标,把"d"填入卡诺图,剩下的小方格里填 1,得到图 2.29(a)。

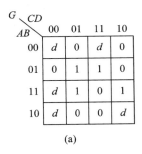
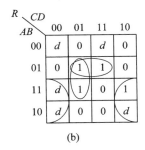
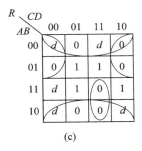

图 2.29　例 2.32 的卡诺图化简

第 2 步,因为求最简与或表达式,所以在图 2.29(a)中圈"1",为了画极大圈,把 3 个无关项也画入卡诺圈,如图 2.29(b)所示。

第 3 步,0 代表反变量,1 代表原变量,画入圈中的无关项 d 的取值看成是"1",圈外的无关项 d 的取值看成是"0",写出根图 2.29(b)中每个卡诺圈对应的"与"项,并把这些"与"项全部或起来得到最简与或式 $F(A,B,C,D)=B\overline{C}D+\overline{A}BD+A\overline{D}$。

(2) 求最简或与表达式:

第 1 步,根据标准或与式填卡诺图,与图 2.29(a)一致。

第 2 步,在图 2.29(a)中圈"0",为了画极大圈,把 4 个无关项也画入卡诺圈,如图 2.29(c)所示。

第 3 步,1 代表反变量,0 代表原变量,画入圈中的无关项 d 的取值看成是"0",圈外的无关项 d 的取值看成是"1",写出根据图 2.29(c)中每个卡诺圈对应的"或"项,并把这些"或"项全部与在一起,得到最简或与表达式,即 $F(A,B,C,D)=B(A+D)(\overline{A}+\overline{C}+\overline{D})$。

2.5.4　多输出逻辑函数的化简

在解决实际问题时,常常需要设计同一组输入变量产生多个输出的电路,例如,在二进制加/减法器电路中,输入变量是参与运算的两个二进制操作数及加/减运算控制信号,输出是运算结果和进/借位。这样的电路称为多输出逻辑电路。电路中含有多个逻辑函数,每个逻辑函数对应一个输出,这多个逻辑函数的输入变量是相同的。如果孤立地化简多输出逻辑电路包含的每一个逻辑函数,再把化简结果拼接在一起来构建电路,那么设计出来的电路往往不是最简的电路,因为各输出函数常常存在可共享部分。为了节约器件,得到最简的电路,多输出电路里的函数不能孤立化简,要把这些函数看成是一个整体,从电路最简的角度来并行化简。多输出电路里包含的所有逻辑函数构成了多输出函数。衡量多输出函数是否最简的标准是:所有逻辑表达式中包含的"与"项总数最少,并且各"与"项中变量总数最少。

【例 2.33】 针对例 2.2 中所得的真值表 2.2,请设计输出变量 G 和 R 的电路,要求用最少的逻辑门。

解 按照表 2.2 所示的真值表,可以画出卡诺图,如图 2.30(a)、(b)所示。

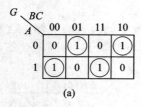 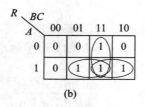 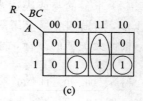

(a)   (b)   (c)

图 2.30 例 2.33 的卡诺图化简

由于电路有两个输出变量，并且要求使用最少的门实现，因此，卡诺图画圈与化简时要综合考虑。

首先对输出 G 进行化简，可得：

$$G = A\overline{B}\,\overline{C} + \overline{A}\,\overline{B}C + ABC + \overline{A}B\overline{C}$$
$$= \overline{B}(A\overline{C} + \overline{A}C) + B(AC + \overline{A}\,\overline{C})$$
$$= \overline{B}(A \oplus C) + B(\overline{A \oplus C})$$
$$= B \oplus A \oplus C = A \oplus B \oplus C$$

然后对 R 进行化简，观察图 2.30(b) 发现，实际上存在潜在的 B 和 C 的异或运算，可以和 G 函数共用一个异或门。因此，将卡诺图 2.30(b) 转换成图 2.30(c)，这样，化简得 R 的函数式为：

$$R = BC + A\overline{B}\,\overline{C} + AB\overline{C} = BC + A(B \oplus C)$$

画出电路图，如图 2.31 所示，一共使用了 5 个逻辑门实现。

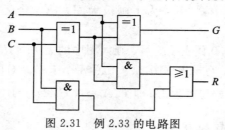

图 2.31 例 2.33 的电路图

【例 2.34】 设计一个一位二进制数的加法器，要求带低位进位运算。

解 第 1 步，设这两个一位二进制数分别是 A_i 和 B_i，来自相邻低位的进位是 C_{i-1}，本位和输出 S_i，本位向相邻高位的进位输出是 C_i。根据二进制加法规则可知，A_i、B_i 和 C_{i-1} 是输入变量，S_i 和 C_i 是两个输出变量。

第 2 步，列该一位二进制数加法器的真值表，如表 2.24 所示。

表 2.24 一位二进制数加法器的真值表

A_i	B_i	C_{i-1}	S_i	C_i
0	0	0	0	0
0	0	1	1	0
0	1	0	1	0
0	1	1	0	1
1	0	0	1	0

续表

A_i	B_i	C_{i-1}	S_i	C_i
1	0	1	0	1
1	1	0	0	1
1	1	1	1	1

第 3 步，根据真值表画出两个输出变量 S_i 和 C_i 的卡诺图，可化简得到：

$$S_i = \overline{A_i}\,\overline{B_i}C_{i-1} + \overline{A_i}B_i\,\overline{C_{i-1}} + A_i\,\overline{B_i}\,\overline{C_{i-1}} + A_iB_iC_{i-1}$$
$$= \overline{A_i}(B_i \oplus C_{i-1}) + A_i(\overline{B_i \oplus C_{i-1}})$$
$$= A_i \oplus B_i \oplus C_{i-1}$$

为共享异或门，对 C_i 卡诺图的化简如图 2.32(b) 所示，虽然得到的表达式不是最简式，但是 C_i 表达式中也含有一个输入变量是 B_i 和 C_{i-1} 的异或门，此异或门成为多输出函数 C_i 的共享部分：

$$C_i = A_i\,\overline{B_i}C_{i-1} + A_iB_i\,\overline{C_{i-1}} + B_iC_{i-1}$$
$$= A_i(B_i \oplus C_{i-1}) + B_iC_{i-1} = \overline{\overline{A_i(B_i \oplus C_{i-1})} \cdot \overline{B_iC_{i-1}}}$$

第 4 步，按照逻辑表达式画出电路图，如图 2.33 所示。

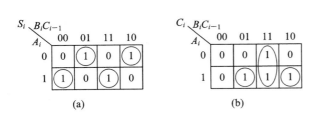

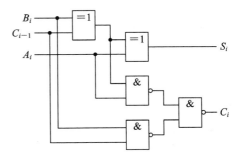

图 2.32 一位二进制数加法器的多输出函数卡诺图

图 2.33 多输出逻辑电路

本 章 小 结

逻辑代数奠定了数字系统硬件构造的基础，本章介绍了逻辑代数的基本概念、公理和定律，运算中常用的规则，逻辑函数的几种表示形式和化简方法等。

一个逻辑电路可以用逻辑函数表示出来，一个逻辑函数也对应着一个逻辑电路。电路的输入端对应逻辑函数的输入变量，电路的输出端对应逻辑函数的输出变量。真值表以直观、全面的方式，表达了输入变量和输出变量之间的关系。由真值表可以写出逻辑表达式。基于"与"、"或"、"非"三种最基本的逻辑运算和逻辑常量 0 和 1，存在着逻辑代数的公理，基于公理推导出逻辑代数的定律。公理、定理和规则用于演绎逻辑表达式。同一个逻辑函数的表达式并不唯一，它所对应的逻辑电路也不唯一。标准与或式和标准或与式是逻辑函数表达式的两种标准表达形式，本章详细介绍了与之相关的最小项和最大项的定义及性质，同时还介绍了逻辑函数的几种表达形式之间相互转换的方法。

为了节约器件、降低成本，提高电路的可靠性和工作速度，需要找到逻辑函数的最简式，寻找最简式的途径就是化简函数，化简函数的方法有两种：代数化简法和卡诺图化简法。代数化简法无一定的规律可循，有时候难以判断化简的结果是否为最简的逻辑函数表达式，因此，适用于化简逻辑函数表达式比较简单的情况。卡诺图化简法是指用图解的方式，按步骤、有规律的对逻辑函数进行化简的方法。因其直观、简单，可以明确得到最简式，而成为化简逻辑函数的首选方法，但是卡诺图化简法仅适用于 5 个及以下数量的函数化简。本章还介绍了具有约束条件的逻辑函数在卡诺图上的化简方法以及多输出函数的化简方法。

习　题

2.1　选择题：

(1) 若输入变量 A、B 全为 1 时，输出 $F=0$，则其输入与输出的关系是(　　)。

A. 异或　　　　　　　B. 同或　　　　　　　C. 与非　　　　　　　D. 或非

(2) 当(　　)时，逻辑函数 $F=\overline{AB+CD}$ 的输出是逻辑"1"。

A. 全部输入为"0"　　　　　　　　　B. A、B 同时为"1"

C. C、D 同时为"1"　　　　　　　　D. 全部输入为 1

(3) 求逻辑函数 F 的对偶式，可将 F 中的(　　)。

A. "0"换成"1"，"1"换成"0"　　　　　B. "·"换成"+"，"+"换成"·"

C. 原变量不变　　　　　　　　　　　D. 原变量换成反变量，反变量换成原变量

(4) 在下列逻辑式中，正确的是(　　)。

A. $A=A+A$　　　　B. $A+A=0$　　　　C. $A+A=1$　　　　D. $A \cdot A=A$

(5) 在下列逻辑式中，正确的是(　　)。

A. $A \cdot A=0$　　　　B. $A \cdot \overline{A}=0$　　　　C. $A+\overline{A}=1$　　　　D. $A \cdot A=1$

(6) 在下列逻辑式中，正确的是(　　)。

A. $A+AB=A$　　　B. $A \cdot \overline{AB}=A$　　　C. $A+AB=B$　　　D. $A \cdot (A+B)=B$

(7) 在下列逻辑式中，正确的是(　　)。

A. $A(A+B)=A$　　　　　　　　　　B. $A \cdot (A+B)=B$

C. $A(A+B)=AB$　　　　　　　　　D. $(A+C)(A+B)=A+BC$

(8) 在下列逻辑式中，正确的是(　　)。

A. $\overline{A \oplus B}=A \odot B$　　B. $A+\overline{A}=1$　　　C. $A+A=1$　　　D. $A \cdot A=0$

(9) 在下列逻辑式中，正确的是(　　)。

A. $\overline{ABC}=\overline{A} \cdot \overline{B} \cdot \overline{C}$　　　　　　　B. $A \cdot \overline{A \oplus B}=B(A \odot B)$

C. $AB+AC=(A+B)(A+C)$　　　　D. $\overline{A+B+C}=\overline{A}+\overline{B}+\overline{C}$

(10) 逻辑函数 $F=A \oplus (A \oplus B)$ 的值是(　　)。

A. B　　　　　　　　B. A　　　　　　　C. $\overline{A} \odot B$　　　　　D. $A \oplus B$

2.2　填空题：

(1) 电路分为数字电路和模拟电路两大类，前者的特点是数值为(　　)量；后者的特

点是数值为（　　）量。

（2）二进制系统的两个数字 0 和 1 是（　　）量，它们的电平称为（　　）电平。

（3）数字电路是一种开关电路，又称为（　　）电路，可用（　　）来描述。

（4）常用的逻辑函数描述工具除了布尔代数、真值表而外，还有（　　）、（　　）、（　　）等。

（5）利用反演规则，逻辑函数 $F = \overline{A}\,\overline{B} + CD$ 的非函数 $\overline{F}$ 表达式是（　　）。

（6）利用并项法，$F = \overline{A}\,\overline{B}C + \overline{A}\,\overline{B}\,\overline{C}$ 的简化表达式是（　　）。

（7）逻辑函数 $F_1 = \overline{A}\,\overline{B}\,\overline{C} + A\,\overline{B}C + AB\overline{C} + AB$ 和 $F_2 = \overline{A}B + \overline{B}(A \oplus C)$ 之间的关系是（　　）。

（8）最小项 $\overline{A}\,\overline{B}C\overline{D}$ 的逻辑相邻项是（　　）、（　　）、（　　）和（　　）。

（9）描述逻辑函数各个变量取值组合和函数值对应关系的表格称为（　　）。

（10）$F = AB\overline{C} + A\,\overline{D}$ 在四变量卡诺图中有（　　）个小方格是"1"。

2.3　当 $X=1, Y=0, Z=1$ 和 $X=1, Y=1, Z=0$ 时，计算 $F = \overline{XY} + YZ$。

2.4　当 $X=1, Y=0, Z=1$ 和 $X=1, Y=1, Z=0$ 时，计算 $F = (X+Y)(\overline{Y}+Z)$。

2.5　分别求出 $F = \overline{XY}$ 和 $Z = \overline{X} + \overline{Y}$ 的真值表，并证明摩根律 $\overline{XY} = \overline{X} + \overline{Y}$，它们的真值表一样吗？

2.6　分别求出 $f = \overline{x+y}$ 和 $z = \overline{x}\,\overline{y}$ 的真值表，并证明摩根律 $\overline{x+y} = \overline{x}\,\overline{y}$，它们的真值表一样吗？

2.7　画出 $F = X\,\overline{Y} + YZ$ 的电路图，并将其转换成用与非门表示的电路。请给出 $F = X\,\overline{Y} + YZ$ 的标准与或式，并求其等价标准或与式。

2.8　布尔变量 A、B、C 存在下列关系吗？

（1）已知 $A+B = A+C$，请问 $B=C$ 吗？为什么？

（2）已知 $AB = AC$，请问 $B=C$ 吗？为什么？

（3）已知 $A+B = A+C$ 且 $AB = AC$，请问 $B=C$ 吗？为什么？

2.9　利用公式证明以下逻辑等式：

（1）$A \oplus B \oplus C = A \odot B \odot C$；

（2）$\overline{A} \oplus B \oplus C = A \oplus \overline{B} \oplus C = \overline{A \oplus B \oplus C}$；

（3）$A\,\overline{B} + B\overline{C} + \overline{A}C = \overline{A}\,\overline{B}\,\overline{C} + ABC$；

（4）$A\,\overline{B}\,\overline{D} + \overline{B}CD + \overline{A}D + A\overline{B}C + \overline{A}\,\overline{B}C\overline{D} = A\,\overline{B} + \overline{A}D + \overline{B}C$；

（5）$A \oplus B + B \oplus C + C \oplus D = A\,\overline{B} + B\,\overline{C} + C\,\overline{D} + \overline{A}\,D$；

（6）$A\,\overline{B} + B\,\overline{C} + C\,\overline{A} = \overline{A}B + \overline{B}C + \overline{C}A$；

（7）$AB + \overline{A}C + (\overline{B} + \overline{C})D = AB + \overline{A}C + D$；

（8）$BC + D + \overline{D}(\overline{B} + \overline{C})(AD + B) = B + D$；

（9）$\overline{A}\,\overline{C} + \overline{A}\,\overline{B} + BC + \overline{A}C\overline{D} = \overline{A} + BC$；

（10）$A \oplus B = \overline{A} \oplus \overline{B}$。

2.10　证明不等式 $\overline{A}C + BC + A\,\overline{B} + D \neq \overline{BC} + \overline{A}B + AC + D$。

2.11　若两个逻辑变量 X、Y 同时满足 $X+Y=1$ 和 $XY=0$，则有 $X = \overline{Y}$。利用该条件证明：

$$ABCD + \overline{A}\,\overline{B}\,\overline{C}\,\overline{D} = \overline{A\,\overline{B} + B\,\overline{C} + C\,\overline{D} + D\,\overline{A}}$$

2.12 用代数化简法化简下列逻辑函数：

(1) $F = BC + D + (\overline{B} + \overline{C})(AC + B\overline{D})$；

(2) $F = A + B\,\overline{\overline{A} + CD}$；

(3) $F = \overline{A}\,\overline{C} + \overline{A}\,\overline{B} + BC + \overline{A}\,\overline{C}D + AC$；

(4) $F = \prod M(5, 6, 7, 10, 11, 14, 15)$；

(5) $F = AB + \overline{A}C + \overline{B}C + A\overline{B}CD$；

(6) $F = AB + [(\overline{A \oplus C})\overline{B} + \overline{CD}]\,\overline{B}\,\overline{D}$；

(7) $F = (\overline{A} + \overline{B})(B + \overline{C} + \overline{D})(\overline{B} + \overline{C} + D)$；

(8) $F = \overline{(A + B\overline{C})(\overline{A} + D\overline{E})}$；

(9) $F = A(C + BD)(\overline{A} + BD) + B(\overline{C} + DE) + BC$。

2.13 求下列逻辑函数的反演函数和对偶函数：

(1) $\overline{A}\,\overline{B}\,\overline{C} + B\overline{D}(C + A\overline{E})$；

(2) $A \oplus B + \overline{\overline{A} + D}$；

(3) $\overline{A}\,\overline{C} + \overline{A}\,\overline{B} + BC + \overline{A}\,\overline{C}D + AC$；

(4) $F = [(A\overline{B} + C)D + E]B$；

(5) $F = \overline{\overline{A}\,\overline{B} + CD}$。

2.14 设计一个将 4 位格雷码转换成 4 位二进制码的电路。

2.15 已知逻辑函数 $F = ABC + AB\overline{C} + B\overline{C}$，求其最简与或式、标准与或式、标准或与式。

2.16 对题 2.14 的逻辑函数，试用与非门画出其简化后的电路。

2.17 试用与非门实现逻辑函数 $L = AB + BC$。

2.18 已知逻辑函数 $F(A, B, C, D) = (A + B + D)(A + \overline{B} + D)(A + B + \overline{D})(\overline{A} + C + D)(\overline{A} + C + \overline{D})$，求其(1)最简或与式；(2)最简或非-或非式。

2.19 假如需要建立函数 $Y = 2X + 3$，其中，X 代表 3 位无符号数值，Y 代表 5 位数值。当输入为 $X_2 \sim X_0$，输出为 $Y_4 \sim Y_0$，建立真值表，然后求 Y_2 的标准与或表达式，画出 Y_2 对应的最少与非门电路图。

2.20 对上题中 Y_4，求标准或与表达式。

2.21 有两个逻辑函数分别是 $f = ab + cd$，$g = acd + bc$，求 $m = f \cdot g$ 和 $n = f + g$ 的最简与或表达式。

2.22 试用卡诺图化简：

(1) $F(A, B, C) = \sum m(0, 1, 2, 4, 5, 7)$；

(2) $F(A, B, C, D) = \sum m(4, 5, 6, 7, 8, 9, 10, 11, 12, 13)$；

(3) $F(A, B, C, D) = \sum m(0, 2, 4, 5, 6, 7, 12) + \sum d(8, 10)$；

(4) $F(A, B, C, D) = \sum m(5, 7, 13, 14) + \sum d(3, 9, 10, 11, 15)$；

(5) $F(A, B, C, D) = \prod M(0, 1, 4, 7, 9, 10, 13) \cdot \prod D(2, 5, 8, 12, 15)$。

2.23 试用卡诺图化简：

(1) $Y = B\overline{C}D + \overline{A}BCD + A\overline{B}\,\overline{C}D$，给定约束条件是 $CD + \overline{C}\,\overline{D} = 0$；

(2) $Y = (A \oplus B)C\overline{D} + \overline{A}B\overline{C} + \overline{A}\,\overline{C}D$，给定约束条件是 $AB + CD = 0$；

(3) $Y = (AB + \overline{A}C + \overline{B}D)(A\overline{B}\,\overline{C}D + \overline{A}CD + BCD + \overline{B}C)$。

2.24 有两个逻辑函数分别是 $F_1(A, B, C, D) = \sum m(0, 2, 7, 8, 10, 13) +$ $\sum d(1, 4, 9)$，$F_2(A, B, C, D) = \prod M(1, 2, 6, 8, 10, 12, 15) \cdot \prod D(4, 9, 13)$，试用卡诺图求：

(1) $P_1 = \overline{F_1 \cdot F_2}$ 的最简与或式；

(2) $P_2 = \overline{F_1 \oplus F_2}$ 的最简或与式。

2.25 设计一个输入为 8421BCD 码的一位十进制加法器电路。

2.26 基本 PLD(可编程逻辑器件)的电路结构里包含"与-或"阵列，请写出图 X2.1 中的逻辑函数表达式，并化简。

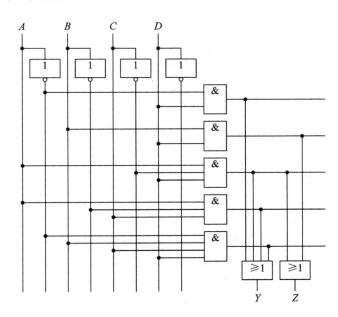

图 X2.1 习题 2.26 图

2.27 有逻辑电路图如图 X2.2 所示：

(1) 写出函数 Y 的逻辑表达式；

(2) 将函数 Y 化简为最简与或式；

(3) 画出其简化后的电路图。

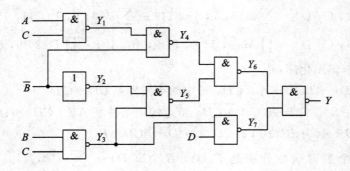

图 X2.2　习题 2.27 图

2.28　有逻辑电路的波形图如图 X2.3 所示：

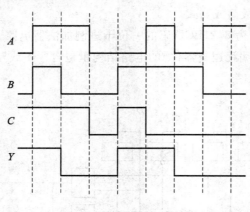

图 X2.3　习题 2.28 图

（1）写出函数 Y 的逻辑表达式；

（2）将函数 Y 化简为最简与或式；

（3）用与非门画出其简化后的电路图。

2.29　有一种 n 中取 m 码，是 n 中取 1 码的广义化，编码的特点是：每个有效码 n 位，其中，m 位为 1，其余为 0。请设计一个判断 5 中取 3 码是否合法的逻辑电路。

2.30　分析例 1.7 所述事件，Tom 正在野炊，如果下雨或者有蚂蚁，Tom 将不能享受野炊。

（1）请在对该问题进行逻辑抽象与状态编码的基础上，分别用真值表、逻辑函数表达式和逻辑电路描述事件。

（2）Tom 要在没有蚂蚁和蜜蜂的晴天去野炊；如果他能听到百灵鸟的歌唱，即使是有蚂蚁和蜜蜂，他也要去野炊。

请在逻辑抽象与状态编码的基础上，分别用真值表、逻辑函数表达式和逻辑电路描述事件。

2.31　分析例 1.8 所述，闰年和平年的判断方法如下：

（1）年份不能被 100 整除，但是能被 4 整除的，是闰年。

（2）年份能被 100 整除，并且能被 400 整除的，是闰年。

（3）不满足以上两个条件的是平年。

请在对该问题进行逻辑抽象与状态编码的基础上，用真值表描述、逻辑函数表达式和逻辑电路描述事件。要求用卡诺图化简法，如果是闰年，则输出 1。

2.32　分析例 1.11 所述，设计一个血型配对指示器，输血前，必须检测供血者和受血者的血型，相配才允许输血。下面三种情况可以输血：

（1）供血者和受血者血型相同；

（2）供血者的血型是 O 型；

（3）受血者的血型是 AB 型。

如果允许输血，则绿色指示灯亮，否则红色指示灯亮。请在对该问题进行逻辑抽象与状态编码的基础上，用真值表、逻辑函数表达式和逻辑电路描述事件。

第3章 逻辑门电路

逻辑门电路是构成数字电路的基本单元电路。本章主要阐述构成逻辑门的半导体器件的开关特性以及目前广泛使用的 CMOS 门电路和 TTL 门电路，重点介绍门电路的基本结构、工作原理及外部特性。

3.1 门电路概述

逻辑门电路是指能完成一些基本逻辑功能的电子电路，简称门电路（Gate），它是构成数字电路的基本单元电路。如第 2 章所述，基本的逻辑门有与门（AND Gate）、或门（OR Gate）和非门（NOT Gate）三种，它们能实现任何的逻辑函数与数字电路。在之前的讨论中，都未涉及逻辑门的内部结构和物理实现，那么在物理上，逻辑门到底是如何实现与、或、非三种逻辑功能的呢？在研究逻辑门的物理实现之前，首先必须研究逻辑"0"和"1"的物理表示。

3.1.1 正逻辑与负逻辑

从二值逻辑的角度看，逻辑"0"和"1"的物理表示非常丰富。表 3.1 列出了一些数字系统逻辑器件和计算机存储器中表示"0"和"1"的物理状态。显然，大多数物理现象中都存在着 0 和 1 之间的未定义状态，如电压 1.8 V、不太亮、电容半充电等。这些状态的存在可以更可靠地区分 0、1 状态，因为如果 0 和 1 状态的界限距离太近，那么噪声干扰就很容易导致 0、1 状态的错误识别。

表 3.1 计算机和数字系统中表示 0/1 的物理状态

技术或部件	表示 0/1 的物理状态	
	0	1
继电器逻辑	断开	闭合
CMOS 逻辑	0～1.5 V	3.5～5.0 V
TTL 逻辑	0～0.8 V	2.0～5.0 V
光纤	暗	亮
磁泡存储器	无磁泡	有磁泡
磁带/磁盘存储器	磁化单元为 N-S 方向	磁化单元为 S-N 方向
只读压缩盘（CD-ROM）	无凹坑	有凹坑
动态随机存储器（DRAM）	电容放电	电容充电
静态随机存储器（SRAM）	MOS 管截止	MOS 管导通
双极型只读存储器（PROM）	熔丝烧断	熔丝完好

需要强调的是，表 3.1 中器件的物理状态最终要变成计算机或者数字电路中的电信号，才能被识别或者被处理。也就是说，它们不是用电压的高低来表示，就是用电流的大小来表示。实际上，用电压表征逻辑信号的情况居多数，通常用电压较高的电平 V_H 表示逻辑 1，用电压较低的电平 V_L 表示逻辑 0，这种表示方式符合人们的习惯，便于观察和测试。

V_H 和 V_L 被称为逻辑电平，分别表示逻辑变量的逻辑状态 0 和 1，高电平 V_H 表示一种状态，而低电平 V_L 则表示另一种不同的状态，它们表示的都是一定的电压范围，而不是一个固定不变的值。例如，在 TTL 逻辑电路中，规定标准高电平为 $V_H=3.6$ V，标准低电平为 $V_L=0.3$ V；但是 0～0.8 V 都作为低电平，2～5 V 都作为高电平，超出这一范围是不允许的，否则不仅会破坏电路的逻辑关系，而且还可能损坏器件。

把这种高电平 V_H（简写 H）代表逻辑 1，低电平 V_L（简写 L）代表逻辑 0 的约定，称为正逻辑约定，简称正逻辑。第 2 章讨论的逻辑门都是符合正逻辑约定的。

显然，也可以做出相反的约定，即用高电平 H 代表逻辑 0，低电平 L 代表逻辑 1，这种约定就是负逻辑约定，简称负逻辑。

对于同一电路，既可以采用正逻辑约定，也可以采用负逻辑约定。正逻辑和负逻辑的约定不会改变逻辑电路本身的结构与性能好坏，但是，在不同的逻辑约定下，同一电路会具有不同的逻辑功能。

现以一个具体的门电路为例，分析在不同逻辑约定下它所实现的逻辑功能有何不同。假设一个逻辑门电路其电路本身的特性是：两个输入端 A 和 B，只要有一个为低电平，输出端 F 就为低电平；A 和 B 都为高电平时，输出 F 才为高电平。写出电路的电平真值表如表 3.2(a) 所示。

表 3.2　门电路的正、负逻辑转换

(a) 电平真值表

输入		输出
V_A	V_B	V_F
L	L	L
L	H	L
H	L	L
H	H	H

(b) 正逻辑-与门

输入		输出
A	B	F
0	0	0
0	1	0
1	0	0
1	1	1

(c) 负逻辑-或门

输入		输出
A	B	F
1	1	1
1	0	1
0	1	1
0	0	0

如果按照正逻辑约定，将表 3.2(a) 中电平 L 用逻辑 0 替代，电平 H 用逻辑 1 替代，可得到正逻辑约定下门电路的逻辑真值表，如表 3.2(b) 所示。显然，表 3.2(b) 符合与门逻辑，电路是一个与门。

同理，按照负逻辑约定，将表 3.2(a) 中电平 L 用逻辑 1 替代，电平 H 用逻辑 0 替代，可得到负逻辑约定下门电路的逻辑真值表，如表 3.2(c) 所示。分析后发现，表 3.2(c) 符合或门逻辑，电路变成了或门。

可见，同一个逻辑门电路，在正逻辑下实现的是"与"运算，可作为与门使用；而在负逻辑下，实现的是"或"运算，可作为或门使用。

仿照该例逐一分析，不难推断，与门、或门、与非门、或非门、异或门及同或门在正逻辑下，可分别作为或门、与门、或非门、与非门、同或门及异或门使用；反之亦然。表 3.3 列出了这些基本逻辑门在正逻辑和负逻辑约定下的符号和功能的对比。

表 3.3　两种逻辑约定下对应的逻辑门

正逻辑		负逻辑	
逻辑门	电路符号	逻辑门	电路符号
与门	&	或门	&
或门	≥1	与门	≥1
与非门	&	或非门	&
或非门	≥1	与非门	≥1
异或门	=1	同或门	=1
同或门	=1	异或门	=1
缓冲门	1	缓冲门	1
非门	1	非门	1

在表 3.3 中，负逻辑下电路符号中，输入输出端的小圆圈表示外部的逻辑 0，相当于单元内部的逻辑 1，反之亦然。譬如，负逻辑的或门其输入和输出端都带了小圆圈，假如其输入为 A、B，则输出为 F。当 A 和 B 任何一个为逻辑 1 时，在方框内就相当于有输入为逻辑 0，那么对于方框中的与运算而言，结果就为逻辑 0；又因为输出端 F 外的小圆圈，所以方框内与运算得到的逻辑 0 在方框外相当于 $F=1$。这样，其逻辑就是：当 A 和 B 任何一个为逻辑 1 时，输出 F 就得到逻辑 1，即 $F=A+B$。事实上，负逻辑的或门按照图示，可以直译为 $\overline{F}=\overline{A}\cdot\overline{B}$，按照德·摩根定律，可以转换为 $F=\overline{\overline{A}\cdot\overline{B}}=A+B$，即或逻辑门功能。

在实际逻辑电路中，若无特殊说明，通常都按照正逻辑约定讨论问题，门电路符号也按正逻辑表示。尤其商品逻辑电路，一律是用正逻辑功能来命名的。但是也有一些电路内部往往是正、负逻辑混用的，以利于优化设计，便于检测和维修。

3.1.2　集成门电路的分类

数字逻辑电路的设计方法从最初到现在有了很大的变化。20 世纪 30 年代贝尔实验室开发了第一部电控逻辑电路是基于继电器逻辑的，而 1946 年的第一台电子数字计算机

ENIAC 是基于真空电子管的逻辑电路。20 世纪 50 年代末期发明了半导体二极管(Semiconductor Diode)和双极结型晶体管(BJT, Bipolar Junction Transistor),使得计算机的体积更小、速度更快、功能更强。在这个阶段,每个逻辑门电路都是用若干个分立的半导体器件和电阻、电容连接而成的。

20 世纪 60 年代发明了集成电路(IC, Integrated Circuit),将二极管、晶体管以及其他元件都制作在一块芯片上。随着集成电路的问世与大规模集成电路工艺水平的不断提高,今天已经能把大量的门电路集成在一块很小的半导体芯片上,构成功能复杂的片上系统(SoC, System on Chip)。ENIAC 有 18 000 多个真空管和相近数目的逻辑门电路,体积巨大,而如今一块小小的微处理器芯片就含有上千万个晶体管。集成电路技术的空前发展为数字电路的应用开拓了广阔天地,也成为计算机、通信、自动化等信息技术飞速发展的最关键因素。

集成电路按其功能不同可分为模拟集成电路和数字集成电路两大类。前者用来产生、放大和处理各种模拟电信号;后者则用来产生、放大和处理各种数字电信号。

目前,生产和使用的数字集成电路,按照内部半导体器件的导电类型,可分为两大类。

1. 双极型集成电路

双极型集成电路是指以半导体二极管和双极结型晶体管为基本元件组成的集成电路,在这些元件中参与导电的有两种极性的载流子:多数载流子和少数载流子。其主要特点是速度快,负载能力强,但制作工艺复杂,功耗较大,集成度较低。双极型集成电路有以下 4 种类型:

(1) 二极管–晶体管逻辑(DTL, Diode Transistor Logic)。

(2) 晶体管–晶体管逻辑(TTL, Transistor-Transistor Logic)。

(3) 射极耦合逻辑(ECL, Emitter Coupled Logic)。

(4) 集成注入逻辑(I^2L, Integrated Injection Logic)。

在以上电路类型中,首先得到成功推广应用的是 TTL 电路,直到 20 世纪 80 年代初,TTL 集成电路一直是数字集成电路的主流产品。TTL 电路虽然速度快,但是功耗比较大,只能构成小规模集成电路和中规模集成电路。

2. 单极型集成电路

单极型集成电路是指单极型半导体晶体管或场效应管(FET, Field Effect Transistor)为基本元件组成的集成电路。它的主要特点是输入阻抗高,功耗小,制作工艺简单,易于大规模集成,但是工作速度慢。单极型集成电路的主要产品为 MOS 型集成电路,是以金属氧化物半导体(MOS, Metal-Oxide-Semiconductor)晶体管为主构成的。MOS 电路可分为以下几种:

(1) NMOS(N-channel MOS Transistor)集成电路:是指在半导体硅片上,以 N(Negative)型沟道 MOS 晶体管构成的集成电路,参加导电的多数载流子是电子。

(2) PMOS(P-channel MOS Transistor)集成电路:是指在半导体硅片上,以 P(Positive)型沟道 MOS 晶体管构成的集成电路;参加导电的多数载流子是空穴。

(3) CMOS(Complementary MOS Transistor Logic)集成电路:是指由 NMOS 晶体管和 PMOS 晶体管互补构成的集成电路,称为互补型 MOS 集成电路。

虽然 MOS 晶体管的发明早于 TTL 晶体管，但是早期 MOS 管制造比较困难。直到 20 世纪 80 年代，CMOS 制作工艺有了很大的进步，使得 CMOS 电路无论是在工作速度还是在驱动能力上，都不比 TTL 电路逊色，从而大大提高了 CMOS 电路的性能和通用性。到了 20 世纪 90 年代，CMOS 已大量地取代 TTL。到现在为止，新的大规模集成电路甚至中小规模集成电路，大多采用 CMOS 电路。因此，CMOS 电路已逐渐取代 TTL 电路，成为当前数字集成电路的主流产品，占领了绝大部分的 IC 市场。然而，很多实验室或者旧产品中还会遇到 TTL 器件，因此，后续章节中重点介绍 CMOS 和 TTL 两种集成门电路的结构、工作原理和外部特性。

3.1.3 逻辑系列

逻辑系列(Logic Family)是指一些不同的集成电路芯片的集合，这些芯片有类似的输入、输出及内部电路特征，但逻辑功能不同。同一系列的芯片可以互相连接实现任意逻辑功能；但是不同系列的芯片可能会不兼容，因为它们可能采用不同的电源电压，或者以不同的输入、输出电平范围代表逻辑 0 和 1。

20 世纪 60 年代，就出现了第一个逻辑系列——TTL 逻辑系列，它也是最成功的一个逻辑系列。目前 TTL 已经形成一个集成电路逻辑系列簇，其中，各个系列之间互相兼容，但在速度、功耗、价格方面有所区别。

MOS 型晶体管的发明早于双极结型晶体管大约 10 年，然而，早期 MOS 晶体管的制造比较困难，直到 20 世纪 60 年代，制作工艺的进步才使得基于 MOS 管的逻辑电路变得实用起来。即使如此，MOS 型电路在速度上远逊色于双极型。但是 MOS 型电路在集成度和低功耗上的优势，使其在特殊场合下有一定的应用。

20 世纪 80 年代中期开始，CMOS 电路在减小功耗和缩短传输延时两方面取得了很大的进步，从而大大提高了 MOS 电路的性能和通用性。目前，新的大规模集成电路，如微处理器和存储器，大多采用 CMOS 电路。

商业上应用最多的逻辑系列就是双极型的 TTL 逻辑系列和单极型的 CMOS 逻辑系列，它们各自又有一些逻辑系列分类，后续章节中会介绍。

无论是 TTL 系列还是 CMOS 系列的逻辑芯片，都有形如"74XXXnnn"或者"54XXXnnn"的芯片编号，其中，74 和 54 是沿用 TTL 的 74 系列和 54 系列的前缀(最初由 TI 公司使用)，XXX 为系列助记符，nnn 是用数字表示的逻辑功能标号。nnn 相同的不同系列器件，其功能是相同的。例如，在 74HC30 中，HC 代表 HC 系列的 CMOS 芯片，30 是 8 输入与非门的功能标号；而 74LS30 是 TTL 的 74LS 系列的 8 输入与非门芯片。也就是说，74LS30、74F30、74HC30、74AHC30 等都是 8 输入与非门，并且引脚排列也一致。同一款芯片的不同系列的 TTL 门和 CMOS 门，虽然逻辑功能都是一样的，但是电气性能参数就大不相同了。因此，它们之间不是任何情况下都可以互相替换的。

74 系列和 54 系列的同一款芯片，其逻辑功能一样，只是使用的温度范围和电源电压范围不同，54 系列范围更大。74 系列为商用器件，在 0～70℃温度之间工作，而 54 系列为军用器件，在 -55℃～125℃之间工作，价格高，引脚排列可能也不尽相同。

TTL 逻辑系列按照发展过程，有 74 系列、74S 系列、74LS 系列、74AS 系列、74ALS 系列和 74F 系列。CMOS 逻辑系列有 4000 系列、HC/HCT 系列、AC/ACT 系列、AHC/AHCT

系列、VHC/VHCT 系列、LVC 系列、ALVC 系列、FCT/FCT－T 系列。各个逻辑系列的主要差别在于逻辑电平、驱动能力、功耗、传输延时等各种性能参数上，详见"3.5.1 CMOS和 TTL 逻辑系列"一节。

3.2　CMOS 集成逻辑门

在 CMOS 集成逻辑门中，以 MOS 管作为开关器件，所以本节首先介绍 MOS 晶体管及其开关特性。

3.2.1　MOS 晶体管

在数字电路中，MOS 晶体管总是工作在两种状态——"断开"状态或者"导通"状态。在晶体管"断开"状态下，其电阻特别高；在晶体管"导通"状态下，其电阻就特别低。

MOS 晶体管分为两种类型：N 沟道型和 P 沟道型。N 沟道 MOS 晶体管简称为NMOS 管，P 沟道 MOS 晶体管简称为 PMOS 管。以 NMOS 为例，其结构如图 3.1(a)所示。

在 P 型半导体的衬底(简称 B)上，制作两个掺杂浓度较高的 N 型半导体作为 MOS 管的源极 S(Source)和漏极 D(Drain)。第三个电极是栅极 G(Gate)，一般用金属铝或多晶硅制作。栅极和 P 型衬底之间通过很薄的二氧化硅绝缘层隔开。在栅极下面的衬底表面，如果预留一个 N 型导电沟道，则称为 N 沟道耗尽型晶体管；如果未预留，则称为 N 沟道增强型晶体管。N 沟道增强型晶体管的标准符号如图 3.1(b)所示，有 3 个电极 G、S、D 和一个衬底 B。为防止有电流从衬底流向源极和导电沟道，一般将衬底 B 接源极 S，或者接到系统的最低电位上。这样可以简化 NMOS 的符号，如图 3.1(c)所示。

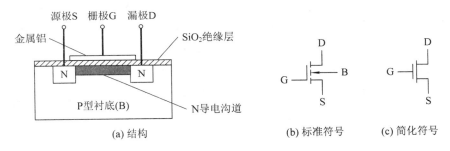

图 3.1　NMOS 晶体管的结构与符号

一般情况下，NMOS 晶体管的栅-源电压 $V_{GS} \geqslant 0$。若 $V_{GS} = 0$，则从漏极到源极之间相当于两个 PN 结背向地串联，D－S 间电阻 R_{DS} 会很高，达 1 MΩ 甚至更高，所以 D－S 间无电流，晶体管处于"断开"状态。当 V_{GS} 增大到一个阈值电压 V_{TN} 时，受栅极和衬底间电场的吸引，衬底中的少数载流子——电子会聚集到栅极下面的衬底表面，形成了一个 D－S间的导电沟道，因此 D－S 间电阻 R_{DS} 会降到很低的值，一般在 1 kΩ 内甚至只有 10 Ω。这时，D－S 间有电流通过，晶体管处于"导通"状态。阈值电压 V_{TN} 称为 NMOS 晶体管的开启电压，一般为＋2 V。

图 3.2 为 P 沟道增强型晶体管的标准符号和简化符号。PMOS 的衬底通常接源极或者

系统的最高电位上。通常 PMOS 的栅-源电压 $V_{GS} \leqslant 0$，即开启电压 V_{TP} 一般为负值，典型为 -2 V。

由上面的分析可以看出，NMOS 和 PMOS 可以作为电子开关来使用。图 3.3 为 NMOS 和 PMOS 的基本开关电路。

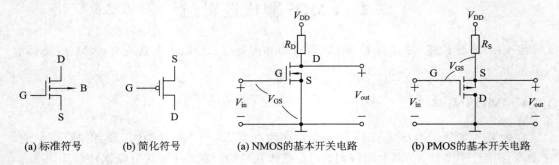

| (a) 标准符号 | (b) 简化符号 | (a) NMOS的基本开关电路 | (b) PMOS的基本开关电路 |

图 3.2　PMOS 晶体管的符号　　　　　图 3.3　MOS 晶体管的基本开关电路

在图 3.3（a）所示的 NMOS 开关电路中，将 D 和 S 之间视为一个开关。当输入电压 $V_{in} = V_{GS} \geqslant V_{TN}$（$+2$ V）时，NMOS 管导通（ON），内阻很小，漏极和源极之间有电流通过，输出电压 $V_{out} \approx 0$，为低电平。这时，NMOS 管相当于一个闭合的开关。当输入 $V_{in} = V_{GS} < V_{TN}$（$+2$ V）时，NMOS 管截止（OFF），内阻很高，漏极和源极之间无电流通过，输出电压 $V_{out} = V_{DD}$，为高电平。这时，NMOS 管相当于一个断开的开关。

综上所述，只要 NMOS 电路参数选择得当，就可以做到：当输入为低电平时，NMOS 管截止，开关电路输出高电平；而当输入为低电平时，NMOS 管导通，开关电路输出低电平。

而在图 3.3（b）所示的 PMOS 开关电路中，输入电压 V_{in} 必须低于 V_{DD}，当 $V_{GS} \leqslant V_{TP}$（-2 V）时，PMOS 管导通（ON），输出电压 $V_{out} \approx 0$，为低电平。这时，PMOS 管相当于一个闭合的开关。当输入 V_{in} 使得 $V_{GS} > V_{TP}$（-2 V）时，PMOS 管截止（OFF），输出电压 $V_{out} = V_{DD}$，为高电平。这时，PMOS 管相当于一个断开的开关。

同理，对于 PMOS 晶体管而言，可以做到：当输入为低电平时，PMOS 管导通，开关电路输出为低电平；当输入为高电平时，PMOS 管截止，开关电路输出为高电平。

利用 PMOS 和 NMOS 的开关特性，可以共同构造基本的逻辑门电路。

3.2.2　CMOS 反相器

PMOS 和 NMOS 晶体管以互补的方式共用就形成 CMOS 逻辑。CMOS 是目前应用最广泛的一类 MOS 电路，其基本单元就是 CMOS 反相器。

图 3.4（a）是 CMOS 反相器的结构。它由一个 NMOS 晶体管和一个 PMOS 晶体管串联而成。它们的栅极连接起来作为输入端，它们的漏极连接起来作为输出；NMOS 管 T_N 的源极接地，PMOS 管 T_P 的源极接电源 V_{DD}。两个 MOS 管互为对方的负载管，因此无需电阻。电源 V_{DD} 的典型值为 $3 \sim 18$ V，通常为了与 TTL 系列兼容，取 5.0 V。

CMOS 反相器电路的工作过程可以总结为两种情况，如表 3.4 所示。

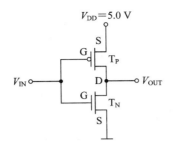

图 3.4 CMOS 反相器的电路结构

表 3.4 CMOS 反相器功能分析

V_{IN}	T_P	T_N	V_{OUT}
0.0 V(L)	ON	OFF	5.0 V(H)
5.0 V(H)	OFF	ON	0.0 V(L)

（1）V_{IN} 为 0.0 V 时，下面的 NMOS 管 T_N 因其 $V_{GS}=0$ V，故 T_N 截止；而上面的 PMOS 管 T_P 因其 $V_{GS}=-5.0$ V，故 T_P 导通。因此，T_P 在电源 V_{DD} 和输出 V_{OUT} 之间表现为一个小电阻，其输出电压 $V_{OUT}=5.0$ V。

（2）V_{IN} 为 5.0 V 时，NMOS 管 T_N 因其 $V_{GS}=5.0$ V，故 T_N 导通；而 PMOS 管 T_P 因其 $V_{GS}=0.0$ V，故 T_P 截止。因此，T_N 在输出 V_{OUT} 和地之间表现为一个小电阻，其输出电压 $V_{OUT}=0$ V。

由上述分析可知，若输入为 0.0 V，则输出为 5.0 V；若输入为 5.0 V，则输出为 0.0 V。所以电路实现了反相器（非门）功能。将其模型化为开关，如图 3.5 所示。

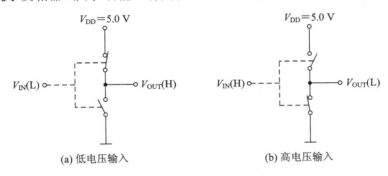

(a) 低电压输入　　　　　　　　　　　　　(b) 高电压输入

图 3.5 CMOS 反相器的开关模型

当输入 V_{IN} 为低电平时，上面的 PMOS 晶体管等价于一个常闭开关，而下面的 NMOS 晶体管等价于一个常开开关，则输出 V_{OUT} 为 V_{DD}（高电平）；当输入 V_{IN} 为高电平时，晶体管处于相反状态，PMOS 晶体管等价于一个常开开关，NMOS 晶体管等价于一个常闭开关，则输出 V_{OUT} 为低电平。

3.2.3 CMOS 与非门

与非门和或非门电路都可以用 CMOS 逻辑构造，n 输入的门电路需要 n 个 PMOS 晶体管和 n 个 NMOS 晶体管。

图 3.6 显示了一个 2 输入与非门的 CMOS 电路结构，2 个 PMOS 管并行相连（源极相连并接 V_{DD}，漏极相连并接输出 F），2 个 NMOS 管则串行相连。将 PMOS 管 T_{P1} 和 NMOS 管 T_{N1} 的栅极相连作为输入端 A，将 PMOS 管 T_{P2} 和 NMOS 管 T_{N2} 的栅极相连作为输入端 B。

分析图 3.6，若输入 A、B 中任一个为低电平（逻辑 "0"），则其连接的 NMOS 管中至少有一个是截止的，而 PMOS 管中至少有一个是导通的，此时输出 F 就通过导通的 PMOS 管与 V_{DD} 低电阻连接，但是 F 对地的通路则被截止的 NMOS 管阻断，因此，F 输出为 V_{DD}，即逻辑 "1"。若输入 A、B 均为高电平，则 NMOS 管都导通，而 PMOS 管均截止，此时输出 F 至 V_{DD} 的通路被阻断，而与地的低阻抗连接，所以输出 F 为低电平，即逻辑 "0"。可见，该电路实现了"与非"逻辑功能。具体分析过程如表 3.5 所示。

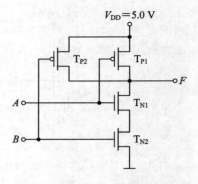

图 3.6　CMOS 与非门的电路结构

表 3.5　CMOS 与非门功能分析

A	B	T_{P1}	T_{N1}	T_{P2}	T_{N2}	F
L	L	ON	OFF	ON	OFF	H
L	H	ON	OFF	OFF	ON	H
H	L	OFF	ON	ON	OFF	H
H	H	OFF	ON	OFF	ON	L

3.2.4　CMOS 或非门

一个 2 输入的 CMOS 或非门也同样需要 2 个 PMOS 和 2 个 NMOS，如图 3.7 所示。2 个输入端 A 和 B 也分别由一个 PMOS 和一个 NMOS 的栅极相连而得。但是和与非门不同的是：在或非门的 CMOS 电路中，2 个 PMOS 管是串联连接的，而 2 个 NMOS 管则是并行连接的。

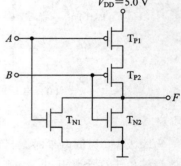

图 3.7　CMOS 或非门的电路结构

分析图 3.7，输出 F 到电源 V_{DD} 的通路是经过两个串联的 PMOS 管，而 F 到地的通路则是经过两个并联的 NMOS 管。因此，若输入 A、B 中任一个为高电平（逻辑 "1"），则其连接的 PMOS 管中至少有一个是截止的，而 NMOS 管中至少有一个是导通的，此时输出端 F 对地就有低阻抗连接，即 F 输出逻辑 "0"。若输入 A、B 均为低电平（逻辑 "0"），则 PMOS 管都导通，而 NMOS 管均截止，此时输出 F 与电源 V_{DD} 连接，即 F 为逻辑 "1"。可见，该电路实现了"或非"逻辑功能。具体分析过程如表 3.6 所示。

表 3.6　CMOS 或非门功能分析

A	B	T_{P1}	T_{N1}	T_{P2}	T_{N2}	F
L	L	ON	OFF	ON	OFF	H
L	H	ON	OFF	OFF	ON	L
H	L	OFF	ON	ON	OFF	L
H	H	OFF	ON	OFF	ON	L

虽然与非门和或非门都需要两个 PMOS 管和两个 NMOS 管，但是性能上有差异。对于相同的硅面积，NMOS 管的导通内阻 R_{ON} 低于 PMOS 管的导通内阻。因此，n 个 NMOS 管串联的导通内阻比 n 个 PMOS 管串联的导通内阻更低。一般情况下，MOS 管的传输延时主要由负载电容和寄生电容的充放电产生，这样，减小 MOS 管的导通电阻能有效缩短传输延迟时间。所以，CMOS 与非门的速度相比 CMOS 或非门更快，也更受欢迎。

CMOS 与非门和或非门都可以有很多个输入端，门电路所具有的输入端的数目称为扇入系数。在原理上，按照图 3.6 和图 3.7 的连接方法进行扩展，可以实现多输入的与非门和或非门：n 输入门需要 n 个晶体管并联和 n 个晶体管串联。但实际上，受传输延时和逻辑电平等参数的影响，串联晶体管的导通内阻不可能无限增加，因而限制了 CMOS 逻辑门的扇入系数。在一般情况下，CMOS 与非门最多有 6 个输入，而 CMOS 或非门最多有 4 个输入。

在实际应用中，较多输入的门电路可以用较少输入的门电路级联构成。例如，图 3.8 是一个 8 输入 CMOS 与非门等效的级联逻辑门电路。在通常情况下，4 输入与非门、2 输入或非门、反相器这 3 个器件的总延迟，都会比单级的 8 输入 CMOS 与非门的延迟时间小。

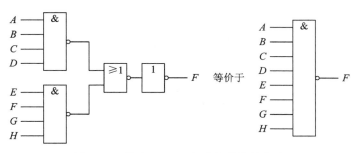

图 3.8　8 输入 CMOS 与非门的等效电路

3.2.5　CMOS 传输门

一对 PMOS 和 NMOS 晶体管连接在一起，可以构成一个逻辑控制开关，这种电路称为 CMOS 传输门（Transmission Gate）。

CMOS 传输门的电路结构如图 3.9(a)所示，图 3.9(b)为其逻辑符号。在图 3.9(a)中，两管的源极连接在一起作为传输门的一端 A，漏极连接在一起作为另一端 B，两管的栅极分别作为一对互补的控制输入信号 C 和 $\overline{C}$。另外，NMOS 管的衬底按常规接地，PMOS 管的衬底按常规接电源。由于 MOS 管的结构是对称的，所以传输门是双向器件，信号可以双向传输（A 到 B 或者 B 到 A）。传输门实际上是一种可以传送模拟信号和数字信号的压控开关。

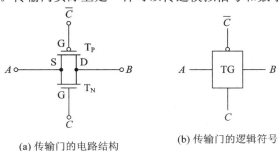

(a) 传输门的电路结构　　　　　　(b) 传输门的逻辑符号

图 3.9　CMOS 传输门电路结构及其逻辑符号

在传输门的工作过程中，控制信号 C 和 $\overline{C}$ 总是处在相反的电平上，并且假设 A 和 B 端的输入电平在 $0\sim V_{DD}$ 之间。当 $C=1$，$\overline{C}=0$ 时，PMOS 管和 NMOS 管都导通，则 A 点和 B 点之间以低阻抗连接（内阻低至 $2\sim5\ \Omega$），相当于开关接通，一端信号（A 或 B）可通过传输门到达另一端（B 或 A）。当 $C=0$，$\overline{C}=1$ 时，两晶体管均处于截止状态，其关断电阻很大（在 $10^{9}\ \Omega$ 以上），因此，A 点和 B 点之间是断开的。

由于传输门的导通内阻非常低，因此，一旦传输门被打开，A 到 B 的传输延迟非常短。正是因为传输门的延迟短，电路简单，所以它常常被应用于大规模 CMOS 器件内部，如乘法器和触发器。

图 3.10 是将传输门应用于二选一数据选择器的电路图。当选择输入 $S=0$ 时，输出 F 和输入 X 相连，即 $F=X$；当 $S=1$ 时，输出 F 和输入 Y 相连，即 $F=Y$。

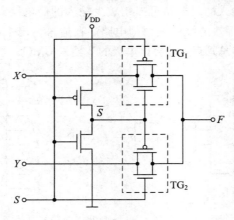

图 3.10 用 CMOS 传输门构成二选一数据选择器

电路由两个传输门和一个反相器（左边两个 MOS 管）构成。输入 X 经由传输门 TG_1 传送到输出 F，其互补控制信号 $\overline{C}$ 由 S 提供，而 C 由 S 经过反相器取反后提供。同理，输入 Y 经由传输门 TG_2 传送到输出 F，其互补控制信号 $\overline{C}$ 由 S 经过反相器取反后提供，而 C 直接由 S 提供。因而，当 $S=0$ 时，传输门 TG_1 打开，传输门 TG_2 关断，输入 X 传送到输出 F；反之，当 $S=1$ 时，传输门 TG_2 打开，传输门 TG_1 关断，输入 Y 传送到输出 F。在这个过程中，由选择信号 S 产生两个传输门的互补控制信号的时间大约需要几个纳秒，然而，通路一旦建立，从 X 或 Y 到 F 的传播延迟只有 0.25 ns。

下面，我们介绍 CMOS 电路的两种输出结构——三态输出和漏极开路输出。

3.2.6 CMOS 三态输出门（TS 门）

逻辑输出有两个正常状态——低电平状态和高电平状态，对应着逻辑 0 和逻辑 1。但是有些电路输出不处于这两个正常态，而是处于第三个电气状态——高阻态（HZ，High-impedance State）或者悬空态（Floating State）。在这种状态下，输出好像没有和电路连上，只是有小的漏电流流进或者流出输出端，相当于开路状态。因此，输出可以有三种状态：逻辑 0（L）、逻辑 1（H）和高阻（HZ）。前两种状态为工作态时的输出，后一种状态表示该门处于禁止输出状态，与后续电路断开。具有这样三种状态的输出称为三态输出（Three-state Output/Tri-state Output)，凡是具有三态输出结构的逻辑门就称为三态门(TS 门，Three-state Gate/Tri-state Gate)。

1. CMOS 三态非门

图 3.11(a)是一个具有三态输出的 CMOS 非门的电路结构，图 3.11(b)是其逻辑符号，比普通非门在输出端多了一个倒三角符号，这是三态输出门的标志。

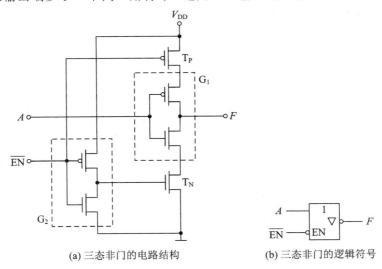

(a) 三态非门的电路结构　　　　　　(b) 三态非门的逻辑符号

图 3.11　CMOS 三态非门电路结构及其逻辑符号

观察图 3.11(a)可以发现，实际上该电路就是在 CMOS 反相器 G_1 的基础上，另外增加了一个反相器 G_2、一个 NMOS 管 T_N 和一个 PMOS 管 T_P。显然，为实现三态控制，增加了一个输入控制信号$\overline{EN}$，又被称为三态门的输出使能($\overline{OE}$, Output Enable)信号。三态非门的功能是：$\overline{EN}=0$ 时，$F=\overline{A}$；$\overline{EN}=1$ 时，F 输出表现为高阻抗。图示输出使能信号$\overline{EN}$在方框外部的小圆圈代表$\overline{EN}$是低电平有效，如果是高电平有效，则无小圆圈。

反相器 G_1 用于实现非门的取反功能，即 $F=\overline{A}$。但是这个反相器输出 F 到电源的通路串联了一个 PMOS 管 T_P，而到地的通路串联了一个 NMOS 管 T_N。所以，只有当 T_P 和 T_N 都导通时，非门的结果才能输出，否则就是高阻状态。而 T_P 和 T_N 的栅极由输入控制信号$\overline{EN}$控制，当$\overline{EN}=0$ 时，T_P 直接导通，$\overline{EN}$经过反相器 G_2 后变为高电平，使得 T_N 也导通，这样，反相器 G_1 能正常工作，并从 F 输出取反结果。当$\overline{EN}=1$ 时，T_P 和 T_N 均截止，此时无论 A 的状态为高电平还是低电平，都会使输出端 F 呈现出高阻态。

2. CMOS 三态缓冲器

通常将这样的用于三态传输的器件称为三态缓冲器(Three-state Buffer)。图 3.12 显示了4 种不同的三态缓冲器的逻辑符号。其区别主要是两点：一是输出使能信号是高电平控制(如图 3.12(c)、(d)所示)，还是低电平控制(如图 3.12(a)、(b)所示)；二是当输出使能信号有效时，是将数据直接送出(如图 3.12(a)、(c)所示)，还是取反送出(如图 3.12(b)、(d)所示)。

事实上，很多器件在输出端均可以设置三态输出结构，如与非逻辑门、寄存器等器件，前者可直接在逻辑门上添加 PMOS 管和 NMOS 管，后者可添加上述三态缓冲器。

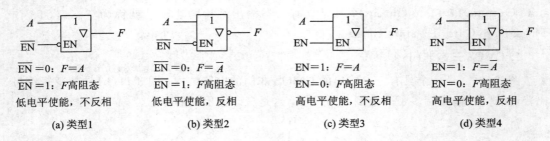

$\overline{EN}=0$：$F=A$

$\overline{EN}=1$：F高阻态

低电平使能，不反相

(a) 类型1

$\overline{EN}=0$：$F=\overline{A}$

$\overline{EN}=1$：F高阻态

低电平使能，反相

(b) 类型2

$EN=1$：$F=A$

$EN=0$：F高阻态

高电平使能，不反相

(c) 类型3

$EN=1$：$F=\overline{A}$

$EN=0$：F高阻态

高电平使能，反相

(d) 类型4

图 3.12　4种三态缓冲器的逻辑符号

3. 三态总线

具有三态输出的器件通常用于总线传输上。将多个器件的三态输出连在一起，就构成了三态总线。输出使能信号的控制逻辑必须要保证，任一时刻只有一个器件的输出使能信号有效（即该器件处于工作态），而其他器件的输出使能信号无效（即其他器件处于高阻态/禁止态）。只有被使能的唯一器件，才能在总线上传输逻辑 0（低电平 L）或者逻辑 1（高电平 H）。这就是总线的分时共享特性。

三态总线既可以单向传送，也可以双向传送。图 3.13(a)为用三态门构成的单向数据总线。图 3.13(b)为用三态门实现双向数据传送。

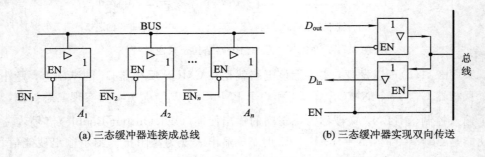

(a) 三态缓冲器连接成总线

(b) 三态缓冲器实现双向传送

图 3.13　三态总线

在图 3.13(a)中，任一时刻只允许一个缓冲门处于工作态，其余的门必须处于高阻态，这样才能保证 n 个数据的分时传送。为保证唯一性，可以使用译码器译码产生各缓冲器的输出使能信号 $\overline{EN_1}$，$\overline{EN_2}$，…，$\overline{EN_n}$。在图 3.13(b)中，当使能控制信号 $EN=0$ 时，下面的缓冲器为高阻抗（断开），上面的缓冲器打开，器件将数据 D_{out} 送至总线上；当 $EN=1$ 时，上面的缓冲器为高阻抗（断开），下面的缓冲器打开，器件接收总线上的数据到信号端 D_{in}，从而实现了与总线之间的双向传送。

这种通过三态门共享总线并分时传送数据的方法以及通过三态门实现数据的双向传送的方法，在计算机和数字系统中被广泛使用。

3.2.7　CMOS 漏极开路输出门（OD 门）

在 CMOS 电路中，为了满足输出电平变换、吸收大负载电流以及实现"线与"连接等需要，有时将输出结构改为漏极开路输出（Open-drain Output），构成了漏极开路门电路，简称 OD 门。

图 3.14(a)是一个漏极开路的 CMOS 与非门的电路结构。它省略了接通到电源 V_{DD} 的 2 个 PMOS 管,上面的 NMOS 管 T_{N1} 的漏极不与其他点相连,所以,输出要么为低态,要么为"开路"。其各种情况的具体功能分析如表 3.7 所示。漏极开路的逻辑门的电路符号如图3.14(b)所示。它是在输出端加一个菱形符号,菱形下面的横线表明低电平输出时为低内阻。当 OD 输出门工作时,必须外接上拉电阻,电路才能工作。图 3.14(c)是 OD 与非门带上拉电阻驱动负载的情况。

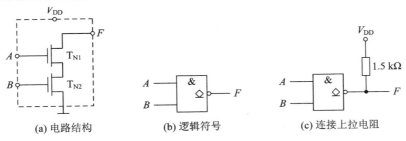

(a) 电路结构   (b) 逻辑符号   (c) 连接上拉电阻

图 3.14   漏极开路的 CMOS 与非门电路结构与逻辑符号

表 3.7   漏极开路的 CMOS 与非门功能分析

A	B	T_{N1}	T_{N2}	F
L	L	OFF	OFF	Open
L	H	OFF	ON	Open
H	L	ON	OFF	Open
H	H	ON	ON	L

OD 门的上拉电阻比标准 CMOS 门的 PMOS 晶体管的导通内阻大,所以和标准 CMOS 相比,OD 门电路从低电平到高电平的输出转换时间要长得多(可达 150 ns)。即使 OD 输出门上升时间很长,但是它仍在驱动 LED 器件、实现"线与"逻辑和驱动多源总线方面有着较好的应用,它还可以通过改变上拉电阻所接的电源来实现电平转换。

图 3.15 是两个 OD 门实现"线与"(Wired-and)连接的电路图。其直接将两个 OD 的输出接在一起。它实现的功能就是:输出 F 的结果等于两个 OD 门的结果进行相"与"。因为当且仅当两个门的输出都为高电平(实际上是开路)时,F 才输出高电平。否则,任何一个 OD 门输出为低电平,就可以将 F 拉为低电平。所以,OD 门输出直接相连,相当于实现了"与"功能。

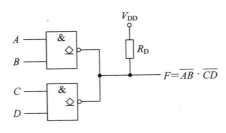

图 3.15   OD 门实现"线与"连接

需要注意的是,标准的 CMOS 门电路不能实现"线与"逻辑。例如,假设两个 CMOS

与非门电路的输出直接连在一起，如图 3.16 所示。当两个门输出电平不一样时，输出端的电压也会不正常（1～2 V），同时会产生非常大的倒灌电流（约 20 mA），足以烧坏器件。在图 3.16 中，两个标准 CMOS 与非门的输出端 F_1 和 F_2 直接相连，在两个与非门输出电平不一致时，会产生冲突：当左边的与非门的输入 A 为 L，B 为 H 时，T_2 管导通，F_1 输出为高电平；同时，右边的与非门的 C 为 H，D 为 H 时，T_7 管和 T_8 管都导通，F_2 输出为低电平。这时，从左边与非门的 V_{DD} 到右边与非门的地端，经过 T_2 管、T_7 管和 T_8 管三个导通的 MOS 管，就会产生一个很大的电流（因为 MOS 管的导通内阻很小），甚至烧毁芯片。所以，普通的 CMOS 门电路不能将输出端直接连接在一起。

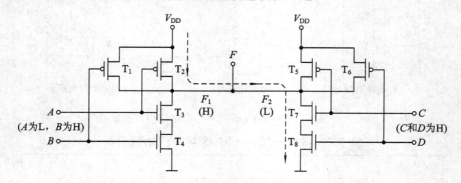

图 3.16　两个标准 CMOS 与非门输出直接相连

　　综上所述，三态输出门（TS 门）和漏极开路输出门（OD 门）是 CMOS 门电路的两种电路输出方式，前者通常用于实现总线连接与分时共享，后者通常用于实现逻辑门输出"线与"功能。

3.3　双极型晶体管的开关特性

　　前述的 TTL 逻辑系列属于双极逻辑系列，它们使用的双极型半导体器件中有两种载流子参与导电。双极型半导体器件主要有半导体二极管（Diode）和双极结型晶体管，后者俗称三极管。

3.3.1　二极管的开关特性

1. PN 结

　　二极管和三极管的开关特性来源于 PN 结的单向导电性。那么什么是 PN 结呢？在一块完整的本征半导体上，采用不同掺杂工艺，使其一边形成 P 型半导体（空穴浓度大），另一边形成 N 型半导体（电子浓度大），则在两种半导体的交界面就会形成一个特殊的薄层，称为 PN 结。PN 结是构成二极管、三极管及可控硅等许多半导体器件的基础。

　　如图 3.17（a）所示，当 PN 结加上正向电压（又称为正偏）时，其电阻很小，有较大的扩散电流（又称为正向电流）通过 PN 结，这时 PN 结导电，或者称为导通。

　　如图 3.17（b）所示，如果 PN 结加反向电压（又称为反偏）时，其电阻很大，只有很微弱的反向电流，PN 结不导电，称为截止。

因此，PN 结具有单向导电性。

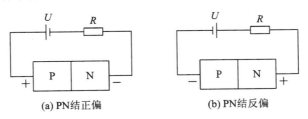

（a）PN结正偏　　　　　　　　（b）PN结反偏

图 3.17　PN 结的单向导电性

2. 二极管及其开关特性

将 PN 结加上管壳和引线，就构成了二极管。二极管的逻辑符号如图 3.18（a）所示。P 型半导体一端称为阳极，N 型半导体一端称为阴极。显然，由于 PN 结的单向导电性，二极管可以作为一个电子开关来使用。假设二极管 V_D 上的阳极和阴极之间电压为 V_D，流过二极管 V_D 的电流为 I_D，如图 3.18（b）所示。

作为理想开关的二极管，当输入电压 $V_D>0$ 时，二极管正向导通，开关闭合，内阻为零，电流 I_D 可以为任意大的正值；当输入电压 $V_D<0$ 时，二极管截止，开关断开，反向内阻为无穷大，电流 I_D 为零。二极管的伏安特性曲线描述了二极管两端电压 V_D 与流过二极管 V_D 的电流为 I_D 之间的关系，图 3.18（c）为理想开关二极管的伏安特性曲线。

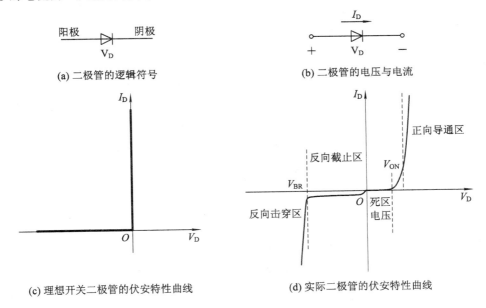

（a）二极管的逻辑符号　　　　　　　　（b）二极管的电压与电流

（c）理想开关二极管的伏安特性曲线　　　　　　　　（d）实际二极管的伏安特性曲线

图 3.18　二极管符号与伏安特性

事实上，实际的二极管并非理想开关，其伏安特性如图 3.18（d）所示。图中，分为三个区域：导通区、截止区和反向击穿区。

当 V_D 为正时，二极管就有正向电流 I_D 通过，但是正向电压很低时，二极管呈现很大的内阻，正向电流很小。当 $V_D>V_{ON}$ 后，二极管内阻变得很小，I_D 几乎成直线上升，二极管处于正向导通区。V_{ON} 称为开启电压或正向阈值，对于硅管约为 0.5 V，锗管约为 0.1 V。

二极管的端压 V_D 处于 0 到 V_{ON} 之间的这段电压区间，称为死区电压，因为二极管并未导通。一旦二极管完全导通，虽然流过的电流可以继续增大，但其两端的电压几乎稳定不变，这个钳位电压称为二极管的正向压降或者导通压降。硅管的导通压降约为 $0.6 \sim 0.7$ V，锗管的导通压降约为 $0.2 \sim 0.3$ V。

当 V_D 为负值时，二极管反偏截止，处于反向截止区，这时流过二极管的电流很小，称为反向饱和电流，对于硅管不足 1 μA，对于锗管约为 10 μA，仅仅和温度有关，与方向电压无关，因此与横轴平行。

当 V_D 反偏电压超过反向击穿电压 V_{BR} 后（$V_D < V_{BR}$），二极管的 PN 结被反向击穿，使反向电流剧增，二极管处于反向击穿区，通常二极管被损坏。二极管的反向击穿电压 V_{BR} 差异很大，从几伏到几十伏，甚至上千伏不等，与 PN 结的掺杂浓度和温度有关。

在计算机中，正是利用二极管的单向导电特性，将其作为电子开关使用：当二极管的端压 V_D 小于导通阈值 V_{ON} 时，二极管截止，可以等效为二极管两端断开，即开关断开；当二极管的端压 V_D 大于导通阈值 V_{ON} 时，二极管导通，可以等效为二极管两端接通，即开关闭合。

显然，与理想开关二极管相比，实际的二极管的正向导通内阻不为零，约为几十欧；反向截止内阻也不是无穷大，通常有几百千欧；而反向击穿内阻仅仅几欧姆。

二极管由正向导通转换为反向截止所需的时间，一般称为关断时间（也称为反向恢复时间）；由反向截止转换为正向导通所需的时间，一般称为开启时间。两个时间之和称为开关时间。二极管的开启时间通常很短，可以忽略；关断时间视二极管功用和制作工艺而有所不同。对于普通二极管，通常用于低频整流，工作频率在几十千赫兹以下；对于开关二极管而言，主要用于开关电路和高频整流电路，开关速度极快，硅开关二极管的反向恢复时间只有几纳秒，即使是锗开关二极管，也不过几百纳秒，工作频率可达几十兆赫兹。

在集成电路中，还采用一种专门设计的、开关时间极短的肖特基二极管（Schottky Diode），其符号如图 3.19 所示。它内部不采用 PN 结，而是金属-半导体结，从而存储的电荷大为减少，开关时间仅为 100 ps。另外，肖特基二极管的导通压降只有 0.3 V。

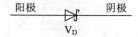

图 3.19 肖特基二极管的符号

利用二极管作为元件，也能实现与门、或门逻辑的门电路，但是存在着严重的缺点：输入和输出的逻辑电平不一致，并且输出电平会受负载电路的影响。可见，仅仅使用二极管的逻辑电路无法实现具有标准化输出电平的集成电路，因此，二极管门电路只作为集成电路中的逻辑单元使用。

3.3.2 三极管的开关特性

1. 基本结构

双极型半导体三极管，即通常所指的晶体管（Transistor），是脉冲与数字电路中使用最广泛的一种开关器件。一个双极型三极管由管芯、三个引出的电极和管壳构成。管芯由

两个背靠背的 PN 结构成，根据结合的顺序，分为 NPN 型和 PNP 型，分别如图 3.20(a)和
(b)所示。将管芯的 P 型和 N 型半导体用导线引出，就是三个电极，分别称为基极（Base）、
集电极（Collector）和发射极（Emitter），简称 B、C 和 E。NPN 型和 PNP 型三极管的符号
也分别如图 3.20(a)和(b)所示，其中发射极箭头所示的方向表示发射极电流的流向。由于
三极管正常工作时，有电子和空穴两种载流子参与导电，故称为双极结型晶体管（BJT，
Bipolar Junction Transistor）。

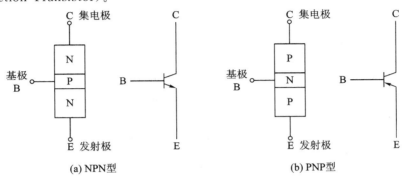

图 3.20　三极管的结构与符号

　　三极管的三个半导体区的制作工艺各有不同：发射区面积较小，半导体的掺杂浓度较
高；基区很薄，只有 $3\sim30\ \mu m$，掺杂浓度低；集电极面积大，掺杂浓度低于发射极。

2. 工作原理

　　PNP 晶体管很少用于数字电路，因此我们以硅半导体 NPN 型三极管为例，介绍其工
作原理与工作特性。图 3.21 为 NPN 三极管的工作电路。流出 NPN 三极管发射极的电流
I_E，是流进基极的电流 I_B 和流进集电极的电流 I_C 的和，即 $I_E=I_B+I_C$。其中，集电极电
流 I_C 取决于基极电流 I_B。

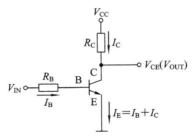

图 3.21　NPN 三极管的工作电路

　　半导体三极管有三个工作状态，分别称为放大状态、截止状态和饱和状态。基极是三
极管的控制输入端，以电压 V_{IN} 控制产生的电流 I_B 作为输入，以集电极电流 I_C 或者集电
极和发射极之间的电压 V_{CE} 作为输出 V_{OUT}。

　　(1) 截止状态：NPN 管的基极-发射极结（简称发射结）类似于二极管，当 $V_{IN}\leqslant0$ 时，
发射结反偏，几乎没有基极电流，即 $I_B\approx0$。没有基极电流就没有集电极电流，所以 $I_C\approx$
0；这样 $I_E=I_B+I_C\approx0$，故集电极电阻 R_C 上无压降，输出电压 $V_{CE}\approx V_{CC}$；基极-集电极结
（简称集电结）也反向偏置，三极管工作于截止状态，相当于集电极 C 和发射极 E 之间是断
开的，即开关断开。

（2）放大状态：当输入电压 V_{IN} 超过发射结的开启电压 V_{ON}（硅管约为 0.5 V）时，发射结正向偏置，此时基极电流 $I_B > 0$，三极管处于放大状态：集电极电流等于基极电流的固定常数倍，即 $I_C = \beta I_B$。β 为放大倍数，取决于三极管的制作工艺和温度，硅管通常为 30～200，锗管通常为 30～100。三极管导通后，发射结的两端电压 V_{BE} 钳制在 PN 结的正向压降（硅管约为 0.7 V），即 $V_{BE} = 0.7$ V。由于发射极接地，故基极电压 $V_{BE} = 0.7$ V，集电极电压＝输出电压 V_{CE}。虽然放大的集电极电流使得 R_C 上压降增大，输出电压 $V_{CE} = V_{CC} - I_C R_C$ 变小，但是只要集电极电压 V_{CE} 不低于基极电压 V_{BE}（0.7 V），集电结始终反向偏置。

（3）饱和状态：如果继续增大输入电压 V_{IN}，基极电流 I_B 及集电极电流 I_C 也会随之增大。当基极电流 I_B 足够大，R_C 上的压降接近电源电压 V_{CC} 时，三极管输出电压 $V_{CE} = V_{CC} - I_C R_C$ 就接近于零。最后，三极管的集电极 C 和发射极 E 之间只有一个很小的饱和导通压降 V_{CES} 和很小的饱和导通内阻 R_{CES}，即 $V_{CE} = V_{CES}$。这时的基极电流称为饱和基极电流 I_{BS}。用于开关电路的三极管，其 V_{CES} 和 R_{CES} 都很小，V_{CES} 通常小于 0.3 V，R_{CES} 通常为几欧姆到几十欧姆。此时，三极管相当于集电极 C 和发射极 E 之间是接通的，即开关闭合。为使三极管处于饱和工作状态，必须保证基极电流大于基极饱和电流，即 $I_B \geqslant I_{BS}$。虽然饱和也是一种导通状态，但此时集电极饱和电流 $I_{CS} = (V_{CC} - V_{CES})/R_C$，已不受 I_B 控制。

在不同应用中，三极管的工作状态也不同。在模拟电路应用中，三极管通常用作信号放大器，主要工作于放大状态，将基极电流线性地放大 β 倍。而在数字电路应用中，三极管常常简单地用作电子开关，主要工作于截止和饱和这两种稳定状态，放大状态只是过渡状态，它要么完全地断开（截止状态），要么完全地接通（饱和状态）。

图 3.21 所示的三极管开关电路也可以作为一个反相器，因为：当 $V_{IN} = 0$ V 时，三极管截止，输出 $V_{OUT} \approx V_{CC}$，为高电平；而当 $V_{IN} = +5$ V 时，三极管饱和导通，输出 $V_{OUT} = 0.3$ V，为低电平。

当饱和晶体管的输入改变时，输出并不能立即改变，因为需要额外的消散时间（也称为存储时间）脱离深度饱和状态。在晶体管的基极和集电极之间接一个肖特基二极管，如图 3.22(a) 所示，能有效限制晶体管的饱和深度，消除饱和晶体管的存储时间，大大提高了晶体管开关速度。这种晶体管称为肖特基三极管，其符号如图 3.22(b) 所示。

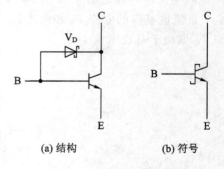

(a) 结构　　　　(b) 符号

图 3.22　肖特基三极管的结构与符号

3.4　TTL 逻辑门

如前所述，TTL 逻辑系列是应用最普遍、也最成功的双极型集成电路，在中、小规模集成电路领域中，TTL 逻辑电路品种最多，已超过千种。虽然双极型逻辑系列已经大部分被 CMOS 系列所替换，但是有时也会遇到需要与 TTL 电路相连的情况。下面介绍 TTL 门电路的基本结构。

3.4.1 TTL 与非门

由于与非运算具有逻辑上的完备性，因此，与非门是门电路中最重要的器件之一。在讨论 TTL 电路之前，首先定义 TTL 逻辑（正逻辑）的 1 和 0 的电平如下：

(1) 逻辑 0：低电平，为 0~0.8 V。

(2) 逻辑 1：高电平，为 2.0~5.0 V。

1. TTL 与非门电路结构

图 3.23 是典型的 TTL 与非门的电路结构图，它由输入级、分相级和输出级三部分组成。

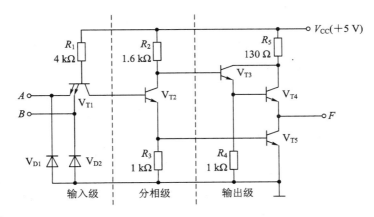

图 3.23 典型 TTL 与非门电路结构

(1) 输入级：由一个三极管 V_{T1}、两个二极管 V_{D1} 和 V_{D2} 与电阻 R_1 构成。V_{T1} 是一个多发射极三极管，在结构上相当于把两个三极管的基极和集电极分别连在一起作为基极和集电极，而两个发射极各自独立，分别作为信号输入端 E_1 和 E_2，如图 3.24 所示。

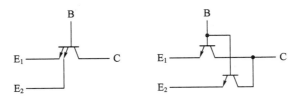

图 3.24 多发射极三极管

事实上，这里的多发射极三极管在功能上可以粗略地等效为一个与门，图 3.23 中 V_{T1} 的两个发射极 A 和 B 是"与"输入端，V_{T1} 的集电极（V_{T2} 的基极）是"与"输出端。只要有一个输入端（A 或者 B）为低电平（"0"），管子 V_{T1} 就导通，其集电极和发射极之间电压差很低（0.3 V），所以 V_{T1} 集电极就输出低电平（"0"）。若 V_{T1} 的输入 A 和 B 均为高电平（"1"），则 V_{T1} 处于倒置工作状态，即 V_{T1} 发射结反偏，集电结正偏，电流从电源经由 R_1 和 V_{T1} 集电结流向 V_{T2} 基极，使 V_{T2}、V_{T5} 导通，"与"运算输出等效为高电平（"1"）。

图 3.23 中 V_{D1} 和 V_{D2} 为输入端的钳位（钳制电位）二极管，它们在输入信号正常作用时

是截止的，不影响与非门的逻辑功能；但是当输入信号出现负极性干扰脉冲或者负向电压时，V_{D1} 和 V_{D2} 就导通，钳制 V_{T1} 的发射极电位最多为 -0.7 V，从而防止 V_{T1} 的发射极电流过大，起到保护作用。这两个二极管允许通过的最大电流约为 20 mA。

（2）分相级：由 V_{T2} 和 R_2、R_3 构成。如果将 V_{T2} 的基极视为输入端，V_{T2} 的集电极和发射极视为两个输出端，则 V_{T2} 发射极电压跟随基极电压正向变化，而集电极电压则反方向变化。因此 V_{T2} 的集电极和发射极是反相的，用以驱动输出级，V_{T2} 有分相作用，又称为倒相级。另外，通过增大 V_{T2} 的基极电流，可以增强对输出级的驱动能力，所以它又起放大作用。

（3）输出级：由 V_{T3}、V_{T4}、V_{T5} 和 R_4、R_5 构成。V_{T3}、V_{T4} 组成了射极跟随电路，构成"1"输出级；V_{T5}（反相器）构成"0"输出级。在稳态下，V_{T4} 和 V_{T5} 总是一个导通，另一个截止，这就有效地降低了输出级的静态功耗，并且提高了负载驱动的能力。通常把这种电路形式称为图腾柱（Totem-pole）或推拉式（Push-pull Output）输出。与 CMOS 中的 PMOS 和 NMOS 作用类似，V_{T4} 和 V_{T5} 分别提供有源上拉至高电平和下拉至低电平的机制。

2. TTL 与非门工作原理

当 A、B 两个输入中至少一个为低电平（假设 0.3 V）时，由于 V_{T1} 基极通过电阻 R_1 接在 +5 V 电源上，所以 V_{T1} 饱和导通，则 V_{T2} 的基极电位为低电平，V_{T2} 进入截止状态。此时 V_{T2} 的集电极与发射极之间近似开路，导致流过 R_2、R_3 的电流近似为零，这样在两个电阻上几乎没有压降，所以 V_{T2} 的集电极为 +5 V，发射极为 0 V。从而，V_{T2} 发射极上的低电平导致 V_{T5} 截止，即"0"输出级截止，输出 F 和地断开。反之，V_{T2} 集电极上的高电平使得 V_{T3} 和 V_{T4} 均导通，即"1"输出级导通，输出 F 呈现高态。假设导通压降为 0.7 V，则 V_{T3} 管发射极电压为 $5-0.7=4.3$ V，V_{T4} 管发射极电压为 $4.3-0.7=3.6$ V，也就是输出 F 点的电平为 3.6 V，即输出高电平。

有"0"输入、输出"1"的情况下，具体各个三极管的状态及各个电极的电位如表 3.8 所示，表中数据基于"0"输入的低电平为 0.3 V。

表 3.8　有"0"输入时 TTL 与非门的工作情况

各极电位　晶体管	V_B	V_E	V_C	工作状态
V_{T1}	1.0	0.3	0.4	深饱和
V_{T2}	0.4	0.0	5.0	截止
V_{T3}	5.0	4.3	4.6	浅饱和
V_{T4}	4.3	3.6	4.6	放大
V_{T5}	0.0	0.0	3.6	截止

当 A、B 两个输入都为高电平（假设 3.6 V）时，V_{T1} 管的各极电压 $V_E > V_B > V_C$，则 V_{T1} 管的集电结正偏导通，发射结反偏截止，这时 V_{T1} 管倒置，集电极和发射极作用互换，V_{T1} 管集电极为高电平，也即 V_{T2} 管基极电位为高电平，则 V_{T2} 管由于基极电位很高而进入饱和导通状态，V_{T2} 管的集电极与发射极之间接近短路，V_{T2} 管发射极由于钳位作用维持在

比其基极低 0.7 V 的电位上。由于此电位就是 V_{T5} 管的基极电位，它仍然很高，导致 V_{T5} 管也进入饱和导通状态，所以输出 F 点的电位接近于 0 V，即输出低电平。反过来可以倒推，V_{T5} 管的基极电位钳制在 0.7 V，即 V_{T2} 管发射极电位为 0.7 V。因为 V_{T2} 管饱和导通，所以 V_{T2} 管的基极电位钳制在比发射极高 0.7 V 的电位上，即 V_{T2} 管的基极电压为 $0.7+0.7=1.4$ V。V_{T2} 管的基极电压就是 V_{T1} 管的集电极电压，即 1.4 V。由于 V_{T1} 管的集电结正偏导通，导通压降仍然为 0.7 V，因此 V_{T1} 管的基极电压为 $1.4+0.7=2.1$ V。

输入全"1"、输出"0"的情况下，具体各个三极管的状态及各个电极的电位如表 3.9 所示，表中数据基于"1"输入的高电平为 3.6 V。

表 3.9　输入全"1"时 TTL 与非门的工作情况

各极电位 晶体管	V_B	V_E	V_C	工作状态
V_{T1}	2.1	3.6	1.4	倒置
V_{T2}	1.4	0.7	1.0	饱和
V_{T3}	1.0	0.3	5.0	放大
V_{T4}	0.3	0.3	5.0	截止
V_{T5}	0.7	0.0	0.3	深饱和

综上所述，整个电路实现了"与非"关系，即 $F=\overline{AB}$。

相对 MOS 门电路，TTL 门电路的工作速度较快，但是当输出低电平时，V_{T5} 管工作在深度饱和状态，当输出由低态转变为高态时，由于在基区和集电区有存储电荷不能马上消散，从而增加了延迟时间，影响了工作速度。所以，改进的 74S 或者 74LS 系列的 TTL 与非门将可能工作在饱和状态下的 V_{T1}、V_{T2}、V_{T3}、V_{T5} 晶体管用肖特基三极管来代替，以限制其饱和深度，提高工作速度。另外，还增加了有源泄放电路，即在 V_{T2} 射极电阻 R_3 上并联了一个由 V_{T6} 和 R_6 构成的有源泄放电路，以减少电路的开启时间和关闭时间，同时提高了输入低电平的噪声容限，增强了电路的抗干扰能力。改进的低功耗肖特基 TTL 与非门如图 3.25 所示。

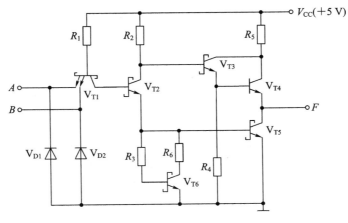

图 3.25　低功耗肖特基 TTL 与非门电路

3.4.2 TTL 逻辑门的主要特性参数

对数字电路设计者而言，最重要的是集成电路的外部特性和应用参数。门电路的外部特性主要有输入特性、输出特性和转换特性，相关参数有标称逻辑电平、噪声容限、开门电平、关门电平、输出逻辑电平、扇入系数、扇出系数、平均传输延迟时间和空载功耗等。下面以 TTL 与非门为例来介绍这些参数。

1. 标称逻辑电平

逻辑变量和逻辑常量在数字电路中指定低电平表示"0"、高电平表示"1"来实现。这种表示逻辑值"0"和"1"的理想电平值记为 $V(0)$ 和 $V(1)$，称为标称逻辑电平。正逻辑的 TTL 电路，其标称逻辑电平分别为 $V(0)=0$ V，$V(1)=5$ V。

2. 输出高电平 V_{OH} 与输出低电平 V_{OL}

输出高电平 V_{OH} 是指与非门输入至少有一个为低电平时的输出电平（高电平）。如果输出空载，V_{OH} 必须大于标准高电平 V_{SH}（$V_{SH}=2.4$ V），V_{OH} 典型值是 3.6 V。当输出端接有拉电流负载时，V_{OH} 将降低。

输出低电平 V_{OL} 是指与非门输入全为高电平时的输出电平（低电平）。如果输出空载，V_{OL} 必须低于标准低电平 V_{SL}（$V_{SL}=0.4$ V），V_{OL} 典型值是 0.3 V。当输出端接有灌电流负载时，V_{OL} 将上升。

3. 开门电平 V_{ON} 和关门电平 V_{OFF}

当与非门输出端接额定负载时，使输出处于低电平（$\leqslant V_{SL}$）状态，所允许的最小输入高电平值，就称为开门电平 V_{ON}。换句话说，只有输入电平 $> V_{ON}$，与非门才进入开门状态，输出低电平（$\leqslant V_{SL}$）。也就是说，开门电平 V_{ON} 是为使与非门进入开通状态所需要输入的最低电平。V_{ON} 的典型值为 1.5 V，产品规范值为 $V_{ON} \leqslant 1.8$ V。当输入高电平受负向干扰而降低时，只要不小于开门电平 V_{ON}，输出仍然保持低电平。所以开门电平 V_{ON} 愈小，表明电路抗负向干扰能力愈强。

当与非门输出空载时，使输出处于高电平（$\geqslant V_{SH}$）状态，所允许的最大输入低电平值就称为关门电平 V_{OFF}。它表示使与非门关断所允许的最大输入低电平。V_{OFF} 的典型值为 1 V，产品规范值 $V_{OFF} \geqslant 0.8$ V。当输入低电平受正向干扰而增加时，只要不大于关门电平 V_{OFF}，输出仍能保持高电平。所以关门电平 V_{OFF} 愈大，表明电路抗正向干扰能力愈强。

因此，开门电平的大小反映了高电平抗干扰能力，V_{ON} 越小，在输入高电平时的抗干扰能力越强；而关门电平的大小反映了低电平抗干扰能力，V_{OFF} 越大，在输入低电平时的抗干扰能力就越强。

4. 噪声容限电压 V_N

因受到各种干扰和噪声的影响，实际工作中的数字电路系统，低电平或高电平都不可能是标称逻辑电平，而是在偏离这一数值的一个范围内。因此，为了能够正确地传输逻辑电平，实际的数字电路的输出电压范围总是大于允许的输入电压范围。例如，电压+5 V 的 TTL 逻辑门，可以通过下面 4 个参数值更精确地定义输入、输出电平的范围：

（1）V_{OHmin}：输出高态的最低电压，对于多数 TTL 系列为 2.7 V。

（2）V_{OLmax}：输出低态的最高电压，对于多数 TTL 系列为 0.5 V；

（3）V_{IHmin}：输入高态的最低电压，对于多数 TTL 系列为 2.0 V。

（4）V_{ILmax}：输入低态的最高电压，对于多数 TTL 系列为 0.8V。

可见，最小输出高电平 V_{OHmin} 要比最小允许输入高电平 V_{IHmin} 高，多数 TTL 逻辑系列高 0.7 V。而低态时，最大输出低电平 V_{OLmax} 要比最大允许输入低电平 V_{ILmax} 低，一般低 0.3 V。

噪声容限是指在前一极输出为最坏的情况下，为保证后一极正常工作，所允许的最大噪声幅度。在数字电路中，一般取高态噪声容限 V_{NH} 和低态噪声容限 V_{NL} 中的最小值来表示电路（或元件）的噪声容限。

图 3.26 显示了两个与非门 G_1 和 G_2 前后连接时的输出与输入电平的关系。在将门电路进行互连时，前一级门的输出就是后一级门的输入。对后一级门而言，输入高电平时，可能出现的最低值就是前一级的最小输出高电平 V_{OHmin}。因此，后一级门输入（即前一级门输出）为高电平时的噪声容限 $V_{NH}=V_{OHmin}-V_{IHmin}$。同理可得，后一级门输入（即前一级门输出）为低电平时的噪声容限 $V_{NL}=V_{ILmax}-V_{OLmax}$。因此有：

高态噪声容限＝最小输出高电平－最小输入高电平，即 $V_{NH}=V_{OHmin}-V_{IHmin}$，

低态噪声容限＝最大输入低电平－最大输出低电平，即 $V_{NL}=V_{ILmax}-V_{OLmax}$。

噪声容限＝$\min\{$高态噪声容限，低态噪声容限$\}$，即 $V_N=\{V_{NH},V_{NL}\}$。

按照上述 TTL 逻辑系列的典型值，$V_{NH}=0.7$ V，$V_{NL}=0.3$ V。

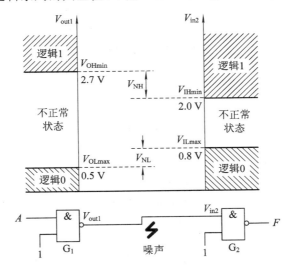

图 3.26　TTL 电路的噪声容限

由于噪声容限的存在，即使在信号传输过程中加入噪声，只要噪声电压没有使信号越过输入信号的允许范围，后级输入端仍然可以正确地判断输入信号的逻辑值。可见，噪声容限值越大，门电路抗干扰的能力越强。

5. 输入高电平电流（I_{IH}）和输入低电平电流（I_{IL}）

作为负载的门电路，当某一输入端接高电平时，流入该输入端的电流称为输入高电平电流 I_{IH}（74LS 型约为 20 μA）。它主要作为前级门输出为高电平时的拉电流；当 I_{IH} 太大时，就会因为"拉出"电流太大，而使前级门输出高电平降低。

作为负载的门电路，当某一输入端接低电平时，从该输入端流出的电流称为输入低电平电流 I_{IL}（74LS 型的约为 0.4 mA），即灌入前级输出端的电流。I_{IL} 的大小关系到前一级门电路能带动负载的个数。

6. 输出高电平电流（I_{OH}）和输出低电平电流（I_{OL}）

I_{OH} 是指输出高电平时流出该输出端的电流，它反映了门电路带拉电流负载的能力。如果约定流出输出端的电流为负值，对于多数 74LS 系列的 TTL 门，I_{OH} 约为 -0.4 mA。

I_{OL} 是指输出低电平时，灌入该输出端的电流，它反映了门电路带灌电流的能力。如果约定流入输出端的电流为正值，对于多数 74LS 系列的 TTL 门，I_{OL} 约为 8 mA。

7. 扇入系数 N_i 和扇出系数 N_O

门电路允许的输入端数目，称为该门电路的扇入系数。一般门电路的扇入系数 N_i 为 1～5，最多不超过 8。实际应用中若要求门电路的输入端数目超过它的扇入系数，可使用"与扩展器"或者"或扩展器"来增加输入端的数目。也可以用分级实现的方法来减少对门电路输入端数目的要求。

门电路通常只有一个输出端，但它能与下一级的多个输入端连接。一个门的输出端所能连接的下一级门的个数，称为该门电路的扇出系数。TTL 门电路的扇出系数 N_O 一般为 8，但驱动门的扇出系数可达 25。

值得注意的是，若使用中所要求的输入端数比门电路的扇入系数小，则可将多余输入端按照逻辑关系与恒定逻辑值 0 或 1 相连接，例如，与门/与非门接 V_{CC}，或门/或非门接地，如图 3.27(a) 和 (b) 所示；也可以与其他有用的输入端并接，如图 3.27(c) 所示。在高速电路设计中，通常使用图 3.27(a) 或 (b) 所示的方法，因为图 3.27(c) 所示的方法加大了负载电容。

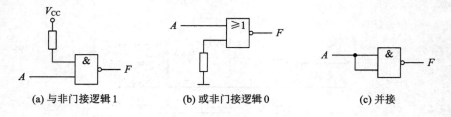

(a) 与非门接逻辑 1　　　　(b) 或非门接逻辑 0　　　　(c) 并接

图 3.27　不用的输入端

在外界干扰较小时，TTL 与非门的闲置端也可以悬空（相当于逻辑 1）；但是 CMOS 门电路绝不允许闲置或者悬空，因为输入阻抗很大，容易受到干扰。

8. 平均传输延迟时间 t_{pd}

平均传输延迟时间（Propagation Delay）t_{pd} 是反映门电路工作速度的一个重要参数，它是指从输入信号变化到产生输出信号变化所需的时间。对于复杂的电路，不同的信号通路有不同的传输延时；即使是同一个电路，t_{pd} 也会不同，取决于输出变化的方向。

以与非门为例，在输入端加一矩形波，则需经过一定的时间延迟才能从输出端得到一个负矩形波。输入和输出之间的关系如图 3.28 所示。

定义输入波形前沿的 50% 到输出波形前沿的 50% 之间的间隔为前沿延迟 t_{pHL}，它反映了输出从高到低变化时，输入变化引起相应输出变化的时间。

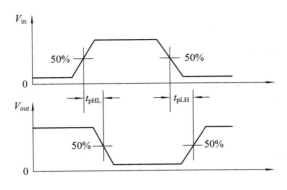

图 3.28 输入和输出之间的关系

同样定义输入波形后沿的 50％ 到输出波形后沿的 50％ 之间的间隔为后沿延迟 t_{pLH}，它反映了输出从低到高变化时，输入变化引起相应输出变化的时间。

它们的平均值就为平均传输延迟时间 t_{pd}，即：

$$t_{pd} = \frac{t_{pHL} + t_{pLH}}{2} \tag{3.1}$$

t_{pd} 的典型值约为 10 ns，一般小于 40 ns。随着集成电路技术的发展，数字集成电路的延时时间越来越短，目前已经普遍缩短到几纳秒，最短的为 1～2 ns，在集成电路内部则还要短得多。

9. 空载功耗 P

空载功耗是当与非门空载时电源总电流 I_{CC} 和电源电压 V_{CC} 的乘积。输出为低电平时的功耗称为空载导通功耗 P_{ON}，输出为高电平时的功耗称为空载截止功耗 P_{OFF}。P_{ON} 总是比 P_{OFF} 大，平均功耗 $P = (P_{ON} + P_{OFF})/2$，一般 $P < 50$ mW。表 3.10 罗列了各个 TTL 逻辑系列的平均传输延时和功耗。

表 3.10 TTL 逻辑系列的平均传输延时和功耗

类 型	TTL 逻辑系列	国标系列	t_{pd}	功 耗
典型	74 系列	T1000	10 ns	10 mW
高速	74H 系列	T2000	6 ns	20 mW
肖特基	74S 系列	T3000	3 ns	19 mW
低功耗肖特基	74LS 系列	T4000	5 ns	2 mW

理想的数字电路要求既具有高速度，同时又具有低功耗。然而事实上，高速数字电路往往需要以较大的功耗为代价。因此，通常用一种综合性的指标——"速度-能耗乘积"来描述这两个重要特性，它简单地将平均传输延时（或者最大传输延时）与功耗相乘（Delay-power Product，简称 dp 积）来表示门电路的综合性能。观察表 3.10 可知，74LS 系列是"速度-能耗乘积"指标最好的 TTL 系列。

10. TTL 与非门的封装和引脚排列

图 3.29 给出了 TTL 与非门 74LS00、74LS30 的引脚排列图。74LS00 是四-双输入与非门，74LS30 是八输入与非门。它们都是 14 引脚，双列直插式，以集成块左边缺口为标

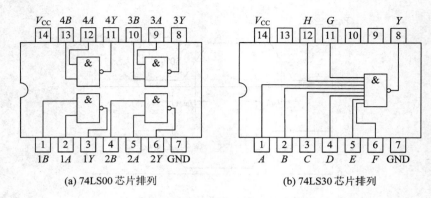

(a) 74LS00 芯片排列   (b) 74LS30 芯片排列

图 3.29　两种 TTL 与非门的引脚排列图

记，缺口下方左边第一个引脚序号为 1，缺口下方最右边引脚无论序号是多少，均接 GND；而缺口上方左边第一引脚，是序号最大的引脚，一定是接 V_{CC}，其余的引脚作为门电路的输入或输出。

以上介绍的 TTL 逻辑门的各种特性参数，CMOS 逻辑门也类似，不过参数值有差异。

3.4.3　TTL 三态输出门（TS 门）

TTL 逻辑门电路一般有三种输出结构，一种为推拉输出（图腾柱输出），如前所述的与非门；一种为集电极开路输出；还有一种为三态输出。下面介绍三态输出方式。

TTL 逻辑的三态输出门，与 CMOS 的三态输出门类似，都有三种输出状态：输出高电平、输出低电平和输出高阻态。前两种状态为工作态时的输出，后一种状态表示该门处于禁止状态。在禁止状态下，其输出高阻态，相当于开路，表示此时该门电路与其他电路的传送无关。

图 3.30（a）、（b）分别给出了一个三态输出与非门的电路结构和逻辑符号。三态控制端 $\overline{EN}=0$ 时，该与非门处于工作态；当 $\overline{EN}=1$ 时，该与非门处于高阻态。

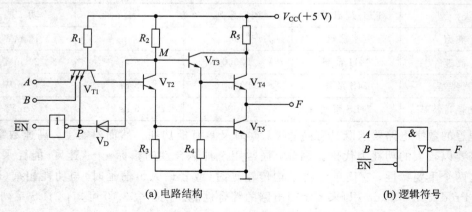

(a) 电路结构   (b) 逻辑符号

图 3.30　三态输出与非门电路结构和逻辑符号

在图 3.30（a）中，当 $\overline{EN}=0$ 时，$P=1$，V_D 截止，电路等效为一个输入为 A、B 和 1 的 TTL 与非门，故 $F=\overline{A \cdot B}$，与非门正常工作。当 $\overline{EN}=1$ 时，$P=0$，P 点的电位 $U_P=0.3$ V，使得 V_D 导通，从而 M 点电压 $U_M=0.3+0.7=1$ V，使得 V_{T3} 虽然导通，但是 V_{T4} 截

止。另一方面，因为 P 点为低电平，V_{T1} 导通，V_{T2} 的基极为低电平，从而使得 V_{T2}、V_{T5} 截止。这时，从输出端 F 看进去，对地和对电源 V_{CC} 都相当于开路，输出端呈现高阻态，相当于输出端开路。

图 3.30(b)中三角符号表明三态输出，$\overline{EN}$ 端的小圆圈表明低电平有效。若三态控制端写成 EN，则表示 EN 高电平有效，即：当 EN＝1 时，该与非门处于工作态；当 EN＝0 时，该与非门处于高阻态。

三态门主要用于总线传输，详见"3.2.6 CMOS 三态输出门(TS 门)"一节。

3.4.4　集电极开路输出门(OC)

与 CMOS 漏极开路输出门(OD 门)类似，在 TTL 电路中，也有一种集电极开路的输出结构门电路，被称为 OC 门(Open Collector Gate)。

首先以两个 TTL 反相器(非门)为例来看 TTL 逻辑门输出端直接相连的情况。图 3.31 所示为两个反相器输出端直接相连。由图可见，一个三极管即为一个反相器。

在图 3.31 中，当输入信号 A 或 B 处于逻辑高电平时，输出 F 为逻辑低电平。只有在 A 和 B 同时为逻辑低电平时，输出 F 才为逻辑高电平。由此可得到输出与输入的逻辑关系为 $F = F_1 \cdot F_2 = \overline{A} \cdot \overline{B}$。因此，与 CMOS 电路类似，两个 TTL 逻辑门输出直接连接在一起，也能实现"线与"逻辑。

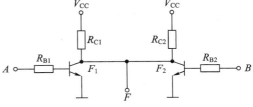

图 3.31　两个 TTL 反相器输出端"线与"连接

然而，与 CMOS 门电路相同，使用推拉输出结构的 TTL 逻辑门(如与非门)，是不能将两个逻辑门的输出端直接连在一起的，否则，将会损坏逻辑门。这是因为推拉输出结构无论门电路是处于开态还是关态，输出都呈现低阻抗，可能会有一个很大的电流(约为 38 mA)流过两个门的输出级，这个电流大大超过了晶体管的允许值，将烧坏芯片(见"3.2.7 CMOS 漏极开路输出门(OD 门)"一节)。

为了能实现"线与"功能，将 TTL 与非门的射极跟随器 V_{T3}、V_{T4} 两个晶体管去掉，输出管 V_{T5} 管的集电极悬空，这样就构成了集电极开路输出的 OC 与非门。图 3.32(a)、(b)分别给出了集电极开路与非门的电路结构和逻辑符号，逻辑符号中的菱形◇表示输出开路，下端横杠表示输出低电平时为低阻抗。

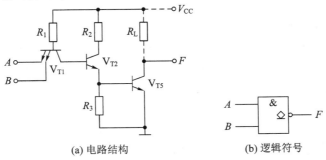

　　(a) 电路结构　　　　　　　　(b) 逻辑符号

图 3.32　集电极开路与非门的电路结构和逻辑符号

OC 门是用外接的上拉电阻 R_L 来代替 V_{T3}、V_{T4} 管组成的有源负载，因此 OC 门必须外接负载电阻 R_L 和电源 V_{CC}，才能正常工作。只要上拉电阻 R_L 阻值和电源电压选择恰当，就既能保证输出的高、低电平符合要求，又能使输出三极管的负载电流不致过大。OC 门的主要用途有以下三点：

（1）实现"线与"逻辑：多个 OC 门的输出可连接在一起构成"线与"逻辑，如图 3.33 所示。

（2）电平转换：通过改变上拉电阻上的电源电压，将输出上拉至不同的电压，就可以实现不同的电平转换。

（3）驱动器：通过使用大功率的三极管，可用于直接驱动较大电流的负载，如继电器、脉冲变压器、指示灯等。

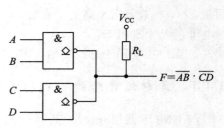

图 3.33　用 OC 门实现"线与"

由图 3.33 可知，$F = \overline{AB} \cdot \overline{CD} = \overline{AB + CD}$，这表明两个 OC 结构的与非门"线与"连接就可得到"与或非"的逻辑功能。

在 OC 门的应用中，上拉电阻 R_L 必须选择合适的阻值。假设将 n 个 OC 门的输出"线与"连接，其负载是 m 个 TTL 与非门的输入端，如图 3.34 所示，则 R_L 的最大值和最小值计算如下所述。

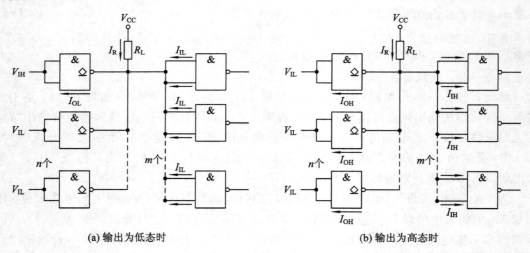

(a) 输出为低态时　　　　　　　　　　　　　(b) 输出为高态时

图 3.34　上拉电阻 R_L 的计算

（1）最小值。线与的 n 个 OC 门中只有一个输入为高电平时，线与输出为低电平。这时负载电流全部都流入导通的那个 OC 门，如图 3.34(a) 所示。为了保证输出的低电平不高于规定的 V_{OL} 的值，并且流过 R_L 的电流与线与输出负载门之低态输入电流之和不超过低态驱动能力（即低态输出电流 I_{OL}），则有：

$$I_R + m I_{IL} \leqslant I_{OL}$$
$$V_{CC} - I_R \cdot R_L \leqslant V_{OL} \tag{3.2}$$

式中，V_{CC} 是外接电源电压，I_R 为流过上拉电阻 R_L 的电流，I_{IL} 是输入低电平电流，I_{OL} 是输出低电平电流。通过代入运算可得

$$R_{L} \geqslant \frac{V_{CC} - V_{OL}}{I_{R}} = \frac{V_{CC} - V_{OL}}{I_{OL} - m I_{IL}} \tag{3.3}$$

则上拉电阻 R_L 的最小值 R_{Lmin} 为：

$$R_{Lmin} = \frac{V_{CC} - V_{OL}}{I_{OL} - m I_{IL}} \tag{3.4}$$

（2）最大值。当 n 个线与的 OC 门输入都有低电平时，线与输出为高电平。为了保证输出高电平不低于规定的 V_{OH}，则有：

$$I_{R} = n I_{OH} + m I_{IH}$$
$$V_{CC} - I_{R} \cdot R_{L} \geqslant V_{OH} \tag{3.5}$$

式中，I_{OH} 是 n 个 OC 门的每个输出端之输出高电平电流；I_{IH} 是 m 个负载门的每个输入端之输入高电平电流。通过式(3.5)计算可得：

$$R_{L} \leqslant \frac{V_{CC} - V_{OH}}{I_{R}} = \frac{V_{CC} - V_{OH}}{n I_{OH} + m I_{IH}} \tag{3.6}$$

则上拉电阻 R_L 的最大值 R_{Lmax} 为：

$$R_{Lmax} = \frac{V_{CC} - V_{OH}}{n I_{OH} + m I_{IH}} \tag{3.7}$$

这样，选定的 R_L 值应介于 R_{Lmin} 和 R_{Lmax} 之间。

假设用 4 个 OC 输出结构的 TTL 与非门线与后驱动 2 个 TTL 与非门，均为 74LS 系列逻辑门，参数典型值为 $I_{OL} = 8$ mA，$I_{IL} = 0.4$ mA，$I_{OH} = 0.4$ mA，$I_{IH} = 20$ μA。为保证可靠，取 $V_{OL} = 0$ V，$V_{OH} = 2.4$ V。若 $V_{CC} = 5.0$ V，则可以按照式(3.4)和式(3.7)计算：

$$R_{Lmin} = \frac{5 - 0}{(8 - 2 \times 0.4) \times 1000} = 694.4 \ \Omega$$

$$R_{Lmax} = \frac{5 - 2.4}{(4 \times 0.4 + 2 \times 0.02) \times 1000} = 1585.4 \ \Omega$$

因此，可以选择上拉电阻的阻值范围是 $694.4 \sim 1585.4$ Ω。

3.5 CMOS/TTL 接口

3.5.1 CMOS 和 TTL 逻辑系列

1. CMOS 逻辑系列

第一个商业上成功的 CMOS 系列是 4000 系列的 CMOS。尽管 4000 系列电路有功耗低、工作电压范围宽(3~18 V)的优点，但缺点是速度低，传输延时可达 100 ns。而且带负载能力也很弱，在 5 V 电源电压下，输出高电平和低电平时，输出的和吸收的负载电流只有 0.5 mA，无法与当时最流行的双极型 TTL 逻辑系列相匹配。所以在多数应用中，4000 系列被新的 CMOS 系列所取代了。目前，CMOS 的逻辑系列有以下几种：

（1）HC(High-speed CMOS)和 HCT(High-speed CMOS, TTL Compatible)系列：即高速 CMOS 系列和兼容 TTL 的高速 CMOS 系列。相比 4000 逻辑系列，它们有更高的速

度(传输延时约 10 ns)和更强的驱动能力(带负载电流 4 mA)。HC 系列的电源电压可在 2～6 V 之间,高电压用于高速器件,低电压用于低功耗器件;HC 系列器件只能用于 CMOS 逻辑的系统中,即使使用 5 V 电源,也不能与 TTL 相配。而 HCT 系列使用 5 V 的电源电压,可以与 TTL 电路相互配合使用。HCT 和 HC 系列在输入电平上有差异,但是输出特性实质上是一致的。HC 和 HCT 系列的速度和 LS TTL 系列相当。

(2) AHC(Advanced High-speed CMOS)和 AHCT(Advanced High-speed CMOS, TTL Compatible)系列:即先进高速 CMOS 系列和兼容 TTL 的先进高速 CMOS 系列。它们的速度是 HC/HCT 的 2～3 倍,与 ALS TTL 的速度几乎一样。AHC 和 AHCT 系列可以与以前系列保持向后兼容性;在输出高态和低态下都能提供或者吸收同样大的电流,带负载能力比 HC/HCT 系列提高了一倍(带负载电流 8 mA)。AHCT 系列除了可以与 TTL 门电路互联之外,其他特性与 AHC 系列一样。

(3) AC(Advanced CMOS)和 ACT(Advanced CMOS, TTL Compatible)系列:即先进 CMOS 系列和兼容 TTL 的先进 CMOS 系列。这两个系列的速度非常快,它们在各种状态下都能提供和吸收大电流,高达 24 mA,因而能驱动很重的直流负载,包括 TTL 负载。

(4) FCT(Fast CMOS, TTL Compatible)和 FCT－T(Fast CMOS, TTL Compatible with TTL VOH)系列:即兼容 TTL 的快速 CMOS 系列和具有较低 VOH、兼容 TTL 的快速 CMOS 系列。FCT 系列在减少功耗并与 TTL 完全兼容的条件下,其速度和驱动能力完全不输于性能最好的 TTL 系列。FCT－T 系列则降低了高态输出时的电压(3.3 V),从而在保持与 FCT 同样高的速度时,减少了功耗和开关噪声。FCT－T 系列可提供或吸收大电流,低态时电流高达 64 mA。因此,它的一个重要应用是驱动总线和其他重负载。

(5) LVC(Low Voltage CMOS)和 ALVC(Advanced Low Voltage CMOS)系列:即低压 CMOS 和先进低压 CMOS 系列。LVC 系列由 TI 公司于 20 世纪 90 年代推出,不仅能工作在 1.65～3.3 V 的低电压下,而且传输延时也只有 3.8 ns。同时,它又能提供更大的负载电流,在电源电压为 3 V 时,最大负载电流可达 24 mA。此外,LVC 的输入可以接受高达 5 V 的高电平信号,很容易将 5 V 电平转换为 3.3 V 以下电平;LVC 系列总线驱动器则可以将 3.3 V 以下电平转换为 5 V 电平输出,这就为 3.3 V 系统和 5 V 系统之间的连接提供了便捷的解决方案。

由于 CMOS 的功耗与电源电压的平方成正比,因此降低电源电压能够有效地减小功耗。目前,低电压供电已成为趋势。JEDEC(集成电路工业标准组)选择了(3.3±0.3) V、(2.5±0.2) V、(1.8±0.15) V、(1.5±0.1) V 和(1.2±0.1) V 等电压作为标准逻辑电平的供电电压。向低电压供电的过渡已经在分步实施,如前所述,LVC 和 ALVC 系列已经能方便地完成 3.3 V 的 CMOS 和 5.0 V 的 CMOS 之间的电平转换。

ALVC 系列是 TI 公司于 1994 年推出的改进 LVC,进一步提高了工作速度,且提供了性能更加优越的总线驱动器和电平转换器。现今有很多微处理器中含有电平转换器,使得芯片内部工作于 1.8 V 或更低的核心逻辑电平,外部接口则工作于 3.3 V 电平。74ALVC164245 电平移位器就是这样一种器件:可以连接两个 16 位的总线。它的两侧逻辑电平不同:一侧是 5.0 V 或者 3.3 V;另一侧是 2.5 V 或者 1.8 V。LVC/ALVC 系列是目前 CMOS 电路中性能最好的两个系列,可以满足高性能数字系统设计的需求,尤其在移动式的便携电子设备中,其优势更加明显。

表 3.11 给出了电源电压在 4.5～5.5 V 之间时 CMOS 各系列的相关特性参数(CMOS 的有关参数和电源电压密切相关)。

表 3.11 CMOS 系列门电路的特性参数(V_{DD} 在 4.5～5.5 V 之间)

参 数	符号	条件	CMOS 系列			
			HC	HCT	AHC	AHCT
典型传输延时/ns	T_{pd}		9	10	3.7	5
每个门的功耗/mW			0.0125	0.0125	0.025	0.025
速度-功耗乘积/pJ		$f = 100$ kHz	0.068	0.050	0.031	0.032
最大输入电容/pF	C_{INmax}		10	10	10	10
最大低电平输入电流/μA	I_{ILmax}	V_{in}=任意	−1	−1	−1	−1
最大高电平输入电流/μA	I_{IHmax}	V_{in}=任意	1	1	1	1
最大低电平输入电压/V	V_{ILmax}		1.35	0.8	1.35	0.8
最小高电平输入电压/V	V_{IHmin}		3.85	2.0	3.85	2.0
最大低电平输出电流/mA	I_{OLmaxC}	CMOS 负载	0.02	0.02	0.05	0.05
	I_{OLmaxT}	TTL 负载	4.0	4.0	8.0	8.0
最大高电平输出电流/mA	I_{OHmaxC}	CMOS 负载	−0.02	−0.02	−0.05	−0.05
	I_{OHmaxT}	TTL 负载	−4.0	−4.0	−8.0	−8.0
最大低电平输出电压(V)	V_{OLmaxC}	CMOS 负载	0.1	0.1	0.1	0.1
	V_{OLmaxT}	TTL 负载	0.33	0.33	0.44	0.44
最小高电平输出电压/V	V_{OHminC}	CMOS 负载	4.4	4.4	4.4	4.4
	V_{OHminT}	TTL 负载	3.84	3.84	3.80	3.80

2. TTL 逻辑系列

在 TTL 逻辑系列中,目前只有几个 TTL 系列在使用,取代它的是与 TTL 兼容的 CMOS 系列。74H(High-Speed TTL)和 74L(Low-power TTL)系列是早期曾经采用过的改进系列。74H 系列通过减小电路中的各个电阻阻值缩短了传输延时,但同时增加了功耗;74L 系列则增加了各个电阻阻值,降低了功耗,可是又增加了传输延时。显然,两种改进系列的速度-功耗乘积没有降低,都不能同时满足降低功耗和提高速度的需求。因此,74L 和 74H 系列不久就被淘汰。目前在使用的 TTL 系列都使用肖特基晶体管来改善它们的速度,主要的 TTL 系列有:

(1) 74S(Schottky TTL)系列:肖特基 TTL 系列,是最老的 TTL 系列。74S 系列门电路中使用了肖特基钳位三极管,又称为抗饱和三极管(如图 3.22 所示),因为它能有效避免三极管进入深度饱和状态,从而提高了电路的工作速度。

(2) 74LS(Low-power Schottky TTL)系列:低功耗肖特基 TTL 系列,最负盛名的 TTL 系列。74LS 系列在 74S 系列的基础上,通过大幅度提高电路中各个电阻的阻值,降低了功耗;沿用 74S 的有源泄放电路(如图 3.25 所示),提高了开关速度。因此,74LS 系列的速度-功耗乘积仅为 74 系列的 1/5,为 74S 系列的 1/3。

（3）74AS(Advanced Schottky TTL)系列：高级肖特基 TTL 系列，其速度是 74S 系列的 2 倍，功耗却略大。74AS 系列电路结构与 74LS 相似，但是采用了很低的电阻阻值，从而提高了工作速度，缺点是功耗较大。

（4）74ALS(Advanced Low-power Schottky TTL)系列：高级低功耗肖特基 TTL 系列，比 74LS 系列功耗更低，速度更快。为了降低功耗，电路中采用了较高的电阻阻值；同时，通过改进生产工艺缩小了内部各个器件的尺寸，获得了减小功耗、缩短延迟时间的双重效果。

（5）74F 系列：快速 TTL 系列，是 74AS 和 74ALS 系列在速度和功耗上折中后的系列，最受 TTL 电路设计者青睐。

表 3.12 列出了 TTL 各系列的重要特性参数对比情况。表中数据前三行以典型的两输入与非门（74××00）为例给出，而其他行的数据则给出了各系列的典型 TTL 门电路的输入输出参数。

表 3.12　TTL 系列门电路的特性参数

参　　数	符号	TTL 系列				
		74S	74LS	74AS	74ALS	74F
最大传输延时/ns		3	9	1.7	4	3
每个门的功耗/mW		19	2	8	1.2	4
速度-功耗乘积/pJ		57	18	13.6	4.8	12
最大低电平输入电流/mA	I_{ILmax}	−2.0	−0.4	−0.5	−0.2	−0.6
最大高电平输入电流/μA	I_{IHmax}	50	20	20	20	20
最大低电平输入电压/V	V_{ILmax}	0.8	0.8	0.8	0.8	0.8
最小高电平输入电压/V	V_{IHmin}	2.0	2.0	2.0	2.0	2.0
最大低电平输出电流/mA	I_{OLmax}	20	8	20	8	20
最大高电平输出电流/mA	I_{OHmax}	−1	−0.4	−2	−0.4	−1
最大低电平输出电压/V	V_{OLmax}	0.5	0.5	0.5	0.5	0.5
最小高电平输出电压/V	V_{OHmin}	2.7	2.7	2.7	2.7	2.7

3. CMOS/TTL 接口设计

数字电路设计者根据速度、功耗、价格等要求，选择相应的 TTL 或者 CMOS 逻辑系列的器件。但是有时由于可用性或者特定需求，设计者可能需要选择两种系列的器件。因此，设计者理解 TTL 输出与 CMOS 输入连接（或者 CMOS 输出与 TTL 输入连接）的含义显得非常重要。在设计 CMOS/TTL 接口电路时，需要考虑以下三个因素。

第一个因素是噪声容限和电平匹配。低态噪声容限 V_{NL} 取决于驱动输出端的 V_{OLmax} 和被驱动输入端的 V_{ILmax}，并且 $V_{NL} = V_{ILmax} - V_{OLmax}$。类似地，高态噪声容限 V_{NH} 取决于驱动输出端的 V_{OHmin} 和被驱动输入端的 V_{IHmin}，即 $V_{NH} = V_{OHmin} - V_{IHmin}$。图 3.35 显示了 TTL 和 CMOS 系列的输入和输出电平。

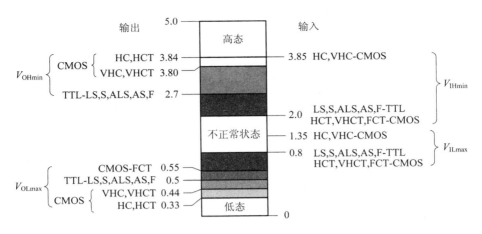

图 3.35 TTL 与 CMOS 系列接口的输入和输出电平

根据图3.35可以计算各系列接口的噪声容限。例如，用 HC 或 HCT 系列的 CMOS 驱动 TTL 门，低态噪声容限 $V_{NL} = 0.8 - 0.33 = 0.47$ V，高态噪声容限 $V_{NH} = 3.84 - 2.0 = 1.84$ V。反之，如果用 TTL 驱动 HC 或 VHC 的 CMOS 门，其高态噪声容限 $V_{NH} = 2.7 - 3.85 = -1.15$ V，这意味着 TTL 不能驱动 HC 或 VHC 的 CMOS 门，但可以驱动 HCT、VHCT 或者 FCT 系列的 CMOS 门（因为与 TTL 兼容）。

第二个需要考虑的因素是扇出系数，即驱动能力。将被驱动的器件所需的输入电流求和，与高态和低态下驱动器件的输出驱动能力相比较，前者需小于后者。在 TTL 驱动 CMOS 时，扇出系数能满足要求，因为两种状态下，CMOS 输入都几乎不需要电流。相反，TTL 输入却需要较大的电流（尤其在低态时）。在一般情况下，HC 或者 HCT 系列的 CMOS 输出可驱动 10 个 LS - TTL 的输入端，却只能驱动 2 个 S - TTL 的输入端。

第三个需要考虑的因素是电容负载。负载电容会加大逻辑电路的延迟时间和功耗。HC 和 HCT 系列的 CMOS 输出的延迟时间的增加尤其显著：负载电容每增加 5 pF，其转换时间就增加 1 ns。FCT 输出晶体管的导通电阻非常低，其负载电容每增加 5 pF，其转换时间只增加 0.1 ns。

综上所述，无论是 TTL 电路驱动 CMOS 电路，还是 CMOS 电路驱动 TTL 电路，驱动门必须为负载门提供合乎标准的高低电平和足够的驱动电流，即同时满足下面各式的要求：

$$\text{驱动门} \qquad \text{负载门}$$

$$V_{OHmin} \geqslant V_{IHmin} \tag{3.8}$$

$$V_{OLmax} \geqslant V_{ILmax} \tag{3.9}$$

$$|I_{OHmax}| \geqslant n I_{IHmax} \tag{3.10}$$

$$I_{OLmax} \geqslant m |I_{ILmax}| \tag{3.11}$$

其中，m 和 n 分别为负载电流中 I_{IH} 和 I_{IL} 的个数。式(3.8)和式(3.9)规定了电平匹配要求，式(3.10)和式(3.11)规定了电流驱动能力要求。

3.5.2 用 TTL 门驱动 CMOS 门

观察表 3.11 和表 3.12，从驱动能力角度考虑，TTL 的高电平最大输出电流都在 0.4 mA 以上，低电平最大输出电流有 8 mA，而 CMOS 的输入电流都在 1 μA 左右，所以

TTL 的驱动能力足够驱动 CMOS 电路。

再考虑电平匹配问题，TTL 的最大低电平输出电压 V_{OLmax}（0.5 V）均低于 CMOS 的最大低电平输入电压 V_{ILmax}（1.35 V 或者 0.8 V），故低电平匹配。但是所有 TTL 的最小高电平输出电压 V_{OHmin}（2.7 V）均小于 CMOS 的最小高电平输入电压 V_{ILmin}（3.85 V），即高电平不匹配，故需要接口设计。

所以，要使 TTL 门电路能够驱动 CMOS 门电路，需要提高 TTL 门电路输出高电平的电压值，使之至少达到 3.85 V 以上。为此可采用以下措施：

（1）当 CMOS 和 TTL 电路使用一样的电压（+5 V）时，在 TTL 门电路与 CMOS 门电路之间附加一上拉电阻，如图 3.36(a) 所示，使 TTL 门的输出能达到 CMOS 输入高电平的要求。通常 CMOS 电源电压可选 3～18 V，而 TTL 电源电压是 +5 V。

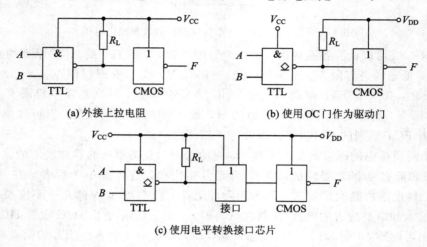

(a) 外接上拉电阻　　　　　　　　　(b) 使用 OC 门作为驱动门

(c) 使用电平转换接口芯片

图 3.36　提高 TTL 电路输出高电平的方法

（2）当 CMOS 门电路的电源电压值较高时，CMOS 门电路对输入高电平的要求就会超过 TTL 门电路输出端能达到的范围。此时，可以使用 OC 门作为驱动门，经过上拉电阻，将 TTL 输出的高电平电压上拉到 CMOS 电源电压，如图 3.36(b) 所示。

（3）使用专用的 TTL 至 CMOS 电平转换接口芯片（如 CD40109 或 MC14504），如图 3.36(c) 所示。这种接口芯片同时具有 TTL 和 CMOS 两个电源输入端，其输出电平能够满足 CMOS 门电路对输入电平的要求。

对于 HCT 或者 AHCT 系列的 CMOS 逻辑门而言，因为与 TTL 兼容，所以可以直接与 TTL 电路相连。

3.5.3　用 CMOS 门驱动 TTL 门

当 CMOS 和 TTL 采用同样的 5 V 电源电压时，可以将 CMOS 的输出直接接到 TTL 的输入端。因为就电平匹配而言，无论 CMOS 门输出高电平还是输出低电平，都符合 TTL 门的输入电平要求；就驱动能力而言，HC/HCT 系列的 CMOS 最大输出电流为 4 mA，AHC/AHCT 系列的 CMOS 最大输出电流为 8 mA，而 TTL 所有系列的最大输入电流均不超过 2 mA，低于 CMOS 的输出电流。所以，无论使用 HC/HCT 系列，还是

AHC/AHCT 系列的 CMOS 电路，都可以直接驱动任何系列的 TTL 电路。但是，驱动 TTL 负载的个数由式(3.10)和式(3.11)计算得到，一般 CMOS 可以驱动 10 个 LS‑TTL 门，但只能驱动两个 S‑TTL 门。值得注意的是，最早的 4000 系列 CMOS 的输出电流只有 0.4 mA，不能驱动 TTL 门电路，目前已被新的 CMOS 逻辑系列取代了。

　　显然，由于 TTL 门的输入电流较大，用 CMOS 门电路驱动 TTL 门电路时，往往需要加强 CMOS 门的带负载能力，尤其 CMOS 门电路输出低电平时带灌电流负载能力。为此，可采用以下几种方法：

　　(1) 将同一芯片上的 CMOS 门电路并联使用以提高带负载能力，如图 3.37(a)所示。将同一封装内的 CMOS 逻辑门的输入和输出都并接，则会加大输出电流。

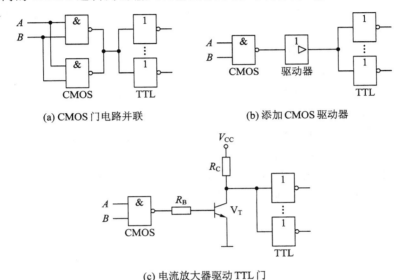

(a) CMOS 门电路并联　　　　(b) 添加 CMOS 驱动器

(c) 电流放大器驱动 TTL 门

图 3.37　提高 CMOS 电路驱动 TTL 负载能力的方法

　　(2) 采用 CMOS 驱动器，如图 3.37(b)所示。在 CMOS 门输出处，添加一个驱动器（如同相输出驱动器 CD4010 或者反相驱动器 MC14049），由于驱动器内部加大了末级输出电流，故可以更可靠地完成驱动任务。

　　(3) 采用分立元件三极管构成的电流放大器，如图 3.37(c)所示。只要放大器的电路参数选择合理，一定能做到 CMOS 驱动门输出高电平或者低电平时，满足 TTL 负载门的要求。

本 章 小 结

　　逻辑门电路是指能完成一些基本逻辑功能的电子电路，简称门电路，它是构成数字电路的基本单元电路。基本的逻辑门有与门、或门和非门三种，它们能实现任何的逻辑函数与数字电路。

　　正逻辑是将高电平 H 约定为逻辑 1，将低电平 L 约定为逻辑 0；而负逻辑则将高电平 H 约定为逻辑 0，低电平 L 约定为逻辑 1。对于同一电路，既可以采用正逻辑约定，也可以采用负逻辑约定，但是会具有不同的逻辑功能。例如，正逻辑下的与门，在负逻辑下则是或门。

数字集成电路，按照内部半导体器件的导电类型，可分为双极型集成电路和单极型集成电路两大类。

双极型集成电路以半导体二极管和双极结型晶体管为基本元件构成，元件中有两种极性的载流子参与导电（多数载流子和少数载流子）；其主要特点是速度快，负载能力强，但制作工艺复杂，功耗较大，集成度较低。应用最广泛的是 TTL 电路，它速度快，但功耗大，只能构成小规模集成电路和中规模集成电路。

单极型集成电路以单极型半导体晶体管或场效应管为基本元件构成，元件中参与导电的只有多数载流子。它的主要特点是输入阻抗高，功耗小，制作工艺简单，易于大规模集成，但是工作速度慢。单极型集成电路的主要产品为 MOS 型集成电路，是以 MOS 管为主构成的。MOS 电路可分为 PMOS、NMOS 和 CMOS。目前 CMOS 电路已逐渐取代 TTL 电路，成为当前数字集成电路的主流产品。

本章重点介绍了 CMOS 和 TTL 两类集成门电路的结构、工作原理和外部特性。

CMOS 是由 PMOS 和 NMOS 晶体管以互补的方式共同构成的。CMOS 的基本单元就是 CMOS 反相器，由一个 PMOS 管和一个 NMOS 管构成。用两个 PMOS 管和两个 NMOS 管可以构成 CMOS 与非门和或非门。

三态输出门（TS 门）和漏极开路输出门（OD 门）是 CMOS 门电路的两种电路输出方式。三态输出门的输出有高态、低态和高阻态三种，由使能控制输入端控制。在高阻态下，三态门的输出相当于与后续电路断开，通常用于实现总线连接与分时共享。OD 输出门可用于实现逻辑门输出"线与"功能。

TTL 电路的基本元件是二极管和三极管，它们内部的 PN 结使得它们都具有开关特性，数字电路中，正是使用它们的开关特性来实现各种逻辑功能的。当二极管的阳极和阴极之间的电压大于导通阈值（硅管为 0.5 V，锗管为 0.1 V）时，二极管导通，相当于开关闭合；导通后的导通压降为固定值（硅管为 0.7 V，锗管为 0.3 V）。当二极管的阳极和阴极之间的电压小于导通阈值时，二极管截止，相当于开关断开。三极管有 NPN 管和 PNP 管两种，应用广泛的是 NPN 管。每个三极管有基极、集电极和发射极三个电极。在作为开关管时，集电极和发射极是开关的两端，由基极来控制开关的通断。对于 NPN 管而言，当基极上接高电平时，管子导通，集电极和发射极之间呈现低阻抗，电压差很小（硅管约为0.3 V），视为开关接通；当基极上接低电平时，管子截止，集电极和发射极之间呈现很高的阻抗，相当于开关断开。

利用三极管的开关特性，用若干三极管和电阻可以构成具有推拉输出结构的标准TTL 与非门。经改造后，可以构成具有三态输出（TS 门）和集电极开路（OC 门）的 TTL 逻辑门。

CMOS 电路和 TTL 电路之间的连接设计，需要重点考虑噪声容限（电平匹配）和驱动能力（电流匹配）两个问题。用 TTL 门电路驱动 CMOS 门电路时，需要提高 TTL 输出高电平的电压；用新型 CMOS 门电路驱动 TTL 门电路时，电压和电流都匹配，可以直接相连，但相对 TTL 较高的输入电流而言，CMOS 驱动能力不够强，有时需要增大 CMOS 输出电流。

下面归纳了集成电路按照半导体工艺分类和按照输出结构分类的情况：

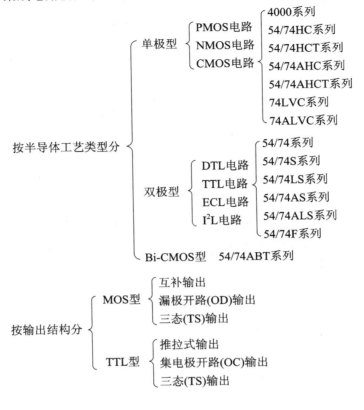

习　题

3.1　用于 SDRAM 模块的 SSTV 逻辑系列，将低电平信号定义在 $0\sim0.8$ V 范围内，高态信号定义在 $1.7\sim2.5$ V 范围内，请按照正逻辑约定，表示出下列信号电平对应的逻辑值：

(1) 0.0 V；　　　(2) 0.6 V；　　　(3) 1.6 V；　　　(4) 1.8 V；

(5) 2.0 V；　　　(6) 2.5 V；　　　(7) −0.7 V；　　　(8) 3.3 V。

3.2　用负逻辑约定，重新写出习题 3.1 的答案。

3.3　仿照表 3.2 写出正逻辑下的或非门的电平真值表，并推导出它在负逻辑下对应的逻辑功能。

3.4　利用正、负逻辑的置换关系，写出图 X3.1 中输出端的负逻辑函数表达式。

3.5　对比双极型集成电路和单极型集成电路在基本元件、导电特性、功耗、速度、驱动能力等方面的特点。

3.6　观察图 3.3 所示的基本开关电路，对比 PMOS 和 NMOS 的开关电路在连接上有何不同，在工作上有何不同。

3.7　仿照图 3.5 所示的 CMOS 反相器的开关模型，画出图 3.6 所示的 CMOS 与非门在下面 4 种情况下的开关模型：

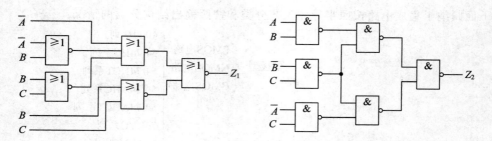

图 X3.1　习题 3.4 图

(1) A 为 L,B 为 L;　(2) A 为 L,B 为 H;　(3) A 为 H,B 为 L;　(4) A 为 H,B 为 H。

3.8　仿照图 3.5 所示的 CMOS 反相器的开关模型,画出图 3.7 所示的 CMOS 或非门在下面 4 种情况下的开关模型:

(1) A 为 L,B 为 L;　(2) A 为 L,B 为 H;　(3) A 为 H,B 为 L;　(4) A 为 H,B 为 H。

3.9　CMOS 的非反相器是指将反相器输出再次反相的电路,等价于图 X3.2 所示的逻辑功能,又称为驱动器。请用晶体管画出其 CMOS 电路结构。

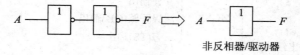

非反相器/驱动器

图 X3.2　习题 3.9 图(非反相器)

3.10　CMOS 的与门是用一个与非门和一个非门相连得到的,请画出与门的 CMOS 电路结构。

3.11　CMOS 的或门是用一个或非门和一个非门相连得到的,请画出或门的 CMOS 电路结构。

3.12　图 X3.3 是一个 CMOS 的与或非门,实现了 $F=\overline{AB+CD}$。请写出真值表的 16 种输入情况(从 LLLL 到 HHHH)下,晶体管 $V_{T1} \sim V_{T8}$ 的开关状态及输出 F 的电平高低。

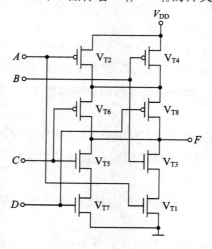

图 X3.3　习题 3.12 图(CMOS 与或非门)

3.13　参照图 X3.3，尝试用 8 个晶体管设计一个 CMOS 或与非门，实现 $F = \overline{(A+B)(C+D)}$，分析说明其工作过程。

3.14　在 CMOS 电路中，互补输出、漏极开路输出（OD 输出）和三态输出（TS 输出）有何不同的特点？各自应用在什么场合？

3.15　在 TTL 电路中，有哪 3 种输出结构？各有何特点？各自应用在什么场合？

3.16　多个互补输出的 CMOS 门的输出端为什么不能直接连接在一起？OD 门的输出端为什么可以"线与"连接在一起？

3.17　试写出图 X3.4 所示电路输出信号的逻辑函数表达式，或者描述电路的功能。

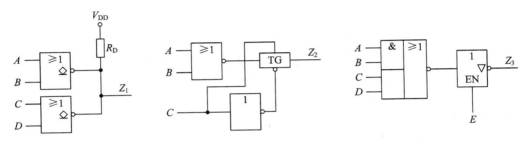

图 X3.4　习题 3.17 图

3.18　用 OD 与非门或者 OC 与非门实现函数 $F = \overline{AB + AC + BD}$，画出电路图。

3.19　逻辑门电路如图 X3.5 所示，试根据输入波形画出输出 $F_1 \sim F_4$ 的波形。

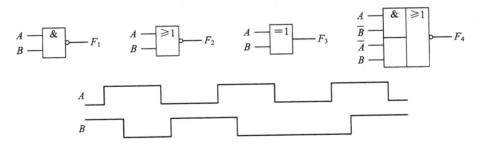

图 X3.5　习题 3.19 图

3.20　两个三态非门构成如图 X3.6 所示的电路，请根据输入波形画出输出 Z 的波形。

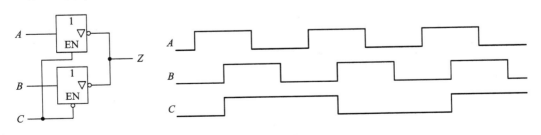

图 X3.6　习题 3.20 图

3.21　图 X3.7 是一个由 2 个二极管构成的与门，试分析在输入 A 和 B 分别为低态和高态的 4 种组合下,其输出 F 的电平。假设当 A 和 B 的输入电压都为 4 V 时,输出的逻辑电平是多少?

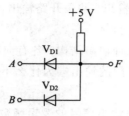

图 X3.7　习题 3.21 图

3.22　TTL 与非门的主要性能参数有哪些?

3.23　当 TTL 与非门的多余输入端悬空时,该端在逻辑上等效为什么电平?

3.24　CMOS 逻辑门和 TTL 逻辑门的闲置输入端应该怎么处理?有什么相同和不同吗?

3.25　如果将 CMOS 门或者 TTL 门的闲置输入端接固定电平,请问与门和或门要分别连接到电源还是地电平?

3.26　有两个型号相同的 TTL 与非门,测得门 A 的关门电平为 1.1 V,开门电平为 1.3 V,门 B 的关门电平为 0.9 V,开门电平为 1.7 V,试问:在输入相同低电平时,哪个门抗干扰能力强?在输入相同高电平时,哪个门抗干扰能力强?

3.27　图 X3.8 所示电路是由 3 个 TTL 非门组成的环行振荡器,假设每个门的平均传输延迟时间 $t_{pd} = 10$ ns,试计算其振荡频率。

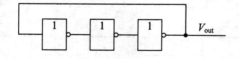

图 X3.8　习题 3.27 图

3.28　试分析图 X3.9 所示电路,哪些能正常工作,哪些不能。写出能正常工作电路输出端的逻辑函数表达式,对不能正常工作的电路说明原因。

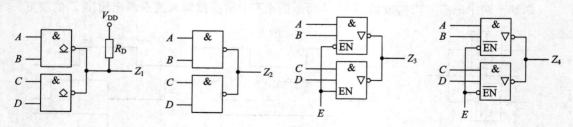

图 X3.9　习题 3.28 图

3.29　TTL 门电路如图 X3.10 所示,试分析哪些电路可实现 $F = \overline{A}$ 的功能。

3.30　门电路如图 X3.11 所示电路,试根据输入波形画出输出 F_1 和 F_2 的波形。

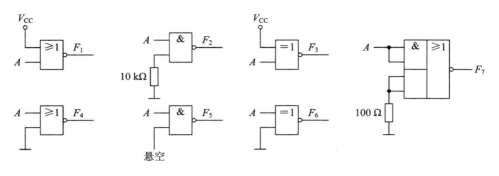

图 X3.10 习题 3.29 图

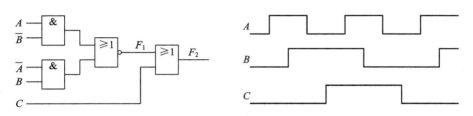

图 X3.11 习题 3.30 图

3.31 根据图 3.35，试分析：

（1）VHC、VHCT 系列的 CMOS 电路作为驱动门，驱动 TTL 电路，请计算高态噪声容限和低态噪声容限，并从电平匹配和驱动能力两方面分析是否能够直接连接。

（2）用 TTL 门电路来驱动 VHC/VHCT 系列的 CMOS 电路，是否可行？

第4章 组合逻辑电路

逻辑电路分为两大类：组合逻辑电路（Combinational Logic Circuit）和时序逻辑电路（Sequencial Logic Circuit）。组合逻辑电路的基本特点是：结构上无反馈、功能上无记忆、电路在任何时刻的输出都由该时刻的输入信号完全确定。本章将阐述组合逻辑电路分析与设计的基本理论，并对计算机中常用的各类典型组合逻辑电路进行介绍。

4.1 组合逻辑电路概述

4.1.1 逻辑电路的分类

我们可以把一个数字电路抽象为一个黑盒子，如图 4.1 所示，它包括以下几个部分：

（1）输入：一个或多个离散变量输入端。

（2）输出：一个或多个离散变量输出端。

（3）规范特征：该部分规定了电路的特征，有功能规范

图 4.1 数字电路黑盒子

和时序规范。功能规范描述输出和输入之间的逻辑关系；时序规范描述输出对输入的响应延迟特性。

黑盒子内部的电路，可以看成是元件构成的网络，元件本身也是带有输入、输出和特征规范的电路。元件之间由导线连接，导线用电压传递离散变量的值，又称为结点。结点分为输入结点、输出结点和内部结点，输入结点接收电路外部的离散值，输出结点将处理结果值输出到电路外部。内部元件之间连接的结点（既不是输入结点也不是输出结点），称为内部结点。在图 4.2(a) 所示的电路中，有 A、B、C 3 个输入结点，F_1 和 F_2 为 2 个输出结点，n_1、n_2、n_3 为内部结点；有 3 个与门和 1 个或门共 4 个元件，在这里，元件是简单的逻辑门，但是很多时候，元件也可以是一个复杂的逻辑电路。例如，可以将图 4.2(a) 抽象成一个有 3 个输入端、2 个输出端的元件 E1，用 3 个 E1 元件可以构成电路 E2，如图 4.2(b) 所示。

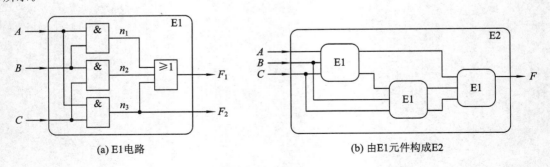

(a) E1电路   (b) 由E1元件构成E2

图 4.2 元件与结点

按照输入和输出之间的依赖关系，逻辑电路分为"组合的"和"时序的"，分别称为组合逻辑电路和时序逻辑电路。

　　组合逻辑电路任一时刻的输出仅仅取决于当时的输入变量即时值。换句话说，它组合当前输入值来确定输出值。例如，西门子洗衣机的洗衣模式选择，通常采用一个旋钮设置，这便像是组合逻辑电路：洗衣模式的选择（"输出"）仅仅依赖于当前的旋钮位置（"输入"）。

　　时序逻辑电路的输出不仅取决于当前的输入值，还取决于以前的输入，在时间上可以追溯到任意早以前。换句话说，时序逻辑电路的输出取决于输入的序列。例如，有一款三洋洗衣机的洗衣模式选择，是使用一个"程序"按钮选择的：当按下该按钮时，洗衣模式会按照既定的顺序在多个模式之间切换，显然，程序洗衣模式的选择（"输出"）取决于"程序"按钮被按下的次数（"输入序列"）。

　　简言之，组合逻辑电路是没有记忆功能的，而时序逻辑电路是有记忆功能的。本章重点讨论组合逻辑电路，第 5 章、第 6 章及第 7 章讨论时序逻辑电路。

4.1.2　组合逻辑电路的特点

　　图 4.3 是组合逻辑电路的框图。其中，X_1、X_2、$\cdots$、X_n 是输入逻辑变量，Y_1、Y_2、$\cdots$、Y_m 是输出逻辑变量，$n \geq 0$，$m \geq 1$。任何时刻，任何一个 $Y_i(i = 1, 2, \cdots, m)$ 的值，只取决于此时 $X_i(i = 1, 2, \cdots, n)$ 的取值，与 X_i 的历史输入无关。每一个 Y_i 都是 X_i 的函数，如式（4.1）所示：

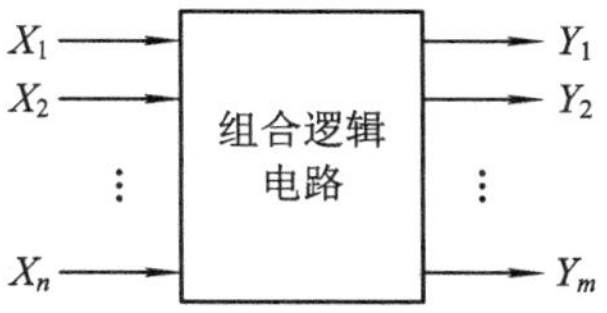

$$Y_1 = f_1(X_1, X_2, \cdots, X_n)$$
$$Y_2 = f_2(X_1, X_2, \cdots, X_n)$$
$$\vdots$$
$$Y_m = f_m(X_1, X_2, \cdots, X_n)$$

（4.1）

图 4.3　组合逻辑电路的框图

　　式（4.1）描述了组合逻辑电路的功能规范。那么组合逻辑电路如何保证电路的输出仅仅取决于当前电路输入，而与历史输入无关呢？组合逻辑电路可以由任意数目的逻辑门电路构成，但不能包括反馈回路。所谓反馈回路，就是一个门的输出最终被传递到这个门的输入。具体而言，如果一个电路由相互连接的电路元件构成，则满足以下条件时，它就是组合逻辑电路：

　　（1）每一个电路元件本身都是组合逻辑电路。

　　（2）每一个电路结点，或者是作为一个电路的输入，或者作为外部电路的一个输出端。

　　（3）电路不包含回路，即经过电路的每条路径最多只能经过某个结点一次。

　　因此，从电路结构来看，组合电路的输入信号是单向传输的，电路中不存在任何反馈回路，这个特点使得组合逻辑电路不包含任何记忆元件，没有记忆能力。

　　【例 4.1】　判断图 4.4 中，哪些电路是组合逻辑电路？E1、E2、E3、E4 是组合逻辑电路构成的元件。

　　解　逐个分析如下：

　　（1）图 4.4(a)、(d) 是由逻辑门电路构成，并且输入是单向线性的，不存在回路，因此是组合逻辑电路。

（2）图 4.4（b）、（c）不是组合逻辑电路，因为存在反馈结构，输出同时反馈到了元件的输入端。

（3）图 4.4（e）由两个组合逻辑元件连接成更大的电路，并且连接线路不存在反馈，所以是组合逻辑电路。

（4）图 4.4（f）虽然也是由两个组合逻辑元件连接而成，但是有一个回路通过 E3 和 E4 元件，这并不符合组合逻辑电路的构成规则；然而，该电路是否是组合逻辑电路取决于 E3 和 E4 的内部电路结构，具体而言，取决于 E4 的输出 f 是否是 E3 的输入 a 的函数。如果 f 是 a 的函数，则不是组合逻辑电路，如果 f 不是 a 的函数，则它是组合逻辑电路。

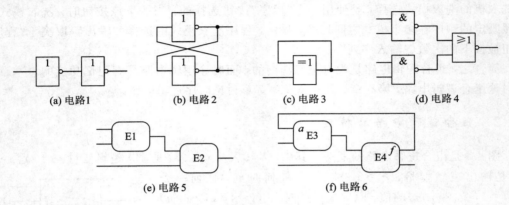

(a) 电路1　　(b) 电路 2　　(c) 电路 3　　(d) 电路 4

(e) 电路 5　　　　(f) 电路 6

图 4.4　例 4.1 图

组合逻辑电路的应用十分广泛，它不但能独立完成各种功能复杂的逻辑运算，而且也是时序逻辑电路的基础和重要组成部分，因此，它在逻辑电路中占有相当重要的地位。

本章重点讨论组合逻辑电路的分析和设计。组合逻辑电路的分析是指从逻辑电路图开始，得到该电路的形式描述（真值表或者布尔表达式），进而明确其功能。组合逻辑电路的分析过程就是根据电路图分析得到其功能规范的过程。

组合逻辑电路的设计是指从实际问题的非形式描述（语言描述）开始，将电路描述形式化，进而求出其逻辑电路图。组合逻辑电路的设计过程就是根据问题需求得到其逻辑电路图的过程。可见，组合逻辑电路的分析和设计是两个相反的过程。

对于一些常用的典型组合逻辑电路，如加法器、比较器、译码器、编码器、数据选择器和数据分配器等，本章还将逐一介绍它们的特性、工作原理、相应的中规模（MSI）集成模块及其应用。

4.2　组合逻辑电路的分析

如前所述，组合逻辑电路的分析，就是对于一个已知的逻辑电路，应用逻辑函数或者真值表来描述它的功能规范，研究总结它的工作特性，或者用语言来描述它的逻辑功能。

组合逻辑电路分析的基本目的，就是要通过分析，推导出给定电路输出变量与输入变量之间的逻辑关系，并确定电路的逻辑功能。但是，组合逻辑电路分析的应用范围远远不限于此，在数字系统设计中，我们常常需要进行电路分析。例如，对设计好的电路进行评估，评判其性价比是否最优、器件是否能够替代、替代后的电路是否等效等；或者研究电路在什么输入条件下有有效的输出；也可以将电路转换为适合器件的形式化描述（如 PLD 或者 FPGA）；甚至还能够对故障进行诊断，确定有问题的器件。

对于基本逻辑门构成的组合逻辑电路，其分析过程通常包含以下几个步骤：

（1）根据给定的逻辑电路图，从输入到输出，逐级写出逻辑表达式，最终得到输出变量和输入变量之间的逻辑函数。

（2）化简输出函数的逻辑表达式。

（3）列出输出函数对应的真值表。

（4）根据逻辑表达式或真值表，判断与描述电路的逻辑功能。

需要注意的有两点：第一，有些时候，在第（2）步得到最简逻辑表达式后，就能判断出电路的功能，可以不需要列出真值表；如 $F = \overline{A \oplus B}$，就是比较两个输入变量是否相同的电路（同或运算）。第二，有些时候，因为应用背景未知，可能无法用语言描述这个电路的功能，它只能通过逻辑函数来表示电路的逻辑功能，如 $F = \overline{A}B + BC$。

除了通过分析来确定电路的逻辑功能外，对于给定的组合逻辑电路，一旦得到了输出函数表达式，还可以做一些其他的操作：

（1）确定在不同输入组合时的电路行为。

（2）通过变换逻辑函数，改变电路的结构。

（3）通过变换逻辑函数的表示形式，以便使用不同逻辑门实现电路。

【例 4.2】 试分析如图 4.5 所示的逻辑电路功能。

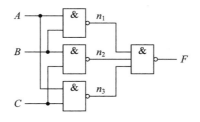

图 4.5 例 4.2 的逻辑电路图

解 由图 4.5 可知，电路有三个输入变量 A、B、C，一个输出变量 F，电路中有 4 个与非门，3 个与非门的输出是中间结点 n_1、n_2、n_3。

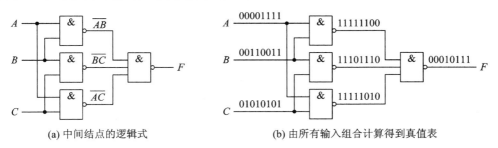

(a) 中间结点的逻辑式 　　　　　(b) 由所有输入组合计算得到真值表

图 4.6 例 4.2 的逻辑电路分析

（1）逐个写出中间结点的逻辑表达式，如图 4.6(a) 所示。据此，可以写出输出变量 F 的逻辑函数，如式（4.2）所示：

$$F = \overline{\overline{AB} \cdot \overline{BC} \cdot \overline{AC}} \tag{4.2}$$

（2）进一步化简可以得到 F 的最简表达式，如式（4.3）所示：

$$F = \overline{\overline{AB} \cdot \overline{BC} \cdot \overline{AC}} = AB + BC + AC \tag{4.3}$$

（3）按照式（4.3），可以得到电路的真值表，如表 4.1 所示。

表 4.1 例 4.2 电路的真值表

A	B	C	F
0	0	0	0
0	0	1	0
0	1	0	0
0	1	1	1
1	0	0	0
1	0	1	1
1	1	0	1
1	1	1	1

（4）由真值表可知，在 A、B、C 这 3 个输入变量中，当有两个或两个以上的输入变量为 1 时，输出 $F=1$，否则 $F=0$。这样的电路，实质上是对输入变量的"多数"（为 1）做判决。其应用场景可以描述为：如果将 A、B、C 分别看成是三个人对某一个提案的表决意见，"1"表示赞成，"0"表示反对；将输出变量 F 看成是对该提案的表决结果，"1"表示该提案获得通过，"0"表示该提案未获得通过，所以该电路又称为"多数表决器"。

在本例中，真值表是根据 A、B、C 的 8 个输入组合取值，由化简后的逻辑函数经过逐一运算得到的。图 4.6（b）所示是另一种得到真值表的方法：不需要化简，由电路图直接计算得到。方法是：

（1）首先将真值表（表 4.1）的左边三列，按照从上到下的顺序，写出每个变量的所有顺序编码。因为有 3 个变量，所以真值表有 $2^3=8$ 行，编码就为 8 位。A 的编码为 00001111B，B 的编码为 00110011B，C 的编码为 01010101B。

（2）将 A、B、C 的编码带入到电路图中，逐个进行向量式的逻辑运算，最后在输出 F 端得到的 8 位编码。例如，第一个与非门，对 A 和 B 进行与非运算，得到 $\overline{00001111 \cdot 00110011}$ $=\overline{00000011}=11111100$。依次算出三个与非门的输出编码，最后再次进行与非运算，得到 F 的编码为 00010111B。

（3）将 F 的编码，从上到下顺序填入到真值表中的 F 一列。

这种方法使用"穷举法"一次罗列输入变量的所有可能取值序列，然后计算得到输出变量的对应取值序列，即可写出真值表。这种方法适合输入变量少的场合，当变量增加时，输入序列编码将会指数级地增长，从而变得难以接受。

【例 4.3】 分析如图 4.7 所示的电路。

解 图 4.7 是无反变量的由与非门构成的逻辑电路，逐步分析如下：

（1）先写出内部结点 n_1、n_2、n_3、n_4 的逻辑函数，最后写出 F 的逻辑函数，如式（4.4）所示：

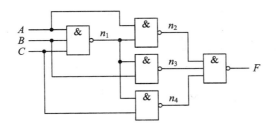

图 4.7 例 4.3 的逻辑电路图

$$F = \overline{\overline{A \cdot \overline{ABC}} \cdot \overline{B \cdot \overline{ABC}} \cdot \overline{C \cdot \overline{ABC}}} \tag{4.4}$$

（2）化简式（4.4），得到式（4.5）：

$$
\begin{aligned}
F &= \overline{\overline{A \cdot \overline{ABC}} \cdot \overline{B \cdot \overline{ABC}} \cdot \overline{C \cdot \overline{ABC}}} \\
&= A \cdot \overline{ABC} + B \cdot \overline{ABC} + C \cdot \overline{ABC} \\
&= (A + B + C) \cdot \overline{ABC}
\end{aligned} \tag{4.5}
$$

（3）写出真值表，如表 4.2 所示。

表 4.2 例 4.3 电路的真值表

A	B	C	F
0	0	0	0
0	0	1	1
0	1	0	1
0	1	1	1
1	0	0	1
1	0	1	1
1	1	0	1
1	1	1	0

（4）由真值表可以看出，当 $ABC = 000$ 或 $ABC = 111$ 时，$F = 0$；而 A、B、C 取值不全相同时，$F = 1$。故该电路用于检测输入变量是否一致，不一致（不全为 0 或者不全为 1）则输出 1，被称为三变量"不一致"检测器。

下面看一些多输出的组合逻辑电路例子。

【例 4.4】 分析如图 4.8 所示的电路。

解 电路有 4 个输入变量和 3 个输出变量。按步骤分析如下：

（1）写出每个输出变量的原始逻辑函数，如式（4.6）所示：

$$
\begin{aligned}
Y_2 &= \overline{\overline{X_3 \, X_2} \cdot \overline{X_3 \, X_1}} \\
Y_1 &= \overline{\overline{\overline{X_3} \, X_2 \, X_0} \cdot \overline{\overline{X_3} \, X_2 \, X_1} \cdot \overline{X_3 \, \overline{X_2} \, \overline{X_1}}} \\
Y_0 &= \overline{\overline{\overline{X_3} \, \overline{X_2}} \cdot \overline{X_3 \, \overline{X_1} \, \overline{X_0}}}
\end{aligned} \tag{4.6}
$$

（2）化简后，得到最简与或式为：

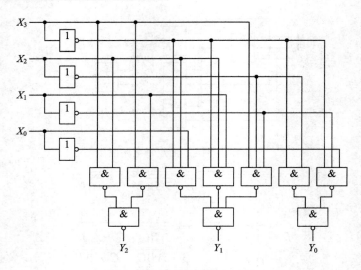

图 4.8　例 4.4 的逻辑电路图

$$\begin{cases} Y_2 = \overline{\overline{X_3\,X_2} \cdot \overline{X_3\,X_1}} = X_3\,X_2 + X_3\,X_1 \\ Y_1 = \overline{\overline{\overline{X_3}\,X_2\,X_0} \cdot \overline{\overline{X_3}\,X_2\,X_1} \cdot \overline{X_3\,\overline{X_2}\,\overline{X_1}}} = \overline{X_3}\,X_2\,X_0 + \overline{X_3}\,X_2\,X_1 + X_3\,\overline{X_2}\,\overline{X_1} \\ Y_0 = \overline{\overline{\overline{X_3}\,\overline{X_2}} \cdot \overline{\overline{X_3}\,\overline{X_1}\,\overline{X_0}}} = \overline{X_3}\,\overline{X_2} + \overline{X_3}\,\overline{X_1}\,\overline{X_0} \end{cases}$$

（3）列出真值表，如表 4.3 所示。

表 4.3　例 4.4 电路的真值表

X_3	X_2	X_1	X_0	Y_2	Y_1	Y_0
0	0	0	0	0	0	1
0	0	0	1	0	0	1
0	0	1	0	0	0	1
0	0	1	1	0	0	1
0	1	0	0	0	0	1
0	1	0	1	0	1	0
0	1	1	0	0	1	0
0	1	1	1	0	1	0
1	0	0	0	0	1	0
1	0	0	1	0	1	0
1	0	1	0	1	0	0
1	0	1	1	1	0	0
1	1	0	0	1	0	0
1	1	0	1	1	0	0
1	1	1	0	1	0	0
1	1	1	1	1	0	0

（4）从逻辑函数式看不出电路的具体功能，但是从表 4.3 所示的真值表不难看出，当输入 $X_3X_2X_1X_0$ 构成的二进制数的数值 $\leqslant 4$ 时，$Y_0 = 1$；当数值在 5 到 9 之间时，$Y_1 = 1$；当数值 $\geqslant 10$ 时，$Y_2 = 1$。因此，该电路用于检测 4 位二进制数的数值范围，并用输出变量加以指示。

【例 4.5】 分析如图 4.9 所示的电路。

解　电路使用或非门实现，有三个输入变量和三个输出变量。按步骤分析如下：

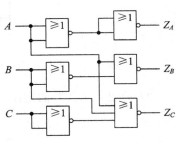

（1）首先写出每个输出变量的原始逻辑函数，如式（4.7）所示：

$$\begin{cases} Z_A = \overline{\overline{A+A} + \overline{A+A}} \\ Z_B = \overline{\overline{B+B} + A} \\ Z_C = \overline{\overline{C+C} + A + B} \end{cases} \quad (4.7)$$

图 4.9　例 4.5 的逻辑电路图

（2）对式（4.7）进行化简，得到式（4.8），有：

$$\begin{cases} Z_A = \overline{\overline{A+A} + \overline{A+A}} = A \\ Z_B = \overline{\overline{B+B} + A} = \overline{\overline{B} + A} = \overline{A}B \\ Z_C = \overline{\overline{C+C} + A + B} = \overline{\overline{C} + A + B} = \overline{A}\,\overline{B}C \end{cases} \quad (4.8)$$

（3）列出电路的真值表，如表 4.4 所示。

表 4.4　例 4.5 电路的真值表

A	B	C	Z_A	Z_B	Z_C
0	0	0	0	0	0
0	0	1	0	0	1
0	1	0	0	1	0
0	1	1	0	1	0
1	0	0	1	0	0
1	0	1	1	0	0
1	1	0	1	0	0
1	1	1	1	0	0

（4）仔细观察真值表，发现无论 B、C 为何值，Z_A 总是为 A 的值；而只有当 $A=0$ 时，B 才传输到 Z_B；同理，只有当 $A=0$，$B=0$ 时，C 才能传输给 Z_C。因此，这是一个三变量的优先级排队电路，排队次序是 A 的优先级最高，B 其次，C 的优先级最低。

【例 4.6】 图 4.10 是工程师设计好的电路图。在实现时，发现可用的器件只有一个非门、两个与门和一个异或门，请问该电路能够实现吗？

解　这是一个电路器件替代的问题，必须使用布尔代数的定理与规则对电路函数形式进行变换。

（1）首先写出电路输出变量 F 的逻辑表达式，如式（4.9）所示：

121

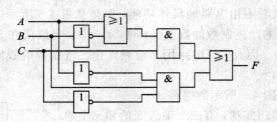

图 4.10 例 4.6 的逻辑电路图

$$F = (A + \overline{B}) \cdot C + \overline{A}B\,\overline{C} \tag{4.9}$$

（2）运用布尔代数的定律，将表达式尝试进行变换：

$$F = (A + \overline{B}) \cdot C + \overline{A}B\,\overline{C} = \overline{\overline{A}\,B} \cdot C + \overline{A}B\,\overline{C}$$

$$= \overline{\overline{A}\,B} \cdot C + (\overline{A}B) \cdot \overline{C} = (\overline{A}B) \oplus C \tag{4.10}$$

在式（4.10）中，第一步使用了德·摩根定律，然后使用异或门的定义 $X \oplus Y = \overline{X}Y + X\,\overline{Y}$，将表达式变换成含有异或运算的。

（3）分析式（4.10），实现其电路需要一个非门，一个与门和一个异或门，已有器件能够实现，其逻辑电路图如图 4.11 所示。

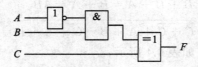

图 4.11 例 4.6 的器件替代后的逻辑电路图

下面看一个故障诊断的例子。

【例 4.7】 图 4.12 是表达式 $F = \overline{A}C + BC$ 对应的电路。

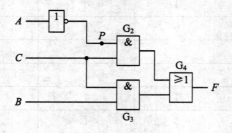

图 4.12 例 4.7 的逻辑电路图

（1）电路实现后，经测量发现输出 F 有误。真值表如表 4.5 所示。F 是依据表达式得出的正确输出，F' 是测量得到的输出，试诊断其故障所在。

表 4.5 例 4.7 电路的真值表

A	B	C	F	F'
0	0	0	0	0
0	0	1	1	1
0	1	0	0	0

A	B	C	F	F'
0	1	1	1	1
1	0	0	0	0
1	0	1	0	0
1	1	0	0	0
1	1	1	1	0

(2) 故障点常见的情况分为"恒 0"故障和"恒 1"故障，请分析：若 P 点发生"恒 0"故障，应该如何测试与确认？若 P 点发生"恒 1"故障，又应该如何测试与确认？

解 （1）电路故障点发生"恒 0"或者"恒 1"故障，通常有两种原因：一是器件本身发生故障，导致输出"恒 0"或者"恒 1"；二是线路上因为虚焊、疵点或者短路造成某个信号点"恒 0"或者"恒 1"。

由真值表可见，当输入 $ABC=111$ 时，F' 为 0，而不是正确的 1，说明电路存在故障。观察真值表，发现测得的 F' 有 0 有 1，故可判断逻辑门 G_4 无故障。从 G_4 输出反推，当 $ABC=111$ 时，$F'=0$，则说明或门 G_4 的输入均为 0，即与门 G_2 和 G_3 的输出均为 0；此时因为 $ABC=111$，所以 $G_2(\overline{AC})$ 的正确输出应该是 0，与实际情况相符合，但是 $G_3(BC)$ 的正确输出应该是 1，与实际情况不符，可见故障点发生在 G_3 的输出端，是"恒 0"故障。可能的原因是 G_3 坏了，输出"恒 0"；也可能是 G_3 无故障，但 G_3 输出端到 G_4 之间的连线发生了短路到地的故障。

（2）如果 P 点发生"恒 0"故障，那么对照电路可以得出此时电路的输出，记为 F_{P0}：

$$F_{P0} = 0 \cdot C + BC = BC \tag{4.11}$$

如果 P 点发生"恒 1"故障，同样可以得出此时电路的输出，记为 F_{P1}：

$$F_{P1} = 1 \cdot C + BC = C \tag{4.12}$$

由式（4.11）和式（4.12）可以得出 F、F_{P0} 和 F_{P1} 的故障对照真值表，如表 4.6 所示。

表 4.6　例 4.7 电路的故障对照真值表

A	B	C	F	F_{P0}	F_{P1}
0	0	0	0	0	0
0	0	1	1	0	1
0	1	0	0	0	0
0	1	1	1	1	1
1	0	0	0	0	0
1	0	1	0	0	1
1	1	0	0	0	0
1	1	1	1	1	1

观察表 4.6，在相同输入下，F、F_{P0} 和 F_{P1} 不一致的情况。可以看出，当 $ABC=001$ 时，电路的正确输出 F 和 P 点发生"恒 0"故障的输出 F_{P0} 不一致，因此，可以将电路的输

入信号置为 $A=0$、$B=0$、$C=1$，然后测量此时输出 F 的值，如果此时 $F=0$，则可以确认 P 点发生了"恒 0"故障。同样，当 $ABC=101$ 时，电路的正确输出 F 和 P 点发生"恒 1"故障的输出 F_{P1} 不一致，因此，可以将电路的输入信号置为 $A=1$、$B=0$、$C=1$，然后测量此时输出 F 的值，如果此时 $F=1$，则可以确认 P 点发生了"恒 1"故障。

4.3　组合逻辑电路的设计

组合逻辑电路的设计是分析的逆过程，它由给出的实际逻辑问题开始，经过逻辑抽象、形式化描述、化简等设计步骤，最终求出实现其功能的逻辑电路。对逻辑电路设计的一般要求是：功能正确，所使用的器件符合要求，使用的器件最少，连线最少。

4.3.1　组合逻辑电路的设计方法

组合逻辑电路的设计方法，与具体使用的器件有关：可以使用逻辑门电路、集成逻辑器件(MSI 模块)或者 PLD 器件实现。

传统的组合逻辑电路设计方法，是以逻辑门电路为基础的，一般经过逻辑定义、功能规范的形式化描述(逻辑函数或者真值表)、化简或者优化，最后得到最简或者最优逻辑电路图。这种方式适合于输入、输出变量数目不大的场合。

在实际应用中，很多逻辑问题，经过仔细分析后，其实都可以找到合适的组合逻辑器件(MSI 模块)来实现，如比较器、加法器、译码器等。这种方法，在性能和成本上，很多时候要优于基于门电路的逻辑设计，尤其适合多输出函数的场合。

当输入、输出变量进一步增多，逻辑关系进一步复杂时，一般会采用可编程逻辑器件 PLD，如 PLA、PAL、GAL 或者 CPLD、FPGA。这些器件，基于硬件描述语言进行建模，可以在工厂定制，或者由用户现场编程或者改写，能快速地完成逻辑设计任务。

本章主要以传统的逻辑门电路为基本单元，介绍组合逻辑电路的设计方法。在后续"4.5 典型的组合逻辑电路"一节，会对各个集成逻辑器件的应用和设计进行介绍；而在本书配套的实验教材中，将介绍使用硬件描述语言 Verilog HDL 进行 FPGA 器件开发的方法。

基于逻辑门电路的组合逻辑电路的设计过程，通常包含以下几个步骤：

(1) 进行逻辑抽象与状态编码。在多数情况下的命题要求，通常是用文字描述的一个有因果关系的事件。对设计者而言，最具挑战性和开创性的工作就是：将非形式化描述的问题进行形式化描述。形式化描述的方法一般是真值表或者逻辑函数。而在得到真值表或者逻辑函数之前，首先要进行逻辑抽象与状态编码，具体工作如下：

① 分析命题中的事件因果关系，确定输入、输出变量。一般把引起事件的原因作为输入变量，把事件的结果作为输出变量。

② 用英文字母表示输入变量和输出变量。无特殊意义下，一般用 A、B、C、D…、X_0、X_1、X_2…、I_0、I_1、I_2…，等等表示输入变量，用 F_0、F_1、F_2…、Y_0、Y_1、Y_2…、Z_0、Z_1、Z_2…，等等表示输出变量。

③ 逻辑状态赋值，即用 0 和 1 定义输入变量和输出变量对应的状态。

关于逻辑抽象与状态编码的方法，具体可参见"1.6.3 逻辑抽象与状态编码"一节。

(2) 形式化描述：列出真值表，写出逻辑表达式。逻辑电路的功能规范主要是以真值表或者逻辑函数的方式来描述的，称为形式化描述。这里，主要有两件工作：

① 分析命题中事件的因果关系，从而确定输入和输出变量之间的逻辑关系，并以真值表的形式罗列。

② 根据真值表，写出输出和输入之间的原始逻辑函数。

（3）确定使用的器件。有时候，给出的命题要求中规定了必须选用的器件类型，例如，必须用与非门实现或者要求器件数目最少。因此，设计者也必须依据设计要求和可用资源，确定选用的器件。

（4）依据选用的器件要求，进行逻辑函数的化简或者形式变换。如果没有器件要求，那么以真值表或者逻辑函数为依据，用卡诺图法或公式法将逻辑函数最简化或者最优化即可。如果有器件的要求，则必须将函数变换成与之相适应的形式。例如，假设要求用与非门实现电路，那么需要将函数变换成与-非式；如果不允许有反变量，则需要将函数进一步进行"头部替换"。有时需要先化简，再进行形式变换。

另外，如果要使用某种组合逻辑器件实现电路时，这一步骤，需要将函数变换成规定器件的表达式形式。例如，要求用译码器实现电路时，必须将函数变换成最小项之和的形式，这样才方便实现。

（5）画逻辑电路图。根据化简或者变换后的函数表达式，用选定的器件，画出逻辑电路图。

将上述组合逻辑电路设计过程用流程图进行表示，如图 4.13 所示。

需要注意的是，在设计过程中，依据实际情况，并非全部如图 4.13 所示。例如，有时候需要先将函数式化简成最简式，再进行表示形式的转换，如图中虚线所示；也有些问题，逻辑关系非常简单，不需要写出真值表，就可以将逻辑函数直接写出。因此，组合逻辑电路设计的各种技巧，要依据设计需求而灵活运用。

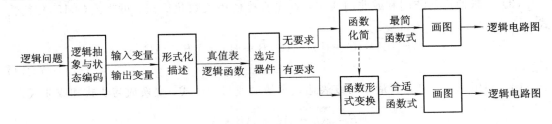

图 4.13　组合逻辑电路设计流程图

4.3.2　组合逻辑电路设计实例

【例 4.8】　分别用与非门和或非门，完成例 1.8 的逻辑问题对应的数字电路设计。闰年和平年的判断方法如下：

（1）年份不能被 100 整除，但是能被 4 整除的，是闰年。

（2）年份能被 100 整除，并且能被 400 整除的，是闰年。

（3）不满足以上两个条件的是平年。

用数字电路实现：如果是闰年，则输出 1。

解　按照步骤设计如下：

（1）进行逻辑抽象与状态编码。例 1.8 中的设计结果是输入变量有 A、B、C 这 3 个：

① A 表示年份能否被 100 整除，1 表示能整除，0 表示不能被整除。

② B 表示年份能否被 4 整除，1 表示能整除，0 表示不能被整除。

③ C 表示年份能否被 400 整除，1 表示能整除，0 表示不能被整除。

输出变量为 F，表示是否闰年，1 表示是闰年，0 表示不是闰年。

（2）列出真值表，写出逻辑函数式。按照题目中描述的逻辑关系，可以写出真值表，如表 4.7 所示。

表 4.7　例 4.8 的真值表

A	B	C	F
0	0	0	0
0	0	1	0
0	1	0	1
0	1	1	1
1	0	0	0
1	0	1	1
1	1	0	0
1	1	1	1

写出输出 F 的最小项表达式和最大项表达式为：

$$F = \overline{A}B\overline{C} + \overline{A}BC + A\overline{B}C + ABC$$

$$F = (A + B + C)(A + B + \overline{C})(\overline{A} + B + C)(\overline{A} + \overline{B} + C) \tag{4.13}$$

（3）要求使用与非门和或非门实现，首先直接使用代数化简法，可将式（4.13）化简为式（4.14），有：

$$F = \overline{A}B(\overline{C} + C) + AC(\overline{B} + B) = \overline{A}B + AC$$

$$F = (A + B)(\overline{A} + C) \tag{4.14}$$

（4）利用摩根定律，将最简与或表达式和最简或与表达式，变换成与非式和或非式：

$$F = \overline{\overline{\overline{A}B + AC}} = \overline{\overline{\overline{A}B} \cdot \overline{AC}}$$

$$F = \overline{\overline{(A + B)(\overline{A} + C)}} = \overline{\overline{A + B} + \overline{\overline{A} + C}} \tag{4.15}$$

（5）画出对应的电路图，如图 4.14 所示。图中使用了与非门和或非门实现 $\overline{A}$，源于 $\overline{A} = \overline{A \cdot A} = \overline{A + A}$。

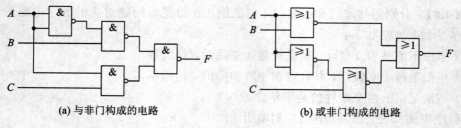

(a) 与非门构成的电路　　　　　　　(b) 或非门构成的电路

图 4.14　例 4.8 的逻辑电路图

本例中，按照步骤逐步完成设计。其实，经过分析就可以知道 F 和 A、B、C 的逻辑关系并不复杂：闰年的情况有两个：一个是"年份不能被 100 整除（$A=0$）但是能被 4 整除（$B=1$）"；另一个是"年份能被 100 整除（$A=1$）而且能被 400 整除（$C=1$）"，因此，在真正设计中，无需列出真值表就可以直接写出 F 的与或表达式 $F=\overline{A}B+AC$。

【例 4.9】 用与非门完成例 1.11 的逻辑问题对应的数字电路设计（允许反变量）输入：设计一个血型配对指示器，输血前，必须检测供血者和受血者的血型，相配才允许输血。下面三种情况可以输血：

（1）供血者和受血者血型相同；

（2）供血者的血型是 O 型；

（3）受血者的血型是 AB 型；

如果允许输血，则绿色指示灯亮，否则红色指示灯亮。

解 按照步骤设计如下：

（1）逻辑抽象与状态编码：例 1.11 中的设计结果是：

输入变量为 4 个：XY 为供血者的血型编码，PQ 为受血者的血型编码，00 代表 A 型血，01 代表 B 型血，10 代表 AB 型血，11 代表 O 型血；

输出变量为 2 个：R 为红色指示灯，$=1$，表示血型不匹配；$=0$，血型可匹配；G 为绿色指示灯，$=1$，表示血型匹配；$=0$，血型不匹配。

（2）列出真值表。按照题目中描述的逻辑关系，可以得出两点：

① R 和 G 互为反相。

② 血型相配（$G=1$）的条件有三种情况：供血者和受血者血型相同（$XY=PQ$），或者供血者的血型是 O 型（$XY=11$），或者受血者的血型是 AB 型（$PQ=10$）。

按照以上两点，很容易写出真值表，如表 4.8 所示。

表 4.8 例 4.9 的真值表

X	Y	P	Q	R	G	X	Y	P	Q	R	G
0	0	0	0	0	1	1	0	0	0	1	0
0	0	0	1	1	0	1	0	0	1	1	0
0	0	1	0	0	1	1	0	1	0	0	1
0	0	1	1	1	0	1	0	1	1	1	0
0	1	0	0	1	0	1	1	0	0	0	1
0	1	0	1	0	1	1	1	0	1	0	1
0	1	1	0	0	1	1	1	1	0	0	1
0	1	1	1	1	0	1	1	1	1	0	1

（3）题目要求使用与非门实现电路，因此首先使用卡诺图方法化简输出 G 的函数，如图 4.15 所示。

化简 G 的函数如式（4.16）所示（R 是 G 的反相）：

$$G=XY+P\overline{Q}+\overline{X}\,\overline{Y}\,\overline{Q}+Y\overline{P}Q$$

$$R=\overline{G} \tag{4.16}$$

（4）利用德·摩根定律，将输出 G 和 R 的函数形式变换为与非式，如式（4.17）所示：

$$G = \overline{\overline{XY} \cdot \overline{P\overline{Q}} \cdot \overline{\overline{X}\,\overline{Y}\,Q} \cdot \overline{\overline{Y}\,\overline{P}\,Q}}$$

$$R = \overline{G \cdot G} \tag{4.17}$$

（5）由式（4.17）可以知道，需要 6 个与非门，画出电路图，如图 4.16 所示。

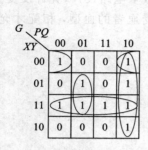

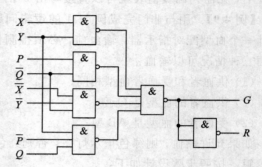

图 4.15　例 4.9 的输出的卡诺图化简　　　　图 4.16　例 4.9 的逻辑电路图

在以上的例子中，输出和输入的逻辑关系明确而完备，不存在无关项或者约束项，但是实际应用中，输入情况往往是受限制的，下面就举几个例子。

【例 4.10】　有 4 台设备，每台设备额定功率均为 10 kW。若这 4 台设备由 2 台发电机供电，第一台发电功率是 10 kW，第二台发电功率是 20 kW。工作情况是：4 台设备不可能同时工作，但任何时候至少有一台工作。请设计一个供电控制电路，以达到节电的目的。

解　按照步骤设计如下：

（1）逻辑抽象与状态编码。由题意可知，输入变量为 4 台设备的工作状况，设为 A、B、C、D，＝1 表示设备工作，＝0 表示设备不工作。输出变量为 2 台发电机是否启动供电，设第一台为 F_1，设第二台为 F_2，＝1 表示发电机供电，＝0 表示发电机不供电。

（2）列出真值表。按照题意，"4 台设备不可能同时工作"意味着 $ABCD=1111$ 的状态不可能出现，即为无关条件；"任何时候至少有一台工作"意味着不可能出现 4 台设备都不工作的状态，即 $ABCD=0000$ 也是无关条件。这两种无关条件下，电路的输出为不确定的 d；在其他条件下，按照节电的目的，当有一台设备开启时（A、B、C、D 中有一个为 1），10 kW 的功率只需启动第一台发电机发电，即 $F_1=1$；当有 2 台设备开启时（A、B、C、D 中有 2 个为 1），20 kW 的功率只需启动第二台发电机发电，即 $F_2=1$；当有 3 台设备同时开启时（A、B、C、D 中有 3 个为 1），30 kW 的功率需要同时启动第一台和第二台发电机发电，即 $F_1=1$ 且 $F_2=1$。

按照以上逻辑，可以写出真值表，如表 4.9 所示。

表 4.9　例 4.10 的真值表

A	B	C	D	F_1	F_2	A	B	C	D	F_1	F_2
0	0	0	0	d	d	1	0	0	0	1	0
0	0	0	1	1	0	1	0	0	1	0	1
0	0	1	0	1	0	1	0	1	0	0	1

A	B	C	D	F_1	F_2	A	B	C	D	F_1	F_2
0	0	1	1	0	1	1	0	1	1	1	1
0	1	0	0	1	0	1	1	0	0	0	1
0	1	0	1	0	1	1	1	0	1	1	1
0	1	1	0	0	1	1	1	1	0	1	1
0	1	1	1	1	1	1	1	1	1	d	d

（3）卡诺图化简。F_1 和 F_2 的卡诺图分别为图 4.17(a)、(b)，发现 F_1 的卡诺圈多达 8 个，电路会非常复杂。因为题目未对器件做出要求，所以可将图 4.17(a)变成图 4.17(c)，尝试使用异或门实现 F_1 的电路，化简后 F_1 和 F_2 的函数式如式(4.18)所示：

$$F_1 = \overline{C}\,\overline{D}(\overline{A}B + A\overline{B}) + \overline{C}D(\overline{A}\,\overline{B} + AB) + CD(\overline{A}B + A\overline{B}) + C\overline{D}(\overline{A}\,\overline{B} + AB)$$
$$= \overline{C}\,\overline{D}(A \oplus B) + \overline{C}D(\overline{A \oplus B}) + CD(A \oplus B) + C\overline{D}(\overline{A \oplus B})$$
$$= \overline{C}(\overline{D}(A \oplus B) + D(\overline{A \oplus B})) + C(D(A \oplus B) + \overline{D}(\overline{A \oplus B}))$$
$$= \overline{C}(D \oplus A \oplus B) + C(\overline{D \oplus A \oplus B})$$
$$= C \oplus D \oplus A \oplus B$$
$$= A \oplus B \oplus C \oplus D$$
$$F_2 = AB + CD + BD + BC + AD + AC \tag{4.18}$$

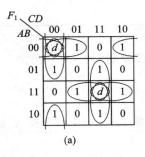
(a)

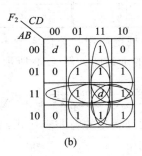
(b)

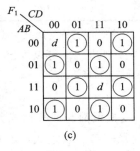
(c)

图 4.17　例 4.10 的输出的卡诺图化简

（4）画出电路图，如图 4.18 所示。

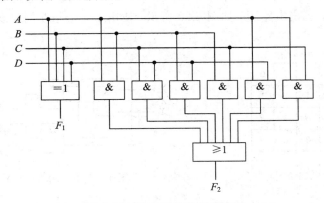

图 4.18　例 4.10 的逻辑电路图

【例 4.11】 试设计一个数值检测器，其输入为 1 位 8421BCD 码（4 位二进制），输出为 F。输入对应的十进制数为 x，当 $3 \leqslant x \leqslant 6$ 时，F 有输出指示。请使用与非门实现，不允许有反变量输入。

解 （1）进行逻辑定义：设 8421BCD 码输入变量为 $X_8 X_4 X_2 X_1$，其中，X_8 为最高有效位。设输出指示变量为 F，$F=1$ 表明 BCD 码在区间 $[3,6]$ 中，$F=0$ 表明 BCD 码 >6 或 <3。

（2）根据题意，可列出真值表，如表 4.10 所示。由于 $X_8 X_4 X_2 X_1$ 为 8421BCD 码，编码 1010～1111 为非法 BCD 码，因此，当输入 $X_8 X_4 X_2 X_1$ 状态为 1010～1111 时，对应输出 F 为 d，是无关项。

表 4.10 例 4.11 的真值表

X_8	X_4	X_2	X_1	F	X_8	X_4	X_2	X_1	F
0	0	0	0	0	1	0	0	0	0
0	0	0	1	0	1	0	0	1	0
0	0	1	0	0	1	0	1	0	d
0	0	1	1	1	1	0	1	1	d
0	1	0	0	1	1	1	0	0	d
0	1	0	1	1	1	1	0	1	d
0	1	1	0	1	1	1	1	0	d
0	1	1	1	0	1	1	1	1	d

（3）化简为与或表达式：命题规定使用与非门实现电路，因此需要先将逻辑函数化简为最简与或表达式。可以画出 F 的卡诺图如图 4.19 所示，需要圈"1"，写出最简与或表达式，如式（4.19）所示：

$$F = X_4 \overline{X_2} + X_4 \overline{X_1} + \overline{X_4} X_2 X_1 \tag{4.19}$$

（4）变换最简与或表达式为无反变量的与非表达式：参照 2.4.3 节中的变换方法，可得不含反变量的与非表达式，如下式所示：

$$F = X_4(\overline{X_2} + \overline{X_1}) + \overline{X_4} X_2 X_1 = X_4 \overline{X_2 X_1} + \overline{X_4} X_2 X_1 = X_4 \overline{X_4 X_2 X_1} + \overline{X_4 X_2 X_1} X_2 X_1$$

$$= \overline{\overline{X_4 \overline{X_4 X_2 X_1} + \overline{X_4 X_2 X_1} X_2 X_1}} = \overline{\overline{X_4 \overline{X_4 X_2 X_1}} \cdot \overline{\overline{X_4 X_2 X_1} X_2 X_1}}$$

（5）用与非门，画出电路图，如图 4.20 所示，使用了 4 个与非门实现。

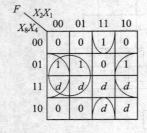

图 4.19 例 4.11 的卡诺图

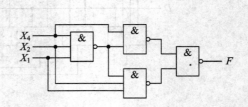

图 4.20 例 4.11 的电路图

【例 4.12】 设计一个逻辑运算器，输入为 2 个两位二进制数、一个功能选择信号 S，输出为两位运算结果；当 $S=0$ 时，2个数做与非运算，当 $S=1$ 时，2个数做或非运算。请使用最少的逻辑门实现，电路中没有反变量输入。

解 （1）进行逻辑定义：设输入的两个二进制数分别为 A_1A_0 和 B_1B_0，功能选择信号为 S；输出信号为计算结果 Y_1Y_0。依题意，当 $S=0$ 时，Y_1Y_0 等于 A_1A_0 和 B_1B_0 与非运算的结果；当 $S=1$ 时，Y_1Y_0 等于 A_1A_0 和 B_1B_0 或非运算的结果。

（2）写出真值表。显然，输入为5个变量，有32种输入组合，则真值表将有32行。但是，仔细分析电路的逻辑功能即可发现：Y_1 仅仅是 A_1、B_1 和 S 的函数，与 A_0、B_0 无关；同理，Y_0 仅仅是 A_0、B_0 和 S 的函数，与 A_1、B_1 无关。因此，真值表实际上有2个，每个真值表只有8行，如表4.11所示。

表 4.11 例 4.12 的真值表

S	A_1	B_1	Y_1	S	A_0	B_0	Y_0
0	0	0	1	0	0	0	1
0	0	1	1	0	0	1	1
0	1	0	1	0	1	0	1
0	1	1	0	0	1	1	0
1	0	0	1	1	0	0	1
1	0	1	0	1	0	1	0
1	1	0	0	1	1	0	0
1	1	1	0	1	1	1	0

（3）化简。可以根据表4.11使用卡诺图方法化简，也可以直接写出表达式进行化简：

$$Y_1 = \overline{S} \cdot \overline{A_1 \cdot B_1} + S \cdot \overline{A_1 + B_1}$$
$$= \overline{S}(\overline{A_1} + \overline{B_1}) + S \, \overline{A_1} \, \overline{B_1}$$
$$= \overline{S} \, \overline{A_1} + \overline{S} \, \overline{B_1} + S \, \overline{A_1} \, \overline{B_1}$$
$$= \overline{S} \, \overline{A_1} + \overline{S} \, \overline{B_1} + \overline{A_1} \, \overline{B_1} \tag{4.20}$$

同理，可以得出：

$$Y_0 = \overline{S} \cdot \overline{A_0 \cdot B_0} + S \cdot \overline{A_0 + B_0} = \overline{S} \, \overline{A_0} + \overline{S} \, \overline{B_0} + \overline{A_0} \, \overline{B_0} \tag{4.21}$$

（4）变换表达式形式。因为没有反变量输入，观察式(4.20)和式(4.21)，可以将其进行简单的变换，可得：

$$Y_1 = \overline{\overline{S + A_1}} + \overline{\overline{S + B_1}} + \overline{\overline{A_1 + B_1}}$$
$$Y_0 = \overline{\overline{S + A_0}} + \overline{\overline{S + B_0}} + \overline{\overline{A_0 + B_0}} \tag{4.22}$$

（5）使用或非门、或门可以实现电路，电路图如图4.21所示。

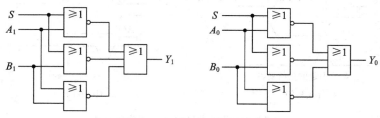

图 4.21 例 4.12 的电路图

4.4　组合逻辑电路中的竞争与冒险

在前面的章节里，讨论了组合逻辑电路的分析和设计。在讨论时，我们将信号和门电路都视作理想状态，即所有输入信号的变化都是跃变的，并且门电路是无惰性的。在此前提下，基于稳态逻辑电平，对电路输入和输出信号的逻辑关系进行研究。显然，这个过程中，并未考虑信号的传输延时及器件动作延时。

实际上，信号在发生变化时，要经过一定的上升或者下降的边沿时间才能到达稳定状态；信号传输到下一个逻辑门也需要导线上的传输时延；信号经过逻辑门时，由于逻辑门的惰性，也存在着运算或者动作延迟。基于这些因素，当输入信号发生改变的瞬时，输出可能会存在与稳态下不同的结果。这就需要讨论竞争和冒险。

4.4.1　竞争与冒险的基本概念

在门电路中，由于延迟的存在，两个输入信号同时发生变化或者一个输入信号发生变化后，经过不同路径到达某一逻辑门输入端的时间有先后差异，这个现象被称为竞争。显然，信号间的竞争是电路工作中不可避免的现象，但不是所有的竞争都会产生错误输出。产生错误输出的竞争被称为临界竞争；而不产生错误输出的竞争被称为非临界竞争。临界竞争会引发险象，险象是指输出信号发生非预期的毛刺现象。如果一个电路可能产生尖峰毛刺，则称该电路存在冒险。而尖峰（险象）是否真正发生，取决于电路的准确延迟时间、电路功能和竞争的实际情况。

下面我们看两个简单的例子。图 4.22 是与门和或门的竞争与险象分析。图 4.22(a)所示的与门，首先两个输入端 A、B "同时" 发生了变化，从 $A=0$、$B=1$ 变成 $A=1$、$B=0$。显然，理想状态下，$A=0$、$B=1$ 和 $A=1$、$B=0$ 这两个稳态下，输出 F 都是 0，因此输出

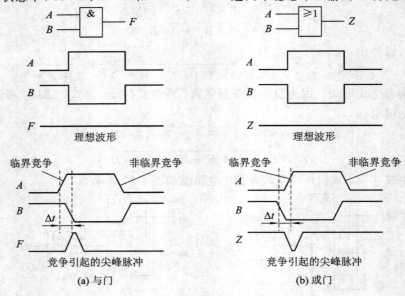

图 4.22　与门和或门的竞争与险象分析

F 不应该发生变化。但是在从 $A=0$、$B=1$ 的稳态转变成 $A=1$、$B=0$ 的稳态过程中，因为延时及其他因素，两个信号并没有严格地同时翻转，B 从 1 翻转到 0 的时间迟于 A 信号从 0 翻转到 1 的时间，在时间差 Δt 内，$A=B=1$，因此出现了一个很窄的 $F=1$ 的尖峰脉冲，俗称毛刺。显然，这个毛刺不符合稳态下的逻辑功能。因此，本次输入信号 A、B 的变化，引起了临界竞争。A、B 信号的第二次变化，是从 $AB=10$ 变为 $AB=01$，同样是 B 的翻转边沿迟于 A 的翻转边沿，然而，输出 F 并未发生错误的毛刺，所以为非临界竞争。

图 4.22(b) 为或门的竞争与险象分析。输入端 A、B 同样发生了两次"同时"翻转，第一次从 $AB=01$ 翻转到 $AB=10$，第二次从 $AB=10$ 翻转到 $AB=01$，翻转前后的稳态输出 Z 均应为 1。但是 A 的翻转边沿要比 B 的翻转边沿晚，因此第一次翻转导致有短暂的 $A=0$、$B=0$ 状态，所以输出 Z 发生错误的一个负尖峰脉冲，引发险象。而第二次翻转，虽然 A 的翻转边沿仍旧晚于 B 的翻转边沿，但是并没有引起毛刺，是非临界竞争。

以上信号变化的过程其实可以通过卡诺图观察，图 4.23 显示了图 4.22 中与门和或门的输入 A、B 第一次变化($01 \rightarrow 10$)和第二次变化($10 \rightarrow 01$)过程。第一次变化，在 AB 从 01 变成 10 过程中，基本不可能做到完全同时，那么根据 A 和 B 谁先变化，可以有两种变化路径：$01 \rightarrow 00 \rightarrow 10$，或者 $01 \rightarrow 11 \rightarrow 10$。显然，在图 4.22(a) 中，$AB$ 变化情况是后者，观察对应的图 4.23(a) 可知，与门输出 F 经历了 $0 \rightarrow 1 \rightarrow 0$ 的变化，从而有尖峰产生；同理，在图 4.22(b) 中，AB 变化情况是前者，由图 4.23(b) 可知，或门输出 Z 经历了 $1 \rightarrow 0 \rightarrow 1$ 的变化，也有尖峰产生。但是在第二次变化中，AB 从 10 变到 01，与门经历的是 $10 \rightarrow 00 \rightarrow 01$，与门输出 F 未有尖峰；而或门经历的是 $10 \rightarrow 11 \rightarrow 01$，或门输出 F 也未产生尖峰。

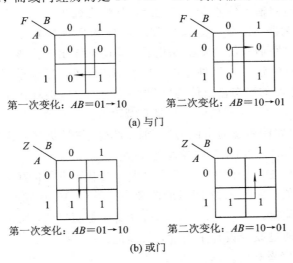

图 4.23　通过卡诺图分析竞争与险象

通过以上分析可以得知两点：① 同一个电路，当输入信号有竞争时，其输出不一定都产生险象，这取决于电路本身的逻辑功能与信号变化等具体情况；② 竞争主要是由电路延迟造成的。

如前所述，输入信号 A 和 B "同时"变化的边沿到达逻辑门的时间有先有后，是信号升降边沿延时、传输延时、器件延时甚至信号本身等原因造成的。最典型的就是同一个信号，经过不同的路径到达同一个逻辑门，因为路径上的器件延时不同，从而发生了竞争。

例如，假设图 4.22 中的 B 信号是由 A 经过一个非门产生的，即 $B = \overline{A}$，如图 4.24 所示。

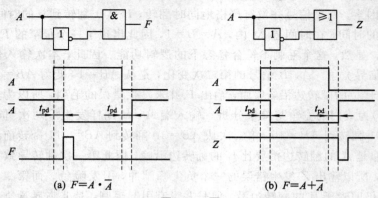

(a) $F = A \cdot \overline{A}$　　　　　(b) $F = A + \overline{A}$

图 4.24　特例 $A \cdot \overline{A}$ 和 $A + \overline{A}$ 的竞争与险象分析

因为非门器件延迟时间 t_{pd} 的存在，$\overline{A}$ 信号的变化一定迟于 A 信号的变化，则对于与门而言，A 的 $0 \to 1$ 跳变就会发生险象，而 A 的 $1 \to 0$ 跳变不会发生险象；对于或门而言，A 的 $0 \to 1$ 跳变不会发生险象，而 A 的 $1 \to 0$ 跳变却会发生险象。在图 4.24 中，经过与门和或门，尖峰脉冲都延迟了一个 t_{pd} 时间；但是忽略了信号变化的边沿升降时间。

4.4.2　险象的分类

先了解以下几种险象的定义：

（1）静态险象：电路输入信号发生变化后，其稳态输出值不应发生变化，但却发生了毛刺，这种险象被称为静态险象。图 4.22 和图 4.24 均是静态险象。

（2）动态险象：电路输入信号发生变化后，其稳态输出值应该发生一次变化，但是却发生了多次变化（即另有毛刺），这种险象被称为动态险象。后续举例说明。

（3）0 型险象：电路的稳态输出值为"0"时，产生了"1"尖峰，这种险象被称为 0 型险象。图 4.22(a) 和图 4.24(a) 所示的险象均是 0 型险象。

（4）1 型险象：电路的稳态输出值为"1"时，产生了"0"尖峰，这种险象被称为 1 型险象。图 4.22(b) 和图 4.24(b) 所示的险象均是 1 型险象。

（5）功能险象：电路中多个输入信号同时发生变化，而变化却先后不一，由此造成的险象，被称为功能险象。如图 4.22 所示的险象，是因为 A、B 信号变化的时间不一造成的，这是典型的功能险象。因为电路的输入组合变化是随机的，所以功能险象是逻辑函数所固有的，没有办法通过改变设计来消除，只能通过控制输入信号的变化顺序来避免。

（6）逻辑险象：电路中一个输入信号发生变化，但是因为信号传输的路径不同，从而引起的险象，被称为逻辑险象。如图 4.24 所示的险象，是因为 A 信号的变化，经过不同的路径到达同一个逻辑门引起的，这是典型的逻辑险象。逻辑险象可以通过改变设计来消除。

图 4.25 给出了静态 0 型险象、静态 1 型险象、动态 0 型险象和动态 1 型险象的示意图，即险象分类示意图。

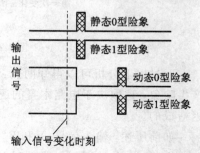

图 4.25　险象分类示意图

图 4.26 给出了一个动态险象的范例。图中，$F=(A+B)(\overline{B}+C)+\overline{B}$，假设每个逻辑门的延迟时间都是 t_{pd}；输入信号 $A=C=0$，而 B 从 0 变成 1；经过稳态分析可知，输出 F 应该从 1 翻转为 0。但是由于 B 信号的变化经过两条路径到达最后一个或门，一条路径是经过一个逻辑非门就到达，延迟时间为 t_{pd}；而另一条路径，依次经过一个逻辑非门、一个或门、一个与门，才到达最右边的或门，延迟时间为 $3\times t_{pd}$。经过分析可知，第二条路径上 Q 点信号还没翻转时($=0$)，第一条路径上的 P 点已经翻转为 0 了，这样输出 F 出现了第一个 $1\rightarrow0$ 的翻转；之后由于 B 的信号变化逐级反应到相应门的输出，Q 点经历了 $0\rightarrow1\rightarrow0$ 的变化，这个变化经过最后一个或门(延迟一个 t_{pd})出现在 F 上。因此，B 的一次变化，导致输出 F 产生了 3 次变化，出现了一个尖峰脉冲，发生险象。

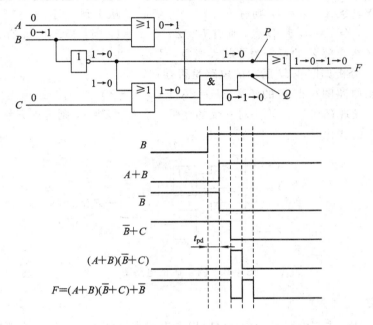

图 4.26　动态险象的范例

对组合逻辑电路而言，大部分险象不会影响电路正常工作，但是如果将组合逻辑电路的输出用于对信号边沿敏感的时序逻辑电路中，则很可能会引起电路的误动作。因此，作为电路设计者，要务必消除冒险(尖峰产生的可能性)。

4.4.3　险象的判定

在消除冒险前，首先要能够判定一个电路中是否有潜在的逻辑险象。发现冒险的方法有代数法和卡诺图法。

1. 代数法

当某个变量 X 同时以原变量和反变量的形式出现在函数表达式中，尝试令变量 X 以外的其他变量取值为常量 0 或 1，若能够出现 $F=X\cdot\overline{X}$，则存在"0"型险象；若能够出现 $F=X+\overline{X}$，则存在"1"型险象。

【例 4.13】 对图 4.26 中的电路进行分析，判定它是否存在冒险，存在什么类型的险象？

解 写出电路对应的表达式为：$F=(A+B)(\overline{B}+C)+\overline{B}$，其中存在 B 和 $\overline{B}$，令 A 和 B 为常量 0 或 1，发现有两种情况：

(1) 当 $A=C=0$ 时，则 $F=(0+B)(\overline{B}+0)+\overline{B}=B \cdot \overline{B}+\overline{B}$，由险象判定方法可知，电路存在 0 型险象。其实，在图 4.26 中，$(A+B)(\overline{B}+C)$ 的波形，就是发生了 0 型冒险。

(2) 当 $A=0$，$C=1$ 时，则 $F=(0+B)(\overline{B}+1)+\overline{B}=B \cdot 1+\overline{B}=B+\overline{B}$，显然，存在着 1 型冒险。

【例 4.14】 分析函数 $F(X，Y，Z)=\overline{X}Y+\overline{Y}\overline{Z}+YZ$ 的电路是否存在冒险。

解 由 F 的函数式可以看出，有 Y 和 $\overline{Y}$、Z 和 $\overline{Z}$ 两对互反的变量，分析如下：

对于变量 Y，令 $X=Z=0$，则有 $F=Y+\overline{Y}$，变量 Y 从 1 到 0 时，存在 1 型静态险象；

对于变量 Z，令 $Y=0$，X 任意，则有 $F=\overline{Z}$；令 $Y=1$，则：若 $X=0$，有 $F=1$，若 $X=1$，有 $F=Z$；显然变量 Z 的竞争为非临界竞争，不会发生险象。

【例 4.15】 分析如图 4.27 所示的电路是否存在冒险。

解 首先由电路图写出 F 的函数：$F=(\overline{X}+Y)(\overline{Y}+\overline{Z})$。

观察函数，发现存在 Y 和 $\overline{Y}$ 一对互反的变量，令 $X=Z=1$，则可得 $F=Y \cdot \overline{Y}$，所以当 Y 发生从 0 到 1 的变化时，存在 0 型静态险象。

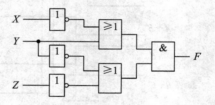

图 4.27　例 4.15 的电路图

2. 卡诺图法

在两级的与或、或与电路设计中，可以用卡诺图来检测静态冒险。在逻辑函数对应的卡诺图中，与或（或与）函数式的每一个"与"项（"或"项）都对应于卡诺图上的一个卡诺圈。如果两个卡诺圈存在着相切部分（相邻但不相交），且相切部分又未被其他卡诺圈覆盖，则该电路必然存在险象。

画出例 4.14 和例 4.15 对应的卡诺图分别如图 4.28(a)、(b)所示。在图 4.28(a)中，3 个"与"项对应着图中的 3 个卡诺圈，显然，$\overline{X}Y$ 对应的卡诺圈和 $\overline{Y}\overline{Z}$ 对应的卡诺圈相切，

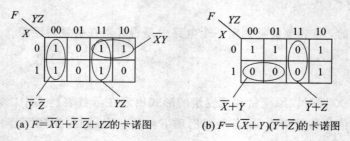

(a) $F=\overline{X}Y+\overline{Y}\overline{Z}+YZ$ 的卡诺图　　(b) $F=(\overline{X}+Y)(\overline{Y}+\overline{Z})$ 的卡诺图

图 4.28　卡诺图法检测静态冒险

且没有其他卡诺圈覆盖其相切部分（$XYZ=000$ 的格子及 $XYZ=010$ 的格子），因此 Y 会在从 1 变为 0 时 F 产生暂时的 0 尖峰。换句话说，当输出 F 从格子 010 跳到格子 000 时，$\overline{X}\,Y$ 和 $\overline{Y}\,\overline{Z}$ 两个卡诺圈都暂时输出为 0，就发生了 1 型静态险象。同理，在图 4.28(b) 中，两个"或"项（$\overline{X}+Y$）、（$\overline{Y}+\overline{Z}$）对应的卡诺圈相切，相切处为格子 $XYZ=101$ 和 $XYZ=111$，这两个格子并没有被其他卡诺圈覆盖，因此，当 Y 发生从 0 到 1 的变化时，会发生 0 型静态险象。

【例 4.16】 用卡诺图法来分析函数 $F(A,B,C,D)=\overline{A}\,\overline{B}\,\overline{C}+B\,\overline{C}\,\overline{D}+A\,\overline{B}D$ 是否存在险象。

解　首先画出函数 F 的卡诺图，如图 4.29 所示。

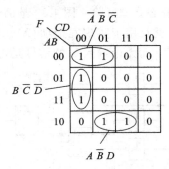

图 4.29　例 4.16 的卡诺图

观察卡诺图，首先可以看到 $\overline{A}\,\overline{B}\,\overline{C}$ 的卡诺圈和 $B\,\overline{C}\,\overline{D}$ 的卡诺圈相切，并且相邻的格子 0000 和 0100 没有被其他卡诺圈覆盖，当 $A=C=D=0$、B 从 1 变到 0 时，会发生 1 型静态险象。

考虑到卡诺图的相对相邻的情况，会发现 $\overline{A}\,\overline{B}\,\overline{C}$ 的卡诺圈和 $A\,\overline{B}D$ 的卡诺圈相切，它们相邻的格子是 0001 和 1001，这两个格子也各自只被一个卡诺圈覆盖，也存在着 1 型静态险象（$BCD=001$，A 发生从 1 到 0 的变化时）。

使用代数法验证例 4.16 冒险判定结果，可以发现，通过卡诺图判定冒险的结果和通过代数式判定冒险的结果是一致的。另外，容易忽略的是卡诺图上相对相邻的卡诺圈相切情况，需特别注意。

4.4.4　险象的消除

如前所述，电路产生的险象给后续电路造成的影响，取决于后续电路对毛刺的敏感程度。在同步时序电路中，组合逻辑的所有输入都是在时钟有效的特定时刻发生变化的，其输出只有达到稳态后才会被后续电路接受，因此，多数冒险并不会造成危害。但是对于异步时序电路，影响较大，特别需要冒险的分析与消除。

动态冒险一般是由静态冒险引起的，因此，消除了静态险象，动态险象就不会发生。消除静态险象的常见方法有以下三种：

1. 修改逻辑函数并添加冗余项

通过代数式法和卡诺图法都可以发现在某种输入组合情况下，一个输入变量的变化会引起静态冒险。因此，可以添加一个冗余项，使得该输入发生变化时不影响输出的状态。

（1）对于代数法发现的静态冒险，主要使用布尔代数的包含律（即 $AB+\bar{A}C=AB+\bar{A}C+BC$，$(A+B)(\bar{A}+C)=(A+B)(\bar{A}+C)(B+C)$）来添加冗余项，从而消除险象。

例如，在例 4.14 中，函数 $F(X,Y,Z)=\bar{X}Y+\bar{Y}\bar{Z}+YZ$ 在 $X=Z=0$，变量 Y 的变化会引起 1 型静态险象；那么如果按照逻辑代数的包含律，可以引入一个冗余项 $\bar{X}\bar{Z}$，因为 $\bar{X}Y+\bar{Y}\bar{Z}=\bar{X}Y+\bar{Y}\bar{Z}+\bar{X}\bar{Z}$。因此，得 $F(X,Y,Z)=\bar{X}Y+\bar{Y}\bar{Z}+YZ+\bar{X}\bar{Z}$。添加 $\bar{X}\bar{Z}$ 这个冗余项后，当 $X=Z=0$，即使 Y 从 1 变成 0，但是因为 $\bar{X}\bar{Z}$ 这个冗余项的存在，使得输出始终保持为 1，消除了毛刺。

同理，在例 4.15 中，函数 $F=(\bar{X}+Y)(\bar{Y}+Z)$ 也可以添加一个冗余项 $(\bar{X}+\bar{Z})$，得 $F=(\bar{X}+Y)(\bar{Y}+Z)(\bar{X}+\bar{Z})$，这样，当 $X=Z=1$ 时，因为 $(\bar{X}+\bar{Z})=0$，所以无论 Y 是否变化，F 始终保持为 0，消除了静态 0 型冒险。图 4.30 是例 4.15 的函数 F 增加了冗余项的电路图。图中，虚线连接的或门就是用于实现冗余项 $(\bar{X}+\bar{Z})$ 的逻辑门，当 $X=Z=1$ 时，它封锁了与门的输出 F 为"恒 0"，而无论输入 Y 的信号是否有竞争。

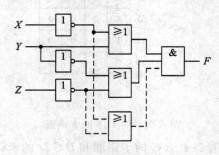

图 4.30　例 4.15 的增加了冗余项的电路图

（2）按照卡诺图法发现的静态险象，添加冗余项的方法是：将相切的卡诺圈相邻的两个格子用一个多余的卡诺圈圈住、覆盖，写出该卡诺圈的代数式添加到函数中。

例如，对于图 4.28 所示的例 4.14 和例 4.15 的卡诺图，找到相切的卡诺圈且发现相邻格子未被其他卡诺圈覆盖后，可以添加一个卡诺圈，如图 4.31 中虚线所示，写出卡诺圈对应"与"项或者"或"项的代数式，也就是冗余项，添加到 F 函数表达式，从而修改了逻辑函数，同时也消除了险象。

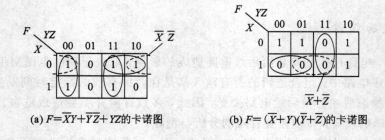

(a) $F=\bar{X}Y+\bar{Y}\bar{Z}+YZ$ 的卡诺图　　　(b) $F=(\bar{X}+Y)(\bar{Y}+Z)$ 的卡诺图

图 4.31　卡诺图法消除静态冒险

因此，图 4.31（a）所示的函数修改为：$F=\bar{X}Y+\bar{Y}\bar{Z}+YZ+\bar{X}\bar{Z}$，图 4.31（b）所示的函数修改为：$F=(\bar{X}+Y)(\bar{Y}+Z)(\bar{X}+\bar{Z})$。

【例 4.17】　消除例 4.16 中函数 $F(A,B,C,D)=\bar{A}\bar{B}\bar{C}+B\bar{C}D+A\bar{B}D$ 的静态险象。

解 根据图 4.29 所示的 F 的卡诺图，发现有两处卡诺圈相切，在相切处各添加一个冗余的卡诺圈，如图 4.32 所示。则 F 的函数被修正为：$F(A, B, C, D) = \overline{ABC} + B\overline{CD} + A\overline{BD} + \overline{ACD} + \overline{BCD}$，消除了静态险象。

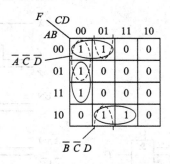

图 4.32 例 4.17 的卡诺图

为了设计无静态冒险的电路，一般是先将电路输出函数化简成最简函数（通过代数法或者卡诺图法），然后检查与判定有无冒险；如果有冒险则为输出函数增加冗余项。显而易见，通过增加冗余项来消除冒险的方法，是以增加电路规模和硬件成本为代价的。

2. 输出端接入滤波电容

竞争冒险所产生的尖峰脉冲一般都比较窄（多在几十纳秒以内），如果在电路的输出端并接一个高频滤波电容到地，就可以使毛刺得以平滑。图 4.33 是例 4.15 增加了滤波电容的电路图。图中，电容 C_f 与输出与门 G 的内阻一起构成阻容滤波器，将尖峰脉冲的幅度削减到门电路的阈值电压以下，从而消除毛刺。在 TTL 电路中，电容 C_f 的容量通常在几十皮法到几百皮法的范围内。

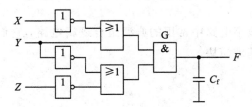

图 4.33 例 4.15 的接入滤波电容的电路图

显然，这种方法的优点是简单易行，但是缺点也很明显，就是使得输出信号的上升和下降边沿时间变长，波形变坏。

3. 引入输出选通信号

另一种常用的消除冒险带来的不利影响的方法是引入一个选通输入信号，来选择接通输出信号，并规定在选通信号有效前，所有输入变化必须达到稳态。换言之，通过选通信号来屏蔽输入信号的竞争现象，避免对输出造成影响。

图 4.34 是例 4.15 电路加入了选通信号 EN 后的电路图。EN 信号又称为使能信号，高电平有效。当 EN=0 时，钳制与门 G 的输出恒为 0，即输出无效；当 EN=1 时，与门 G 打开，有效的运算结果从 F 输出，即选通输出。选通输入信号一般是脉冲式的，所以输出信

号也是脉冲式的,其有效宽度和选通输入的脉冲宽度一致。在这种具有选通信号的电路中,均要求输入信号必须先于选通信号到达或者准备好,在输入信号变化达到稳态后,才允许选通信号来临或者有效。

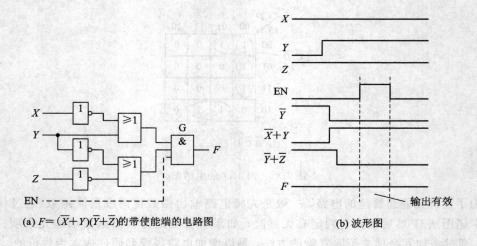

(a) $F=(\overline{X}+Y)(\overline{Y}+\overline{Z})$ 的带使能端的电路图　　　　(b) 波形图

图 4.34　例 4.15 的添加选通信号消除冒险

引入输出选通信号或者使能信号,不仅有效避免了输入信号的逻辑险象,而且对电路本身就具有的功能险象也能有效克服。因此,很多的组合逻辑电路都具有输出使能信号 EN 或者 $\overline{\text{EN}}$。

4.5 典型的组合逻辑电路

下面我们介绍一些数字电路中常用的典型组合逻辑电路,它们具有特定的功能,也是构成计算机硬件系统的基础模块。

4.5.1 加法器

加法器是一种最基本的算术运算电路,其功能是实现二进制数的加法运算。计算机的运算器能实现加、减、乘、除等算术运算功能,而所有这些运算都离不开加法运算,所以加法器是计算机运算器不可或缺的基本部件。

1. 半加器和全加器

1)半加器

首先设计一位二进制半加器(Half Adder)。半加是指参与加法运算的数据只有输入的2个二进制数位,而不考虑相邻低位向本位的进位;产生的是加法运算的和与向高位的进位。半加又称为本位加。

按照以上定义,半加器的输入变量有2个:本位参加加法运算的二进制数 A 和 B。输出变量也有2个:一个是运算产生的和 S;另一个是向高位的进位 CO。依半加器逻辑,可以写出半加器的真值表如表 4.12 所示。

表 4.12　半加器的真值表

A	B	S	CO
0	0	0	0
0	1	1	0
1	0	1	0
1	1	0	1

由真值表写出输出变量的函数表达式,如式(4.23)所示:

$$S = \overline{A} B + A \overline{B} = A \oplus B$$
$$CO = AB$$

(4.23)

画出的半加器电路图和逻辑符号如图 4.35 所示。

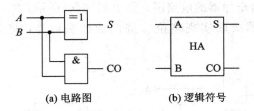

(a) 电路图　　　　　(b) 逻辑符号

图 4.35　半加器

半加器没有考虑位和位之间的进位,无法实现多位二进制数的加法运算,因此实用价值不大,也没有相应的商用集成模块。

2) 全加器

对于多位二进制加法运算,位和位之间一定存在进位,这就需要设计全加器(Full Adder)。所谓全加,是指参与加法运算的数据,除了输入的 2 个二进制数位,还有相邻低位向本位的进位;产生的是加法运算的和与向高位的进位。实现全加运算的电路称为全加器。

由于全加器考虑了低位进位,因此输入变量有 3 个,设本位运算的两个二进制数位为 A 和 B,低位进位为 CI;输出变量有 2 个,设本位和为 S,向高位的进位为 CO。写出真值表如表 4.13 所示。

表 4.13　全加器的真值表

A	B	CI	S	CO
0	0	0	0	0
0	0	1	1	0
0	1	0	1	0
0	1	1	0	1
1	0	0	1	0
1	0	1	0	1
1	1	0	0	1
1	1	1	1	1

根据真值表可以写出 S 和 CO 输出逻辑函数表达式，并进行化简，可得：

$$S = \overline{A}\,\overline{B}CI + \overline{A}B\,\overline{CI} + A\,\overline{B}\,\overline{CI} + ABCI$$
$$= \overline{A}(\overline{B}\,CI + B\,\overline{CI}) + A(\overline{B}\,\overline{CI} + BCI)$$
$$= \overline{A}(B \oplus CI) + A(\overline{B \oplus CI})$$
$$= A \oplus B \oplus CI$$

$$CO = \overline{A}BCI + A\,\overline{B}\,CI + AB\,\overline{CI} + ABCI$$
$$= (\overline{A}B + A\,\overline{B})CI + AB(\overline{CI} + CI)$$
$$= (A \oplus B)CI + AB \tag{4.24}$$

式中，CO 的表达式其实并不唯一，例如，可以将 4 个"与"项两两合并，得到 $CO = AB + ACI + BCI$。之所以按照式(4.24)的方法化简，是因为在多输出逻辑电路中，需要满足尽量共用函数子项、节省器件的原则。

由式(4.24)可以画出全加器的电路图，如图 4.36(a)所示；图 4.36(b)是全加器的逻辑符号；为方便多个全加器级联实现多位二进制的加法运算，将全加器逻辑符号调整为图 4.36(c)。

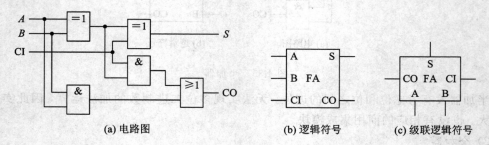

|(a) 电路图 | (b) 逻辑符号 | (c) 级联逻辑符号|

图 4.36　全加器

其实，对于全加器而言，当输入的 3 个变量中有奇数个 1 时，本位的和就为 1；有偶数个 1 时，本位和就为 0。这就是本位和 S 的表达式 $S = A \oplus B \oplus CI$ 的含义。而对于进位输出 CO 而言，在 3 个输入变量中，只要有 2 个或者 2 个以上的 1，进位输出 CO 就为 1；也就是三变量表决器的功能。这就是进位输出 CO 的函数 $CO = AB + ACI + BCI$ 代表的含义。

3）全加器的集成模块

74LS183 是含有两个独立全加器的集成模块，其引脚排列如图 4.37 所示。图中，各个信号前添加了数字 1 和 2，以表明是不同全加器的信号，1 代表是全加器 1 的信号，2 代表是全加器 2 的信号。A 和 B 为运算数据输入，CI 是进位输入，F 是运算和输出，CO 是进位输出。两个全加器完全独立，每个全加器的功能都等同于表 4.13 的真值表。

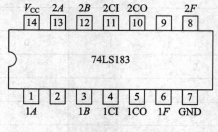

图 4.37　74LS183 双全加器集成模块

2. 串行进位加法器

前面所设计的半加器和全加器仅仅是对 1 位二进制数进行半加和全加运算。能实现多位二进制数相加的电路称为加法器。如果加法器能实现两个 n 位二进制数据的加法运算，那么称为 n 位二进制加法器。如果 n 位二进制加法器中，每位都单独使用一个全加器实现加法运算（即 n 位二进制加法器使用了 n 个全加器），则称其为并行加法器。如果 n 位二进制加法器中，所有位都使用同一个全加器实现加法运算（即 n 位二进制加法器需要 1 个全加器及 2～3 个移位寄存器），则称其为串行加法器。串行加法器因为其效率很低，仅应用于特殊场合，计算机中都使用并行加法器完成加法运算。

根据进位方式不同，并行加法器可以分为串行进位（Ripple Carry）的并行加法器和先行进位（Look-ahead Carry）的并行加法器。下面先介绍串行进位的并行加法器。

手工进行加法运算的过程是：从低位到高位逐位进行加法运算，同时进位也从低位传递到高位。按照这个规则，可以将全加器通过进位逐个连接起来，就构成了串行进位加法器。

图 4.38 为 4 位串行进位加法器的示意图。使用 4 个全加器级联构成，能实现两个 4 位二进制数据 $A_3A_2A_1A_0$ 和 $B_3B_2B_1B_0$ 的加法运算。在图 4.38 中，C_0 为最低位进位输入，C_4 为最高位进位输出。4 个全加器通过低位到高位的进位 C_1、C_2、C_3 连接起来，每个全加器的进位输出 CO 连接到相邻高位的进位输入 CI，各个进位是串行、顺序产生的，因此称为串行进位加法器。又因为 C_0 进位依次经过全加器 FA_0、FA_1、FA_2、FA_3，顺序产生各自的和，同时向前产生进位，好像波浪向前推进，所以又称为行波进位加法器（Ripple Carry Adder）。

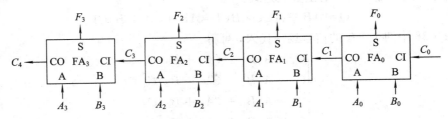

图 4.38 4 位串行进位加法器

串行进位加法器最大的优点是电路简单，连接方便；最大的缺点是运算速度慢。从图 4.38可知，虽然被加数和加数的各位是同时加到各个全加器的输入端，但是全加器的进位输入则是按照由低向高逐级串行传送的，各进位形成一个进位链。由于每一位相加的和都与本位的进位输入有关，所以，每一位相加的和都要等到低一位的进位建立起来后，才正确产生。而最高位全加器必须等到各低位全部完成相加并送来进位信号后才能产生运算结果。显然，串行进位加法器的位数越多，运算速度就越慢。

【例 4.18】 假设在图 4.38 中，每个全加器的内部结构都如图 4.36(a) 所示，又假设所有逻辑门的通过延迟时间均为 t_y，请分析图 4.38 中正确产生和数 $F_3F_2F_1F_0$ 和 C_4 的运算时间。

解 首先分析图 4.36(a)，由 A、B 和 CI 产生 S 经过了两级异或门，延迟时间为 $2t_y$；而由 A、B 和 CI 产生 CO，最长的路径是经过了异或门、与门和或门，延迟时间为 $3t_y$。

再分析图 4.38 中信号正确产生的顺序，并逐个全加器计算延时，如图 4.39 所示。

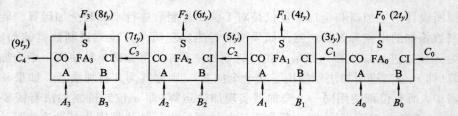

图 4.39　4 位串行进位加法器的运算延时分析

对于第一个完成正确运算的 FA_0 而言，由 A_0、B_0 和 C_0 产生 F_0 需要 $2t_y$ 延时，产生 C_1 需要 $3t_y$ 延时；再看第二个完成正确运算的 FA_1，由 A_1、B_1 和 C_1 产生 F_1 只需要 $1t_y$ 延时（累计 $4t_y$ 延时），原因是 $F_1 = A_1 \oplus B_1 \oplus C_1$，而第一个异或门的输出 $A_1 \oplus B_1$ 早已正确产生，只待 C_1 正确产生，就只需一个异或门的延时即可正确产生 F_1。同理，由 A_1、B_1 和 C_1 产生 C_2 也只需要 $2t_y$ 延时（累计 $5t_y$ 延时）。FA_2、FA_3 与 FA_1 类似，最后，正确产生 F_4 需要 $8t_y$ 延时，正确产生 C_4 需要 $9t_y$ 延时。

3. 先行进位加法器

1）先行进位方法

例 4.18 分析了串行进位加法器的运算过程及延时时间，由分析可知，串行进位加法器运算速度慢的根本原因是：高位运算结果的正确产生，依赖于低位进位。为了提高运算速度，必须将串行进位加法器中进位链断开来，提前产生各位的低位进位。

重新考虑进位输出 CO 的函数表达式：

$$CO = AB + ACI + BCI = AB + (A + B)CI \tag{4.25}$$

将图 4.38 中四个 FA 的信号逐一代入，可得：

$$\begin{cases} C_1 = A_0 B_0 + (A_0 + B_0)C_0 \\ C_2 = A_1 B_1 + (A_1 + B_1)C_1 \\ C_3 = A_2 B_2 + (A_2 + B_2)C_2 \\ C_4 = A_3 B_3 + (A_3 + B_3)C_3 \end{cases} \tag{4.26}$$

对式（4.26）进行总结与抽象，第 i 位全加器 FA_i 的进位输出函数为：

$$C_{i+1} = A_i B_i + (A_i + B_i)C_i \tag{4.27}$$

在此，引入两个函数：

$$\begin{cases} G_i = A_i B_i \\ P_i = A_i + B_i \end{cases} \tag{4.28}$$

将 G_i 和 P_i 函数代入式（4.27），则有：

$$C_{i+1} = G_i + P_i C_i \tag{4.29}$$

G_i 是进位产生函数，其意义是：当本位参加运算的两个数据位 A_i 和 B_i 都为 1 时，能产生向高位的进位 C_{i+1}。

P_i 是进位传递函数，其意义是：当本位参加运算的两个数据位 A_i 和 B_i 至少有一个为 1 时，能将低位的进位 C_i 向高位传递，即如果 $P_i = A_i + B_i = 1$ 时，进位输出 $C_{i+1} = C_i$。

接下来，将式（4.26）用式（4.29）变换表达形式，并进行迭代，可得：

$$\begin{cases} C_1 = G_0 + P_0 C_0 \\ C_2 = G_1 + P_1 C_1 = G_1 + P_1(G_0 + P_0 C_0) = G_1 + P_1 G_0 + P_1 P_0 C_0 \\ C_3 = G_2 + P_2 C_2 = G_2 + P_2(G_1 + P_1 G_0 + P_1 P_0 C_0) \\ \qquad = G_2 + P_2 G_1 + P_2 P_1 G_0 + P_2 P_1 P_0 C_0 \\ C_4 = G_3 + P_3 C_3 = G_3 + P_3(G_2 + P_2 G_1 + P_2 P_1 G_0 + P_2 P_1 P_0 C_0) \\ \qquad = G_3 + P_3 G_2 + P_3 P_2 G_1 + P_3 P_2 P_1 G_0 + P_3 P_2 P_1 P_0 C_0 \end{cases} \qquad (4.30)$$

由式(4.30)可以发现，4 个 FA 的进位输出，均依赖于各个 G_i 和 P_i 及 C_0，而所有 G_i 和 P_i 信号，仅由输入信号 A_i 和 B_i 即可产生。这样将 4 个进位提前且同时产生的进位方法，称为先行进位，也称为超前进位或并行进位。将式(4.30)用与-或门电路实现，就是先行进位电路，如图 4.40 所示。

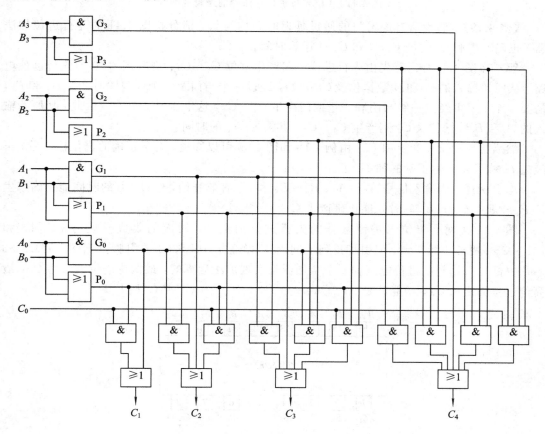

图 4.40　4 位先行进位电路

2) 先行进位加法器

将先行进位电路产生的各个进位，送至各个全加器的进位输入端，就可以同时产生各位的运算和，这样的加法器，称为先行进位加法器。图 4.41 是 4 位先行进位加法器的逻辑框图。图中，"4 位先行进位电路"方框图的电路，就是图 4.40 所示的逻辑框图，输入是数据 A 和 B 的 4 位二进制数位以及最低位进位 C_0；输出是进位 $C_1 \sim C_4$。

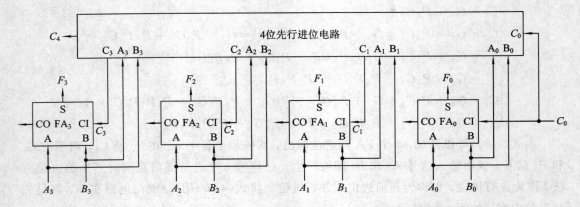

图 4.41 4 位先行进位加法器的逻辑框图

【例 4.19】 假设所有逻辑门的通过延迟时间均为 t_y，请分析图 4.41 的先行进位加法器，正确产生和数 $F_3F_2F_1F_0$ 和 C_4 的运算时间。

解 在图 4.41 中，首先由先行进位电路产生进位 $C_1 \sim C_4$：观察图 4.40 的先行进位电路，从原始输入的 A 和 B 数据位及 C_0 开始，经过一个与门及一个或门同时产生 G_i 和 P_i，需要 1 个 t_y；再经过一级与门和一级或门产生 $C_1 \sim C_4$，这里需要 2 个 t_y。因此，从原始输入的 A 和 B 数据位及 C_0 到产生 $C_1 \sim C_4$，共需要 $3t_y$ 的时间。

然后再经过 FA 产生和 F_i：由例 4.18 和图 4.39 可以知道，有了正确的进位输入后，再经过 t_y 就可以产生正确的和 F_i 了。

综上所述，从输入信号 $A_3 \sim A_0$、$B_3 \sim B_0$ 和 C_0 有效开始，经过 $4t_y$ 的时间能正确产生 $F_3F_2F_1F_0$，经过 $3t_y$ 的时间能正确产生 C_4。

图 4.41 实现了 4 位二进制数据的先行进位加法器，对应的集成模块有 74LS83 和 74LS283，两者功能一致，但引脚排列不同。图 4.42 是 74LS283 的引脚排列图。74LS283 芯片内部是采用超前进位电路和 4 个全加器来实现加法运算的，最低位进位输入为 C_0，最高位进位输出为 C_4；功能就是 $A_3A_2A_1A_0 + B_3B_2B_1B_0 + C_0 = \{C_4F_3F_2F_1F_0\}$。

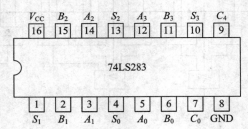

图 4.42 74LS283 的引脚排列图

3）多片加法器的级联

计算机的字长一般都大于 4 位，那么思考：如何实现多于 4 位的加法器呢？最简单的办法是将多片 4 位加法器级联。图 4.43 为 16 位加法器。其由 4 片 74LS283 加法器构成，各片之间的进位串行传递。

从图 4.43 中可以看出：虽然各个芯片内部的各位进位并行产生，和数也同时产生，但是第一片的和数首先正确产生，并且正确产生 C_4 后，第二片的和数才能正确产生；依次类推。C_4、C_8、C_{12} 被称为片间的进位，它们有依赖关系，从低到高逐片传递。显然这种依赖使得运算速度大大降低。

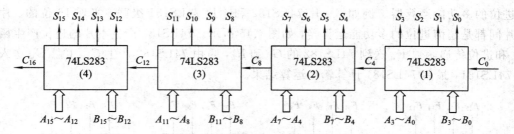

图 4.43 74LS283 构成的 16 位加法器

考虑将片间的进位也按照上述先行进位的方法，超前产生。将式(4.30)中 C_4 表达式中一部分抽取出来，作为本片进位产生函数 F_G 和进位传递函数 F_P：

$$\begin{cases} F_{G1} = G_3 + P_3 G_2 + P_3 P_2 G_1 + P_3 P_2 P_1 G_0 \\ F_{P1} = P_3 P_2 P_1 P_0 \end{cases} \tag{4.31}$$

这样，C_4 的表达式简化为：

$$C_4 = F_{G1} + F_{P1} C_0 \tag{4.32}$$

同理可以写出 C_8、C_{12} 的表达式，并逐个迭代，可得：

$$\begin{cases} C_8 = F_{G2} + F_{P2} C_4 = F_{G2} + F_{P2} F_{G1} + F_{P2} F_{P1} C_0 \\ C_{12} = F_{G3} + F_{P3} C_8 = F_{G3} + F_{P3} F_{G2} + F_{P3} F_{P2} F_{G1} + F_{P3} F_{P2} F_{P1} C_0 \end{cases} \tag{4.33}$$

式(4.32)和式(4.33)的函数其实与式(4.30)的函数逻辑是一致的，也是先行进位电路。74LS182 芯片就是 4 位的先行进位电路，其引脚排列图如图 4.44 所示。它的输入为 $\overline{P}_3 \sim \overline{P}_0$、$\overline{G}_3 \sim \overline{G}_0$、$\mathrm{CI}_n$，输出信号除了进位 CI_{n+x}、CI_{n+y}、CI_{n+z}，还有片间进位产生信号 $\overline{F}_G$ 和片间进位传递信号 $\overline{F}_P$。74LS182 又称为先行进位网络 CPG(Carry Propagation Generator)。

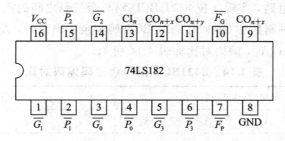

图 4.44 74LS182 的引脚排列图

进位产生信号 G_i 和进位传递函数 P_i 都是以反变量的形式送入的，进位输入 CI_n 等价于式(4.30)、式(4.32)、式(4.33)中的 C_0，进位输出 CI_{n+x}、CI_{n+y}、CI_{n+z} 等价于式(4.30)中的 C_1、C_2、C_3 或者式(4.32)、式(4.33)中的 C_4、C_8、C_{12}。74LS182 将式(4.31)取反，经过代数化简可得：

$$\begin{cases} \overline{F}_G = \overline{G_3 + P_3 G_2 + P_3 P_2 G_1 + P_3 P_2 P_1 G_0} \\ \quad = \overline{G}_3 \ \overline{P}_3 + \overline{G}_3 \ \overline{G}_2 \ \overline{P}_2 + \overline{G}_3 \ \overline{G}_2 \ \overline{G}_1 \ \overline{P}_1 + \overline{G}_3 \ \overline{G}_2 \ \overline{G}_1 \ \overline{G}_0 \\ \overline{F}_P = \overline{P_3 P_2 P_1 P_0} = \overline{P}_3 + \overline{P}_2 + \overline{P}_1 + \overline{P}_0 \end{cases} \tag{4.34}$$

74LS182 的 $\overline{F}_G$ 和 $\overline{F}_P$ 主要用于超前产生片间的进位信号，一般和 4 位多功能算术逻辑运算单元(ALU，Arithmetic & Logic Unit)74LS181 级联，实现超过 4 位的、有二级先行进位的多功能运算器。例如，一片 74LS182 和 4 片 74LS181 级联，实现 16 位的、片内和片间都是超前进位的多功能运算器，如图 4.45 所示。74LS181 产生本片的进位产生函数 $\overline{F}_G$ 和进位传递函数 $\overline{F}_P$ 送到 74LS182 的 $\overline{G}_i$ 和 $\overline{P}_i$，再由 74LS182 产生 C_4、C_8、C_{12} 送入各片 74LS181，最后 74LS181 计算输出运算结果。

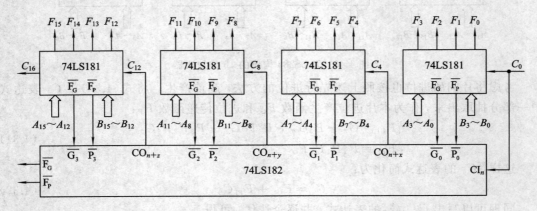

图 4.45　74LS181 和 74LS182 构成 16 位多功能运算器

图 4.45 中省略了 74LS181 的功能选择信号，74LS181 能实现 16 种算术运算和 16 种逻辑运算，具体请查阅有关资料。

4. 加法器的应用

加法器的功能就是对两个输入数据进行加法运算，所以非常适合应用于输出函数等于两数相加的场合。

【例 4.20】　设计电路，实现 1 位 8421 BCD 码与余三码之间的相互转换。

解　首先对比十进制数字 0～9 的 8421 BCD 码和余三码编码，设余三码为 $Y_3Y_2Y_1Y_0$，8421 BCD 码为 $A_8A_4A_2A_1$，编码对比如表 4.14 所示。

表 4.14　8421BCD 码和余三码编码对比

十进制数	8421BCD 码				余三码			
	A_8	A_4	A_2	A_1	Y_3	Y_2	Y_1	Y_0
0	0	0	0	0	0	0	1	1
1	0	0	0	1	0	1	0	0
2	0	0	1	0	0	1	0	1
3	0	0	1	1	0	1	1	0
4	0	1	0	0	0	1	1	1
5	0	1	0	1	1	0	0	0
6	0	1	1	0	1	0	0	1
7	0	1	1	1	1	0	1	0

十进制数	8421BCD 码				余三码			
	A_8	A_4	A_2	A_1	Y_3	Y_2	Y_1	Y_0
8	1	0	0	0	1	0	1	1
9	1	0	0	1	1	1	0	0

从表 4.14 中可见,余三码是在对应的 8421BCD 码的基础上加 0011,可得:

$$Y_3Y_2Y_1Y_0 = A_8A_4A_2A_1 + 0011$$
$$A_8A_4A_2A_1 = Y_3Y_2Y_1Y_0 - 0011$$

在计算机中,减法是用加法实现的,即:$X - Y$ 实际上是用 X 的补码加上 $-Y$ 的补码实现的。可对 -0011 求 4 位二进制数的补码得 1101。所以有:

$$Y_3Y_2Y_1Y_0 = A_8A_4A_2A_1 + 0011$$
$$A_8A_4A_2A_1 = Y_3Y_2Y_1Y_0 + 1101$$

因此,考虑使用 4 位二进制加法器实现转换。使用 74LS283 集成加法器,就可以很方便地实现上述加法运算。图 4.46 为 8421BCD 码与余三码转换的电路图。

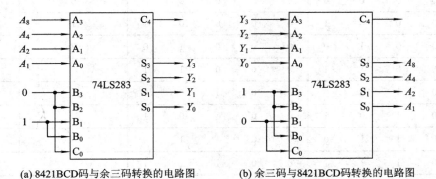

(a) 8421BCD 码与余三码转换的电路图　　(b) 余三码与 8421BCD 码转换的电路图

图 4.46　利用 74LS283 实现 8421BCD 码与余三码之间的转换

【例 4.21】　设计一个 8421BCD 码加法器,能实现 1 位 8421BCD 码的加法运算。

解　1 位 8421BCD 码加法器有 9 位输入、5 位输出,9 位输入是两个 1 位 8421BCD 码 $A_8A_4A_2A_1$、$B_8B_4B_2B_1$ 和进位输入 C_0,5 位输出是 8421BCD 码的和数 $F_8F_4F_2F_1$ 和十位的输出 C_{10}。

按照组合逻辑电路的正常设计方法,真值表是 $2^9 = 512$ 个输入组合,过于庞大。可以考虑使用普通的 4 位二进制加法器实现,电路设计会比较简单。但是,由于 8421BCD 码加法器是十进制加法器,C_{10} 的进位规则是"逢十进一";而 4 位二进制加法器的 C_4 是"逢十六进一",因此,需要对 4 位二进制加法器的运算结果进行校正,才能得到正确的 8421BCD 码的运算和。

假设 4 位二进制加法器的运算结果是 $\{C_4S_3S_2S_1S_0\}$,而 8421BCD 码的正确运算结果为 $\{C_{10}F_8F_4F_2F_1\}$,则使用 74LS283 实现 1 位 8421BCD 码加法器的逻辑框图如图 4.47 所示。

然后再考虑校正电路的设计。列出校正电路的真值表,如表 4.15 所示。

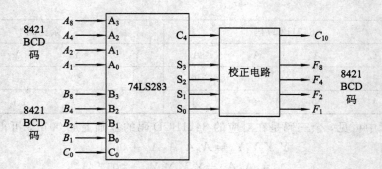

图 4.47　利用 74LS283 实现 8421BCD 加法器的逻辑框图

表 4.15　8421BCD 码加法器校正电路真值表

输入：二进制数相加和					输出：8421BCD 码相加和					对应的十进制数	需要校正 P
C_4	S_3	S_2	S_1	S_0	C_{10}	F_8	F_4	F_2	F_1		
0	0	0	0	0	0	0	0	0	0	0	0
0	0	0	0	1	0	0	0	0	1	1	0
0	0	0	1	0	0	0	0	1	0	2	0
0	0	0	1	1	0	0	0	1	1	3	0
0	0	1	0	0	0	0	1	0	0	4	0
0	0	1	0	1	0	0	1	0	1	5	0
0	0	1	1	0	0	0	1	1	0	6	0
0	0	1	1	1	0	0	1	1	1	7	0
0	1	0	0	0	0	1	0	0	0	8	0
0	1	0	0	1	0	1	0	0	1	9	0
0	1	0	1	0	1	0	0	0	0	10	1
0	1	0	1	1	1	0	0	0	1	11	1
0	1	1	0	0	1	0	0	1	0	12	1
0	1	1	0	1	1	0	0	1	1	13	1
0	1	1	1	0	1	0	1	0	0	14	1
0	1	1	1	1	1	0	1	0	1	15	1
1	0	0	0	0	1	0	1	1	0	16	1
1	0	0	0	1	1	0	1	1	1	17	1
1	0	0	1	0	1	1	0	0	0	18	1
1	0	0	1	1	1	1	0	0	1	19	1
其他输入组合					d	d	d	d	d	—	d

在表 4.15 中，有确切输出的只有 20 行，事实上两个 1 位的 8421BCD 码相加，和数的最大值就是 9＋9＋1＝19，其他输入组合不可能存在，所以输出为 d。

分析表格中两种相加和，可以知道：若相加的和数是 0～9 之间的数，则二者相同；若相加的和数是 10～19 之间的数，则二进制数相加的和数比正确 8421BCD 码相加的和数小 6(0110B)。因此，得出以下校正规则：

(1) 若和数在 0～9 之间，则无需校正。

(2) 若和数≥10，则需要加 6(0110B) 校正。

继续考虑两个问题：第一，如何＋6 校正？第二，校正的条件怎么具体化？显然，第一个问题的答案比较简单：可以再次使用一个 4 位二进制加法器 74LS283 实现＋6 校正，如果无需校正，则＋0 即可。至于第二个问题，可以使用卡诺图，将需要校正的条件 P 进行综合与化简，可得到校正条件 P 的函数：

$$P = C_4 + S_3 S_2 + S_3 S_1 \tag{4.35}$$

具体化校正规则为：

(1) 若 $P=0$，则二进制加法的结果和数＋0(0000B)。

(2) 若 $P=1$，则二进制加法的结果和数＋6(0110B)。

综上所述，二进制加法的结果和数＋0PP0 即可以完成校正。画出具体电路图，如图 4.48 所示。

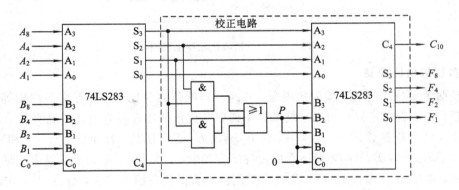

图 4.48 利用 74LS283 实现 8421BCD 加法器的电路图

4.5.2 数值比较器

在计算机中，常常需要对两个数值进行大小的比较，实现这类数值大小比较的逻辑电路，统称为数值比较器。

1. 1 位数值比较器

首先考虑两个 1 位二进制数 A 和 B 比较的情况，结果有以下 3 个：

(1) 若 $A>B$，则 $G=1$；否则 $G=0$。

(2) 若 $A<B$，则 $L=1$；否则 $L=0$。

(3) 若 $A=B$，则 $E=1$；否则 $E=0$。

列出真值表，如表 4.16 所示。

表 4.16 1 位二进制比较器真值表

A	B	G	L	E
0	0	0	0	1
0	1	0	1	0
1	0	1	0	0
1	1	0	0	1

由真值表可得到输出函数表达式，并进行变换，以简化多输出函数电路：

$$\begin{cases} G = A\,\overline{B} = A\overline{AB} \\ L = \overline{A}B = B\overline{AB} \\ E = \overline{A}\,\overline{B} + AB = A \odot B = \overline{A \oplus B} = \overline{A\,\overline{B} + \overline{A}\,B} \end{cases} \tag{4.36}$$

按照式(4.36)，可以画出 1 位数值比较器的电路图，如图 4.49 所示。

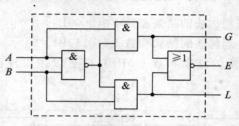

图 4.49 1 位数值比较器电路图

2. 多位数值比较器

比较两个多位二进制数值的规则是：从高位到低位逐位比较，只有在高位相等时，才继续比较低位，否则直接给出比较结果。下面以 4 位数值比较器为例进行说明。

两个 4 位二进制数据 $A_3A_2A_1A_0$ 和 $B_3B_2B_1B_0$ 进行比较，首先要比较 A_3 和 B_3：如果 $A_3 > B_3 (A_3 = 1, B_3 = 0)$，则不管低位各值为多少，数据 A 一定大于数据 B，即 $G = 1$，$L = E = 0$；如果 $A_3 < B_3 (A_3 = 0, B_3 = 1)$，同样不管低位各值为多少，数据 A 一定小于数据 B，即 $L = 1$，$G = E = 0$；如果 $A_3 = B_3$，则数据 A 和 B 的比较结果就取决于低位各值的比较结果，因此，需要继续对 A_2 和 B_2 进行比较。依次类推，最后一定能给出比较结果。

按照上述比较过程，可以直接写出 G、L、E 的函数表达式：

$$\begin{cases} G = A_3\overline{B_3} + (A_3 \odot B_3)A_2\overline{B_2} + (A_3 \odot B_3)(A_2 \odot B_2)A_1\overline{B_1} \\ \qquad + (A_3 \odot B_3)(A_2 \odot B_2)(A_1 \odot B_1)A_0\overline{B_0} \\ L = \overline{A_3}B_3 + (A_3 \odot B_3)\overline{A_2}B_2 + (A_3 \odot B_3)(A_2 \odot B_2)\overline{A_1}B_1 \\ \qquad + (A_3 \odot B_3)(A_2 \odot B_2)(A_1 \odot B_1)\overline{A_0}B_0 \\ E = (A_3 \odot B_3)(A_2 \odot B_2)(A_1 \odot B_1)(A_0 \odot B_0) \end{cases} \tag{4.37}$$

常见的集成数值比较器产品有 4 位和 8 位两种，典型的 8 位数值比较器有 74LS682/683/684/685/686/687/688，它们对 8 位二进制数据进行比较，输出信号及输出方式各有差别，没有扩展功能；典型的 4 位数值比较器有 74LS85，它能输出 3 种比较结果，并具有级联扩展功能。图 4.50 是 74LS85 的引脚排列图。

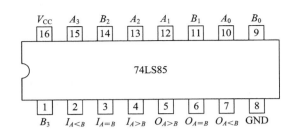

图 4.50 74LS85 引脚排列图

为了级联，将 4 位的数值比较器扩展成大于 4 位的数值比较器，74LS85 设计了三个低位芯片的比较结果级联输入信号：$I_{A>B}=1$，表明低位芯片的比较结果是 $A>B$；$I_{A<B}=1$，表明低位芯片的比较结果是 $A<B$；$I_{A=B}=1$，表明低位芯片的比较结果是 $A=B$。因此，比较结果的输出信号函数就有变化：当 $A_3A_2A_1A_0=B_3B_2B_1B_0$ 时，不能够确定比较结果 $A=B$，这时比较结果应取决于低位芯片的比较结果，即取决于 $I_{A>B}$、$I_{A<B}$、$I_{A=B}$ 的值。

表 4.17 列出了 74LS85 的功能真值表。

表 4.17 74LS85 数值比较器的功能真值表

比较器输入				级联输入			输出		
A_3B_3	A_2B_2	A_1B_1	A_0B_0	$I_{A>B}$	$I_{A=B}$	$I_{A<B}$	$O_{A>B}$	$O_{A=B}$	$O_{A<B}$
$A_3>B_3$	d	d	d	d	d	d	1	0	0
$A_3<B_3$	d	d	d	d	d	d	0	0	1
$A_3=B_3$	$A_2>B_2$	d	d	d	d	d	1	0	0
$A_3=B_3$	$A_2<B_2$	d	d	d	d	d	0	0	1
$A_3=B_3$	$A_2=B_2$	$A_1>B_1$	d	d	d	d	1	0	0
$A_3=B_3$	$A_2=B_2$	$A_1<B_1$	d	d	d	d	0	0	1
$A_3=B_3$	$A_2=B_2$	$A_1=B_1$	$A_0>B_0$	d	d	d	1	0	0
$A_3=B_3$	$A_2=B_2$	$A_1=B_1$	$A_0<B_0$	d	d	d	0	0	1
$A_3=B_3$	$A_2=B_2$	$A_1=B_1$	$A_0=B_0$	1	0	0	1	0	0
$A_3=B_3$	$A_2=B_2$	$A_1=B_1$	$A_0=B_0$	0	1	0	0	1	0
$A_3=B_3$	$A_2=B_2$	$A_1=B_1$	$A_0=B_0$	0	0	1	0	0	1

因此，输出函数更改为：

$$\begin{cases} O_{A>B}=A_3\overline{B_3}+(A_3\odot B_3)A_2\overline{B_2}+(A_3\odot B_3)(A_2\odot B_2)A_1\overline{B_1} \\ \qquad +(A_3\odot B_3)(A_2\odot B_2)(A_1\odot B_1)A_0\overline{B_0}+(A_3\odot B_3)(A_2\odot B_2)(A_1\odot B_1)(A_0\odot B_0)\cdot I_{A>B} \\ O_{A<B}=\overline{A_3}B_3+(A_3\odot B_3)\overline{A_2}B_2+(A_3\odot B_3)(A_2\odot B_2)\overline{A_1}B_1 \\ \qquad +(A_3\odot B_3)(A_2\odot B_2)(A_1\odot B_1)\overline{A_0}B_0+(A_3\odot B_3)(A_2\odot B_2)(A_1\odot B_1)(A_0\odot B_0)\cdot I_{A<B} \\ O_{A=B}=(A_3\odot B_3)(A_2\odot B_2)(A_1\odot B_1)(A_0\odot B_0)\cdot I_{A=B} \end{cases}$$

(4.38)

需要注意的是，在没有更低位参与比较时，芯片的级联输入端应置为：$I_{A>B}=0$、

$I_{A<B}=0$、$I_{A=B}=1$，以便在 A、B 两数相等时，产生 $A=B$ 的比较结果。

3. 数值比较器的应用

显然，在需要进行数值比较的场合，特别适合选用数值比较器模块实现逻辑电路。

【例 4.22】 使用 4 位数值比较器 74LS85 完成例 4.9 的逻辑血型配对指示器：输血前，必须检测供血者和受血者的血型，相配才允许输血。如果允许输血，则绿色指示灯亮，否则红色指示灯亮。下面三种情况可以输血：

(1) 供血者和受血者血型相同；

(2) 供血者的血型是 O 型；

(3) 受血者的血型是 AB 型；

解 仍旧按照例 4.9 的方法定义输入、输出变量：

输入变量：XY 为供血者的血型编码，PQ 为受血者的血型编码，00 代表 A 型血，01 代表 B 型血，10 代表 AB 型血，11 代表 O 型血。

输出变量：R 为红色指示灯，$=1$，表示血型不匹配；$=0$，血型可匹配；G 为绿色指示灯，$=1$，表示血型匹配；$=0$，血型不匹配。

根据题目所述，$R=\overline{G}$，有下面三种情况，$G=1$：

(1) $XY=PQ$；

(2) $XY=11$；

(3) $PQ=10$。

因此，可以将 XY、PQ 送入 74LS85 进行相等比较，产生条件(1)；然后，用逻辑门产生条件(2)和(3)。设计的电路如图 4.51 所示。

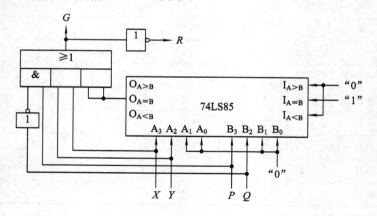

图 4.51　基于比较器的输血指示器电路图

【例 4.23】 使用 4 位数值比较器 74LS85 设计一个 8 位的数值比较器。

解 显然，需要 2 片 74LS85 级联而成。设输入数据为 $A_7 \sim A_0$、$B_7 \sim B_0$，比较的结果为 $F_{A>B}$、$F_{A=B}$、$F_{A<B}$。图 4.52 为 2 片 74LS85 级联成一个 8 位二进制比较器的连接图。

数据线连接方法比较简单：将数据的低 4 位送入第一片 74LS85(1)中进行比较，将数据的高 4 位送入第二片 74LS85(2)中进行比较。主要是比较结果信号线（输入/输出）的连接方法较为特殊：将第一片（低位芯片）的比较结果信号 $O_{A>B}$、$O_{A=B}$、$O_{A<B}$ 分别送入第二

片芯片(高位芯片)的级联输入信号 $I_{A>B}$、$I_{A=B}$、$I_{A<B}$，而芯片(1)因为是低位芯片，不再有低位，因此其级联输入信号 $I_{A>B}I_{A=B}I_{A<B}=010$。高位芯片(2)的比较结果就是 8 位数值比较器的结果。

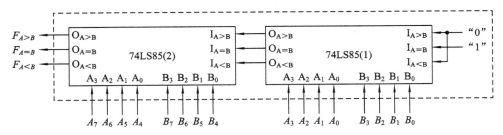

图 4.52　4 位数值比较器扩展成 8 位数值比较器

其工作过程为：当 $A_7A_6A_5A_4 \neq B_7B_6B_5B_4$ 时，8 位比较器的比较结果由高 4 位决定，芯片(1)的比较结果不产生影响；当 $A_7A_6A_5A_4 = B_7B_6B_5B_4$ 时，8 位比较器的比较结果由低 4 位决定，比较结果从芯片(1)的 $O_{A>B}$、$O_{A=B}$、$O_{A<B}$ 送入芯片(2)的 $I_{A>B}$、$I_{A=B}$、$I_{A<B}$；当 A 和 B 的 8 位二进制数完全相等时，比较结果由芯片(1)的级联输入端决定，又因为芯片(1)的级联输入是"010"，因此最终比较结果就为 $A=B$。

4.5.3　编码器

自然界的事物要用计算机来表示、存储或者处理，就必须用二进制编码。例如，声音、文字、图片、十进制数等，都必须按照特定的规则进行编码，变成计算机能够识别的二进制数串。在数字电路中，将输入的一组二值电信号变成对应的二进制代码的逻辑电路，称为编码器。

1. 二进制编码器

普通意义上的编码器其实就是二进制编码器，n 位二进制编码器用 n 位二进制代码对输入的 2^n 个电信号进行编码，因此，它有 2^n 个输入信号，n 个输出信号(n 位编码)，又称为 2^n 线-n 线编码器。

以 3 位二进制编码器为例，其输入有 8 个信号 $I_7 \sim I_0$，是待编码的二值信号，高电平有效；输出有 3 个信号 $Y_2 \sim Y_0$，是对有效输入信号的编码输出。3 位二进制编码器逻辑框图和真值表分别如图 4.53 和表 4.18 所示。

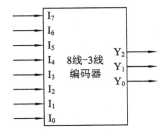

图 4.53　3 位二进制编码器逻辑框图

表 4.18 3 位二进制编码器真值表

I_0	I_1	I_2	I_3	I_4	I_5	I_6	I_7	Y_2	Y_1	Y_0
1	0	0	0	0	0	0	0	0	0	0
0	1	0	0	0	0	0	0	0	0	1
0	0	1	0	0	0	0	0	0	1	0
0	0	0	1	0	0	0	0	0	1	1
0	0	0	0	1	0	0	0	1	0	0
0	0	0	0	0	1	0	0	1	0	1
0	0	0	0	0	0	1	0	1	1	0
0	0	0	0	0	0	0	1	1	1	1
其他输入组合								d	d	d

特别值得注意的是，输入的待编码信号是 8 中取 1 码，即前述的独热码，意味着任何时间，8 个输入信号中只有一个信号是有效的，其他信号都无效。因此，在表 4.18 中，并未列出所有输入信号组合，原因就是其他的输入组合均不允许出现。在所有 2^8 种输入组合中，有效的输入组合就是表中列出的 8 种，剩余的 $256-8=248$ 种输入组合（至少有两个信号同时有效），是约束条件（不允许出现的）。约束条件用函数表示，即：

$$I_i \cdot I_j = 0 (i \neq j) \qquad (\text{约束条件}) \tag{4.39}$$

按照真值表，可以直接写出输出信号的原始函数表达式：

$$\begin{cases} Y_2 = \overline{I_0}\,\overline{I_1}\,\overline{I_2}\,\overline{I_3}\,I_4\,\overline{I_5}\,\overline{I_6}\,\overline{I_7} + \overline{I_0}\,\overline{I_1}\,\overline{I_2}\,\overline{I_3}\,\overline{I_4}I_5\overline{I_6}\,\overline{I_7} + \overline{I_0}\,\overline{I_1}\,\overline{I_2}\,\overline{I_3}\,\overline{I_4}\,\overline{I_5}\,I_6\overline{I_7} + \overline{I_0}\,\overline{I_1}\,\overline{I_2}\,\overline{I_3}\,\overline{I_4}\,\overline{I_5}\,\overline{I_6}I_7 \\ Y_1 = \overline{I_0}\,\overline{I_1}\,I_2\overline{I_3}\,\overline{I_4}\,\overline{I_5}\,\overline{I_6}\,\overline{I_7} + \overline{I_0}\,\overline{I_1}\,\overline{I_2}I_3\overline{I_4}\,\overline{I_5}\,\overline{I_6}\,\overline{I_7} + \overline{I_0}\,\overline{I_1}\,\overline{I_2}\,\overline{I_3}\,\overline{I_4}\,\overline{I_5}\,I_6\overline{I_7} + \overline{I_0}\,\overline{I_1}\,\overline{I_2}\,\overline{I_3}\,\overline{I_4}\,\overline{I_5}\,\overline{I_6}I_7 \\ Y_0 = \overline{I_0}\,I_1\overline{I_2}\,\overline{I_3}\,\overline{I_4}\,\overline{I_5}\,\overline{I_6}\,\overline{I_7} + \overline{I_0}\,\overline{I_1}\,\overline{I_2}I_3\overline{I_4}\,\overline{I_5}\,\overline{I_6}\,\overline{I_7} + \overline{I_0}\,\overline{I_1}\,\overline{I_2}\,\overline{I_3}\,\overline{I_4}I_5\overline{I_6}\,\overline{I_7} + \overline{I_0}\,\overline{I_1}\,\overline{I_2}\,\overline{I_3}\,\overline{I_4}\,\overline{I_5}\,\overline{I_6}I_7 \end{cases}$$

$$\tag{4.40}$$

运用式（4.39）的约束项，尝试化简，以 Y_0 的第一个"与"项为例，化简如下：

$$\overline{I_0}\,I_1\overline{I_2}\,\overline{I_3}\,\overline{I_4}\,\overline{I_5}\,\overline{I_6}\,\overline{I_7} = \overline{I_0}\,I_1\overline{I_2}\,\overline{I_3}\,\overline{I_4}\,\overline{I_5}\,\overline{I_6}\,\overline{I_7} + I_1I_0 + I_1I_2 + I_1I_3 + I_1I_4 + I_1I_5 + I_1I_6 + I_1I_7$$

$$= I_1\overline{\overline{I_0}\,\overline{I_2}\,\overline{I_3}\,\overline{I_4}\,\overline{I_5}\,\overline{I_6}\,\overline{I_7}} + I_1(I_0 + I_2 + I_3 + I_4 + I_5 + I_6 + I_7)$$

$$= I_1\overline{(I_0 + I_2 + I_3 + I_4 + I_5 + I_6 + I_7)} + I_1(I_0 + I_2 + I_3 + I_4 + I_5 + I_6 + I_7)$$

$$= I_1$$

以此类推，所有的"与"项都可以用约束项化简，最后得：

$$\begin{cases} Y_2 = I_4 + I_5 + I_6 + I_7 \\ Y_1 = I_2 + I_3 + I_6 + I_7 \\ Y_0 = I_1 + I_3 + I_5 + I_7 \end{cases} \tag{4.41}$$

式（4.41）中，未出现输入信号 I_0，表明编码器对 I_0 的编码是默认编码，即：当 $I_1 \sim I_7$ 均处于无效状态时，无论 I_0 是否有效，编码器输出的就是对 I_0 的编码 000。

根据式（4.41）可画出 3 位二进制编码器电路图，如图 4.54 所示。

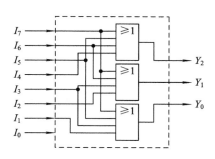

图 4.54　3 位二进制编码器电路图

2. 优先编码器

在前文介绍的二进制编码器中，有约束条件：任何时刻只允许一个输入信号有效，不允许同时有效。这个约束条件在控制上要求很高，实际上很难做到。因此，更广泛使用的是优先编码器，它允许某一时刻有多个输入信号同时有效；同时，优先编码器对输入信号规定了不同的优先等级，当多个输入信号同时有效时，它能够根据事先安排好的优先顺序，只输出优先级最高的有效输入信号的编码。

集成模块 74LS148 就是 8 线 - 3 线优先级编码器。它的逻辑框图和引脚排列图如图 4.55 所示，其功能表如表 4.19 所示。

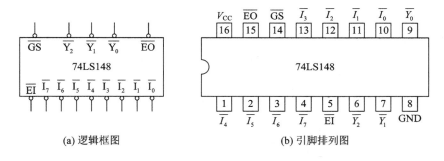

(a) 逻辑框图　　　　　　　　　　(b) 引脚排列图

图 4.55　74LS148 的逻辑框图和引脚排列图

表 4.19　优先编码器 74LS148 功能表

输入信号									输出信号					备注
$\overline{EI}$	$\overline{I_0}$	$\overline{I_1}$	$\overline{I_2}$	$\overline{I_3}$	$\overline{I_4}$	$\overline{I_5}$	$\overline{I_6}$	$\overline{I_7}$	$\overline{GS}$	$\overline{EO}$	$\overline{Y_2}$	$\overline{Y_1}$	$\overline{Y_0}$	
1	d	d	d	d	d	d	d	d	1	1	1	1	1	禁止工作
0	1	1	1	1	1	1	1	1	1	0	1	1	1	无输入，级联输出
0	d	d	d	d	d	d	d	0	0	1	0	0	0	$\overline{I_7}$ 编码输出
0	d	d	d	d	d	d	0	1	0	1	0	0	1	$\overline{I_6}$ 编码输出
0	d	d	d	d	d	0	1	1	0	1	0	1	0	$\overline{I_5}$ 编码输出
0	d	d	d	d	0	1	1	1	0	1	0	1	1	$\overline{I_4}$ 编码输出
0	d	d	d	0	1	1	1	1	0	1	1	0	0	$\overline{I_3}$ 编码输出

输入信号									输出信号					备注
$\overline{EI}$	$\overline{I_0}$	$\overline{I_1}$	$\overline{I_2}$	$\overline{I_3}$	$\overline{I_4}$	$\overline{I_5}$	$\overline{I_6}$	$\overline{I_7}$	$\overline{GS}$	$\overline{EO}$	$\overline{Y_2}$	$\overline{Y_1}$	$\overline{Y_0}$	
0	d	d	0	1	1	1	1	1	0	1	1	0	1	$\overline{I_2}$编码输出
0	d	0	1	1	1	1	1	1	0	1	1	1	0	$\overline{I_1}$编码输出
0	0	1	1	1	1	1	1	1	0	1	1	1	1	$\overline{I_0}$编码输出

由表 4.19 可以看出，74LS148 和上节所述的普通 8 线-3 线编码器有以下不同之处：

（1）待编码输入信号和编码输出信号均是低电平有效。

某个待编码输入信号为低电平时，表明该信号有输入；每个待编码输入信号对应的编码，也为反码，并以反码形式输出。例如，输入信号 $\overline{I_7}$ 对应的编码为 111 的反码，也就是 000；同理，输入信号 $\overline{I_6}$ 对应的编码为 110 的反码，也就是 001；依此类推。

（2）待编码输入信号允许多个信号同时有效，并规定了这些输入信号的固定优先级。

如果使能输入信号 $\overline{EI}$ 有效，当多个待编码输入信号同时有效时，则输出其中优先级最高的输入信号的编码。从表 4.19 中可以看出，优先级 $\overline{I_7} > \overline{I_6} > \overline{I_5} > \overline{I_4} > \overline{I_3} > \overline{I_2} > \overline{I_1} > \overline{I_0}$。例如，当 $\overline{EI} = 0$ 且 $\overline{I_6} = \overline{I_5} = \overline{I_3} = 0$，其他输入信号均为高电平时，从 $\overline{Y_2} \overline{Y_1} \overline{Y_0}$ 输出 $\overline{I_6}$、$\overline{I_5}$、$\overline{I_3}$ 中优先级最高的 $\overline{I_6}$ 的编码 001。

（3）有门控及使能信号，便于级联扩展。74LS148 有三个门控及使能信号：一个输入，两个输出，均为低电平有效：

① 使能输入信号 $\overline{EI}$，作为输入信号的选通信号（避免发生险象），只有当 $\overline{EI} = 0$ 时，才对 8 个输入信号 $\overline{I_7} \sim \overline{I_0}$ 进行编码，否则编码器禁止工作，编码输出 $\overline{Y_2} \overline{Y_1} \overline{Y_0}$ 无效，为 111，同时输出信号 $\overline{GS}$ 和 $\overline{EO}$ 均无效（=1）。因此，编码输出 $\overline{Y_2} \overline{Y_1} \overline{Y_0}$ 的函数表达式，如式（4.42）所示：

$$\begin{cases} \overline{Y_2} = \overline{EI(I_4 + I_5 + I_6 + I_7)} \\ \overline{Y_1} = \overline{EI(I_2 \overline{I_4} \overline{I_5} + I_3 \overline{I_4} \overline{I_5} + I_6 + I_7)} \\ \overline{Y_0} = \overline{EI(I_1 \overline{I_2} \overline{I_4} \overline{I_6} + I_3 \overline{I_4} \overline{I_6} + I_5 \overline{I_6} + I_7)} \end{cases} \quad (4.42)$$

（2）使能输出信号 $\overline{EO}$，作为低优先级芯片的使能输入信号。当 $\overline{EI} = 0$，且所有输入信号 $\overline{I_7} \sim \overline{I_0}$ 都无效时（=1），输出 $\overline{EO} = 0$，否则 $\overline{EO} = 1$。因此，$\overline{EO}$ 的表达式为：

$$\overline{EO} = \overline{EI(\overline{I_7} \overline{I_6} \overline{I_5} \overline{I_4} \overline{I_3} \overline{I_2} \overline{I_1} \overline{I_0})} \quad (4.43)$$

从式（4.43）可以体会出 $\overline{EO}$ 的意义：当本片编码器允许工作，但无有效输入时，则允许低优先级芯片开始工作，即输出 $\overline{EO} = 0$，级联时可以送入低优先级芯片的使能输入信号 $\overline{EI}$。

（3）输出有效信号 $\overline{GS}$，指示此时的编码输出 $\overline{Y_2} \overline{Y_1} \overline{Y_0}$ 是否是有效编码。当 $\overline{EI} = 0$ 且 8 个待编码输入信号不全为 1（至少有一个有效）时，$\overline{GS} = 0$；否则 $\overline{GS} = 1$。因此，$\overline{GS} = 0$ 就意味着此时编码器正常工作且输出的 $\overline{Y_2} \overline{Y_1} \overline{Y_0}$ 是有效编码。$\overline{GS}$ 的函数表达式为：

$$\overline{GS} = \overline{EI \overline{I_7} \overline{I_6} \overline{I_5} \overline{I_4} \overline{I_3} \overline{I_2} \overline{I_1} \overline{I_0}} = \overline{EI(\overline{I_7} \overline{I_6} \overline{I_5} \overline{I_4} \overline{I_3} \overline{I_2} \overline{I_1} \overline{I_0})EI} = \overline{\overline{EO} \cdot EI} \quad (4.44)$$

74LS147 是集成 10 线-4 线编码器，它对 10 个低电平输入的信号进行 BCD 编码，图 4.56 是其逻辑框图，表 4.20 为其功能表。

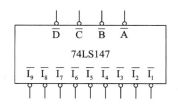

图 4.56　74LS147 的逻辑框图

表 4.20　优先编码器 74LS147 功能表

输 入 信 号									输出信号				备注
$\overline{I_1}$	$\overline{I_2}$	$\overline{I_3}$	$\overline{I_4}$	$\overline{I_5}$	$\overline{I_6}$	$\overline{I_7}$	$\overline{I_8}$	$\overline{I_9}$	$\overline{D}$	$\overline{C}$	$\overline{B}$	$\overline{A}$	
1	1	1	1	1	1	1	1	1	1	1	1	1	输出编码 0
d	d	d	d	d	d	d	d	0	0	1	1	0	$\overline{I_9}$ 编码输出
d	d	d	d	d	d	d	0	1	0	1	1	1	$\overline{I_8}$ 编码输出
d	d	d	d	d	d	0	1	1	1	0	0	0	$\overline{I_7}$ 编码输出
d	d	d	d	d	0	1	1	1	1	0	0	1	$\overline{I_6}$ 编码输出
d	d	d	d	0	1	1	1	1	1	0	1	0	$\overline{I_5}$ 编码输出
d	d	d	0	1	1	1	1	1	1	0	1	1	$\overline{I_4}$ 编码输出
d	d	0	1	1	1	1	1	1	1	1	0	0	$\overline{I_3}$ 编码输出
d	0	1	1	1	1	1	1	1	1	1	0	1	$\overline{I_2}$ 编码输出
0	1	1	1	1	1	1	1	1	1	1	1	0	$\overline{I_1}$ 编码输出

由图 4.56 和表 4.20 可见，实际上 74LS147 优先编码器只有 9 个输入端 $\overline{I_1} \sim \overline{I_9}$ 和 4 个输出端 $\overline{D}$、$\overline{C}$、$\overline{B}$、$\overline{A}$，且都是低电平有效；输入信号的优先级为 $\overline{I_9} > \overline{I_8} > \overline{I_7} > \overline{I_6} > \overline{I_5} > \overline{I_4} > \overline{I_3} > \overline{I_2} > \overline{I_1}$；输出的 8421 码 $\overline{D}$ 为高位，$\overline{A}$ 为低位。当某一个输入端为低电平 0 且优先级最高时，4 个输出端就以反码形式输出其对应的 8421 BCD 编码；当 9 个输入全为 1 时，4 个输出也全为 1，代表输入了十进制数 0，输出"0"的 8421 BCD 编码的反码。

3. 编码器的应用

【例 4.24】　使用 8 线-3 线优先编码器 74LS148 设计一个 16 线-4 线优先编码器。

解　1 片 74LS148 只有 8 个待编码输入信号，而 16 线-4 线优先编码器有 16 个待编码输入信号，显然需要 2 片 74LS148 级联。

按照 74LS148 芯片的使能输入端 EI 和使能输出端 $\overline{EO}$ 的作用，2 片 74LS148 的级联方法如图 4.57 所示。

16 线-4 线优先编码器有 16 个待编码信号输入端 $\overline{I_{15}} \sim \overline{I_0}$ 及 4 个编码输出端 $\overline{Y_3} \sim \overline{Y_0}$，优先级 $\overline{I_{15}} > \overline{I_{14}} > \cdots > \overline{I_8} > \overline{I_7} > \cdots > \overline{I_0}$，编码输出反码，也具有使能输入端 EI、使能输出端 $\overline{EO}$ 和有效编码输出指示 $\overline{GS}$。在图 4.57 中，可以看到连接方法：

(1) 待编码信号输入端 $\overline{I_{15}} \sim \overline{I_0}$：16 线-4 线优先编码器的 $\overline{I_{15}} \sim \overline{I_8}$ 接芯片（2）的 $\overline{I_7} \sim \overline{I_0}$；

$\overline{I_7} \sim \overline{I_0}$接芯片(1)的$\overline{I_7} \sim \overline{I_0}$。显然，芯片(2)的优先级高于芯片(1)。

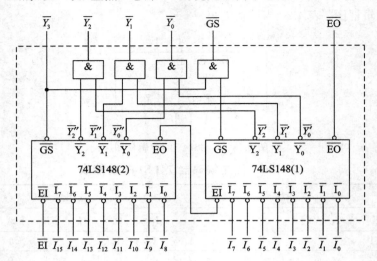

图 4.57　2 片 74LS148 扩展成 16 线-4 线优先编码器

(2) $\overline{EI}$、$\overline{EO}$和$\overline{GS}$：16 线-4 线优先编码器的$\overline{EI}$接芯片(2)的$\overline{EI_2}$，从外部输入；而芯片(2)的使能输出$\overline{EO_2}$作为低优先级芯片(1)的使能输入$\overline{EI_1}$；芯片(2)的$\overline{GS_2}$作为最高位的编码输出$\overline{Y_3}$，同时它与芯片(1)的$\overline{GS_1}$相与产生 16 线-4 线优先编码器的$\overline{GS}$；芯片(1)的$\overline{EO_1}$作为 16 线-4 线优先编码器的$\overline{EO}$输出。即：$\overline{EI} = \overline{EI_2}$，$\overline{EO} = \overline{EO_1}$，$\overline{GS} = \overline{GS_1} \cdot \overline{GS_2}$，并且$\overline{EI_1} = \overline{EO_2}$。

(3) 编码输出$\overline{Y_3} \sim \overline{Y_0}$：由上可知，$\overline{Y_3}$由高优先级芯片(2)的$\overline{GS_2}$输出，$\overline{Y_2}$、$\overline{Y_1}$、$\overline{Y_0}$则由 2 片芯片的对应信号分别通过一个与门产生。即：$\overline{Y_3} = \overline{GS_2}$，$\overline{Y_2} = \overline{Y_2''} \cdot \overline{Y_2'}$，$\overline{Y_1} = \overline{Y_1''} \cdot \overline{Y_1'}$，$\overline{Y_0} = \overline{Y_0''} \cdot \overline{Y_0'}$。

下面我们讨论图 4.57 所示的 16 线-4 线优先编码器的各种工作情况：

(1) 16 线-4 线优先编码器的$\overline{EI}$无效：即$\overline{EI} = 1$，意味着 16 线-4 线优先编码器不工作。此时，芯片(2)的$\overline{EI_2} = 1$，因此，芯片(2)禁止工作，$\overline{EO_2} = \overline{GS_2} = 1$，并且$\overline{Y_2''} \sim \overline{Y_0''} = 111$；由于$\overline{EI_1} = \overline{EO_2} = 1$，因此，芯片(1)也禁止工作，故芯片(1)的$\overline{EO_1} = \overline{GS_1} = 1$，并且$\overline{Y_2'} \sim \overline{Y_0'} = 111$。这样对照着连接图，可以得出在这种情况下，16 线-4 线优先编码器的输出信号状态应为$\overline{EO} = \overline{GS} = 1$，并且$\overline{Y_3} \sim \overline{Y_0} = 1111$；就是禁止工作状态。

(2) 16 线-4 线优先编码器的$\overline{EI}$有效，并且$\overline{I_{15}} \sim \overline{I_8}$有输入：此时，芯片(2)工作，并且有有效编码输出，其$\overline{EO_2} = 1$，$\overline{GS_2} = 0$；因为$\overline{EI_1} = \overline{EO_2} = 1$，所以芯片(1)禁止工作，芯片(1)的 5 个输出信号全部为 1，这样，4 个与门输出不受芯片(1)的影响，则 16 线-4 线优先编码器$\overline{GS}$及$\overline{Y_2} \sim \overline{Y_0}$就是芯片(2)的对应信号，即$\overline{GS} = \overline{GS_2} = 0$，$\overline{Y_3} = \overline{GS_2} = 0$，$\overline{Y_2}\,\overline{Y_1}\,\overline{Y_0} = \overline{Y_2''}\,\overline{Y_1''}\,\overline{Y_0''}$，同时$\overline{EO} = \overline{EO_1} = 1$，就是处于正常编码状态。

举例说明：若$\overline{EI} = 0$，$\overline{I_{15}} \sim \overline{I_8}$中只有$\overline{I_{14}} = \overline{I_9} = 0$，其他 6 个输入都为 1。由于$\overline{I_{14}}$接芯

片(2)的 $\overline{I_6}$，$\overline{I_9}$ 接芯片(2)的 $\overline{I_1}$，$\overline{I_6} > \overline{I_1}$，所以 $\overline{I_{14}}$ 的优先级更高；芯片(2)输出编码 $\overline{Y''_2} \overline{Y''_1} \overline{Y''_0}$ 为"6"(110)的反码 001，又因为 $\overline{Y_3} = \overline{GS_2} = 0$，因此，最后输出 4 位编码为 0001，正好是 "14"(1110)的反码。

(3) 16 线-4 线优先编码器的 $\overline{EI}$ 有效，并且 $\overline{I_{15}} \sim \overline{I_8}$ 无输入：此时，芯片(2)虽然工作，但是因为无有效输入，所以级联输出有效，而编码无效，即：$\overline{EO_2} = 0$，$\overline{GS_2} = 1$，$\overline{Y''_2} \overline{Y''_1} \overline{Y''_0} = 111$。那么芯片(1)的 $\overline{EI_1} = \overline{EO_2} = 0$，允许工作，此时，又分为以下两种情况：

① 若 $\overline{I_7} \sim \overline{I_0}$ 无有效输入，则芯片(1)级联输出有效，编码无效，即 $\overline{EO_1} = 0$，$\overline{GS_1} = 1$，$\overline{Y'_2} \overline{Y'_1} \overline{Y'_0} = 111$；则对于 16 线-4 线优先编码器而言，$\overline{EO} = \overline{EO_1} = 0$，$\overline{GS} = \overline{GS_1} \cdot \overline{GS_2} = 1$，$\overline{Y_3} \sim \overline{Y_0} = 1111$，其属于"无有效输入，级联输出"状态。

② 若 $\overline{I_7} \sim \overline{I_0}$ 有有效输入，则芯片(1)级联输出无效，编码有效，即 $\overline{EO_1} = 1$，$\overline{GS_1} = 0$，$\overline{Y'_2} \overline{Y'_1} \overline{Y'_0}$ 编码就输出到 $\overline{Y_2} \sim \overline{Y_0}$；则对于 16 线-4 线优先编码器而言，$\overline{EO} = \overline{EO_1} = 1$，$\overline{GS} = \overline{GS_1} \cdot \overline{GS_2} = 0$，$\overline{Y_3} = \overline{GS_2} = 1$，$\overline{Y_2} \sim \overline{Y_0} = \overline{Y''_2} \overline{Y''_1} \overline{Y''_0}$，其属于正常编码状态。

举例说明：若 $\overline{EI} = 0$，$\overline{I_{15}} \sim \overline{I_8}$ 全部无效，并且 $\overline{I_7} \sim \overline{I_0}$ 中只有 $\overline{I_4} = \overline{I_5} = \overline{I_7} = 0$，其他 5 个输入都为 1。芯片(2)无有效输入，级联输出有效，$\overline{EO_2} = 0$，$\overline{GS_2} = 1$，输出编码 $\overline{Y''_2} \overline{Y''_1} \overline{Y''_0}$ 为 111。芯片(1)正常工作，显然有效输入之中，$\overline{I_7}$ 的优先级最高；芯片(1)的 $\overline{Y'_2} \overline{Y'_1} \overline{Y'_0}$ 输出"7"(111)的反码 000，又因为 $\overline{Y_3} = \overline{GS_2} = 1$，因此，最后输出 4 位编码为 1000，正好是"7"(0111)的反码。

【例 4.25】 使用 8 线-3 线优先编码器 74LS148 设计一个高电平输出的 10 线-4 线优先编码器，输出 8421BCD 编码。

解 假设待编码的 10 个输入信号为 $\overline{I_9} \sim \overline{I_0}$，优先级依次由高到低；输出的 8421BCD 编码从高到低依次为 $Z_3 \sim Z_0$。74LS148 只有 8 个待编码输入信号，还少 2 个输入信号。如果使用 2 片 74LS148 级联，显然有些浪费。考虑成本代价，可以使用一片 74LS148，再添加少量逻辑门构成。显然，当 $\overline{I_9} = 0$ 或者 $\overline{I_8} = 0$ 时，74LS148 不能工作；只有当 $\overline{I_9} = 1$ 且 $\overline{I_8} = 1$ 时，74LS148 才能工作。表 4.21 为由 $\overline{I_9}$ 和 $\overline{I_8}$ 来控制产生 74LS148 的使能输入端和编码 $Z_3 \sim Z_0$ 的真值表。

表 4.21 例 4.25 的控制真值表

输入		74LS148 控制及输出				10 线-4 线优先编码器输出			
$\overline{I_9}$	$\overline{I_8}$	$\overline{EI}$	$\overline{Y_2}$	$\overline{Y_1}$	$\overline{Y_0}$	Z_3	Z_2	Z_1	Z_0
0	d	1	1	1	1	1	0	0	1
1	0	1	1	1	1	1	0	0	0
1	1	0	$\overline{Y_2}$	$\overline{Y_1}$	$\overline{Y_0}$	0	$\overline{\overline{Y_2}}$	$\overline{\overline{Y_1}}$	$\overline{\overline{Y_0}}$

观察表 4.21，很容易可以得出：$\overline{EI} = \overline{I_9} \cdot \overline{I_8}$，并且 $Z_3 = \overline{EI}$；同时，$Z_2 = \overline{\overline{Y_2}}$，$Z_1 = \overline{\overline{Y_1}}$。

比较特殊的是 Z_0，当 $\overline{I_9}$ 无效（$=1$）时，Z_0 由 74LS148 的输出 $\overline{Y_0}$ 取反得到，但是当 $\overline{I_9}$ 有效（$=0$）时，则 $Z_0=1$。所以得出 $Z_0=\overline{\overline{I_9}}+\overline{I_9}\cdot\overline{Y_0}=\overline{\overline{I_9}}+\overline{Y_0}=\overline{\overline{I_9}\cdot Y_0}$。按照这个思路，画出由一片 74LS148 构成 10 线-4 线优先编码器的电路图，如图 4.58 所示。

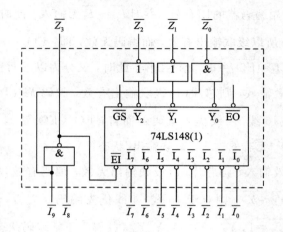

图 4.58　74LS148 构成 8421BCD 码优先编码器

在图 4.58 中，当输入端 $\overline{I_9}$ 或 $\overline{I_8}$ 为低电平（有编码请求）时，与非门输出为 1，这使得 74LS148 的 $\overline{EI}$ 为 1，编码器不工作，则 $\overline{Y_2}\,\overline{Y_1}\,\overline{Y_0}=111$；如果这时 $\overline{I_9}\,\overline{I_8}=10$，则编码器输出 $Z_3 Z_2 Z_1 Z_0$ 为 1000。如果这时 $\overline{I_9}\,\overline{I_8}=0x$，编码器输出 $Z_3 Z_2 Z_1 Z_0$ 为 1001。当 $\overline{I_9}$ 和 $\overline{I_8}$ 均为高电平时，与非门输出为 0，$\overline{EI}$ 为 0，编码器处于工作态，74LS148 对输入的 $\overline{I_7}\sim\overline{I_0}$ 进行编码，然后经过两个非门和一个与非门执行取反操作，从 $Z_2 Z_1 Z_0$ 输出反码。假如这时 $\overline{I_7}=0$，则 $\overline{Y_2}\,\overline{Y_1}\,\overline{Y_0}=000$，编码输出 $Z_3 Z_2 Z_1 Z_0$ 为 0111；即为"7"对应的 8421BCD 码。

4.5.4　译码器

译码是编码的逆过程，即译码器的功能是将特定的二进制代码"翻译"成对应的信号或者另一个编码输出，实现译码功能的电路称为译码器。译码器分为二进制译码器、二-十进制译码器和显示译码器，下面分别介绍。

1. 二进制译码器

二进制译码器将输入的二进制代码翻译成一组与输入代码一一对应的信号输出，它的输入信号是 n 位二进制代码，输出信号有 2^n 个。一个输入编码对应一个输出信号，对于任何一个输入代码，只有其对应的输出信号有效（高电平或者低电平），其他输出信号无效。因为它把输入变量的所有组合全部翻译了出来，因此又被称为全译码器。

图 4.59(a)是 n 位二进制译码器的示意框图。A_{n-1}、…、A_1、A_0 是输入的 n 位二进制代码，Y_0、Y_1、…、Y_{2^n-1} 是 2^n 个输出信号，具体可称为 n：2^n 译码器，或者称为 n 线-2^n 线译码器。图 4.59(b)是 3 线-8 线译码器的逻辑框图。

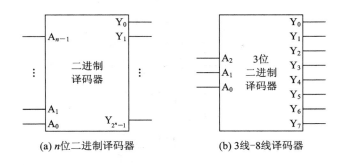

(a) n 位二进制译码器　　　　(b) 3线-8线译码器

图 4.59　二进制译码器的逻辑框图

1）3 位二进制译码器

以 3 位二进制译码器为例，具体说明二进制译码器的功能。表 4.22 是 3 位二进制译码器的真值表，输入的是 3 位二进制代码 $A_2A_1A_0$，输出的是其状态译码信号 $Y_7 \sim Y_0$。

表 4.22　3 位二进制译码器的真值表

A_2	A_1	A_0	Y_7	Y_6	Y_5	Y_4	Y_3	Y_2	Y_1	Y_0
0	0	0	0	0	0	0	0	0	0	1
0	0	1	0	0	0	0	0	0	1	0
0	1	0	0	0	0	0	0	1	0	0
0	1	1	0	0	0	0	1	0	0	0
1	0	0	0	0	0	1	0	0	0	0
1	0	1	0	0	1	0	0	0	0	0
1	1	0	0	1	0	0	0	0	0	0
1	1	1	1	0	0	0	0	0	0	0

从表 4.22 可看出，3 个输入 $A_2A_1A_0$ 的 8 种组合中的每一种，都唯一地使 $Y_7 \sim Y_0$ 这 8 个输出信号中的一个有效（为"1"），即：若 $(A_2A_1A_0)_2 = (i)_{10}$，则 $Y_i = 1$。由此可得该译码器的逻辑表达式为：

$$\begin{cases} Y_0 = \overline{A_2}\,\overline{A_1}\,\overline{A_0}, & Y_1 = \overline{A_2}\,\overline{A_1}\,A_0 \\ Y_2 = \overline{A_2}\,A_1\,\overline{A_0}, & Y_3 = \overline{A_2}\,A_1\,A_0 \\ Y_4 = A_2\,\overline{A_1}\,\overline{A_0}, & Y_5 = A_2\,\overline{A_1}\,A_0 \\ Y_6 = A_2\,A_1\,\overline{A_0}, & Y_7 = A_2\,A_1\,A_0 \end{cases} \qquad (4.45)$$

根据真值表和表达式，可以知道，二进制译码器的每一个输出信号都是输入信号的一个最小项，输出信号高电平有效。如果输入代码 $A_2A_1A_0 = 001$，则 $Y_1 = 1$，其他输出全为"0"；如果输入代码 $A_2A_1A_0 = 101$，则 $Y_5 = 1$，其他输出全为"0"。

根据式（4.45）可以画出 3 位二进制译码器电路图，如图 4.60 所示。

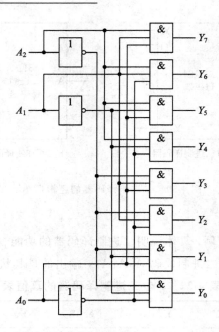

图 4.60　3 位二进制译码器电路图

如果把图 4.60 中的与门换成与非门，就得到输出低电平有效的 3 位二进制译码器，图 4.61(a)为其电路图，图 4.61(b)为其逻辑框图。

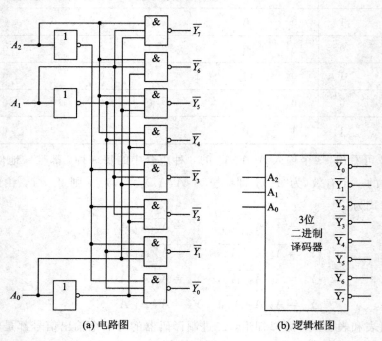

(a) 电路图　　　　　　　　(b) 逻辑框图

图 4.61　低电平输出的 3 位二进制译码器电路图

相应地，输出为低电平有效的 3 位二进制译码器的输出信号函数如式(4.46)所示：

$$\begin{cases} \overline{Y_0}=\overline{\overline{A_2}\,\overline{A_1}\,\overline{A_0}}, \quad \overline{Y_1}=\overline{\overline{A_2}\,\overline{A_1}\,A_0} \\ \overline{Y_2}=\overline{\overline{A_2}\,A_1\,\overline{A_0}}, \quad \overline{Y_3}=\overline{\overline{A_2}\,A_1\,A_0} \\ \overline{Y_4}=\overline{A_2\,\overline{A_1}\,\overline{A_0}}, \quad \overline{Y_5}=\overline{A_2\,\overline{A_1}\,A_0} \\ \overline{Y_6}=\overline{A_2\,A_1\,\overline{A_0}}, \quad \overline{Y_7}=\overline{A_2A_1A_0} \end{cases} \tag{4.46}$$

显然，输出为低电平有效的二进制译码器的每一个输出变量都是输入变量的一个最大项。

2）集成二进制译码器模块

最常见的 3 线－8 线译码器是 74LS138，其功能表如表 4.23 所示，图 4.62 给出了 74LS138 的电路图和逻辑符号。

表 4.23　74LS138 译码器的功能表

使能输入端			代码输入端			译码输出端								备注
G_1	$\overline{G_2A}$	$\overline{G_2B}$	C	B	A	$\overline{Y_0}$	$\overline{Y_1}$	$\overline{Y_2}$	$\overline{Y_3}$	$\overline{Y_4}$	$\overline{Y_5}$	$\overline{Y_6}$	$\overline{Y_7}$	
0	d	d	d	d	d	1	1	1	1	1	1	1	1	
d	1	d	d	d	d	1	1	1	1	1	1	1	1	禁止工作
d	d	1	d	d	d	1	1	1	1	1	1	1	1	
1	0	0	0	0	0	0	1	1	1	1	1	1	1	译码
1	0	0	0	0	1	1	0	1	1	1	1	1	1	译码
1	0	0	0	1	0	1	1	0	1	1	1	1	1	译码
1	0	0	0	1	1	1	1	1	0	1	1	1	1	译码
1	0	0	1	0	0	1	1	1	1	0	1	1	1	译码
1	0	0	1	0	1	1	1	1	1	1	0	1	1	译码
1	0	0	1	1	0	1	1	1	1	1	1	0	1	译码
1	0	0	1	1	1	1	1	1	1	1	1	1	0	译码

对比图 4.61 和图 4.62，可以看出它们的共同之处是：都输出低电平有效的译码信号；不同的是：74LS138 带有 3 个使能端 G_1、$\overline{G_2A}$ 和 $\overline{G_2B}$，它们只有处于 $G_1\,\overline{G_2A}\,\overline{G_2B}=100$ 的状态，译码器才会根据输入代码 CBA 的值进行译码输出对应的低电平有效的 $\overline{Y_i}$ 信号；否则，译码器禁止工作，译码输出信号全部无效（$\overline{Y_i}=1$）。使能端应当在输入代码发生变化前保持无效，待输入代码的变化达到稳态后，使能端再生效。使能端起到了选通作用，可以避免输入信号变化过程中发生险象。

另一种常用的译码器模块是 74LS139，它是双 2 线－4 线译码器，即其内部有 2 个相互独立的 2 线－4 线译码器，其逻辑符号如图 4.63 所示，其功能表如表 4.24 所示。

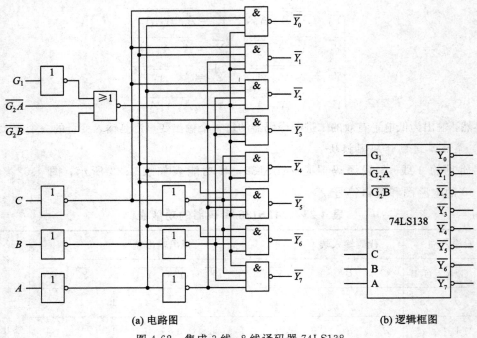

(a) 电路图   (b) 逻辑框图

图 4.62   集成 3 线-8 线译码器 74LS138

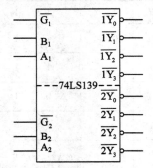

图 4.63   集成双 2 线-4 线译码器 74LS139

表 4.24   74LS139 译码器的功能表

$\overline{G}$	B	A	$\overline{Y_0}$	$\overline{Y_1}$	$\overline{Y_2}$	$\overline{Y_3}$
1	d	d	1	1	1	1
0	0	0	0	1	1	1
0	0	1	1	0	1	1
0	1	0	1	1	0	1
0	1	1	1	1	1	0

两个 2 线-4 线译码器是完全相同且互相独立的,图 4.63 中虚线将两个译码器隔开,表 4.24 中,仅仅列出了单个译码器的功能表,两个译码器功能完全一致。每个 2 线-4 线译码器都有一个低电平有效的使能端 $\overline{G}$,只有当 $\overline{G}=0$ 时,译码器才工作,否则输出信号全部为无效的"1"。

3）二进制译码器的扩展

【例 4.26】 使用 1 片 74LS139 和与非门，设计电路，实现 74LS138 芯片的功能。

解　对比 2 片芯片的功能表，可以初步设想采用 74LS139 芯片第一组译码产生 74LS138 的 $\overline{Y_0} \sim \overline{Y_3}$，第二组译码产生 74LS138 的 $\overline{Y_4} \sim \overline{Y_7}$，它们的输入信号 B 和 A 均由输入的 B 和 A 产生，但是组别选择与输入信号 C 相关，$C=0$，选择第一组工作（$\overline{G_1}=0$）；$C=1$，选择第二组工作（$\overline{G_2}=0$）。然后思考用 74LS138 芯片的使能端 G_1、$\overline{G_2 A}$、$\overline{G_2 B}$ 及输入信号 C 来控制产生 74LS139 芯片的使能端 $\overline{G_1}$ 和 $\overline{G_2}$，可以列出它们之间的逻辑关系如表 4.25 所示。

表 4.25　74LS139 扩展成 74LS138 的功能表

74LS138 使能端			输入	74LS139 使能端		译码输出端								备注
G_1	$\overline{G_2 A}$	$\overline{G_2 B}$	C	$\overline{G_1}$	$\overline{G_2}$	$\overline{Y_0}$	$\overline{Y_1}$	$\overline{Y_2}$	$\overline{Y_3}$	$\overline{Y_4}$	$\overline{Y_5}$	$\overline{Y_6}$	$\overline{Y_7}$	
0	d	d	d	1	1	1	1	1	1	1	1	1	1	禁止工作
d	1	d	d	1	1	1	1	1	1	1	1	1	1	
d	d	1	d	1	1	1	1	1	1	1	1	1	1	
1	0	0	0	0	1	0	1	1	1	1	1	1	1	第一组工作，第二组禁止工作
1	0	0	0	0	1	1	0	1	1	1	1	1	1	
1	0	0	0	0	1	1	1	0	1	1	1	1	1	
1	0	0	0	0	1	1	1	1	0	1	1	1	1	
1	0	0	1	1	0	1	1	1	1	0	1	1	1	第二组工作，第一组禁止工作
1	0	0	1	1	0	1	1	1	1	1	0	1	1	
1	0	0	1	1	0	1	1	1	1	1	1	0	1	
1	0	0	1	1	0	1	1	1	1	1	1	1	0	

按照表中逻辑关系，可以得出 74LS139 的使能信号的函数：

$$\overline{G_1} = \overline{G_1 \cdot \overline{\overline{G_2 A}} \cdot \overline{\overline{G_2 B}} \cdot \overline{C}}$$

$$\overline{G_2} = \overline{G_1 \cdot \overline{\overline{G_2 A}} \cdot \overline{\overline{G_2 B}} \cdot C}$$

$$(4.47)$$

按照式(4.47)，可以画出电路图，如图 4.64 所示。

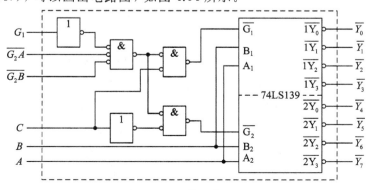

图 4.64　由 74LS139 扩展成 74LS138 芯片

图中的与非门输入端有小圆圈，这是表示输入信号低电平有效，对于与非门而言，只有输入全部为低电平，输出才为低电平。逻辑门输入端的小圆圈，等价于一个非门，一般用于"圈到圈"的设计。

经过分析可知，只有当 $G_1 \overline{G_2A}\ \overline{G_2B} = 100$ 且 $C = 0$ 时，$\overline{G_1} = 0$，$\overline{G_2} = 1$，第一组 2 线-4 线译码器根据 BA 的值，译码输出 $\overline{Y_0} \sim \overline{Y_3}$；第二组不工作。只有当 $G_1 \overline{G_2A}\ \overline{G_2B} = 100$ 且 $C = 1$ 时，$\overline{G_2} = 0$，$\overline{G_1} = 1$，第二组 2 线-4 线译码器根据 BA 的值，译码输出 $\overline{Y_4} \sim \overline{Y_7}$；第一组不工作。

【例 4.27】 使用 2 片 74LS138 设计一个 4 线-16 线译码器，带有一个低电平有效的使能端。

解 设低电平有效的使能端为 $\overline{EN}$，显然这个使能端需要参与控制两片 74LS138 的 3 个使能端；同时，输入的 4 个信号 DCBA 中，最高位信号 D 也要控制两片芯片互斥工作。

考虑使用 2 片芯片的低电平有效的使能端 $\overline{G_2A}$ 和 $\overline{G_2B}$ 作为 4 线-16 线译码器的使能端 $\overline{EN}$；D 为 0 或者 1 时，要分别使得 2 个芯片处于相反的工作状态，一个工作而另一个不工作，因此可以将 D 作为 2 个芯片的互为反相有效的使能端。图 4.65 为 2 片 74LS138 级联的连接图。

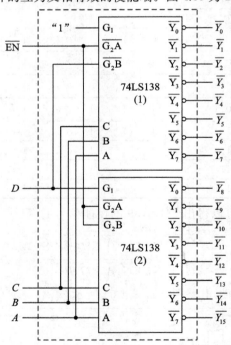

图 4.65 由 74LS138 扩展成 4 线-16 线译码器

可见，$\overline{EN}$ 接芯片(1)的 $\overline{G_2A}$ 和芯片(2)的 $\overline{G_2A}$、$\overline{G_2B}$；D 接芯片(1)的 $\overline{G_2B}$ 和芯片(2)的 G_1；芯片(1)的 G_1 接高电平"1"。这样，当 $\overline{EN} = 1$ 时，2 个芯片都不工作，16 个译码输出信号全部为无效的"1"。当 $\overline{EN} = 0$ 时，若 $D = 0$，则芯片(1)的 $\overline{G_2B} = 0$，芯片(1)工作，根据 CBA 输出译码信号 $\overline{Y_0} \sim \overline{Y_7}$，同时，芯片(2)的 $G_1 = 0$，芯片(2)不工作。当 $\overline{EN} = 0$ 时，若 $D = 1$，则芯片(1)的 $\overline{G_2B} = 1$，芯片(1)不工作；但芯片(2)的 $G_1 = 1$，芯片(2)工作根据 CBA 输出译码信号 $\overline{Y_8} \sim \overline{Y_{15}}$。

其实，74LS154 就是商用的集成 4 线-16 线译码器，它有 4 位输入 $A_3A_2A_1A_0$，16 个低电平有效的输出 $\overline{Y_0}\sim\overline{Y_{15}}$，同时有两个低电平有效的使能端 $\overline{S_1}$ 和 $\overline{S_2}$。当 $\overline{S_1}=\overline{S_2}=0$ 时，译码器工作。

2. 二-十进制译码器

将十进制数的二进制编码即 BCD 码翻译成对应的 10 个输出信号的电路，称为二-十进制译码器，又称为 BCD 码译码器。因为其输入为 4 位的 BCD 码，输出是 10 个译码信号，故可以称其为 4 线-10 线译码器。

74LS42 就是典型的集成 4 线-10 线译码器，其逻辑框图如图 4.66 所示，其真值表如表 4.26 所示。

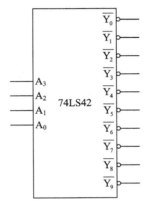

图 4.66　集成 4 线-10 线译码器 74LS42

表 4.26　74LS42 译码器真值表

A_3	A_2	A_1	A_0	$\overline{Y_0}$	$\overline{Y_1}$	$\overline{Y_2}$	$\overline{Y_3}$	$\overline{Y_4}$	$\overline{Y_5}$	$\overline{Y_6}$	$\overline{Y_7}$	$\overline{Y_8}$	$\overline{Y_9}$	数值
0	0	0	0	0	1	1	1	1	1	1	1	1	1	0
0	0	0	1	1	0	1	1	1	1	1	1	1	1	1
0	0	1	0	1	1	0	1	1	1	1	1	1	1	2
0	0	1	1	1	1	1	0	1	1	1	1	1	1	3
0	1	0	0	1	1	1	1	0	1	1	1	1	1	4
0	1	0	1	1	1	1	1	1	0	1	1	1	1	5
0	1	1	0	1	1	1	1	1	1	0	1	1	1	6
0	1	1	1	1	1	1	1	1	1	1	0	1	1	7
1	0	0	0	1	1	1	1	1	1	1	1	0	1	8
1	0	0	1	1	1	1	1	1	1	1	1	1	0	9
1	0	1	0	1	1	1	1	1	1	1	1	1	1	伪码
1	0	1	1	1	1	1	1	1	1	1	1	1	1	
1	1	0	0	1	1	1	1	1	1	1	1	1	1	
1	1	0	1	1	1	1	1	1	1	1	1	1	1	
1	1	1	0	1	1	1	1	1	1	1	1	1	1	
1	1	1	1	1	1	1	1	1	1	1	1	1	1	

从表 4.26 中可以看出，74LS42 是针对 8421BCD 码进行译码操作，输出低电平有效的译码信号 $\overline{Y_0} \sim \overline{Y_9}$。当输入代码 $A_3A_2A_1A_0$ 为非法的 8421BCD 码时，其输出全部无效（全"1"），即 74LS42 译码器拒绝伪输入。

3. 数字显示译码器

数字显示译码器主要是用于驱动数码管等段形显示器件，以显示数字、字母或者图形。首先介绍下广泛使用的 7 段显示数码管。

1）7 段显示数码管

段形数码管（显示器件）的每一段都是由能够发光的材料构成的，常用的有发光二极管 LED(Light Emitting Diode)和液晶显示 LCD(Liquid Crystal Display)两种类型的数码管，均能够通过电压控制其发光。LED 半导体数码管具有体积小、寿命长、可靠性高、响应时间短、亮度高等优点，缺点是工作电流大（一般每段达到 10 mA）。而液晶数码管的优点是功耗小、工作电压低的优点，但是它的亮度很差且响应速度慢。

最常见的是 7 段 LED 显示数码管，它将 7 个发光二极管按一定的方式连接在一起，每段为一个发光二极管，7 段分别为 a 段、b 段、c 段、d 段、e 段、f 段、g 段，根据驱动方式和欲显示的字形，点亮与熄灭各段的发光二极管，从而显示规定字形。

7 段显示数码管的外形如图 4.67(a)所示。它由 a～g 共 7 段来显示字形，还有右下角的小数点 dp。一般能够显示十进制数字 0～9 以及十六进制数字 A～F，如图 4.67(b)所示。其实它还能显示一些特殊的图形符号，如"⊐"等，用于复杂的显示系统中。

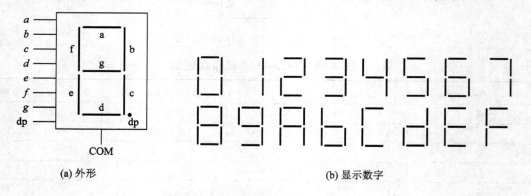

(a) 外形　　　　　　　　　　　　　　(b) 显示数字

图 4.67　7 段数码管结构与数字显示

由图 4.67 可知，当需要显示"3"时，只需点亮数码管的 a、b、c、d、g 五段、熄灭 e 和 f 段即可。那么，如何点亮或者熄灭某一段呢？这与 LED 数码管的内部连接与驱动方法有关。数码管从内部接线上分共阳极和共阴极两种：

（1）共阴极连接：如图 4.68(a)所示，把 8 段 LED 的阴极接在一起，使用时公共阴极 COM 接地。此时为点亮某一段，只需给该段的段选线一个高电平即可，低电平则不点亮。

（2）共阳极连接：如图 4.68(b)所示，把 8 段 LED 的阳极接在一起，使用时公共阳极 COM 接 +5 V。此时为点亮某一段，只需给该段的段选线一个低电平即可，高电平则不点亮。

为方便设计，一般数码管都有共阳极和共阴极两种规格供选择，例如，BS201A 就是共阴极连接的 7 段 LED 数码管模块，BS201B 就是共阳极连接的 7 段 LED 数码管模块。

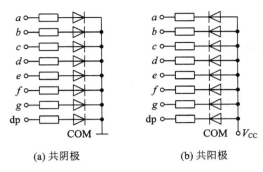

(a) 共阴极	(b) 共阳极

图 4.68 数码管的驱动与连接方式

2) 数字显示译码器

7 段显示数码管的驱动信号 $a \sim g$ 来自数字显示译码器，因为输入的是 4 位二进制数，输出的是 7 段的驱动信号，因此又称为 4 线-7 线译码器。

常用的中规模 4 线-7 线显示译码器有 74LS46～74LS49，它们的功能特性大致相同。以 74LS48 为例，它的译码输出为高电平，因此能驱动共阴极连接的数码管；它具有集电极开路输出结构，并接有 2 kΩ 的上拉电阻。74LS48 将输入的 8421 BCD 码 $A_3 \sim A_0$ 翻译成 $a \sim g$ 共 7 段输出并进行驱动，它同时还具有消隐和试灯的辅助功能。

表 4.27 是 74LS48 的逻辑功能表，4 个输入信号 $A_3 \sim A_0$ 为 4 位 8421 BCD 码；7 个输出信号 $a \sim g$ 对应 7 段字形。当控制信号有效时，从 $A_3 \sim A_0$ 输入一组 8421 BCD 码，$a \sim g$ 输出端便有相应的译码输出，来驱动共阴极数码管。

表 4.27 74LS48 逻辑功能表

数字/功能	输入						输入/输出	输出						
	$\overline{\text{LT}}$	$\overline{\text{RBI}}$	A_3	A_2	A_1	A_0	$\overline{\text{BI}}/\overline{\text{RBO}}$	a	b	c	d	e	f	g
0	1	1	0	0	0	0	1	1	1	1	1	1	1	0
1	1	d	0	0	0	1	1	0	1	1	0	0	0	0
2	1	d	0	0	1	0	1	1	1	0	1	1	0	1
3	1	d	0	0	1	1	1	1	1	1	1	0	0	1
4	1	d	0	1	0	0	1	0	1	1	0	0	1	1
5	1	d	0	1	0	1	1	1	0	1	1	0	1	1
6	1	d	0	1	1	0	1	0	0	1	1	1	1	1
7	1	d	0	1	1	1	1	1	1	1	0	0	0	0
8	1	d	1	0	0	0	1	1	1	1	1	1	1	1
9	1	d	1	0	0	1	1	1	1	1	0	0	1	1
10	1	d	1	0	1	0	1	0	0	0	1	1	0	1
11	1	d	1	0	1	1	1	0	0	1	1	0	0	1
12	1	d	1	1	0	0	1	0	1	0	0	0	1	1
13	1	d	1	1	0	1	1	1	0	0	1	0	1	1

数字/功能	输入						输入/输出	输出						
	$\overline{\text{LT}}$	$\overline{\text{RBI}}$	A_3	A_2	A_1	A_0	$\overline{\text{BI}}/\overline{\text{RBO}}$	a	b	c	d	e	f	g
14	1	d	1	1	1	0	1	0	0	0	1	1	1	1
15	1	d	1	1	1	1	1	0	0	0	0	0	0	0
灭灯	d	d	d	d	d	d	0	0	0	0	0	0	0	0
灭 0	1	0	0	0	0	0	0	0	0	0	0	0	0	0
试灯	0	d	d	d	d	d	1	1	1	1	1	1	1	1

由功能表可以看出，共有 15 种显示字形，如图 4.69(a)所示。74LS48 译码输出信号为 1 时，对应 BS201A 数码管的字段就点亮。例如，当 $A_3A_2A_1A_0$＝0011 时，只有 e 和 f 输出为 0，其余的都输出为 1，则 a 段、b 段、c 段、d 段、g 段点亮，显示数字"3"。图 4.69(b) 为 74LS48 驱动数码管 BS201A 的连接框图。

0 1 2 3 4 5 6 7 8 9 10 11 12 13 14 15

(a) 74LS48驱动数码管显示的字形

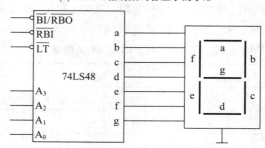

(b) 74LS48与数码管BS201A的连接

图 4.69　4 线-7 线译码器 74LS48 应用

$\overline{\text{BI}}/\overline{\text{RBO}}$信号为输入/输出信号，当其作为输入信号时，被称为消隐输入$\overline{\text{BI}}$（Blanking Input）信号；当其作为输出信号时，被称为串行消隐输出$\overline{\text{RBO}}$（Ripple Blanking Output）信号。$\overline{\text{BI}}/\overline{\text{RBO}}$内部是"线与"逻辑功能。

当$\overline{\text{BI}}$强制为 0 时，无论输入信号状态如何，输出 $a\sim g$ 均为 0，不显示数字，处于灭灯状态。如果要显示字形，则$\overline{\text{BI}}$必须保持为 1。

输入信号$\overline{\text{LT}}$（Lamp Test）为试灯信号，用来检查 7 段是否能正常显示。当$\overline{\text{BI}}$=1，$\overline{\text{LT}}$=0 时，无论 $A_3\sim A_0$ 状态如何，输出 $a\sim g$ 均为 1，使显示器 7 段都点亮。

输入信号$\overline{\text{RBI}}$（Ripple Blanking Input）为串行消隐输入信号，用来熄灭数码管显示的 0。在输入 $A_3\sim A_0$＝0000 时，如果$\overline{\text{LT}}$=1，$\overline{\text{RBI}}$=0，则输出 $a\sim g$ 均为 0，7 段都熄灭，不显示数字 0，并且从$\overline{\text{RBO}}$输出 0；如果要显示数字 0，则必须$\overline{\text{LT}}$=1、$\overline{\text{RBI}}$=1。但当输入 $A_3\sim A_0$ 为其他组合时，只需要$\overline{\text{LT}}$=1、$\overline{\text{BI}}$=1，就可以正常显示相应字形。

电路输出 $\overline{RBO}$ 为串行消隐输出信号。当 $\overline{LT}=1$、$\overline{RBI}=0$ 且 $A_3 \sim A_0 = 0000$ 时，本片灭 0，同时输出 $\overline{RBO}=0$。在多级译码显示系统中，这个 0 送到另一片译码器的 $\overline{RBI}$ 端，就可以使对应这两片译码器的数码管此刻的 0 都不显示。这种行波式的灭 0 信号传输，可以消隐多片数码管系统中无效的前导零和后缀零。

4. 译码器的应用

由二进制译码器的表达式(4.45)可知，高电平译码输出有效的译码器的每一个译码输出端都是一个最小项，因此，这种译码器是一个最小项发生器；同样，低电平译码输出有效的每一个译码输出端都是一个最大项，因此，这种译码器是一个最大项发生器。而任意一个逻辑函数表达式，都可以写成最小项之和或最大项之积。因此，用译码器可实现任何组合逻辑函数表达式。特别是在实现多输出逻辑函数时，更显得方便。具体分析如下：

（1）对于高电平译码输出有效的译码器而言，每一个译码输出端都是输入信号的一个最小项，即：$Y_i = m_i = \overline{M_i}$，$i$ 为输入代码值。

（2）对于低电平译码输出有效的译码器而言，每一个译码输出端都是输入信号的一个最大项，即：$\overline{Y_i} = M_i = \overline{m_i}$，$i$ 为输入代码值。

（3）对用最小项表示的逻辑函数，既可用输出高电平有效的译码器外加或门来实现，也可用输出低电平有效的译码器外加与非门来实现。因为基于摩根定律，有：

$$F = \sum m_i = \sum \overline{M_i} = \overline{\prod M_i}$$

（4）对用最大项表示的逻辑函数，既可用输出低电平有效的译码器外加与门来实现，也可用输出高电平有效的译码器外加或非门来实现。因为基于摩根定律，有：

$$F = \prod M_i = \prod \overline{m_i} = \overline{\sum m_i}$$

上述逻辑关系如表 4.28 所示。

表 4.28　使用二进制译码器实现逻辑函数方法

函数	译码器	
	高电平译码输出有效	低电平译码输出有效
译码输出端	$Y_i = m_i = \overline{M_i}$	$\overline{Y_i} = M_i = \overline{m_i}$
最小项之和	外加或门	外加与非门
最大项之积	外加或非门	外加与门

【例 4.28】　请使用输出高电平有效的 3 线-8 线实现逻辑函数 $F_1(A, B, C) = \sum m(1, 2, 5, 6)$ 和逻辑函数 $F_2(A, B, C) = \prod M(3, 5, 6, 7)$。

解　按照前述分析，对于输出高电平有效的 3 线-8 线译码器，有：

$$m_1 = Y_1, \quad m_2 = Y_2, \quad m_3 = Y_3, \quad m_5 = Y_5, \quad m_6 = Y_6, \quad m_7 = Y_7$$

因此，可得：

$$F_1(A, B, C) = \sum m(1, 2, 5, 6) = Y_1 + Y_2 + Y_5 + Y_6$$

$$F_2(A, B, C) = \prod M(3, 5, 6, 7) = M_3 \cdot M_5 \cdot M_6 \cdot M_7 = \overline{\overline{m_3} \cdot \overline{m_5} \cdot \overline{m_6} \cdot \overline{m_7}}$$
$$= \overline{m_3 + m_5 + m_6 + m_7} = \overline{Y_3 + Y_5 + Y_6 + Y_7}$$

由此可见，使用一个或门将译码器的 Y_1、Y_2、Y_5、Y_6 进行或运算即可得到 F_1，使用一个或非门电路将译码器的 Y_3、Y_5、Y_6、Y_7 进行或非运算即可得到 F_2，画出电路图，如图 4.70 所示。

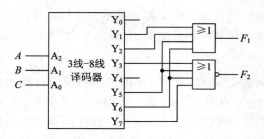

图 4.70　例 4.28 的电路图

【例 4.29】　请使用输出低电平有效的 3 线-8 线实现逻辑函数 $F_3(A,B,C) = BC + \overline{A}\,\overline{B}C$ 和 $F_4(A,B,C) = (\overline{A}+B)(A+\overline{B}+C)$。

解　首先将函数 F_3 表示为最小项表达式，将函数 F_4 表示为最大项表达式：

$$F_3(A,B,C) = BC + \overline{A}\,\overline{B}C = ABC + \overline{A}BC + \overline{A}\,\overline{B}C = m_7 + m_3 + m_1$$

$$F_4(A,B,C) = (\overline{A}+B)(A+\overline{B}+C) = (\overline{A}+B+C)(\overline{A}+B+\overline{C})(A+\overline{B}+C)$$

$$= M_4 \cdot M_5 \cdot M_2 = M_2 \cdot M_4 \cdot M_5$$

对于输出低电平有效的 3 线-8 线译码器，有：

$$M_1 = \overline{Y_1}, \quad M_2 = \overline{Y_2}, \quad M_3 = \overline{Y_3}, \quad M_4 = \overline{Y_4}, \quad M_5 = \overline{Y_5}, \quad M_7 = \overline{Y_7}$$

需要将 F_3 进一步变换成基于最大项的逻辑函数，可得：

$$F_3(A,B,C) = m_7 + m_3 + m_1 = \overline{M_1} + \overline{M_3} + \overline{M_7} = \overline{M_1 \cdot M_3 \cdot M_7}$$

使用一个与非门将译码器的 $\overline{Y_1}$、$\overline{Y_3}$、$\overline{Y_7}$ 进行与非运算即可得到 F_3，使用一个与门将译码器的 $\overline{Y_2}$、$\overline{Y_4}$、$\overline{Y_5}$ 进行与运算即可得到 F_4，其电路图如图 4.71 所示。

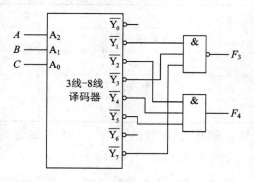

图 4.71　例 4.29 的电路图

【例 4.30】　试用 74LS138 芯片实现一个 1 位二进制全加器。

解　1 位全加器的真值表如表 4.13 所示。从真值表直接可以写出 1 位全加器的和 S 及进位 CO 的最小项表达式为：

$$S(A,B,CI) = m_1 + m_2 + m_4 + m_7$$

$$CO(A,B,CI) = m_3 + m_5 + m_6 + m_7$$

74LS138 是输出低电平有效的译码器，每一个输出都是一个最大项，因此需要用与非门实现最小项表达式，其电路图如图 4.72 所示。

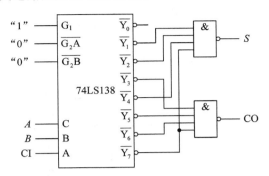

图 4.72　例 4.30 的用 74LS138 实现 1 位全加器电路图

【例 4.31】　用例 4.27 中设计实现的 4 线–16 线二进制译码器，实现余三码译码器，输入编码为 $A_3A_2A_1A_0$，译码输出为 $\overline{Y_0} \sim \overline{Y_9}$。

解　对比十进制数 $0 \sim 10$ 的余三码编码和二进制编码，如表 4.29 所示。

表 4.29　用 4 线–16 线译码器实现余三码译码器的编码对照表

输入				对应的十进制数	
A_3	A_2	A_1	A_0	二进制译码器	余三码译码器
0	0	0	0	0	
0	0	0	1	1	
0	0	1	0	2	
0	0	1	1	3	0
0	1	0	0	4	1
0	1	0	1	5	2
0	1	1	0	6	3
0	1	1	1	7	4
1	0	0	0	8	5
1	0	0	1	9	6
1	0	1	0	10	7
1	0	1	1	11	8
1	1	0	0	12	9
1	1	0	1	13	
1	1	1	0	14	
1	1	1	1	15	

由表可知，4 线–16 线二进制译码器的输出 $\overline{Y_3}$ 对应着余三码的 0 编码，即余三码译码器的 $\overline{Y_0}$，$\overline{Y_4}$ 对应着余三码译码器的 $\overline{Y_1}$，依次类推，即可得到余三码译码器。图 4.73 为其电路图。

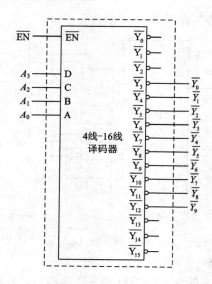

图 4.73　例 4.31 的用 4 线－16 线译码器实现余三码译码器电路图

【例 4.32】　试分析如图 4.74 所示的由译码器和逻辑门构成的电路的功能。输入 $X=X_2 X_1 X_0$，输出 $Y=Y_2 Y_1 Y_0$，均为 3 位二进制数。

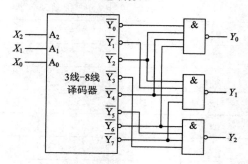

图 4.74　例 4.32 的逻辑电路图

解　由图 4.74 可看出，译码器的输出为低电平有效，使用与非门实现的是最小项之和的函数，由此列出 Y_2、Y_1、Y_0 的逻辑表达式为：

$$Y_2(X_2, X_1, X_0) = m_3 + m_5 + m_6 + m_7$$
$$Y_1(X_2, X_1, X_0) = m_1 + m_2 + m_4 + m_7$$
$$Y_0(X_2, X_1, X_0) = m_0 + m_2 + m_4 + m_6$$

据此，列出其真值表如表 4.30 所示。

表 4.30　例 4.32 的真值表

X_2	X_1	X_0	Y_2	Y_1	Y_0
0	0	0	0	0	1
0	0	1	0	1	0
0	1	0	0	1	1
0	1	1	1	0	0

176

续表

X_2	X_1	X_0	Y_2	Y_1	Y_0
1	0	0	0	1	1
1	0	1	1	0	0
1	1	0	1	0	1
1	1	1	1	1	0

由真值表可见，电路完成的功能如下：

(1) 当 $X \leqslant 3$ 时，$Y = X + 1$。

(2) 当 $X > 3$ 时，$Y = X - 1$。

在计算机中，译码器最显著的应用，就是作为地址译码器，用于选择一个个存储器/存储单元、一个个外部设备/端口地址。下面举个具体的例子加以说明。

【例 4.33】 计算机系统使用 8 位端口地址 $A_7 \sim A_0$ 访问外设，假设有 8 个 I/O 设备，每个设备占有 4 个端口地址；I/O 设备地址范围为 80H～9FH。每个设备的接口（适配器）均使用地址译码电路送来的片选信号 $\overline{CS}$ 来识别本设备是否被选中，$\overline{CS}=0$ 表明本设备被选中，可以工作；$\overline{CS}=1$ 表明本设备未被选中，禁止工作。请设计地址译码电路，用于 8 个 I/O 设备的地址选择。

解 因为有 8 个 I/O 设备，每个占有 4 个端口地址，那么共有 32 个地址码；这 32 个地址码的范围是 80H～9FH，可以按照 8 位地址码写出每个设备的二进制地址编码为：

```
           A₇  A₆  A₅  A₄  A₃  A₂  A₁  A₀
   80H:    1   0   0   0   0   0   0   0  ⎫
   81H:    1   0   0   0   0   0   0   1  ⎪
   82H:    1   0   0   0   0   0   1   0  ⎬ I/O设备0
   83H:    1   0   0   0   0   0   1   1  ⎭

   84H:    1   0   0   0   0   1   0   0  ⎫
    ⋮                                     ⎬ I/O设备1
   87H:    1   0   0   0   0   1   1   1  ⎭
    ⋮
   90H:    1   0   0   1   0   0   0   0  ⎫
    ⋮                                     ⎬ I/O设备4
   93H:    1   0   0   1   0   0   1   1  ⎭
    ⋮
   9CH:    1   0   0   1   1   1   0   0  ⎫
    ⋮                                     ⎬ I/O设备7
   9FH:    1   0   0   1   1   1   1   1  ⎭
```

由以上分析可知，每个设备都有 $A_1 A_0$ 两位地址码，可以由 CPU 送出的设备端口地址的最低两位直接给出；然后，每个设备的片选信号 $\overline{CS}$ 可以由一个低电平输出有效的 3 线-8 线译码器的译码输出给出。观察地址编码规律可知，使用 $A_4 A_3 A_2$ 作为 3 线-8 线译码器的代码输入，译码输出$\overline{Y_0}\sim\overline{Y_7}$分别作为 8 个设备的$\overline{CS}$，这样就能正确选中某个设备。那么地址总线的高位信号 $A_7A_6A_5$ 如何处理呢？分析 80H～9FH 这 32 个地址码，它们相同的地址位就是 $A_7A_6A_5=100$，我们可以将其用于产生 3 线-8 线译码器的使能信号。

选择 74LS138 设计的该设备地址译码电路，如图 4.75 所示。

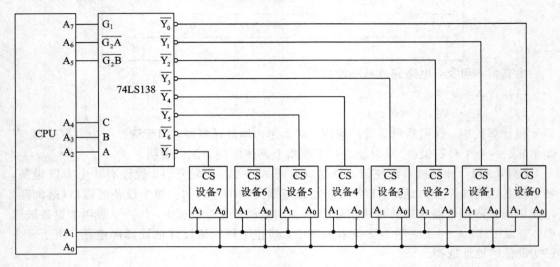

图 4.75　例 4.33 的逻辑电路

针对图 4.75 进行分析，确认译码是否正确：假设 CPU 给出的地址是 89H＝10001001B，则有 $A_7A_6A_5=100$，74LS138 的三个使能端有效，芯片工作，即根据芯片的 $A_2A_1A_0$ 译码产生输出信号；因为芯片的 $A_2A_1A_0$ 接 CPU 地址线 $A_4A_3A_2$，$A_4A_3A_2=$ 010，即 74LS138 芯片的$\overline{Y_2}$有效，$\overline{Y_2}=0$，则设备 2 的$\overline{CS}=0$，设备 2 被选中；设备 2 有 4 个端口地址，因为 $A_1A_0=01$，因此选择设备 2 的 1 号端口地址进行读写操作。因此，可以确认地址 89H 的译码正确。依次类推，可以逐一确认。

在图 4.75 中，仅仅简单地将地址总线的高位地址直接连接到了 74LS138 芯片的使能端，实际上有两点需要注意：一是 CPU 往往设有区分访问存储器和访问 I/O 设备的一个控制信号，如 $M/\overline{IO}$（当 $M/\overline{IO}=1$ 时，表明访问的是存储器；当 $M/\overline{IO}=0$ 时，表明访问的是 I/O 设备），此时必须将该信号和高位地址共同用于产生地址译码器的使能端；二是高位地址往往多而复杂，这时需要添加适当的逻辑门来间接产生地址译码器的使能端。

4.5.5　数据选择器

数据选择器(Data Selector)是能从多路并行输入的数据中，选择一路数据作为输出信号的组合逻辑电路，因为是多选一，它又称为多路选择器或者多路复用器(Multiplexer)，简单用 MUX 标识。

1. 4 选 1 数据选择器

数据选择器既然是从多路输入数据中选择一路数据输出，那么选择的依据是什么呢？是依据当前输入的地址选择端的代码。当在不同的时间，给出不同的地址码，就能在多个输入端和一个输出端之间建立连接。这个功能和单刀多掷开关很相似，因此，它又常常被称为多路开关，常用于实现时分多路传输中发送端的电子开关功能。

表 4.31 是 4 选 1 数据选择器的真值表。

表 4.31 4 选 1 数据选择器的真值表

地址选择输入		数据输入				输出
A_1	A_0	D_0	D_1	D_2	D_3	Y
0	0	0	d	d	d	0
0	0	1	d	d	d	1
0	1	d	0	d	d	0
0	1	d	1	d	d	1
1	0	d	d	0	d	0
1	0	d	d	1	d	1
1	1	d	d	d	0	0
1	1	d	d	d	1	1

其中，D_0、D_1、D_2、D_3 是 4 路数据输入，A_1、A_0 为地址选择输入，Y 为数据选择器的输出。显然，使用 2 位的地址码 A_1A_0 来选择 4 路输入，哪一路送到输出端。根据表 4.31 可写出输出 Y 的函数表达式为：

$$Y = \overline{A_1}\, \overline{A_0}\, D_0 + \overline{A_1}\, A_0 D_1 + A_1\, \overline{A_0}\, D_2 + A_1\, A_0 D_3 \tag{4.48}$$

根据以上表达式，可画出如图 4.76(a)所示的电路图，图 4.76(b)为其逻辑符号。

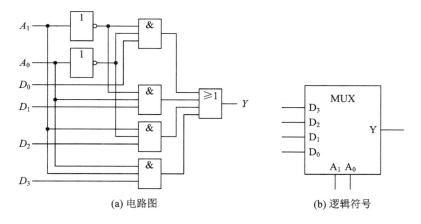

(a) 电路图   (b) 逻辑符号

图 4.76 4 选 1 数据选择器

2. 集成数据选择器

集成数据选择器的规格和品种很多，常见的有 2 选 1、4 选 1、8 选 1 和 16 选 1 等多路选择器，型号为 74LS150/151/152/153/157/158、74LS251/253/257/258 等。74LS153 是带使能端的双 4 选 1 多路选择器，74LS151 是带使能端和互补输出的 8 选 1 数据选择器，74LS157 是四 2 选 1 数据选择器，上述 74LS25X 则是带三态输出的数据选择器。这里以 8 选 1 数据选择器 74LS151 为例进行介绍，其逻辑符号如图 4.76 所示，其真值表如表 4.32 所示。

179

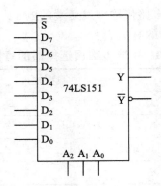

图 4.77　74LS151 数据选择器的逻辑符号

表 4.32　74LS151 数据选择器的真值表

$\overline{S}$	A_2	A_1	A_0	Y	$\overline{Y}$
1	d	d	d	0	1
0	0	0	0	D_0	$\overline{D_0}$
0	0	0	1	D_1	$\overline{D_1}$
0	0	1	0	D_2	$\overline{D_2}$
0	0	1	1	D_3	$\overline{D_3}$
0	1	0	0	D_4	$\overline{D_4}$
0	1	0	1	D_5	$\overline{D_5}$
0	1	1	0	D_6	$\overline{D_6}$
0	1	1	1	D_7	$\overline{D_7}$

　　74LS151 带有使能端，一方面使得电路更可靠；另一方面可以用于扩展。当使能端 $\overline{S}=1$ 时，数据选择器输出与任何输入数据无关，Y 和 $\overline{Y}$ 分别输出 0 和 1；当使能端 $\overline{S}=0$ 时，由地址选择端 $A_2 A_1 A_0$ 选择哪一路数据从 Y 输出，同时从 $\overline{Y}$ 输出反码。可以写出输出 Y 的函数为：

$$Y = \overline{\overline{S}}(\overline{A_2}\ \overline{A_1}\ \overline{A_0} D_0 + \overline{A_2}\ \overline{A_1}\ A_0 D_1 + \overline{A_2}\ A_1\ \overline{A_0} D_2 + \overline{A_2}\ A_1\ A_0 D_3 + A_2\ \overline{A_1}\ \overline{A_0} D_4$$
$$+ A_2\ \overline{A_1}\ A_0 D_5 + A_2\ A_1\ \overline{A_0} D_6 + A_2\ A_1\ A_0 D_7) \tag{4.49}$$

　　假如将 $A_2 A_1 A_0$ 看成 3 位逻辑输入变量，则每一个 D_i 是否被选中输出，取决于 $A_2 A_1 A_0$ 构成的最小项 m_i 是否有效，因此 Y 的函数表达式可改写为：

$$Y = \overline{\overline{S}}(m_0 D_0 + m_1 D_1 + m_2 D_2 + m_3 D_3 + m_4 D_4 + m_5 D_5 + m_6 D_6 + m_7 D_7)$$
$$= \overline{\overline{S}}\left(\sum_{i=0}^{7} m_i \cdot D_i\right) \tag{4.50}$$

　　由上可知，数据选择器的地址选择码的位数，决定了数据选择器能实现的选择路数，n 位地址选择码，可实现 2^n 路数据的选择，即 2^n 选 1。如果不考虑使能端，其输出的表达式为：

$$Y = \sum_{i=0}^{2^n-1} (m_i \cdot D_i) \tag{4.51}$$

式(4.51)中，m_i 是关于输入的地址选择码的最小项。

数据选择器的输出函数本身就是一个与或表达式，因此，它也可以用作函数发生器，只要将适当的数据或变量赋给地址选择输入端和数据输入端，就可以实现特定的函数。

3. 数据选择器的应用

数据选择器的应用非常广泛，下面举例说明。

【例 4.34】　一个单片机应用系统，主要实现根据开关和按键输入，来控制一组设备有序运转。为了保证设备的正常运行，需要对设备上的一些故障开关进行监测，共有 8 个故障开关，但是单片机的 GPIO 口(通用输入/输出端口)有限，只剩下 4 个 GPIO 口可用，请设计一个方案，实现系统的报警检测功能。

解　对于单片机应用系统，最简单的控制方法就是每一个输入点和输出点都占用一个GPIO 口，然后由单片机程序直接进行读取和控制输出。但是就如题目中所述，往往单片机受成本制约，其 GPIO 资源有限，无法做到一一连接。这时，最经济实惠的方法就是将一些不需要同时读入的输入点，通过多路选择器，由单片机通过地址选择，分时读入。

依题意得，4 个 GPIO 口要实现对 8 个输入开关的监控，显然不足。这时，可以使用一个 8 选 1 多路选择器，将 8 个故障开关接在数据输入端，其地址选择由单片机来控制，同时输出信号送单片机。假设单片机只剩下了 PA 口的低 4 位 $PA_3 \sim PA_0$ 可以用，那么连接方法如图 4.78 所示。

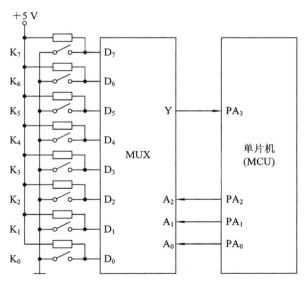

图 4.78　例 4.34 的电路连接图

由图 4.78 可以看到，这里 8 选 1 的数据选择器就是作为多路开关的典型应用，其数据输入端接有 8 路故障开关，其地址选择码由单片机提供，选中的那一路故障开关信号被送入单片机。这里有两点需要说明：一是单片机接 8 选 1MUX 的地址码的 GPIO 口要设置为输出口(Output Port)，而接 MUX 输出端 Y 的 GPIO 口要设置为输入口(Input Port)。二是图 4.78 中故障开关假设为常开型开关，无故障时，开关断开，对应输入数据 D_i 为高电平 1；有故障时，则开关闭合，对应输入数据 D_i 为低电平 0。

单片机主控程序，可以定时扫描各个开关。例如，间隔 100 ms，依次选择地址码为

（即从 $PA_2PA_1PA_0$ 输出）000、001、010、…、111，每次选择了一路后，判断输入 PA_3 是否为 0，一旦检测到 0，则说明有故障，一般根据故障类型会延时规定时间进行报警处理。

【例 4.35】 使用 74LS151 芯片扩展成 16 选 1 的数据选择器。

解 74LS151 为 8 选 1 的数据选择器，显然需要两片芯片通过使能控制端进行扩展，如图 4.79 所示。

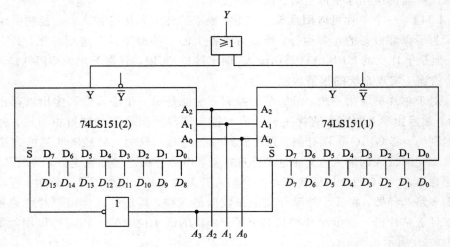

图 4.79　用 74LS151 扩展为 16 选 1 数据选择器

在图 4.79 中，用 A_3 作为芯片（1）的使能信号 $\overline{S}$，使用反相的 $\overline{A_3}$ 作为芯片（2）的使能信号 $\overline{S}$，这样，当 $A_3 = 0$ 时，芯片（1）工作，前 8 路的数据根据 $A_2A_1A_0$ 选择一路从 Y 输出；当 $A_3 = 1$ 时，芯片（2）工作，后 8 路的数据根据 $A_2A_1A_0$ 选择一路从 Y 输出。

由式（4.51）可知，数据选择器的输出 Y 是关于地址选择码的全部最小项和对应的各路输入数据的与或表达式。因此，与二进制译码器类似，数据选择器也可用来实现任意的组合逻辑函数；但是它只能实现单输出函数，而译码器可以实现多输出函数。下面举例说明。

【例 4.36】 使用 8 选 1 数据选择器实现逻辑函数 $F(A, B, C) = AB\overline{C} + \overline{A}\,\overline{B} + \overline{B}C$。

解 针对本题的情况，有两种方法可以使用 8 选 1 数据选择器实现组合逻辑函数。

方法一：真值表法。

根据 F 的表达式可以列出其真值表，如表 4.33 所示。

表 4.33　例 4.36 的真值表

A	B	C	F
0	0	0	1
0	0	1	1
0	1	0	0
0	1	1	0
1	0	0	0
1	0	1	1
1	1	0	1
1	1	1	0

可以将真值表中的输入变量 A、B、C 作为数据选择器的地址输入 A_2、A_1、A_0，而将真值表中各行的输出值 F 对应作为数据选择器的数据输入 D_i，则可实现该逻辑函数。

例如，当 $ABC = (000)_2 = (0)_{10}$ 时，$F = 1$，则 D_0 就是 1；当 $ABC = (011)_2 = (3)_{10}$ 时，$F = 0$，则 D_3 就为 0；依次类推，得到所有 D_i 的值。图 4.80(a) 为其设计图示，图 4.80(b) 为其连接电路图。

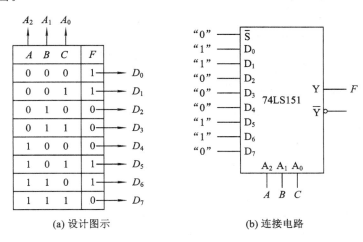

(a) 设计图示　　　　　　　　(b) 连接电路

图 4.80　例 4.36 的电路图

方法二：代数式法。

将 F 的函数表达式改写成 $\sum m_i \cdot D_i$ 的形式，然后得出相应的 D_i 的值。F 的函数表达式变换为：

$$F(A, B, C) = AB\overline{C} + \overline{A}\,\overline{B} + \overline{B}C = AB\overline{C} + \overline{A}\,\overline{B}C + \overline{A}\,\overline{B}\,\overline{C} + A\,\overline{B}C$$

$$= m_6 + m_1 + m_0 + m_5$$

$$= m_0 \cdot 1 + m_1 \cdot 1 + m_2 \cdot 0 + m_3 \cdot 0 + m_4 \cdot 0 + m_5 \cdot 1 + m_6 \cdot 1 + m_7 \cdot 0$$

对照 8 选 1 的数据选择器的输出函数，可得：

$$D_0 = 1, \quad D_1 = 1, \quad D_2 = 0, \quad D_3 = 0, \quad D_4 = 0, \quad D_5 = 1, \quad D_6 = 1, \quad D_7 = 0$$

可见，与真值表法得到的结果一致。

【例 4.37】　使用 4 选 1 数据选择器再次实现逻辑函数 $F(A, B, C) = AB\overline{C} + \overline{A}\,\overline{B} + \overline{B}C$。

解　按照前述方法，4 选 1 数据选择器只有两个地址线用于连接输入变量，但是函数 F 有 3 个输入变量，因此数据输入 D_i 不再是常量 0 或 1，而应该是一个输入变量的函数。

与例 4.36 类似，也可以有两种方法使用 4 选 1 数据选择器实现逻辑函数 F。

方法一：真值表法。

因为 4 选 1 数据选择器的地址码选择只有两位 A_1A_0，假设将输入变量 A 和 B 作为地址码 A_1 和 A_0，则 AB 在分别取值 00、01、10、11 时，F 的值则取决于变量 C，这时 D_i 就是 C 的函数，通过观察真值表中 F 和 C 的关系，直接写出 D_i 函数即可。

例如，观察表 4.33，当 $AB = 00$ 时，无论 C 为何值，F 均为 1，因此 $D_0 = 1$；同样当 $AB = 01$ 时，无论 C 为何值，F 均为 0，因此 $D_1 = 0$；当 $AB = 10$ 时，$C = 0$ 则 $F = 0$，$C = 1$ 则 $F = 1$，因此 $D_2 = C$；而当 $AB = 11$ 时，$C = 0$ 则 $F = 1$，$C = 1$ 则 $F = 0$，因此 $D_3 = \overline{C}$。按

照这个过程推导，其设计图示如图 4.81(a)所示，其连接电路图如图 4.81(b)所示。

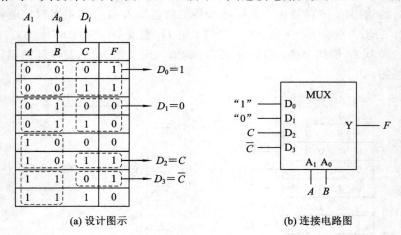

(a) 设计图示   (b) 连接电路图

图 4.81　例 4.37 的电路图

方法二：代数法。

与例 4.36 一样，将函数按照 A 和 B 的最小项进行合并，可得：

$$F(A, B, C) = AB\overline{C} + \overline{A}\,\overline{B} + \overline{B}C = AB \cdot \overline{C} + \overline{A}\,\overline{B} \cdot 1 + A\overline{B} \cdot C + \overline{A}\,\overline{B} \cdot C$$
$$= \overline{A}\,\overline{B} \cdot (1+C) + \overline{A}B \cdot 0 + A\overline{B} \cdot C + AB \cdot \overline{C}$$
$$= m_0 \cdot 1 + m_1 \cdot 0 + m_2 \cdot C + m_3 \cdot \overline{C}$$

对照 4 选 1 数据选择器的输出函数，可得：

$$D_0 = 1, \quad D_1 = 0, \quad D_2 = C, \quad D_3 = \overline{C}$$

结果与真值表方法一致。

【例 4.38】　试用 4 选 1 数据选择器和少量逻辑门实现以下逻辑函数：

$$F(A, B, C, D) = \overline{A}B + \overline{A}\,\overline{B}C + A\overline{B}\,\overline{C} + \overline{A}\,\overline{B}D + ABD$$

解　函数 F 是 4 个输入变量的函数，4 选 1 数据选择器的地址输入只有 2 根，因此，数据选择器的数据输入 D_i 应该是两个变量的函数。假设选择输入变量 A 和 B 连接到 MUX 的地址端 A_1 和 A_0，则 D_i 就是输入变量 C 和 D 的函数。可以使用代数法将 F 的函数变换成 $\sum m_i \cdot D_i$ 的形式，其中，m_i 是 A 和 B 的最小项：

$$F(A, B, C, D) = \overline{A}B + \overline{A}\,\overline{B}C + A\overline{B}\,\overline{C} + \overline{A}\,\overline{B}D + ABD$$
$$= \overline{A}\,\overline{B} \cdot (C+D) + \overline{A}B \cdot 1 + A\overline{B} \cdot \overline{C} + AB \cdot D$$
$$= m_0 \cdot (C+D) + m_1 \cdot 1 + m_2 \cdot \overline{C} + m_3 \cdot D$$

可以进一步得到：

$$D_0 = C + D, \quad D_1 = 1, \quad D_2 = \overline{C}, \quad D_3 = D$$

电路图如图 4.82 所示。

实际上，例 4.38 还可以尝试使用卡诺图的方法设计完成：

(1) 将卡诺图画成与数据选择器相适应的形式，规则是：数据选择器的地址选择码位数，与卡诺图的某一边的变量数相同，且将这一边的变量作为数据选择器的地址选择码。

例如，在例 4.38 中，因为使用 4 选 1 数据选择器，有 2 位地址码，所以卡诺图一边需要有 2 个变量(另一边为 $4-2=2$ 个变量)，假设为 A 和 B 在左边作为行变量，则 A 和 B

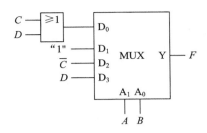

图 4.82 例 4.38 的电路图

就作为 4 选 1 数据选择器的地址码。

（2）根据将要实现的逻辑函数，填数字到卡诺图并画卡诺圈。填卡诺图规则依旧，但是在画圈时不仅要圈最小项和随意项，而且只能顺着地址选择码的方向圈，保证地址选择变量不会被化简。

例如，在例 4.38 中，按照函数表达式可以直接填卡诺图的格子，然后按照地址码 A 和 B 所在行方向画卡诺圈，不能跨越行，如图 4.83 所示。

（3）最后读出所圈的结果，规则是：地址选择码变量不需要写出，只写出其他变量的化简结果，该结果就是地址选择码所选择的数据输入函数。

例如，$AB=00$ 的这一行，两个卡诺圈只看上面的变量 C、D，结果一个圈是 C，另一个圈是 D，则对应地址码 $AB=00$ 的数据端 D_0 输入就是 $C+D$。

（4）根据地址选择码和数据输入值，画出用数据选择器实现的逻辑电路。注意第三行对应是 D_3，第四行对应的是 D_2，容易颠倒。

图 4.83 为用卡诺图法完成例 4.38 的示意图，得到的结果和前面的代数法一致。

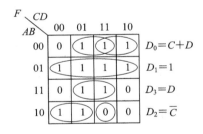

图 4.83 用卡诺图法完成例 4.38

【例 4.39】 试分析如图 4.84 所示的电路的功能。

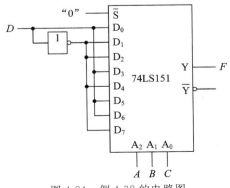

图 4.84 例 4.38 的电路图

解 按照 8 选 1 的输出函数表达式，可以写出图 4.84 中 F 的函数：

$$F = m_0 D + m_1 \overline{D} + m_2 \overline{D} + m_3 D + m_4 \overline{D} + m_5 D + m_6 D + m_7 \overline{D}$$
$$= \overline{A}\,\overline{B}\,\overline{C}D + \overline{A}\,\overline{B}C\overline{D} + \overline{A}B\,\overline{C}\,\overline{D} + \overline{A}BCD + A\,\overline{B}\,\overline{C}\,\overline{D}$$
$$+ A\,\overline{B}CD + AB\,\overline{C}D + ABC\,\overline{D}$$

根据上式，可以写出 F 的真值表，如表 4.34 所示。

表 4.34 例 4.39 的真值表

A	B	C	D	F	A	B	C	D	F
0	0	0	0	0	1	0	0	0	1
0	0	0	1	1	1	0	0	1	0
0	0	1	0	1	1	0	1	0	0
0	0	1	1	0	1	0	1	1	1
0	1	0	0	1	1	1	0	0	0
0	1	0	1	0	1	1	0	1	1
0	1	1	0	0	1	1	1	0	1
0	1	1	1	1	1	1	1	1	0

仔细观察真值表，可以看出，当 4 个输入 A、B、C、D 中有奇数个 1 时，输出 $F=1$；当输入 A、B、C、D 中有偶数个 1 时，输出 $F=0$。这个电路可以称为是判奇电路。也可以认为这个电路的功能是产生输入编码 $ABCD$ 的偶校验位，即输出 F 的取值，使得 A、B、C、D、F 这 5 个变量中 1 的个数为偶数。

4.5.6 数据分配器

数据分配是数据选择的逆过程，它将单路数据输入分配到多路输出上。因此，数据分配器就是根据地址选择码，将一路输入数据分配给多路数据输出中的某一路输出的逻辑电路。它实现的是时分多路传输电路中接收端电子开关的功能，故又称为解复器（Demultiplexer），并用 DMUX 来表示。下面以 1 分 4 路数据分配器为例来说明其原理。

1 分 4 路数据分配器的真值表如表 4.35 所示。

表 4.35 1 分 4 路数据分配器的真值表

地址输入		数据输入	输出			
A_1	A_0	D	Y_0	Y_1	Y_2	Y_3
0	0	0	0	0	0	0
0	0	1	1	0	0	0
0	1	0	0	0	0	0
0	1	1	0	1	0	0
1	0	0	0	0	0	0
1	0	1	0	0	1	0
1	1	0	0	0	0	0
1	1	1	0	0	0	1

其中，D 为 1 路数据输入，$Y_0 \sim Y_3$ 为 4 路数据输出，A_1、A_0 为地址选择码输入端。其输出函数表达式为：

$$Y_0 = \overline{A_1}\,\overline{A_0}\,D, \quad Y_1 = \overline{A_1}\,A_0 D, \quad Y_2 = A_1\,\overline{A_0}\,D, \quad Y_3 = A_1\,A_0\,D$$

据此，可以画出其电路图，如图 4.85(a)所示；其逻辑符号如图 4.85(b)所示。

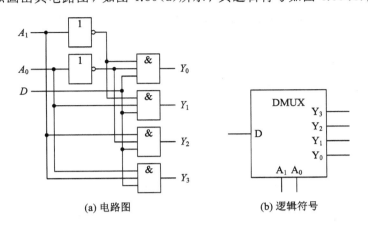

图 4.85 1 分 4 路数据分配器

对比数据分配器和二进制译码器的真值表及函数表达式，可以看出，译码器实际上可以实现数据分配器的功能。因此，并没有专门的数据分配器集成模块，工程上一般都以通用二进制译码器替代数据分配器。

【例 4.40】 用译码器 74LS138 实现 8 路数据分配器。

解 74LS138 译码器有 3 个输入代码，可以作为 1 分 8 路数据分配器的地址选择；译码输出的 8 个信号作为 8 路数据分配器的 8 路输出，而数据分配器的 1 路数据输入就只能用译码器的使能端来替代。用 74LS138 实现 8 路数据分配器如图 4.86 所示。

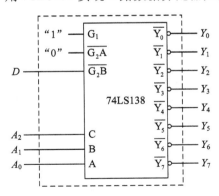

图 4.86 用 74LS138 实现 8 路数据分配器

在图 4.86 中，用 $\overline{G_2 B}$ 作为数据分配器的数据输入 D，当 $D=1$ 时，无论 $A_2 A_1 A_0$ 选择哪一路，译码器不工作，Y_i 输出都为 1；当 $D=0$ 时，则译码器工作，只有 $A_2 A_1 A_0$ 选中的那一路，其输出才为 0。以第 2 路为例，$A_2 A_1 A_0 = 010$，此时若 $D=1$，则 $Y_2 = 1$；若 $D=0$，则 $Y_2 = 0$。可见，符合数据分配器的逻辑要求。

187

本章小结

按照输入和输出之间的依赖关系，逻辑电路分为组合逻辑电路和时序逻辑电路。组合逻辑电路特点是：结构上无反馈、功能上无记忆、电路在任何时刻的输出都由该时刻的输入信号完全确定。本章的重点内容有以下四点：

1. 组合逻辑电路的分析

组合逻辑电路的分析就是要通过分析，推导出给定电路输出变量与输入变量之间的逻辑关系，并确定电路的逻辑功能。分析过程为：

（1）根据给定的逻辑电路图，从输入到输出，逐级写出逻辑表达式，最终得到输出变量和输入变量之间的逻辑函数。

（2）化简输出函数的逻辑表达式。

（3）列出输出函数对应的真值表。

（4）根据逻辑表达式或真值表，判断与描述电路的逻辑功能。

2. 组合逻辑电路的设计

组合逻辑电路的设计是分析的逆过程，它由给出的实际逻辑问题开始，经过逻辑抽象、形式化描述、化简等设计步骤，最终求出实现其功能的逻辑电路。组合逻辑电路的设计过程包括：

（1）进行逻辑抽象与状态编码：主要含确定输入/输出变量、命名、逻辑状态赋值。

（2）形式化描述：列出真值表，写出逻辑表达式。

（3）确定使用的器件。

（4）依据选用的器件要求，进行逻辑函数的化简或者形式变换。

（5）画出逻辑电路图。

3. 组合逻辑电路中竞争与冒险

在组合逻辑电路中，由于延迟的存在，在两个输入信号同时发生变化或者一个输入信号发生变化后，经过不同路径到达某一逻辑门输入端的时间有先后差异，这个现象称为竞争。产生错误输出的竞争称为临界竞争；而不产生错误输出的竞争称为非临界竞争。临界竞争会引发险象，即输出信号发生非预期的毛刺现象。如果一个电路可能产生尖峰毛刺，则称该电路存在冒险。

险象可以通过代数法和卡诺图法进行判定，消除险象则一般通过添加冗余项、输出端接入滤波电容和引入输出选通信号三种方法来实现。

4. 典型组合逻辑电路

加法器是一种最基本的算术运算电路，其功能是实现二进制数的加法运算，它是计算机运算器的基础部件。全加器是完成1位二进制加法的器件，多个全加器可以通过行波进位的方法实现多位二进制加法器，也可以通过先行进位电路，将多个全加器连接起来，构成速度更快的超前进位的二进制加法器。

数值比较器能实现对两个数值进行大小比较。

编码器的功能是：将输入的一组二值电信号变成对应的二进制代码。n 位二进制编码器用 n 位二进制代码对输入的 2^n 个电信号进行编码，它有 2^n 个输入信号，n 个输出信号（n 位编码）。优先编码器允许某一时刻有多个输入信号同时有效，并对输入信号规定了不同的优先等级，它输出优先级最高的有效输入信号的编码。除了二进制编码器，常见的还有 10 线-4 线编码器，它能对 10 个输入信号进行 BCD 编码。

译码是编码的逆过程，n 位二进制译码器将输入的 n 位二进制代码翻译成 2^n 个信号输出，它有 n 个输入信号（n 位编码），2^n 个输出信号。对于任何一个输入代码，只有其对应的输出信号有效（高电平或者低电平），其他输出信号无效。除了二进制译码器，常见的还有二-十进制译码器（4 线-10 线译码器），它能对 BCD 码进行译码。数字显示译码器是 4 线-7 线译码器，用于数码管的显示译码，输入 4 位编码，输出为 7 段数码管的显示字形。译码器主要用于计算机中地址的译码，也可以用于实现组合逻辑函数。

数据选择器（多路选择器或者多路复用器）能根据输入的地址码，从多路并行输入的数据中，选择一路数据输出。n 位地址码，能实现 2^n 选 1 的数据选择器，它的输入是 n 位地址码及 2^n 个数据输入，输出为 1 个信号。它用于实现多选一的多路开关，也可以用于实现组合逻辑函数。

数据分配是数据选择的逆过程。数据分配器根据输入的地址选择码，将一路输入数据分配给多路数据输出中的某一路。n 位地址码，能实现 1 分 2^n 路的数据分配器，它的输入是 n 位地址码及 1 路数据输入，输出为 2^n 路数据输出。数据分配器一般都以通用二进制译码器替代。

习　　题

4.1　寻找与思考生活中，类似组合逻辑电路和时序逻辑电路的例子，用数字电路的形式化方法描述其输入和输出。

4.2　试写出如图 4.2(b) 的电路输出 F 的逻辑函数。

4.3　将图 4.4(f) 的信号具体化，如图 X4.1 所示，请：

(1) 举出一个例子具体化 E3 和 E4 的电路，说明该电路是组合逻辑电路；

(2) 举出一个例子具体化 E3 和 E4 的电路，说明该电路不是组合逻辑电路。

4.4　分析例 1.9 所述的逻辑问题，判断该电路是组合逻辑电路还是时序逻辑电路，为什么？

4.5　试分析如图 X4.2 所示的组合逻辑电路，说明电路功能。

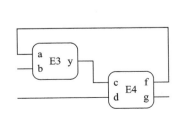

图 X4.1　习题 4.3 图

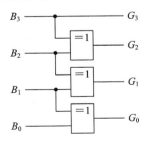

图 X4.2　习题 4.5 图

4.6 试分析如图 X4.3 所示的由或非门构成的组合逻辑电路,并改用最少的与非门实现电路的功能。

4.7 试分析如图 X4.4 所示的组合逻辑电路,并用与非门实现该电路的逻辑功能。

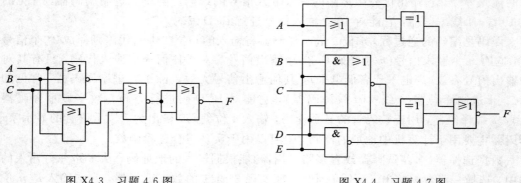

图 X4.3 习题 4.6 图   图 X4.4 习题 4.7 图

4.8 试分析如图 X4.5 所示的组合逻辑电路,其中,S_3、S_2、S_1、S_0 为功能控制输入端,请列出真值表,说明 F 与 A、B 之间的逻辑关系。

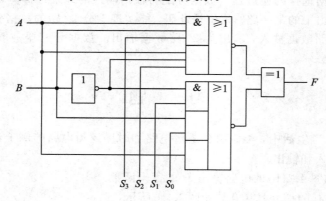

图 X4.5 习题 4.8 图

4.9 在例 4.7 中,若逻辑门 G_3 的输出为 Q 点,请分析若 Q 点发生"恒 0"故障或"恒 1"故障,要如何测试与确认?

4.10 完成例 1.7 的逻辑问题对应的数字电路设计:Tom 正在野炊,如果下雨或者有蚂蚁,Tom 将不能享受野炊;用最少的逻辑门设计一个数字电路,输出 Tom 能否享受野炊。

4.11 在例 1.10 中,将交通信号灯的状态(S_0～S_3 四种状态)作为输入变量,两个方向的 6 盏信号灯作为输出变量,那么这是个组合逻辑电路的问题。请选择一种系统状态的编码,完成该组合逻辑电路的设计。

4.12 完成习题 1.17 的设计:Tom 要在没有蚂蚁和蜜蜂的晴天去野炊;如果他能听到百灵鸟的歌唱,即使是有蚂蚁和蜜蜂,他也要去野炊。用与非门实现 Tom 是否去野炊这个问题,输入没有反变量。

4.13 使用或非门,重新完成例 4.9 中的血型配对指示器的电路设计。

4.14　如果要求：不允许输入有反变量，请重新完成上一题。

4.15　对于例 4.11，假设输入是一个 3 位的二进制数，重新设计其电路。

4.16　一个四功能逻辑运算电路由 S_1 和 S_0 来选择运算功能，对输入 A 和 B 进行逻辑运算，如表 X4.1 所示。试用逻辑门设计该电路。

表 X4.1　习题 4.16 的功能表

S_1	S_0	F
0	0	AB
0	1	$A+B$
1	0	$\overline{A}$
1	1	$A \oplus B$

4.17　试设计一个 BCD 码转换电路，将一位 8421BCD 码转换为 $84-2-1$ 码。

4.18　用与非门设计一个素数检测器，输入 4 位二进制编码，当对应的数字为素数时，输出为 1，否则输出为 0。

4.19　试用或非门设计一个 8421BCD 码检测电路，当输入的数字 $3 \leqslant X \leqslant 7$ 时，输出为 1，否则输出为 0。

4.20　设计一个电路，实现血型相合检测功能：输入为母亲的血型和孩子的血型，输出为 F，血型相合 $F=1$，血型不相合 $F=0$。父母与孩子血型的相关资料，请自行查阅。

4.21　用与非门设计，分别实现下列功能的组合逻辑电路：

(1) 三变量表决电路（输出变量状态与多数输入变量的状态保持一致）；

(2) 三变量不一致电路（3 个变量状态不相同时输出为 1，全相同时输出为 0）；

(3) 三变量判奇电路（3 个变量中有奇数个 1 时输出为 1，否则输出为 0）；

(4) 三变量判偶电路（3 个变量中有偶数个 1 时输出为 1，否则输出为 0）。

4.22　用最少的与非门实现下列逻辑函数，分析电路在什么情况下存在竞争和冒险现象，要求设计的电路不会产生险象：

(1) $F_1(A, B, C) = \sum m(0, 1, 5, 7)$；

(2) $F_2(A, B, C, D) = \sum m(4, 6, 8, 9, 12, 14)$；

(3) $F_3(A, B, C, D) = \sum m(2, 3, 5, 7, 8, 10, 13)$；

(4) $F_4(A, B, C, D) = \sum m(1, 5, 6, 7, 11, 12, 13, 15)$；

(5) $F_5(A, B, C, D) = \prod M(1, 2, 9, 10, 12, 13, 14, 15)$；

(6) $F_6(A, B, C, D) = \prod M(0, 1, 5, 8, 10, 13, 14, 15)$。

4.23　判断函数 $Z = (A + B + \overline{C})(B + C + D)(\overline{A} + \overline{C} + \overline{D})$ 的电路是否存在险象。如果存在，说明在什么情况下会产生险象以及险象的类型。如何消除险象？写出无险象的函数式。

4.24　判断如图 X4.6 所示的电路是否存在竞争和冒险现象。如果存在险象，请写出发生险象的条件；判断险象的类型，并画出无险象产生的改进电路图。

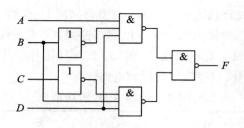

图 X4.6 习题 4.24 图

4.25 尝试使用半加器构造一个全加器。

4.26 试设计一个加/减法器，该电路在控制信号 X 的控制下进行 1 位二进制的加、减运算，当 $X=0$ 时，实现全减器功能（C 为借位）；当 $X=1$ 时，实现全加器功能（C 为进位）。

4.27 基于 74LS183 设计一个如图 4.38 所示的 4 位二进制串行进位加法器，画出引脚连接线路图。

4.28 请查阅 74LS283 的数据手册，分析 74LS283 的内部电路图，得出结论：

（1）74LS283 的内部电路和图 4.40 及图 4.41 所示的电路有什么区别？

（2）仔细研究，其设计思路与逻辑是否和图 4.40 及图 4.41 所示一致？为什么？

4.29 假设所有逻辑门的通过延迟时间均为 t_y，请分析图 4.43 的加法器，正确产生和数和进位输出的运算时间。

4.30 请使用 74LS283 设计一个 16 位加法器，要求片间采用并行进位方案。

4.31 假设所有逻辑门的通过延迟时间均为 t_y，请分析图 4.45 所示的运算器，假设实现加法运算，正确产生和数和进位输出的运算时间。

4.32 尝试使用 74LS183 芯片和 74LS182 芯片，设计一个电路，等价于 74LS283。

4.33 对于例 4.20，假设用 M 来控制转换的方向：$M=0$，从 8421BCD 码转换为余三码；$M=1$，从余三码转换为 8421BCD 码。请在图 4.46 的基础上设计新的电路。

4.34 使用 74LS283 设计一个 1 位余三码加法器，说明设计过程及结果。

4.35 用一片 4 位全加器和必要的逻辑门，设计一个可控的 4 位加/减法器，当控制信号 $M=0$ 时，进行 A 加 B；当 $M=1$ 时，进行 A 减 B。（注：计算机中 A 减 B 是通过 A 加上 B 的反码再加 1 实现的。）

4.36 集成 8 位数值比较器有 74LS682/683/684/685/686/687/688 等诸多标准芯片，请查阅资料，分析它们有何区别？

4.37 选择上题中的一款芯片，尝试基于 74LS85 芯片来设计实现。

4.38 家用空调的控制方法是：

（1）在制冷模式下，如果房间实际温度≥设定温度，则开启压缩机制冷，否则关闭压缩机；制冷模式下，四通阀始终关闭。

（2）在制热模式下，如果房间实际温度≤设定温度，则开启压缩机和四通阀制热；否则关闭压缩机和四通阀。

用 8 位数值比较器实现温度比较，辅以逻辑门，完成对压缩机和四通阀控制的电路设计。

4.39 观察如图 4.57 所示的 16 线-4 线优先编码器中,思考以下问题:

(1) 如果使用芯片(2)的 $\overline{EO_2}$ 作为 16 线-4 线优先编码器的 $\overline{Y_3}$,扩展结果正确吗?

(2) 如果要求编码输出 $\overline{Y_3} \sim \overline{Y_0}$ 变为高电平输出,即原码 $Y_3 \sim Y_0$,那么如何改变电路设计?

4.40 请写出例 4.24 中设计的 16 线-4 线优先编码器的功能表。

4.41 在例 4.25 中,考虑图 4.58 中,能否直接用 $\overline{GS}$ 来作为 Z_3 输出?并说出理由。

4.42 用一片 74LS148 设计实现 74LS147 的功能。

4.43 在例 4.25 中,如果要求实现的 BCD 编码是余三码,那么如何实现?

4.44 在例 4.27 中,如果要求 4 线-16 线译码器的使能端是高电平有效,那么重新设计电路。

4.45 查阅资料,了解集成 4 线-16 线译码器 74LS154 的功能,说说它和例 4.27 设计的 4 线-16 线译码器有何不同?

4.46 使用 2 片 74LS139 级联,设计实现 4 线-16 线译码器 74LS154 的功能。

4.47 在例 4.28 中,将输入信号 A、B、C 分别接在了译码器的 A_2、A_1、A_0 上,假设交换顺序,将 C、B、A 分别接在了 A_2、A_1、A_0 上,那么请问:

(1) 输出的函数 F_1 和 F_2 是否和原来一致?为什么?

(2) 假设一定要将 C、B、A 接 A_2、A_1、A_0,那么如何修改电路?

4.48 用输出高电平有效的 3 线-8 线译码器或 4 线-16 线译码器实现以下函数:

(1) $F_1(A,B,C) = A\overline{B} + B\overline{C} + \overline{A}C$;

(2) $F_2(A,B,C) = (A+\overline{B})(\overline{B}+\overline{C})$;

(3) $F_3(A,B,C) = \sum m(0,2,3,5,7)$;

(4) $F_4(A,B,C,D) = \sum m(0,1,4,6,10,11,12,14)$;

(5) $F_5(A,B,C,D) = \prod M(1,3,5,6,8,10,12,13,15)$。

4.49 试用 74LS138 和逻辑门实现下列逻辑函数:

(1) $F_1(A,B,C,D) = AC + \overline{B}C\overline{D} + \overline{A}B\overline{C}D$;

(2) $F_2(A,B,C) = \prod M(0,3,5,6)$;

(3) $F_3(A,B,C,D) = \sum m(2,4,7,8,9,11,13,15)$。

4.50 使用输出高电平有效的 4 线-16 线译码器和逻辑门实现两个 2 位二进制数的乘积。

4.51 分析例 4.31 中设计的余三码译码器,判断它是否为拒绝伪输入译码器?

4.52 使用例 4.27 中设计的 4 线-16 线译码器,构成一个 8421BCD 码译码器。

4.53 使用例 4.27 中设计的 4 线-16 线译码器,构成一个 2421BCD 码译码器。

4.54 试用一片 4 选 1 数据选择器和适当的逻辑门设计一个 4 位二进制数的偶校验位产生电路。(输出要使得 4 位输入和 1 位输出的 5 位编码中,"1"的个数为偶数。)

4.55 用一片 4 线-16 线译码器和适当的逻辑门实现余三码到 8421BCD 码的转换。

4.56 试分析如图 X4.7 所示的电路的功能。

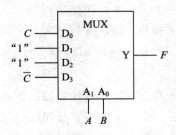

图 X4.7　习题 4.56 图

4.57　分别用 4 选 1 和 8 选 1 数据选择器实现下列逻辑函数：

(1) $F_1(A, B, C, D) = \sum m(3, 4, 5, 10, 11, 13, 14)$；

(2) $F_2(A, B, C, D) = \sum m(1, 2, 5, 6, 7, 10, 15) + \sum d(0, 3, 8, 9)$；

(3) $F_3(A, B, C, D) = \prod M(0, 4, 8, 9, 10, 12, 14) + \prod D(1, 3, 5, 6, 11, 13)$。

第5章 时序逻辑电路的存储元件

时序逻辑电路与组合逻辑电路有很大的不同：时序逻辑电路的输出不仅与当前的输入有关，还与以前的输入有关；电路的输入信号序列使用存储元件保存下来。时序逻辑电路的关键特征就是具有记忆功能，而存储元件即是构成时序逻辑电路的基本记忆元件，它能储存数字信息"0"和"1"。最基本的存储元件是锁存器和触发器，本章将阐述各类锁存器和触发器的电路构成、工作原理和外部特性，并探讨其常见应用。

5.1 存储元件概述

如前所述，存储元件是时序系统中不可或缺的组成部分，是与组合逻辑电路区分的根本特征。在数字电路的各种应用中，大多数存储单元使用双稳态（Bistable）元件，典型的两类双稳态存储元件就是锁存器和触发器。

5.1.1 双稳态元件

具有记忆功能的时序电路元件一般都具有两个稳定状态"0"和"1"，称为双稳态元件。图 5.1 是最简单的一种双稳态时序电路，由一对反相器交叉耦合构成了反馈回路。交叉耦合的含义即是：反相器 G_1 的输出 Q 是反相器 G_2 的输入；反之，反相器 G_2 的输出 $\overline{Q}$ 是反相器 G_1 的输入。

显然，这个电路没有输入，只有两个输出 Q 和 $\overline{Q}$。虽然这个电路由门电路构成，但是由于存在反馈回路，Q 取决于 $\overline{Q}$，反之 $\overline{Q}$ 也取决于 Q，因此，需要分情况讨论：

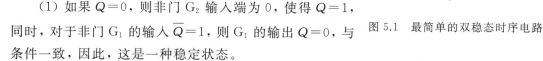

图 5.1 最简单的双稳态时序电路

（1）如果 $Q=0$，则非门 G_2 输入端为 0，使得 $\overline{Q}=1$，同时，对于非门 G_1 的输入 $\overline{Q}=1$，则 G_1 的输出 $Q=0$，与条件一致，因此，这是一种稳定状态。

（2）如果 $Q=1$，则非门 G_2 输入端为 1，使得 $\overline{Q}=0$，同时，对于非门 G_1 的输入 $\overline{Q}=0$，因此 G_1 的输出 $Q=1$，也与条件一致，因此，这是另一种稳态。

可见，该电路具有两种稳态：$Q=0$ 和 $Q=1$，分别称为"0"稳态和"1"稳态。因为没有输入，故这个电路在上电后，它的初始状态不确定，随机出现两种稳态中的一种，或者"0"或者"1"，并永久地保持这一稳态。这种双稳态元件虽然能存储"0"和"1"信息，但是每次上电后的初始状态是不可预测的，并且不可更改，因此没有实用价值。

为了使得双稳态元件能够被控，需要添加输入控制信号，这样就变成了锁存器（Latch）和触发器（Flip - Flop）。严格来说，锁存器和触发器的区别在于：锁存器的输出在任何时刻都可以改变，它取决于当前的输入及电平型时钟；而触发器的输出虽然也取决于输入控制信号，但规定只能在时钟信号变化的那一瞬间改变其状态输出。

很多时候，这两者并没有严格区分，广义上将触发器泛指为具有存储0/1代码且能够设定0/1状态的双稳态元件。例如，有些资料上将没有时钟信号的锁存器称为基本触发器，将有电平型时钟信号的锁存器称为钟控触发器。本书中，基本 R－S 锁存器和钟控锁存器属于严格定义的锁存器，各种边沿触发器（主从触发和边沿触发的触发器）则属于严格定义的触发器。

5.1.2　锁存器/触发器的特点与分类

如前所示，触发器是既能存储数字信号，又能控制状态转换的双稳态元件的总称。它是数字电路中最基本的存储元件，有两个稳定状态，用于表示二值信息"0"和"1"。

触发器的类型很多，但是它们共同具有的特点如下：

（1）具有两个能自行保持的稳定状态，用来表示二进制的"1"和"0"，或者用来表示逻辑状态的"真"和"假"。

（2）具有一对互补的输出信号 Q 和 $\overline{Q}$，$Q=0$ 表明触发器存储了"0"，$Q=1$ 表明触发器存储了"1"。

（3）触发器具有输入信号，在规定的触发条件下，可将触发器设置为"0"或者"1"。

（4）输入信号消失后或者触发条件无效后，电路仍能将获得的新状态保存下来。

（5）可能存在时钟信号，用于规定电路状态改变的时间或时刻。

门电路和触发器是构成数字电路的基本单元。然而，触发器本身也是由门电路构成的，不同的是构成触发器的门电路中含有反馈结构，从而使其具有记忆功能，即触发器在某时刻的状态不仅取决于该时刻的输入，还与触发器原来的状态有关。而普通无反馈结构门电路无记忆功能，由它构成的电路在某时刻的输出完全取决于该时刻的输入，与电路原来状态无关。

为区分触发器变化前后的状态，用 Q^n 表示触发器接收输入信号之前的状态，称为现态或者原态，用 Q^{n+1} 表示触发器接收输入信号之后的状态，称为次态或新态。在没有特别说明的情况下，Q 通常是指 Q^n。即现态；也泛指状态输出信号本身。

触发器的种类很多，根据功能特性或者激励方式（指由输入改变触发器状态的方式）的不同，可以分为 R－S 触发器、JK 触发器、D 触发器、T 触发器和 T′触发器等。根据电路结构的不同，可以分为基本 R－S 锁存器、钟控锁存器、主从式触发器和边沿触发器等。根据触发方式（指触发器状态变化时刻的控制方式）的不同，又可以分为电平触发、主从触发和边沿触发的触发器。

下面，我们按照锁存器和触发器的演变过程，对其电路结构、工作原理和功能特性等逐步展开讨论。

5.2　基本锁存器

在所有的锁存器和触发器中，基本 R－S 锁存器是最简单的一种，但同时它也是所有锁存器和触发器的基础,各类锁存器和触发器均是由基本 R-S 锁存器演变而来的。

5.2.1 基本 R-S 锁存器

1. 电路结构

基本 R-S 锁存器的电路结构如图 5.2(a)所示,其由两个"或非门"交叉耦合构成。图 5.2(b)为基本 R-S 锁存器的逻辑符号。

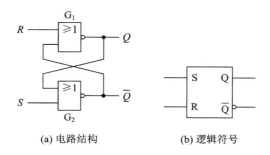

(a) 电路结构   (b) 逻辑符号

图 5.2 或非门构成的基本 R-S 锁存器

由图 5.2 可知,锁存器的输入信号为 S 和 R;S(Set)是置位输入信号,又称为置位端;R(Reset)是复位(清零)输入信号,又称为复位端;R 和 S 均为高电平有效。锁存器的输出信号为 Q 和 $\bar{Q}$,在电路正常工作的情况下,Q 和 $\bar{Q}$ 是互补的,即一个为"0",另一个就为"1",反之亦然。锁存器的状态是以输出信号 Q 为指示的,$Q=0$、$\bar{Q}=1$ 表明锁存器置(存)"0",$Q=1$、$\bar{Q}=0$ 表明锁存器置(存)"1",这是锁存器的两个稳态。在图 5.2(b)中,输出信号 $\bar{Q}$ 在方框外部有一个小圈,表明是低电平输出有效(即若 $\bar{Q}=0$,则 $Q=1$,状态为 1,有效)。

2. 工作原理

基本 R-S 锁存器根据 S 和 R 来决定其状态,即在 S、R 输入端有输入时,基本 R-S 锁存器可以从一种状态转换到另一种状态。对于图 5.2(a)所示由或非门构成的基本 R-S 锁存器,写出 Q 和 $\bar{Q}$ 的逻辑表达式:

$$Q^{n+1} = \overline{R + \overline{Q^n}}$$
$$\overline{Q^{n+1}} = \overline{S + Q^n}$$

(5.1)

用 Q^{n+1} 和 $\overline{Q^{n+1}}$ 表示 Q 和 $\bar{Q}$ 的次态,原态/现态则使用 Q^n 和 $\overline{Q^n}$ 表示,分析输入 R 和 S 与输出 Q 和 $\bar{Q}$ 之间的逻辑关系:

(1) 输入端 $R=0$,$S=0$ 时,由式(5.1)可知,$Q^{n+1} = \overline{0 + \overline{Q^n}} = Q^n$,$\overline{Q^{n+1}} = \overline{0 + Q^n} = \overline{Q^n}$,$Q$ 和 $\bar{Q}$ 稳定保持原来状态不变,即锁存器保持原态不变。

(2) 输入端 $R=0$,$S=1$ 时,因为 $S=1$,则或非门 G_2 一定输出 $\bar{Q}=0$,随后这个"0"反馈到或非门 G_1,因为 $R=0$ 且 $\bar{Q}=0$,所以或非门 G_1 输出 Q 也变为"1"。由此,锁存器被置"1"。按照式(5.1)可得出同样的结论。

(3) 输入端 $R=1$,$S=0$ 时,因为 $R=1$,则或非门 G_1 一定输出 $Q=0$,随后这个"0"反馈到或非门 G_2,因为 $S=0$ 且 $Q=0$,所以或非门 G_2 输出 $\bar{Q}$ 也变为"1"。由此,锁存器被置"0"。同理，按照式(5.1)可得出同样的结论。

（4）输入端 $R=1$，$S=1$ 时，两个或非门一定都输出 0，即 $Q=0$ 且 $\overline{Q}=0$。这是处于锁存器两个稳态之外的状态，破坏了 Q 和 $\overline{Q}$ 应为互补输出的约定，尤其在输入 R 和 S 全部由"1"变为"0"时，会出现次态不确定的状况，因此该状态禁止出现，称为禁用态。

对于时序逻辑电路而言，状态转移图是描述电路状态随输入而进行变化的最直观的方式。图 5.3 为基本 R-S 锁存器的状态转移图。

在状态转移图中，用圆圈表示各个状态，圆圈内写明状态的名称或者代表状态的数字；用带箭头的线条表示状态的转移关系，线条上的数字表明输入和输出信号的值，一般记为 X/Z，即表明在输入信号 X 取什么值的状态下从现态转到次态，并且输出信号 Z 同时变化为新值。状态转移图中，从每一个状态出发的线条数 m 与输入信号的个数 n 有关，在完整的状态转移图中，$m=2^n$。

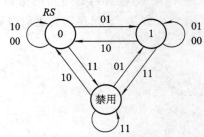

图 5.3　基本 R-S 锁存器的状态转移图

在图 5.3 中，R-S 锁存器除了状态输出外，没有其他输出，表明状态转移的线条上只有 R 和 S，没有输出。基本 R-S 锁存器有稳定状态"0"和"1"状态，还有"禁用"状态。"0"状态下，当 R、S 输入为 00、01、10、11 时，分别转移到"0"状态、"1"状态、"0"状态和"禁用"状态。"1"状态下，当 R、S 输入为 00、01、10、11 的情况下，分别转移到"1"状态、"1"状态、"0"状态和"禁用"状态。"禁用"状态下，当 R、S 输入为 01 时，转移到"1"状态；当 R、S 输入为 10 时，转移到"0"状态；当 R、S 输入为 11 时，仍旧处在"禁用"状态；当 R、S 输入同时变为 00 时，次态无法确定，这就是该状态禁用的原因之一。

3. 状态转换真值表与特性表

状态转换真值表是反映锁存器次态 Q^{n+1} 与输入信号 R、S 及现态 Q^n 之间对应关系的真值表。根据前述分析，可以写出基本 R-S 锁存器的状态转换真值表，如表 5.1 所示。

表 5.1　基本 R-S 锁存器的状态转换真值表

R	S	Q^n	Q^{n+1}	$\overline{Q^{n+1}}$	功能描述
0	0	0	0	1	保持
0	0	1	1	0	保持
0	1	0	1	0	置位
0	1	1	1	0	置位
1	0	0	0	1	复位
1	0	1	0	1	复位
1	1	0	0	0	禁用
1	1	1	0	0	禁用

特性表则以简化的方式描述了锁存器的功能特性，它重点关注的是在不同的输入下锁

存器的外部行为表现。表 5.2 是基本 R－S 锁存器的特性表。其中，d 表示状态不确定。

表 5.2　基本 R－S 锁存器的特性表

R	S	Q^{n+1}	功能描述
0	0	Q^n	保持
0	1	1	置位
1	0	0	复位
1	1	d	禁用

虽然在表 5.1 中，当 $R=1$、$S=1$ 时，次态 Q^{n+1} 和 $\overline{Q^{n+1}}$ 为确定的"0"，但是这个状态一方面非"0"非"1"；另一方面，当 R 和 S 同时变为 0 时，次态就不确定了，因此在表 5.2 中，用 d 表示输入信号 $RS=11$ 状态下的次态，指明其为无关项。

4. 特性方程

特性方程是反映锁存器次态 Q^{n+1} 与输入信号 R、S 和现态 Q^n 之间逻辑关系的函数方程。由表 5.1 的状态转换真值表，画出基本 R－S 锁存器 Q^{n+1} 的卡诺图，如图 5.4 所示。

如前所述，虽然在 $RS=11$ 的状态下，Q^{n+1} 确切地输出 0，但是因为该状态禁用，因此，图 5.3 所示的卡诺图中将其设定为无关项 d。按照卡诺图化简规则，可以求出基本 R－S 锁存器的特性方程为：

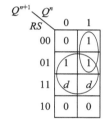

图 5.4　基本 R－S 锁存器的 Q^{n+1} 卡诺图

$$\begin{cases} Q^{n+1}=S+\overline{R}Q^n \\ R \cdot S=0 \quad (约束条件) \end{cases} \tag{5.2}$$

式中，$R \cdot S=0$ 是约束条件，即 R 和 S 不能同时为 1，也就是规定 R 和 S 不能处于禁用态。在遵循约束条件 $R \cdot S=0$ 的前提下，可以将输入信号 R、S 和现态 Q^n 的取值代入特性方程，计算出锁存器的次态输出 Q^{n+1}。

【例 5.1】　依据基本 R－S 锁存器的原理，画出如图 5.5(a)所示的 R、S 输入序列下 Q 的输出波形。假设 Q 的初态为"0"。

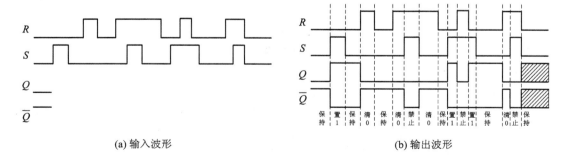

| (a) 输入波形 | (b) 输出波形 |

图 5.5　例 5.1 的基本 R－S 锁存器的波形图

解　由基本 R－S 锁存器的特性及状态转换真值表可以逐个分析输入 R 和 S 的状态，以确定输出 Q 和 $\overline{Q}$ 的取值，画出波形，如图 5.5(b)所示。

在图 5.5(b)中有三个禁止态（$R=S=1$），在禁止态下，Q 和 $\overline{Q}$ 的取值都是确定的逻辑

"0"。在第一个禁止态后，S 端降为 0，则锁存器处于清零态，所以恢复到 $Q=0$，$\overline{Q}=1$ 的"0"态；在第二个禁止态后，R 端降为 0，则锁存器处于置位态"1"态，Q 就恢复到 1；到最后一个禁止态，S 端和 R 端同时降为 0，进入保持态，此时，锁存器状态不确定（斜纹标识的波形）。因此，禁止态下，Q 和 $\overline{Q}$ 都保持确定的 0，是非"0"非"1"态；当禁止态转到保持态时，锁存器状态才是不确定的。

5.2.2　基本 $\overline{R}$-$\overline{S}$ 锁存器

将基本 R-S 锁存器中的或非门更改成与非门实现，就变成了基本 $\overline{R}$-$\overline{S}$ 锁存器。

1. 电路结构

基本 $\overline{R}$-$\overline{S}$ 锁存器的电路结构如图 5.6(a)所示，由两个"与非门"构成反馈回路，图 5.6(b)为基本 $\overline{R}$-$\overline{S}$ 锁存器的逻辑符号。

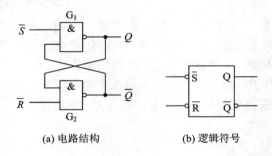

(a) 电路结构　　　　　(b) 逻辑符号

图 5.6　与非门构成的基本 $\overline{R}$-$\overline{S}$ 锁存器

对比图 5.2(a)和图 5.6(a)可知，基本 $\overline{R}$-$\overline{S}$ 锁存器的输入信号 R 和 S 均为低电平有效，因此输入用 $\overline{R}$ 和 $\overline{S}$ 符号表示，锁存器的输出信号仍旧为互补的 Q 和 $\overline{Q}$。与图 5.2(b)不同的是，图 5.6(b)中，输入信号 $\overline{S}$ 和 $\overline{R}$ 在方框外部均有一个小圆圈，表明信号低电平有效（此为约定的表达方式），即=0 表明信号有效，=1 表明信号无效。例如，$\overline{S}=0$，表明置位输入信号有效，则触发器会置"1"；$\overline{S}=1$，表明置位输入信号无效，则锁存器要么保持，要么置"0"，此时取决于 $\overline{R}$ 的状态。

2. 工作原理

与基本 R-S 锁存器类似，基本 $\overline{R}$-$\overline{S}$ 锁存器根据 $\overline{R}$ 和 $\overline{S}$ 来决定其状态，即在 $\overline{R}$、$\overline{S}$ 输入端有输入时，基本 $\overline{R}$-$\overline{S}$ 锁存器可以在"0"状态和"1"状态间进行转换。

下面分析输入控制端 $\overline{R}$、$\overline{S}$ 与输出 Q 和 $\overline{Q}$ 之间的逻辑关系：

(1) 输入端 $\overline{R}=0$、$\overline{S}=0$ 时，两个与非门一定都输出 1，即 $Q=1$ 且 $\overline{Q}=1$。这使锁存器处于非"0"非"1"的状态，破坏了 Q 和 $\overline{Q}$ 应为互补输出的约定，且在输入 $\overline{R}$ 和 $\overline{S}$ 由全"0"变为全"1"时，会出现次态不确定的状况，因此该状态禁用。

(2) 输入端 $\overline{R}=0$、$\overline{S}=1$ 时，因为 $\overline{R}=0$，所以与非门 G_2 一定输出 $\overline{Q}=1$，随后这个"1"反馈到与非门 G_1 输入端。又因为 $\overline{S}=1$，所以与非门 G_1 输出 Q 也变为"0"。因此，锁存器被置"0"。

(3) 输入端 $\overline{R}=1$、$\overline{S}=0$ 时，因为 $\overline{S}=0$，所以与非门 G_1 一定输出 $Q=1$，随后这个"1"

反馈到与非门 G_2 输入端。又因为 $\overline{R}=1$ 且 $Q=1$，所以与非门 G_2 输出 $\overline{Q}$ 也变为"0"。因此，锁存器被置"1"。

（4）输入端 $\overline{R}=1$、$\overline{S}=1$ 时，如果 $Q=0$，则与非门 G_2 输出 $\overline{Q}=1$，然后又反馈到与非门 G_1，使得 $Q=0$，保持稳定的"0"态；如果 $Q=1$，则与非门 G_2 输出 $\overline{Q}=0$，然后又反馈到与非门 G_1，使得 $Q=1$，保持稳定的"1"态。因此，在该输入状态下，锁存器的 Q 和 $\overline{Q}$ 稳定保持原态不变。

3. 状态转换真值表与特性表

由与非门构成的基本 $\overline{R}$-$\overline{S}$ 锁存器的状态转换真值表如表 5.3 所示。

表 5.3 基本 $\overline{R}$-$\overline{S}$ 锁存器的状态转换真值表

$\overline{R}$	$\overline{S}$	Q^n	Q^{n+1}	$\overline{Q^{n+1}}$	功能描述
0	0	0	1	1	禁用
0	0	1	1	1	禁用
0	1	0	0	1	复位
0	1	1	0	1	复位
1	0	0	1	0	置位
1	0	1	1	0	置位
1	1	0	0	1	保持
1	1	1	1	0	保持

基本 $\overline{R}$-$\overline{S}$ 锁存器的特性表如表 5.4 所示，其中，d 表示状态不确定。

表 5.4 基本 $\overline{R}$-$\overline{S}$ 锁存器的特性表

$\overline{R}$	$\overline{S}$	Q^{n+1}	功能描述
0	0	d	禁用
0	1	0	复位
1	0	1	置位
1	1	Q^n	保持

虽然在表 5.3 中，当 $\overline{R}=0$、$\overline{S}=0$ 时，次态 Q^{n+1} 和 $\overline{Q^{n+1}}$ 为确定的"1"，但是此状态一方面非"0"非"1"，另一方面，当 $\overline{R}$ 和 $\overline{S}$ 同时变为 1 时，次态也不能确定，因此在表 5.4 中，用 d 表示输入信号 $\overline{R}=0$、$\overline{S}=0$ 状态下的次态，指明其为无关项。

4. 特性方程

基本 $\overline{R}$-$\overline{S}$ 锁存器 Q^{n+1} 的卡诺图如图 5.7 所示。虽然在 $\overline{R}=0$、$\overline{S}=0$ 的状态下，Q^{n+1} 确切地输出 1，但是因为该状态禁用，因此，图5.7所示的卡诺图中将其设定为无关项 d。据此，可以求出基本 $\overline{R}$-$\overline{S}$ 锁存器的特性方程为：

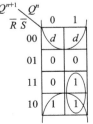

图 5.7 基本 $\overline{R}$-$\overline{S}$ 锁存器的 Q^{n+1} 卡诺图

$$\begin{cases} Q^{n+1} = S + \overline{R}Q^n \\ \overline{R} + \overline{S} = 1 \quad \text{（约束条件）} \end{cases}$$ 　（5.3）

式中，$\overline{R} + \overline{S} = 1$ 是约束条件，即 $\overline{R}$ 和 $\overline{S}$ 不能同时为 0，也就是规定 $\overline{R}$ 和 $\overline{S}$ 不能处于禁用态。同理，在遵循约束条件 $\overline{R} + \overline{S} = 1$ 的前提下，可以将输入信号 $\overline{R}$、$\overline{S}$ 和现态 Q^n 的取值代入特性方程，计算出锁存器的次态输出 Q^{n+1}。

对比式（5.2）和式（5.3）可知，或非门构成的基本 R‐S 锁存器和与非门构成的基本 $\overline{R}$‐$\overline{S}$ 锁存器，其特征方程是一致的；约束条件在逻辑意义上一致，即 $R \cdot S = 0$ 逻辑上等价于 $\overline{R} + \overline{S} = 1$，但是物理意义上有差异，或非门构成的基本 R‐S 锁存器不允许输入信号 R 和 S 同时为 "1"，而与非门构成的基本 $\overline{R}$‐$\overline{S}$ 锁存器则不允许输入信号 $\overline{R}$ 和 $\overline{S}$ 同时为 "0"。

基本 R‐S 锁存器和基本 $\overline{R}$‐$\overline{S}$ 锁存器的优点在于其结构简单，是各种锁存器和触发器的基础结构。其缺点：一是有约束条件，存在电路本身无法控制的禁用状态；二是输入信号的变化直接影响着锁存器的状态输出，而计算机中大部分操作是需要定序的，因此，锁存器的这种特性不便于计算机统一控制。

5.3　钟控锁存器

由于基本 R‐S 锁存器和基本 $\overline{R}$‐$\overline{S}$ 锁存器在任何时间都对输入信号 R/S 或者 $\overline{R}/\overline{S}$ 敏感，即当输入信号发生变化时，将立即且直接影响锁存器的状态输出，所以，基本 R‐S 锁存器和基本 $\overline{R}$‐$\overline{S}$ 锁存器也称为透明触发器。但是在计算机中，不仅需要对暂存的数据内容进行控制，而且对暂存的时刻也有要求，以使计算机按照统一的节拍执行动作。譬如，当运算器运算结束后，才执行保存运算结果的操作。在基本锁存器的电路上增加一个时钟脉冲输入信号 CP（Clock Pulse），用于控制锁存器状态发生改变的时间，这就是钟控锁存器。

5.3.1　钟控 R‐S 锁存器

图 5.8(a) 是钟控 R‐S 锁存器的逻辑电路，图 5.8(b) 是钟控 R‐S 锁存器的逻辑符号。

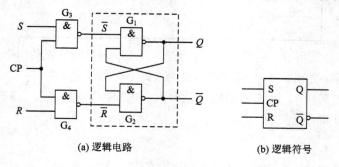

（a）逻辑电路　　　　　　　　　（b）逻辑符号

图 5.8　钟控 R‐S 锁存器

图 5.8(a) 中的虚线框是基本 $\overline{R}$‐$\overline{S}$ 锁存器，其由与非门 G_1、G_2 构成。在基本 $\overline{R}$‐$\overline{S}$ 锁存器的外部添加 2 个与非门 G_3 和 G_4 作为控制门，将输入信号 R、S 分别通过控制门 G_4 和 G_3 传送到基本 $\overline{R}$‐$\overline{S}$ 锁存器的 $\overline{R}$ 和 $\overline{S}$。CP 为时钟脉冲，经过 G_3 和 G_4，作为输入信号

R、S 的控制(使能)信号。

由图 5.8(a)所示电路可见,当 CP=0 时,控制门 G_3、G_4 被封锁(输出为 0),基本 $\overline{R}$-$\overline{S}$ 锁存器则保持原态不变。只有当 CP=1 时,控制门 G_3、G_4 才被打开,输入信号 R 和 S 才会被接收:输入信号 S 经过与非门 G_3 取反,变为 $\overline{S}$;输入信号 R 经过与非门 G_4 取反,变为 $\overline{R}$。结合基本 $\overline{R}$-$\overline{S}$ 锁存器的工作特性,可得到钟控 R-S 锁存器的状态转换表,如表 5.5 所示。

表 5.5 钟控 R-S 锁存器的状态转换表

CP	R	S	Q^n	Q^{n+1}	$\overline{Q^{n+1}}$	功能描述
0	d	d	0	0	1	保持
0	d	d	1	1	0	保持
1	0	0	0	0	1	保持
1	0	0	1	1	0	保持
1	0	1	0	1	0	置位
1	0	1	1	1	0	置位
1	1	0	0	0	1	复位
1	1	0	1	0	1	复位
1	1	1	0	1	1	禁用
1	1	1	1	1	1	禁用

对比表 5.5 与表 5.1 可知,钟控 R-S 锁存器在 CP=1 时除了禁用状态的输出不一致外,其功能等同于基本 R-S 锁存器;而在 CP=0 时,钟控 R-S 锁存器保持原态不变。故钟控 R-S 锁存器的功能特性表如表 5.6 所示。在表 5.6 中,d 代表可以取任意值(0 或者 1),表明是无关项。

表 5.6 钟控 R-S 锁存器的特性表

CP	R	S	Q^{n+1}	功能描述
0	d	d	Q^n	保持
1	0	0	Q^n	保持
1	0	1	1	置位
1	1	0	0	复位
1	1	1	d	禁用

钟控 R-S 触发器的特性方程式为:

$$\begin{cases} Q^{n+1} = S + \overline{R}Q^n & (CP=1) \\ R \cdot S = 0 & (约束条件) \end{cases} \tag{5.4}$$

分析可知,钟控 R-S 锁存器在 CP=1 期间接收输入信号,行为特性与基本 R-S 锁存器相同;而当 CP=0 时锁存器处于保持状态。添加了 CP 信号的优势在于:多个这样的锁存器可以在同一个时钟脉冲控制下统一动作(置入数据或者保持不变)。

如果约束条件始终有效(不考虑禁用状态),则钟控 R-S 锁存器的状态转移图如图 5.9 所示。

但是,在钟控 R-S 锁存器的使用过程中,如果违反了 $RS=0$ 的约束条件(即当 $R=S=1$ 时)则可能出现下列不正常的情况之一:

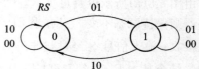

图 5.9 钟控 R-S 锁存器的状态转移图

(1) 当 CP=1 时,如果 $RS=11$,则将出现 $Q=\overline{Q}=1$ 的非法状态。

(2) 当 CP=1 时,如果 $RS=11$,R 和 S 有一个从 1 变为 0($RS=01$ 或者 $RS=10$),则锁存器的状态恢复到正常的"1"或"0"稳态;但是如果从 $RS=11$ 状态,R 和 S 同时从 1 变为 0($RS=00$),则锁存器下一状态不可预测,结果不确定。

(3) 当 $RS=11$ 时,如果 CP 突然从 1 变为 0,则与锁存器从 $RS=11$ 变为 $RS=00$ 时的行为一样,锁存器也会出现结果不确定的情况,下一状态不可预测,输出可能进入亚稳态。

因此,对于钟控 R-S 锁存器而言,$R=S=1$ 既没有意义,同时也是禁用状态。

【例 5.2】 图 5.10(a)所示是钟控 R-S 锁存器的输入波形。依据其原理,画出的 CP、R、S 输入序列作用下 Q 的输出波形。假设 Q 的初态为"0"。

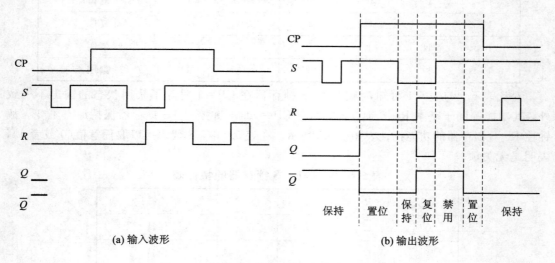

(a) 输入波形

(b) 输出波形

图 5.10 例 5.2 的钟控 R-S 锁存器的波形图

解 由钟控 R-S 锁存器的特性可知:当 CP=0 时,无论 R 和 S 如何变化,锁存器都处于保持态;当 CP=1 时,才按照 R 和 S 输入值,确定锁存器的状态。依此画出 Q 和 $\overline{Q}$ 状态变化,如图 5.10(b)所示。

从图 5.10(b)中可以看出,在 CP 为"1"期间,若输入信号 R 和 S 发生了变化,则 Q 端也随之变化,这种现象被称为空翻。因此,钟控 R-S 锁存器存在空翻问题和约束条件。

5.3.2 钟控 D 锁存器

钟控 R-S 锁存器使用时钟信号 CP,实现了锁存器的输入影响状态输出的定时控制,然而它的使用仍旧受着约束条件的限制,不够方便。另外,计算机中常常需要简单地存储一些二进制的数据位信息。这时，最常使用的就是钟控 D 锁存器，又称为电平型 D 触发器，它广泛应用于数据暂存。

钟控 D 锁存器的逻辑电路如图 5.11(a)所示，图 5.11(b)为 D 锁存器的逻辑符号。显然，钟控 D 锁存器是在钟控 R-S 锁存器的基础上改造而成的：将钟控 R-S 锁存器输入端 S 经过一个反相器送到 R 端，而 S 端作为 D 锁存器的输入信号 D。这样，钟控 D 锁存器就消除了钟控 R-S 锁存器的 R 和 S 端可能同时有效的禁用状态。

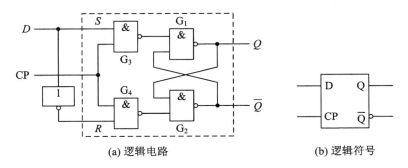

(a) 逻辑电路   (b) 逻辑符号

图 5.11 钟控 D 锁存器

根据图 5.11(a)和钟控 R-S 锁存器的功能特性，可以得出钟控 D 锁存器的特性表，如表 5.7 所示。

显然，钟控 D 锁存器在 CP＝1 期间，若 $D=1$，则 $Q^{n+1}=1$；若 $D=0$，则 $Q^{n+1}=0$。因此，在 CP＝1 期间，输出 Q 和 $\overline{Q}$ 的状态跟随 D 端的变化而变化，只有在 CP 的下降沿到来时，才将 Q 和 $\overline{Q}$ 的状态锁存为 CP 下降沿瞬间 D 的值。由此可以得出钟控 D 锁存器的特性方程为：

$$Q^{n+1}=D \quad (CP=1) \tag{5.5}$$

图 5.12 是钟控 D 锁存器的一组典型输入作用下的波形图。可见，钟控 D 锁存器也同样存在着空翻现象。

表 5.7 钟控 D 锁存器的特性表

CP	D	Q^{n+1}	功能描述
0	d	Q^n	保持
1	0	0	复位
1	1	1	置位

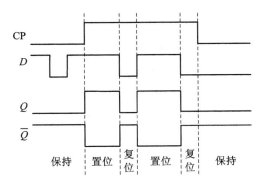

图 5.12 典型输入作用下钟控 D 锁存器的波形图

5.4 主从触发器

钟控锁存器使用电平型时钟信号规定了锁存器状态变化的时间，又称为电平型触发器。如前所述，电平型触发器都存在着空翻问题，即在时钟信号 CP 有效期间，输出随着输入信号的变化而变化。在计算机中，空翻问题会导致不可控的后果，例如，如果运算器的累加寄存器是电平型触发器构成的，则在 CP 脉冲有效期间可能会进行多次重复的运算并置位，导致运算结果错误。因此，计算机中更需要在规定时刻（而不是规定时间内）改变状态的触发器，主从式触发器就是符合这种要求的触发器。

5.4.1　主从 R–S 触发器

主从 R–S 触发器由两个钟控 R–S 锁存器组成，逻辑电路如图 5.13(a)所示，图 5.13(b)是其逻辑符号。图 5.13(b)的方框中的直角符号"⌐"是延迟输出指示符，表明直到 CP 无效时，触发器的输出状态 Q 和 $\overline{Q}$ 端才会发生改变，这也是主从式触发器的特征与标示符号；S、R 是信号输入端；CP 是时钟脉冲端，CP 旁的小三角是动态输入指示符，表示 CP 是边沿有效，小圆圈表示 CP 的下降沿有效。

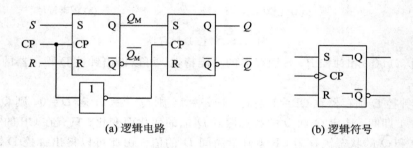

(a) 逻辑电路　　　　　　　　　　　　　(b) 逻辑符号

图 5.13　主从 R–S 触发器

在图 5.13(a)中，左边的钟控 R–S 锁存器是主锁存器，而右边的钟控 R–S 锁存器是从锁存器，两个锁存器的 CP 互为反相，主锁存器的输出作为从锁存器的输入，从锁存器的输出是整个主从触发器的输出，主从触发器的输入则直接接到主锁存器的输入。

在主从 R–S 触发器中，接收输入信号和状态输出是分开进行的：

（1）在 CP=1 期间，主锁存器的 CP=1，接收 R、S 信号，主锁存器输出 Q_{M} 和 $\overline{Q_{M}}$ 发生状态变化。此时从锁存器的 CP=0，因此保持原态不变。

（2）当 CP 下降沿到来时，主锁存器的 CP=0，锁存 CP 下降沿来临前接收到的数据，同时，从锁存器的 CP=1，这样，从锁存器接收主锁存器送来的数据，输出状态 Q 和 $\overline{Q}$ 也随之改变为之前主锁存器存储的状态。

（3）在 CP=0 期间，由于主锁存器状态再也不会改变，所以，受其控制的从锁存器的状态也不会再发生改变。因此，在 CP 的一个变化周期中，触发器的输出状态 Q 和 $\overline{Q}$ 只可能改变一次。

主从 R–S 触发器的特性表如表 5.8 所示。表中，"⌐⌐"代表 CP 脉冲，主从触发器在 CP 脉冲的上跳沿接收输入信号，而在 CP 脉冲的下跳沿改变触发器的输出状态，因此这种延迟输出的触发器又称为脉冲触发式触发器(Pulse – triggered Flip – flop)。

表 5.8　主从 R - S 触发器的特性表

CP	R	S	Q^{n+1}	功能描述
0	d	d	Q^n	保持
⊓	0	0	Q^n	保持
⊓	0	1	1	置位
⊓	1	0	0	复位
⊓	1	1	d	禁用

由表 5.8 可知，当 CP 下跳沿来临时，如果 R 和 S 都有效（＝1），则触发器的次态是无法确定的，因为此时主锁存器的输出 $Q_M=\overline{Q}_M=1$，即从锁存器的 $R=S=1$，为禁用状态。所以，主从 R - S 触发器的特性方程仍存在约束条件：

$$\begin{cases} Q^{n+1} = S + \overline{R}Q^n & \text{（CP 下跳沿有效）} \\ R \cdot S = 0 & \text{（约束条件）} \end{cases} \tag{5.6}$$

图 5.14 表示在一组典型输入作用下主从 R - S 触发器的输出状态波形图。

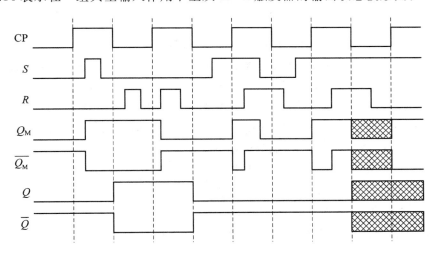

图 5.14　典型输入作用下主从 R - S 触发器的波形图

在 CP＝1 期间，主锁存器的输出 Q_M 和 $\overline{Q}_M$ 随着输入 R 和 S 的变化而变化，从锁存器输出（即触发器输出）Q 和 $\overline{Q}$ 不变化；当 CP＝0 时，主锁存器输出 Q_M 和 $\overline{Q}_M$ 不再变化，而从锁存器输出 Q 和 $\overline{Q}$ 翻转为与主锁存器输出 Q_M 和 $\overline{Q}_M$ 一致的状态。

主从 R - S 触发器解决了钟控 R - S 锁存器的空翻问题，但由于主从 R - S 触发器是由两个钟控 R - S 锁存器组合而成的，在 CP＝1 期间，R、S 的变化仍然会引起主锁存器的状态变化，所以，当 CP 下降沿来临时，主锁存器的状态由 CP＝1 的整个期间 R、S 变化的情况决定。例如，在 CP＝1 时，如果输入端 S 有一个正向短脉冲，则会使主锁存器置 1；如果输入端 R 有一个正向短脉冲，则会使主锁存器置 0；如果 R、S 的取值同时有效，违反了约束条件 $RS=0$ 的规定，则主锁存器的两个输出均为"1"，而且在 CP 下跳沿来临时，会将该无用状态传递给从锁存器，导致整个主从触发器的输出不确定，如图 5.14 中的阴影部分。

5.4.2　主从 J-K 触发器

如前所述，主从 R-S 触发器虽然解决了空翻问题，但仍旧存在着输入 R 和 S 有约束条件的限制，故此提出了主从 J-K 触发器。

将主从 R-S 触发器的 Q 和 $\overline{Q}$ 输出端的状态作为一对附加的控制信号，经过与门反馈到输入端，如图 5.15(a) 所示，并将输入信号改称为 J 和 K，就将主从 R-S 触发器（图 5.15(a) 中的虚线框）改造成了主从 J-K 触发器，其逻辑符号如图 5.15(b) 所示。

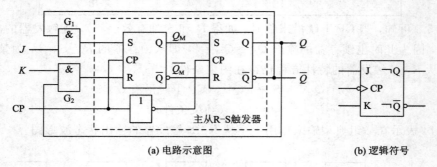

（a）电路示意图　　　　　　　　（b）逻辑符号

图 5.15　主从 J-K 触发器

由图 5.15(a) 可见，主从 R-S 触发器的 $S = J \cdot \overline{Q^n}$，$R = K \cdot Q^n$，即：有效的 J 信号在输出 $\overline{Q} = 1$ 时，与门 G_1 才能使得主从 R-S 触发器的 S 信号有效；同理，有效的 K 信号在输出 $Q = 1$ 时，与门 G_2 才能使得主从 R-S 触发器的 R 信号有效。因此，当 J 和 K 同时有效（$J = K = 1$）时，互补的 Q 和 $\overline{Q}$ 输出端会使触发器的状态翻转，从而达到消除约束条件的目的。触发器的具体工作情况分析如下：

（1）若 $J = K = 0$，则 G_1、G_2 两个与门被封锁，主从 R-S 触发器的 $R = S = 0$，因此触发器保持原态不变，$Q^{n+1} = Q^n$。

（2）若 $J = 0$，$K = 1$，则考虑两种情况：

① 如果触发器原态为"0"（$Q^n = 0$、$\overline{Q^n} = 1$），则主从 R-S 触发器的 $S = J \cdot \overline{Q^n} = 0 \cdot 1 = 0$，$R = K \cdot Q^n = 1 \cdot 0 = 0$，因此，触发器保持原态：$Q^{n+1} = 0$，$\overline{Q^{n+1}} = 1$。

② 如果触发器原态为"1"（$Q^n = 1$、$\overline{Q^n} = 0$），则同样可以得出：主从 R-S 触发器的 $S = 0$、$R = 1$，触发器在 CP=1 时主锁存器置 0，待 CP 从 1 变为 0 后，从锁存器也随之置 0，即触发器的次态仍旧是 $Q^{n+1} = 0$，$\overline{Q^{n+1}} = 1$。

总结可得：当 $J = 0$，$K = 1$ 时，主从 J-K 触发器在 CP 的下跳沿执行置 0 操作。

（3）若 $J = 1$，$K = 0$，则考虑两种情况：

① 如果触发器原态为"0"（$Q^n = 0$、$\overline{Q^n} = 1$），则主从 R-S 触发器的 $S = 1$、$R = 0$，因此，在 CP=1 时主锁存器置 1，待 CP 从 1 变为 0 后，从锁存器也随之置 1，即触发器置 1：$Q^{n+1} = 1$、$\overline{Q^{n+1}} = 0$。

② 如果触发器原态为"1"（$Q^n = 1$、$\overline{Q^n} = 0$），则主从 R-S 触发器的 $S = R = 0$，触发器保持原态：$Q^{n+1} = 1$、$\overline{Q^{n+1}} = 0$。

总结可得：当 $J=1$，$K=0$ 时，主从 J－K 触发器在 CP 的下跳沿执行置 1 操作。

（4）若 $J=1$，$K=1$，仍旧考虑两种情况：

① 如果触发器原态为"0"（$Q^n=0$、$\overline{Q^n}=1$），则主从 R－S 触发器的 $S=1$、$R=0$，因此，在 CP$=1$ 时主锁存器置 1，待 CP 从 1 变为 0 后，从锁存器也随之置 1，即触发器置 1：$Q^{n+1}=1$、$\overline{Q^{n+1}}=0$。

② 如果触发器原态为"1"（$Q^n=1$、$\overline{Q^n}=0$），则主从 R－S 触发器的 $S=0$、$R=1$，触发器在 CP$=1$ 时主锁存器置 0，待 CP 从 1 变为 0 后，从锁存器也随之置 0：$Q^{n+1}=0$、$\overline{Q^{n+1}}=1$。

由此可见，当 $J=1$，$K=1$ 时，主从 J－K 触发器在 CP 的下跳沿翻转为与原态相反的状态：$Q^{n+1}=\overline{Q^n}$。

综合以上分析，可得出主从 J－K 触发器的状态转换真值表，如表 5.9 所示。

表 5.9　主从 J－K 触发器的状态转换表

J	K	Q^n	Q^{n+1}	$\overline{Q^{n+1}}$	功能描述
0	0	0	0	1	保持
0	0	1	1	0	保持
0	1	0	0	1	复位
0	1	1	0	1	复位
1	0	0	1	0	置位
1	0	1	1	0	置位
1	1	0	1	0	翻转
1	1	1	0	1	翻转

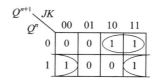

图 5.16　主从 J－K 触发器次态 Q^{n+1} 的卡诺图

根据表 5.9 可画出 Q^{n+1} 的卡诺图，如图 5.16 所示。

化简可得到主从 J－K 触发器的特性方程为：

$$Q^{n+1}=J\,\overline{Q^n}+\overline{K}Q^n \tag{5.7}$$

由此可见，主从 J－K 触发器已消除了约束条件，是一种使用起来十分灵活方便的钟控触发器。表 5.10 是主从 J－K 触发器的简化特性表，图 5.17 是其状态转移图。

表 5.10　主从 J－K 触发器的特性表

CP	J	K	Q^{n+1}	功能描述
0	d	d	Q^n	保持
⊓	0	0	Q^n	保持
⊓	0	1	0	复位
⊓	1	0	1	置位
⊓	1	1	$\overline{Q^n}$	翻转

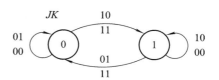

图 5.17　主从 J－K 触发器的状态转移图

主从 J－K 触发器在一组典型输入作用下的输出状态波形图如图 5.18 所示。

观察图 5.18 的 4 个时钟脉冲周期，会发现主从 J－K 触发器存在"一次变化"问题，即主从 J－K 触发器中的主锁存器的输出 Q_M 和 $\overline{Q_M}$，在 CP$=1$ 期间其状态仅能变化一次。这

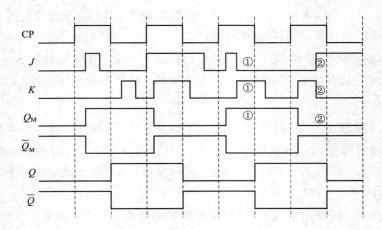

图 5.18　典型输入作用下主从 J-K 触发器的时序图

种变化既可能发生在 CP 上升沿，也可能发生在 CP=1 期间某时刻，甚至发生在 CP 下降沿之前一瞬间。这种变化既可能是由 J、K 变化引起的，也可以是外界的干扰脉冲造成的。存在"一次变化"现象的原因是把输出 Q、$\overline{Q}$ 反馈到与门 G_1 和 G_2，造成了 J 和 K 是否有效还取决于触发器的原态 Q 和 $\overline{Q}$，即 $S=J\cdot\overline{Q}^n$，$R=K\cdot Q^n$。由图 5.18 可见：

（1）在 CP=1 期间，假设此时 $Q=0$、$\overline{Q}=1$，那么即使出现了 $J=0$、$K=1$ 的状态，主锁存器的 Q_M 和 $\overline{Q}_M$ 也不会执行置 0 操作，如图 5.18 中的①处。因为 $R=K\cdot Q^n=0$，$S=J\cdot\overline{Q}^n=0$，所以主锁存器保持原态，$Q_M=1$ 和 $\overline{Q}_M=0$。所以在图 5.18 的第三个 CP=1 周期中的①处，虽然 J 和 K 从 10 状态变成了 01 状态，但是 Q_M 并没有从 1 变到 0，这种现象称为"1 钳位"。

（2）在 CP=1 期间，假设 $Q=1$、$\overline{Q}=0$，同样有这种情况：即使出现了 $J=1$、$K=0$ 的状态，主锁存器的 Q_M 和 $\overline{Q}_M$ 也不会执行置 1 操作，如图 5.18 中的②处。也是因为 $R=S=0$，所以主锁存器保持原态，$Q_M=0$ 和 $\overline{Q}_M=1$。因此，在图 5.18 的第四个 CP=1 周期中的②处，虽然 J 和 K 从 01 状态变成了 10 状态，但是 Q_M 并没有从 0 变到 1，这种现象称为"0 钳位"。

从以上分析可知，在 CP=1 期间，主锁存器状态 Q_M 和 $\overline{Q}_M$ 并没有始终跟随 J 和 K 的变化而变化，而是在特殊的条件下会出现只变化一次的状况。如果是干扰信号引起了"一次变化"，并且该变化结果在 CP 下降沿到来时将被送到触发器的输出端，则会造成错误输出。因此，为保证可靠性，使用主从 J-K 触发器时，要求在 CP=1 期间输入信号 J、K 的值应保持不变。

5.5　边沿触发器

边沿触发器仅在 CP 的某个规定跳变（上升沿或下降沿）到来时刻才接收输入信号，并根据该时刻的输入确定触发器的状态。由于边沿触发器在 CP=0 和 CP=1 期间以及非规定跳变时刻不接收输入信号或者不改变触发器的状态，所以，这些时刻输入信号的变化不会引起触发器次态的改变，从而避免了"空翻"和"一次变化"问题。

5.5.1　边沿 D 触发器

使用一对钟控 D 锁存器可以构成一个正边沿触发的 D 触发器(又称为上跳沿触发式 D 触发器),如图 5.19(a)所示。图 5.19(b)是其逻辑符号,时钟信号 CP 旁的小三角仍旧代表边沿触发特性。

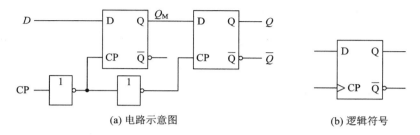

(a) 电路示意图　　　　　　　(b) 逻辑符号

图 5.19　正边沿触发的 D 触发器

在图 5.19(a)中,左边的 D 锁存器是主锁存器,右边的 D 锁存器是从锁存器。在时钟信号 CP＝0 期间,主锁存器打开并跟随输入信号 D 变化而变化。当 CP 从 0 变到 1 时,主锁存器关闭,Q_M 锁存 CP 上跳沿来临前一时刻 D 的值,并传送到从锁存器的输入端。在 CP＝1 期间,从锁存器始终打开,但是由于主锁存器关闭,其输出 Q_M 始终保持不变,因此,从锁存器的输出 Q 只在 CP 从 0 变到 1 的瞬间发生改变。

正边沿触发的 D 触发器的特性表如表 5.11 所示,"$\Box$"表示 CP 上跳沿有效。

表 5.11　正边沿触发的 D 触发器的特性表

CP	D	Q^{n+1}	功能描述
0	×	Q^n	保持
1	×	Q^n	保持
$\int$	0	0	复位
$\int$	1	1	置位

图 5.20 是边沿 D 触发器的状态转移图。可得出边沿 D 触发器的特性方程为:

$$Q^{n+1} = D \tag{5.8}$$

可见,边沿 D 触发器的主要特点是消除了约束条件,解决了空翻问题,在 CP 有效边沿的一瞬间发生状态变化,抗干扰能力强,功能简单;但是,由于只有一个输入端,特性方程简单,因此在有些情况下,用 D 触发器设计的电路可能会比较复杂。

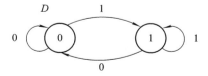

图 5.20　边沿 D 触发器的状态转移图

在一组典型输入下,正边沿触发的 D 触发器的时序图如图 5.21 所示。可以看出,所有输出状态的翻转全部在 CP 脉冲的上跳沿发生,Q 为 CP 上跳沿来临前一时刻 D 的值。

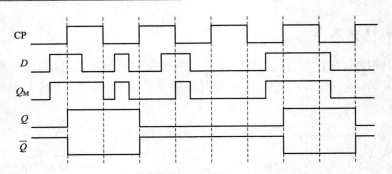

图 5.21　典型输入作用下正边沿触发的 D 触发器的时序图

　　集成的正边沿触发的 D 触发器并未采用图 5.19 所示的电路实现，而是使用六与非门的设计结构。

　　图 5.22 是集成 D 触发器 74LS74 的电路。74LS74 包含两个独立的带预置端和清零端、正边沿触发的 D 触发器，$\overline{\text{PR}}$ 是异步置位端，$\overline{\text{CLR}}$ 是异步清零端，均为低电平有效。"异步"的置位端和清零端是指这两个信号不受时钟信号 CP 的控制，任何时间只要为低电平，就执行相应的置位或者清零操作。$\overline{\text{PR}}$ 和 $\overline{\text{CLR}}$ 平时应保持高电平。

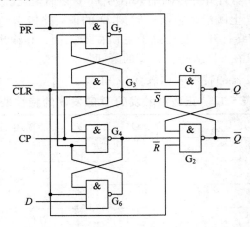

图 5.22　集成 D 触发器的 74LS74 电路

　　图 5.22 所示的电路又称为维持-阻塞 D 触发器。其 4 个与非门 $G_1 \sim G_4$ 构成钟控 R-S 锁存器，两个与非门 G_5、G_6 作为输入信号的引导门，D 为输入信号端。维持-阻塞 D 触发器利用电路内部反馈来实现边沿触发。下面分析电路工作情况：

　　(1) 当 CP＝0 时，G_3、G_4 的输出 $\overline{S}=\overline{R}=1$，使钟控 R-S 锁存器的状态保持不变。若输入 $D=1$，则 $G_6=0$，$G_5=1$，在时钟脉冲的上升沿，$G_3=0$，$G_4=1$，即 $\overline{S}=0$，$\overline{R}=1$，使 $Q=1$，$\overline{Q}=0$，置入"1"。当触发器进入"1"状态后，由于 G_3 输出的低电平作用，即使输入 D 又由 1 变为 0，G_5 和 G_4 的输出仍旧不会变化（＝1），所以，触发器的"1"状态也不会改变。

　　(2) 当 CP＝0 时，G_3、G_4 的输出 $\overline{S}=\overline{R}=1$，钟控 R-S 锁存器保持原态。若输入 $D=0$，则 $G_6=1$，$G_5=0$，在 CP 的上升沿，$G_3=1$，$G_4=0$，即 $\overline{S}=1$，$\overline{R}=0$，使 $Q=0$，$\overline{Q}=1$，置入"0"。由于 G_4 输出的低电平作用，即使输入 D 又由 0 变为 1，G_6、G_5、G_3 的输出也不会变化，触发器的"0"状态也不会改变。

212

可见，维持-阻塞 D 触发器只在 CP 上升沿时刻发生状态改变，保证了触发器的状态在时钟脉冲作用期间只变化一次。

5.5.2　边沿 J - K 触发器

J - K 触发器的输入信号有两个(J 和 K)，而且没有约束条件，在设计电路时比较方便。但是主从式 J - K 触发器存在"一次变化"问题，因此，为提高触发器的抗干扰性和可靠性，可以设计成边沿触发的 J - K 触发器。

图 5.23(a)是负边沿触发的 J - K 触发器的电路，图 5.23(b)为其逻辑符号。其内部的边沿 D 触发器的输入端 D 由 J - K 触发器的特性方程产生，即 $D = J\overline{Q} + \overline{K}Q$，在 CP 脉冲的下跳沿，边沿 D 锁存器采样输入信号，并得到下一个输出状态。

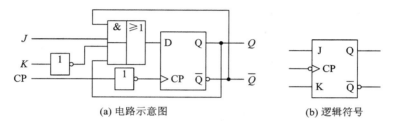

(a) 电路示意图　　　　　　(b) 逻辑符号

图 5.23　负边沿触发的 J - K 触发器

表 5.12 是负边沿触发的 J - K 触发器的特性表。

表 5.12　负边沿触发的 J - K 触发器的特性表

CP	J	K	Q^{n+1}	功能描述
0	d	d	Q^n	保持
1	d	d	Q^n	保持
↘	0	0	Q^n	保持
↘	0	1	0	复位
↘	1	0	1	置位
↘	1	1	$\overline{Q^n}$	翻转

负边沿触发的 J - K 触发器的时序图如图 5.24 所示。

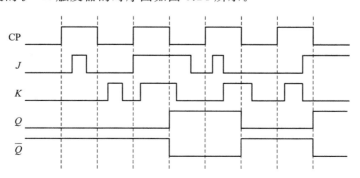

图 5.24　负边沿触发的 J - K 触发器的时序图

边沿 J-K 触发器消除了"0 钳位"和"1 钳位"引起的"一次变化"问题，也不存在输入有约束条件的限制，因此，很快取代了脉冲式触发的触发器（主从式触发器）。

74LS109 就是一种集成的正边沿触发的 J-K 触发器。由于其输入端 K 是低电压有效，因此又称为 J-$\overline{K}$ 触发器。74LS109 内部设计与 74LS74（正边沿触发的 D 触发器）很相似，就是将图 5.22 的 D 输入引脚处（与非门 G_6）用 J-$\overline{K}$ 触发器的特征方程来替代，即 $D=J\overline{Q}+\overline{K}Q$（由与或非门 G_6 实现），其电路如图 5.25 所示。

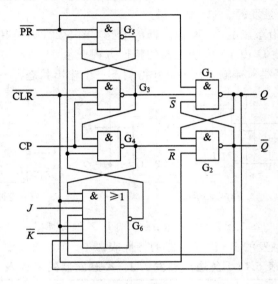

图 5.25　正边沿触发的 J-$\overline{K}$ 触发器 74LS109 的电路

J-K 触发器的使用不如 D 触发器广泛，因为大部分可编程器件中都包含 D 触发器，而不包含 J-K 触发器，并且使用 D 触发器设计时序电路的方法比较简单。但是，在后续的基于分立元件的时序逻辑电路设计中使用 J-K 触发器较多，因为其次态方程有时比 D 触发器简单：J-K 触发器有 J 和 K 两个输入端，比 D 触发器的一个输入端 D 能够产生更多的逻辑控制组合，因此其激励函数要简单得多。

5.6　其他触发器

5.6.1　T 触 发 器

T 触发器的激励输入信号为 T，当 $T=0$ 时，$Q^{n+1}=Q^n$；当 $T=1$ 时，$Q^{n+1}=\overline{Q^n}$。因此 T 触发器具有保持和翻转功能。T 触发器的逻辑符号如图 5.26(a)所示，在触发器的商业产品中，一般没有专门的 T 触发器，它通常是将 J-K 触发器的输入端 J 和 K 并接在一起，作为输入端 T，从而构成 T 触发器，如图 5.26(b)所示。

表 5.13 是 T 触发器的状态转换真值表，表 5.14 为其特性表。由此可得 T 触发器的特性方程为：

$$Q^{n+1}=T\,\overline{Q^n}+\overline{T}Q^n=T\oplus Q^n \tag{5.9}$$

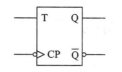

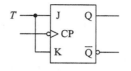

(a) T 触发器的逻辑符号　　　　　(b) J-K 触发器构成T触发器

图 5.26　T 触发器

表 5.13　T 触发器的状态转换真值表

T	Q^n	Q^{n+1}	$\overline{Q^{n+1}}$	功能描述
0	0	0	1	保持
0	1	1	0	保持
1	0	1	0	翻转
1	1	0	1	翻转

表 5.14　T 触发器的特性表

CP	T	Q^{n+1}	功能描述
⌐﹃	0	Q^n	保持
⌐﹃	1	$\overline{Q^n}$	翻转

图 5.27 为 T 触发器的状态转移图。

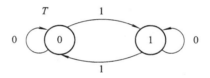

图 5.27　T 触发器的状态转移图

5.6.2　T′触发器

将 T 触发器的 T 输入端恒接逻辑"1"，则在每个时钟有效边沿，触发器的输出端 Q 均进行翻转，这便是 T′触发器(Toggle Flip-flop)。因此，T′触发器没有激励输入端，其特性方程为：

$$Q^{n+1} = \overline{Q^n} \tag{5.10}$$

正边沿触发的 T′触发器的逻辑符号如图 5.28(a)所示，触发器的输出端 Q 随时钟的变化如图 5.28(b)所示。

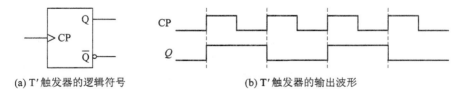

(a) T′触发器的逻辑符号　　　　　　(b) T′触发器的输出波形

图 5.28　T′触发器

由图 5.28(b)可以看出，T′触发器的输出端 Q 的信号周期是时钟信号 CP 的两倍，频率则是 CP 的一半，因此，T′触发器常用于分频器和计数器中。

为了便于分辨触发器类型，有时将时钟信号 CP 直接命名为 $T′$。

5.7　不同触发器的转换

随着可编程逻辑器件的广泛使用，早期种类丰富的触发器逐渐归并为 D 触发器和 J-K 触发器两类，它们的功能足以满足时序电路的设计。同时，其他各种触发器也可以由这两类触发器转换构成。

在"5.5.2 边沿 J-K 触发器"一节中，使用 D 触发器改造成了 J-K 触发器。触发器之间的相互转换，其基本方法是从触发器的特性方程入手，找到给定触发器的激励输入函数，它是目标触发器输入信号和输出信号的函数。下面分别介绍 D 触发器和 J-K 触发器转换成其他触发器的方法。

5.7.1　基于 D 触发器的转换

1. D 触发器转换成 J-K 触发器

给定 D 触发器的特性方程为：

$$Q^{n+1} = D \tag{5.11}$$

目标触发器为 J-K 触发器，其特性方程为：

$$Q^{n+1} = J\,\overline{Q^n} + \overline{K}Q^n \tag{5.12}$$

则比较式(5.11)和式(5.12)可以得出，给定触发器的激励输入函数为：

$$D = J\,\overline{Q^n} + \overline{K}Q^n = \overline{\overline{J\,\overline{Q^n}} \cdot \overline{\overline{K}Q^n}} \tag{5.13}$$

按照式(5.13)画出电路，如图 5.29 所示，目标 J-K 触发器为正边沿触发。

2. D 触发器转换成 T 触发器

T 触发器的特性方程为：

$$Q^{n+1} = T \oplus Q^n \tag{5.14}$$

则 D 触发器的激励函数为：

$$D = T \oplus Q^n \tag{5.15}$$

转换的电路如图 5.30 所示。

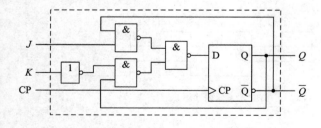

图 5.29　D 触发器转换成 J-K 触发器的电路

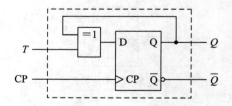

图 5.30　D 触发器转换成 T 触发器的电路

3. D 触发器转换成 T′触发器

T′触发器的特性方程为：

$$Q^{n+1} = \overline{Q^n} \tag{5.16}$$

则 D 触发器的激励函数为：

$$D = \overline{Q^n} \tag{5.17}$$

所以，由 D 触发器转换成 T' 触发器的电路非常简单，如图 5.31 所示。

4. D 触发器转换成 R-S 触发器

R-S 触发器的特性方程为：

$$\begin{cases} Q^{n+1} = S + \overline{R}Q^n \\ R \cdot S = 0 \qquad (约束条件) \end{cases} \tag{5.18}$$

比较式(5.18)和式(5.11)，得出 D 的激励函数为：

$$D = S + \overline{R}Q^n \tag{5.19}$$

由式(5.19)得出转换的电路如图 5.32 所示。

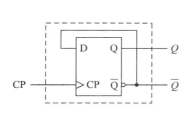

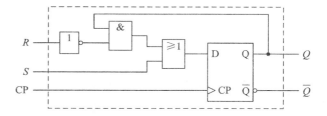

图 5.31　D 触发器转换成 T' 触发器的电路　　　　图 5.32　D 触发器转换成 R-S 触发器的电路

5.7.2　基于 J-K 触发器的转换

可以由 J-K 触发器转换成 D 触发器、T 触发器、T' 触发器和 R-S 触发器。

1. J-K 触发器转换成 D 触发器

比较式(5.11)和式(5.12)，求出给定的 J-K 触发器的激励函数，可以做如下的函数变换：

$$Q^{n+1} = J\,\overline{Q^n} + \overline{K}Q^n = D = D(\overline{Q^n} + Q^n) = D\,\overline{Q^n} + DQ^n \tag{5.20}$$

由式(5.20)可以推导出：

$$J = D, \; \overline{K} = D$$

即：

$$J = D, \; K = \overline{D} \tag{5.21}$$

按照式(5.21)设计转换电路，如图 5.33 所示。

2. J-K 触发器转换成 T 触发器

T 触发器的特性方程为：

$$Q^{n+1} = T\,\overline{Q^n} + \overline{T}Q^n \tag{5.22}$$

对比式(5.12)和式(5.22)，可以推导出 $J = K = T$，因此，J-K 触发器转换成 T 触发器的电路如图 5.34 所示。

3. J-K 触发器转换成 T' 触发器

对比式(5.12)和式(5.16)，可得：

$$Q^{n+1} = J\,\overline{Q^n} + \overline{K}Q^n = \overline{Q^n} = 1 \cdot \overline{Q^n} + 0 \cdot Q^n \tag{5.23}$$

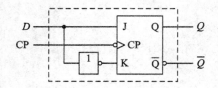

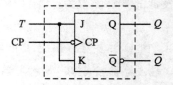

图 5.33　J-K 触发器转换成 D 触发器的电路　　　图 5.34　J-K 触发器转换成 T 触发器的电路

可以推导出：$J=1$，$\overline{K}=0$，即 $K=1$，故 $J=K=1$。图 5.35 为由 J-K 触发器转换成 T 触发器的电路。

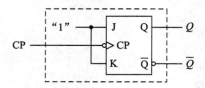

图 5.35　J-K 触发器转换成 T′ 触发器的电路

4. J-K 触发器转换成 R-S 触发器

根据 R-S 触发器的特性方程，即对式(5.18)做如下推导：

$$
\begin{aligned}
Q^{n+1} &= S + \overline{R}Q^n = S(Q^n + \overline{Q^n}) + \overline{R}Q^n \\
&= SQ^n + S\overline{Q^n} + \overline{R}Q^n \\
&= S(R + \overline{R})Q^n + S\overline{Q^n} + \overline{R}Q^n \\
&= SRQ^n + S\overline{R}Q^n + S\overline{Q^n} + \overline{R}Q^n \\
&= 0 \cdot Q^n + S\overline{R}Q^n + \overline{R}Q^n + S\overline{Q^n}(SR = 0) \\
&= \overline{R}Q^n + S\overline{Q^n} \quad （吸收律）
\end{aligned}
\tag{5.24}
$$

对比 J-K 触发器的特性方程(即式(5.12))可以得出 $J=S$，$K=R$。所以，J-K 触发器转换成 R-S 触发器的电路如图 5.36 所示。

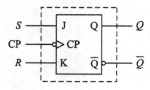

图 5.36　J-K 触发器转换成 R-S 触发器的电路

5.8　集成触发器

5.8.1　集成 D 触发器

由 D 触发器构成的集成芯片的类型很多，有 74LS74 双 D 触发器(带置位清零端)、74LS174 6D 型寄存器(带清零端)、74LS273 8D 型寄存器(带清零端)和 74LS374 8D 型寄

存器(带三态输出)等。基于 D 触发器的寄存器芯片将在第 6 章介绍,在此,仅对最常用的
74LS74 双 D 触发器进行简述。

74LS74 芯片中含有 2 个独立的 D 触发器,其集成 D 触发器的电路如图 5.22 所示。图
5.37(a)是其中单个 D 触发器的逻辑符号,图 5.37(b)为其芯片引脚排列。

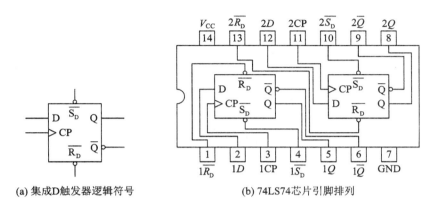

(a) 集成D触发器逻辑符号　　　　　　　(b) 74LS74芯片引脚排列

图 5.37　集成 D 触发器 74LS74

在图 5.37(a)所示的逻辑符号中,$\overline{S_D}$ 是异步置位端,等同于图 5.22 中的 $\overline{PR}$ 信号,$\overline{R_D}$ 是
异步清零端,等同于图 5.22 中的 $\overline{CLR}$ 信号。图 5.37(b)中各个信号前添加了数字 1 和 2,以
表明是不同触发器的信号。表 5.15 为 74LS74 触发器的功能表。

表 5.15　74LS74 触发器的功能表

$\overline{S_D}$	$\overline{R_D}$	CP	D	Q^{n+1}	$\overline{Q^{n+1}}$	功能描述
1	0	×	×	0	1	异步清零
0	1	×	×	1	0	异步置位
0	0	×	×	1	1	不确定
1	1	↑	0	0	1	复位
1	1	↑	1	1	0	置位
1	1	0	×	Q^n	$\overline{Q^n}$	保持
1	1	1	×	Q^n	$\overline{Q^n}$	保持
1	1	↓	×	Q^n	$\overline{Q^n}$	保持

由表 5.15 可见,异步置位信号 $\overline{S_D}$ 和异步复位信号 $\overline{R_D}$ 优先级最高,并且不允许同时有
效;如果同时有效($\overline{S_D}=\overline{R_D}=0$),则双相状态输出均为 1,此时,如果 $\overline{S_D}$ 和 $\overline{R_D}$ 同时变成 1,
那么次态不确定。当异步置位或复位信号一旦有效,触发器就立即置位或者复位(无论时
钟 CP 和激励输入信号 D 的状态如何),处于异步工作方式。只有当异步信号无效时,触
发器才能在时钟 CP 和激励输入信号 D 的控制下工作,即同步工作方式。据此,可以写出
同步和异步两种工作方式下的集成 D 触发器的特性方程:

$$\begin{cases} Q^{n+1} = D \\ \overline{S_D} \cdot \overline{R_D} = 1 \quad （约束条件） \end{cases} \quad （同步工作时） \tag{5.25}$$

$$\begin{cases} Q^{n+1} = S_D + \overline{R_D}Q^n \\ \overline{S_D} \oplus \overline{R_D} = 1 \quad （约束条件） \end{cases} \quad （异步工作时） \tag{5.26}$$

【例 5.3】 对图 5.38 所示的一组输入信号，画出 74LS74 的 D 触发器输出 Q 的波形。假设 Q 的初态为"0"。

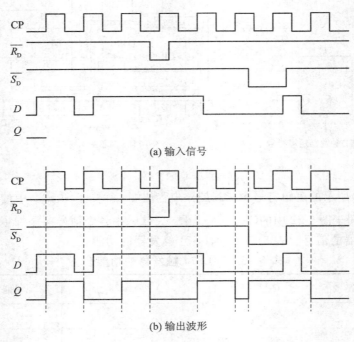

(a) 输入信号

(b) 输出波形

图 5.38　例 5.3 的集成 D 触发器波形图

解　对于带异步清零端和异步置位端的边沿 D 触发器而言，输出端 Q 的变化发生在以下 3 个时刻：

(1) 异步复位信号 $\overline{R_D}$ 为 0 的时刻：在此段时间内，输出端 Q 一定为 0 且维持为 0。

(2) 异步置位信号 $\overline{S_D}$ 为 0 的时刻：在此段时间内，输出端 Q 一定为 1 且维持为 1。

(3) 当 $\overline{R_D} = \overline{S_D} = 1$ 时，在 CP 脉冲的上跳沿，Q 的状态与上跳沿来临前一时刻的 D 的状态一致。

按照这 3 个特性可以画出 Q 的波形图，如图 5.38(b) 所示。

5.8.2　集成 J–K 触发器

常见的集成 J–K 触发器器件有 74LS76 和 74LS112，它们均含两个独立控制的负边沿触发的 J–K 触发器，并且带异步置位端和异步复位端；不同的是它们的芯片引脚排列有差异。下面以 74LS76 为例来介绍集成 J–K 触发器。

74LS76 芯片中单个 J–K 触发器的逻辑符号如图 5.39(a) 所示，其芯片引脚排列如图 5.39(b) 所示。

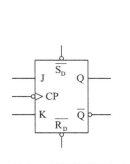 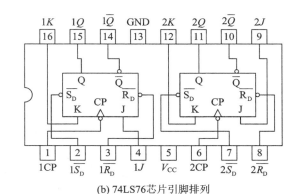

(a) 集成J-K触发器逻辑符号　　　(b) 74LS76芯片引脚排列

图 5.39　集成 J - K 触发器 74LS76

同集成 D 触发器一样，集成 J - K 触发器一般也含有异步置位信号 $\overline{S_D}$ 和异步复位信号 $\overline{R_D}$，低电平有效，优先级高于 CP 脉冲和激励输入，且不允许同时有效。74LS76 触发器的功能表如表 5.16 所示。

表 5.16　74LS76 触发器的功能表

$\overline{S_D}$	$\overline{R_D}$	CP	J	K	Q^{n+1}	$\overline{Q}^{n+1}$	功能描述
1	0	×	×	×	0	1	异步清零
0	1	×	×	×	1	0	异步置位
0	0	×	×	×	1	1	不确定
1	1	↓	0	0	Q^n	$\overline{Q}^n$	保持
1	1	↓	0	1	0	1	复位
1	1	↓	1	0	1	0	置位
1	1	↓	1	1	$\overline{Q}^n$	Q^n	翻转
1	1	0	×	×	Q^n	$\overline{Q}^n$	保持
1	1	1	×	×	Q^n	$\overline{Q}^n$	保持
1	1	↑	×	×	Q^n	$\overline{Q}^n$	保持

集成 J - K 触发器在同步工作方式下，特性方程如式(5.27)所示，在异步方式下，特性方程如式(5.28)所示：

$$\begin{cases} Q^{n+1} = J\,\overline{Q^n} + \overline{K}Q^n \\ \overline{S_D} \cdot \overline{R_D} = 1 \quad (约束条件) \end{cases} \quad (同步工作时) \tag{5.27}$$

$$\begin{cases} Q^{n+1} = S_D + \overline{R_D}Q^n \\ \overline{S_D} \oplus \overline{R_D} = 1 \quad (约束条件) \end{cases} \quad (异步工作时) \tag{5.28}$$

【例 5.4】　针对 74LS76 的 J - K 触发器，画出图 5.40(a)所对应的输入信号波形下输出端 Q 的波形。假设 Q 的初态为"0"。

221

解　与集成 D 触发器类似，集成 J-K 触发器在 $\overline{R_D}=0$ 时，输出端 $Q=0$；在 $\overline{S_D}=0$ 时，$Q=1$；在 $\overline{R_D}=\overline{S_D}=1$ 时，在 CP 脉冲的下跳沿，依据下跳沿来临的前一时刻 J、K 的状态，Q 发生相应的状态改变。具体输出信号波形如图 5.40(b) 所示。

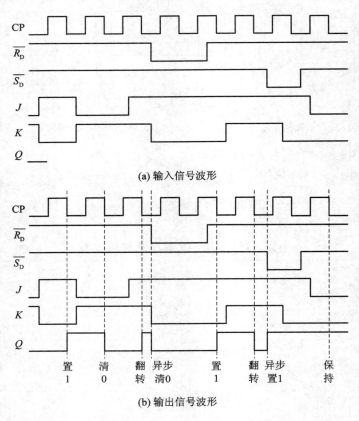

图 5.40　例 5.4 集成 J-K 触发器波形图

如第 4 章所述，根据电路图和输入变量波形画出输出变量的波形图或者时序图，是学习数字电路的设计与分析必须掌握的基本能力。对于更为复杂的时序逻辑电路，依据触发器的特性和特定输入，画出对应电路的时序图，是数字系统工程师必备的基本功。

【**例 5.5**】　两个 D 触发器构成的时序电路如图 5.41(a) 所示，一组输入信号 X 的波形如图 5.41(b) 所示，画出对应的输出 Q_1 和 Q_2 的波形，假设 Q_1 和 Q_2 的初态均为"0"。

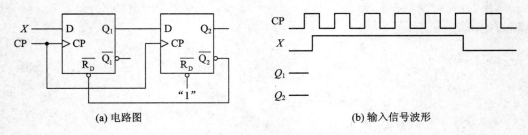

图 5.41　例 5.5 的电路与波形图

解 对于由触发器构成的时序电路而言，其波形与时序分析的主要步骤有：

（1）分析电路中每个触发器的状态改变的条件或者边沿，在波形图罗列出涉及的信号。

对于电平触发的钟控锁存器而言，触发器输出状态改变的时刻有两个：一个是时钟变为有效电平的时刻；另一个是在时钟电平有效期间，激励输入信号发生改变的时刻。对于边沿触发的触发器，触发器输出状态改变的时刻也有两个：一个是在时钟有效边沿来临的时刻；另一个是在异步置位/复位的有效边沿时刻。在这里，需要注意时钟有效电平是高电平还是低电平有效，时钟有效边沿是正边沿还是负边沿触发。

（2）分析信号之间的关系，如果有逻辑运算，则列出表达式。

（3）根据触发器的功能特性或者特性方程，逐个时钟画出各个信号的波形。

分析图 5.41(a)，可以得出以下结论：

（1）D 触发器是正边沿触发，带有低电平有效的异步清零端 $\overline{R_D}$，两个触发器的状态输出分析如下：

① Q_1 状态改变的边沿有两个：在 $\overline{R_{D1}}=\overline{Q_2}=0$ 时，Q_1 清零；在 $\overline{R_{D1}}=1$ 时，CP 的上跳沿，$Q_1^{n+1}=X$。

② 由于 Q_2 触发器的 $\overline{R_D}$ 始终接"1"，因此 Q_2 状态改变的边沿只有 1 个：CP 的上跳沿，$Q_2^{n+1}=D_2=Q_1^n$。

（2）各个信号之间的关系为：$D_1=X$，$\overline{R_{D1}}=\overline{Q_2^n}$，$D_2=Q_1^n$。

由上面的分析可以知道，波形图中涉及的重要信号还有 $\overline{R_{D1}}$，因此，在波形图中需要加入该信号。图 5.42 为其对应的波形图。

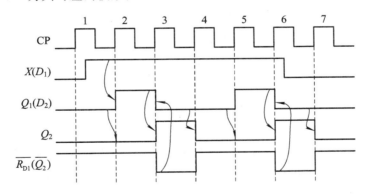

图 5.42 例 5.5 输入和输出对应的波形图

逐个 CP 脉冲分析如下：

（1）第一个 CP 脉冲上跳沿：因为 $\overline{R_{D1}}=1$，处于无效状态，所以上跳沿有效，$Q_1^{n+1}=D_1=X=0$，$Q_2^{n+1}=D_2=Q_1^n=0$。

（2）第二个 CP 脉冲上跳沿：$\overline{R_{D1}}=1$ 仍旧处于无效状态，所以 CP 上跳沿来临之后 $Q_1^{n+1}=D_1=X=1$；因为 CP 上跳沿来临之前，Q_1 仍旧为 0，所以 CP 上跳沿来临之后，$Q_2^{n+1}=Q_1^n=0$，Q_2 并没有翻转，也仍旧保持 0。

（3）第三个 CP 脉冲上跳沿：这个 CP 上跳沿来临前 $\overline{R_{D1}}=1$，但是因为这个上跳沿来临之后，$Q_2^{n+1}=Q_1^n=1$，而 $\overline{Q_2^{n+1}}=0$，即 $\overline{R_{D1}}=0$，因此，$Q_1^{n+1}=0$。

（4）第四个 CP 脉冲上跳沿：这个 CP 上跳沿来临前 $\overline{R_{D1}}=0$，因此该上跳沿对 Q_1 无效，$Q_1^{n+1}=0$；但是这个上跳沿来临之后，$Q_2^{n+1}=Q_1^n=0$，而 $\overline{Q_2^{n+1}}=1$，即 $\overline{R_{D1}}=1$。

（5）第五个 CP 脉冲上跳沿：因为 $\overline{R_{D1}}=1$，所以 Q_1^{n+1} 跟随输入 X 信号，变为 1，Q_2^{n+1} 跟随 Q_1^n 仍旧为 0。

（6）第六个 CP 脉冲和第七个脉冲类似于第三个和第四个脉冲，不赘述。

值得注意的是，图 5.42 为理想状态的波形，如果严格分析触发器的内部具体电路与延时参数，在第三个和第六个 CP 脉冲的上跳沿，很有可能 Q_1 的波形有毛刺（"1"脉冲）。

5.9 触发器特性参数

由于触发器是由门电路组成的，所以触发器的静态参数几乎与门电路是一样的。前面介绍的触发器都是 TTL 触发器，其静态参数与 TTL 门电路基本相同，例如，输入低电平（关门电平）、输入高电平（开门电平）、输出低电平、输出高电平、低电平输入电流、高电平输入电流、电源电流等。

虽然逻辑门电路中的动态特性分析对触发器也适用，但是，由传输延迟所引起的动态参数，使得触发器要比普通门电路复杂很多。下面介绍几个动态参数。

1. 传输延时时间

从 CP 触发沿到达开始，到输出 Q、$\overline{Q}$ 完成状态改变为止，其间经历的时间称为传输延迟时间。具体地，输出端 Q 由高电平变为低电平的传输延迟时间记为 t_{PHL}，典型的 $t_{PHL}\leqslant40$ ns。输出端 Q 由低电平变为高电平的传输延迟时间记为 t_{PLH}，典型的 $t_{PLH}\leqslant25$ ns。

2. 建立时间与保持时间

由于门电路均存在传输延时，因此为使触发器可靠地接收输入信号并驱动输出，激励输入信号必须先于 CP 有效边沿作用一段时间稳定建立，这段时间称为建立时间 t_{set}。同时，要求激励输入信号必须在 CP 有效边沿作用之后一段时间内保持不变，这段时间称为保持时间 t_{hold}。任何触发器均禁止激励输入信号在建立时间和保持时间内发生变化。

不同触发器的建立时间和保持时间不尽相同，与其触发器类型、电路结构和构成元件有关，典型的建立时间和保持时间是 10 ns 左右。所有的时间参数都在触发器的器件手册中有详细说明。

3. 脉冲宽度与最高时钟频率

为了使触发器能够可靠地翻转，对 CP 或者 $\overline{R_D}$、$\overline{S_D}$ 信号有一定的脉冲宽度要求。CP 的最小高电平宽度为 t_{WH}，CP 高电平宽度必须大于等于 t_{WH}。CP 的最小低电平宽度为 t_{WL}，CP 低电平宽度必须大于等于 t_{WL}。因此，最小 CP 周期 $T_{CPmin}=t_{WH}+t_{WL}$，是确保触发器可靠翻转的最小 CP 周期。由此可计算出触发器的最高工作频率 f_{max} 为

$$f_{max}\leqslant\frac{1}{T_{CPmin}}=\frac{1}{t_{WH}+t_{WL}}$$

f_{max} 是选择触发器的重要指标，TTL 触发器 f_{max} 的典型值是 ≤ 30 MHz。

图 5.43 所示为 74LS74 双 D 触发器的时间参数。

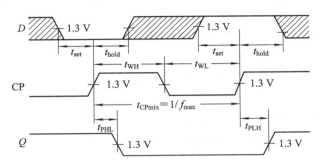

图 5.43　74LS74 双 D 触发器的时间参数

74LS74 芯片各参数的典型值为：$t_{PHL} = 25$ ns，$t_{PLH} = 13$ ns，$t_{set} = 20$ ns，$t_{hold} = 5$ ns，t_{WH} 和 t_{WL} 的最小值为 25 ns，f_{max} 的典型值是 33 MHz，最小值为 25 MHz。

在计算机中，触发器主要用于构成寄存器、计数器、移位器等基本部件，进而构成寄存器堆、暂存器、程序计数器（PC，Program Counter）、移位寄存器等计算机部件。另外，触发器还具有开关消颤、分频、异步脉冲同步化等典型应用，读者可以自行查阅资料。

本章小结

锁存器和触发器是时序逻辑电路中最常用的两类双稳态存储元件，是构成时序逻辑电路的基本记忆单元。一般通过时钟的特性来区分锁存器和触发器，锁存器无时钟或者是电平型时钟信号，触发器的时钟则是边沿触发。常常将各类双稳态元件统称为触发器。

锁存器/触发器本身是由具有反馈回路的门电路构成的，有两个能自行保持的稳定状态，用于表示与存储二值信息"0"和"1"；具有一对互补的输出信号 Q 和 $\overline{Q}$，并用 Q 的状态来指示锁存器/触发器的状态。触发器具有输入信号和时钟信号。输入信号用于更改或者设置锁存器和触发器的状态；时钟信号用于规定电路状态改变的时间或时刻。

为区分触发器变化前后的状态，用 Q^n 表示触发器接收输入信号之前的状态，称为现态或者原态，用 Q^{n+1} 表示触发器接收输入信号之后的状态，称为次态或新态。

触发器根据功能特性或者激励方式（指由输入改变触发器状态的方式）的不同，可以分为 R-S 触发器、JK 触发器、D 触发器、T 触发器和 T' 触发器等。根据电路结构的不同，可以分为基本 R-S 锁存器、钟控锁存器、主从式触发器和边沿触发器等。根据触发方式（指触发器状态变化时刻的控制方式）的不同，又可以分为电平触发、主从触发和边沿触发的触发器。

基本 R-S 锁存器和基本 $\overline{R}-\overline{S}$ 锁存器是所有锁存器和触发器的基础，各类锁存器和触发器均由其演变而来。

钟控 R-S 锁存器在基本锁存器的电路上增加了时钟脉冲输入信号 CP，在 CP 有效电平下，锁存器状态才允许发生改变。将钟控 R-S 锁存器输入端 S 和 R 经过改造后合并成

一个输入信号 D，就变成了 D 锁存器，从而消除了钟控 R-S 锁存器的禁用状态。钟控锁存器使用电平型时钟信号规定了锁存器状态变化的时间，又称为电平型触发器。钟控锁存器都存在着空翻现象，即在 CP 有效电平状态下，锁存器的输出随着输入的变化而变化。

主从触发器由两个时钟反相的钟控锁存器构成，触发器的输入就是主锁存器的输入，主锁存器的输出作为从锁存器的输入，从锁存器的输出是整个主从触发器的输出。在 CP=1 期间，主锁存器接收输入信号后发生状态改变，从锁存器保持；在 CP 下跳沿，主锁存器锁存输入后不再改变，从锁存器接收主锁存器送来的数据，触发器状态发生改变；在 CP=0 期间，触发器状态保持不变。主从式触发器又称为脉冲触发式触发器，它解决了空翻问题。主从 R-S 触发器存在着约束条件（R、S 不能同时有效）；主从 J-K 触发器则消除了约束条件，不存在禁用状态，但是存在着"一次性变化"问题。

边沿触发器仅在 CP 的某个规定跳变（上升沿或下降沿）到来时刻才接收输入信号，并根据该时刻的输入确定触发器的状态，因此避免了"空翻"和"一次变化"问题。边沿触发器由两个钟控锁存器构成，主要分为边沿 D 触发器和边沿 J-K 触发器。

除了 R-S 触发器、D 触发器和 J-K 触发器外，还有 T 触发器和 T′ 触发器。各类触发器之间可以相互转换。

集成触发器种类繁多，以 D 触发器最为常用。集成触发器常常带有异步置位端和异步复位端，用于直接置"1"和清"0"。

触发器的静态参数基本与门电路一样，由传输延迟引起的动态参数主要有传输延时时间、建立时间、保持时间、信号脉冲宽度与最高时钟频率等。

习　题

5.1　图 5.1 所示的双稳态元件除了"0"和"1"两个稳态外，实际上还存在第三种状态，称为亚稳态。请查找有关资料，回答：

（1）什么是亚稳态？出现亚稳态的原因是什么？

（2）当双稳态元件处于亚稳态时，输出 Q 的状况如何？

（3）所有的双稳态元件都存在亚稳态吗？

5.2　基本 $\overline{R}$-$\overline{S}$ 锁存器如图 X5.1(a) 所示，请根据图 X5.1(b) 所示的输入波形画出 Q 和 $\overline{Q}$ 端的波形，假设锁存器起始状态为"0"。

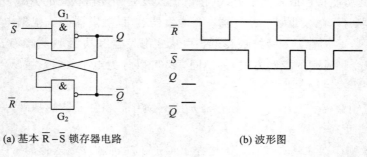

(a) 基本 $\overline{R}$-$\overline{S}$ 锁存器电路　　　　　　(b) 波形图

图 X5.1　习题 5.2 图

5.3　请根据图 X5.2 所示的 CP、R 和 S 输入波形，画出钟控 R-S 锁存器 Q 和 $\overline{Q}$ 端的波形，假设触发器起始状态为"0"。

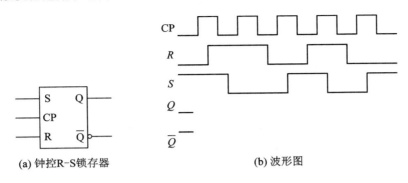

(a) 钟控R-S锁存器　　　　(b) 波形图

图 X5.2　习题 5.3 图

5.4　请根据图 X5.3 所示的 CP 和 D 输入波形，画出钟控 D 锁存器 Q 和 $\overline{Q}$ 端的波形，假设触发器起始状态为"0"。

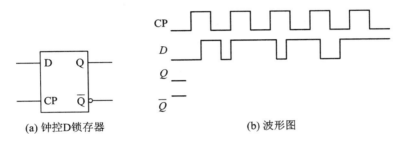

(a) 钟控D锁存器　　　　(b) 波形图

图 X5.3　习题 5.4 图

5.5　请根据图 X5.4 所示的 CP、R 和 S 输入波形，画出主从式 R-S 触发器 Q 和 $\overline{Q}$ 端的波形，假设触发器起始状态为"0"。

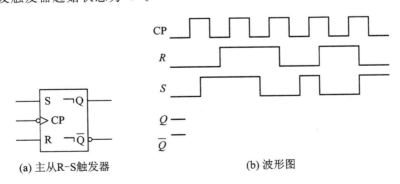

(a) 主从R-S触发器　　　　(b) 波形图

图 X5.4　习题 5.5 图

5.6　请根据图 X5.5 所示的 CP、J 和 K 的输入波形，画出主从式 J-K 触发器 Q 和 $\overline{Q}$ 端的波形，假设触发器起始状态为"0"。

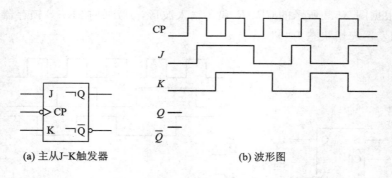

(a) 主从J-K触发器　　　　　　　　(b) 波形图

图 X5.5　习题 5.6 图

5.7　图 X5.6(a)所示为边沿 J‑K 触发器。

(1) 画出针对图 X5.6(b)所示的 CP、J 和 K 输入波形下 Q 和 $\overline{Q}$ 端的波形，假设触发器起始状态为"0"。

(2) 将波形与习题 5.6(见图 X5.5)进行对比，总结主从式 J‑K 触发器和边沿 J‑K 触发器的不同。

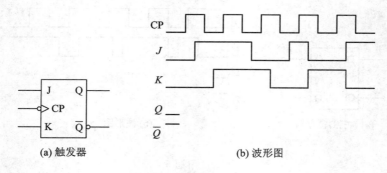

(a) 触发器　　　　　　　　　　　　(b) 波形图

图 X5.6　习题 5.7 图

5.8　图 X5.7(a)所示为边沿 D 触发器。

(1) 画出针对图 X5.7(b)所示的 CP、D 输入波形下 Q 和 $\overline{Q}$ 端的波形，假设触发器起始状态为"0"。

(2) 将波形与习题 5.4(见图 X5.3)进行对比，总结 D 锁存器和边沿 D 触发器的不同。

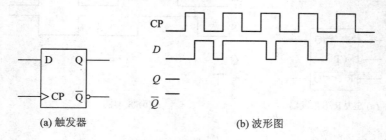

(a) 触发器　　　　　　　　　　　　(b) 波形图

图 X5.7　习题 5.8 图

5.9　在图 X5.8(b)上，画出图 X5.8(a)中各触发器输出端 Q 的波形，假设触发器起始状态为"0"。

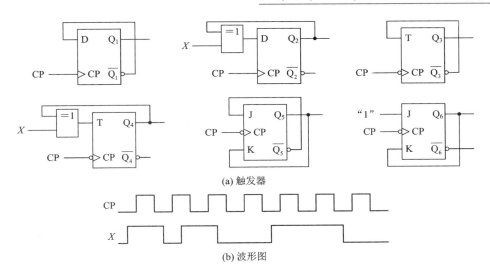

(a) 触发器

(b) 波形图

图 X5.8　习题 5.9 图

5.10　有一个 D 锁存器和边沿 D 触发器，其波形如图 X5.9 所示。

(1) D 锁存器的波形是 Q_1 还是 Q_2？为什么？它是高电平有效还是低电平有效？

(2) 边沿 D 触发器的波形是 Q_1 还是 Q_2？为什么？它是正边沿触发还是负边沿触发？

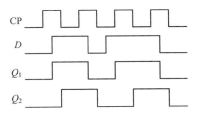

图 X5.9　习题 5.10 图

5.11　对应图 X5.10(a)所示的 J-K 触发器电路。

(1) 写出 Q_1 和 Q_2 的次态方程；

(2) 对应图 X5.10(b)所示的 A 和 B 输入波形，画出 Q_1 和 Q_2 的波形。假设触发器的初态为"0"。

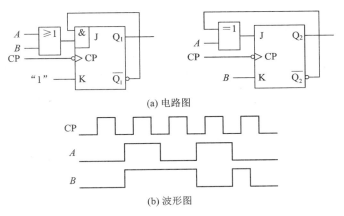

(a) 电路图

(b) 波形图

图 X5.10　习题 5.11 图

5.12 图 X5.11(a)为两个 J-K 触发器构成的电路，$\overline{R}_D$ 为异步清零端。图 X5.11(b) 所示为输入信号 CP 和 X 的波形。

（1）画出 Q_1 和 Q_2 的输出波形。假设触发器的初态均为"0"。

（2）观察 X、Q_1 和 Q_2 的波形，分析该电路可能具备的功能以及相关的约束条件。

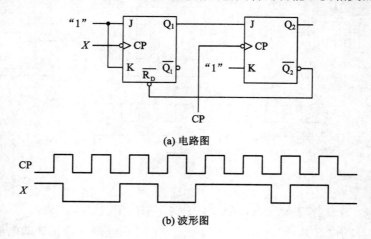

(a) 电路图

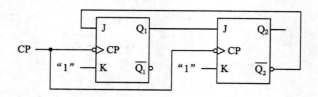

(b) 波形图

图 X5.11 习题 5.12 图

5.13 画出图 X5.12 所示电路的两个 J-K 触发器输出 Q_1 和 Q_2 的波形，画出至少 8 个 CP 脉冲的波形。假设触发器的初态均为"0"。

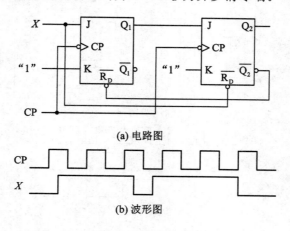

图 X5.12 习题 5.13 图

5.14 如图 X5.13 所示，对照输入信号 CP 和 X 的波形，画出两个 J-K 触发器输出 Q_1 和 Q_2 的波形。假设触发器的初态均为"0"，$\overline{R}_D$ 为异步清零端。

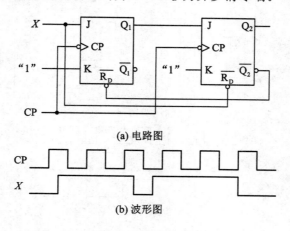

(a) 电路图

(b) 波形图

图 X5.13 习题 5.14 图

5.15 如图 X5.14 所示，对照输入信号 CP 和 X 的波形，画出两个 J－K 触发器输出 Q_1 和 Q_2 的波形。假设触发器的初态均为"0"。

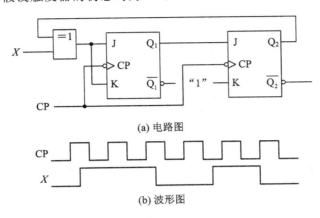

图 X5.14 习题 5.15 图

5.16 假设一个 A－B 触发器，逻辑符号如图 X5.15(a)所示，功能表如表 X5.1 所示。

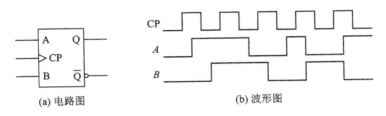

图 X5.15 习题 5.16 图

表 X5.1 A－B 触发器的功能表

CP	A	B	Q^{n+1}	功能描述
0	×	×	Q^n	保持
1	×	×	Q^n	保持
⌐	×	×	Q^n	保持
⌐	0	0	Q^n	保持
⌐	0	1	$\overline{Q^n}$	翻转
⌐	1	0	0	置 0
⌐	1	1	1	置 1

(1) 写出在 CP 上跳沿来临时，该 A－B 触发器的状态转换真值表。

(2) 对照图 X5.15(b)所示的输入信号 CP 和 A、B 的波形，画出 A－B 触发器输出端 Q 的波形。假设触发器的初态为"0"。

(3) 求该 A－B 触发器的特性方程。

(4) 使用正边沿触发的 D 触发器实现该 A－B 触发器。

(5) 使用负边沿触发的 J－K 触发器实现该 A－B 触发器。

5.17 触发器可以实现异步脉冲同步化的功能,如图 X5.16(a)所示,图中,$\overline{S_D}$ 为异步置位端,$\overline{R_D}$ 为异步清零端。可以将输入的异步脉冲信号 X 的前后边沿与时钟 CP 同步,从 Q_2 输出。

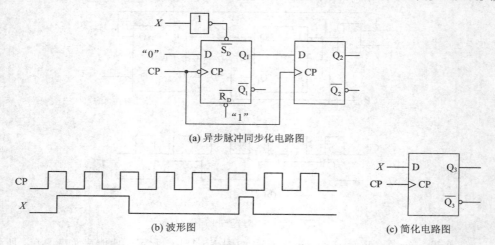

(a) 异步脉冲同步化电路图

(b) 波形图

(c) 简化电路图

图 X5.16 习题 5.17 图

(1) 对照图 X5.16(b)所示的输入信号 CP 和 X 的波形,画出 Q_1 和 Q_2 的波形。假设触发器的初态为"0"。

(2) 分析输入信号 X 和输出信号 Q_2 的时序关系,描述该"异步脉冲同步化"电路的具体功能。

(3) 考虑图 X5.16(b)中 X 的第二个脉冲,如果提前 0.5 个、1 个 CP 或者 2 个 CP 脉冲到达,那么 Q_1 和 Q_2 的输出会怎样?由此,考虑该电路正常工作时的约束条件:异步脉冲输入的间隔有何要求?异步脉冲的宽度有要求吗?

(4) 图 X5.16(a)中为何将 X 接在 $\overline{S_D}$ 上,而不是 D 上?如果 X 接在 D 上,$\overline{S_D}$ 始终为 1,画出波形图进行对比,体会两者之间的区别。

(5) 如果使用图 X5.16(c)所示的简化电路,能实现异步脉冲同步化的功能吗?对照图 X5.16(b),画出波形图并加以对比,说明两个电路的区别。

5.18 图 X5.17(a)所示的电路包含一个 J-K 触发器和一个 D 触发器,均是下跳沿触发,$\overline{R_D}$ 是异步清零端。在图 X5.17(b)上画出 Q_1 和 Q_2 的波形。

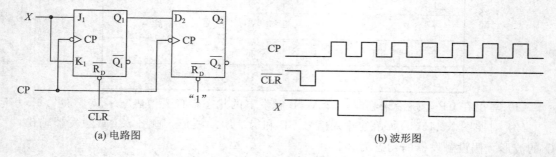

(a) 电路图

(b) 波形图

图 X5.17 习题 5.18 图

5.19 根据各种触发器的特性,填写表 X5.2 中各触发器的激励信号值,以完成对应的状态转换。

表 X5.2 各触发器的激励表

现态	次态	J-K 触发器		D 触发器	R-S 触发器		T 触发器
Q^n	Q^{n+1}	J	K	D	S	R	T
0	0						
0	1						
1	0						
1	1						

5.20 尝试推导图 X5.18 所示的锁存器的状态图和特性方程。

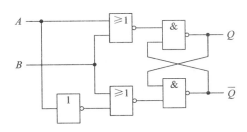

图 X5.18 习题 5.20 图

5.21 通过网络或者文献,查找以下类型的集成触发器芯片的资料(至少 2 个),给出其芯片型号、功能表,了解其特性参数,并进行对比。

(1) 主从 R-S 触发器;

(2) 主从 J-K 触发器;

(3) 锁存器;

(4) 寄存器。

第6章　同步时序逻辑电路

时序逻辑电路的基本特点是含有触发器等记忆元件，其电路的输出不仅与当前的输入信号有关，而且还与电路的原来状态有关，或者说和过去的输入有关。时序逻辑电路按照时钟控制方式的不同，又可分为同步时序逻辑电路和异步时序逻辑电路。本章主要讨论同步时序逻辑电路的分析和设计方法，并介绍计算机中常用的各类典型同步时序逻辑电路。

6.1　时序逻辑电路概述

在第 4 章讨论的组合逻辑电路中，任一时刻的电路输出仅取决于该时刻的电路输入。而时序逻辑电路不同，其特点是：任一时刻的电路输出不仅取决于该时刻的电路输入信号（如果有），而且还取决于该电路原有状态，或者说还取决于该电路过去的输入（序列）。

6.1.1　时序逻辑电路的特点

图 6.1(a) 是一个串行加法器的电路图。它由两部分构成：一个是全加器；另一个是 D 触发器。在 CP 脉冲的控制下，进行加法运算的 2 个数据 A 和 B 将数据从低位到高位，串行地送入全加器的 A_i 和 B_i，全加器计算产生的和数从 S_i 串行输出，产生的进位 C_{i+1} 则存入 D 触发器，用于下一位的全加运算。当第 i 个 CP 上跳沿来临时，第 i 位的运算结束，和数 S_i 直接输出，进位 C_{i+1} 打入 D 触发器，此时，送入第 $i+1$ 位的运算数据 A_{i+1} 和 B_{i+1}，FA 开始进行第 $i+1$ 位的全加计算，使用的进位是 D 触发器的 Q，即上次运算保存的 C_{i+1}。图 6.1(b) 帮助我们理解串行加法器的工作过程，其外部添加 2 个移位寄存器，就实现了 n 位二进制数的加法。其中，累加寄存器存放被加数 A 及和数，B 寄存器存放加数 B，都是 n 位的右移位寄存器。

显然，在图 6.1(a) 所示的串行加法器中，全加器完成 2 个二进制位和低位进位的全加运算，是典型的组合逻辑电路；而 D 触发器是一个存储元件，具有记忆功能；存储元件保存的状态作为组合电路（全加器）的输入，与电路的输入信号一起决定了电路输出值。图 6.1(a) 所示的串行加法器就是一个典型的时序逻辑电路，将其抽象出来，就是如图 6.2 所示的时序逻辑电路的一般结构。

由图 6.2 可以看出，时序逻辑电路通常由组合逻辑电路和存储元件构成，其中组合逻辑电路不是必要的，但是存储电路是必不可少的。触发器是最常用的存储电路，具有记忆功能。时序逻辑电路的状态就是电路内部存储元件的状态组合，主要用来反映输入信号的历史状况，并通过状况之间的相互转换来跟踪输入信号的变化过程。

时序逻辑电路区别于组合逻辑电路的最重要特点就是包含存储器件；又因为存储元件（如触发器和锁存器）本身就存在着电路反馈，因此，时序逻辑电路的主要特点就是一定含有存储元件，且电路上有反馈结构。

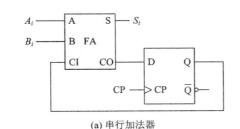

(a) 串行加法器

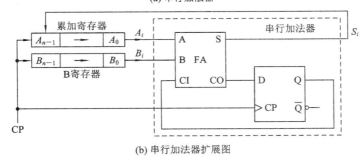

(b) 串行加法器扩展图

图 6.1　串行加法器

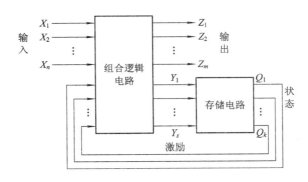

图 6.2　时序逻辑电路的一般结构

在图 6.2 中，$X_1 \sim X_n$ 是时序电路的 n 个输入，$Z_1 \sim Z_m$ 是 m 个输出，$Q_1 \sim Q_k$ 被称为时序电路的状态变量，$Y_1 \sim Y_s$ 则称为激励输入。状态变量实际上就是内部触发器的输出状态，它的取值组合用于表示时序电路当前所处的状态；激励信号实际上就是内部触发器的激励输入，用于控制存储器的状态变化。它们之间的关系可以用一组方程来描述，详见 6.1.3 节。

6.1.2　时序逻辑电路的分类

1. 同步时序逻辑电路和异步时序逻辑电路

时序逻辑电路通常按照时钟类型分为两大类：同步时序逻辑电路(Synchronous Sequential Logic Circuit)和异步时序逻辑电路(Asynchronous Sequential Logic Circuit)。

在同步时序逻辑电路中，所有触发器的状态受同一时钟控制，电路状态同步于时钟信号，或者说电路只有在时钟触发边沿出现时，才改变状态。

而异步时序逻辑电路中各存储元件的状态改变是异步的，无法与某个统一时钟边沿同步，即：异步时序逻辑电路没有统一的时钟信号或者没有时钟信号，其状态改变完全由外部输入信号的变化引起的。

从理论上讲，异步时序电路的设计比同步时序电路的设计更灵活，但是，同步时序电路的设计更容易，其应用也更为广泛。实际上，几乎所有系统本质上都是同步的。计算机中，主要工作于同步状态下，而异步时序电路主要应用在两个不同时钟的系统之间进行通信时，或者用于任意时刻接收输入的场合。本章将重点介绍同步时序逻辑电路的分析和设计，异步时序逻辑电路将在第 7 章介绍。

在同步时序逻辑电路中，时钟脉冲仅仅被看成是电路工作的时间基准，而不会将其作为输入变量；我们通常使用当前状态(现态/原态)和下一状态(次态/新态)来区分目前系统的状态和下一个时钟沿作用后系统将要进入的状态。只要时钟脉冲有效边沿没有到来，同步时序逻辑电路的状态就不会改变。

一个电路如果满足以下条件，它就是同步时序逻辑电路：

(1) 电路的每一个元件或者是存储元件(触发器)，或者是组合电路。

(2) 至少有一个元件是存储元件(触发器)。

(3) 所有触发器都接收同一个时钟信号。

(4) 每个回路上都至少包含一个触发器。

单个 D 触发器就是一个最简单的同步时序逻辑电路，它本身就是一个存储元件，包含一个输入 D，一个时钟 CLK，一个输出 Q 和两个状态{0，1}；它的当前状态是输出 Q，它的下一状态是 D。

【例 6.1】 请判断如图 6.3 所示的 6 个电路中，哪些是同步时序逻辑电路。

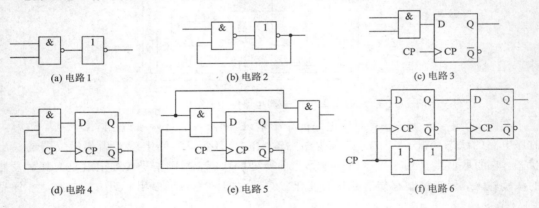

(a) 电路 1 (b) 电路 2 (c) 电路 3

(d) 电路 4 (e) 电路 5 (f) 电路 6

图 6.3 例 6.1 的电路图

解 根据组合逻辑电路、同步时序逻辑电路的区别和特点，有：

(1) 图 6.3(a)所示电路是组合逻辑电路，不是时序逻辑电路，因为其没有存储元件。

(2) 图 6.3(b)所示电路既不是组合逻辑电路(因为有反馈回路)，也不是时序逻辑电路(因为回路上没有存储元件)。

(3) 图 6.3(c)、(d)、(e)所示电路是同步时序逻辑电路：图 6.3(c)所示电路是一个简单的不带反馈的同步时序逻辑电路；图 6.3(d)所示电路是带反馈的同步时序电路，但电路将触发器的状态直接作为输出；图 6.3(e)所示电路是另一类带反馈的同步时序电路，电路将触发器状态和输入经过组合电路后输出。

(4) 图 6.3(f)所示电路，虽然有触发器，但是两个触发器的时钟信号不同，它们之间有 2 个反相器的延迟。所以严格来说，图 6.3(f)所示电路不是同步时序逻辑电路。

2. Mealy 型和 Moore 型时序逻辑电路

在 Mealy 型时序逻辑电路中，输出 Z_i 不仅是当前输入 $X_1 \sim X_n$ 的函数，同时也是当前状态 $Q_1^n \sim Q_k^n$ 的函数，即 $Z_i = f_i($输入，现态$) = f_i(X_1 \sim X_n, Q_1^n \sim Q_k^n)$。

在 Moore 型时序逻辑电路中，输出 Z_i 仅是当前状态 $Q_1^n \sim Q_k^n$ 的函数。即 $Z_i = f_i($现态$) = f_i(Q_1^n \sim Q_k^n)$，或者根本就不存在专门的输出 Z_i，而将电路中触发器的状态直接作为输出。其实，Moore 型电路是 Mealy 型电路的一个特例，本质上并无很大区别，它们仅仅在输出特性上有差异，但是分析和设计方法是一样的。

【**例 6.2**】 请判断如图 6.3(c)、(d)、(e)所示的 3 个时序逻辑电路中，哪些是 Mealy 型时序逻辑电路？哪些是 Moore 型时序逻辑电路。

解　显然，图 6.3(c)、(d)所示电路是 Moore 型时序逻辑电路。因为它们直接将电路的状态作为电路的输出，与当前输入无关。

在图 6.3(e)所示电路中，将当前输入和电路的现态经过了一个与门运算后输出，显然输出和当前输入有关，是 Mealy 型电路。

3. 有限状态机和流水线

有限状态机和流水线是两种常见的同步时序电路，在计算机中广泛使用。事实上，计算机本身就是一台有限状态机，并且流水线早已应用在计算机的指令执行与数据运算中。

一个同步时序电路若有 k 个触发器，则该电路就是一个有 2^k 个状态的有限状态机，任何时刻它都处于这 2^k 个状态中的某一个唯一状态。有限状态机又称为时钟同步状态机，其模型如图 6.4 所示。图 6.4(a)是 Mealy 型有限状态机，图 6.4(b)是 Moore 型有限状态机。在图 6.4 中，有限状态机有 m 个输入、n 个输出、k 位状态变量和一个时钟信号，通常情况下还应具有一个复位信号，用于确定有限状态机的初始状态。

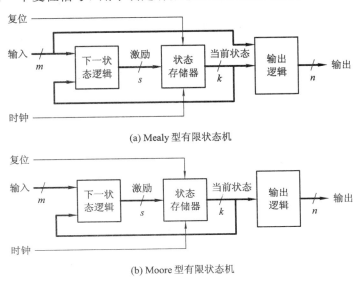

(a) Mealy 型有限状态机

(b) Moore 型有限状态机

图 6.4　有限状态机模型

由图 6.4 可以看出，有限状态机含一个状态存储器和两个组合逻辑电路——下一状态逻辑和输出逻辑。状态存储器用于存储电路的状态，如前所述，通常是由触发器构成的寄存器等存储电路。下一状态逻辑是根据当前状态和当前输入计算产生触发器的激励输入，以便于在下一个时钟有效沿来临时，进入下一状态。输出逻辑则用于计算产生电路的输出，根据当前输入是否参与计算产生电路的输出信号，又可以分为图 6.4(a) 所示的 Mealy 型和图 6.4(b) 所示的 Moore 型有限状态机。显然，Mealy 型更为复杂，不仅有输出，且输出和当前输入有关；Moore 型有限状态机，输出和当前输入无关。

流水线技术是提高数字系统吞吐量的有效手段。例如，将一条指令的执行过程分成 5 个阶段，每个阶段完成一个操作，就构成了 5 级流水线，可以在每级流水线中同时执行 5 条指令，从而将吞吐量提高大约 5 倍。流水线结构的电路模型如图 6.5 所示。

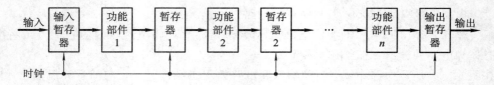

图 6.5 流水线结构的电路模型

流水线和有限状态机有很大不同，没有反馈，但是流水线的各级之间需要添加暂存器（存储临时数据的存储元件），每一级流水的暂存器都保存本级、本次指令操作的结果，同时提供给后级流水线作为加工的数据源；当下一个时钟来临时，再次保存新指令的操作结果，依次流动。因为添加了暂存器，所以流水线引入了一些硬件开销和时间开销，但是它以小成本获得了时间并行性，所有现代高性能微处理器都使用流水线技术。

6.1.3 时序逻辑电路的描述方法

无论是同步时序逻辑电路还是异步时序逻辑电路，最常用的描述方法除了电路图之外，还有方程组、状态转换真值表、状态转移图和时序图等几种方法，下面逐一介绍。

1. 方程组

在图 6.2 中，时序逻辑电路的输入 $X_1 \sim X_n$、输出 $Z_1 \sim Z_m$、激励输入 $Y_1 \sim Y_s$、状态变量 $Q_1 \sim Q_k$ 之间的关系可用下面 3 个方程组来描述：

输出方程：
$$Z_i = f_i(\text{输入，现态}) = f_i(X_1 \sim X_n, Q_1^n \sim Q_k^n), i = 1, \cdots, m$$

激励方程：
$$Y_i = g_i(\text{输入，现态}) = g_i(X_1 \sim X_n, Q_1^n \sim Q_k^n), i = 1, \cdots, s$$

状态方程：
$$Q_i^{n+1} = h_i(\text{激励，现态}) = h_i(Y_i, Q_i^n), i = 1, \cdots, k$$

其中，状态信号 Q_i^{n+1} 则表示电路中第 i 个触发器的下一个状态（次态），Q_i^n 表示电路中第 i 个触发器的现态（或者原态）。

输出方程用于描述输出变量 Z_i 与电路输入 X 和电路状态 Q 之间的逻辑关系；激励方程用于描述触发器的激励输入 Y_i 与电路输入 X 和电路状态 Q 之间的逻辑关系；状态方程

用于描述触发器的次态输出 Q_i^{n+1} 与激励输入 Y_i 和现态 Q_i^n 之间的关系，又称为次态方程。将激励方程代入触发器的特性方程，即可以得到状态方程。

由方程组可见，输出信号 Z_i 取决于即刻输入变量和电路的当前状态；激励信号 Y_i 也取决于即刻输入变量和电路的当前状态；而次态 Q_i^{n+1} 取决于电路的原态 Q_i^n 和激励输入 Y_i 的组合。

需要说明的是，有些时序电路不一定有输入 X_i，也有些时序电路不一定有输出变量 Z_i，但是因为一定会有存储元件，所以一定会有激励 Y_i 和状态 Q_i。

D 触发器就是一个最简单的时序逻辑电路，它有一个输入 D（同时也是激励输入），一个输出 Q（同时也是状态变量），它的状态有两个：0 和 1。

下面举例说明方程组表示时序逻辑电路的方法。

【例 6.3】 请写出如图 6.6 所示的同步时序逻辑电路的方程组。

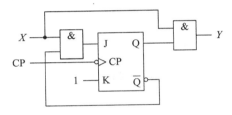

图 6.6 例 6.3 的电路图

解 这是一个非常简单的时序逻辑电路，有一个输入 X，一个输出 Y，因为有一个 J-K 触发器，所以有一个状态变量 Q，两个激励输入 J 和 K。它的组合逻辑电路是两个与门。

方程组用于描述时序电路中各种变量之间的逻辑关系：

输出方程用于描述输出变量（Y）与电路输入（X）和电路状态（Q）之间的逻辑关系，由图 6.6 可以看出：

$$Y = X \cdot Q^n$$

激励方程用于描述触发器的激励输入（J 和 K）与电路输入（X）和电路状态（Q）之间的逻辑关系，由图 6.6 可以看出：

$$J = X \cdot \overline{Q^n} \quad K = 1$$

状态方程用于描述触发器的次态输出（Q^{n+1}）与激励输入（J 和 K）和触发器现态（Q^n）之间的关系。将激励方程代入触发器的特性方程，即可以得到状态方程。因此，有：

$$Q^{n+1} = J\overline{Q^n} + \overline{K}Q^n = (X \cdot \overline{Q^n})\overline{Q^n} + \overline{1}Q^n = X \cdot \overline{Q^n}$$

所以，图 6.6 时序电路的方程组为：

输出方程：

$$Y = X \cdot Q^n$$

激励方程：

$$J = X \cdot \overline{Q^n} \quad K = 1$$

状态方程：

$$Q^{n+1} = X \cdot \overline{Q^n}$$

2. 状态转换真值表

由前述可知，真值表就是罗列出电路所有输入变量的取值组合，写出在每一种输入组合下，电路输出变量的取值。而对于时序逻辑电路，其电路输出是取决于电路的输入及电路原有状态。因此，为了描述时序逻辑电路，状态转换真值表的输入变量除了电路本身的输入变量外，还包含电路的状态变量（现态）；输出变量也包含两部分：电路本身的输出以及电路的次态。

一般情况下，状态转换真值表可以由问题本身的逻辑关系直接列出，也可以由方程组计算得到。

【例 6.4】 请列出如图 6.6 所示的时序逻辑电路的状态转换真值表。

解 分析图 6.6 可知，状态转换真值表的输入变量为电路输入 X、J-K 触发器的现态 Q^n；输出变量为电路的输出 Y、J-K 触发器的次态 Q^{n+1}。写出 X 和 Q^n 的所有组合后，按照输出方程可以计算得到输出 Y 的取值，根据状态方程（次态方程）可以计算出次态 Q^{n+1} 的取值。

图 6.6 所示的时序逻辑电路的状态转换真值表如表 6.1 所示。

表 6.1　例 6.4 的状态转换真值表

输入变量		输出变量	
电路输入	电路现态	电路次态	电路输出
X	Q^n	Q^{n+1}	Y
0	0	0	0
0	1	0	0
1	0	1	0
1	1	0	1

3. 状态转移图

如第 5 章所述，对于时序逻辑电路而言，状态转移图是最直观的描述方式。其表示方法为：（1）用圆圈表示各个状态，圆圈内写明状态的名称或者代表状态取值的数字；如果触发器的个数为 k，则状态（圆圈）的个数就为 2^k。

（2）用带箭头的线条连接各个圆圈，用来表示状态的转移关系；线条上的数字，表明输入和输出信号的值，一般记为 X/Z，即表明在输入信号 X 取什么值的状态下，从现态（原态）转到次态，并且输出信号 Z 同时变化为新值。

（3）在状态转移图中，从每一个状态出发的线条数 m 与输入信号的个数 n 有关。在完整的状态转移图中，$m=2^n$。

画出状态转移图的依据一般是问题本身的逻辑关系，也可以由状态转换真值表画出。

【例 6.5】 请画出如图 6.6 所示的时序逻辑电路的状态转移图。

解 因为触发器就只有一个，因此电路的状态就是 $2^1=2$ 个，用两个圆圈表示这两个状态，其内的 0 和 1 为 J-K 触发器状态的取值。电路的输入为 X，输出为 Y，因此箭头线

上是 X/Y 的值。

分析状态转换真值表 6.1 第一行，当 $X=0$ 且现态 Q^n 为 0 时，则电路次态 $Q^{n+1}=0$，即电路状态没变化，因此要从状态为 0 的圆圈画一根线到自己；此时因为输出 $Y=0$，所以线上 X/Y 就是 0/0。对于第二行，当 $X=0$ 且现态 Q^n 为 1 时，则电路次态 $Q^{n+1}=0$，即电路状态从 1 变化到 0，因此要从状态为 1 的圆圈画一根线到状态为 0 的圆圈；此时因为输出 $Y=0$，所以线上 X/Y 就是 0/0。再分析第三行，当 $X=1$ 且 $Q^n=0$ 时，电路的次态 Q^{n+1} 变化为 1，因此要从状态为 0（现态）的圆圈画一根箭头线到状态为 1（次态）的圆圈；此时输出 $Y=0$，所以线上 X/Y 就是 1/0。依次按照每一行的含义画线、写转换条件和输出值，画出所有条件下的转移路径即可。图 6.7 是图 6.6 所示的时序逻辑电路的状态转移图。

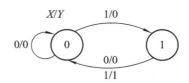

图 6.7　例 6.5 的状态转移图

4. 时序波形图

时序逻辑电路的时序波形图（简称时序图）能够真实、全面、直观地展现在时序脉冲序列作用下，当输入发生变化后，电路状态和输出随之变化的过程。画时序图的方法如下：

（1）首先需要确认触发器的有效边沿及电路的初态（状态变量的初值）。

（2）画时钟脉冲波形和输入信号波形；这里需要遵循"在 CP 有效边沿上，输入要保持稳定"的原则，尽量避免 CP 脉冲有效沿上，输入信号发生变化。

（3）画电路状态的初态值及输出的初值。

（4）按照 CP 每一个有效沿，分析电路状态是否变化，同时更新电路的输出；这个过程可以参照状态转换真值表直接画出，或者通过方程组计算分析得出。

（5）逐步地重复过程（4），直至最后一个 CP 有效沿。

为了方便、准确地画出时序图，有时还需要将触发器的激励输入或者内部结点的波形也画出。

【例 6.6】　请画出如图 6.6 所示的时序逻辑电路的时序图，尽量考虑波形的完整性。

解　波形完整主要是指输入组合尽量完备，最好能够展现所有状态变化的可能性。其实，根据状态转移图，如果能遍历每一条转移路径，画出对应的波形图，就能比较完整地展现状态变化。

在图 6.6 中，J-K 触发器是下跳沿有效，并且无异步清零/置位信号，因此电路的状态变化都会发生在 CP 的下跳沿。同时假设 J-K 触发器的初态为 0，X 初态也为 0。

根据如图 6.7 所示的状态转移图，可以考虑设计在 CP 下跳沿，X 依次变化为：0→1→0→1→1，需要 5 个 CP 有效沿。本例可以通过查表（状态转换真值表）或者方程组（输出方程和状态方程）计算方法，依次画出其波形，如图 6.8 所示。

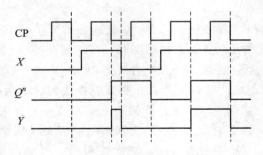

图 6.8　例 6.4 的波形图

以方程组计算为例，首先在 CP 下跳沿，根据次态方程 $Q^{n+1}=X \cdot \overline{Q^n}$ 计算下跳沿来临前一时刻的 X 和 $\overline{Q^n}$ 相与的结果，该值就是下跳沿之后的 J - K 触发器的新态。如此得出每个下跳沿上 Q 的次态，就画出了 Q 的波形。然后再根据输出方程 $Y=X \cdot Q^n$ 计算输出信号 Y 的值，对应画出波形即可。

本节所介绍的时序逻辑电路描述方法既可以用于同步时序电路，也可以用于异步时序电路。但是异步时序逻辑电路的描述更为复杂，往往还需要状态流程图和流程表来描述，将在第 7 章加以介绍。

6.2　同步时序逻辑电路的分析

与组合逻辑电路类似，同步时序逻辑电路的分析目的，就是要找出给定电路的逻辑功能。具体而言，就是要找出在输入信号序列和时钟信号序列的作用下，同步时序逻辑电路状态和输出状态的变化规律。这种变化规律通常以状态转换表、状态转移图或时序波形图的方式，就能够直观、有效地表达。因此，分析一个给定的同步时序逻辑电路，实际上目标就是求出该电路的状态转换表、状态转移图或时序波形图，然后分析其变化规律，最终确定该电路的逻辑功能。

6.2.1　同步时序逻辑电路的分析步骤

同步时序逻辑电路的分析步骤如下：

(1) 观察电路，写出方程组，即输出方程、激励方程和状态方程。具体分述如下：

① 输出方程：是同步时序逻辑电路中每个输出信号的逻辑函数。对于 Mealy 型电路，它是电路输入信号和触发器状态的函数；对于 Moore 型电路，它是触发器状态的函数；电路中有几个输出信号，就有几个输出方程。

② 激励方程：是电路中每个触发器输入端信号的逻辑函数。它是电路输入信号和触发器状态的函数。电路中有几个触发器，就应该有几组激励方程（例如，一个 J - K 触发器的激励方程有 2 个：J 和 K 的激励函数）。

③ 状态方程：是电路中每个触发器的次态函数。事实上，将每个触发器的激励方程代入该触发器对应的特性方程，即可求出该触发器的状态方程。它最终是电路输入信号和触发器状态的函数。电路中有几个触发器，就应该有几个状态方程。

【例 6.7】　分析如图 6.9 所示的同步时序逻辑电路，请写出对应的输出方程、激励方程和状态方程。

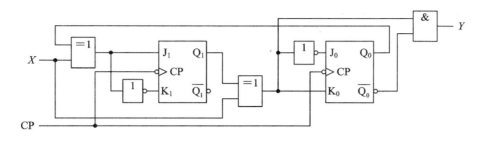

图 6.9　例 6.7 的电路图

解　在图 6.9 中，有输入信号 X，输出信号 Y，两个 J–K 触发器，因此其输出方程有一个，激励方程有两组，状态方程有两个：

输出方程：

$$Y = (X \oplus Q_1^n) \cdot \overline{Q_0^n} \tag{6.1}$$

激励方程：

$$\begin{cases} J_1 = X \oplus Q_0^n & K_1 = \overline{X \oplus Q_0^n} \\ J_0 = \overline{X \oplus Q_1^n} & K_0 = X \oplus Q_1^n \end{cases} \tag{6.2}$$

状态方程：将激励方程式 (6.2) 代入 J–K 触发器的特性方程 $Q^{n+1} = J\,\overline{Q^n} + \overline{K}Q^n$，可得：

$$Q_1^{n+1} = J_1\,\overline{Q_1^n} + \overline{K_1}Q_1^n = (X \oplus Q_0^n)\,\overline{Q_1^n} + \overline{\overline{X \oplus Q_0^n}}\,Q_1^n = (X \oplus Q_0^n)(\overline{Q_1^n} + Q_1^n) = X \oplus Q_0^n$$

$$Q_0^{n+1} = J_0\,\overline{Q_0^n} + \overline{K_0}Q_0^n = \overline{X \oplus Q_1^n} \cdot \overline{Q_0^n} + \overline{X \oplus Q_1^n} \cdot Q_0^n = \overline{X \oplus Q_1^n}(\overline{Q_0^n} + Q_0^n) = \overline{X \oplus Q_1^n}$$

$$\tag{6.3}$$

由输出方程可以看出，输出 Y 是输入变量 X 和状态变量 Q_1 和 Q_0 的函数，因此，该电路是 Mealy 型同步时序逻辑电路。

（2）列出状态转换真值表。有了状态方程，就可以根据当前电路的输入、电路的现态，计算出电路中各触发器的次态；同时有了输出方程，也可以根据当前电路的输入、电路的现态，计算出当前电路的输出。若将任何一组输入变量及电路初态的取值代入状态方程和输出方程，就可以算出电路的次态和现态下的输出值；以得到次态作为新的初态，与这时的输入变量取值一起再次代入状态方程和输出方程，又得到一组新的次态和输出值。如此迭代下去，将全部计算的结果列成真值表的形式，就是状态转换真值表。状态转换真值表的输入信号为电路的输入和电路的原态；输出信号为电路的次态和电路的输出。

【例 6.8】　请根据例 6.7 的输出方程和状态方程，列出如图 6.9 所示的同步时序逻辑电路的状态转换真值表。

解　显然，真值表的输入有 3 个：电路输入变量 X、状态变量的现态 Q_1^n 和 Q_0^n，真值表的输出有 3 个：状态变量的次态 Q_1^{n+1}、Q_0^{n+1} 和电路的输出变量 Y。因此，列出的真值表有 8 行，输出变量 Y 的取值，由式 (6.1) 计算得到；状态变量的次态 Q_1^{n+1}、Q_0^{n+1} 由式 (6.3)

计算得到，可以得到状态转换真值表，如表 6.2 所示。

表 6.2　例 6.8 的状态转换真值表

输　入			输　出		
X	Q_1^n	Q_0^n	Q_1^{n+1}	Q_0^{n+1}	Y
0	0	0	0	1	0
0	0	1	1	1	0
0	1	0	0	0	1
0	1	1	1	0	0
1	0	0	1	0	1
1	0	1	0	0	0
1	1	0	1	1	0
1	1	1	0	0	0

（3）根据状态转换真值表画出状态转移图。在很多情况下，从状态转换真值表，我们还不能够看出电路的逻辑功能，这时候，往往需要将状态转换真值表变为状态转移图，才能从中观察到时序逻辑电路的状态变化规律。因此，状态转移图能够更直观地、更形象地反映电路中各状态间的转换关系，有利于分析电路的逻辑功能。根据状态转换真值表画状态转移图的方法是：

① 首先根据时序电路中触发器的个数 k，确定电路的状态个数为 2^k，每一个状态用一个圆圈表示，圆圈内可以写上其状态变量的编码取值。

② 根据状态转换真值表的每一行，从现态对应的圆圈到其次态之间用有向箭头线连接，以表示状态转换，同时在连线上标注输入条件和输出值，以"输入/输出"形式表示。

③ 画出真值表中所有的状态及其次态之间的转移连线。

【例 6.9】　请根据表 6.2 所示的状态转换真值表，画出如图 6.9 所示的同步时序逻辑电路的状态转换图。

解　因为在图 6.9 中有 2 个触发器，所以该时序逻辑电路的状态有 $2^2 = 4$ 个，用 4 个圆圈表示电路的状态，圆圈内标注 00、01、10、11 区分 4 个状态。然后观察表 6.2 的第一行，状态从 00 转移到了 01，此时输入 X 为 0、输出 Y 为 0，因此，从状态 00 的圆圈画一条箭头线到状态 01 的圆圈，线上标注 X/Y，即 0/0。如此，对于真值表的每一行，均可以画出一条线，最后得到的状态转换图如图 6.10（a）所示，图 6.10（b）是图 6.10（a）的另一种画法，其更直观地展示了状态转换的循环特性。

（4）必要时，画出时序波形图（工作波形图）。在给定输入信号和时钟脉冲序列，并指定电路的起始状态后，可由状态转换真值表或状态图画出电路中各触发器状态变换和输出信号变化的时序波形图。时序图是分析各类电路的重要手段。画时序图时要明确，只有当 CP 的有效触发沿到来时相应的触发器状态才会改变，否则只会保持原态不变。

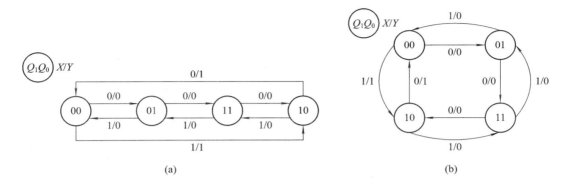

图 6.10　例 6.9 的状态转移图

例如，按照图 6.10 的状态转移图，可以画出其时序波形图，如图 6.11 所示。前 4 个 CP 脉冲，$X=0$；后 4 个 CP 脉冲 $X=1$；因 J-K 触发器的触发沿为下跳沿，故电路状态的转换均在 CP 脉冲的下跳沿；输出 Y 是组合逻辑电路产生的，它随 X、Q_1 和 Q_0 的变化而立刻发生变化。

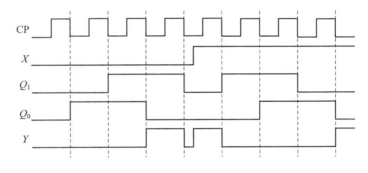

图 6.11　图 6.10 对应的时序波形图

（5）用文字说明电路的逻辑功能。每一个逻辑电路都有其设计的意图，它的输入变量、输出变量和状态变量都有一定的物理含义。在得到了其状态转换真值表、状态转移图和时序波形图后，应结合这些逻辑变量的物理含义，进一步分析，明确说明逻辑电路的具体功能；或者结合时序波形图说明时钟脉冲与输入、输出以及内部变量之间的时间关系。

例如，观察如图 6.10 所示的状态转移图和如图 6.11 所示的时序波形图，我们可以看到，当输入信号 $X=0$ 时，随着 CP 序列的来临，电路的状态变化规律是：00→01→11→10→00；显然，电路进行了格雷码的 4 进制加法计数操作，从 0（状态 00）加 1 计数到 1（状态 01），再次加 1 则到 2（状态 11），最后直到 3（状态 10），如果再次加 1，则回到 0；也就是计数规律为 0→1→2→3→0。而且只有当计数到 10（即 3）时，输出 Y 变为 1，否则输出 Y 为 0。

再观察当 $X=1$ 时，电路的状态变化规律是：00→10→11→01→00；显然，电路进行了格雷码的 4 进制减法计数操作，从 0（状态 00）减 1 计数到 3（状态 10），再减 1 计数到 2（状态 11），直到 0（状态 00）；也就是计数规律为 0→3→2→1→0。而且只有当计数到 00（即 0）时，输出 Y 变为 1，否则输出 Y 为 0。

这样，我们可以得出结论：该电路是一个 4 进制的格雷码可逆（可异）计数器，由输入信号 X 控制计数方向；当 $X=0$ 时，每来临一个 CP 脉冲，电路 +1 计数，当计数到 3（状态 10）时，输出 $Y=1$，表明再来临一个 CP 脉冲，电路将产生进位；当 $X=1$ 时，每来临一个 CP 脉冲，电路 -1 计数，当计数到 0（状态 00）时，输出 $Y=1$，表明再来临一个 CP 脉冲，电路将产生借位。

由上面的例子可以看出，同步时序逻辑电路的分析步骤可以总结为图 6.12。

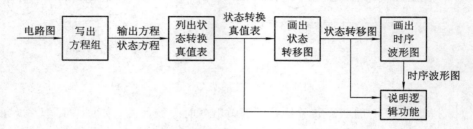

图 6.12　同步时序逻辑电路的分析步骤

6.2.2　分析举例

【例 6.10】　试分析如图 6.13 所示的同步时序逻辑电路，列出其状态转换真值表及状态转移图，画出 $X=11111001$ 序列的时序图，并说明其逻辑功能。

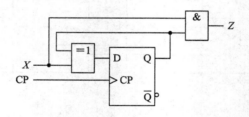

图 6.13　例 6.10 的电路图

解　由图 6.13 可知，该电路有一个输入信号 X，一个输出信号 Z，一个状态变量 Q，电路中用到的存储器元件为正边沿 D 触发器，因为输出 Z 是 X 的函数，所以电路是 Mealy 型同步时序电路。下面逐步分析该电路：

（1）写出方程组：

输出方程：

$$Z = X \cdot Q^n$$

激励方程：

$$D = X \oplus Q^n$$

对于 D 触发器，将激励方程代入特性方程，可得状态方程：

$$Q^{n+1} = D = X \oplus Q^n$$

（2）列出状态转换真值表：真值表输入为 X 和 Q^n，输出为 Q^{n+1} 和 Z，根据输出方程和状态方程计算 Q^{n+1} 和 Z，如表 6.3 所示。

表 6.3 例 6.10 的状态转换真值表

X	Q^n	Q^{n+1}	Z
0	0	0	0
0	1	1	0
1	0	1	0
1	1	0	1

（3）画出状态转移图，如图 6.14 所示。显然，从状态转移图还看不出电路功能。

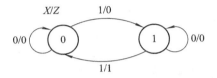

图 6.14 例 6.10 的状态转移图

（4）画出 $X = 11111001$ 的时序波形图，如图 6.15 所示。

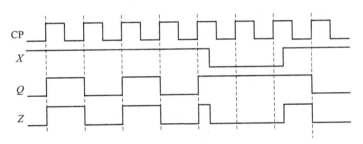

图 6.15 例 6.10 的时序波形图

（5）观察图 6.15，可以发现，当输入 $X = 1$ 时，D 触发器的状态 Q 的波形是周期性变化的，其频率为 CP 的一半；输出 Z 的波形跟随 Q 的波形；当 $X = 0$ 时，Q 保持原态不变，输出 Z 始终为 0。因此，电路的主要逻辑功能是：X 为一个控制信号，当 $X = 1$ 时，将 CP 脉冲进行二分频，从 Z 输出；而 $X = 0$ 时，禁止分频，输出 Z 无波形（$= 0$）。

【例 6.11】 试分析如图 6.16 所示的同步时序逻辑电路，说明其逻辑功能。

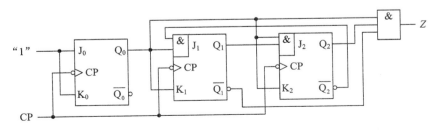

图 6.16 例 6.11 的电路图

247

解 图 6.16 所示电路是 Moore 型的同步时序逻辑电路。它没有输入信号，有 3 个 J－K 触发器。分析如下：

（1）写出方程组：

输出方程：

$$Z = Q_0^n \cdot \overline{Q_1^n} \cdot Q_2^n$$

激励方程：

$$J_0 = K_0 = 1, \quad J_1 = Q_0^n \cdot \overline{Q_2^n}, \quad K_1 = Q_0^n, \quad J_2 = Q_0^n \cdot Q_1^n, \quad K_2 = Q_0^n$$

将激励方程代入 J－K 触发器的特性方程，可得状态方程：

$$Q_0^{n+1} = J_0 \overline{Q_0^n} + \overline{K_0} Q_0^n = \overline{Q_0^n}$$

$$Q_1^{n+1} = J_1 \overline{Q_1^n} + \overline{K_1} Q_1^n = Q_0^n \overline{Q_2^n} \, \overline{Q_1^n} + \overline{Q_0^n} Q_1^n$$

$$Q_2^{n+1} = J_2 \overline{Q_2^n} + \overline{K_2} Q_2^n = Q_0^n Q_1^n \overline{Q_2^n} + \overline{Q_0^n} Q_2^n$$

（2）列出状态转换真值表，如表 6.4 所示。

表 6.4 例 6.11 的状态转换真值表

Q_2^n	Q_1^n	Q_0^n	Q_2^{n+1}	Q_1^{n+1}	Q_0^{n+1}	Z
0	0	0	0	0	1	0
0	0	1	0	1	0	0
0	1	0	0	1	1	0
0	1	1	1	0	0	0
1	0	0	1	0	1	0
1	0	1	0	0	0	1
1	1	0	1	1	1	0
1	1	1	0	0	0	0

（3）画出状态转移图和时序图。状态转移图如图 6.17 所示，时序图如图 6.18 所示。

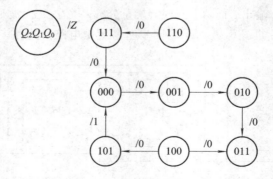

图 6.17 例 6.11 的状态转移图

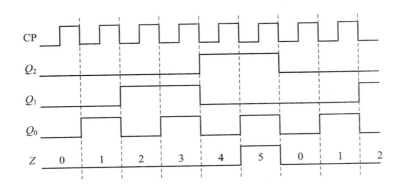

图 6.18　例 6.11 的时序图

（4）分析图 6.17 和图 6.18 可以知道，这是一个六进制加法计数器，每来临一个 CP 脉冲，在其下跳沿，$Q_2Q_1Q_0$ 构成的计数器就 +1，直到 $Q_2Q_1Q_0=101$ 时，$Z=1$，表明下一个 CP 脉冲来临时，计数器就要清零，并且产生进位了。在正常情况下，计数器在 000～101 之间计数，状态 110 和 111 属于无效状态；当电路处于 110 和 111 状态时，经过 1～2 个脉冲能进入有效状态 000。

在本例中提到了有效状态和无效状态，下面我们介绍有效状态/无效状态、有效循环/无效循环以及能自启动/不能自启动的概念。

（1）有效状态和有效循环：

① 有效状态：在时序电路中，凡是被利用了的状态，都称为有效状态。

② 有效循环：在时序电路中，凡是有效状态形成的循环，都称为有效循环。

（2）无效状态和无效循环：

① 无效状态：在时序电路中，凡是没有被利用的状态，都称为无效状态。

② 无效循环：如果无效状态之间形成了循环，那么这种循环就称为无效循环。

在图 6.17 中，有 000～111 共 8 个状态，其中，状态 000～101 这 6 个状态是有效状态，它们构成了一个有效循环；由这个有效循环可以看出它是六进制计数器；状态 110 和 111 是无效状态，意味着对于六进制计数器，不可能出现 6 和 7 两个数字。显然，无效状态 110 和 111 没有构成循环。

（3）能自启动和不能自启动：

① 能自启动：在有无效状态存在的时序电路中，假如不存在无效循环，那么在时钟脉冲作用下，这些无效状态最终都能进入有效循环，这样的时序电路叫做能够自启动的时序电路。

② 不能自启动：在时序电路中，假如存在无效循环，则一旦电路因为某种原因进入了无效状态，则电路将陷入无效循环中，不能进入有效循环，这种现象称为"挂起"，这样的时序电路称为不能自启动的时序电路。

在本例中，无效状态 110 和 111 没有构成循环，则如果电路因故进入了 110 状态，则经过两个 CP 脉冲就能进入有效状态 000，即 110→111→000；如果电路因故进入了 111 状态，则经过 1 个 CP 脉冲就能进入有效状态 000，即 111→000；因此，该电路是能自启动的同步时序逻辑电路。

【例 6.12】 试分析如图 6.19 所示的同步时序逻辑电路的功能。

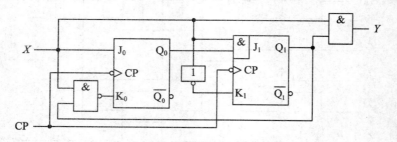

图 6.19 例 6.12 的电路图

解 该电路由 2 个 J-K 触发器构成，输入信号 X，输出信号 Y，为 Mealy 型同步时序逻辑电路。逐步分析如下：

(1) 写出方程组：

输出方程：

$$Y = X \cdot Q_1^n$$

激励方程：

$$J_0 = X, \quad K_0 = \overline{X \cdot Q_1^n}, \quad J_1 = X \cdot Q_0^n, \quad K_1 = \overline{X}$$

将激励方程代入 J-K 触发器的特性方程，可得状态方程：

$$Q_0^{n+1} = J_0 \, \overline{Q_0^n} + \overline{K_0} Q_0^n = X \, \overline{Q_0^n} + \overline{\overline{X \cdot Q_1^n}} Q_0^n = X \, \overline{Q_0^n} + X Q_1^n Q_0^n = X(\overline{Q_0^n} + Q_1^n)$$

$$Q_1^{n+1} = J_1 \, \overline{Q_1^n} + \overline{K_1} Q_1^n = X Q_0^n \, \overline{Q_1^n} + \overline{\overline{X}} Q_1^n = X(Q_0^n + Q_1^n)$$

(2) 列出状态转换真值表，如表 6.5 所示。

表 6.5 例 6.12 的状态转换真值表

X	Q_1^n	Q_0^n	Q_1^{n+1}	Q_0^{n+1}	Y
0	0	0	0	0	0
0	0	1	0	0	0
0	1	0	0	0	0
0	1	1	0	0	0
1	0	0	0	1	0
1	0	1	1	0	0
1	1	0	1	1	1
1	1	1	1	1	1

(3) 画出状态转移图，如图 6.20 所示。

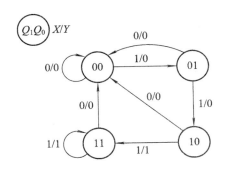

图 6.20 例 6.12 的状态转移图

仔细分析图 6.20，发现当输入 X 为 0 时，状态均转移到 00 状态；当 X 为 1 时，状态转移的顺序为 00→01→10→11→11；在状态 10 或者 11 下，若 X 为 1 则输出 $Y=1$，否则输出 $Y=0$。在 $X=1$ 时，电路状态的转换很像计数器，但是因为在 11 状态下，其次态并非是 00，而仍旧为 11，显然不符合计数器本身的特性，因此，有必要画出时序图进一步观察。

（4）画出时序图：如果 X 的输入序列为 1011110111，初态 $Q_1Q_0=00$，可以画出其输出 Y 的序列为 0000110001，如图 6.21 所示。

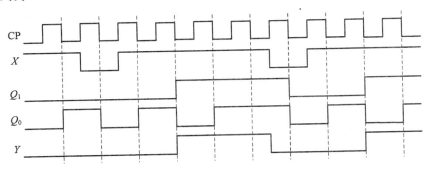

图 6.21 例 6.12 的时序图

（5）由时序图和状态转移图可以推测，这是一个"111"序列检测器，当输入 X 连续 3 个 CP 脉冲都输入了"1"，则输出 Y 就为 1，否则输出 Y 为 0。而且，"111"序列可重叠，即后面的"11"可重复使用。

【例 6.13】 图 6.22 使用了 3 个 T 触发器构成了一个同步时序逻辑电路，请分析电路的功能。

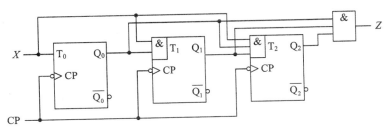

图 6.22 例 6.13 的电路图

251

解 电路由一个输入信号 X、一个输出信号 Z、三个 T 触发器与三个与门一起构成了一个 Moore 型同步时序逻辑电路。

（1）写出方程组：

输出方程：

$$Z = Q_2^n \cdot Q_1^n \cdot Q_0^n$$

激励方程：

$$T_0 = X, \quad T_1 = X \cdot Q_0^n, \quad T_2 = X \cdot Q_1^n \cdot Q_0^n$$

将激励方程代入 T 触发器的特性方程 $Q^{n+1} = T \oplus Q^n$，可得状态方程：

$$Q_0^{n+1} = T_0 \oplus Q_0^n = X \oplus Q_0^n$$
$$Q_1^{n+1} = T_1 \oplus Q_1^n = (X \cdot Q_0^n) \oplus Q_1^n$$
$$Q_2^{n+1} = T_2 \oplus Q_2^n = (X \cdot Q_1^n \cdot Q_0^n) \oplus Q_2^n$$

（2）列出状态转换真值表：

当 $X = 0$ 时，有：

$$Q_0^{n+1} = X \oplus Q_0^n = 0 \oplus Q_0^n = Q_0^n$$
$$Q_1^{n+1} = (X \cdot Q_0^n) \oplus Q_1^n = (0 \cdot Q_0^n) \oplus Q_1^n = 0 \oplus Q_1^n = Q_1^n$$
$$Q_2^{n+1} = (X \cdot Q_1^n \cdot Q_0^n) \oplus Q_2^n = (0 \cdot Q_1^n \cdot Q_0^n) \oplus Q_2^n = 0 \oplus Q_2^n = Q_2^n$$

显然当 $X = 0$ 时，状态保持不变。

当 $X = 1$ 时，有：

$$Q_0^{n+1} = X \oplus Q_0^n = 1 \oplus Q_0^n = \overline{Q_0^n}$$
$$Q_1^{n+1} = (X \cdot Q_0^n) \oplus Q_1^n = (1 \cdot Q_0^n) \oplus Q_1^n = Q_0^n \oplus Q_1^n$$
$$Q_2^{n+1} = (X \cdot Q_1^n \cdot Q_0^n) \oplus Q_2^n = (1 \cdot Q_1^n \cdot Q_0^n) \oplus Q_2^n = Q_1^n Q_0^n \oplus Q_2^n$$

按照表达式，计算 3 个 T 触发器的次态，可得状态转换真值表，如表 6.6 所示。

表 6.6 例 6.13 的状态转换真值表

X	Q_2^n	Q_1^n	Q_0^n	Q_2^{n+1}	Q_1^{n+1}	Q_0^{n+1}	Z	X	Q_2^n	Q_1^n	Q_0^n	Q_2^{n+1}	Q_1^{n+1}	Q_0^{n+1}	Z
0	0	0	0	0	0	0	0	1	0	0	0	0	0	1	0
0	0	0	1	0	0	1	0	1	0	0	1	0	1	0	0
0	0	1	0	0	1	0	0	1	0	1	0	0	1	1	0
0	0	1	1	0	1	1	0	1	0	1	1	1	0	0	0
0	1	0	0	1	0	0	0	1	1	0	0	1	0	1	0
0	1	0	1	1	0	1	0	1	1	0	1	1	1	0	0
0	1	1	0	1	1	0	0	1	1	1	0	1	1	1	0
0	1	1	1	1	1	1	1	1	1	1	1	0	0	0	1

（3）画出状态转移图，如图 6.23 所示。

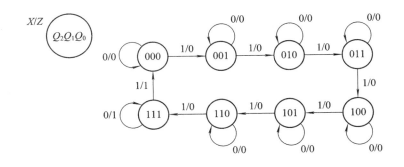

图 6.23　例 6.13 的状态转移图

（4）由图 6.23 可知，电路是一个 8 进制计数器，当 $X=1$ 时，对 CP 脉冲计数，从 000 加 1 计数，8 个 CP 脉冲后，计数满至 111，再来一个 CP 脉冲，则计数器清零（000）；当 $X=0$ 时，禁止对 CP 脉冲计数，计数器处于保持状态。当计数器为 111 状态时，无论 $X=0$ 或者 $X=1$，输出 Z 都为 1，表明将要产生进位；其他状态 $Z=0$。

6.3　同步时序逻辑电路的设计

同组合逻辑电路类似，时序逻辑电路的设计是时序逻辑电路分析的逆过程。时序电路的设计，就是根据用文字描述的逻辑任务，设计出符合其逻辑功能要求的时序逻辑电路。设计的基本要求为逻辑正确、电路最简。

在很多情况下，需要选用各种规模的集成电路来完成时序逻辑电路的设计，这时电路最简的标准就是所使用的集成电路模块数目最少、种类最少、连线最少。

本节主要介绍简单的同步时序逻辑电路的设计，所谓简单，就是使用一组状态方程、驱动方程和输出方程就能完全描述其逻辑功能的时序电路。在简单的同步时序逻辑电路设计中，电路最简的标准是所使用的触发器和门电路数目最少，并且触发器和门电路的输入端数目也最少。

6.3.1　设计步骤

简单同步时序逻辑电路的设计通常经过以下几个步骤：

（1）进行逻辑抽象并建立原始状态图和原始状态表：根据设计任务的要求，首先进行逻辑抽象，即确定电路的输入变量、输出变量和电路的状态数，然后按照逻辑关系，建立满足逻辑功能要求的原始状态图，并列出原始状态表。这一步是最基本的，也是最重要的，对设计任务的逻辑要求能够正确理解和全面考虑，是设计成功的基本保证。

（2）状态化简：找出原始状态表中的等价状态，将它们合并为一个状态，以得到最小化状态表。若两个电路状态在相同的输入下有相同的输出，并且次态也相同，则称这两个状态为等价状态。等价状态可以合并，显然，电路的状态数越少，电路就会越简单。

（3）状态分配/编码：时序逻辑电路的状态就是电路中所有触发器的状态组合。

首先需要根据电路的状态数 n 来确定触发器的个数 m；然后，对电路的每个状态进行二进制赋值（即编码），以对应到 m 个触发器的状态组合。m 个触发器有 2^m 种状态组合，每个状态组合就是一个 m 位编码，将这 2^m 个编码选择 n 个赋值给电路的 n 个状态。显然选择编码的赋值方案有多种，如果选择得当，电路就会设计的简单；反之，电路设计就会比较复杂。

（4）列出状态转换真值表：根据状态编码，将最小化状态表转换成状态转换真值表。

（5）选定触发器类型，写出电路的方程组：不同的触发器的激励方式不同，所以使用不同类型的触发器设计出的电路也不一样。因此，在进行后续设计前，必须首先根据实际的约束条件来选定使用的触发器类型。根据状态转换真值表，可以通过代数化简或者卡诺图化简，写出输出方程、状态方程，然后再根据选定的触发器特性方程，推导出触发器的激励方程。

（6）检查电路能否自启动：对存在无效状态的电路，原则上应该对其讨论自启动问题。即电路处于无效状态时，能否在有限个时钟脉冲的作用下，进入有效状态；如果能，则说明电路能够自启动；反之不能，说明电路存在无效循环，电路不能自启动。对不能自启动的电路，需修改其状态转换表或采取适当的解决措施。

（7）画出电路图：根据输出方程和激励方程，画出触发器和输入、输出信号之间的连接电路图。

图 6.24 以流程图的形式，展示了同步时序逻辑电路的设计步骤。

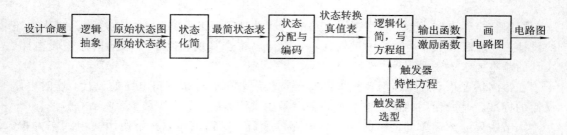

图 6.24　同步时序逻辑电路的设计步骤

下面我们就同步时序逻辑电路设计中的几个关键步骤展开讨论。

6.3.2　建立原始状态图和原始状态表

从同步时序逻辑电路的分析过程中，我们已经知道：状态转移图能够直观地反映同步时序电路的状态变化特性，也隐含着电路的逻辑功能。同样，在同步时序逻辑电路的设计阶段，状态转移图也同样重要，它是所有设计的基础。

从对设计命题的文字描述进行分析，到最后得到原始状态图和原始状态表，一般需要经过以下过程：

（1）逻辑抽象：要分析给定的逻辑问题或事件，确定电路的输入变量、输出变量和电路的状态数量。同组合逻辑电路类似，一般将事件的原因或者条件定义为输入变量，将事件的结果作为输出变量。

（2）逻辑赋值：对输入、输出变量进行命名及逻辑赋值，同时定义每个电路状态的含义并编号。

（3）按照问题中的逻辑关系，建立电路的原始状态图。而关于状态转移图的表示方法，已在"6.1.3 时序逻辑电路的描述方法"一节中详细描述。在原始状态图的绘制过程中，最重要的是确定电路中的状态个数以及状态转移关系。一般先假设一个初始状态 S_0，从这个初始状态 S_0 出发，每接收一个要记忆的输入信号，就用另一个状态（次态）如 S_1 记忆之，并标出相应的输出值；次态也可以是原态本身（即状态不变），也可以是状态图中已有的状态，或是新增加的一个状态。继续这个过程，直到没有新状态出现，并且从每个状态出发，输入的各种可能取值引起的状态转移都已考虑过。

（4）根据原始状态图，列出原始状态表。原始状态表描述了每个状态在不同的输入下，其转移到的次态和输出取值。

至此，就把给定的逻辑问题或事件抽象为一个时序逻辑函数了。

下面通过几个不同的例子来说明建立原始状态图与原始状态表的方法。

【例 6.14】　串行序列检测器用于检测连续输入的特定代码串（或称为序列）。它一般有一个输入端 X 和一个输出端 Z。从 X 端输入一组按时间顺序排列的串行二进制码；当输入序列中出现要检测的代码串时，输出 $Z=1$，否则 $Z=0$。试作出可重叠"101"序列检测器的原始状态图和状态表（可重叠是指代码某些位可以前后重复使用）。

解　串行序列检测器的逻辑框图如图 6.25 所示。

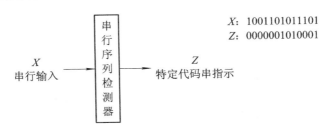

图 6.25　串行序列检测器的逻辑框图

电路对输入 X 逐位进行检测，若输入序列中出现代码串"101"，当最后一个 1 在输入端 X 出现时，输出 $Z=1$，指示检测了特定代码串"101"；同时最后的"1"可以作为下一个代码串"101"的第一个"1"，即可重叠。串行输入其他序列时，输出 $Z=0$。图 6.25 也给出了"101"序列检测器的输入和输出关系。显然，该序列检测器应该记住 X 端输入的特定代码串"101"中的各个状态，因此这是一个时序逻辑电路，需要用触发器的不同状态来记忆 X 端输入的这些序列状态。定义如下：

输入变量 X：在每个 CP 脉冲有效沿，接收串行输入的代码"0"或"1"。

输出变量 Z：表明 X 端是否收到代码串"101"，$=1$ 代表收到了代码串"101"，$=0$，表明未收到代码串"101"。

电路状态有 4 个：

状态 S_0：表示起始状态，即未收到第 1 个有效输入"1"时电路所处的状态。

状态 S_1：表示已收到第一个有效输入"1"时电路所处的状态。

状态 S_2：表示已收到"10"序列时电路所处的状态。

状态 S_3：表示已收到"101"序列时电路所处的状态。

在本例中，我们感兴趣的是 X 收到的特定代码串"101"，所以，在定义状态时，是围绕收到代码串"101"的过程状态进行的。

下面分别从 $S_0 \sim S_3$ 出发，确定在不同输入条件下的输出和次态，从而构造状态转移图：

(1) 当电路处于初始状态 S_0 时，表明电路未收到有效输入"1"。若此时输入 $X=0$，则由于仍未收到"1"，所以，时钟脉冲作用后，电路仍应处于 S_0 状态，即电路的次态仍为 S_0；而且因为电路还未收到"101"，所以输出 Z 应该为 0。若此时输入 $X=1$，则由于收到了第 1 个"1"，故电路应转到 S_1 状态，同理，电路的输出 $Z=0$。即：当输入 $X=0$ 时，S_0 的次态是自己；当输入 $X=1$ 时，S_0 的次态是 S_1；两种情况下输出 $Z=0$。

(2) 当电路处于 S_1 状态时，表明电路已接收到一个"1"。若此时输入 $X=0$，则表明电路收到了"10"序列，电路进入了 S_2。若此时输入 $X=1$，则表明电路仍旧只收到了一个有效的"1"，电路仍旧处于 S_1 状态。S_1 状态下，无论 $X=0$ 还是 $X=1$，电路的输出 Z 都为 0，因为没有收到有效的"101"序列。

(3) 当电路处于 S_2 状态时，表明电路已接收到"10"序列。若此时输入 $X=0$，则表明收到的是无效的"100"序列，使已收到输入序列被清除，电路应回到起始状态 S_0，重新等待输入第一个"1"；这时输出 Z 应为 0。若此时输入 $X=1$，则表明收到了"10"序列后的第二个"1"，即"101"序列，因此电路将进入 S_3 状态，表明收到了"101"序列；显然此时输出 $Z=1$。

(4) 当电路处于 S_3 状态时，表明电路已接收到了"101"序列。若此时输入 $X=0$，则表明电路收到的是"1010"，因为可以重叠，那么后面一个"10"序列是有效的，电路回到 S_2 状态；此时电路的输出 Z 为 0。若此时输入 $X=1$，则表明电路收到的是"1011"，显然，开始了一个新的输入序列检测，并且第一个"1"已经出现，所以电路的次态应该为 S_1，电路的输出 Z 为 0。

按照前述状态转移图的表示方法，将上述过程画成完整的原始状态图，如图 6.26 所示。

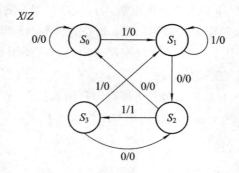

图 6.26　例 6.14 的"101"序列检测器的原始状态图

将原始状态图所表示的状态转换关系用表格的形式表示，就得到了原始状态表，如表 6.7 所示。

表 6.7　例 6.14 的原始状态表

原态	次态/输出	
	$X=0$	$X=1$
S_0	$S_0/0$	$S_1/0$
S_1	$S_2/0$	$S_1/0$
S_2	$S_0/0$	$S_3/1$
S_3	$S_2/0$	$S_1/0$

【例 6.15】　设计一个检测串行输入的 8421BCD 码的同步时序逻辑电路，输入顺序是先高位后低位，当出现非法数字 1010～1111 时，输出为"0"，否则输出为"1"，每一组数输入完后均返回起始状态。请画出该电路的原始状态图和原始状态表。

解　根据题意，可以知道电路有一个输入信号用于串行接收 8421BCD 码，一个输出信号用于指示检测的结果，故可定义如下：

输入变量 X：串行输入的 8421BCD 码，为 0 或者 1。

输出变量 Z：指示检测的结果，$=1$ 表明接收的 4 位代码为有效的 8421BCD 码；$=0$ 表明接收的 4 位代码为无效的 8421BCD 码。

电路的状态：电路的检测目标为 4 位的 8421BCD 码，代码组合有 16 种；但是因为是串行输入，并且 4 位一组，所以需要用状态记录输入的 0/1 代码顺序以及各种可能性。

假设电路的初始状态为空状态（第一层结点），为方便识别，后续的状态用收到的代码串来标记。第一位接收到的代码有 0 和 1 两种可能，故需用状态⓪和状态①来记忆这两种输入情况，如图 6.27(a)所示，这是第二层的结点，因为还没有接收满 4 位代码，输出都为 0。

当电路处于状态⓪时，这时电路将接收代码的第二位，这也有 0 和 1 两种可能，故在状态⓪又派生出了状态⓪⓪和状态⓪①；同理，由状态①又可派生出状态①⓪和状态①①，如图 6.27(b)所示，这是第三层的结点，输出仍旧都为 0。依次类推，可以产生第四层的 8 个结点，如图 6.27(c)所示。

当电路处于第四层的结点时，表明电路已接收了 3 位代码，因此，无论收到的第四位数码是 0 还是 1，都应回到初始的空状态，以便检测下一组代码，如图 6.27(d)所示。其中，在收到第四位代码时，当整个代码串为 0000～1001 时，输出为 1；为 1010～1111 时，输出为 0。

最后，将每个代码串表示的结点分别用字母表示，则完整的 8421BCD 码检测电路的原始状态图即已生成，如图 6.27(e)所示。可见，电路共有 15 个原始状态。对应的原始状态表如表 6.8 所示。

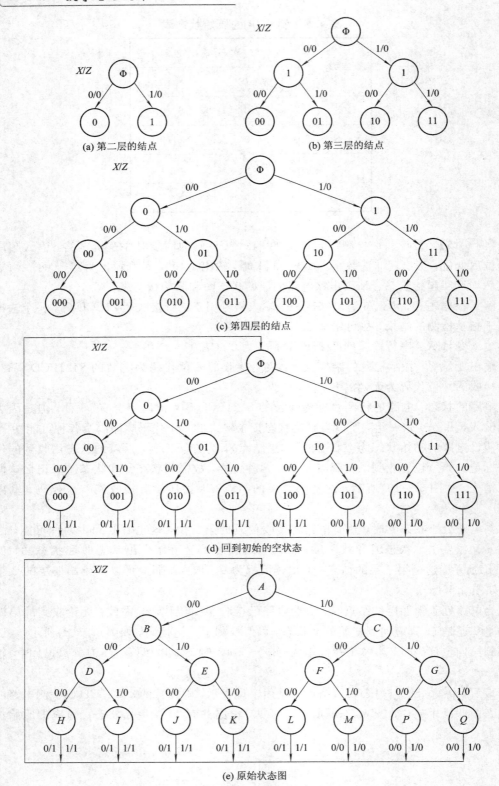

(a) 第二层的结点

(b) 第三层的结点

(c) 第四层的结点

(d) 回到初始的空状态

(e) 原始状态图

图 6.27　例 6.15 的 8421BCD 码串行检测器的原始状态图

表 6.8　例 6.15 的原始状态表

原态	次态/输出		原态	次态/输出	
	$X=0$	$X=1$		$X=0$	$X=1$
A	$B/0$	$C/0$	H	$A/1$	$A/1$
B	$D/0$	$E/0$	I	$A/1$	$A/1$
C	$F/0$	$G/0$	J	$A/1$	$A/1$
D	$H/0$	$I/0$	K	$A/1$	$A/1$
E	$J/0$	$K/0$	L	$A/1$	$A/1$
F	$L/0$	$M/0$	M	$A/0$	$A/0$
G	$P/0$	$Q/0$	P	$A/0$	$A/0$
			Q	$A/0$	$A/0$

【例 6.16】　设计一个变模计数器，当 $M=0$ 时，计数器的模为 6，即从 0 到 5 计数；当 $M=1$ 时，计数器的模为 7，即从 0 到 6 计数；当计数到最大值时，进位标志 R 有效。请画出该变模计数器的原始状态图和原始状态表。

解　根据题意，电路的输入信号为模式控制信号 M，输出信号为进位标志 R。当 $M=0$ 时，计数器从 000 计数到 101，当计数器值为 101 时，$R=1$，否则 $R=0$；当 $M=1$ 时，计数器从 000 计数到 110，当计数器值为 110 时，$R=1$，否则 $R=0$。显然，电路的状态与 M 有关，最多为 7 个状态。因为 $2^3>7>2^2$，所以电路用 3 个触发器保存计数值。对于计数器这样的时序逻辑电路，我们可以直接用触发器的状态编码来表示状态，而不是状态符号。画出的原始状态图，如图 6.28 所示。

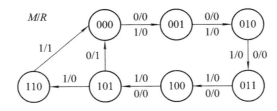

图 6.28　例 6.16 的变模计数器原始状态图

在图 6.28 中，显然状态不完全，同时状态的转换也没有考虑全部的情况，这是因为在 $M=0$ 的情况下，110 和 111 状态是无效状态；而在 $M=1$ 的情况下，111 状态是无效状态。由此可见，图中仅仅是有效循环。在这种情况下，将原始状态图转换成原始状态表时，需要将无效状态的次态和输出均设为不确定，即无关项 d。这样写出的对应状态表如表 6.9 所示。这种次态或者输出含有无关项 d 的状态表，称为不完全确定状态表。

表 6.9　例 6.16 的变模计数器原始状态表

原态	次态/输出	
	$M=0$	$M=1$
000	001/0	001/0
001	010/0	010/0
010	011/0	011/0
011	100/0	100/0
100	101/0	101/0
101	000/1	110/0
110	ddd/d	000/1
111	ddd/d	ddd/d

【例 6.17】　试设计一个串行代码转换器，它将串行输入的 3 位二进制代码转换为串行输出的 3 位循环码，试作出其原始状态图和原始状态表。

解　分析题意，电路有一个输入信号，设为 X，从 X 串行输入的是 3 位一组的二进制代码；电路有一个输出信号，设为 G，从 G 串行输出的是 3 位一组的循环码，即格雷码。

按照"1.6.1 十进制编码"一节所述，3 位二进制代码 $X_0 X_1 X_2$ 可以通过异或运算生成格雷码 $G_0 G_1 G_2$，方法如图 6.29(a)所示。按照这种方法，3 位二进制代码和其构造出的 3 位格雷码的对应关系如图 6.29(b)所示。

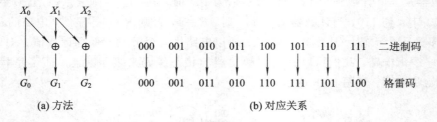

(a) 方法　　　　　　　　　　　(b) 对应关系

图 6.29　例 6.17 的串行代码转换器的转换示意图

可见，从 X 输入的第一位二进制代码 X_0 无论为 0 还是为 1 时，输出的第一位格雷码代码 $G_0 = X_0$。当从 X 输入的第一位二进制代码 $X_0 = 0$ 时，输出的第二位格雷码代码 $G_1 = X_1$；当从 X 输入的第一位二进制代码 $X_0 = 1$ 时，输出的第二位格雷码代码 $G_1 = \overline{X_1}$。同理，当从 X 输入的第二位二进制代码 $X_1 = 0$ 时，输出的第三位格雷码代码 $G_2 = X_2$；当从 X 输入的第二位二进制代码 $X_1 = 1$ 时，输出的第三位格雷码代码 $G_2 = \overline{X_2}$。

因此，每当输入一位代码，就必须将其记录下来，用于决定下一位格雷码是取 X 还是 $\overline{X}$。设电路的初始状态为 S_0（空状态），从 X 接收到的第一位代码有 0 和 1 两种可能，故需用状态 S_1 和状态 S_2 来记忆这两种输入情况。如前所述，串行输入的第一位就是格雷码的第一位，因此若第一位输入为 0，则电路转移到 S_1，输出必为 0；其后续输入的第二位，也直接输出。反之，若串行输入的第一位是 1，则电路转移到 S_2，电路输出必为 1；其后续输入的第二位，需要取反输出。同理，若串行输入的第二位是 0，则第三位串行输入直接作为输出；若串行输入的第二位是 1，则第三位串行输入取反作为输出。因为 3 位一组，所以电路处于第三位串行输入后的状态时，如果再次输入 0(第四位)，则次态应回到状态 S_1，如果再次输入 1，则次态应回到状态 S_2。

由以上分析可画出该串行代码转换器的原始状态图，如图 6.30 所示。其对应的原始状态表如表 6.10 所示。

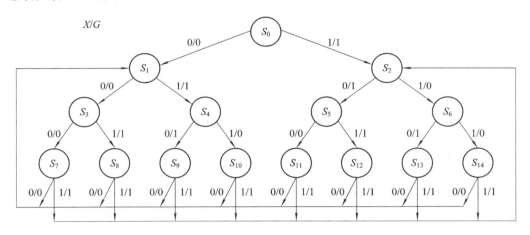

图 6.30　例 6.17 的原始状态图

表 6.10　例 6.17 的串行代码转换器原始状态表

原态	次态/输出		原态	次态/输出	
	$X=0$	$X=1$		$X=0$	$X=1$
S_0	$S_1/0$	$S_2/1$	S_7	$S_1/0$	$S_2/1$
S_1	$S_3/0$	$S_4/1$	S_8	$S_1/0$	$S_2/1$
S_2	$S_5/1$	$S_6/0$	S_9	$S_1/0$	$S_2/1$
S_3	$S_7/0$	$S_8/1$	S_{10}	$S_1/0$	$S_2/1$
S_4	$S_9/1$	$S_{10}/0$	S_{11}	$S_1/0$	$S_2/1$
S_5	$S_{11}/0$	$S_{12}/1$	S_{12}	$S_1/0$	$S_2/1$
S_6	$S_{13}/1$	$S_{14}/0$	S_{13}	$S_1/0$	$S_2/1$
			S_{14}	$S_1/0$	$S_2/1$

【例 6.18】　试设计一个自动售货机的投币控制电路，每次只能投入一枚 5 角或 1 元的硬币，投满 2 元后货物送出；若误投入 2.5 元，则在送出货物的同时，找回余钱 5 角。试做出其原始状态图和原始状态表。

解　分析自动售货机的投币电路需求，可以知道电路的输入为投币信号，电路的输出为送出货物和找回零钱为输出信号，因此定义如下：

输入信号：A 为投入 5 角硬币信号，$A=1$ 表明投入了一枚 5 角硬币，$A=0$ 表明未投入 5 角硬币；B 为投入 1 元硬币信号，$B=1$ 表明投入了一枚 1 元硬币，$B=0$ 表明未投入 1 元硬币。

输出信号：Y 为送出货物的控制信号，$Y=1$ 表明要送出货物，$Y=0$ 表明还不能送出货物；Z 为找回零钱的控制信号，$Z=1$ 表明要找回 1 枚 5 角硬币，$Z=0$ 表明不要找回零钱。

电路状态：记录收到的硬币总金额，按照题意，可以有以下 4 个状态：

(1) S_0：未收到任何硬币。

(2) S_1：收到了 5 角的硬币，即收到 0.5 元。

(3) S_2：总共收到了 1 元的硬币（1 枚 1 元，或者 2 枚 5 角），即收到 1.0 元。

(4) S_3：总共收到了 1 元和 5 角的硬币各一枚，即收到 1.5 元。

显然，在 S_0 状态，如果投入 1 枚 5 角硬币（$AB=10$），状态转入 S_1；如果投入 1 枚 1 元硬币（$AB=01$），状态转入 S_2；这时，因为还没有收到 2 元，所以既不能送出货物，也不能找回零钱，因此输出 $YZ=00$。在 S_1 状态，表明已经收到 0.5 元，如果再投入一枚 5 角硬币（$AB=10$），则状态转入 S_2（收到 $0.5+0.5=1.0$ 元），输出 $YZ=00$；如果投入的是一枚 1 元硬币（$AB=01$），则收到的总金额为 $0.5+1.0=1.5$ 元，转入 S_3 状态，输出 $YZ=00$。在 S_2 状态，表明已经收到 1.0 元，如果再投入一枚 5 角硬币（$AB=10$），则状态转入 S_3（收到 1.5 元），输出 $YZ=00$；如果投入的是一枚 1 元硬币（$AB=01$），则收到的总金额为 $1.0+1.0=2.0$ 元，可以送出货物，无需找零，所以输出 $YZ=10$，又因为本次交易已结束，等待下次交易开始，因此状态回到 S_0。在 S_3 状态，表明已经收到 1.5 元，如果再投入一枚 5 角硬币（$AB=10$），则共计收到 2.0 元，可以送出货物、不找零，即输出 $YZ=10$，同理因为交易结束，状态回到 S_0；如果投入的是一枚 1 元硬币（$AB=01$），则收到的总金额 2.5 元，这时需要送出货物并找零 5 角，所以输出 $YZ=11$，同时状态回到 S_0，等待下次交易。

按照以上分析过程，画出的投币机原始状态图，如图 6.31 所示。

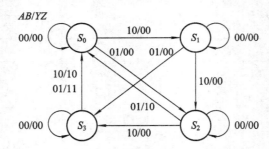

图 6.31　例 6.18 的自动售货机的投币机原始状态图

在图 6.31 中，每个状态转移到次态的条件是输入 AB 的取值，显然，图中不包含 $AB=11$ 时的转移次态，这是因为投币机有"每次只能投 1 枚硬币"的约束条件，因此，在 $AB=11$ 时，其次态和输出值都是任意项 d。据此列出的原始状态表，如表 6.11 所示。

表 6.11　例 6.18 的自动售货机的投币机原始状态表

原态	次态/输出			
	$AB=00$	$AB=01$	$AB=10$	$AB=11$
S_0	$S_0/00$	$S_2/00$	$S_1/00$	d/d
S_1	$S_1/00$	$S_3/00$	$S_2/00$	d/d
S_2	$S_2/00$	$S_0/10$	$S_3/00$	d/d
S_3	$S_3/00$	$S_0/11$	$S_0/10$	d/d

6.3.3　状态化简

　　由前可知，电路中触发器的数目取决于电路状态数的多少，显然状态数越少，电路中触发器就越少，相应的时序逻辑电路就越简单，成本越低。在前述的例子中，建立原始状态图时以正确反映问题的逻辑关系为主要依据，这样建立的原始状态图很可能包含了多余状态，无法做到最简。因此，状态化简是时序电路设计中不可缺少的步骤。

　　状态化简是指从原始状态表中，消去多余状态，得到一个最小化状态表，它既能满足逻辑命题的全部要求，而且状态数又最少。状态数的减少将使时序电路所需的触发器减少，还可使组合电路部分变得简单，故障率也会随之下降。

　　如果状态表中的次态和输出都有确定的状态和确定的输出，称为完全确定状态表，它所描述的电路称为完全确定电路，例如，上一节的例 6.14、例 6.15、例 6.17 的原始状态表 6.7、表 6.8、表 6.10；而次态或输出存在任意项 d 的状态表称为不完全确定状态表，它所描述的电路称为不完全确定电路，例如，例 6.16 和例 6.18 的原始状态表 6.9 和表 6.11。

　　由于完全确定状态表与不完全确定状态表的化简方法有所不同，因此分别进行介绍。

1. 完全确定状态表的化简

　　如前所述，状态化简，就是消去原始状态表中的多余状态。那么什么是多余的状态呢？对于完全确定状态表来说，多余的状态就是"等效状态"，等效的状态可以合并成一个状态，从而减少了状态数。下面就完全确定状态表的状态化简步骤、状态等效的概念和状态等效的判定方法展开讨论。

　　1) 完全确定状态表的状态化简步骤

　　将完全确定状态表化简为最小化状态表，需要经过以下几个步骤：

　　(1) 找出完全确定状态表中的所有等效状态对。

　　(2) 根据等效状态的传递性，确定所有等效类，进而找到最大等效类集合。

　　(3) 将每一个最大等效类用一个新符号表示，替换状态表中的对应状态，删去重复的状态行，就得到最小化状态表。

　　可见，状态化简的根本任务就是要从原始状态表中找出最大等效类的集合。这里最关键的步骤是：判定原始状态表中，哪些状态是等效的。下面介绍有关等效状态的概念。

　　2) 状态等效的基本概念

　　(1) 等效状态：假设状态 S_1 和 S_2 是完全确定状态表中的两个状态，如果对于输入端的任意输入序列，从 S_1 和 S_2 出发，在输出端产生完全相同的输出序列响应，则说明这两个状态对外的表现完全一样，省略任何一个都不会对电路产生影响，所以称 S_1 和 S_2 是等效的，或者称 S_1 和 S_2 是等效对，记为 (S_1, S_2)。两个或者多个等效状态可以合并为一个状态，从而消去多余的状态。

　　(2) 等效状态的传递性：若状态 S_1 和 S_2 等效，状态 S_2 和 S_3 等效，则状态 S_1 和 S_3 也等效。即：(S_1, S_2)，$(S_2, S_3) \rightarrow (S_1, S_2, S_3)$。

　　(3) 等效类：彼此等效的状态的集合，称为等效类。如上述的 (S_1, S_2, S_3) 即为等效类。

（4）最大等效类：若一个等效类不是其他等效类的子集，则称该等效类为最大等效类。即使是一个状态，只要它不包含在其他等效类中，它也是最大等效类。

再讨论状态等效的具体条件。两个或多个状态是等效状态，则它们必须同时满足以下两个条件，才能保证加入任意的输入序列，得到相同的输出序列（即等效）：

（1）在任意一种输入组合下，它们对应的输出必须相同。

（2）在任意一种输入组合下，它们对应的次态必须满足下列条件之一：

① 次态相同：如图 6.32(a) 所示，S_1 和 S_2 的次态都是 S_3，并且当输入为 0 时，当输出同为 0；输入为 1 时，输出也相同（都为 0）；所以 S_1 和 S_2 等效，可以合并为一个状态，省略另一个。同样，在图 6.32(b) 中，在输入为 0 时，S_1 和 S_2 的输出均为 1，次态都是 S_3；在输入为 1 时，S_1 和 S_2 的输出均为 0，次态都是 S_4；因此 S_1 和 S_2 是等效的，可以合并。

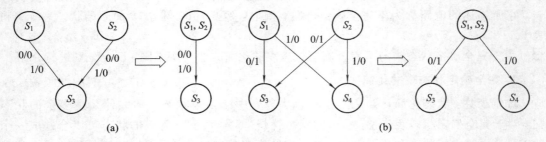

图 6.32　次态相同的等效状态

② 次态保持原态不变：如图 6.33(a) 所示，无论输入为何值，S_1 和 S_2 的次态都是自己（即保持原态），并且输出也都相同；则 S_1 和 S_2 等效，可以合并。在图 6.33(b) 中，当输入为 0 时，S_1 和 S_2 的次态都保持原态，并且输出均为 0；当输入为 1 时，S_1 和 S_2 的次态都是 S_3，并且输出也均为 1；所以综合起来，S_1 和 S_2 是等效的。

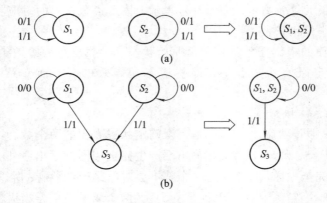

图 6.33　次态保持原态的等效状态

③ 次态对等效：如图 6.34 所示，S_1 和 S_2 这两个状态在输入为 0 和 1 的条件下，输出分别都是相同的，又因为 S_1 和 S_2 的次态为 S_3 和 S_4，而 S_3 和 S_4 是等效状态对，则 S_1 和 S_2 也满足等效条件，可以合并。

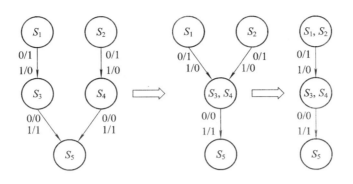

图 6.34 次态对等效的等效状态

④ 次态交错或者循环：次态交错是指在输入的某种组合条件下，两个状态互为对方的次态。如图 6.35(a)所示，在输入为 0 时，S_1 和 S_2 的输出一致，次态为原态；在输入为 1 时，S_1 和 S_2 的输出也一致，并且次态交错(S_1 次态为 S_2，S_2 次态为 S_1)；所以 S_1 和 S_2 等效。

次态循环是指两个状态的次态虽然不相同，但这两个状态的次态在某种输入组合下，经过一定的路径，又回到了原来的两个状态，则这两个状态等效。例如，在图 6.35(b)中，S_1 和 S_2 在输入为 0 时，次态交错；在输入为 1 时，次态分别为 S_3 和 S_4；而 S_3 和 S_4 又在输入为 0 时，次态分别回到了 S_1 和 S_2；并且 S_3 和 S_4 在输入为 1 时，次态也交错；综上所述，S_1 和 S_2 是否等效取决于 S_3 和 S_4 是否等效，而 S_3 和 S_4 是否等效又取决于 S_1 和 S_2 是否等效，构成了次态循环。因此 S_1 和 S_2 等效，S_3 和 S_4 等效。

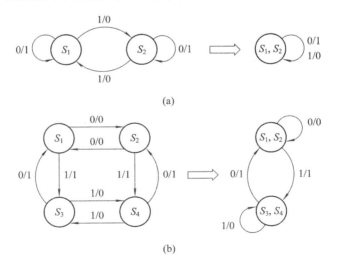

图 6.35 次态交错或者循环的等效状态

3）状态等效的判定方法

以上是通过原始状态图给出状态等效的示例，对于复杂的原始状态图，很难直接看出状态对之间等效关系。所以在一般情况下，需要将原始状态图转化成原始状态表，以便于后续的状态化简。通过原始状态表来判别状态是否等效的方法，常用的有观察法和隐含表法。

（1）观察法。根据上述的状态等效条件，可以直接对原始状态表中的状态进行观察比较。过程是：

① 首先找出状态表中在所有输入组合条件下输出都相同的那些状态。

② 进一步观察这些状态的次态是否满足相同、保持原态不变、次态对等效、循环交错四种条件之一，进而确定所有的等效状态对。

③ 求得等效类，进而得到最大等效类集合。

④ 重新命名最大等效类集合中的每一个最大等效类。

⑤ 将原始状态表中的每个状态用其所在的最大等效类符号替代，并删除原始状态表中重复的行，这样更新得到的状态表就是最小化状态表。

【例 6.19】 通过观察法，化简表 6.12 所示的完全确定状态表。

表 6.12   例 6.19 的原始状态表

原态	次态/输出	
	$X=0$	$X=1$
S_0	$S_0/1$	$S_1/0$
S_1	$S_2/0$	$S_1/0$
S_2	$S_0/0$	$S_3/0$
S_3	$S_2/0$	$S_1/0$
S_4	$S_4/1$	$S_3/0$

解 分析表 6.12，可以得出：

① 在所有输入组合下，对应的输出都相同的原态对有：S_0 和 S_4，S_1、S_2 和 S_3 两组。

② 观察 S_0 和 S_4 的次态是否满足等效的条件：当 $X=0$ 时，S_0 和 S_4 的次态都是自己，即保持原态不变，符合等效条件；当 $X=1$ 时，S_0 和 S_4 的次态为 S_1 和 S_3。综合来说，S_0 和 S_4 是否等效，取决于 S_1 和 S_3 是否等效。

③ 观察 S_1、S_2、S_3 的次态是否满足等效的条件：比较明显的是：当 $X=0$ 时，S_1 和 S_3 的次态同为 S_2；当 $X=1$ 时，S_1 和 S_3 的次态同为 S_1；因此，S_1 和 S_3 等效，记为 (S_1,S_3)。再观察 S_1 和 S_2 的次态，当 $X=0$ 时，S_1 和 S_2 的次态对为 S_2 和 S_0；进一步观察 S_2 和 S_0 是否等效：因为在 $X=0$ 时，S_2 和 S_0 输出不一致，显然它们不等效，所以 S_1 和 S_2 也不等效。综上，在 S_1、S_2 和 S_3 中，有 (S_1,S_3) 等效对。

④ 因为 S_1 和 S_3 等效，所以 S_0 和 S_4 也等效，记为 (S_0,S_4)。则最大等效类集合为 $\{(S_0,S_4),(S_1,S_3),(S_2)\}$。

⑤ 用 A、B、C 分别表示最大等效类 (S_0,S_4)、(S_1,S_3) 和 (S_2)，更新表 6.12 中的状态符号，方法是用 A 替换 S_0 和 S_4，用 B 替换 S_1 和 S_3，用 C 替换 S_2。如此得表 6.13，就是最小化状态表。

表 6.13　例 6.19 的最小化状态表

原态	次态/输出	
	$X=0$	$X=1$
A	$A/1$	$B/0$
B	$C/0$	$B/0$
C	$A/0$	$B/0$

观察法一般用于简单的状态表的化简，对比较复杂的状态表化简，常用的是隐含表法。

（2）隐含表法。隐含表法化简的基本原理是根据状态等效的概念，先对原始状态表中的所有状态两两比较，找出等效状态对；然后利用等效状态的传递性得到等效类和最大等效类集合；最后将最大等效类中的状态合并，得到最小化状态表。为了防止遗漏，比较是在一种称为隐含表的表格中进行的。具体步骤如下：

① 首先生成阶梯形表格，即隐含表，其特点是"横向少尾，纵向少头"，就是横坐标上缺少最后一个状态，纵坐标上缺少第一个状态。

如果状态有 n 个，则隐含表就有 $n-1$ 行和 $n-1$ 列，方格有 $n*(n-1)/2$ 个，如图 6.36 所示。隐含表中的每个方格对应着横、纵坐标上的两个状态，这两个状态是否等效及等效需要的条件就填在该方格中。阶梯形表格的这种排列保证了状态表中的状态的两两比较，没有重复和遗漏。

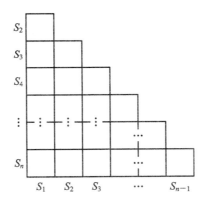

图 6.36　隐含表结构

② 按隐含表中的排列顺序，对原始状态表中的状态进行两两比较，并将比较结果填入相应方格中。

第一次比较的结果有 3 种：第一种是两个状态等效（输出相同，并且符合次态相同，或次态维持原态，或次态交错），则在隐含表相应方格内填入"√"；第二种是两个状态不等效（输出不相同），则在隐含表相应方格内填入"×"；第三种是两个状态是否等效取决于次态对是否等效，还需进一步检查，则将它们的次态对填入隐含表相应方格内。

③ 关联比较，确定所有等效状态对。关联比较是第二次比较，是要确定隐含表中待检查的那些次态对是否等效，并由此确定原态对是否等效。这种判别有时需经过多次才能确定对应的状态是否等效。

如果隐含表某方格内有一个次态对不等效，则该方格所对应的两个原态就不等效，在相应方格内画一条斜线"/"，表明不等效。若隐含表某方格内的次态对均为等效状态对，则该方格对应的原态就是等效状态，记录下这个等效状态对。对于不能直接确定次态对是否等效的情况，需要梳理依赖关系，作图分析。

④ 确定最大等效类集合。根据状态等效的传递性，得到所有最大等效类。各个最大等效类之间不应该出现相同状态；原始状态表中的每一个状态必须属于某一个最大等效类；不与其他任何状态等效的单个状态也是一个最大等效类。

⑤ 画出最小化状态表。每个最大等效类可以合并成一个状态，用新符号命名各个最大等效类，更新原始状态表，得到最小化状态表。

下面举例说明。

【例 6.20】 试用隐含表法化简表 6.14 所示的原始状态表。

表 6.14 例 6.20 的原始状态表

原态	次态/输出	
	$X=0$	$X=1$
A	$B/1$	$E/0$
B	$E/0$	$C/1$
C	$D/1$	$C/0$
D	$B/0$	$F/1$
E	$B/0$	$F/1$
F	$G/1$	$F/0$
G	$E/0$	$F/1$

解 用隐含表法对完全确定状态表的化简过程如下：

① 生成隐含表：表 6.14 中有 7 个状态，为了保证状态之间的两两比较，阶梯形的隐含表共有 6 行 6 列，即横坐标从状态 A 到 F（少了状态 G），纵坐标从状态 B 开始到 G 结束（少了状态 A），空表格如图 6.37(a)所示。

② 两两比较：可以先从 A 对应的一列开始逐个比较，然后是 B、C…F。例如，状态表中状态 A 和 B 因为输出不一致，不满足等效条件，故在隐含表 A 和 B 相交的方格内填入"×"；状态 A 和 C 虽然满足输出相同这个条件，但在 $X=0$ 时它们的次态为 B 和 D，在 $X=1$ 时它们的次态为 C 和 E。由于当前还不能确定 B 和 D 以及 C 和 E 是否等效，所以，将 BD 和 CE 填入对应方格内。又如，状态 D 和 E 的输出相同、次态也相同，因此等效，在方格内填入"√"。

按这种方法将隐含表方格中对应的状态都两两比较完，所得的隐含表如图 6.37(b)所示。

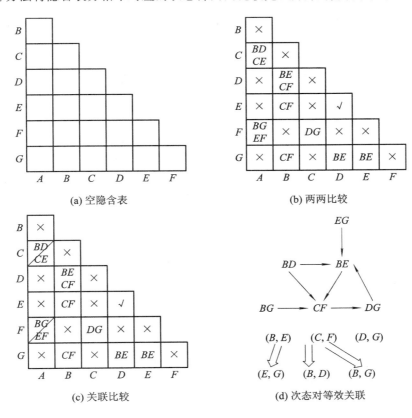

图 6.37　例 6.20 的隐含表化简过程

③ 关联比较，确定所有等效状态对。可以首先进行第一遍的直观关联比较，就是对所有有次态对的方格进行直接观察：次态对均是等效的，则原态对也等效；次态对有一个不等效，则原态对也不等效。这样，就可以确定一部分有次态对的方格对应的状态是否等效。

例如，A 和 C 的方格内为 BD 和 CE，因为状态 C 和 E 是不等效的，所以 A 和 C 也不等效，在 A 和 C 的方格内画斜线来标记不等效。同理，A 和 F 的次态对 EF 不等效，所以 A 和 F 也不等效。其他的检查发现，并没有能够直接确定的等效状态。这样第一遍比较后，可以确定的隐含表如图 6.37(c)所示。

然后再进行第二遍的关联比较，就是比较其他不能直接确定的次态对等效关系。在图 6.37(c)中，有次态对的方格的比较过程如图 6.37(d)所示，其中，箭头"→"表明依赖关系。例如，$BE→CF$ 表明 B 和 E 是否等价取决于 C 和 F 是否等价。图 6.37(d)展现了隐含表中所有的依赖关系。观察图 6.37(d)可知，因为 BE、CF 和 DG 是循环依赖关系，因此，它们是等效的，有 $(B，E)$、$(C，F)$、$(D，G)$；又因为 BD、BG 和 EG 都依赖于 BE、CF 是否等效，因此，BE、CF 的等效使得 BD、BG 和 EG 也等效，有 $(B，D)$、$(B，G)$、$(E，G)$。由此得出表 6.14 中的等效对为：
$$(D，E)(B，E)(C，F)(D，G)(B，D)(B，G)(E，G)$$

④ 确定最大等效类集合。在本例中,有 7 对等效对,根据等效状态的传递特性,可以发现:除了 (C, F) 之外,其他 6 对等效状态对可以合并成一个等效类 (B, D, E, G)。由于状态 A 不包含在任何其他等效类中,所以,A 本身也是最大等效类,记作 (A)。这样得出了 3 个等效类为:

$$(A), (B, D, E, G), (C, F)$$

由于它们相互不是对方的子集,故都是最大等效类。同时,它们包含了原始状态表中所有的状态,这样最大等效类的集合为:

$$\{(A), (B, D, E, G), (C, F)\}$$

⑤ 画出最小化状态表。将最大等效类 (A)、(B, D, E, G)、(C, F) 分别用新符号 a、b、c 表示,并代入原始状态表中,得到最小化状态表,如表 6.15 所示。

表 6.15 例 6.20 的最小化状态表

原态	次态/输出	
	$X = 0$	$X = 1$
a	$b/1$	$b/0$
b	$b/0$	$c/1$
c	$b/1$	$c/0$

上面分别用观察法和隐含表法举例说明了状态化简的过程。事实上,在有些情况下,两种方法并用,会使得化简过程更简便。譬如先通过观察法合并明显等效的状态,然后再使用隐含表的方法,规范地进行等效状态比较。

2. 不完全确定状态表的化简

不完全确定状态表的化简是建立在相容状态基础上的,所以,这里先讨论相容的概念。

1) 状态相容的基本概念

(1) 相容状态:如果对于输入端的任意输入序列,它们在输出端产生完全相同的输出序列(除输出不确定的情况之外),则说明这两个状态对外的表现完全一样,省略任何一个都不会对电路产生影响,所以称 S_1 和 S_2 是相容的,或者称 S_1 和 S_2 是相容对,记为 (S_1, S_2)。两个或者多个相容状态可以合并,从而减少状态数量。

与状态等效的条件相似,判断两个状态是否相容也是根据不完全确定状态表中给出的状态和输出来决定的。两个或多个状态是相容状态必须满足以下条件:

① 任意一种输入条件下,两个或多个状态对应的输出必须相同,或者其中一个(或几个)输出为任意值。

② 任意一种输入条件下,这些状态对应的次态必须满足下列条件之一:

- 次态相同。
- 次态保持原态不变。
- 次态对相容。
- 次态交错或循环。
- 次态中的一个(或几个)为任意值。

（2）相容状态无传递性。

（3）相容类：所有状态之间都是两两相容的状态集合，称为相容类。

（4）最大相容类：若一个相容类不是其他相容类的子集，则称此相容类为最大相容类。

为了从相容状态对中找出所有的最大相容类，这里引入了状态合并图。状态合并图的绘制过程是：① 将不完全确定状态表中的状态以"点"的形式均匀地绘制在圆周上，即圆周上的点表示状态；② 对于每一个相容对，都用一条直线将相容对对应的点连接起来，即点与点之间的连线表示两状态之间的相容关系；③ 找出所有点之间都有连线的多边形，每一个这样的多边形，就是一个最大相容类。

图 6.38（a）～图 6.38（d）分别是包含 2 个、3 个、4 个和 5 个状态的最大相容类对应的状态合并图。

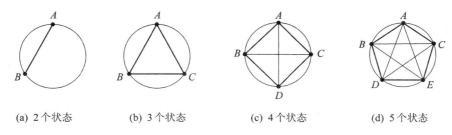

(a) 2 个状态　　　(b) 3 个状态　　　(c) 4 个状态　　　(d) 5 个状态

图 6.38　状态合并图

2）不完全确定状态表的化简步骤

对不完全确定状态表进行化简的步骤如下：

（1）作隐含表，进行状态相容的两两比较，结果填入方格内。

与完全确定状态表的方法一样，若隐含表方格对应的两状态相容，则在方格中填"√"。若两状态不相容，则在方格中填"×"；若两状态是否相容还需进一步考察，则在方格中填入对应的次态对。

（2）关联比较，确定所有的相容状态对。

上面这两步的方法同完全确定状态表的化简，不同的是判断状态相容的条件有所不同。

（3）画出状态合并图，找出所有的最大相容类。

（4）找出最小闭覆盖。方法是：从最大相容类（或相容类）中选出一组能满足以下 3 个条件的相容类：

① 覆盖性：即所选相容类集合必须包含原始状态表中的全部状态。

② 最少性：即所选相容类集合中的相容类个数应最少。

③ 闭合性：即所选相容类集合中的任一相容类，代入原始状态表中任一输入条件下产生的次态应该包含在该集合的某一相容类中。

同时具备覆盖、最少和闭合这 3 个条件的最大相容类（相容类）集合，称为最小闭覆盖。不完全确定状态表的化简过程，就是找出最小闭覆盖的过程。

（5）将原始状态表转化为最小化状态表。找到最小闭覆盖后，给每个相容类以一个新符号，然后替换原始状态表中的对应状态，这样就形成了最小化状态表。

【例 6.21】　化简表 6.16 所示的不完全确定状态表。

表 6.16　例 6.21 的原始状态表

原态	次态/输出	
	$X=0$	$X=1$
A	$B/0$	$D/0$
B	B/d	D/d
C	$A/1$	$E/1$
D	$d/1$	$E/1$
E	$F/0$	$d/1$
F	d/d	C/d

解　状态化简过程如下：

① 作隐含表，两两比较，填入状态相容结果。首先比较 A 状态和其他状态的相容关系。状态 A 和 B 在 $X=0$ 时，输出一个为 0，一个为 d，因为任意项 d 可以当做 0，也可以当做 1，所以输出可认为是相等的；又次态都是 B。状态 A 和 B 在 $X=1$ 时，同样可认为输出是相等的，并且次态都是 D。因此状态 A 和 B 相容，在 AB 方格内填"√"。状态 A 和 C 以及状态 A 和 D 因为输出不相同，所以不相容，在 AC 和 AD 方格内填"×"。状态 A 和 E 在 $X=1$ 时，输出不同，所以也不相容。状态 A 和 F 的输出可认为相同，在 $X=0$ 时，次态对为 B 和 d，对于状态而言，任意项 d 可以代表任何状态，因此次态对 B 和 d 相容；在 $X=1$ 时，次态对是 C 和 D，相容关系有待考察。因此，状态 A 和 F 是否相容，取决于次态对 C 和 D 是否相容，因此，AF 方格内填"CD"。

依次类推，按顺序进行两两比较后，可得如图 6.39(a)所示的隐含表。可见，两两比较后，有三对状态是相容的：$(A，B)$、$(C，D)$ 和 $(E，F)$。

② 关联比较，确定所有的相容状态对。首先第一遍关联比较是直接观察次态对的相容状态，例如，状态 D 和 E 不相容，则凡是方格内有 DE 的状态对都不相容，即状态 B 和 C、B 和 D 都不相容；状态 C 和 E 不相容，则方格内有 CE 的状态对也不相容，即状态 C 和 F、D 和 F 都不相容。而因为状态 C 和 D 是相容的，所以次态对为 CD 的原态也是相容的，这就是状态 A 和 F、状态 B 和 F。这个过程可以描述为：

$$AF \rightarrow CD(\checkmark)$$
$$BC \rightarrow AB(\checkmark)$$
$$\searrow DE(\times)$$
$$BD \rightarrow DE(\times)$$
$$BF \rightarrow CD(\checkmark)$$
$$CF \rightarrow CE(\times)$$
$$DF \rightarrow CE(\times)$$

第一遍关联比较结果如图 6.39(b)所示，有新的相容对 $(A，F)$、$(B，F)$。

然后对比较复杂的相容关系进行第二遍的关联比较，同样用"→"表示相容关系：

$$BE \rightarrow BF \rightarrow CD(\checkmark)$$

因为状态 C 和 D 是相容的，所以 B 和 F 也是相容的，从而 B 和 E 也是相容的，记为 $(B，E)$。

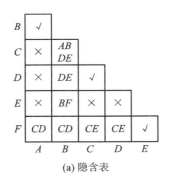

(a) 隐含表

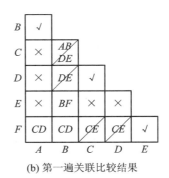

(b) 第一遍关联比较结果

图 6.39　例 6.21 的隐含表

因此，所有的相容对为：

$$(A，B)、(C，D)、(E，F)、(A，F)、(B，F)、(B，E)$$

③ 画出状态合并图，找出所有的最大相容类。在圆周上画 6 个点，表示 $A \sim F$ 这 6 个状态；每一个相容对就是连接两个状态对应点的一条线段，由此作出的状态合并图，如图 6.40 所示。

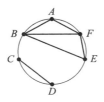

图 6.40　例 6.21 的状态合并图

在图 6.40 中，A、B、F 构成的三角形各点均有连线，所以，$(A，B，F)$ 是一个最大相容类。同样，B、E、F 构成的三角形各点也均有连线，所以，$(B，E，F)$ 也是一个最大相容类。C 和 D 有连线，$(C，D)$ 是一个最大相容类。因此，最大相容类有 3 个：

$$(A，B，F)、(B，E，F)、(C，D)$$

④ 寻找最小闭覆盖。从最大相容类和相容类中选取一组能覆盖原始状态表中全部状态的相容类，这里就选择 3 个最大相容类作出闭覆盖表，看其是否满足覆盖、最少和闭合这 3 个条件。闭覆盖表如表 6.17 所示。

表 6.17　例 6.21 的闭覆盖表

最大相容类	覆盖						闭合	
	A	B	C	D	E	F	$X=0$	$X=1$
ABF	A	B				F	BBd	DDC
BEF		B			E	F	BFd	DdC
CD			C	D			Ad	EE

在表 6.17 中，"覆盖"一栏用于检查最大相容类集合是否覆盖了原始状态表中的所有

状态，显然$(A，B，F)$、$(B，E，F)$、$(C，D)$这3个最大相容类覆盖了$A\sim F$这6个状态。"闭合"一栏，用于检查在所有输入取值下，最大相容类中每个状态的次态是否也只包含在某个最大相容类中。例如，对于最大相容类ABF，$X=0$时，状态A、B、F的次态分别是状态B、B和任意项d，将"BBd"填入表格；在$X=1$时，状态A、B、F的次态分别是状态D、D和C，将"DDC"填入表格。依次类推，填好最大相容类BEF和CD在$X=0$和$X=1$时的次态。然后分析其闭合性，BBd和BFd包含在最大相容类ABF或者BEF中，DDC和DdC包含在最大相容类CD中，Ad包含在最大相容类ABF中，而EE包含在最大相容类BEF中，所以符合闭合性。综上，最大相容类集合$\{(A，B，F)，(B，E，F)，(C，D)\}$是最小闭覆盖。

⑤ 将原始状态表转化为最小化状态表。用a表示最大相容类$(A，B，F)$，用b表示最大相容类$(B，E，F)$，用c表示最大相容类$(C，D)$；然后对于原始状态表中的状态A用a替代，状态B和F可以用a或者b替代；状态C和D用c替代，状态E用b来替代，这样得到一个新的状态表，如表6.18(a)所示。显然表中有重复的行，这时需要综合起来选取有确切次态和输出的数据。例如，c状态要保留上面一行，因为次态和输出有确切值；原态ab保留第二行，因为最后一行任意项更多；进一步，在原态ab一行中，取状态b，与第五行合并，在$X=1$时，次态为c，输出为1。这样得到的最小化状态表为表6.18(b)或者表6.18(c)，其实还有另外的两种状态表，此处不再赘述。

表6.18　例6.21的最小化状态表

表6.18(a)

原态	次态/输出	
	$X=0$	$X=1$
a	$ab/0$	$c/0$
ab	ab/d	c/d
c	$a/1$	$b/1$
c	$d/1$	$b/1$
b	$ab/0$	$d/1$
ab	d/d	c/d

表6.18(b)

原态	次态/输出	
	$X=0$	$X=1$
a	$a/0$	$c/0$
b	$b/0$	$c/1$
c	$a/1$	$b/1$

表6.18(c)

原态	次态/输出	
	$X=0$	$X=1$
a	$b/0$	$c/0$
b	$a/0$	$c/1$
c	$a/1$	$b/1$

需要注意的是，不完全确定状态表化简出来的最小闭覆盖，有些情况下不是唯一的。例如，在例6.21中，$\{(A)，(B，E，F)，(C，D)\}$和$\{(A，B，F)，(E)，(C，D)\}$是另外两个最小闭覆盖。

6.3.4　状态分配

经过上述的"状态化简"，可以将时序电路的状态最小化，从而得到最小化状态表。由于每一个电路的状态都是由触发器的状态组合来表示的，触发器的状态为二值状态0或1，因此每一个电路状态最终要用一个二进制编码分配给触发器。将最小化状态表中的每一个用符号表示的状态，进行二进制编码的过程，就称为状态分配或者状态编码。

状态分配(编码)的过程如下：

（1）确定状态编码的位数：即确定触发器的个数。

假如电路的状态数为 n，则触发器的个数 m 应满足：

$$m = \lceil \log_2 n \rceil \qquad 即\ 2^{m-1} < n \leqslant 2^m \tag{6.4}$$

例如，电路状态有 6 个，$n=6$，则 $m = \lceil \log_2 6 \rceil = 3$，即需要三个触发器来保存或者表示电路的状态。

（2）选择状态分配方案：即如何将 2^m 个 m 位编码与电路的 n 个状态一一对应。

选择编码的赋值方案有多种，例如，假设电路有 4 种状态，则电路需要 2 个触发器，有 4 种编码（00，01，10，11），将这 4 个编码赋值给 4 个状态的分配方案共有 $A_4^4 = 4 \times 3 \times 2 \times 1 = 24$ 种。状态编码的不同虽然不会影响同步时序电路中触发器的数目，但会影响触发器激励函数和输出函数的繁简性。所以，应该选择能使触发器激励函数和输出函数最简的状态分配方案。

但是，如果对编码分配方案下的电路设计进行一一比较，是不现实的；同时还存在一个事实：对一种触发器是较好的分配方案，对另一种触发器却未必是最好的。因此，状态分配涉及的问题很多。在实际工作中，一般是依据一定的状态分配原则，再加上自己的实际经验，来获得比较好的状态分配方案。

在传统的"触发器＋组合逻辑"的同步时序逻辑设计中，以追求"触发器最少＋逻辑门最少"为最简设计目标。所以当触发器个数确定后，通常采用相邻状态分配原则来解决状态编码问题，它的主要思路是：尽可能使状态方程和输出方程对应的卡诺图中，"1"或"0"的分布尽量相邻，以获得最简的输出方程和激励方程。具体而言，状态分配有 4 个常用的经验原则：

① 在相同输入下，有相同次态的原态，应相邻分配编码。相邻分配编码是指状态分配的两个编码对应二进制位只有一位不同。这可使相应的触发器的激励函数对应的卡诺图中有较多的 1 相邻，有利于激励函数的化简。

② 在相邻输入下，同一原态的不同次态，应相邻分配编码。这是因为，在激励函数的卡诺图中，同一原态的相邻输入所对应的方格也相邻，从而有利于激励函数的化简。

③ 在相同输入下，有相同输出的原态，应相邻分配编码。这可使输出函数对应的卡诺图有较多的"1"相邻，保证输出函数最简。

④ 选择在机器复位时，很容易进入的状态作为初始状态编码（典型的是全 0 或者全 1）。

相邻状态的分配是一种经验方法，在分配过程中可能存在矛盾，则原则①最重要，应按原则①、原则②、原则③的优先顺序进行分配。当状态分配满足原则①和原则②时，电路的激励函数表达式会比较简单；当满足原则③时，电路的输出函数表达式比较简单。

事实上，按照上述原则得到的状态编码与赋值，有时候并非是最佳的。找到最佳状态赋值的唯一途径，就是把所有的赋值方式都试着设计一遍，有着最简激励函数和最简输出函数的编码，就是最佳状态编码。

（3）将最小化状态表转换成状态编码表：即用分配好的状态编码替换最小化状态表中的状态符号。

【例 6.22】 对如表 6.19 所示的最小化状态表进行状态分配与编码。

表 6.19　例 6.22 的最小化状态表

原态	次态/输出	
	$X=0$	$X=1$
S_0	$S_2/0$	$S_0/0$
S_1	$S_0/0$	$S_0/1$
S_2	$S_0/0$	$S_3/1$
S_3	$S_1/1$	$S_2/0$

解　状态有 4 个，状态编码需要 2 位，用 2 个触发器 Q_1 和 Q_0 来保存。按照相邻分配原则，有：

原则(1)：当 $X=0$ 时，S_1 和 S_2 有相同的次态(S_0)，因此，S_1 和 S_2 应分配相邻编码；当 $X=1$ 时，S_0 和 S_1 有相同的次态(S_0)，因此，S_0 和 S_1 应分配相邻编码。

原则(2)：$X=0$ 和 $X=1$ 是相邻输入，在 $X=0$ 和 $X=1$ 下，S_0 的次态分别 S_2 和 S_0，因此，S_2 和 S_0 应分配相邻编码；同理，S_0 和 S_3、S_1 和 S_2 都应分配相邻编码。

原则(3)：观察表 6.19，在 $X=0$ 和 $X=1$ 时，输出都相同的原态只有 S_1 和 S_2，因此它们应分配相邻编码。

原则(4)：假设 S_0 为初始状态，将其编码为 00。

显然，不可能满足所有的相邻分配要求，则按照优先级，首先满足原则(1)下的 S_1 和 S_2、S_0 和 S_1 相邻的要求，可以分配编码 01 给状态 S_1，分配编码 11 给状态 S_2；最后一个编码 10 给 S_3。即：$S_0=00$，$S_1=01$，$S_2=11$，$S_3=10$。

最后，将各个状态的编码替换状态符号，填入表 6.19，可得状态编码表，如表 6.20 所示。

表 6.20　例 6.22 的状态编码表

原态 $Q_1^n Q_0^n$	次态 $Q_1^{n+1}Q_0^{n+1}$/输出 Y	
	$X=0$	$X=1$
00	11/0	00/0
01	00/0	00/1
11	00/0	10/1
10	01/1	11/0

上面针对同步时序逻辑电路设计步骤中的三个关键步骤——建立原始状态图和原始状态表、状态化简、状态分配做了详细讨论，下面我们举例进行完整的同步时序逻辑电路设计。

6.3.5　同步时序电路设计举例

【例 6.23】　请用 J-K 触发器完成可重叠"101"序列检测器的设计。

解　按照步骤设计如下：

(1) 建立原始状态图和原始状态表：在例 6.14 中，已经作出了原始状态图(如图 6.26 所示)，原始状态表如表 6.21 所示。

表 6.21　可重叠"101"序列检测器的原始状态表

原态	次态/输出	
	$X=0$	$X=1$
S_0	$S_0/0$	$S_1/0$
S_1	$S_2/0$	$S_1/0$
S_2	$S_0/0$	$S_3/1$
S_3	$S_2/0$	$S_1/0$

（2）状态化简。通过做隐含表化简，如图 6.41 所示，得到最大等效类为：

$$\{(S_0),(S_1,S_3),(S_2)\}$$

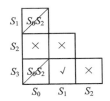

图 6.41　例 6.23 的隐含表化简

因为 S_1 和 S_3 等效，可以删除原始状态表中的 S_3 状态，并用 S_1 替代表中的 S_3，可得最小化状态表，如表 6.22 所示。

表 6.22　可重叠"101"序列检测器的最小化状态表

原态	次态/输出	
	$X=0$	$X=1$
S_0	$S_0/0$	$S_1/0$
S_1	$S_2/0$	$S_1/0$
S_2	$S_0/0$	$S_1/1$

（3）状态分配：显然，需要两个触发器，设为 Q_1 和 Q_0。按照分配原则（1），S_0 和 S_1、S_0 和 S_2、S_1 和 S_2 状态编码应该互相相邻；按照原则（2），S_0 和 S_1、S_1 和 S_2 应分配相邻编码；按照原则（3），S_0 和 S_1 应分配相邻编码；按照原则（4），S_0 为初始状态，编码为 00。综上所述，编码方案为：$S_0=00$，$S_1=01$，$S_2=11$。则状态编码表如表 6.23 所示。

表 6.23　例 6.23 的状态编码表

原态 $Q_1^n Q_0^n$	次态 $Q_1^{n+1} Q_0^{n+1}$/输出 Z	
	$X=0$	$X=1$
00	00/0	01/0
01	11/0	01/0
11	00/0	01/1

（4）列出状态转换真值表：将状态编码表改写成状态转换真值表，因为状态 10 是无用状态，因此其次态和输出都为无关项 d，如表 6.24 所示。

表 6.24　例 6.23 的状态转换真值表

X	Q_1^n	Q_0^n	Q_1^{n+1}	Q_0^{n+1}	Z
0	0	0	0	0	0
0	0	1	1	1	0
0	1	0	d	d	d
0	1	1	0	0	0
1	0	0	0	1	0
1	0	1	0	1	0
1	1	0	d	d	d
1	1	1	0	1	1

（5）选定触发器类型，写出电路的方程组：触发器指定为 J-K 触发器。由真值表 6.24 可以分别画出 Q_1^{n+1}、Q_0^{n+1} 和 Z 的卡诺图，如图 6.42(a)、(b)和(c)所示。

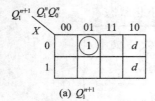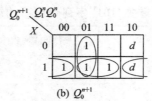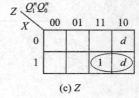

图 6.42　例 6.23 的卡诺图

由图 6.42(a)可以得 Q_1 的状态方程为：

$$Q_1^{n+1} = \overline{X}\,\overline{Q_1^n}Q_0^n = \overline{X}Q_0^n\,\overline{Q_1^n} \tag{6.5}$$

由 J-K 触发器的特性方程可知：$Q_1^{n+1} = J_1\overline{Q_1^n} + \overline{K_1}Q_1^n$，则与式(6.5)对比，可以推导出 J-K 触发器 Q_1 的激励方程：

$$J_1 = \overline{X}Q_0^n, \quad K_1 = 1 \tag{6.6}$$

由上面推导 J-K 触发器的激励方程的过程中可知，J-K 触发器的状态方程中最好要含有 Q^n 和 $\overline{Q^n}$ 的"与"项成对出现或者只出现含有其中一个的"与"项。所以，在如图 6.42(b)的卡诺图中，并没有按照常规的卡诺图化简方法，将其化简为 $Q_0^{n+1} = X + \overline{Q_1^n}Q_0^n$，因为这样无法直接推导出 J 和 K 的函数。这时，卡诺圈只局限于 $Q_0^n = 1$ 的两列或者只局限于 $Q_0^n = 0$ 的两列，化简得到的 Q_0 的状态函数为：

$$Q_0^{n+1} = X\,\overline{Q_0^n} + \overline{Q_1^n}Q_0^n + XQ_0^n = X\,\overline{Q_0^n} + (\overline{Q_1^n} + X)Q_0^n \tag{6.7}$$

同理，与触发器 Q_0 的特性方程 $Q_0^{n+1} = J_0\overline{Q_0^n} + \overline{K_0}Q_0^n$ 进行对比，可以得到触发器 Q_0

的激励函数：

$$J_0 = X, \quad K_0 = \overline{\overline{Q_1^n} + X} = \overline{X} Q_1^n \tag{6.8}$$

由图 6.42(c)可以得到输出方程：

$$Z = X Q_1^n \tag{6.9}$$

(6) 检查电路能否自启动：无效状态为 10，按照状态方程式(6.5)、式(6.7)和输出方程式(6.9)，将 $X Q_1^n Q_0^n = 010$ 和 $X Q_1^n Q_0^n = 110$ 代入，得到电路的次态和输出，如表 6.25 所示。

表 6.25　例 6.23 的无效状态检查表

X	Q_1^n	Q_0^n	Q_1^{n+1}	Q_0^{n+1}	Z
0	1	0	0	0	0
1	1	0	0	1	1

由表 6.25 可知，在 $X = 0$ 和 $X = 1$ 时，无效状态 10 的次态都是有效状态(00 和 01)，没有无效循环，可以自启动。但是，当 $X = 1$ 时，无效状态 10 的输出为 1，属于错误输出，应予以纠正。分析发生错误的原因，是在图 6.42(c)所示的卡诺图中，将无关项 d 与输出为 1 的格子进行了化简；纠正错误的方法就是，输出函数化简时，不圈无关项 d 即可，这样输出方程纠正为：

$$Z = X Q_1^n Q_0^n \tag{6.10}$$

(7) 画出电路图。按照激励方程和输出方程，可以画出电路图，如图 6.43 所示。

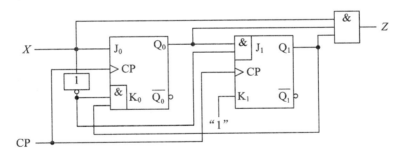

图 6.43　例 6.23 的电路图

至此，"101"序列检测器设计完毕。需要注意的是，在"状态分配"时，如果有不同的状态编码，那么方程组会不同，电路也会有差别。因此，电路是否最简，有时候也不拘泥于固定的设计原则。

【例 6.24】　请完成例 6.17 中的 3 位串行循环码转换器的设计。

解　在例 6.17 中，已经完成了原始状态图和原始状态表的建立，下面从状态化简开始。

(1) 状态化简。观察表 6.10 的原始状态表，可以发现：状态 S_0、$S_7 \sim S_{14}$ 在 $X = 0$ 和 $X = 1$ 下的次态和输出都完全相同，因此，可以首先初步合并 S_0、$S_7 \sim S_{14}$ 状态，方法是删除表格中 $S_7 \sim S_{14}$ 状态行，保留 $S_0 \sim S_6$ 状态行，并将表格中出现的 $S_7 \sim S_{14}$ 状态全部用 S_0 替换，可以得到表 6.26。

表 6.26 例 6.24 的初步化简状态表

原态	次态/输出	
	$X=0$	$X=1$
S_0	$S_1/0$	$S_2/1$
S_1	$S_3/0$	$S_4/1$
S_2	$S_5/1$	$S_6/0$
S_3	$S_0/0$	$S_0/1$
S_4	$S_0/1$	$S_0/0$
S_5	$S_0/0$	$S_0/1$
S_6	$S_0/1$	$S_0/0$

再次通过观察表 6.26，找出两对等效状态对$(S_3，S_5)(S_4，S_6)$。删除状态行 S_5 和 S_6，分别用 S_3 和 S_4 替换表格中的 S_5 和 S_6，如表 6.27 所示。经过隐含表分析可以发现，表 6.27 已经是最小化状态表了。

表 6.27 例 6.24 的最小化状态表

原态	次态/输出	
	$X=0$	$X=1$
S_0	$S_1/0$	$S_2/1$
S_1	$S_3/0$	$S_4/1$
S_2	$S_3/1$	$S_4/0$
S_3	$S_0/0$	$S_0/1$
S_4	$S_0/1$	$S_0/0$

（2）状态编码与分配。显然，5 个状态需要 3 个触发器$Q_2Q_1Q_0$，按照分配原则，S_1 和 S_2、S_3 和 S_4、S_1 和 S_3、S_2 和 S_4、S_0 和 S_1 需要相邻分配，一种分配方案为：

$$S_0=000，S_1=001，S_2=011，S_3=101，S_4=111$$

将上述编码进行状态替换，可得状态编码表，如表 6.28 所示。

表 6.28 例 6.24 的状态编码表

原态 $Q_2^n Q_1^n Q_0^n$	次态 $Q_2^{n+1} Q_1^{n+1} Q_0^{n+1}$/输出 G	
	$X=0$	$X=1$
000	001/0	011/1
001	101/0	111/1
011	101/1	111/0
101	000/0	000/1
111	000/1	000/0

（3）写出状态转换真值表，如表 6.29 所示。

表 6.29　例 6.24 的状态转换真值表

X	Q_2^n	Q_1^n	Q_0^n	Q_2^{n+1}	Q_1^{n+1}	Q_0^{n+1}	G	X	Q_2^n	Q_1^n	Q_0^n	Q_2^{n+1}	Q_1^{n+1}	Q_0^{n+1}	G
0	0	0	0	0	0	1	0	1	0	0	0	0	1	1	1
0	0	0	1	1	0	1	0	1	0	0	1	1	1	1	1
0	0	1	0	d	d	d	d	1	0	1	0	d	d	d	d
0	0	1	1	1	1	1	0	1	0	1	1	1	1	1	0
0	1	0	0	d	d	d	d	1	1	0	0	d	d	d	d
0	1	0	1	0	0	0	0	1	1	0	1	0	0	0	1
0	1	1	0	d	d	d	d	1	1	1	0	d	d	d	d
0	1	1	1	0	0	0	1	1	1	1	1	0	0	0	0

（4）选择 J-K 触发器，写出方程组：

画出表 6.29 的卡诺图，如图 6.44 所示，写出对应的方程组为：

$$Q_2^{n+1} = Q_0^n\,\overline{Q_2^n}$$
$$Q_1^{n+1} = X\,\overline{Q_2^n}(\overline{Q_1^n} + Q_1^n) \tag{6.11}$$
$$Q_0^{n+1} = \overline{Q_0^n} + \overline{Q_2^n}Q_0^n$$
$$G = X\,\overline{Q_1^n} + \overline{X}Q_1^n = X \oplus Q_1^n$$

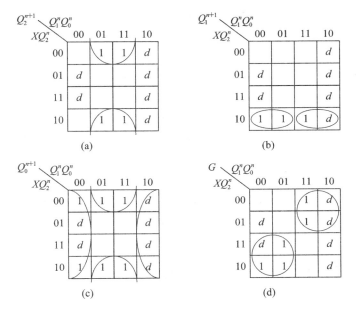

图 6.44　例 6.24 的卡诺图

对照 J-K 触发器的特性方程 $Q^{n+1} = J\,\overline{Q^n} + \overline{K}Q^n$，可以求得各触发器的激励函数为：

$$J_2 = Q_0^n \quad K_2 = 1$$
$$J_1 = X\,\overline{Q_2^n} \quad K_1 = \overline{X\,\overline{Q_2^n}} \tag{6.12}$$

$$J_0 = 1 \quad K_0 = Q_2^n$$

（5）检查自启动情况：有 3 个无效状态 010、100 和 110，将它们代入式（6.11）所示的方程组，求出在 $X = 0$ 和 $X = 1$ 下的次态与输出，如表 6.30 所示。

表 6.30　例 6.24 的无效状态检查表

X	Q_2^n	Q_1^n	Q_0^n	Q_2^{n+1}	Q_1^{n+1}	Q_0^{n+1}	G	X	Q_2^n	Q_1^n	Q_0^n	Q_2^{n+1}	Q_1^{n+1}	Q_0^{n+1}	G
0	0	1	0	0	0	1	1	1	0	1	0	0	1	1	0
0	1	0	0	0	0	1	0	1	1	0	0	0	0	1	1
0	1	1	0	0	0	1	1	1	1	1	0	0	0	1	0

显然，电路的无效状态无论在 $X = 0$ 还是 $X = 1$ 的情况下，都能转移到有效状态，所以能够自启动。但是存在错误输出，可以选择有异步清零端 $\overline{R_D}$ 的 J－K 触发器，在正常工作前，首先设置 $\overline{R_D}$ 为低电平，使电路进入初始状态 $Q_2Q_1Q_0 = 000$。

（6）画出电路图。按照式（6.12）的激励函数和式（6.11）的输出函数，可以画出电路图，如图 6.45 所示。

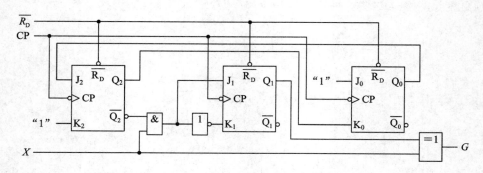

图 6.45　例 6.24 的电路图

事实上，对于时序逻辑电路而言，初始化的复位信号非常重要，它能使电路在进入确定的初态后，再开始工作。例如，按下计算机 Reset 按键或者按下电源键，就会产生一个 Reset 信号，使计算机复位，即确保所有的硬件处于一个预置好的初态，然后再启动程序运行。

【例 6.25】　设计一个同步七进制减法计数器，当计数值减为 000，输出借位指示 $Z = 1$。

解　（1）建立原始状态图：显然计数值从 110 减 1 计数变为 101，一直减到 000 时，$Z = 1$；再来一个 CP 脉冲，则计数值变为 110。同步七进制减法计数器的原始状态图如图 6.46 所示，圆圈中为计数器的值。

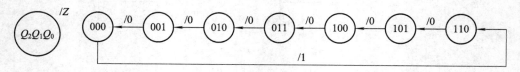

图 6.46　例 6.25 的原始状态图

（2）写出状态转换真值表：显然，状态已经最简，而且因为是计数器的计数值本身就是电路中触发器的状态编码，因此，也无需进行状态分配与编码。有效编码为 000～110，无效编码为 111，写出的状态转换真值表如表 6.31 所示。

表 6.31　例 6.25 的七进制减法计数器的状态转换真值表

Q_2^n	Q_1^n	Q_0^n	Q_2^{n+1}	Q_1^{n+1}	Q_0^{n+1}	Z
0	0	0	1	1	1	1
0	0	1	0	0	0	0
0	1	0	0	0	1	0
0	1	1	0	1	0	0
1	0	0	0	1	1	0
1	0	1	1	0	0	0
1	1	0	1	0	1	0
1	1	1	d	d	d	d

（3）写出方程组：画出电路 3 个触发器状态信号和输出 Z 的卡诺图，如图 6.47 所示。观察卡诺图，可以使用 J-K 触发器，以使激励函数最简。

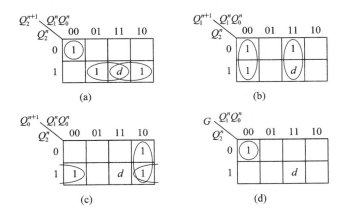

图 6.47　例 6.25 的卡诺图

方程组为：

$$Q_2^{n+1} = \overline{Q_1^n}\,\overline{Q_0^n}\,\overline{Q_2^n} + (Q_1^n + Q_0^n)Q_2^n$$

$$Q_1^{n+1} = \overline{Q_0^n}\,\overline{Q_1^n} + Q_0^n Q_1^n$$

$$Q_0^{n+1} = (Q_2^n + Q_1^n)\overline{Q_0^n}$$

$$Z = \overline{Q_2^n}\,\overline{Q_1^n}\,\overline{Q_0^n}$$

对照 J-K 触发器的特性方程 $Q^{n+1} = J\overline{Q^n} + \overline{K}Q^n$，可以求取各触发器的激励函数为：

$$J_2 = \overline{Q_1^n}\,\overline{Q_0^n} \qquad K_2 = \overline{Q_1^n + Q_0^n} = \overline{Q_1^n}\,\overline{Q_0^n}$$

$$J_1 = \overline{Q_0^n} \qquad K_1 = \overline{Q_0^n}$$

$$J_0 = Q_2^n + Q_1^n \qquad K_0 = 1$$

（4）检查自启动特性：当 $Q_2 Q_1 Q_0 = 111$，即无效状态时，代入上述方程组，则其次态为 110，可自启动，输出 $Z=0$，正确。

（5）画出电路图，如图 6.48 所示。

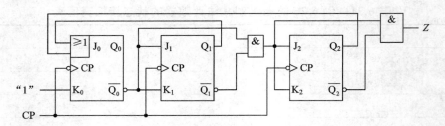

图 6.48 例 6.25 的电路图

【例 6.26】 请完成例 6.18 中的自动售货机的投币控制电路设计。

解 例 6.18 已经建立了原始状态图和原始状态表，观察如表 6.11 所示的原始状态表，无等效状态，状态已经最简。4 个状态需要 2 个触发器，按照状态分配原则，4 个状态的编码都应该互相相邻，显然做不到。假设状态编码方案为：$S_0 = 00$，$S_1 = 01$，$S_2 = 10$，$S_3 = 11$，则可以得到状态编码表，如表 6.32 所示。

表 6.32 例 6.26 投币机状态编码表

原态 $Q_1^n Q_0^n$	次态 $Q_1^{n+1} Q_0^{n+1}$/输出 YZ			
	$AB = 00$	$AB = 01$	$AB = 10$	$AB = 11$
00	00/00	10/00	01/00	d/d
01	01/00	11/00	10/00	d/d
10	10/00	00/10	11/00	d/d
11	11/00	00/11	00/10	d/d

依据表 6.32，可以列出状态转换真值表，如表 6.33 所示。

表 6.33 例 6.26 投币机状态转换真值表

A	B	Q_1^n	Q_0^n	Q_1^{n+1}	Q_0^{n+1}	Y	Z	A	B	Q_1^n	Q_0^n	Q_1^{n+1}	Q_0^{n+1}	Y	Z
0	0	0	0	0	0	0	0	1	0	0	0	0	1	0	0
0	0	0	1	0	1	0	0	1	0	0	1	1	0	0	0
0	0	1	0	1	0	0	0	1	0	1	0	1	1	0	0
0	0	1	1	1	1	0	0	1	0	1	1	0	0	1	0
0	1	0	0	1	0	0	0	1	1	0	0	d	d	d	d
0	1	0	1	1	1	0	0	1	1	0	1	d	d	d	d
0	1	1	0	0	0	1	0	1	1	1	0	d	d	d	d
0	1	1	1	0	0	1	1	1	1	1	1	d	d	d	d

状态信号及输出信号的卡诺图如图 6.49 所示。观察卡诺图，函数均比较复杂，选择 J-K 触发器实现该控制，则方程组为：

$$Q_1^{n+1} = (B + AQ_0^n)\,\overline{Q_1^n} + \overline{B}(\overline{A} + \overline{Q_0^n})Q_1^n = (B + AQ_0^n)\,\overline{Q_1^n} + \overline{\overline{B} + AQ_0^n}Q_1^n$$

$$Q_0^{n+1} = A\,\overline{Q_0^n} + \overline{A}\,\overline{B}Q_0^n + \overline{A}\,\overline{Q_1^n}Q_0^n = A\,\overline{Q_0^n} + \overline{A}(\overline{B} + \overline{Q_1^n})Q_0^n$$

$$Y = BQ_1^n + AQ_1^n Q_0^n = (B + AQ_0^n)Q_1^n$$
$$Z = BQ_1^n Q_0^n$$

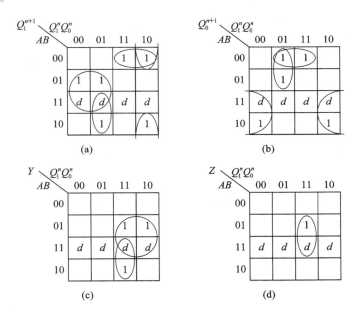

图 6.49　例 6.26 的卡诺图

触发器 Q_1 和 Q_0 没有无效状态，参照 J-K 触发器的特性方程 $Q^{n+1} = J\overline{Q^n} + \overline{K}Q^n$，可求取 J-K 触发器的激励函数为：

$$J_1 = B + AQ_0^n \qquad K_1 = B + AQ_0^n$$
$$J_0 = A \qquad K_0 = \overline{\overline{A}(\overline{B + \overline{Q_1^n}})} = A + BQ_1^n$$

依照上面的设计，画出自动售货机的投币控制电路，如图 6.50 所示。

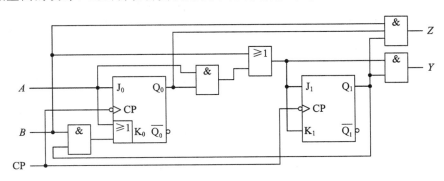

图 6.50　例 6.26 的电路图

【例 6.27】　从 2 个输入 X 和 Y 串行输入 0 和 1 代码，当累计"1"的个数为 4 的整数倍时，输出为 1。请用 D 触发器和逻辑门完成该同步控制电路的设计。

　　解　（1）进行逻辑定义并建立原始状态图和原始状态表：设输入为 X 和 Y，输出为 Z，当从 X 和 Y 串行输入的代码中，"1"的个数为 4 的整数倍时，$Z=1$，否则 $Z=0$。该电路的状态似乎有无穷多个，因为在任意长的时间内，可能会有无穷多的"1"输入，而 4 的整数倍也有无穷多个。但是实际上输出 Z 指示的仅仅是收到的"1"个数是否能被 4 整除这个结果，而"1"的个数模除 4 之后，结果仅为 0/1/2/3 这 4 种。当模除 4 之后为 0 时，$Z=1$，否则 $Z=0$。所以电路的状态可以设置为 4 个：

① S_0：没有收到"1"或者收到"1"的个数模除 4 为 0。

② S_1：收到"1"的个数为 1 个，或者个数模除 4 为 1。

③ S_2：收到"1"的个数为 2 个，或者个数模除 4 为 2。

④ S_3：收到"1"的个数为 3 个，或者个数模除 4 为 3。

在任何状态下，当收到 $XY=00$ 时，因为没有"1"，所以保持原态不变；当收到 $XY=01$ 或 $XY=10$ 时，因为有 1 个"1"，所以状态转移至下一个：S_0 转移到 S_1，S_1 转移到 S_2，S_2 转移到 S_3，S_3 转移到 S_0(输出为 $Z=1$)；当收到 $XY=11$ 时，因为有 2 个"1"，所以状态转移情况为：S_0 转移到 S_2，S_1 转移到 S_3，S_2 转移到 S_0(4 个"1"，输出为 $Z=1$)，S_3 转移到 S_1(5 个"1"，输出为 $Z=0$)。按照这个逻辑画出的例 6.27 的原始状态图，如图 6.51 所示，其原始状态表如表 6.34 所示。

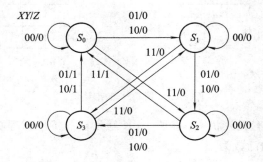

图 6.51　例 6.27 的原始状态图

表 6.34　例 6.27 的原始状态表

原态	次态/输出			
	$XY=00$	$XY=01$	$XY=10$	$XY=11$
S_0	$S_0/0$	$S_1/0$	$S_1/0$	$S_2/0$
S_1	$S_1/0$	$S_2/0$	$S_2/0$	$S_3/0$
S_2	$S_2/0$	$S_3/0$	$S_3/0$	$S_0/1$
S_3	$S_3/0$	$S_0/1$	$S_0/1$	$S_1/0$

（2）状态化简：没有等效状态，状态已经最简。

（3）状态分配与编码：需要两个触发器 Q_1 和 Q_0。观察表 6.34，比较多的状态转换是顺序变化，所以按照相邻原则，可以对 $S_0 \sim S_3$ 进行格雷码编码，即：$S_0=00$，$S_1=01$，$S_2=11$，$S_3=10$。

（4）写出状态转换真值表，如表 6.35 所示。

表 6.35 例 6.27 的状态转换真值表

X	Y	Q_1^n	Q_0^n	Q_1^{n+1}	Q_0^{n+1}	Z	X	Y	Q_1^n	Q_0^n	Q_1^{n+1}	Q_0^{n+1}	Z
0	0	0	0	0	0	0	1	0	0	0	0	1	0
0	0	0	1	0	1	0	1	0	0	1	1	1	0
0	0	1	0	1	0	0	1	0	1	0	0	0	1
0	0	1	1	1	1	0	1	0	1	1	1	0	0
0	1	0	0	0	1	0	1	1	0	0	0	0	0
0	1	0	1	1	1	0	1	1	0	1	1	0	0
0	1	1	0	0	0	1	1	1	1	0	0	1	0
0	1	1	1	1	0	0	1	1	1	1	0	0	1

（5）写出方程组：因为使用 D 触发器实现，卡诺图化简为最简与或表达式即可，如图 6.52 所示。

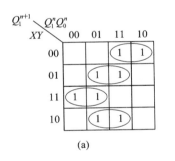
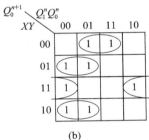
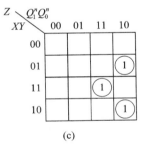

图 6.52 例 6.27 的卡诺图

方程组为：

$$Q_1^{n+1} = \overline{X}\,\overline{Y}Q_1^n + \overline{X}YQ_0^n + XY\overline{Q_1^n} + X\overline{Y}Q_0^n$$

$$Q_0^{n+1} = \overline{X}\,\overline{Y}Q_0^n + \overline{X}Y\overline{Q_1^n} + XY\overline{Q_0^n} + X\overline{Y}\,\overline{Q_1^n}$$

$$Z = \overline{X}YQ_1^n\,\overline{Q_0^n} + XYQ_1^nQ_0^n + X\overline{Y}Q_1^n\,\overline{Q_0^n}$$

没有无效状态，无需检查自启动特性。因为 D 触发器的特性方程为 $Q^{n+1}=D$，所以可得到 D 触发器的激励函数为：

$$D_1 = \overline{X}\,\overline{Y}Q_1^n + \overline{X}YQ_0^n + XY\overline{Q_1^n} + X\overline{Y}Q_0^n$$

$$D_0 = \overline{X}\,\overline{Y}Q_0^n + \overline{X}Y\overline{Q_1^n} + XY\overline{Q_0^n} + X\overline{Y}\,\overline{Q_1^n}$$

（6）画出电路图，如图 6.53 所示。

以上对同步时序逻辑电路的设计给出了一般的设计示例，下面我们讨论计算机中最常用的、具有特定功能的典型同步时序逻辑电路。

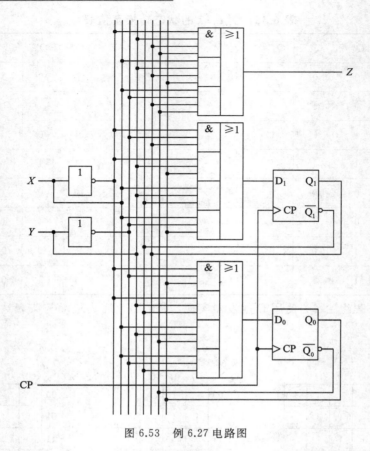

图 6.53　例 6.27 电路图

6.4　寄　存　器

寄存器是用来暂存一组二进制代码的时序逻辑电路，广泛应用于各种数字系统和计算机中。例如，在计算机中使用寄存器保存机器指令码、运算的数据或结果等。寄存器由触发器和附加电路构成，能存储 n 位二进制的寄存器中，含有 n 个触发器。寄存器除了可实现对数据的接收、保持、清除等基本功能外，根据需要还可以具备移位、串/并输入、串/并输出以及三态输出等功能。

常见的寄存器类型有锁存器、基本寄存器和移位寄存器等。顾名思义，锁存器是由电平触发的多个钟控锁存器构成的；而基本寄存器是由边沿触发的多个触发器构成的；移位寄存器是具有移位功能的寄存器。

6.4.1　锁存器

将多个钟控锁存器的电平型时钟信号 CP 连接在一起，用一个公共的时钟信号来统一控制，而各个锁存器的数据输入端各自独立接收数据，数据输出端各自独立输出数据，这样就构成了能储存、接收与输出多位数据的锁存器（Latch）。有些锁存器还具备清零和三态输出的控制信号，统一控制锁存器的各位数据同时执行清零操作或者传输操作。

常见的集成锁存器多数是 D 锁存器，位数有 4 位、8 位等；锁存器的输出形式，有单端输出 Q、反相输出 $\overline{Q}$ 以及互补输出 Q 和 $\overline{Q}$。图 6.54(a) 是带输出使能端的 8D 锁存器 74LS373 的逻辑电路图。其各信号线上的数字为它的芯片引脚号。图 6.54(b) 是其逻辑符号。表 6.36 为其功能表。

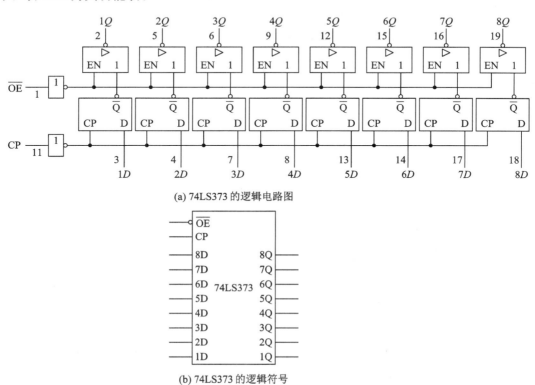

(a) 74LS373 的逻辑电路图

(b) 74LS373 的逻辑符号

图 6.54　74LS373 的逻辑电路图与逻辑符号

表 6.36　74LS373 的功能表（单个锁存器）

输 入			输出 Q^{n+1}	功 能
$\overline{OE}$	CP	D		
0	1	0	0	数据输入，并允许输出
0	1	1	1	
0	0	d	Q^n	数据保持，并允许输出
1	d	d	Z	禁止输出数据，高阻抗状态

由图 6.54(a) 可知，74LS373 由 8 个低电平有效的 D 锁存器和 8 个三态门构成，当时钟信号 CP 为高电平时，锁存器的输出 Q 跟随输入信号 D 的变化而变化。输出使能 $\overline{OE}$ 作为 8 个三态门的控制端，用于控制是否将 8D 锁存器中保存的数据送出到 8 个外部引脚（1Q～8Q）。当输出使能 $\overline{OE}=0$ 时，D 锁存器中保存的数据允许在 Q 端正常输出；

当输出使能$\overline{OE}=1$时，8个输出端Q处于高阻抗状态，将内部锁存器的数据与外部总线断开。

值得注意的是，$\overline{OE}$并不影响内部锁存器的操作，即使是8个输出引脚Q上为高阻抗状态（$\overline{OE}=1$，禁止输出状态），内部D锁存器仍旧可以输入新数据（CP=1时）或者保持原值（CP=0时）。

74LS373的三态输出控制，使其能够很方便地直接挂在计算机的总线上使用，这时由计算机的控制器产生$\overline{OE}$信号，以决定何时将74LS373中数据传送到总线上供其他部件使用，或者禁止74LS373输出数据到总线上。

6.4.2 基本寄存器

基本寄存器（Register）通常由若干个维持-阻塞边沿D触发器组成，能存储若干位数据。同锁存器类似，如果将n个触发器的时钟端连接起来，用一个公共的时钟信号CP来控制，就构成了n位寄存器。同理，如果触发器有清零端、输出使能端等控制信号，也需要各自连接在一起，以实现统一的清零操作和传输操作。

74LS374是一款带输出使能端的8D寄存器。图6.55(a)是其逻辑电路图；图6.55(b)是其逻辑符号。表6.37为其功能表。

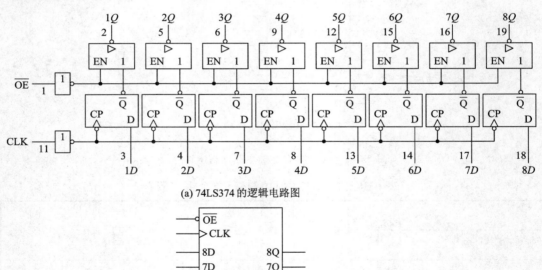

(a) 74LS374 的逻辑电路图

(b) 74LS374 的逻辑符号

图 6.55　74LS374 的逻辑电路图与逻辑符号

表 6.37　74LS374 的功能表

输　　入			输出 Q^{n+1}	功　　能
$\overline{\text{OE}}$	CLK	D		
0	↑	0	0	数据输入，并允许输出
0	↑	1	1	
0	0	d	Q^n	数据保持，并允许输出
1	d	d	Z	禁止输出数据，高阻抗状态

由图 6.55(a)可以看出，74LS374 由 8 个下跳沿触发的 D 触发器和 8 个三态门构成，其芯片引脚及排列，与 74LS373 基本一致，功能也基本类似；唯一不同的是：时钟信号 CLK 为边沿触发，在 CLK 上跳沿，寄存器输出 Q 置入了 D 端数据。74LS374 也具有三态输出控制，故也适用于计算机的总线系统。

74LS273 是另一款带清零端的 8D 寄存器。图 6.56(a)是其逻辑电路图；图 6.56(b)是其逻辑符号。表 6.38 为其功能表。

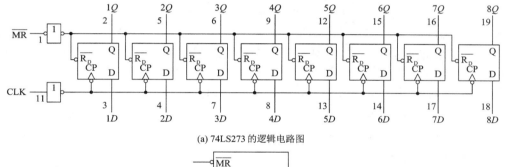

(a) 74LS273 的逻辑电路图

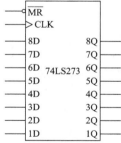

(b) 74LS273 的逻辑符号

图 6.56　74LS273 的逻辑电路图与逻辑符号

表 6.38　74LS273 的功能表

输　　入			输出 Q^{n+1}	功　　能
$\overline{\text{MR}}$	CLK	D		
0	d	d	0	异步清零
1	↑	0	0	数据输入
1	↑	1	1	
1	0	d	Q^n	数据保持

由图 6.56(a)可以看出,74LS273 由 8 个下跳沿触发的、有异步清零端的 D 触发器构成。时钟信号 CLK 取反后,作为 8 个 D 触发器的统一时钟,因此,在 CLK 上跳沿,将 D 端数据置入寄存器(Q 端)。74LS273 没有三态输出控制,但是具有异步清零端(或称为主复位)$\overline{MR}$。异步是指当 $\overline{MR}=0$ 时,无论是否有 CLK 上跳沿来临,寄存器都执行清零操作。换言之,异步控制信号不受时钟信号的控制,一旦有效,立即执行相应的操作。

对比锁存器和寄存器,从保存数据的角度来看,两者的功能是相同的,都可以保存多位二进制数据;但是从控制数据输入的时钟信号看,两者是有区别的:锁存器的时钟是电平信号,在 CP 有效时,锁存器的状态跟随着输入数据而变化;寄存器的时钟是边沿信号,在 CP 跳变的有效边沿,寄存器的状态更新为 CP 有效边沿来临前一时刻输入数据的值。因此,两者有不同的应用领域:若输入数据有效滞后于控制信号(CP)有效,则只能使用锁存器;若输入数据有效早于控制信号(CP)有效,并要求同步操作,则可选用寄存器来存放数据。

6.4.3 移位寄存器

移位寄存器(Shift Register)除了具有存储数据的功能外,还能将寄存器中的数据进行移位。移位是指寄存器中的二进制代码在时钟脉冲的作用下,依次进行左移或者右移。因此,移位寄存器不仅可以用于保存数据,还可以实现数据的移位运算、串-并转换。例如,在计算机执行算术乘法/除法运算时,就需要先将部分积/部分余数进行右移/左移,再执行相加/相减操作。

在电路形态上,移位寄存器也是将若干个触发器进行级联。按照数据输入方式来分,有串行输入和并行输入两种;按照移位方向来分,有左移和右移两种;按照输出输出方式来分,有串行输出和并行输出两种。

1. 单向移位寄存器

图 6.57 是一个由 4 个边沿触发的 D 触发器构成的 4 位右移寄存器。其中,最左边的触发器 FF$_3$ 的输入端 D 接收串行输入信号 D_{in},其他触发器的输入端 D 均与左边的触发器的 Q 端相连,最后一个触发器 FF$_0$ 的输出端 Q_0 可以作为串行输出信号 D_{out} 输出。另外,各个触发器的输出端 $Q_3Q_2Q_1Q_0$ 可以作为移位寄存器的并行输出。

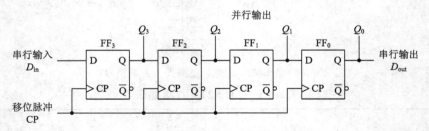

图 6.57　4 位右移寄存器

因为边沿触发器在 CP 上升沿来临时,会将 CP 上升沿前一时刻输入端 D 的状态置入触发器,所以在 CP 上升沿同时作用于 4 个触发器时,它们输入端 D 的状态(左边触发器的 Q 端)还未改变。于是,FF$_2$ 按照 Q_3 原来的状态翻转,FF$_1$ 按照 Q_2 原来的状态翻转,FF$_0$ 按照 Q_1 原来的状态翻转,同时,加到寄存器串行输入 D_{in} 端的数据置入到 FF$_3$。这样,总的效果相当于:每来一个 CP 脉冲,寄存器中原来的代码就依次右移了一位,并且串行输

入信号 D_{in} 移入最高位(Q_3),最低位(Q_0)作为串行输出信号 D_{out} 移出。

假设在 4 个时钟周期内从串行输入 D_{in} 端顺序移入的代码依次为 1101,寄存器的原始状态为 0000,则随后状态的变化如表 6.39 所示。

表 6.39 右移寄存器状态变化

CP 序号	串行输入 D_{in}	Q_3	Q_2	Q_1	Q_0/串行输出 D_{out}
0(原始状态)	0	0	0	0	0
1	1	1	0	0	0
2	1	1	1	0	0
3	0	0	1	1	0
4	1	1	0	1	1

由表 6.39 可以看出,经过 4 个 CP 脉冲后,串行输入的 4 位代码全部移入了移位寄存器中,并且从 4 个触发器的输出端 $Q_3Q_2Q_1Q_0$ 得到了并行输出的代码。因此,利用移位寄存器可以实现代码的串行-并行转换。

显然,如果要实现左移寄存器,需要将每个触发器的 D 端,与右边触发器的 Q 端连接。事实上,如果将寄存器的高位和低位颠倒,那么右移和左移功能在逻辑上是等价的。

2. 多功能移位寄存器

在实际应用中,为提高使用的灵活性,移位寄存器的功能往往更复杂,例如,同时具有左移、右移、并行置数、保持、清零等功能,这样的移位寄存器称为多功能移位寄存器。

图 6.57 所示的移位寄存器只能通过串行移入的方法实现寄存器的置数功能,在实际应用中,往往需要实现并行置数功能。图 6.58 是一个带有并行置数功能的右移寄存器。

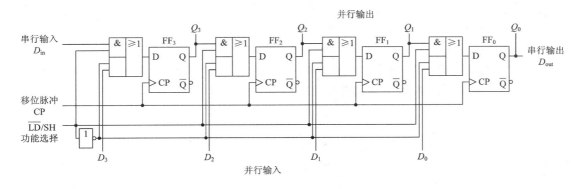

图 6.58 带并行置数端的 4 位右移寄存器

控制信号 $\overline{LD}/SH$ 用于功能选择,当 $\overline{LD}/SH=0$ 时,4 个 D 触发器在 CP 上跳沿执行并行置数操作(Load):将并行数据输入端 $D_3D_2D_1D_0$ 的值置入 4 个触发器;当 $\overline{LD}/SH=1$ 时,寄存器在 CP 上跳沿执行右移操作(Shift Right):将 D_{in} 置入 Q_3,其他数据右移一位。在图 6.58 中,使用了 4 个与或门和 1 个非门,完成了功能选择和 D 触发器数据输入 D 端的数据选择。事实上,这就是一个 2 选 1 数据选择器的功能,即 $\overline{LD}/SH=0$ 时,选择并行输入数据 D_i 送入触发器的 D 端;$\overline{LD}/SH=1$ 时,选择右移操作应当移入的数据(左边触

发器的 Q 端)送入触发器的 D 端。

图 6.59 是利用数据选择器实现的带并行置数功能的 4 位右移寄存器的逻辑图。该移位寄存器有并行置数和右移两种功能，使用了 2 选 1 数据选择器来实现多种功能下触发器输入端数据来源的选择。显然，如果移位寄存器有 4 种功能，则需要使用 4 选 1 多路选择器。

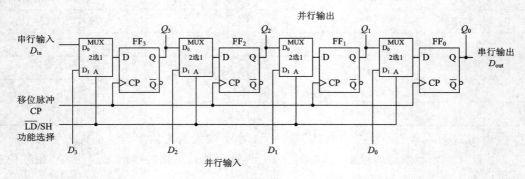

图 6.59　用数据选择器实现带并行置数端的 4 位右移寄存器

图 6.58 和图 6.59 所示的移位寄存器，如果先并行置入数据 $D_3D_2D_1D_0$，然后执行右移操作，则经过 4 个移位脉冲，就可以将寄存器中代码依次从 $D_{out}(Q_0)$ 送出，从而实现代码的并行-串行转换。

3. 集成移位寄存器

商用的集成移位寄存器多达几十种，常见的位数有 4 位、8 位和 16 位。移位功能有单向右移和双向移位；数据输入端有串行输入、J－K 输入和并行输入；输出端有串行输出、并行输出或者三态门输出。例如，74LS594 是 8 位带输出锁存的串入并出的单向移位寄存器；74LS674 是 16 位并入串出的单向移位寄存器；74LS199 是 8 位带 J－K 输入、能并行存取的单向移位寄存器；74LS299 是 8 位带三态输出的双向移位寄存器。

下面介绍一款常用的、支持并行存取的 4 位双向移位寄存器 74LS194。图 6.60 是其引脚排列图和逻辑符号，表 6.40 为其功能表。

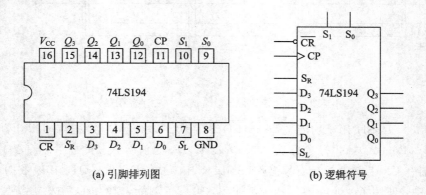

图 6.60　74LS194 的引脚排列图和逻辑符号

表 6.40　74LS194 的功能表

输　入									输　出				工作模式
异步清零	功能选择		时钟	串行输入		并行输入				并行输出				
$\overline{CR}$	S_1	S_0	CP	S_R	S_L	D_3	D_2	D_1	D_0	Q_3^{n+1}	Q_2^{n+1}	Q_1^{n+1}	Q_0^{n+1}	
0	d	d	d	d	d	d	d	d	d	0	0	0	0	异步清零
1	d	d	0	d	d	d	d	d	d	Q_3^n	Q_2^n	Q_1^n	Q_0^n	保持
1	0	0	d	d	d	d	d	d	d	Q_3^n	Q_2^n	Q_1^n	Q_0^n	保持
1	0	1	↑	0	d	d	d	d	d	0	Q_3^n	Q_2^n	Q_1^n	右移入 0
1	0	1	↑	1	d	d	d	d	d	1	Q_3^n	Q_2^n	Q_1^n	右移入 1
1	1	0	↑	d	0	d	d	d	d	Q_2^n	Q_1^n	Q_0^n	0	左移入 0
1	1	0	↑	d	1	d	d	d	d	Q_2^n	Q_1^n	Q_0^n	1	左移入 1
1	1	1	↑	d	d	d_3	d_2	d_1	d_0	d_3	d_2	d_1	d_0	同步置数

在图 6.60 中，$\overline{CR}$ 是异步清零端；S_1、S_0 是功能选择端；CP 是时钟信号；S_R 和 S_L 分别是右移/左移时，移入最高位/最低位的串行数据输入端；$D_3 \sim D_0$ 是并行数据输入端；$Q_3 \sim Q_0$ 是并行数据输出端。D_3/Q_3 是高位，D_0/Q_0 是低位。

从表 6.40 可知，74LS194 具有以下功能：

(1) 异步清零：当 $\overline{CR}=0$ 时，寄存器立即清零。因为 $\overline{CR}$ 不受时钟信号 CP 的控制，所以 $\overline{CR}$ 为异步清零信号。它也不受其他任何信号的影响，当 $\overline{CR}=0$ 时，其他输入信号都不起作用，因此，它具有最高的优先级。只有当 $\overline{CR}=1$(无效)时，才能执行其他操作。

(2) 数据保持：当 $\overline{CR}=1$ 时，若 CP＝0 或 $S_1S_0=00$，双向移位寄存器状态保持不变。

(3) 串行右移：当 $\overline{CR}=1$ 时，若 $S_1S_0=01$，则在 CP 上升沿，寄存器中数据同时右移一位，而最左边的 Q_3 移入的数据是右移串行数据输入端 S_R。

(4) 串行左移：当 $\overline{CR}=1$ 时，若 $S_1S_0=10$，则在 CP 上升沿，寄存器中数据同时左移一位，而最右边的 Q_0 移入的数据是左移串行数据输入端 S_L。

(5) 并行置数：当 $\overline{CR}=1$ 时，若 $S_1S_0=11$，则在 CP 的上升沿，可将加在并行输入端 $D_3 \sim D_0$ 的数据 $d_3 \sim d_0$ 并行置入寄存器。

4. 移位寄存器的应用

移位寄存器的应用很广泛，如移位型计数器、序列检测、序列产生、串行加法器、数据的串-并/并-串转换等。下面以串行序列检测器和序列发生器为例做简单介绍。

【例 6.28】　请用 74LS194 和若干逻辑门设计一个"10111"串行序列检测器。

解　串行序列检测器的输入是串行输入的代码 X，可以将加在 X 上的代码依次串行右移到 4 位移位寄存器 74LS194 中。然后，一旦移位寄存器中的数据为"1101"，并且输入 X 也为 1 时，说明 X 连续输入了代码串"10111"。图 6.61 为设计的电路图。

74LS194 工作于右移方式，将串行输入 X 连接到右移的串行输入端 S_R，实现串-并转换；4 个脉冲后，寄存器中就保存了 X 上输入的 4 位代码（Q_0 保存的是最早输入的代码）；组合逻辑电路部分则实现了特定序列的检测，当 $XQ_3Q_2Q_1Q_0 = 11101$ 时，与门译码产生了 1，表明 X 上连续输入了"10111"序列。

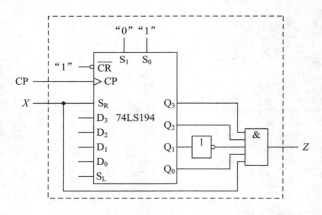

图 6.61　用 74LS194 设计"10111"串行序列检测器

【例 6.29】　请移位寄存器设计一个"1011100"串行序列发生器。

解　串行序列发生器是指从一个输出端串行输出规定顺序的特定代码串。命题要求顺序产生的代码序列为 7 位，可以考虑使用一个 8 位移位寄存器的并入串出功能实现。

74LS198 除了移位寄存器位数是 8 位以外，其他信号和功能与 74LS194 完全一致。图 6.62 是用 74LS198 实现的"1011100"串行序列发生器。

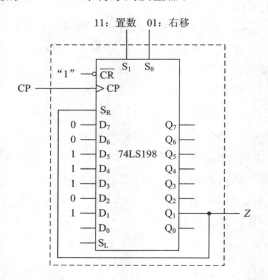

图 6.62　用 74LS198 设计"1011100"串行序列发生器

在图 6.62 中，连接要点是：一是将要产生的代码序列图案在并行输入端准备好。因为只需要 7 位，所以仅用了高 7 位 $D_7 \sim D_1$。又由于利用右移方式产生代码序列，所以 D_1 预置的代码是序列的首位，D_7 预置的代码是序列的末位，即：$D_7 \sim D_1 = 0011101$。二是将最右侧一位输出 Q_1 作为串行序列的输出信号，同时将其反馈连接到右移串行输入端 S_R 上，构成一个循环移位寄存器。

电路的工作过程分为两个阶段：第一阶段，置$S_1S_0=11$，第一个 CP 上跳沿，寄存器执行并行装数操作，将预置的代码序列图案并行置入寄存器，所以 $Q_7 \sim Q_1=0011101$；此时，序列发生器的输出信号 $Z=Q_1=1$，即输出串行序列的第一位。第二阶段，置 $S_1S_0=01$，寄存器开始执行右移操作；在第二个 CP 上跳沿，$Q_7 \sim Q_2$ 都依次右移到下一位（$Q_6 \sim Q_1$），Q_1 通过 S_R 移入 Q_7，这时，$Q_7 \sim Q_1=1001110$，$Z=Q_1=0$，即输出串行序列的第二位。依次类推，第七个 CP 上跳沿后，就输出串行序列的最后一位。因为是循环移位，所以下一个 CP，又会输出序列的第一位，如此反复，达到设计要求。

6.5　计　数　器

计数器（Counter）是一种能对输入的脉冲信号进行计数的时序逻辑电路，电路中的触发器用来保存计数值。计数器是数字系统和计算机系统中不可或缺的组成部分，广泛应用于计数、定时、分频等各种场合。例如，计算机中的程序计数器、时序信号发生器、分频器、定时器等，都是基于计数器构成的。生活中，计数器也随处可见：交通信号灯的计时器、点钞机计数、车辆流量统计、家用电器的定时/计数功能等，都离不开计数器。

6.5.1　计数器的特点和分类

1. 计数器的特点

计数器的主要功能就是实现对输入的某个信号进行计数，它的主要特点是：

（1）计数器使用触发器来存储计数值，计数器的计数对象就是时钟脉冲 CP，也就是说，将要进行计数的输入信号作为计数器的时钟脉冲 CP，每来一个 CP 脉冲信号，计数器的计数值就发生相应的变化；其电路输出也通常是电路原态的函数，因此是一种 Moore 型时序逻辑电路。

（2）当输入的时钟脉冲 CP 为随机信号时，计数器完成计数功能；当输入的时钟脉冲 CP 为周期信号时，计数器可以实现定时，定时时间＝计数值×CP 的周期时间。

（3）计数器的状态图的一般结构是单个循环，如图 6.63 所示。事实上，凡是状态图中包含有单个循环的时序逻辑电路都可以称为计数器；状态图中该有效循环的状态个数，就是计数器的有效状态数，又被称为计数器的模（Modulus）。一个有 M 个有效状态的计数器，被称为模 M 计数器，又称为 M 分频器。显然，一个计数器的模 M，如果不是 2 的幂，就会有无效状态，在计数器正常工作时不使用这些状态。

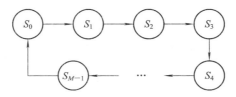

图 6.63　模 M 计数器的状态图的一般结构

2. 计数器的分类

计数器的种类很多，可以从各个角度进行分类。

1）计数器的进制

按照计数器的进位计数制分类，计数器可分为二进制计数器、十进制计数器和任意进制计数器。

最常见是 n 位二进制计数器，它由 n 个触发器构成，有 2^n 个状态，在计数过程中循环遍历计数值为 $0，1，2，\cdots，2^n-1$ 的共 2^n 个状态，因此计数器的模为 2^n。例如，3 位二进制计数器含有 3 个触发器，计数值在 $0\sim7$ 间循环，模为 8，又称为八进制计数器。

如果计数器的模不是 2^n，则称这种计数器为非二进制计数器，或称为 $M(M\neq2^n)$ 进制计数器，如七进制计数器、十进制计数器等。

2）计数器的计数方向

按照计数器的计数方向分类，计数器可以分为加法计数器、减法计数器及可逆计数器。当输入计数脉冲到来时，按递增规律进行计数的电路称为加法计数器；当输入计数脉冲到来时，按递减规律进行计数的电路称为减法计数器；在模式选择信号的控制下，既可以进行递增计数，也可以进行递减计数的计数器，称为可异计数器或者可逆计数器。

3）同步计数器和异步计数器

若计数器中所有触发器的时钟共用同一个 CP，即都是由计数器的输入 CP 统一提供的，称为同步计数器；若计数器中各触发器的时钟不是同一个 CP，则称为异步计数器。本章讨论同步计数器，异步计数器将在第 7 章介绍。

6.5.2　二进制计数器

1. 二进制同步加法计数器

下面以 3 位二进制同步加法计数器为例，说明 n 位二进制同步加法计数器的构成方法和连接规律。3 位二进制同步加法计数器需要 3 个触发器，图 6.64 是其状态转移图，圆圈内是计数器的计数值，即 3 个触发器的状态。当计数值到达 111 时，再来一个 CP 脉冲，则状态循环回到 000，且输出进位 $C=1$。根据图 6.64 可以做出状态转换真值表，如表 6.41 所示。

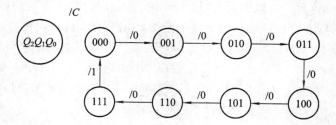

图 6.64　3 位二进制同步加法计数器的状态转移图

表 6.41　3 位二进制同步加法计数器的状态转换真值表

Q_2^n	Q_1^n	Q_0^n	Q_2^{n+1}	Q_1^{n+1}	Q_0^{n+1}	C
0	0	0	0	0	1	0
0	0	1	0	1	0	0
0	1	0	0	1	1	0

Q_2^n	Q_1^n	Q_0^n	Q_2^{n+1}	Q_1^{n+1}	Q_0^{n+1}	C
0	1	1	1	0	0	0
1	0	0	1	0	1	0
1	0	1	1	1	0	0
1	1	0	1	1	1	0
1	1	1	0	0	0	1

图 6.65 为输出和状态变量的卡诺图。

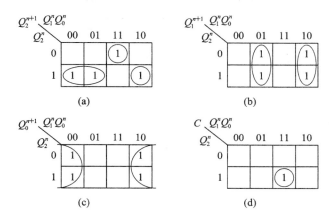

图 6.65 3 位二进制同步加法计数器的卡诺图

求得 3 位二进制同步加法计数器的状态方程和输出方程为：

$$Q_2^{n+1} = Q_2^n \overline{Q_1^n} + \overline{Q_2^n} Q_1^n Q_0^n + Q_2^n Q_1^n \overline{Q_0^n} = \overline{Q_2^n} Q_1^n Q_0^n + Q_2^n (\overline{Q_1^n} + Q_1^n \overline{Q_0^n})$$
$$= \overline{Q_2^n} Q_1^n Q_0^n + Q_2^n (\overline{Q_1^n} + \overline{Q_0^n}) = \overline{Q_2^n} Q_1^n Q_0^n + Q_2^n \overline{Q_1^n Q_0^n} = Q_1^n Q_0^n \oplus Q_2^n$$

$$Q_1^{n+1} = \overline{Q_1^n} Q_0^n + Q_1^n \overline{Q_0^n} = Q_0^n \oplus Q_1^n$$

$$Q_0^{n+1} = \overline{Q_0^n} = 1 \oplus Q_0^n$$

$$C = Q_2^n Q_1^n Q_0^n$$

根据状态方程的特征，选择 T 触发器实现较为方便，因为 T 触发器的特征方程是 $Q^{n+1} = T \oplus Q^n$，所以求取激励方程为：

$$T_2 = Q_1^n Q_0^n \qquad T_1 = Q_0^n \qquad T_0 = 1$$

根据激励方程和输出方程，画出的电路如图 6.66（a）所示，图 6.66（b）为其时序波形图。

从电路 6.66（a）可见，计数器中的最低位触发器 Q_0 的输入端 T_0 为常量"1"，即：最低位触发器在 CP 作用沿始终执行翻转操作，这是由于增 1 计数总是＋1 到最低位；而其他高位触发器的输入端 T 均为各低位触发器的原态 Q 相与结果，即：当低位触发器 Q 端均为"1"时，该触发器翻转，否则保持。这是因为在 n 位二进制同步加法计数器中，当低位全为"1"时，才需要向高位进位（＋1），使高位翻转。事实上，n 位二进制同步加法计数器的第 i

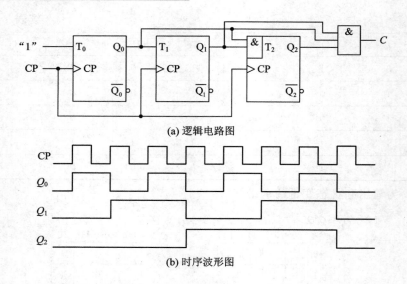

(a) 逻辑电路图

(b) 时序波形图

图 6.66　3 位二进制同步加法计数器电路图和时序图

位 T 触发器的激励函数为：

$$T_i = Q_{i-1}^n Q_{i-2}^n \cdots Q_1^n Q_0^n \qquad i \neq 0 \qquad (6.13)$$
$$T_0 = 1$$

再观察图 6.66(b) 所示的时序波形图中各信号的变化频率，可以发现：若计数输入的时钟脉冲 CP 的频率为 f，则 Q_0、Q_1、Q_2 端输出的信号频率分别是 $\frac{1}{2}f$、$\frac{1}{4}f$、$\frac{1}{8}f$，我们称对 CP 进行了二分频、四分频和八分频。所以计数器常常被作为分频器，频率降低的倍数又称为分频系数或者分频比，如上面 Q_0、Q_1、Q_2 的分频系数分别为 2、4、8。显然，n 位二进制同步计数器对时钟脉冲能够进行分频的系数最大为 2^n。

2. 二进制同步减法计数器

这里仍旧以 3 位二进制同步减法计数器为例，说明 n 位二进制同步减法计数器的构成方法和连接规律。图 6.67 是其状态转移图。从最大值 111 开始减 1 计数，当计数值到达 000 时，再来一个 CP 脉冲，则状态循环回到 111，并且输出借位 $B=1$。根据图 6.67 可以作出状态转换真值表，如表 6.42 所示。

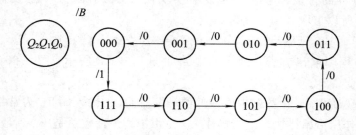

图 6.67　3 位二进制同步减法计数器的状态转移图

表 6.42　3 位二进制同步减法计数器的状态转换真值表

Q_2^n	Q_1^n	Q_0^n	Q_2^{n+1}	Q_1^{n+1}	Q_0^{n+1}	C
0	0	0	1	1	1	1
0	0	1	0	0	0	0
0	1	0	0	0	1	0
0	1	1	0	1	0	0
1	0	0	0	1	1	0
1	0	1	1	0	0	0
1	1	0	1	0	1	0
1	1	1	1	1	0	0

图 6.68 为输出和状态变量的卡诺图。

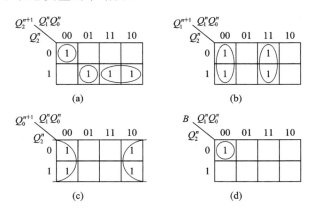

图 6.68　3 位二进制同步减法计数器的卡诺图

同样选择 T 触发器实现 3 位二进制同步减法计数器，其状态方程和输出方程为：

$$Q_2^{n+1} = \overline{Q_2^n}\,\overline{Q_1^n}\,\overline{Q_0^n} + Q_2^n\,\overline{Q_1^n}Q_0^n + Q_2^nQ_1^n = \overline{Q_2^n}\,\overline{Q_1^n}\,\overline{Q_0^n} + Q_2^n(\overline{Q_1^n}Q_0^n + Q_1^n)$$

$$= \overline{Q_2^n}\,\overline{Q_1^n}\,\overline{Q_0^n} + Q_2^n(Q_0^n + Q_1^n) = \overline{Q_2^n}\,\overline{Q_1^n}\,\overline{Q_0^n} + Q_2^n\,\overline{\overline{Q_0^n}\,\overline{Q_1^n}} = \overline{\overline{Q_1^n}\,\overline{Q_0^n}} \oplus Q_2^n$$

$$Q_1^{n+1} = \overline{Q_1^n}\,\overline{Q_0^n} + Q_1^nQ_0^n = \overline{Q_0^n} \oplus Q_1^n$$

$$Q_0^{n+1} = \overline{Q_0^n} = 1 \oplus Q_0^n$$

$$B = \overline{Q_2^n}\,\overline{Q_1^n}\,\overline{Q_0^n}$$

根据 T 触发器的特征方程是 $Q^{n+1} = T \oplus Q^n$，可求取激励方程为：

$$T_2 = \overline{Q_1^n}\,\overline{Q_0^n} \quad T_1 = \overline{Q_0^n} \quad T_0 = 1$$

根据激励方程和输出方程，画出的电路如图 6.69 所示。

分析激励方程和电路可知，计数器中的最低位触发器 Q_0 的输入端 T_0 为常量"1"，即最低位触发器在 CP 作用沿始终执行翻转操作；而其他高位触发器的输入端 T 均为各低位

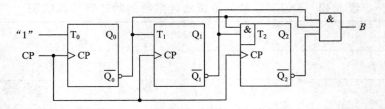

图 6.69　3 位二进制同步减法计数器的电路图

触发器的原态反相 $\overline{Q}$ 相与的结果，即当低位触发器 Q 端均为"0"时，该触发器翻转，否则保持。这是因为在 n 位二进制减法计数中，当低位全为"0"时，才需要向高位借位。事实上，n 位二进制减法计数器的第 i 位 T 触发器的激励函数为：

$$T_i = \overline{Q_{i-1}^n}\ \overline{Q_{i-2}^n} \cdots\cdots \overline{Q_1^n}\ \overline{Q_0^n} \quad i \neq 0 \tag{6.14}$$
$$T_0 = 1$$

3. 二进制同步可异计数器

如果用 M 作为计数器的模式控制信号，当 $M=0$ 时，计数器加 1 计数；当 $M=1$ 时，计数器减 1 计数。结合前面的同步加法计数器和减法计数器的方程组，可得 3 位二进制可异计数器的激励函数和输出函数为：

$$T_2 = \overline{M}Q_1^n Q_0^n + M\ \overline{Q_1^n}\ \overline{Q_0^n}$$
$$T_1 = \overline{M}Q_0^n + M\ \overline{Q_0^n} = M \oplus Q_0^n$$
$$T_0 = 1$$
$$Z = \overline{M}Q_2^n Q_1^n Q_0^n + M\ \overline{Q_2^n}\ \overline{Q_1^n}\ \overline{Q_0^n}$$

其中，Z 为进位/借位输出信号，当 $M=0$ 做加法时，Z 为进位信号；当 $M=1$ 做减法时，Z 为借位信号。图 6.70 为 3 位二进制同步可异计数器的电路图。图中，为了节省器件与引脚，将上述激励函数和输出函数进行了变换：

$$T_2 = \overline{M}Q_1^n Q_0^n + M\ \overline{Q_1^n}\ \overline{Q_0^n} = \overline{M} \cdot T_1 \cdot Q_1^n + M \cdot T_1 \cdot \overline{Q_1^n}$$
$$Z = \overline{M}Q_2^n Q_1^n Q_0^n + M\ \overline{Q_2^n}\ \overline{Q_1^n}\ \overline{Q_0^n} = \overline{M} \cdot T_2 \cdot Q_2^n + M \cdot T_2 \cdot \overline{Q_2^n}$$

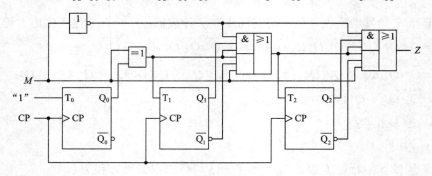

图 6.70　3 位二进制同步可异计数器的电路图

4. 集成二进制同步计数器

与前面设计的计数器相比，商用计数器通常附加了一些控制信号和电路，用以增加电路的通用性和灵活性。常用的二进制同步计数器集成模块种类很多，大体可分为加法计数器和可异计数器两大类。

1）集成 4 位二进制同步加法计数器

典型的 4 位二进制同步加法计数器芯片是 74LS163，图 6.71 是其引脚排列图和逻辑符号。图中，CP 为输入计数脉冲（上升沿有效），$\overline{CR}$ 为同步清 0 端，$\overline{LD}$ 为同步置数控制端；CET 和 CEP 为计数器工作使能控制端，$D_0 \sim D_3$ 是并行数据输入端，$Q_0 \sim Q_3$ 是计数器状态输出端，CO 是进位信号输出端；D_0 和 Q_0 为低位，D_3 和 Q_3 为高位。

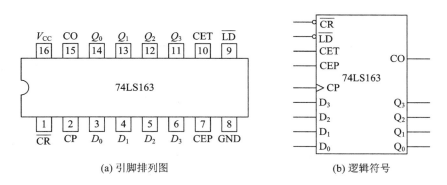

(a) 引脚排列图　　　　(b) 逻辑符号

图 6.71　74LS163 的引脚排列图和逻辑符号

表 6.43 是 74LS163 的功能表。

表 6.43　74LS163 的功能表

输　入									输　出				工作方式
$\overline{CR}$	$\overline{LD}$	CET	CEP	CP	D_3	D_2	D_1	D_0	Q_3^{n+1}	Q_2^{n+1}	Q_1^{n+1}	Q_0^{n+1}	
0	d	d	d	↑	d	d	d	d	0	0	0	0	同步清零
1	0	d	d	↑	d_3	d_2	d_1	d_0	d_3	d_2	d_1	d_0	同步置数
1	1	1	1	↑	d	d	d	d	+1 (0～15)				加法计数
1	1	0	d	d	d	d	d	d	Q_3^n	Q_2^n	Q_1^n	Q_0^n	数据保持
1	1	d	0	d	d	d	d	d	Q_3^n	Q_2^n	Q_1^n	Q_0^n	数据保持

分析表 6.43，可知 74LS163 的主要操作有以下 4 种：

（1）同步清零：当清零端 $\overline{CR}=0$ 时，在 CP 脉冲上跳沿，计数器清零。从表可知，在 $\overline{CR}=0$ 时，其他输入信号都不起作用，因此，它具有最高的优先级。

（2）同步并行置数：当清零端 $\overline{CR}=1$（无效）且置数端 $\overline{LD}=0$（有效）时，在 CP 上升沿的作用下，从 $D_3 \sim D_0$ 数据端输入的数据 $d_3 d_2 d_1 d_0$ 并行置入计数器，有一个初始的计数值，即 $Q_3^{n+1} Q_2^{n+1} Q_1^{n+1} Q_0^{n+1} = d_3 d_2 d_1 d_0$。

（3）同步二进制加法计数：当 $\overline{CR}=1$ 且 $\overline{LD}=1$ 时，若 CET=CEP=1，则计数器对 CP 信号按 4 位二进制数自然顺序进行加法计数。从 0000 加 1 计数到 1111 后，在下一个 CP 上升沿来临时，状态从 1111 变为 0000。进位输出 CO 的逻辑函数 $CO = Q_3^n \cdot Q_2^n \cdot Q_1^n \cdot Q_0^n \cdot CET$，即：当计数器状态为 1111，且 CET=1 时，CO 输出为 1。

（4）保持功能：当 $\overline{CR}=1$ 且 $\overline{LD}=1$ 时，若 CET 和 CEP 不全为 1，则计数器将保持原态不变。

数字电路设计

可见，74LS163 是一个具有同步清零、同步置数、带计数使能的同步 4 位二进制加法计数器。

74LS161 芯片是另外一种 4 位二进制同步加法计数器，其逻辑功能、计数工作原理和引脚排列都和 74LS163 一样，唯一不同的是：它的 $\overline{CR}$ 为异步清零引脚。表 6.44 是 74LS161 的功能表，与表 6.43 对比可见，当 $\overline{CR}=0$ 时，74LS161 芯片无需等待 CP 上升沿来临，立即清零，所以清零信号 $\overline{CR}$ 优先级高于 CP 脉冲，或者说不受 CP 脉冲的控制，因此称为异步清零。

表 6.44　74LS161 的功能表

输　入									输　出				工作方式
$\overline{CR}$	$\overline{LD}$	CET	CEP	CP	D_3	D_2	D_1	D_0	Q_3^{n+1}	Q_2^{n+1}	Q_1^{n+1}	Q_0^{n+1}	
0	d	d	d	d	d	d	d	d	0	0	0	0	异步清零
1	0	d	d	↑	d_3	d_2	d_1	d_0	d_3	d_2	d_1	d_0	同步置数
1	1	1	1	↑	d	d	d	d	+1 (0~15)				加法计数
1	1	0	d	d	d	d	d	d	Q_3^n	Q_2^n	Q_1^n	Q_0^n	数据保持
1	1	d	0	d	d	d	d	d	Q_3^n	Q_2^n	Q_1^n	Q_0^n	数据保持

2）集成 4 位二进制同步可逆计数器

常见的 4 位二进制同步可逆计数器有 74LS169、74LS191 和 74LS193，它们在清零功能、置数功能及时钟上有一定差别，下面以 74LS191 为例介绍。

74LS191 是带异步置数端的单时钟同步 4 位二进制可逆计数器。图 6.72 是其引脚排列图和逻辑符号。表 6.45 为其功能表。

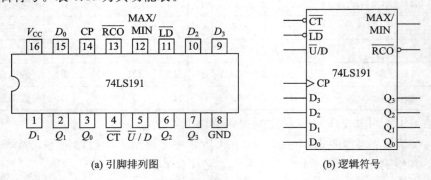

(a) 引脚排列图　　　　　　　　　　(b) 逻辑符号

图 6.72　74LS191 的引脚排列图和逻辑符号

表 6.45　74LS191 的功能表

输　入								输　出				工作方式
$\overline{LD}$	$\overline{CT}$	$\overline{U}/D$	CP	D_3	D_2	D_1	D_0	Q_3^{n+1}	Q_2^{n+1}	Q_1^{n+1}	Q_0^{n+1}	
0	d	d	d	d_3	d_2	d_1	d_0	d_3	d_2	d_1	d_0	异步置数
1	0	0	↑	d	d	d	d	−1 (0~15)				加法计数
1	0	1	↑	d	d	d	d	−1 (15~0)				减法计数
1	1	d	d	d	d	d	d	Q_3^n	Q_2^n	Q_1^n	Q_0^n	数据保持

分析表 6.45 可知，74LS191 的功能有：

（1）异步置数：$\overline{\text{LD}}$ 是预置数控制输入端，从功能表 6.40 可以看出，与前面的 74LS163 不同，无论 CP 脉冲的上升沿是否来临，只要 $\overline{\text{LD}}$ 为低电平，计数器就预置为并行数据输入端 $D_3 \sim D_0$ 上的数据，因此，74LS191 的置数端 $\overline{\text{LD}}$ 为异步置数端，并且优先级最高。

（2）保持数据：$\overline{\text{CT}}$ 是计数使能输入端，当 $\overline{\text{CT}} = 0$ 时，计数器正常计数；当 $\overline{\text{CT}} = 1$ 时，计数器禁止计数，状态保持不变。

（3）加/减计数：$\overline{U}/D$ 为加/减计数控制输入端，当 $\overline{\text{CT}} = 0$ 时，如果 $\overline{U}/D = 0$，则进行加法计数；如果 $\overline{U}/D = 1$，则进行减法计数。

（4）进位输出及串行时钟输出：74LS191 除了 4 个计数值输出信号 $Q_3 \sim Q_0$ 外，还有两个计数状态输出信号：MAX/MIN 指示计数器是否计数到最大值（加法计数）或者最小值（减法计数），等价于进位/借位信号。当 $\overline{U}/D = 0$ 且 $Q_3 \sim Q_0 = 1111$ 时，或者当 $\overline{U}/D = 1$ 且 $Q_3 \sim Q_0 = 0000$ 时，MAX/MIN = 1。$\overline{\text{RCO}}$ 为行波时钟输出信号，主要用于级联。$\overline{\text{RCO}} = $ MAX/MIN $\cdot\ \overline{\text{CT}} \cdot \text{CP}$，即：当允许计数，且计数值已经达到最大值或者最小值时，在下一个 CP 脉冲来临之前，在 $\overline{\text{RCO}}$ 上输出一个负脉冲。

图 6.73 是 74LS191 的计数波形示意图。

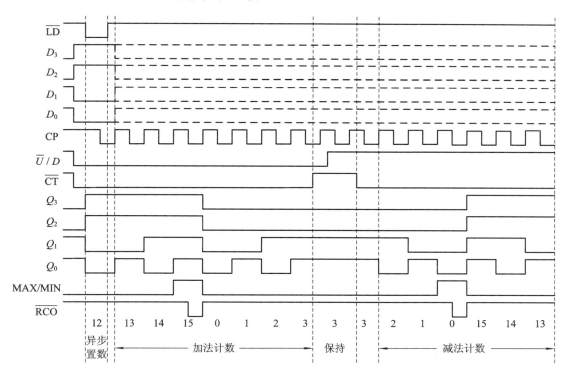

图 6.73　74LS191 的计数波形示意图

图 6.73 所示的计数过程如下：

（1）对计数器进行异步置数，将二进制 1100 置入计数器。

（2）计数器开始进行加法计数（$\overline{U}/D = 0$），从 1100 计数到 1111 时，MAX/MIN 输出 1（维持一个 CP 周期宽度），并且 $\overline{\text{RCO}}$ 输出 0（维持半个 CP 周期宽度）；在下一个 CP 上升沿

来临时，计数器变为 0000。

（3）当加法计数到 0011 时，计数使能输入端 $\overline{CT}$ 变为无效（＝1），禁止计数，在这期间计数方向改变为减法计数（$\overline{U}/D＝1$）。

（4）当计数使能输入端 $\overline{CT}$ 再次变为有效（＝0）时，开始进行减法计数；从 0011 减法计数到 0000 时，MAX/MIN 输出 1，并且 $\overline{RCO}$ 输出 0；在下一个 CP 上升沿来临时，计数器变为 1111；之后继续减法计数。

74LS191 的加法计数和减法计数都是针对同一个时钟脉冲 CP 进行的，还有一种可异计数器是采用双时钟计数的，例如 74LS193。74LS193 是双时钟 4 位二进制同步可异计数器，带有两个时钟 CP_{Up} 和 CP_{Down}，当 CP_{Up} 上升沿来临时，计数器进行＋1 计数；当 CP_{Down} 上升沿来临时，计数器进行－1 计数。74LS193 的逻辑符号如图 6.74 所示，其功能表如表 6.46 所示。

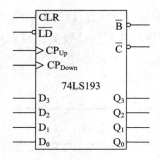

图 6.74　74LS193 的逻辑符号

表 6.46　74LS193 的功能表

输 入								输 出				工作方式
CLR	$\overline{LD}$	CP_{Up}	CP_{Down}	D_3	D_2	D_1	D_0	Q_3^{n+1}	Q_2^{n+1}	Q_1^{n+1}	Q_0^{n+1}	
1	d	d	d	d	d	d	d	0	0	0	0	异步清零
0	0	d	d	d_3	d_2	d_1	d_0	d_3	d_2	d_1	d_0	异步置数
0	1	↑	1	d	d	d	d		＋1（0～15）			加法计数
0	1	1	↑	d	d	d	d		－1（15～0）			减法计数

从图表中可以看出，74LS193 带有高电平有效的异步清零端 CLR 和低电平有效的异步置位端 $\overline{LD}$；当 CLR＝0 且 $\overline{LD}$＝1 时，根据两个时钟，分别进行加法计数或者减法计数。$\overline{C}$ 和 $\overline{B}$ 分别为进位输出和借位输出；当计数到 1111 时，从 $\overline{C}$ 输出 CP_{Up}，否则 $\overline{C}$＝1；当计数到 0000 时，从 $\overline{B}$ 输出 CP_{Down}，否则 $\overline{B}$＝1。

6.5.3　十进制计数器

十进制计数器是使用最广的一类计数器，它是按 8421BCD 码的计数规律进行计数的。

1. 十进制同步加法计数器

十进制同步加法计数器有 10 个有效状态，需要 4 个触发器保存状态，其状态转移图如

图 6.75 所示，其状态转换真值表如表 6.47 所示。

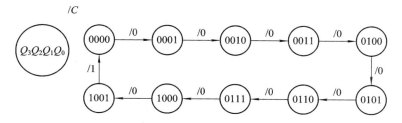

图 6.75　十进制同步加法计数器的状态转移图

表 6.47　十进制同步加法计数器的状态转换真值表

Q_3^n	Q_2^n	Q_1^n	Q_0^n	Q_3^{n+1}	Q_2^{n+1}	Q_1^{n+1}	Q_0^{n+1}	C	Q_3^n	Q_2^n	Q_1^n	Q_0^n	Q_3^{n+1}	Q_2^{n+1}	Q_1^{n+1}	Q_0^{n+1}	C
0	0	0	0	0	0	0	1	0	1	0	0	0	1	0	0	1	0
0	0	0	1	0	0	1	0	0	1	0	0	1	0	0	0	0	1
0	0	1	0	0	0	1	1	0	1	0	1	0	d	d	d	d	d
0	0	1	1	0	1	0	0	0	1	0	1	1	d	d	d	d	d
0	1	0	0	0	1	0	1	0	1	1	0	0	d	d	d	d	d
0	1	0	1	0	1	1	0	0	1	1	0	1	d	d	d	d	d
0	1	1	0	0	1	1	1	0	1	1	1	0	d	d	d	d	d
0	1	1	1	1	0	0	0	0	1	1	1	1	d	d	d	d	d

电路选用 JK 触发器，根据表 6.47，画出卡诺图，如图 6.76 所示，可求得十进制同步加法计数器的状态方程和输出方程如下：

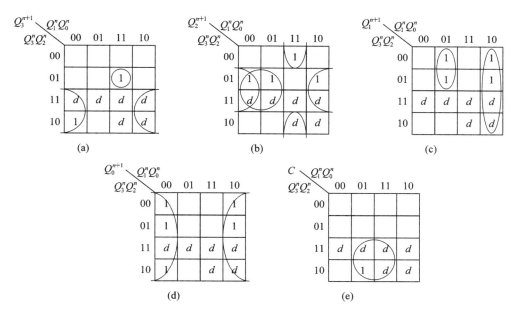

图 6.76　同步十进制加法计数器的卡诺图

$$Q_3^{n+1} = Q_2^n Q_1^n Q_0^n \overline{Q_3^n} + \overline{Q_0^n} Q_3^n$$

$$Q_2^{n+1} = Q_1^n Q_0^n \overline{Q_2^n} + \overline{Q_1^n Q_0^n} Q_2^n$$

$$Q_1^{n+1} = \overline{Q_3^n} Q_0^n \overline{Q_1^n} + \overline{Q_0^n} Q_1^n$$

$$Q_0^{n+1} = \overline{Q_0^n}$$

$$C = Q_3^n Q_0^n$$

因为有 6 个无效状态，需要检查电路是否能自启动，将无用状态 1010～1111 代入上述状态方程和输出方程可得表 6.48。

表 6.48　十进制同步加法计数器的无用状态检查表

Q_3^n	Q_2^n	Q_1^n	Q_0^n	Q_3^{n+1}	Q_2^{n+1}	Q_1^{n+1}	Q_0^{n+1}	C
1	0	1	0	1	0	1	1	0
1	0	1	1	0	1	0	0	0
1	1	0	0	1	0	1	0	0
1	1	0	1	0	1	0	0	0
1	1	1	0	1	1	1	1	0
1	1	1	1	0	0	0	0	0

可见，电路能自启动，并且没有错误输出。图 6.77 是完备的同步十进制计数器的状态转移图。无效状态(带阴影)经过 1～2 个 CP 脉冲，都能转入有效状态。

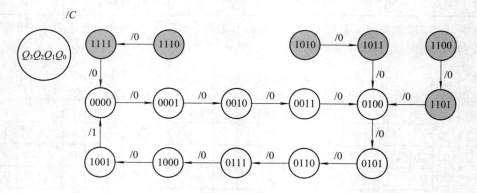

图 6.77　十进制同步加法计数器的完备状态转移图

与 J-K 触发器的特征方程 $Q^{n+1} = J \overline{Q^n} + \overline{K} Q^n$ 比较，可得十进制同步加法计数器的激励方程：

$$J_3 = Q_2^n Q_1^n Q_0^n \qquad K_3 = Q_0^n$$

$$J_2 = K_2 = Q_1^n Q_0^n$$

$$J_1 = \overline{Q_3^n} Q_0^n \qquad K_1 = Q_0^n$$

$$J_0 = K_0 = 1$$

根据激励方程和输出方程，画出的电路图如图 6.78 所示。

同理，可以设计出同步十进制减法计数器；另外，参照二进制同步可异计数器的设计

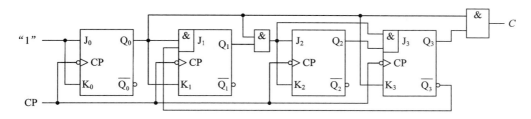

图 6.78　十进制同步加法计数器的电路图

方法，也可以设计出十进制同步可异计数器，在此省略。

2. 集成十进制同步计数器

集成的十进制同步计数器分为加法计数器和可异计数器两大类，下面举例说明。

1）集成十进制同步加法计数器

集成十进制同步加法计数器的 TTL 产品有 74LS160、74LS162 等，下面以 74LS160 为例进行介绍。图 6.79 为 74LS160 的引脚排列图和逻辑符号。它是 8421BCD 码同步加法计数器，具有异步清零、同步置数、数据保持、进位输出等附加功能，其功能表如表 6.49 所示。

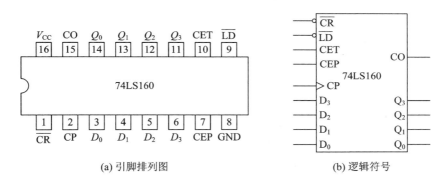

(a) 引脚排列图　　　　　　　　　(b) 逻辑符号

图 6.79　74LS160 的引脚排列图和逻辑符号

表 6.49　74LS160 的功能表

$\overline{CR}$	$\overline{LD}$	CET	CEP	CP	D_3	D_2	D_1	D_0	Q_3^{n+1}	Q_2^{n+1}	Q_1^{n+1}	Q_0^{n+1}	工作方式
0	d	d	d	d	d	d	d	d	0	0	0	0	异步清零
1	0	d	d	↑	d_3	d_2	d_1	d_0	d_3	d_2	d_1	d_0	同步置数
1	1	1	1	↑	d	d	d	d		+1 (0~9)			加法计数
1	1	0	d	d	d	d	d	d	Q_3^n	Q_2^n	Q_1^n	Q_0^n	数据保持
1	1	d	0	d	d	d	d	d	Q_3^n	Q_2^n	Q_1^n	Q_0^n	数据保持

从图 6.79 可以看出，其引脚排列、信号名称与 4 位二进制同步加法计数器 74LS161 和 74LS163 完全相同，事实上，74LS160～74LS163 芯片拥有完全相同的引脚排列和信号名称，区别是功能上的：二进制计数/十进制计数以及同步清零/异步清零。

从表 6.49 可以看出，集成十进制同步加法计数器 74LS160 具有下列功能：

(1) 异步清零：当清零端 $\overline{CR}=0$ 时，其他输入信号都不起作用(包括 CP 脉冲)，计数器立即清零。因此，$\overline{CR}$ 具有最高的优先级，并且不受时钟 CP 的控制，因此是异步清零。

(2) 同步并行置数：当 $\overline{CR}=1$(无效)且 $\overline{LD}=0$(有效)时，在下一个 CP 上升沿，从 $D_3 \sim D_0$ 数据端输入的数据 $d_3 d_2 d_1 d_0$ 将并行置入计数器，使计数器有初始值，即 $Q_3^{n+1} Q_2^{n+1} Q_1^{n+1} Q_0^{n+1} = d_3 d_2 d_1 d_0$。

(3) 同步十进制加法计数：当 $\overline{CR}=1$ 且 $\overline{LD}=1$ 时，若 CET=CEP=1，则计数器对 CP 信号按 8421BCD 码的顺序进行加法计数。从 0000 加 1 计数到 1001 后，在下一个 CP 上升沿来临时，状态从 1001 变为 0000。进位输出 CO 的逻辑函数 $CO=Q_3^n \cdot Q_0^n \cdot CET$，即：当计数器状态为 1001 且 CET=1 时，CO 输出为 1。

(4) 保持功能：当 $\overline{CR}=1$ 且 $\overline{LD}=1$ 时，若 CET 和 CEP 不全为 1，则计数器将保持原态不变。

可见，74LS160 是一个具有异步清零、同步置数、带计数使能的同步十进制加法计数器。

74LS162 也是一款同步十进制加法计数器，其功能和 74LS160 芯片几乎完全一致，除了 74LS162 是同步清零，而 74LS160 为异步清零。

2) 集成十进制同步可异计数器

集成十进制同步可异(加/减)计数器有 74LS168、74LS190、74LS192 等，下面以 74LS190 为例进行介绍。74LS190 的引脚排列图和逻辑符号如图 6.80 所示，其功能表如表 6.50 所示。

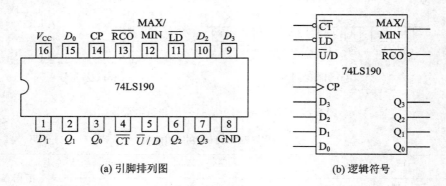

(a) 引脚排列图　　　　　　　(b) 逻辑符号

图 6.80　74LS190 的引脚排列图和逻辑符号

表 6.50　74LS190 的功能表

输入								输出				工作方式
$\overline{LD}$	$\overline{CT}$	$\overline{U}/D$	CP	D_3	D_2	D_1	D_0	Q_3^{n+1}	Q_2^{n+1}	Q_1^{n+1}	Q_0^{n+1}	
0	d	d	d	d_3	d_2	d_1	d_0	d_3	d_2	d_1	d_0	异步置数
1	0	0	↑	d	d	d	d	$+1$ (0~9)				加法计数
1	0	1	↑	d	d	d	d	-1 (9~0)				减法计数
1	1	d	d	d	d	d	d	Q_3^n	Q_2^n	Q_1^n	Q_0^n	数据保持

从图 6.80 可以看出，十进制同步可异计数器芯片 74LS190 和二进制同步可异计数器芯片 74LS191 有着完全相同的信号和引脚排列；分析表 6.50 同样可以看出，两个芯片的功能除了计数进制有区别之外，其他功能也完全相同。因此，74LS190 是一款具有异步置数、数据保持、可逆计数、带有进位输出和串行时钟输出的十进制同步可异计数器芯片。

74LS190 是单时钟的十进制同步可异计数器，74LS192 是和它有着相似功能的双时钟十进制同步可异计数器，具体信号和引脚排列与双时钟 4 位二进制同步可异计数器 74LS193 完全一致，功能上除了计数进制不同之外，也完全相同。

表 6.51 对本章所介绍的各种集成同步计数器的功能进行了对比。

表 6.51　常用集成同步计数器功能一览表

芯片	计数进制	计数方向	清零功能	置数功能	时钟
74LS160	十进制	加法	异步清零	同步置数	单时钟
74LS161	二进制	加法	异步清零	同步置数	单时钟
74LS162	十进制	加法	同步清零	同步置数	单时钟
74LS163	二进制	加法	同步清零	同步置数	单时钟
74LS168	十进制	可逆（加/减）	无	同步置数	单时钟
74LS169	二进制	可逆（加/减）	无	同步置数	单时钟
74LS190	十进制	可逆（加/减）	无	异步置数	单时钟
74LS191	二进制	可逆（加/减）	无	异步置数	单时钟
74LS192	十进制	可逆（加/减）	异步清零	异步置数	双时钟
74LS193	二进制	可逆（加/减）	异步清零	异步置数	双时钟

6.5.4　任意进制计数器

目前常见的计数器定型产品有十进制、4 位二进制、7 位二进制、12 位二进制和 14 位二进制等几种类型。当实际应用中需要其他任意一种进制的计数器时，可以通过两种方法构造：一是按照同步时序逻辑电路的设计方法，使用触发器设计相应的计数器，例如，例 6.25 设计了一个七进制减法计数器；二是选用已有的计数器产品，通过外接逻辑门电路及连线来实现。在此重点介绍第二种方法。

假设已有的是集成 N 进制计数器，准备得到的是 M 进制计数器。当 $M>N$ 时，需要使用多个计数器级联，参见"6.5.5 计数器容量的扩展"一节；本小节讨论当 $M<N$ 时的设计实现方法。

当 $M<N$ 时，关键的设计思想就是：在 N 进制计数器顺序计数的 N 个状态中，设法跳过（消隐）其中的 $N-M$ 个状态，从而得到 M 进制计数器。最常规的设计是：当 N 进制计数器从全零状态顺序计数到第 $M-1$ 个状态时，设法跳过 N 进制计数器最后的 $M\sim N-1$ 共 $N-M$ 个状态，直接回到全零状态。具体的状态跳跃方法有两种：清零法和置数法，即：以计数器的状态作为输入变量而产生一个逻辑信号，加到计数器的清零或者置位信号上，从而在规定的状态下，将计数器清零或者置入全 0，实现跳跃。

由前文可知，集成计数器一般都有清零输入端和置数输入端，而且这两个重要控制信号有同步和异步之分：所谓同步清零和同步置数，是指当清零和置数信号有效时，在下一个 CP 跳变沿的瞬间，才执行清零和置数操作；而异步清零与异步置数则与 CP 无关，只要相应控制信号有效，就立即执行。所以，归纳起来，由集成 N 进制计数器构成 M 进制计数器($M<N$)的具体方法有以下四种：

(1) 同步反馈归零法：使用 N 进制计数器的同步清零端实现，当计数器计数到 $M-1$ 时，通过逻辑电路产生有效的同步清零信号，使得计数值在下一个 CP 脉冲清零。这种方法适用于具有同步清零端的集成计数器。

【例 6.30】 采用同步反馈归零法，用 4 位二进制计数器 74LS163 实现七进制加法计数器。

解 七进制加法计数器的状态转移图如图 6.81(a)所示。当计数器从 $Q_3Q_2Q_1Q_0=0000$ 顺序计数到状态 0110 时，电路的次态应该为 0000。而同步反馈归零法，就是利用 74LS163 计数器的同步清零信号 $\overline{\text{CR}}$ 完成从 0110 到 0000 的状态转换，从而跳过 0111～1111 的 9 个状态。其电路连接图如图 6.81(b)所示。

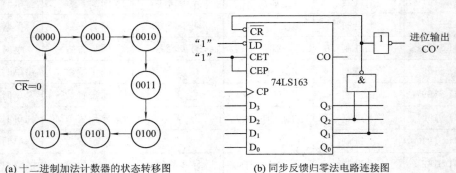

(a) 十二进制加法计数器的状态转移图　　(b) 同步反馈归零法电路连接图

图 6.81　利用 74LS163 的同步清零信号构成七进制加法计数器

当电路顺序计数，输出状态 $Q_3Q_2Q_1Q_0=0110$ 时，与非门的输出为 0，从而使 74LS163 的 $\overline{\text{CR}}=0$；因为 74LS163 的 $\overline{\text{CR}}$ 为同步清零信号，所以在下一个 CP 脉冲上跳沿来临时，计数器清零，状态变为 $Q_3Q_2Q_1Q_0=0000$。此时与非门的输出又变为 1，清零信号无效，电路进入正常的顺序计数状态，开始下一个循环。显然，74LS163 的 CO 信号不能够作为七进制计数器的进位输出信号，因为 1111 状态不是七进制计数器的有效状态；在图 6.81(b)中，将与非门输出取反后，作为七进制加法计数器的进位输出 CO'：即当计数器状态为 0110 时，进位输出 $\text{CO}'=1$，并且维持一个 CP 脉冲宽度。

(2) 同步反馈置数法：使用 N 进制计数器的同步置位端实现，当计数器计数到 $M-1$ 时，通过逻辑电路产生有效的同步置数信号，使得计数器在下一个 CP 脉冲置入全 0(数据输入端接全 0)。这种方法适用于具有同步置数端的集成计数器。

【例 6.31】 采用同步反馈预置数法，用 74LS160 十进制计数器实现七进制加法计数器。

解 同上，七进制加法计数器计数到状态 $Q_3Q_2Q_1Q_0=0110$ 时，电路的次态应该为 0000。同步反馈置数法是指利用计数器的同步置数信号 $\overline{\text{LD}}$ 完成从 0110 到 0000 的状态转换。其电路连接图如图 6.82(a)所示，其状态转移图如图 6.82(b)所示。

在图 6.82(a)中，当电路计数到状态 $Q_3Q_2Q_1Q_0=0110$ 时，与非门的输出为 0，从而使 74LS160 的 $\overline{\text{LD}}=0$；因为 74LS160 的 $\overline{\text{LD}}$ 为同步置数信号，所以在下一个 CP 脉冲上跳沿来

临时，计数器置入数据输入 $D_3D_2D_1D_0$ 的值，又由于 $D_3D_2D_1D_0$ 全部接 0，因此，计数器的次态变为 0000，跳过了 0111、1000、1001 三个状态。此时与非门的输出又变为 1，置数信号无效，电路进入正常的计数状态。七进制加法计数器的进位输出 CO' 的设计同例 6.30。

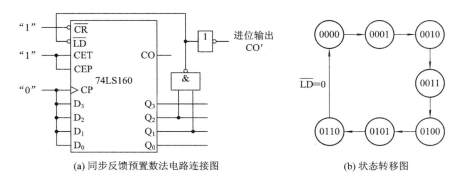

(a) 同步反馈预置数法电路连接图　　(b) 状态转移图

图 6.82　利用 74LS160 的同步置数信号构成七进制加法计数器

（3）异步反馈归零法：使用 N 进制计数器的异步清零端实现，当计数器计数到 M 时，通过逻辑电路产生有效的异步清零信号，使得计数值立即清零。这种方法适用于具有异步清零端的集成计数器。

【例 6.32】　采用异步反馈归零法，用 4 位二进制计数器 74LS161 构成七进制 加法计数器。

解　异步反馈归零法是指利用 74LS161 计数器的异步清零信号 $\overline{CR}$ 完成七进制加法计数器从 0110 到 0000 的状态转换。其电路连接图如图 6.83(a) 所示。

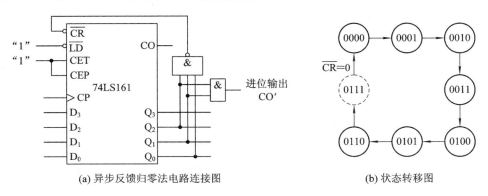

(a) 异步反馈归零法电路连接图　　(b) 状态转移图

图 6.83　利用 74LS161 的异步清零信号构成七进制加法计数器

与前面两种方法不同的是：在从 0110 到 0000 的状态跳跃中，存在一个 0111 的过渡状态，其状态转移图如图 6.83(b) 所示。在图 6.83(a) 中，当电路顺序计数到状态为 0111 时，与非门的输出才变成为 0，这时 74LS161 的 $\overline{CR}=0$；因为 74LS161 的 $\overline{CR}$ 为异步清零信号，所以计数器立即清零，之后状态全 0 又使得与非门的输出恢复成 1，清零信号无效，计数器进入正常的循环计数状态。

所以，在图 6.83(b) 中，虚线圆圈内状态 0111 仅仅保持很短暂的时间，电路稳定的状态为实线圆圈所构成的从 0000 到 0110 的循环，相当于实现了七进制加法计数器。七进制加法计数器的进位输出 CO′ 由状态 0110 经过与门译码产生，即：在计数状态为 0110 时，与门输出的 CO′ 保持一个 CP 脉冲的高电平。

（4）异步反馈预置数法：使用 N 进制计数器的异步置位端实现，当计数器计数到 M 时，通过逻辑电路产生有效的异步置数信号，使得计数器立即置入全 0（数据输入端接全 0）。这种方法适用于具有异步置数端的集成计数器。

【例 6.33】 采用异步反馈预置数法，用 4 位二进制可异计数器 74LS191 构成七进制加法计数器。

解 异步反馈预置数法是指利用 74LS191 计数器的异步置数信号 $\overline{LD}$ 完成七进制计数器从 0110 到 0000 的状态跳跃。其电路连接图如图 6.84(a) 所示。

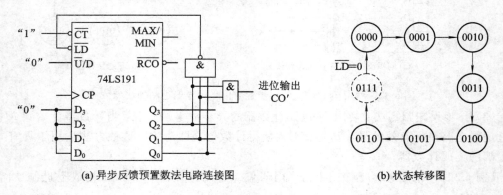

(a) 异步反馈预置数法电路连接图   (b) 状态转移图

图 6.84   利用 74LS191 的异步置数信号构成七进制加法计数器

采用异步预置数法将 74LS191 改造成七进制加法计数器，其设计要点是：① 将控制信号 $\overline{U}/D$ 恒置"0"，仅使用可逆计数器 74LS191 的加法计数功能；② 用计数状态 0111 经由与非门进行译码，产生的低电平作用在 74LS191 的异步置数信号 $\overline{LD}$ 上，同时，数据输入 $D_3D_2D_1D_0$ 全部接 0。这样，在计数器状态为 0111 时，计数器异步置数信号 $\overline{LD}=0$，立即将输入数据 $D_3D_2D_1D_0=0000$ 置入，计数器状态变为 0000，状态全 0 又使得与非门输出高电平，异步置数信号 $\overline{LD}$ 无效，计数器进入正常的计数状态，开始下一个计数循环。

因此，与异步反馈归零法类似，状态 0111 只保留了短暂的瞬间就变成了 0000 状态，电路有 0000 到 0110 共 7 个稳定状态，相当于七进制加法计数器的状态循环。七进制加法计数器的进位输出 CO′ 的设计同例 6.32。

显然，相比之下，通过同步控制的清零和置数信号实现任意进制计数器的方法，不存在过渡状态，计数状态的转换更为稳定、可靠。

6.5.5 计数器容量的扩展

计数器的容量是指计数器的最大（有效）计数值。如前所述，用 N 进制集成计数器构成 M 进制计数器时，在 $M>N$ 的情况下，意味着计数器的容量不足，需要将多个集成计数器串联或者并联起来，从而增大计数器的位数或者计数范围，这就是计数器的容量扩展。集成计数器一般都设置有级联用的输入和输出端，计数器的容量扩展就是通过正确连接多个计数器的级联输入、输出信号端而实现的。

如果目标计数器的模 M 可以分解为 2 个小于 N 的因数相乘，即 $M=N_1\times N_2$，则可以用前述方法将 2 个 N 进制计数器分别构成一个 N_1 进制计数器和一个 N_2 进制计数器，然后再将 2 个计数器用串行进位方式或者并行进位方式连接起来，构成 M 进制计数器。

在串行进位方式中，以低位芯片的进位输出信号作为高位芯片的时钟输入信号；并行进位方式中，以低位芯片的进位输出信号作为高位芯片的计数使能信号，各芯片的时钟信号统一接计数输入信号。下面举例说明。

【例 6.34】　请用 74LS163 构成两百五十六进制计数器。

解　74LS163 是 4 位二进制（十六进制）计数器，显然本例中，$M=256$，$N_1=N_2=16$，因此需要将 2 片级联构成两百五十六进制计数器。

图 6.85(a)使用并行进位方式构成两百五十六进制计数器，图 6.85(b)使用串行进位方式构成 256 进制计数器。芯片(1)为低位芯片，芯片(2)为高位芯片。

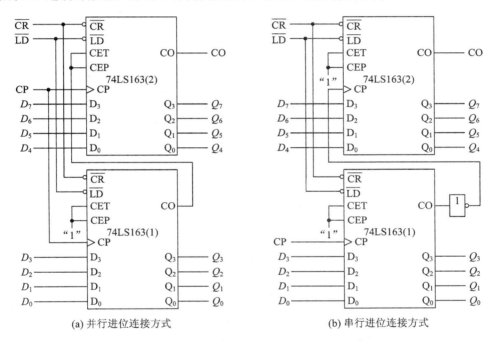

(a) 并行进位连接方式　　　　　　　(b) 串行进位连接方式

图 6.85　用 74LS163 构成两百五十六进制计数器

首先来看并行进位连接方式。在图 6.85(a)中，低位芯片(1)的进位输出 CO 接到高位芯片(2)的计数使能 CET 和 CEP 上；低位芯片(1)的计数使能 CET 和 CEP 始终有效，对 CP 脉冲持续进行加法计数。只有当低位芯片(1)计数到 1111 时，进位输出 CO=1，才使高位芯片(2)的 CET 和 CEP 变为高电平，允许计数；下一个 CP 脉冲来临时，低位芯片(1)计数值从 1111 变为 0000，而高位芯片(2)也同时 +1 计数了一次。然后，低位芯片(1)的 CO=0，高位芯片(2)又进入禁止计数（保持）状态，以此类推，低位芯片(1)每对 CP 脉冲计数 16 次，就使高位芯片(2)计数一次，从而实现了两百五十六进制计数器。

再看串行进位连接方式。在图 6.85(b)中，2 片芯片的计数使能 CET 和 CEP 始终有效，两百五十六进制计数器的计数 CP 脉冲作为低位芯片(1)的 CP 信号，而低位芯片(1)的进位输出 CO 取反后接到高位芯片(2)的 CP 脉冲上。当低位芯片(1)计数到 1111 时，进位输出 CO=1；下一个 CP 脉冲来临时，低位芯片(1)计数值从 1111 变为 0000，CO 由 1 翻转为 0，CO 的这个下跳变化经过非门后变成了高位芯片(2)的 CP 上跳沿，高位芯片(2)执行计数一次。同样，低位芯片(1)每对 CP 脉冲计数 16 次，就会使高位芯片(2)计数一次，也实现了两百五十六进制计数器。

显然，串行进位连接方式下，2 片 74LS163 的 CP 信号不同，不是同步工作的。

【例 6.35】 请用 74LS162 构成五十进制加法计数器。

解 74LS162 是十进制加法计数器，由于 $M=50$，取 $N_1=10$，$N_2=5$。将一片 74LS160 作为低位芯片(十进制计数器)，另一片构成五进制计数器，然后将两个计数器通过串行或者并行进位的方式连接起来。

图 6.86 是用 2 片 74LS162 构成五十进制计数器的电路图。

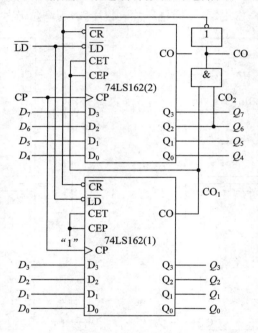

图 6.86　用 74LS162 构成五十进制计数器

图 6.86 的电路设计要点有：① 芯片(1)为低位芯片，计数进制就是 10；芯片(2)为高位芯片，用同步反馈归零法将其改造成为五进制计数器。② 芯片(1)和(2)之间采用并行进位方式连接，即低位芯片(1)产生的 CO_1 作为高位芯片(2)的计数使能信号 CET 和 CEP。③ 高位芯片(2)的进位输出 CO_2 由其计数状态 0100 译码产生；同时，五十进制计数器的进位输出 CO 由 CO_1 和 CO_2 经过一个与门产生($CO=CO_1 \cdot CO_2$)，当 CO＝1 时，表明计数器处于最大计数值 49 的状态。④ 使用同步反馈归零法完成五十进制计数器的设计：CO 信号取反后作为 2 片芯片的同步清零信号，则当计数到 49 时，CO＝1，在下一个 CP 脉冲将 2 片芯片都同步清零。

分析计数过程：当低位芯片(1)计数到 1001 时，CO_1＝1，高位芯片(2)的计数使能端有效。当下一个 CP 脉冲到来时，低位芯片(1)计数状态更新为 0000，高位芯片(2)同时＋1 计数。当高位芯片(2)计数到 0100 时，高位芯片(2)的 CO_2＝1。然后再经过 9 个 CP 脉冲，低位芯片(1)状态为 1001，此时进位输出 CO_1＝1，总计数值为 0100 1001(49)，并且 CO 变为 1($CO=CO_1 \cdot CO_2$)。CO 的高电平使得 2 个芯片的 $\overline{CR}$＝0，当下一个 CP 脉冲到来时，

2 个芯片都清零,完成从 49 到 0 的状态转换。

如果 M 是大于 N 的素数,不能分解成 N_1 和 N_2 时,就无法用例 6.35 的方法来实现了,这时,可以先将两片或者多片 N 进制计数器级联成为一个容量大于 M 的计数器,然后再使用"6.5.4 任意进制计数器"一节中的反馈清零或者反馈置数法实现 M 进制计数器。这种方法又称为整体清零法或者整体置数法。下面举例说明。

【例 6.36】 请用 74LS161 构成七十一进制加法计数器。

解 74LS161 是带异步清零和同步置数端的十六进制加法计数器。在本例中,目标计数器的模 71 是素数,无法分解成 2 个数的乘积。所以,可以将 2 片 74LS161 级联起来构成两百五十六进制计数器,然后再用同步反馈预置数法获得所需容量的计数器。

用 2 片 74LS161 构成的七十一进制计数器如图 6.87 所示。

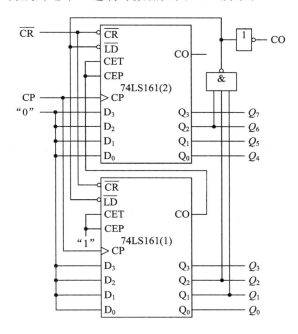

图 6.87 用 74LS161 构成七十一进制计数器

在图 6.87 中,通过并行进位方法将低位芯片(1)和高位芯片(2)连接成为两百五十六进制计数器,再对计数状态 01000110(70)进行译码产生 2 片芯片的同步置数端 $\overline{\text{LD}}$。

事实上,整体清零法或者整体置数法非常通用,无论 M 是否素数,都可以用来实现计数器的容量扩展。

6.5.6 移位寄存器型计数器

移位寄存器和组合逻辑电路结合,构成具有循环状态图的状态机,这样的电路称为移位寄存器型计数器。与各种进制计数器不同,移位寄存器型计数器的计数顺序,既不是二进制的升序,也不是二进制的降序,但是这种计数器在许多的工程实际中却非常有用。下面介绍三种移位寄存器型计数器,它们优势不同,构造方法不同,产生的计数序列不同。

1. 环形计数器

将 n 位移位寄存器，首尾相接，构成最简单的有 n 个状态的计数器，称为环形计数器（Ring Counter）。图 6.88(a) 就是一个由 4 个 D 触发器构成的右移环形计数器电路。它将移位寄存器的末级触发器 FF_0 的输出 Q_0 直接反馈到了最前级触发器 FF_3 的输入端 D_3，即：$D_3 = Q_0^n$。实际上，环形计数器就是一个自循环的移位寄存器。

4 个触发器有 16 种状态，根据移位寄存器的特性，可以方便地画出电路的状态转移图，如图 6.88(b) 所示。通常情况下，环形计数器将 $1000 \rightarrow 0100 \rightarrow 0010 \rightarrow 0001 \rightarrow 1000$ 构成的循环作为有效循环，用这 4 个状态对 CP 脉冲进行计数，因此构成的是模 4 计数器，而且状态输出 $Q_3 Q_2 Q_1 Q_0$ 既非 2^n 进制码，也非 BCD 码，而是 4 中取 1 的独热码。

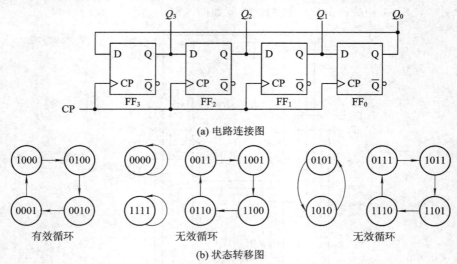

(a) 电路连接图

有效循环   无效循环   无效循环

(b) 状态转移图

图 6.88 4 位环形计数器

在图 6.88(b) 中，其他 12 个状态是无效状态，它们构成了 4 个无效循环。因为在开机上电后不能保证电路初始状态是 4 个有效状态，如果初态是无效状态，则会陷入无效循环，所以该环形计数器不能自启动。

那么，如何解决这个问题呢？第一种办法是先利用移位寄存器的并行置数功能，对环形计数器进行初始化，置入有效状态 1000，然后再进入移位计数工作模式。图 6.89 是使用 74LS194 构成的 4 位环形计数器。当复位信号 Reset＝1 时，74LS194 的 $S_1 S_0 = 11$，处于置数状态，首个 CP 脉冲来临时移位寄存器置入初值 1000，然后复位信号无效；当 Reset＝0 时，74LS194 的 $S_1 S_0 = 01$，处于右移状态，后续的 CP 脉冲下，移位寄存器就进入有效循环。

这种使用置入初态的方法设计的电路，不具有健壮性。因为当处于循环计数过程中，如果 4 位状态输出中那个唯一的"1"因为硬件故障或者干扰而丢失的话，计数器将会进入状态 0000，并永远保持在该状态；同样，也可能会将另外一个"1"意外置入到状态中，譬如变成 1001，则也会导致计数器进入另一个无效循环。总之，这个电路仍旧无法自启动，需要修正。

另一种更为通用、简单的办法是：修改触发器的激励函数，使之变成一个能自启动的计数器。图 6.90(a) 是修正过的、能自启动的 4 位环形计数器电路。它将状态输出的高 3

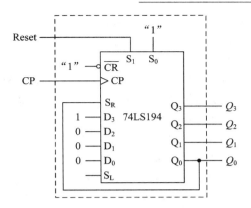

图 6.89　使用 74LS194 构成的 4 位环形计数器

位 $Q_3 Q_2 Q_1$ 经过或非门后，反馈到最高位的数据输入端 D_3，即：$D_3 = \overline{Q_3^n + Q_2^n + Q_1^n}$。设计的思路是：有效状态的 4 位代码中只有一个 1，多于一个 1 或者没有 1 都是无效的。只要高 3 位有 1，则经过或非门后反馈输入 0，从而减少 1 的个数；当高 3 位都为 0，则经过或非门后反馈输入 1，从而保证有一个 1。这样经过移位后，既可避免出现全 0 状态，又可以逐步减少状态中多余的 1，直到只剩一个 1 为止。分析各个状态的次态，可以得到如图 6.90(b)所示的状态转移图。

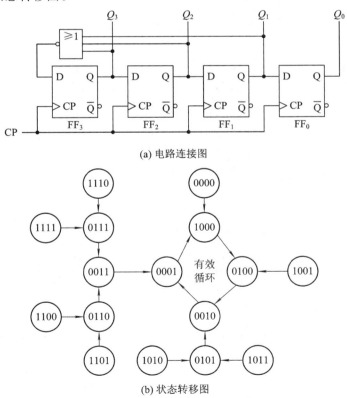

(a) 电路连接图

(b) 状态转移图

图 6.90　能自启动的环形计数器

显然，图 6.90 所示的电路可以不需要复位信号，上电后最多经过 3 个 CP 脉冲，就可以进入有效状态的循环了。这样的移位寄存器型计数器又称为自校正环形计数器，即使进入了无效状态,计数器也能自我校正,回到有效循环中。

一般情况下,一个 n 位的自校正环形计数器需要使用一个有 $n-1$ 输入的或非门,用来实现在 $n-1$ 个时钟脉冲内,校正某个无效状态。如图 6.90 所示的 4 位自校正环形计数器,使用了一个 3 输入或非门,实现在 3 个 CP 脉冲内校正某个无效状态。

在工程应用领域,环形计数器的最大优势在于:它的状态输出直接以 n 中取 1 码的译码形式出现在计数器的输出端,也就是说,对于每一种状态,只有一个触发器的输出是有效的。因此,它也常常被作为正节拍脉冲发生器。例如,可以将上述 4 位环形计数器的 $Q_3Q_2Q_1Q_0$ 直接作为计算机机器周期中的 4 个节拍 T_1、T_2、T_3、T_4,图 6.91 为其波形图。这种节拍发生器相比较计数器加译码器的方式,波形无尖峰、更完美。

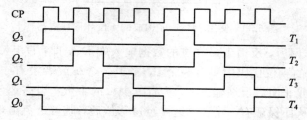

图 6.91 基于 4 位环形计数器的节拍发生器波形

环形计数器的缺点就是:没有充分利用电路的状态,用 n 位移位寄存器构成的环形计数器只使用了 n 个状态,而寄存器共有 2^n 个状态。

2. 扭环形计数器

将 n 位移位寄存器的串行输出取反,反馈到串行输入端,就构成了一个具有 2^n 个状态的移位寄存器型计数器,称为扭环形计数器(Twisted-ring Counter),也称为 Johnson 计数器。

图 6.92(a)是 4 位扭环形计数器的逻辑电路图。将最末位触发器 FF_0 的反相输出 $\overline{Q_0}$ 反馈到最高位数据输入端 D_3,即:$D_3 = \overline{Q_0^n}$。按照电路逻辑,不难写出其状态转移图,如图 6.92(b)所示。可见,4 位扭环形计数器的有效状态有 8 个,无效状态也有 8 个,并且构成了一个无效循环,电路同样不能自启动。

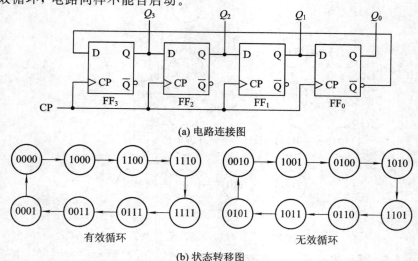

(a) 电路连接图

有效循环　　　　　　　　无效循环

(b) 状态转移图

图 6.92 4 位扭环形计数器

对最高位触发器 FF_3 的反馈输入进行改造，可以将其变成能自校正的计数器。改造方式不唯一，不同的改造方法，其状态图也不同，但是有效循环保持不变。图 6.93(a)是一种改造后的能自启动的扭环形计数器，图 6.93(b)是其状态图。改造方法就是将 FF_3 的激励函数(反馈输入)变为：

$$D_3 = Q_2^n \overline{Q_1^n} + \overline{Q_0^n}$$

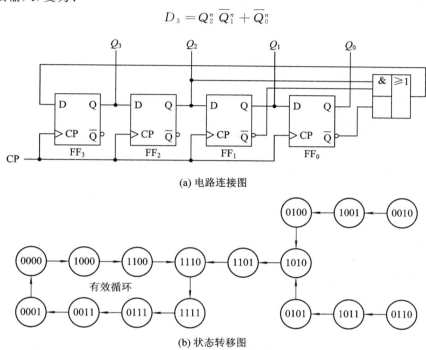

(a) 电路连接图

(b) 状态转移图

图 6.93 能自启动的 4 位扭环形计数器

不难看出，n 位移位寄存器构成的扭环形计数器可以有 $2n$ 个有效状态，状态利用率比环形计数器提高了一倍。而且扭环形计数器最大的优点是：电路在每次状态转换时只有一个触发器翻转，这样在有效循环内，任意两个相邻编码之间只有一位发生了改变，因而在将电路状态进行译码时，不会产生竞争-冒险现象。另外，只需对状态中的两位进行译码，就能识别电路当前的状态。例如，对 Q_3 和 Q_0 进行译码就能确定电路是否处在 0000 状态：当 $Q_3 Q_0 = 00$ 时，表明电路一定处在 0000 状态，因为有效状态中只有 0000 状态的 $Q_3 Q_0$ 为 00；同理，当 $Q_3 Q_2 = 01$ 时，表明电路一定处在 0111 状态；依此类推。

3. 最大长度移位寄存器型计数器

n 位环形计数器和扭环形计数器的有效状态数目，都远远小于状态的最大值 2^n。而对于 n 位最大长度移位寄存器型计数器，有效状态个数(计数长度)是 $N = 2^n - 1$，几乎是有效状态的最大值。这种计数器又称为线性反馈移位寄存器计数器(LFSR，Linear Feedback Shift-register Counter)，其反馈逻辑电路都是由异或门组成的，计数循环中包含所有 $2^n - 1$ 个非 0 状态，因为全 0 状态的次态仍旧是全 0，是无效状态。

图 6.94(a)是 3 位最大长度移位寄存器型计数器的逻辑图，图 6.94(b)是其状态转移图。可见，反馈函数 $D_2 = Q_1^n \oplus Q_0^n$；001~111 共 $2^3 - 1 = 7$ 个状态构成了一个有效循环，而000 状态自身构成了无效循环，所以该电路不能自启动。

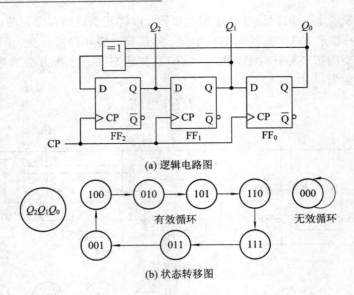

(a) 逻辑电路图

(b) 状态转移图

图 6.94　3 位最大长度移位寄存器型计数器

仔细分析图 6.94(b) 的有效循环中的状态，可以发现每经过 7 个脉冲，状态便重复，因此便可以从某个触发器串行输出一个 7 位的固定代码序列。假设初始状态为 100，对于 Q_2 而言，顺序输出的代码是 1011100…；对于 Q_1 而言，顺序输出的代码是 0101110…；对于 Q_0 而言，顺序输出的代码是 0010111…。事实上，这三位输出的序列及长度都一样，仅仅是起始相位不同而已，都可以当做输出波形。例 6.29 使用了一片 8 位集成移位寄存器 74LS198 来实现串行序列"1011100"的发生器，这里，使用 3 位的右移寄存器及一个异或门就实现了串行序列"1011100"发生器，硬件成本更低。

所以，最大长度移位寄存器计数器又称为最大长度序列发生器（Maximum-length sequence generator），n 位的最大长度移位寄存器计数器能产生 $2^n - 1$ 位串行序列代码。对于不同级数 n 的最大长度移位寄存器计数器，反馈方程早已探明，表 6.52 列出了常用的反馈逻辑。其实，每一个大于 3 的 n 值，都有许多其他的反馈方程可以实现最大长度序列，并且其产生的序列都不同。例如，当 $n=3$ 时，图 6.94 使用 $D_2 = Q_1^n \oplus Q_0^n$ 作为反馈方程，产生的序列是 1011100，如果使用 $D_2 = Q_2^n \oplus Q_0^n$ 作为反馈方程，则产生的序列是 1110100。

表 6.52　最大长度移位寄存器型计数器的反馈方程

n	反馈方程
2	$D_1 = Q_1^n \oplus Q_0^n$
3	$D_2 = Q_1^n \oplus Q_0^n$
4	$D_3 = Q_1^n \oplus Q_0^n$
5	$D_4 = Q_2^n \oplus Q_0^n$
6	$D_5 = Q_1^n \oplus Q_0^n$
7	$D_6 = Q_3^n \oplus Q_0^n$

续表

n	反馈方程
8	$D_7 = Q_4^n \oplus Q_3^n \oplus Q_2^n \oplus Q_0^n$
12	$D_{11} = Q_6^n \oplus Q_4^n \oplus Q_1^n \oplus Q_0^n$
16	$D_{15} = Q_5^n \oplus Q_4^n \oplus Q_3^n \oplus Q_0^n$
20	$D_{19} = Q_3^n \oplus Q_0^n$
24	$D_{23} = Q_7^n \oplus Q_2^n \oplus Q_1^n \oplus Q_0^n$
28	$D_{27} = Q_3^n \oplus Q_0^n$
32	$D_{31} = Q_{22}^n \oplus Q_2^n \oplus Q_1^n \oplus Q_0^n$

图 6.94 所示的电路因为存在全 0 状态的无效循环,不能自启动,可以将其改造成如图 6.95(a)所示的可自启动的 3 位最大长度移位寄存器型计数器,其状态转移图如图 6.95(b) 所示。

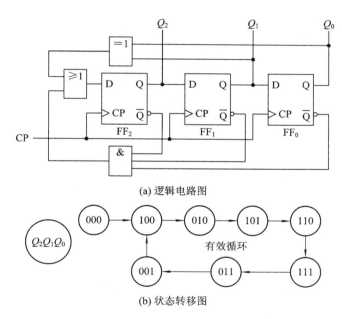

(a) 逻辑电路图

(b) 状态转移图

图 6.95 能自启动的 3 位最大长度移位寄存器型计数器

在图 6.95(a)中,通过一个与门对全 0 状态译码,结果与反馈电路输出经过一个或门后,作为 D_2 的输入。这样,如果 $Q_2Q_1Q_0 = 000$,则与门输出 1,使得或门输出 1,即反馈输入 $D_2 = 1$,从而离开 000 的状态,进入次态 100,无效循环消失;而当 $Q_2Q_1Q_0 \neq 000$ 时,与门输出 0,不影响或门输出,则反馈输入 D_2 为异或门输出的反馈函数,有效循环保持不变。

推广开来,对一个 n 位的最大长度移位寄存器型计数器而言,只需要在原来的电路上添加一个与门和一个或门即可改造成能自启动的电路。

6.6 综合应用与设计

将前述的寄存器、计数器和移位寄存器等同步时序逻辑电路配合使用，有时辅以译码器、数据选择器等组合逻辑电路，可以设计实现满足各种应用需求的数字电路。下面举例说明几种典型的应用设计。

6.6.1 分频器的设计

如"6.5.2 二进制计数器"一节所述，当输入时钟脉冲 CP 是一个连续周期信号时，模 M 计数器就可以作为一个数字式分频器，分频系数（分频比）就是计数器的模 M。若 CP 的频率是 f，则计数器的进位输出端的信号频率就是 f/M。当计数器作为分频器时，从实现分频功能的角度来看，只关心分频比（即计数器的模），而不关心计数器的状态编码。

图 6.96 是用 74LS163 构成的 12 分频电路，采用了同步清零的方法构成模 12 计数器，计数状态从 $0000 \sim 1011$，Q_3 输出信号是输入信号 CP 的 12 分频。Q_3 输出信号不是方波，因为它前 8 个 CP 脉冲保持低电平（$0000 \sim 0111$），后 4 个脉冲保持高电平（$1000 \sim 1011$），所以周期信号 Q_3 的占空比是 $4/12$，即 $1:3$。占空比（Duty Ratio）是指在一个脉冲周期内，通电时间（高电平）相对于总周期时间所占的比例。方波的占空比为 50%。图 6.96 所示的这种方法分频系数固定，由与非门连接电路决定，不可更改，不够灵活。

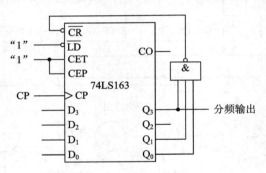

图 6.96 分频比固定的 12 分频器

另一种相对灵活的连接方法就是同步置数方法，如图 6.97 所示。计数器的数据输入端接 0100；而进位输出信号 CO 一方面作为同步置数 $\overline{\text{LD}}$ 的反馈信号，使得计数状态循环为 $0100 \sim 1111$；另一方面 CO 作为 12 分频信号输出。显然，这个电路在不更改硬件连接的情况下，可以通过改变预置数来改变计数器的模，从而改变分频器的分频比。例如，当预置数是 0000 时，计数器的模是 16，构成 16 分频器；当预置数为 0110 时，计数器的模为 10，构成 10 分频器。分频比 N 与预置数 K 之间的关系是 $N = 16 - K$。所以，又称图 6.97 所示的分频器为可编程分频器。该分频器输出的周期信号占空比为 $1:12$。

下面再看一个例子。

【例 6.37】 请设计一个 10 分频电路，要求输出的分频信号是方波。

解 对于 10 分频电路，首先想到的就是使用一个十进制计数器实现。但是由于集成十进制计数器 74LS160 的计数顺序是 $0000 \sim 1001$，如果使用 Q_3 作为分频输出信号，则其

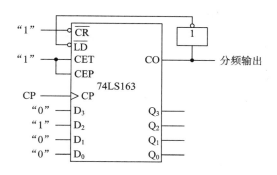

图 6.97　可编程的 12 分频器

占空比为 $1:5$，不是方波。考虑使用十六进制计数器 74LS161，用同步预置数法连接，如图 6.98 所示。其计数状态为 0100～1100 共 10 个，使用 Q_3 作为分频输出信号，前 5 个状态 $Q_3=0$，后 5 个状态 $Q_3=1$，所以为方波。由于计数值 0100～1100 对应于余三码编码，因此该计数器也是余三 BCD 码计数器。

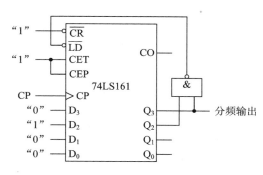

图 6.98　产生方波信号的 10 分频电路

6.6.2　顺序脉冲发生器

在一些数字系统中，有时需要按照事先规定的顺序进行一系列的操作，这就要求系统能给出一组在时间上有先后顺序的脉冲信号，再用这组脉冲来形成所需要的各种控制信号。

例如，计算机执行指令的过程中，需要经过几个阶段，每个阶段就是一个机器周期，而每个机器周期内，执行的操作也有先后顺序，各个操作的控制信号由节拍来定序。因此，在计算机控制器中，时序系统必须产生一组顺序的机器周期信号和一组顺序的节拍脉冲来规定各个操作的先后顺序。

顺序脉冲发生器就是指能产生一组在时间上有先后顺序的脉冲信号的电路。它是计算机控制器中最常见的电路，实现方法有三种。

1. 使用环形计数器实现

顺序脉冲发生器可以使用移位寄存器构成，例如，当图 6.90 所示的环形计数器工作于有效循环(每个状态只有一个 1)时，它就可以作为一个顺序脉冲发生器，产生的波形如图 6.91 所示。在 CP 不断输入系列脉冲时，$Q_3 \sim Q_0$ 就依次输出正脉冲，并不断循环，可以作为计算机机器周期的节拍发生器。

325

这种方案的优点是不必附加译码器，结构比较简单，同时波形很完美，没有尖峰。缺点是使用的触发器较多，如果需要 n 个顺序脉冲，则就需要 n 位触发器。

2. 使用计数器和译码器实现

使用计数器和译码器可以实现顺序脉冲发生器，并且能产生较多的顺序脉冲。图 6.99（a）使用一个 3 位计数器和一个 3-8 线译码器，实现了一个有 8 个脉冲的顺序脉冲发生器，其脉冲波形如图 6.99（b）所示。

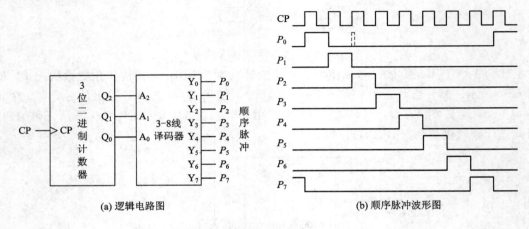

(a) 逻辑电路图   (b) 顺序脉冲波形图

图 6.99　使用计数器和译码器构成 8 顺序脉冲发生器

计数器状态输出 $Q_2Q_1Q_0$ 接译码器的地址输入 $A_2A_1A_0$，当 CP 脉冲持续输入时，计数器状态按照 $000 \sim 111$ 的顺序循环输出，这时译码器输出 $Y_0 \sim Y_7$ 就是 8 个顺序脉冲 $P_0 \sim P_7$。图 6.99（b）所示波形图为理想状态。在图 6.99（a）中，如果计数器中 3 个触发器翻转有先后，那么每当计数器次态有两位发生改变时，会在译码器输出端出现竞争冒险现象。例如，从状态 001 变为 010 时，如果 Q_0 先于 Q_1 翻转，则会出现中间状态 000，这时，就有可能在译码器输出端 P_0 上出现一个尖峰脉冲，如图 6.99（b）中虚线所示。

为消除竞争冒险带来的尖峰脉冲，可以使用译码器的使能端，以选通方式极易解决问题。图 6.100 使用了一个 74LS161 和一个 74LS138 芯片实现了无竞争冒险的 8 顺序脉冲发生器。

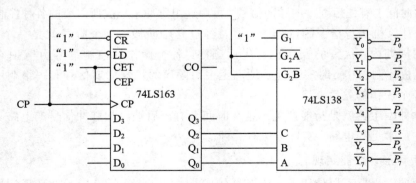

图 6.100　用集成模块构成的无尖峰顺序脉冲发生器

在图 6.100 中，仅使用了 74LS161 计数器的低 3 位输出 $Q_2Q_1Q_0$，将十六进制计数器作为八进制计数器。另外，计数器的 CP 脉冲信号同时作为 74LS138 的选通信号 $\overline{G_2A}$ 和

$\overline{G_2B}$，将触发器翻转时间与译码器译码时间错开。在 CP 上跳沿，计数器按照 $000 \sim 111$ 循环计数，CP 高电平期间保证触发器完全翻转到稳定状态；CP 低电平期间，译码器开始译码，输出无尖峰的顺序脉冲。与图 6.99 不同，图 6.100 产生的顺序脉冲是负脉冲，如果需要产生正脉冲，则只需在译码器输出端接非门即可。

3. 使用扭环形计数器与译码电路实现

如果将环形计数器换成扭环形计数器，使用其有效循环，并添加译码电路，也能构成无竞争冒险的顺序脉冲发生器，如图 6.101 所示。

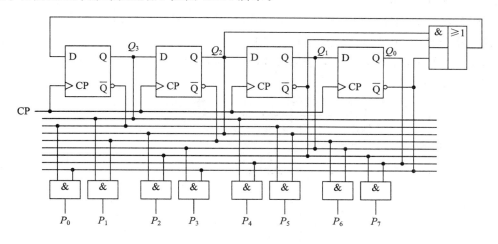

图 6.101 用扭环形计数器和译码器构成顺序脉冲发生器

图 6.101 中扭环形计数器的有效状态与译码如表 6.53 所示。分析 8 个有效状态的编码特性，可以发现，每个状态只需要对其中两位进行译码，即可识别与确认，如"6.5.6 移位寄存器型计数器"一节所述。表 6.53 也罗列了具体每个状态下参加译码的位与值，图 6.101 就是按照表 6.53 设计译码电路，由 8 个与门完成译码，输出 8 个顺序脉冲。由于扭环形计数器输出的状态中，相邻两个状态之间只有一位触发器翻转，所以消除了竞争冒险现象，并且译码电路比较简单，使用的触发器位数相较环形计数器也减少一半。

表 6.53　扭环形计数器的有效状态与译码

CP 顺序	状态 $Q_3 Q_2 Q_1 Q_0$	状态特征	译　码
1	0000	$Q_3 Q_0 = 00$	$\overline{Q_3} \cdot \overline{Q_0}$
2	1000	$Q_3 Q_2 = 10$	$Q_3 \cdot \overline{Q_2}$
3	1100	$Q_2 Q_1 = 10$	$Q_2 \cdot \overline{Q_1}$
4	1110	$Q_1 Q_0 = 10$	$Q_1 \cdot \overline{Q_0}$
5	1111	$Q_3 Q_0 = 11$	$Q_3 \cdot Q_0$
6	0111	$Q_3 Q_2 = 01$	$\overline{Q_3} \cdot Q_2$
7	0011	$Q_2 Q_1 = 01$	$\overline{Q_2} \cdot Q_1$
8	0001	$Q_1 Q_0 = 01$	$\overline{Q_1} \cdot Q_0$

6.6.3 序列信号发生器

序列信号就是按预定顺序排列的一组串行 0/1 代码串，产生序列信号的电路就称为序列信号发生器(Sequence Signal Generator)。序列信号广泛用于通信、雷达及遥控遥测等电子系统中，以增加信号传输的保密性和抗干扰能力。

序列信号发生器的构成方法有多种，下面介绍三种常用的方法：

1. 使用计数器构成

【例 6.38】 请用计数器设计一个"01000111"串行序列发生器。

解 串行序列"01000111"有 8 位，可以设计一个 3 位二进制计数器，计数循环为 000～111，在每一种计数状态下，按照表 6.54 中的顺序产生相应的串行输出信号 Z，然后求出 Z 的函数并实现即可。

表 6.54 计数器的状态循环与输出的对应关系

CP 顺序	状态 $Q_2^n Q_1^n Q_0^n$	输出 Z
1	000	0
2	001	1
3	010	0
4	011	0
5	100	0
6	101	1
7	110	1
8	111	1

按照表 6.54 画出 Z 的卡诺图，如图 6.102(a)所示，求得输出方程为：

$$Z = \overline{Q_1^n} Q_0^n + Q_2^n Q_1^n$$

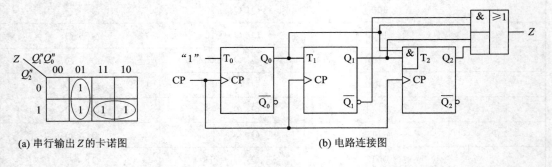

(a) 串行输出 Z 的卡诺图   (b) 电路连接图

图 6.102 用计数器实现串行序列发生器

画出电路图如图 6.102(b)所示。3 个 T 触发器构成 3 位二进制加法计数器，当按照 $000 \to 001 \to 010 \to 011 \to 100 \to 101 \to 110 \to 111$ 的顺序计数时，电路输出端 Z 上就依次输出串行序列 $0 \to 1 \to 0 \to 0 \to 0 \to 1 \to 1 \to 1$，即"01000111"，并且循环往复。

这种通过计数器和逻辑门实现串行序列发生器的方法，优点是电路简单、使用器件少，缺点是输出的串行序列码固定，不可更改。

2. 使用计数器和数据选择器构成

比较直观地实现串行序列发生器的方法，就是使用集成计数器和数据选择器进行连接，如图 6.103(a)所示。其使用一个 74LS161 二进制计数器和一个 74LS151 8 选 1 数据选择器连接构成的串行序列码"01000111"发生器。

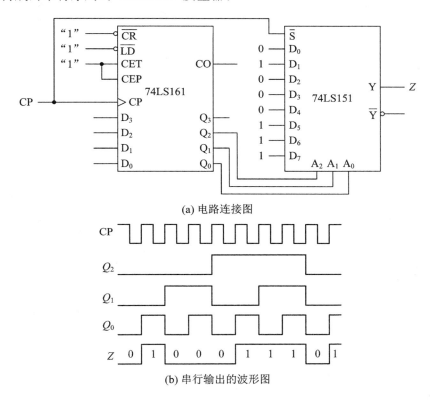

(a) 电路连接图

(b) 串行输出的波形图

图 6.103　用计数器和数据选择器实现串行序列发生器

在图 6.103 中，仅使用 74LS161 的低 3 位 $Q_2 Q_1 Q_0$，计数循环为 $000 \sim 111$；计数器的 $Q_2 Q_1 Q_0$ 作为 8 选 1 数据选择器 74LS151 的地址输入端 $A_2 A_1 A_0$；而 8 位序列码 "01000111"依次置于数据选择器 74LS151 的数据输入端 $D_0 \sim D_7$。在外部时钟 CP 的作用下，模 8 计数器循环计数，数据选择器的地址 $A_2 A_1 A_0$ 也按照 $000 \to 001 \to 010 \to 011 \to 100 \to 101 \to 110 \to 111$ 的顺序变化，从而在 Z 端循环输出指定的 8 位序列"01000111"，如图 6.102(b)所示。

显然，这种方法更灵活，更改数据选择器数据输入端的预置数、更改计数器的模、配以 16 选 1 的数据选择器，就可以实现任意 16 位以内的串行序列发生器。

3. 使用带反馈电路的移位寄存器实现

构成序列信号发生器的一种常见方法是采用带反馈逻辑电路的移位寄存器。n 位的移位寄存器最多能产生 2^n 位的串行序列信号。

【例 6.39】 请用移位寄存器设计一个"01000111"串行序列发生器。

解 因为串行序列"01000111"为 8 位，所以需要 3 个触发器构成移位寄存器。关键是反馈电路如何设计，如果使用右移寄存器，则需要求出最高位触发器的反馈输入 D_2 的函数。对于任何一种串行序列，总能构造出 D_2 的函数，使得移位寄存器按照规定的 8 个状态顺序进行循环。

如前所述，从移位寄存器的任何一位状态输出端引出，都能得到一样的串行序列，无非是起始位不同而已。假设从 Q_0 引出串行输出 Z，则不同状态下反馈输入 D_2 的取值如表 6.55 所示。

表 6.55 移位寄存器的状态循环与反馈输入的对应关系

CP 顺序	状态循环			反馈输入
	Q_2	Q_1	Q_0	D_2
1	0	1	0	0
2	0	0	1	0
3	0	0	0	1
4	1	0	0	1
5	1	1	0	1
6	1	1	1	0
7	0	1	1	1
8	1	0	1	0

表 6.55 的构造方法是：因为从 Q_0 引出串行输出，首先将串行序列代码填入 Q_0 一列，意味着每来一个 CP 脉冲，Q_0 上就会按顺序输出这个串行代码序列。然后，由于 Q_0 是由上一个 CP 脉冲下的 Q_1 右移而来的，所以将 Q_0 一列代码上移一行填入 Q_1，Q_0 的第一行填入 Q_1 的最后一行（因为状态始终循环）。同理，将 Q_1 一列代码上移一行填入 Q_2，Q_1 的第一行填入 Q_2 的最后一行。最后，考虑反馈输入 D_2 的取值。事实上，应该是由 D_2 决定 Q_2 的次态，目前 Q_2 的次态（表中下一行）已经全部确定了，所以如法炮制，可以直接将 Q_2 一列代码上移一行填入 D_2，Q_2 的第一行填入 D_2 的最后一行。这样，移位寄存器经由 D_2 反馈后构成的状态循环为：010→001→000→100→110→111→011→101→010…，而 Q_0 输出的串行序列就是：0→1→0→0→0→1→1→1→0…。

按照表 6.55 可以画出 D_2 的卡诺图，如图 6.104(a) 所示，求出 D_2 的激励方程为：

$$D_2 = \overline{Q_1^n}\,\overline{Q_0^n} + Q_2^n\,\overline{Q_0^n} + \overline{Q_2^n}Q_1^nQ_0^n$$

图 6.104(b)为其电路图。

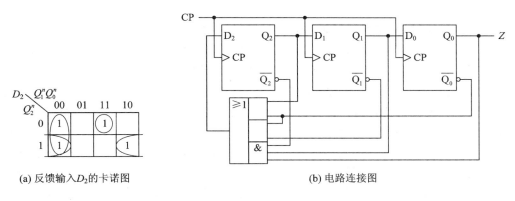

(a) 反馈输入D_2的卡诺图   (b) 电路连接图

图 6.104   用带反馈的移位器实现串行序列发生器

例 6.29 中也使用移位寄存器实现了一个串行序列发生器，但是与本例有两个不同：一是例 6.29 采用先对移位寄存器预置串行序列代码，然后再循环移位的方法实现，若上电后未执行置数操作，则电路不能正常工作；本例中电路上电后就会循环往复的发送串行代码，不过从哪位开始发送，取决于上电后的初始状态。二是例 6.29 必须使用 n 位移位寄存器产生 n 位的串行代码，但是在本例中，使用 n 位移位寄存器能产生 2^n 位的串行代码；同样长度的串行代码，使用带反馈电路的移位寄存器产生，所需触发器的位数更少。

本 章 小 结

时序逻辑电路与组合逻辑电路不同，在电路结构、逻辑功能及描述方法、分析方法和设计方法上都有着显著区别。

时序逻辑电路在电路结构上的主要特点就是：一定含有存储元件(主要为触发器)，并且电路上有反馈结构。存储元件使得时序逻辑电路具有记忆功能，能记忆电路的状态；时序逻辑电路的状态就是内部存储元件的状态组合。同时，电路的状态与输入变量共同决定电路的输出，也决定了时序逻辑电路的下一状态。

因此，时序逻辑电路在逻辑功能上的特点就是：任一时刻的电路输出不仅取决于该时刻的电路输入信号(如果有)，而且还取决于电路的原有状态，或者说还取决于该电路过去的输入(序列)。即：任一时刻下时序逻辑电路的输出和状态都是电路原态和输入变量的逻辑函数。

时序逻辑电路又分为同步时序逻辑电路和异步时序逻辑电路。本章主要介绍同步时序逻辑电路，它的主要特点是：所有触发器的状态受同一时钟控制，电路状态同步于时钟信号。

描述同步时序逻辑电路的方法有方程组、电路图、状态转移图、状态转换真值表和时序波形图等多种形式。方程组包含激励方程、输出方程和状态方程，它们以逻辑函数的形式分别描述了触发器激励输入、电路输出变量和电路状态变量，与电路输入变量及电路原态之间的逻辑关系。方程组和电路图直接对应，可以直接相互转换。状态转移图和状态转换真值表不仅反映了电路的所有状态，而且还给出了时序逻辑电路状态变化的全过程，能比较清楚地勾勒出时序逻辑电路的功能。时序波形图则直观地展示了在时钟序列及输入变量序列的作用下，电路状态与输出的变化波形。

同步时序逻辑电路的分析过程一般包括：根据电路图写出方程组；列出状态转换真值表；画出状态转移图；必要时画出时序波形图；最后给出时序电路逻辑功能的说明。

同步时序逻辑电路的设计过程一般包括：根据命题进行逻辑抽象，建立原始状态图和原始状态表；进行状态化简、状态分配与编码；然后列出状态转换真值表；依据选定的触发器类型，写出电路的方程组；最后经过电路自启动检查与修正后，画出电路图。

计算机中最常用的同步时序逻辑电路有寄存器和计数器。n 位寄存器的主要功能是保存 n 位二进制信息，由 n 个触发器构成。寄存器的时钟信号 CP 一般为边沿触发类型；时钟信号为电平型信号的寄存器则称为锁存器。移位寄存器的主要功能是用于对寄存器中保存的数据进行左移或者右移。移位寄存器可以实现移位型计数器、串行序列检测器、串行序列发生器、数据的串-并/并-串转换等。

计数器的主要功能是对输入的脉冲信号进行计数，并保存计数值。按照进制，计数器可分为二进制计数器、十进制计数器和任意进制计数器；按照计数方向，计数器可以分为加法计数器、减法计数器及可逆计数器；按照计数器中所有触发器的时钟是否统一，计数器可分为同步计数器和异步计数器。本章重点介绍了同步二进制、十进制计数器的实现及其集成模块。通过集成计数器的清零端、置数端、进位输出和计数使能端的连接，可以实现任意进制计数器及计数器容量的扩展。移位寄存器型计数器是使用移位寄存器构成的计数器，主要有环形计数器、扭环形计数器和最大长度移位寄存器型计数器这 3 种，它们在应用领域各有优势。

将计数器、移位寄存器等时序逻辑电路和译码器、数据选择器等组合逻辑电路联合起来使用，便可以设计出分频器、顺序脉冲发生器、序列信号发生器等电路。

本章的重点有：同步时序逻辑电路的分析与设计，寄存器和计数器的功能、结构、实现与集成模块的应用。本章的难点有：同步时序逻辑电路的分析与设计，寄存器和计数器的综合应用。

习　　题

6.1　简述时序逻辑电路和组合逻辑电路的区别以及同步时序逻辑电路和异步时序逻辑电路的区别。

6.2　简述 Moore 型同步时序电路和 Mealy 型同步时序电路的区别。

6.3　试判断图 6.1(a)所示电路以及图 6.6 所示电路，是 Mealy 型还是 Moore 型时序电路？为什么？

6.4　为什么含有 5 级的指令流水线，吞吐量提高了大约 5 倍？试着分析无流水线（串行执行）和流水线执行 20 条指令的时间开销，说明该问题。

6.5　试写出图 6.1(a)所示的串行加法器的方程组和状态转移图。

6.6　图 X6.1 所示电路使用了 J-K 触发器对图 6.1 所示的串行加法器进行改造，使之电路更为简单：

(1)分析其工作原理；

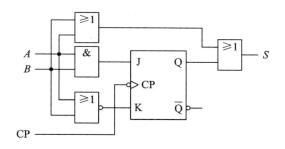

图 X6.1　习题 6.1 图

(2) 画出当输入序列如下时,电路输出 S 的波形图,分析其正确与否:

$A = 10110111$

$B = 10001100$

6.7　试分析图 X6.2 所示同步时序逻辑电路的功能:

(1) 该电路是 Mealy 型还是 Moore 型同步时序逻辑电路?为什么?

(2) 写出电路的输出方程、激励方程和状态方程;

(3) 写出电路的状态转换真值表;

(4) 画出电路的状态转移图;

(5) 画出电路在初态 $Q_1Q_0 = 00$,输入序列 $X = 1011110111$ 下,输出 Y 的波形图;

(6) 分析并说明电路的逻辑功能。

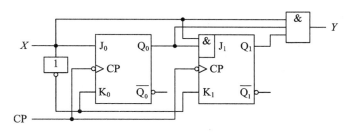

图 X6.2　习题 6.7 图

6.8　对比习题 6.7 与例 6.12 的电路功能,分析状态转移图,你能得到什么信息?

6.9　分析图 X6.3 所示的时序逻辑电路的逻辑功能,写出方程组,列出状态转换真值表,画出状态转移图及时序图(Q_1Q_0 初态为 00),说明其功能,判断电路能否自启动。

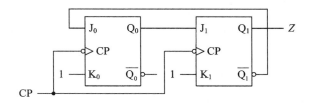

图 X6.3　习题 6.9 图

6.10　分析图 X6.4 所示的时序逻辑电路的逻辑功能,写出方程组,列出状态转换真值表,画出状态转移图及时序图($Q_2Q_1Q_0$ 初态为 000),判断电路能否自启动,说明其功能。

333

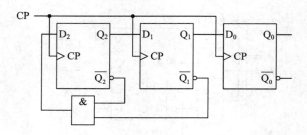

图 X6.4　习题 6.10 图

6.11　分析图 X6.5 所示的同步时序电路，写出方程组，列出状态转换真值表，画出状态转移图，判断电路能否自启动，说明其功能。

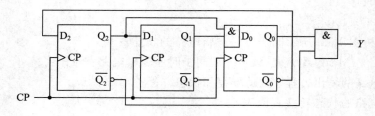

图 X6.5　习题 6.11 图

6.12　分析图 X6.6 所示的同步时序电路，X 为输入变量。写出方程组，列出状态转换真值表，画出状态转移图，判断电路能否自启动，说明其功能。

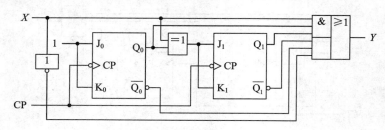

图 X6.6　习题 6.12 图

6.13　对比习题 6.12 和例 6.9 的状态转移图和电路功能，说说它们之间的差异。

6.14　分析图 X6.7 所示的同步时序电路，写出方程组，列出状态转换真值表，画出状态转移图，判断电路能否自启动，说明其功能。

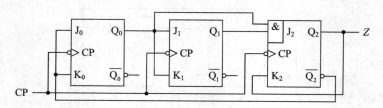

图 X6.7　习题 6.14 图

6.15　分析图 X6.8 所示的同步时序电路，A 是输入变量，Y 是输出变量。请：

（1）写出方程组；

（2）列出状态转换真值表；

（3）画出状态转移图；

（4）做出当输入序列为 $A=011100111110$ 时，电路输出 Y 的信号序列（假设触发器的初始状态均为 0）；

（5）分析并说明其功能。

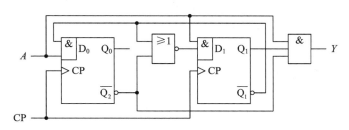

图 X6.8　习题 6.15 图

6.16　分析图 X6.9 所示的时序电路，写出状态转移表，画出状态转移图，说明电路的功能。

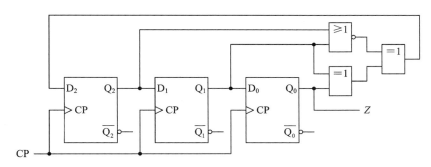

图 X6.9　习题 6.16 图

6.17　试分析图 X6.10 所示的 2 个状态转移图，A 是初始状态。判断它们对应电路的功能，并列出原始状态表。

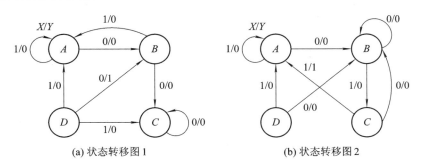

图 X6.10　习题 6.17 图

6.18　例 6.14 建立了可重叠串行序列"101"检测器的状态图和状态表，尝试作出不可重叠串行序列"101"检测器的状态转移图和状态转移表。

6.19　一个"1101"序列检测器，其典型输入、输出序列如下：

输入 X：0111011010010110001101011010101

输出 Z：0000010010000000000001000010000

（1）这是可重叠"1101"序列检测器，还是不可重叠"1101"序列检测器？

（2）请进行状态定义，并作出其状态转移图。

（3）依据状态图列出其原始状态表。

6.20 如果一个串行序列检测器的典型输入、输出序列如下：

输入 X：0111011010010110001101011010101

输出 Z：0000000001001000000000100001010

（1）该序列检测器检测的串行序列是什么？是否可重叠？为什么？

（2）请进行状态定义，并作出其状态转移图。

（3）依据状态图列出其原始状态表。

6.21 一个可变序列检测器由模式控制变量 M 来决定检测的串行序列：当 $M=0$ 时，电路能检测输入序列 X 中的"010"子序列；而当 $M=1$ 时，则检测"0100"子序列。假设检测器输出为 Z，且被检测子序列不可重叠，请进行状态定义，作出状态转移图，列出原始状态表。

6.22 假设例 6.15 设计的代码检测器，检测对象是余三码 BCD 码，请作出状态转移图，并列出原始状态表。

6.23 假设例 6.15 设计的 8421BCD 码检测器，串行输入 8421 码时先低位后高位，状态图要如何修改？请画出状态图，并列出原始状态表。

6.24 设计一个代码检测器，该电路从输入端串行输入 2421 码（先低位后高位），当出现非法数字时，电路输出 $Z=1$，否则输出 $Z=0$。试作出状态转移图，列出原始状态表。2421 编码具体如表 1.2 所示。

6.25 用观察法或者隐含表法化简表 X6.1 所示的完全确定原始状态表，写出最小化状态表。

表 X6.1 习题 6.25 的原始状态表

表 X6.1(a)

原态	次态/输出	
	$X=0$	$X=1$
A	$B/0$	$F/0$
B	$C/0$	$F/0$
C	$G/0$	$D/0$
D	$E/1$	$F/0$
E	$C/0$	$F/0$
F	$B/0$	$F/0$
G	$G/0$	$F/0$

表 X6.1(b)

原态	次态/输出	
	$X=0$	$X=1$
A	$B/0$	$C/0$
B	$D/0$	$E/0$
C	$F/0$	$G/0$
D	$A/1$	$B/1$
E	$C/0$	$D/0$
F	$F/0$	$G/0$
G	$B/0$	$F/0$

6.26 用隐含表法化简表 X6.2 所示的完全确定原始状态表，写出最小化状态表。

表 X6.2 习题 6.26 的原始状态表

表 X6.2(a)

原态	次态/输出	
	$X=0$	$X=1$
A	$A/0$	$G/1$
B	$B/0$	$D/0$
C	$D/1$	$E/0$
D	$G/1$	$E/1$
E	$E/0$	$G/1$
F	$F/0$	$D/1$
G	$C/0$	$F/0$

表 X6.2(b)

原态	次态/输出	
	$X=0$	$X=1$
A	$C/1$	$D/1$
B	$B/0$	$C/1$
C	$C/1$	$A/0$
D	$D/0$	$C/0$
E	$E/0$	$C/0$
F	$F/0$	$C/1$

6.27 用观察法化简 6.17 题的原始状态表,写出最小化状态表,并对其进行状态编码,列出状态转换真值表。

6.28 用适当的方法化简 6.19 题的原始状态表,写出最小化状态表,并对其进行状态编码,列出状态转换真值表。

6.29 用隐含表法化简 6.20 题的原始状态表,写出最小化状态表,并对其进行状态编码,列出状态转换真值表。

6.30 用隐含表法化简 6.21 题的原始状态表,写出最小化状态表,并对其进行状态编码,列出状态转换真值表。

6.31 先用观察法,再用隐含表法,对 6.24 题的原始状态表进行化简,写出最小化状态表,并对其进行状态编码,列出状态转换真值表。

6.32 用隐含表法化简表 X6.3 所示的不完全确定原始状态表,求出其最大相容类和最小闭覆盖,写出最小化状态表。

表 X6.3 习题 6.32 的原始状态表

表 X6.3(a)

原态	次态/输出	
	$X=0$	$X=1$
A	$B/0$	$D/0$
B	B/d	D/d
C	$A/1$	$E/1$
D	$d/1$	$E/1$
E	$F/0$	$d/1$
F	d/d	C/d

表 X6.3(b)

原态	次态/输出	
	$X=0$	$X=1$
A	D/d	A/d
B	$B/0$	A/d
C	$D/0$	B/d
D	C/d	C/d
E	$C/1$	B/d

6.33 仔细分析 6.32 题表 X6.3(a)对应的最大相容类和最小闭覆盖,回答以下问题:

(1)对于所求出的最小闭覆盖而言,其最小化状态表是唯一的吗?

（2）是否可以有多个最小闭覆盖？如果有，请尝试写出另一个最小闭覆盖和最小化状态表。

6.34　运用相邻编码原则，尝试对题 6.32 求出的最小化状态表进行状态编码，写出其状态转换真值表。

6.35　按照相邻编码原则，对表 X6.4 所示的状态表进行状态编码，写出状态转换真值表。

表 X6.4　习题 6.35 的最小化状态表

表 X6.4(a)

原态	次态/输出	
	$X=0$	$X=1$
A	$C/0$	$D/0$
B	$C/0$	$A/0$
C	$B/0$	$D/0$
D	$A/1$	$A/1$

表 X6.4(b)

原态	次态/输出	
	$X=0$	$X=1$
A	$C/0$	$B/0$
B	$A/0$	$A/1$
C	$A/1$	$D/1$
D	$D/0$	$C/0$

6.36　在 6.35 题的状态编码及状态转换真值表的基础上，请分别用 J - K 触发器、D 触发器、T 触发器实现表 X6.4(a) 对应的逻辑功能：

（1）试写出各种触发器的激励函数和输出函数表达式；

（2）比较用哪种触发器，对应的电路会最简单。

6.37　在 6.35 题的状态编码及状态转换真值表的基础上，请分别用 J - K 触发器、D 触发器、T 触发器实现表 X6.4(b) 对应的逻辑功能：

（1）试写出各种触发器的激励函数和输出函数表达式；

（2）比较用哪种触发器，对应的电路会最简单。

6.38　对于例 6.15 中的串行输入 8421BCD 码检测器，请继续完成设计：

（1）进行状态化简（可以先使用观察法，再使用隐含表法）；

（2）给出一个状态编码方案；

（3）写出其状态转换真值表；

（4）选择合适的触发器，写出方程组；

（5）画出电路图。

6.39　例 6.23 中的状态编码方案是：$S_0=00$，$S_1=01$，$S_2=11$；如果不完全按照状态分配原则进行编码，而采用以下编码方案：

$$S_0=00，S_1=01，S_2=10$$

（1）试完成后续的设计；

（2）与例 6.23 中的电路进行比较，哪种更简单？

（3）从该题，你得到了什么结论？

6.40　如果例 6.18 中的自动售货机的货物都是 1.5 元，投满 1.5 元后货物送出；若投入 2 元，则在送出货物的同时，找回余钱 5 角。请用 D 触发器实现该投币控制电路。

6.41　用 J - K 触发器重新实现习题 6.40 的同步时序电路。

6.42　使用 J－K 触发器继续完成题 6.19、题 6.28 的同步时序逻辑设计，写出方程组，检查自启动功能，画出电路图。

6.43　使用 D 触发器继续完成题 6.20、题 6.29 的同步时序逻辑设计，写出方程组，检查自启动功能，画出电路图。

6.44　选用合适的触发器继续完成题 6.21、题 6.30 的同步时序逻辑设计，写出方程组，检查自启动功能，画出电路图。

6.45　使用合适的触发器，完成题 6.22 的串行余三 BCD 码检测器的同步时序电路设计，进行状态化简、状态编码，并求方程组、检查自启动功能，画出电路图。

6.46　使用 J－K 触发器及逻辑门设计一个七进制的加法计数器。

6.47　使用 J－K 触发器及逻辑门设计一个六进制的可逆计数器：当 $M=1$ 时，为加法计数器，并且当计数值到 101 时，$Z=1$；当 $M=0$ 时，为减法计数器，并且当计数值到 000 时，$Z=1$。

6.48　使用 D 触发器完成例 6.16 的变模计数器的设计。

6.49　使用触发器及逻辑门设计一个变模加法计数器：当 $M=1$ 时，为三进制计数器，并且当计数值到 10 时，当 $Z=1$；当 $M=0$ 时，为四进制计数器，并且当计数值到 11 时，$Z=1$。

6.50　使用 T 触发器实现二进制同步加法计数器，其激励函数的特点如式（6.13）所示，请按照式（6.13）画出一个基于 T 触发器的 4 位二进制同步加法计数器的电路图。

6.51　图 6.78 使用了 J－K 触发器实现了同步十进制加法计数器，观察表 6.47 的状态转换真值表，请：

（1）分析在什么情况下，各触发器会发生翻转；

（2）在上题设计的 4 位二进制同步加法计数器的电路图基础上，进行激励函数改造，设计基于 T 触发器的同步十进制加法计数器。

6.52　用 J－K 触发器设计一个串行输入"111"可重叠序列检测器。

6.53　用 J－K 触发器设计一个可控的六进制计数器，按格雷码编码顺序计数：当控制变量 $C=1$ 时，实现 000→100→110→111→011→001→000；当 $C=0$ 时，实现 111→110→010→011→001→101→111。

6.54　用 D 触发器设计一个八进制加法计数器，要求按照格雷码顺序计数。

6.55　用 J－K 触发器设计一个六进制减法计数器。

6.56　选用合适的触发器设计一个可变序列检测器，当控制变量 $X=0$ 时，电路能检测出序列 Y 中的"101"子序列；而在 $X=1$ 时，则检测"1001"子序列。设检测器输出为 Z，且被检测子序列不可重叠。

6.57　设计一个同步时序逻辑电路，有两个输入 INIT、X 和一个输出 Z。控制逻辑为：只要 INIT 有效，Z 就一直为 0；一旦 INIT 无效，Z 仍旧保持为 0，直到以下任意一种情况出现，Z 的值才变为 1：① X 在连续两个时钟沿上都是 0；② X 在连续两个时钟沿上都是 1。之后，Z 的值保持为 1，直到 INIT 信号有效。要求列出同步时序逻辑电路的全过程，最后画出电路图。

6.58　在图 6.59 的基础上，添加左移一位和左移两位的功能，请画出该多功能移位寄存器的逻辑框图。

6.59　集成移位寄存器的类型很多，本书只介绍及用到了74LS194和74LS198。请借助现代信息工具与技术，查阅其他任一种类型移位寄存器(含移位寄存器型计数器)，与74LS194进行功能上对比，并画出其状态转移图。

6.60　使用74LS194和逻辑门设计一个"1011"串行序列检测器。

6.61　尝试使用74LS194和逻辑门完成题6.56的设计。

6.62　图6.66使用T触发器设计实现了3位二进制加法计数器，请改用J-K触发器设计实现。

6.63　分别利用下列方法构成十四进制加法计数器，画出连线图：

(1)利用74LS161的异步清零功能。

(2)利用74LS161的同步置数功能。

(3)利用74LS163的同步清零功能。

(4)利用74LS191的异步置数功能。

6.64　利用两片74LS161构成一百六十进制计数器。

6.65　利用一片74LS160和一片74LS161构成一百六十进制计数器。

6.66　利用表6.51中的任何一种或者两种计数器，设计实现一百三十一进制计数器。

6.67　用两片74LS160以并行进位方式级联，按8421BCD码构成二十八进制计数器。

6.68　用D触发器构成的3级环形计数器电路，如图X6.11所示。该电路不能自启动。请修改第一级的反馈函数，使电路能自启动。画出修改后的电路图和状态图。

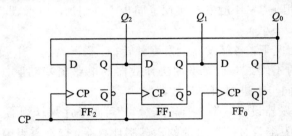

图 X6.11　习题6.68图

6.69　用D触发器构成的3级扭环形计数器电路，如图X6.12所示。该电路不能自启动，请修改第一级的反馈函数，使电路能自启动，画出修改后的电路图和状态图。

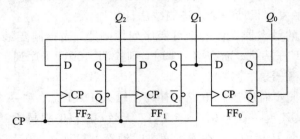

图 X6.12　习题6.69图

6.70　利用表6.54中的任何一种或者两种计数器，设计一个100分频电路，要求输出的分频信号是方波。

6.71　用T触发器设计一个产生"11110000"的序列发生器。

6.72 试用 74LS160 和 74LS151 设计一个"110101"序列信号发生器，画出电路图。

6.73 分析图 X6.13 所示的序列发生器电路：

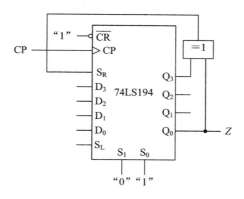

图 X6.13 习题 6.73 图

（1）画出状态转移图；

（2）判断电路是否能自启动；

（3）写出有效循环下，输出端 Z 上的序列；

（4）在输出的串行序列保持不变的情况下，能否将电路改造成可以自启动的？如果能，请画出电路图；如果不能，请说出理由。

6.74 使用 74LS198 设计实现"01000111"串行序列发生器。

6.75 图 6.100 使用了一个 74LS161 和一个 74LS138 芯片实现了无竞争冒险的 8 顺序脉冲发生器。请将其改造成可变顺序脉冲发生器：$X=0$，能产生 4 顺序脉冲发生器；$X=1$，能产生 8 顺序脉冲发生器。

第 7 章 异步时序逻辑电路

如第 6 章所述，根据存储元件是否有时钟信号以及时钟信号是否一致，时序逻辑电路分为两大类——同步时序逻辑电路和异步时序逻辑电路。在同步时序逻辑电路中，必须等到时钟信号有效边沿来临时，才对输入信号有响应，引起电路状态发生变化。而异步时序逻辑电路对于任何输入信号的改变都会立即响应。异步时序逻辑电路通常又分为电平型和脉冲型。本章阐述两种类型的异步时序逻辑电路的分析与设计方法，并对常用的异步计数器进行简单介绍。

7.1 异步时序逻辑电路的分类

在异步时序逻辑电路中，每个存储元件的状态变化无法同步到统一的时钟信号，电路状态的变化是由外部输入信号 X 的变化引起的。外部输入信号 X 的形式有两种：脉冲信号和电平信号。因此，异步时序逻辑电路根据输入信号的类型，分为脉冲异步时序逻辑电路和电平异步时序逻辑电路。

脉冲型异步时序逻辑电路又称为脉冲模式电路（Pulse-mode Circuit），这种电路具有脉冲型输入信号和存储电路，其基本模型如图 7.1 所示。其存储电路部分可以由带时钟的双稳态触发器或钟控锁存器构成，也可以由不带时钟的基本锁存器构成；但是存储单元状态的改变只能由输入脉冲来触发。

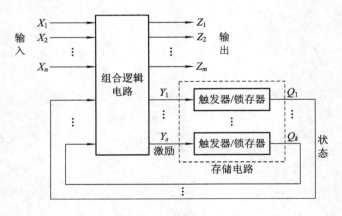

图 7.1 脉冲异步时序逻辑电路的模型

电平型异步时序逻辑电路又称为基本模式电路（Fundamental-mode Circuit），这种电路具有电平有效的输入信号和无时钟的存储电路，其基本模型如图 7.2 所示。其存储电路部分通常用带延迟元件的反馈回路实现，延迟元件可以是专用的延迟线电路，也可以利用带反馈的组合电路本身的内部延迟性能实现：将从输入 X 到次级信号 Y 之间所有电路的延时合并在一起，抽象为一个延迟元件。电平型异步时序逻辑电路的状态变化，是由输入信号的电平变化直接引起的。这里，当输入 X_i 发生变化后，经过组合逻辑电路作用，并延迟时间 Δt 后使得次级信号 Y_i^{n+1} 发生变化，然后作为电路的当前状态 Y_i^n 通过反馈回路再次反馈到电路输入端，继续通过组合电路作用，直到 $Y_i^{n+1} = Y_i^n$，电路进入稳态。

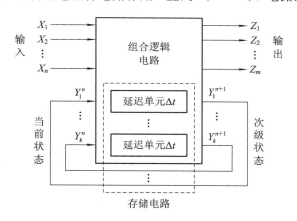

图 7.2 电平异步时序逻辑电路的模型

由于这两种电路的结构不同，因此描述和研究它们的工具和方法也有所不同。描述脉冲异步时序逻辑电路的工具主要是状态图和状态表，其分析和设计的方法基本上与同步时序逻辑电路类似。描述电平异步时序逻辑电路的工具是状态流程图和时间图，其分析和设计的方法与同步时序逻辑电路有很大的差别。

7.2 脉冲异步时序逻辑电路

脉冲异步时序逻辑电路中的存储电路部分是由触发器组成的，触发器可以是带时钟控制端的，也可以是不带时钟控制端的。带时钟控制端的通常采用边沿型触发器，不带时钟控制端的通常采用基本型 R-S 锁存器。输入的脉冲信号直接决定触发器或锁存器的状态变化。

图 7.1 所示的脉冲异步时序逻辑电路模型与图 6.2 所示的通用时序逻辑电路模型很相似，但是由于异步时序逻辑电路没有统一时钟，因此它与同步时序逻辑电路有很大差异。为了保证脉冲异步时序电路可靠工作，在进行分析和设计时，通常对输入信号有以下限制：

（1）当有多个输入信号时，各个信号脉冲不会同时出现。

（2）输入脉冲有足够的宽度，输入脉冲之间有足够的间隙，确保电路状态能够可靠地转换到稳态。

（3）输入信号只能以原变量或其反变量信号的形式输入，不能同时存在两种形式。

对输入信号有以下假设条件：

（1）一方面是因为实际电路中，两个脉冲信号同时发生的几率很小；另一方面是因为电路中没有统一时钟，如果实际电路中尝试把两个脉冲信号同时加载到输入端，总会有微小时差到达电路，而电路则会按照不同的脉冲顺序，做出不一样的状态转换反应，导致电路次态不唯一。因此，不允许有同时输入的脉冲信号。

（2）考虑整个电路对输入脉冲的响应时间有一定的延迟，所以输入脉冲的宽度及间隔时间至少要大于电路中最慢的存储单元的响应时间，即后一个输入脉冲的到达要在前一个输入脉冲所引起的整个电路响应结束之后。这样在新的输入脉冲来临时，就没有存储单元处于状态转移中，电路已经达到一种稳定的内部状态，从而使整个电路都始终处于可以预测的状态中，便于分析和设计。

（3）保证了电路中所有器件在每个脉冲的同一个边沿触发，开始作用。

7.2.1　脉冲异步时序逻辑电路的分析

脉冲异步时序逻辑电路的分析步骤与同步时序逻辑电路的分析步骤非常类似。但是，由于脉冲异步时序逻辑电路没有统一的时钟脉冲以及对输入信号的约束，因此在分析步骤上略有差别，其差别主要体现在以下两点：

（1）由于不允许两个或两个以上输入端同时出现脉冲，这意味着对于脉冲异步时序逻辑电路而言，有 n 个输入信号的电路，只有 $n+1$ 种输入可能状态——n 个输入脉冲单独作用的情况和无输入脉冲情况，而不是 2^n 种状态组合。因此，脉冲异步时序逻辑电路的分析过程中所使用的状态图和状态表的内容会简单一些。

（2）当存储元件采用时钟控制触发器时，触发器的时钟控制端是输入信号和电路当前状态的函数，可用时钟方程来描述。由于各触发器的时钟不一致，所以分析时需要确定每个触发器的时钟端何时有有效边沿，仅当时钟端有有效边沿时，触发器的状态才根据触发器的状态方程进行改变，否则，触发器的状态保持不变。若采用非时钟控制的锁存器，则应注意作用到锁存器输入端的脉冲信号。

脉冲异步时序逻辑电路的具体分析步骤如下：

（1）观察电路图，针对每个触发器/锁存器，写出电路的方程组，方程组包括各触发器的时钟方程、激励方程，以及电路的输出方程；然后求出状态方程，其方法是：将激励方程代入触发器的特征方程，得到每个触发器的状态方程。

（2）根据方程组，由原始输入脉冲开始，逐步列出状态转换真值表。这时要注意观察每个触发器的时钟输入是否有效，只有时钟有效时，触发器的状态才按照状态方程进行改变，否则应保持不变。

（3）由状态转换真值表，画出电路的状态转移图。

（4）必要时，可以画出时序波形图。

（5）分析状态转移图和时序波形图，总结电路的逻辑功能，并用文字描述。

【例 7.1】　试分析图 7.3 所示的脉冲异步时序逻辑电路，说明其功能。

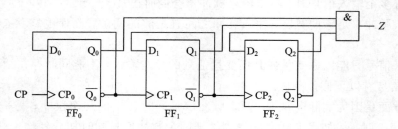

图 7.3　例 7.1 的电路图

解　该电路外部输入是 CP 脉冲信号，存储元件为 3 个正边沿 D 触发器，显然各个触发器的时钟不一致、翻转时刻不同，但是电路状态的改变直接由输入的 CP 脉冲来触发，这是一个典型的脉冲型异步时序逻辑电路。按照上述步骤，分析过程如下：

（1）根据电路图，写出电路的方程组。由图 7.3 可以写出各触发器的方程：

时钟方程：

$$CP_0 = CP, \quad CP_1 = \overline{Q_0^n}, \quad CP_2 = \overline{Q_1^n}$$

激励方程：

$$D_0 = \overline{Q_0^n}, \quad D_1 = \overline{Q_1^n}, \quad D_2 = \overline{Q_2^n}$$

输出方程：

$$Z = Q_2^n Q_1^n Q_0^n$$

将激励方程代入 D 触发器的特征方程 $Q^{n+1} = D$，可以得到各触发器的状态方程：

$$Q_0^{n+1} = \overline{Q_0^n}, \quad Q_1^{n+1} = \overline{Q_1^n}, \quad Q_2^{n+1} = \overline{Q_2^n}$$

（2）根据电路的方程组，逐步列出状态转换真值表。作状态转换真值表的方法与同步时序逻辑电路相似，列出输入信号和触发器原态的所有组合作为真值表输入，真值表输出是触发器的次态和电路输出信号。但是与同步时序逻辑电路不同的是，电路中各触发器的时钟不同，触发器将在各自的时钟脉冲边沿进行翻转，无有效时钟，则保持状态不变。

本例中的触发器是正边沿触发的 D 触发器，因此，只有当每个触发器的时钟为上升沿时（CP_i 从 0 到 1 变化），它的状态才会按照其状态方程进行改变，否则应该保持不变。

由图 7.3 可以看出，本例中高位触发器的翻转依赖于低位触发器的翻转，因此，在作状态转换真值表时，对于某一组原态应先填写低位触发器的次态值，依次填写高位触发器的次态值。具体过程如下：

① 填写状态转换真值表的输入组合，如表 7.1 所示。其只有 3 个触发器的原态和 CP 脉冲输入。因为电路状态的转换是由 CP 输入脉冲引起的，所以状态转换真值表中描述的状态转换总是在有 CP 输入脉冲的情况下发生的，记为 CP=1，表示有输入脉冲。故真值表中有 8 行，对应于 3 个触发器的状态组合 $Q_2 Q_1 Q_0$，表示电路的 8 个状态。为了方便判断触发器是否进行状态改变，在状态转换真值表的输出信号中通常会添加各个触发器的时钟信号，因为时钟也是输入信号和电路状态的函数。

② 观察输入信号（CP）脉冲有效时会触发电路发生怎样的变化。本例中，因为 $CP_0 = CP$，所以 CP 输入脉冲会首先使触发器 FF_0 对其激励输入发生响应。又按照 Q_0 的状态方程 $Q_0^{n+1} = \overline{Q_0^n}$，$Q_0$ 状态在每个有效时钟边沿（CP 上跳沿）会发生翻转，因此，可以将 Q_0^n 取反填入 Q_0^{n+1} 一列。

③ 由时钟方程 $CP_1 = \overline{Q_0^n}$ 可知，触发器 FF_0 发生翻转后，Q_0 的状态变化会引起触发器 FF_1 的时钟 CP_1 有跳变。因为本例中触发器的时钟正边沿有效，且 $CP_1 = \overline{Q_0^n}$，所以在 Q_0 从 1 变到 0 的时候，在 FF_1 触发器的时钟端 CP_1 上产生一个上跳沿，FF_1 触发器会对其激励输入发生响应。同理，按照 Q_1 的状态方程 $Q_1^{n+1} = \overline{Q_1^n}$，在 CP_1 上有脉冲输入时，Q_1 状态将发生翻转。仔细分析 Q_0 的状态变化，在 $Q_2^n Q_1^n Q_0^n = 001$、011、101、111 时，Q_0 状态会从 1 变为 0，则 CP_1 上有上跳沿，将"↑"填入表格中 CP_1 一列的对应行中，表明这些状态下 CP_1 有脉冲输入。之后，在 CP_1 有脉冲输入的行，因 Q_1 状态翻转，将 Q_1^n 取反填入 Q_1^{n+1} 一列；在 CP_1 无脉冲输入的行，因 Q_1 状态不变，直接将 Q_1^n 填入 Q_1^{n+1} 一列。

④ 同理，由时钟方程 $CP_2 = \overline{Q_1^n}$ 可知，触发器 FF_1 的状态输出 Q_1 的变化将会引起触发器 FF_2 的时钟 CP_2 有跳变。同样，在 Q_1 从 1 变到 0 的时候，在 FF_2 触发器的时钟端 CP_2

上将产生一个上跳沿，按照 Q_2 的状态方程 $Q_2^{n+1}=\overline{Q_2^n}$，$Q_2$ 状态将发生翻转；而 Q_1 的其他状态转移则不会产生 CP_2 有效脉冲。仔细分析 Q_1 的状态变化，在 $Q_2^nQ_1^nQ_0^n=011$、111 时，Q_1 状态会从 1 变为 0，则 CP_2 上有上跳沿；将"↑"填入表格中 CP_2 一列、$Q_2^nQ_1^nQ_0^n=$ 011/111 对应两行中，表明这两个状态下 CP_2 有脉冲输入，其他行无脉冲输入。最后，在 CP_2 有脉冲输入的两行，将 Q_2^n 取反填入 Q_2^{n+1} 一列；在 CP_2 无脉冲输入的其他行，Q_2 状态不变，直接将 Q_2^n 填入 Q_2^{n+1} 一列。

⑤ 按照输出方程，计算出电路输出 Z 的值。显然，只有 $Q_2^nQ_1^nQ_0^n=111$ 时，$Z=1$。

至此，已经完整地完成了状态转换真值表，如表 7.1 所示。

表 7.1 例 7.1 的状态转换真值表

输入			输出						
时钟输入	原态			次态			电路输出	时钟	
CP	Q_2^n	Q_1^n	Q_0^n	Q_2^{n+1}	Q_1^{n+1}	Q_0^{n+1}	Z	CP_2	CP_1	CP_0
1	0	0	0	0	0	1	0			↑
1	0	0	1	0	1	0	0		↑	↑
1	0	1	0	0	1	1	0			↑
1	0	1	1	1	0	0	0	↑	↑	↑
1	1	0	0	1	0	1	0			↑
1	1	0	1	1	1	0	0		↑	↑
1	1	1	0	1	1	1	0			↑
1	1	1	1	0	0	0	1	↑	↑	↑

事实上，也可以从每个状态出发，逐个分析该状态在输入脉冲 CP 作用下，各触发器是否有有效时钟来临，状态是否发生变化，从而推导出其次态。分析如下：

当电路原态为 $Q_2^nQ_1^nQ_0^n=000$ 时，若输入脉冲 CP 上沿来临，使得触发器 FF_0 翻转，Q_0 从 0 变成 1；$\overline{Q_0}$ 从 1 到 0，产生一个下降沿送入触发器 FF_1 的时钟 CP_1，下降沿对 FF_1 而言是无效时钟沿，Q_1 状态不变；FF_2 的时钟 CP_2 也没有变化，Q_2 状态保持。因此，电路的次态为 $Q_2^{n+1}Q_1^{n+1}Q_0^{n+1}=001$。

当电路原态为 $Q_2^nQ_1^nQ_0^n=001$ 时，若输入脉冲 CP 上沿来临，Q_0 从 1 变成 0；$\overline{Q_0}$ 就产生一个上跳沿送入时钟 CP_1，触发器 FF_1 翻转，Q_1 从 0 翻转到 1；$\overline{Q_1}$ 产生的下跳沿作为 FF_2 的时钟 CP_2，时钟沿无效，Q_2 状态保持。因此，电路的次态为 $Q_2^{n+1}Q_1^{n+1}Q_0^{n+1}=010$。

当电路原态为 $Q_2^nQ_1^nQ_0^n=010$ 时，CP 上沿来临，使得 Q_0 从 0 变成 1；$\overline{Q_0}$ 产生的下跳沿对触发器 FF_1 无效，Q_1 保持不变；CP_2 无变化，Q_2 状态保持。因此，电路的次态为 $Q_2^{n+1}Q_1^{n+1}Q_0^{n+1}=011$。

当电路原态为 $Q_2^nQ_1^nQ_0^n=011$ 时，CP 上沿来临，使得 Q_0 从 1 变成 0；$\overline{Q_0}$ 从 0 翻转到 1，产生的上跳沿触发 FF_1 翻转，Q_1 从 1 翻转到 0；$\overline{Q_1}$ 从 0 到 1，CP_2 上有上跳沿，Q_2 状态翻转，从 0 到 1。因此，电路的次态为 $Q_2^{n+1}Q_1^{n+1}Q_0^{n+1}=100$。

当电路原态为 $Q_2^nQ_1^nQ_0^n=100$ 时，CP 上沿来临，使得 Q_0 从 0 变成 1；$\overline{Q_0}$ 产生的下跳沿

对触发器 FF_1 无效，Q_1 保持不变；CP_2 无变化，Q_2 状态保持。因此，电路的次态为 $Q_2^{n+1}Q_1^{n+1}Q_0^{n+1}=101$。

当电路原态为 $Q_2^n Q_1^n Q_0^n=101$ 时，CP 上沿来临，使得 Q_0 从 1 变成 0；$\overline{Q_0}$ 产生一个上跳沿送入 CP_1，Q_1 从 0 翻转到 1；$\overline{Q_1}$ 产生的下跳沿对触发器 FF_2 无效，Q_2 状态保持。因此，电路的次态为 $Q_2^{n+1}Q_1^{n+1}Q_0^{n+1}=110$。

当电路原态为 $Q_2^n Q_1^n Q_0^n=110$ 时，CP 上沿来临，使得 Q_0 从 0 变成 1；$\overline{Q_0}$ 产生的下跳沿对触发器 FF_1 无效，Q_1 保持不变；CP_2 无变化，Q_2 状态保持。因此，电路的次态为 $Q_2^{n+1}Q_1^{n+1}Q_0^{n+1}=111$。

当电路原态为 $Q_2^n Q_1^n Q_0^n=111$ 时，CP 上沿来临，使得 Q_0 从 1 变成 0；$\overline{Q_0}$ 从 0 翻转到 1，产生的上跳沿触发 FF_1 翻转，Q_1 从 1 翻转到 0；$\overline{Q_1}$ 从 0 到 1，CP_2 上有上跳沿，Q_2 状态翻转，从 1 到 0。因此，电路的次态为 $Q_2^{n+1}Q_1^{n+1}Q_0^{n+1}=000$。

以上推导，也可以得到同样的状态转换真值表。

（3）根据电路的状态转换真值表，画出状态转移图。由表 7.1 可直接画出电路的状态图，如图 7.4 所示。

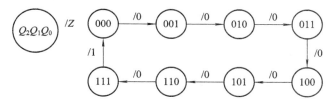

图 7.4　例 7.1 的状态转移图

（4）根据电路的状态转移图，给出电路的逻辑功能描述。从图 7.4 可以看出，电路共有 8 个状态，分别为 000、001、010、011、100、101、110 和 111。在输入脉冲 CP 的作用下，电路状态从 000 依次递增到 111，再回到 000。当电路状态为 111 时，输出 $Z=1$，否则输出 $Z=0$。因此，该电路是一个异步八进制加法计数器，其输入脉冲 CP 为计数脉冲，Z 为级联进位输出。

根据方程组或者状态转换真值表，也可以画出电路的时序图，如图 7.5 所示。显然，Q_2 只在 CP_2 有上跳沿时才翻转，Q_1 也只在 CP_1 有上跳沿时才翻转，如图 7.5 中虚线指示。

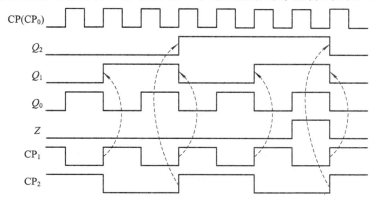

图 7.5　例 7.1 的时序波形图

在例 7.1 的脉冲异步时序逻辑电路中，存储元件是带时钟的边沿型触发器。下面的例子中，存储元件为不带时钟的锁存器。

【例 7.2】 分析图 7.6 所示的脉冲异步时序逻辑电路，说明其逻辑功能。

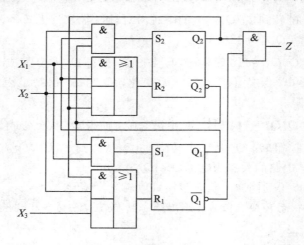

图 7.6 例 7.2 的电路图

解 该电路的存储元件为基本 R-S 锁存器，没有时钟，电路状态的改变直接由输入 X_1、X_2、X_3 触发。分析过程如下：

(1) 根据电路图，写出电路的方程组。

激励方程：

$$S_2 = X_2\,\overline{Q_2^n}\,Q_1^n, \quad R_2 = X_1 Q_1^n + X_2 Q_2^n$$

$$S_1 = X_1\,\overline{Q_2^n}, \quad R_1 = X_2 Q_2^n + X_3$$

输出方程：

$$Z = Q_2^n\,\overline{Q_1^n}$$

将激励方程代入锁存器的特征方程 $Q^{n+1} = S + \overline{R} Q^n$，可以求出锁存器的状态方程：

$$Q_2^{n+1} = S_2 + \overline{R_2} Q_2^n = X_2\,\overline{Q_2^n}\,Q_1^n + \overline{X_1 Q_1^n + X_2 Q_2^n}\,Q_2^n$$

$$= X_2\,\overline{Q_2^n}\,Q_1^n + \overline{X_1 Q_1^n}\,\overline{X_2 Q_2^n}\,Q_2^n$$

$$= X_2\,\overline{Q_2^n}\,Q_1^n + \overline{X_1 Q_1^n}\,\overline{X_2}\,Q_2^n$$

$$= X_2\,\overline{Q_2^n}\,Q_1^n + \overline{X_1}\,\overline{X_2}\,Q_2^n + \overline{X_2}\,Q_2^n\,\overline{Q_1^n}$$

$$Q_1^{n+1} = S_1 + \overline{R_1} Q_1^n = X_1\,\overline{Q_2^n} + \overline{X_2 Q_2^n + X_3}\,Q_1^n$$

$$= X_1\,\overline{Q_2^n} + \overline{X_2}\,\overline{X_3}\,Q_1^n + \overline{X_3}\,\overline{Q_2^n}\,Q_1^n$$

(2) 根据电路的方程组，列出状态转换真值表。状态转换真值表的输入变量为电路输入信号 X_1、X_2、X_3 以及原态 Q_1^n、Q_2^n，输出变量为次态 Q_1^{n+1}、Q_2^{n+1} 和电路输出信号 Z，如表 7.2 所示。与同步时序逻辑电路以及例 7.1 的状态转换真值表不同，在表 7.2 中，X_1、X_2、X_3 并没有列出其所有组合，原因是对脉冲异步时序逻辑电路的输入信号有限制：不允许有同时输入两个及以上的脉冲输入信号。当 X_1、X_2、X_3 全部无脉冲输入时，由状态方程可以推导出 $Q_2^{n+1} = Q_2^n$、$Q_1^{n+1} = Q_1^n$，电路的状态没有发生变化，故表 7.2 仅仅列出了

X_1、X_2、X_3 分别有效的 12 种组合。然后由状态方程计算 Q_2 和 Q_1 的次态，由输出方程计算输出 Z 的值，分别填入表中。

表 7.2　例 7.2 的状态转换真值表

输　　入					输　　出		
输入信号			原态		次态		输出信号
X_1	X_2	X_3	Q_2^n	Q_1^n	Q_2^{n+1}	Q_1^{n+1}	Z
1	0	0	0	0	0	1	0
1	0	0	0	1	0	1	0
1	0	0	1	0	1	0	1
1	0	0	1	1	0	1	0
0	1	0	0	0	0	0	0
0	1	0	0	1	1	1	0
0	1	0	1	0	0	0	1
0	1	0	1	1	0	0	0
0	0	1	0	0	0	0	0
0	0	1	0	1	0	0	0
0	0	1	1	0	1	0	1
0	0	1	1	1	1	0	0

（3）根据状态转换真值表，画出电路的状态转移图。由表 7.2 可直接画出电路的状态转移图，如图 7.7 所示。由于电路是 Moore 型，即输出 Z 仅仅是电路状态 Q_2 和 Q_1 的函数，与输入无关，所以，在状态转移图中，将输出 Z 放在表示状态的圆圈中。又因为 $Z = Q_2^n \overline{Q_1^n}$，意味着电路只在处于 $Q_2Q_1 = 10$ 状态下时，输出 Z 才为 1，其他状态下，Z 都输出 0。

（4）根据电路的状态转移图，描述电路的逻辑功能。仔细分析图 7.7，可以发现电路有 4 个状态（$Q_2Q_1 = 00/01/11/10$）。当电路输入的脉冲序

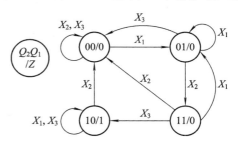

图 7.7　例 7.2 的状态转移图

列为 X_1—X_2—X_3 时，电路状态会转移到 10，输出 Z 变为 1；当有 X_2 输入脉冲时，电路转移到 00 状态。因此，该电路为一个 X_1—X_2—X_3 脉冲序列检测器，当输入 X_1—X_2—X_3 脉冲序列时，输出 $Z = 1$；直到再次检测到 X_2 脉冲，电路复位，输出 $Z = 0$，且继续检测 X_1—X_2—X_3 脉冲序列。

图 7.8 为其时序波形图。图中，在输入 X_1、X_2、X_3 上依次出现脉冲时，输出 Z 就升为高电平，并保持高电平，直到 X_2 脉冲来临，Z 降为低电平，电路复位到 00 初始态。

这里要特别注意两点：① 在虚线 P 处，事实上 Q_1 的翻转要比 X_1 的前沿晚一个 Δt 时间，Δt 是电路的响应时间，也就是从 X_1 变化，到锁存器的 R 和 S 发生变化，继而锁存器

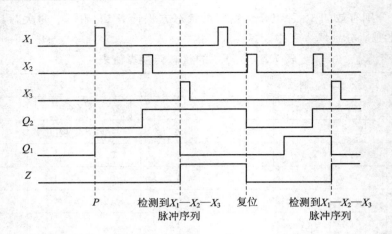

图 7.8　例 7.2 的时序波形图

的状态变化所需要的时间。② 由于使用的基本 R-S 锁存器没有时钟，因此当输入信号脉冲宽度过长时，可能会导致状态空翻。例如，在 $Q_2Q_1=01$ 状态下，假设 X_2 的脉冲来临，则按照表 7.2 或者图 7.7 可知，电路状态转移到 $Q_2Q_1=11$；但是如果 $X_2=1$ 的时间过长，则会引起一个新的状态转移，即从 $Q_2Q_1=11$ 再次转移到 $Q_2Q_1=00$。显然，这个转移是不符合预期的。所以，使用基本 R-S 锁存器设计的脉冲异步时序电路，输入脉冲的宽度控制需要特别注意。

7.2.2　脉冲异步时序逻辑电路的设计

脉冲异步时序逻辑电路的设计方法与同步时序逻辑电路基本类似，具体步骤如下：

（1）分析设计要求，画出电路的原始状态图和原始状态表。

（2）对原始状态表进行状态化简。

（3）进行状态赋值。

（4）写出状态转换真值表。

（5）选择触发器/锁存器的类型，根据状态转换真值表，写出电路的输出方程，求出触发器的时钟方程、触发器/锁存器的激励方程。

（6）若电路存在无效状态，则需要对电路进行自启动检查。

（7）画出逻辑电路图。

显然，与同步时序逻辑电路的设计相比，脉冲异步时序逻辑电路没有时钟或者时钟不统一，因此在具体步骤的处理上，应注意以下两点：

（1）状态转换真值表：当有多个输入脉冲时，只考虑每个输入脉冲单独有效的情况；当没有任何一个输入脉冲时，电路的状态是不会发生变化的。这样，对于状态转换真值表而言，n 个输入信号只考虑分别单独有效的 n 种组合（独热码编码），其他组合都可作为无关项处理。

（2）状态赋值：同一原态在不同输入下的次态不需要分配逻辑相邻的编码。这是因为：在脉冲异步时序逻辑电路中，不同输入组合的编码是独热码，两两并不相邻。这与同步时序逻辑电路不同，后者的状态转移表中列出了所有输入的全部组合。脉冲异步时序电路的状态编码规则是：

① 在相同输入下，有相同次态的原态，应相邻分配编码。

② 在相同输入下，有相同输出的原态，应相邻分配编码。

③ 选择在机器复位时，很容易进入的状态作为初始状态编码(典型的是全 0 或者全 1)。

(3) 时钟方程：时钟方程是电路输入和原态的函数。如果使用边沿触发器作为存储元件，则由于各触发器没有统一时钟，所以，要为每个触发器分别确定时钟信号。通常用 1 代表产生了有效时钟边沿，用 0 代表无有效时钟边沿。时钟信号的确定原则为：触发器的状态有变化时，一定是触发器在时钟信号作用下按照状态方程发生状态改变的结果，因此时钟信号必须有效(1，产生有效的上跳沿或者下跳沿)；触发器的状态不变时，可能是时钟信号无效(0，无脉冲或者无有效边沿)，也可能是时钟信号有效(1，产生有效边沿)，但恰巧变化前的状态和变化后的状态一样。因此，时钟信号可以为 0，也可以为 1。为了使时钟方程比较简单，应尽可能使其为 0，以使激励端为无关项，有利于激励方程的化简。

(4) 激励方程：激励方程是电路输入和原态的函数。如果时钟信号为 1，则必须按照触发器的特性表或者特征方程来确定其激励值。求取某个触发器的时钟方程和激励方程是有关联的，一般分为以下两个步骤：

① 根据状态转换真值表，写出该触发器对应的时钟信号和激励值。

② 画出触发器时钟 CP 的卡诺图以及各激励的卡诺图，求出其时钟方程和激励方程。

首先说明时钟信号的确定方法。依据次态和原态是否一致来确定时钟信号。当状态发生变化时，时钟信号为 1；当状态未发生变化时，时钟信号可以为 0(触发器不动作)，也可以为 1(触发器保持原态)。在激励表或者卡诺图中，对于状态发生改变的情况，可直接确定时钟信号为 1，并填入对应的激励值；之后，对于状态未发生改变的情况，以尽量使时钟信号和激励信号化简至最简为原则，适当选取若干时钟信号为 1，并对应填入激励值。

再讨论填入激励值的方法。当时钟信号为 0 时，激励信号为任意项 d；当时钟信号为 1 时，根据触发器的类型，可求出激励信号具体的激励值。

例如，对于 J-K 触发器，如果其状态 Q 的原态是 1，次态是 0，则其状态发生从 1 到 0 的变化，所以 CP=1，且就 J-K 触发器而言，JK=11 和 JK=01 都能使状态发生从 1 到 0 的变化，前者是翻转($Q^{n+1}=\overline{Q^n}=\overline{1}=0$)，后者是清零($Q^{n+1}=0$)。在这种情况下，CP=1，激励值为 $J=d$(无关项，0 或 1 均可)，$K=1$。

又假如 J-K 触发器 Q 的原态是 1，次态也是 1，则其状态无变化。时钟有 0 和 1 两种情况。若 CP=0，则激励 J 和 K 无论是何值，触发器状态都不会改变，所以 J 和 K 都是无关项 d。若 CP=1，触发器的 JK=00 可以使状态保持不变($Q^{n+1}=Q^n=1$)，JK=10 可以使其置位($Q^{n+1}=1$)，所以 CP=1 时，激励值为 $J=d$(无关项，0 或 1 均可)，$K=0$。

如此对 J-K 触发器的所有状态变化进行分析，即得到如表 7.3 所示的 J-K 触发器的时钟控制及其对应的激励表。同理，可以得到 D 触发器、T 触发器和 R-S 触发器的激励表，分别如表 7.4~表 7.6 所示。其中，CP=0 表示时钟端无脉冲输入，CP=1 表示时钟端有脉冲输入。

表 7.3　J‑K 触发器的时钟控制及激励表

原态	次态	时钟	激励	
Q^n	Q^{n+1}	CP	J	K
0	0	0	d	d
		1	0	d
0	1	1	1	d
1	0	1	d	1
1	1	0	d	d
		1	d	0

表 7.4　D 触发器的时钟控制及激励表

原态	次态	时钟	激励
Q^n	Q^{n+1}	CP	D
0	0	0	d
		1	0
0	1	1	1
1	0	1	0
1	1	0	d
		1	1

表 7.5　T 触发器的时钟控制及激励表

原态	次态	时钟	激励
Q^n	Q^{n+1}	CP	T
0	0	0	d
		1	0
0	1	1	1
1	0	1	1
1	1	0	d
		1	0

表 7.6　R‑S 触发器的时钟控制及激励表

原态	次态	时钟	激励	
Q^n	Q^{n+1}	CP	S	R
0	0	0	d	d
		1	0	d
0	1	1	1	0
1	0	1	0	1
1	1	0	d	d
		1	d	0

下面通过具体的例子来说明。

【例 7.3】　试用 J‑K 触发器设计一个脉冲异步七进制减法计数器。输入为计数脉冲 CP，当计数值为 000 时，输出借位指示 $Z=1$。

解　按照脉冲异步时序逻辑电路的设计步骤，设计过程如下：

（1）分析题意，画出电路的状态转移图，如图 7.9 所示。

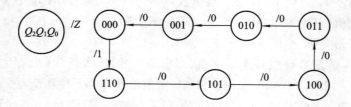

图 7.9　例 7.3 的状态转移图

显然，七进制加法计数器有 7 个有效状态，状态已经最简，故需要 3 个触发器，且可以直接编码为 000～110，无需另外的状态赋值。

（2）根据状态转移图，直接写出状态转换真值表，如表 7.7 所示。

表 7.7 例 7.3 的状态转换真值表

时钟输入	原 态			次 态			电路输出
CP	Q_2^n	Q_1^n	Q_0^n	Q_2^{n+1}	Q_1^{n+1}	Q_0^{n+1}	Z
1	0	0	0	1	1	0	1
1	0	0	1	0	0	0	0
1	0	1	0	0	0	1	0
1	0	1	1	0	0	0	0
1	1	0	0	0	1	1	0
1	1	0	1	1	0	0	0
1	1	1	0	1	0	0	0
1	1	1	1	d	d	d	d

（3）根据题意，指定了 J – K 触发器，求出 3 个触发器的时钟方程、激励方程和电路的输出方程。具体步骤如下：

① 根据状态转换真值表，可以直接写出电路的输出方程：

$$Z = \overline{Q_2^n}\,\overline{Q_1^n}\,\overline{Q_0^n}$$

② 根据状态转换真值表，列出触发器的次态卡诺图。

图 7.10～7.12(a) 所示分别为 3 个触发器状态 Q_0、Q_1、Q_2 的次态卡诺图。

③ 分析次态卡诺图，画出触发器的时钟信号卡诺图和激励信号 J、K 的卡诺图，在次态发生变化的对应方格中填入 1 以及写入对应位置的激励输入。

观察次态卡诺图，对于状态发生变化的方格，填写 1 到时钟信号卡诺图中相对应的方格中，并对照表 7.3，针对状态变化的具体情况，在激励信号卡诺图相对应的方格中填入激励值；而对于状态无变化的方格，时钟信号卡诺图和激励信号卡诺图对应的格子暂时保持空白。

图 7.10～图 7.12(b) 分别为时钟信号 CP_0、CP_1、CP_2 的卡诺图，图 7.10～图 7.12(c) 为激励信号 J 和 K 的卡诺图。下面以 Q_1 为例说明填写方法。

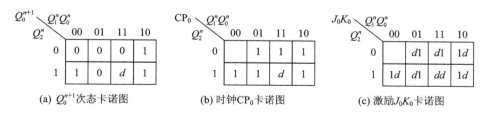

(a) Q_0^{n+1} 次态卡诺图   (b) 时钟 CP_0 卡诺图   (c) 激励 J_0K_0 卡诺图

图 7.10 例 7.3 的 Q_0 的卡诺图

图 7.11(a) 是 Q_1 的次态卡诺图。在 $Q_2^n Q_1^n Q_0^n = 000$ 的格子中为 1，表明 Q_1 次态为 1，而原态 $Q_1^n = 0$，则 Q_1 发生变化，那么 CP_1 必须有脉冲。这时在图 7.11(b) 的 CP_1 卡诺图中对应的 $Q_2^n Q_1^n Q_0^n = 000$ 的方格中填入 1。由于 Q_1 从 0 变为 1，则对照表 7.3，其激励输入应为 $J_1 = 1$，$K_1 = d$（任意项），则在图 7.11(c) 的激励卡诺图中对应的 $Q_2^n Q_1^n Q_0^n = 000$ 的方格中填入 $1d$。

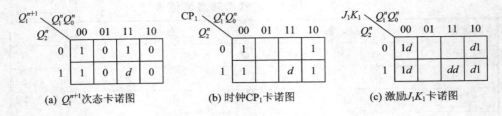

图 7.11　例 7.3 的 Q_1 的卡诺图

再看图 7.11(a)中 $Q_2^n Q_1^n Q_0^n = 001$ 的方格，Q_1 次态卡诺图中为 0，说明状态无变化，那么 CP_1 卡诺图以及 $J_1 K_1$ 卡诺图中对应的 $Q_2^n Q_1^n Q_0^n = 001$ 的方格就暂时不用填写，保持空白。

以此类推，写出 3 个触发器状态 Q_0、Q_1、Q_2 的时钟信号卡诺图和激励信号卡诺图，如图 7.10～7.12 中的图(b)和图(c)所示。

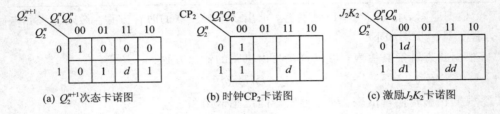

图 7.12　例 7.3 的 Q_2 的卡诺图

④ 为了得到尽量简化的时钟方程和激励方程，适当地选择某些没有发生状态改变的位置的时钟输入填入 1，并写入对应位置的激励输入，得到最终的时钟信号卡诺图(时钟真值表)和激励信号卡诺图(激励表)。

在图 7.10～7.12(b)所示的时钟信号卡诺图中，空白方格意味着这里的时钟可以为 0，也可以为 1，但是在这一设计步骤中，必须要指定方格内是 0 还是 1。

如果时钟卡诺图空白方格中填入 0，就意味着无时钟输入，则激励卡诺图中对应的空白方格内就可以填入无关项 d(意味着没有时钟的情况下，无论激励输入为何值，状态仍旧不会发生改变)。如果在时钟卡诺图空白方格中填入 1，就意味着有时钟输入，则激励卡诺图中对应的空白方格内必须按照如前所述的方法填入相应的激励值。

显然，在时钟卡诺图空白方格中填入 0，有利于激励方程的化简；而填入 1，有利于时钟方程的化简。为了达到时钟方程和激励方程最简的目的，可以综合考虑，选取某些空白方格中填入 1。

例如，在 CP_0 的时钟卡诺图中，$Q_2^n Q_1^n Q_0^n = 000$ 的空格中填入 1，使得全部方格都可以相邻画圈，同时在 $J_0 K_0$ 卡诺图中 000 的空格中填入激励值 $0d$(因为在 000 原态下，Q_0 保持 0 不变)。而在 CP_1 的时钟卡诺图中，空格填入了 3 个 1；在 CP_2 的时钟卡诺图中，空格填入了 2 个 1。最终的时钟卡诺图和激励卡诺图如图 7.13 所示。其中，空格中填入的"1"及其对应激励值加了下划线。

⑤ 对照时钟及激励输入卡诺图或者真值表，化简并写出时钟方程和激励方程。将激励卡诺图中的 J 和 K 拆开来填写，以便于化简，如图 7.14 所示。

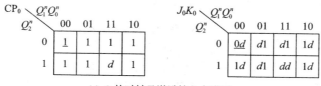

(a) Q_0的时钟及激励输入卡诺图

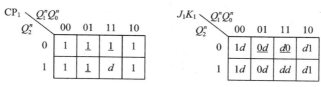

(b) Q_1的时钟及激励输入卡诺图

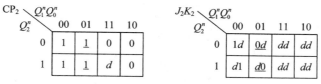

(c) Q_2的时钟及激励输入卡诺图

图 7.13　例 7.3 的最终的时钟卡诺图和激励卡诺图

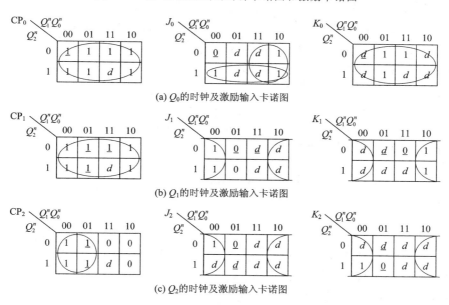

(a) Q_0的时钟及激励输入卡诺图

(b) Q_1的时钟及激励输入卡诺图

(c) Q_2的时钟及激励输入卡诺图

图 7.14　例 7.3 的激励输入卡诺图

由图 7.14 化简后，可以写出时钟方程及激励方程如下：

$$CP_0 = 1 \cdot CP = CP \qquad J_0 = Q_2^n + Q_1^n \qquad K_0 = 1$$

$$CP_1 = 1 \cdot CP = CP \qquad J_1 = \overline{Q_0^n} \qquad K_1 = \overline{Q_0^n}$$

$$CP_2 = \overline{Q_1^n} \qquad J_2 = \overline{Q_0^n} \qquad K_2 = \overline{Q_0^n}$$

（4）电路存在一个无效状态 $Q_2^n Q_1^n Q_0^n = 111$，需要对电路进行自启动检查。按照时钟方程、激励，可以推导出 111 状态下的 3 个时钟以及次态，如表 7.8 所示。当有 CP 输入时，

355

时钟 CP_0 和 CP_1 都有效，Q_0 和 Q_1 都会按照激励输入进行状态转移：因为 $J_0 = Q_2^n + Q_1^n = 1$，$K_0 = 1$，则 $Q_0^{n+1} = \overline{Q_0^n} = 0$；因为 $J_1 = K_1 = \overline{Q_0^n} = 0$，$Q_1$ 保持 1 不变。又因为 Q_1 未发生变化，所以 CP_2 无脉冲输入，Q_2 也保持 1 不变。因此，次态为 110，电路可以自启动。

表 7.8　例 7.3 的自启动检查表

时钟输入	原态			次态			电路输出	时钟		
CP	Q_2^n	Q_1^n	Q_0^n	Q_2^{n+1}	Q_1^{n+1}	Q_0^{n+1}	Z	CP_2	CP_1	CP_0
1	1	1	1	1	1	0	0		↑	↑

（5）按照输出方程、时钟方程和激励方程，画出逻辑电路图，如图 7.15 所示。

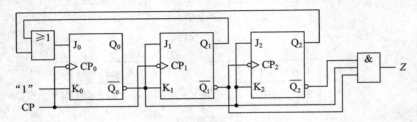

图 7.15　例 7.3 的七进制减法计数器脉冲异步时序电路图

【例 7.4】　用 D 触发器设计一个脉冲异步时序逻辑电路，功能是 $X_1 - X_2 - X_2$ 序列检测器。该电路有 2 个输入端 X_1 和 X_2，一个输出端 Z，当且仅当按照 $X_1 - X_2 - X_2$ 序列输入脉冲时，输出 Z 同步输出一个脉冲，其他任何输入序列，均不会产生输出脉冲。

解　根据题意，该电路的逻辑框图如图 7.16（a）所示，其典型的时序波形图如图 7.16（b）所示。

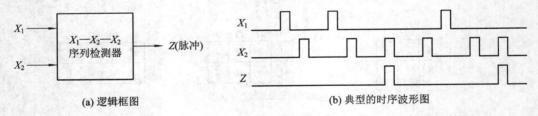

(a) 逻辑框图　　　　　　　　　　　　(b) 典型的时序波形图

图 7.16　例 7.4 的 $X_1 - X_2 - X_2$ 序列检测器

（1）根据题意，设计电路的原始状态图和状态表。首先进行电路状态定义：

① 状态 A：初始状态，未输入第一个 X_1 脉冲。

② 状态 B：电路输入了脉冲 X_1。

③ 状态 C：电路输入了脉冲序列 $X_1 - X_2$。

④ 状态 D：电路输入了脉冲序列 $X_1 - X_2 - X_2$。

然后根据题意，设计出电路的原始状态图，如图 7.17 所示。

假设电路初始状态为 A，识别到 X_1 脉冲后进入状态 B，若在 B 状态识别到输入脉冲 X_2 后进入状态 C，在 C 状态再次识别输入 X_2 脉冲后进入状态 D，这样可以得到该电路输出 Z 脉冲的一个关键路径，如图 7.17 中粗线所示。然后根据每个状态有另外一个不同的输入脉冲情况，得到完整的原始状态图。根据原始状态图可得到原始状态表，如表 7.9 所示。

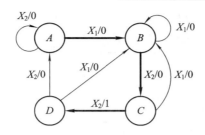

图 7.17 例 7.4 的 $X_1-X_2-X_2$ 序列检测器的原始状态图

表 7.9 例 7.4 的原始状态表

原态	次态/输出	
	X_1	X_2
A	$B/0$	$A/0$
B	$B/0$	$C/0$
C	$B/0$	$D/1$
D	$B/0$	$A/0$

（2）对原始状态表进行状态化简。观察表 7.9，状态 A 和 D 在输入 X_1 和 X_2 脉冲作用下，次态和输出均一致，故 A 与 D 状态等价，是一对等价状态对（A，D）。将表 7.9 中的 D 用 A 来替代，可以得到最小化状态表，如表 7.10 所示。

表 7.10 例 7.4 的最小化状态表

原态	次态/输出	
	X_1	X_2
A	$B/0$	$A/0$
B	$B/0$	$C/0$
C	$B/0$	$A/1$

（3）进行状态编码。3 个状态需要 2 个触发器，故需要两位二进制对 3 个状态进行编码。按照编码原则，可以分析出 AC、AB、BC 的编码都要相邻，不可能同时满足，但是 AC 相邻的要求有 3 次，优先级最高；而出现最多的状态 B 可以作为初始状态，编码为 00。这样，3 个状态的编码可以取为：$A=11$，$B=00$，$C=01$。将编码代入表 7.10 的最小化状态表，可得到状态编码表，如表 7.11 所示。

表 7.11 例 7.4 的状态编码表

$Q_1^n Q_0^n$	$Q_1^{n+1} Q_0^{n+1}/Z$	
	X_1	X_2
11	$00/0$	$11/0$
00	$00/0$	$01/0$
01	$00/0$	$11/1$

（4）根据状态编码表，可以得到状态转换真值表。由表 7.11 可以得到状态转换真值

表，如表 7.12 所示，显然这是仅仅考虑 X_1 和 X_2 输入脉冲单独作用下的情况。

表 7.12 例 7.4 的状态转换真值表

输入		原态		次态		电路输出
X_1	X_2	Q_1^n	Q_0^n	Q_1^{n+1}	Q_0^{n+1}	Z
1	0	0	0	0	0	0
1	0	0	1	0	0	0
1	0	1	0	d	d	d
1	0	1	1	0	0	0
0	1	0	0	0	0	0
0	1	0	1	1	1	1
0	1	1	0	d	d	d
0	1	1	1	1	1	0

（5）根据状态转换真值表，写出电路的输出方程，推导出触发器的时钟方程、触发器的激励方程。根据表 7.12，写出电路的输出方程为：

$$Z = X_2 \, \overline{Q_1^n} \, Q_0^n$$

为得到时钟方程和激励方程，可以首先画出两个触发器的次态卡诺图、时钟卡诺图和激励卡诺图，如图 7.18 所示。然后逐步在方格中填写相应的 0/1 数字。需要注意的是，这里的卡诺图与前述卡诺图有差异，其行是原态 $Q_1^n Q_0^n$ 的状态组合，其列则是 X_1 和 X_2 两列，代表当输入脉冲分别为 X_1 和 X_2 时的情况，并非是 X_1 和 X_2 的代码组合。卡诺图填写过程如下：

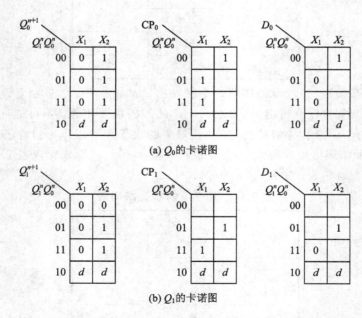

图 7.18 例 7.4 的次态卡诺图、时钟卡诺图和激励卡诺图

① 根据表 7.12，填写 0 和 1 到次态卡诺图中。

② 观察次态卡诺图，当次态发生变化时，在时钟卡诺图中对应的方格中填写 1；次态无变化，则保持空白。

③ 对于时钟卡诺图上为 1 的方格，其在激励卡诺图上对应位置的方格要填入相应的激励值，其他方格保持空白。由于指定使用 D 触发器，因此激励输入 D 的值就是次态，即次态卡诺图相应位置上的值。图 7.18 为初步填写的卡诺图。

④ 分析时钟卡诺图和激励卡诺图，尝试将时钟卡诺图中某些空白的方格填入 1，同时在对应激励卡诺图的对应位置填入激励值，以使两个卡诺图的化简能够最简。要注意的是，时钟卡诺图中，除了无效状态外，其他状态下的方格中必须确定的填 0 和 1。如果填 0，则激励卡诺图中对应方格填无关项 d；如果填 1，则激励卡诺图中对应方格填激励值。这个过程可能需要多次尝试，而且有时也许会产生冲突，即使得时钟函数最简的同时，激励输入的函数会变得复杂，反之亦然。因此需要综合考虑，获得最优的组合。图 7.19 为最后确定好的卡诺图。

⑤ 通过卡诺图化简，写出时钟函数和激励函数。

由于卡诺图与前述卡诺图不同，因此，化简时需注意两点：一是只能每一列内进行画圈化简，不能跨列画圈；二是本列画圈后，按照行变量（原态）写出表达式后，还需与本列的输入变量 X_1 或 X_2 相"与"。

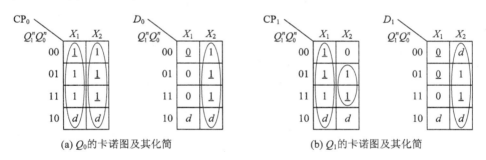

(a) Q_0 的卡诺图及其化简　　　　(b) Q_1 的卡诺图及其化简

图 7.19　例 7.4 的确定好的时钟卡诺图和激励卡诺图

化简得到的时钟方程和激励方程为：

$$CP_0 = X_1 + X_2 \qquad D_0 = X_2$$
$$CP_1 = X_1 + X_2 Q_0^n \qquad D_1 = X_2$$

（6）对无效状态进行电路的自启动检查。电路的无效状态为 $Q_1^n Q_0^n = 10$，代入时钟方程和激励方程，求得其次态，如表 7.13 所示。

表 7.13　例 7.4 的自启动检查表

输入		原态		时钟		激励		次态		电路输出
X_1	X_2	Q_1^n	Q_0^n	CP_1	CP_0	D_1	D_0	Q_1^{n+1}	Q_0^{n+1}	Z
1	0	1	0	↑	↑	0	0	0	0	0
0	1	1	0	0	↑	1	1	1	1	0

可见，在无效状态 10 下，无论输入 X_1 脉冲还是输入 X_2 脉冲，电路都能进入有效状态（00 或者 11），电路能够自启动，并且无错误输出。

（7）按照输出方程、时钟方程和激励方程，画出逻辑电路图。由求得的方程组，可以直接画出电路图，如图 7.20 所示。

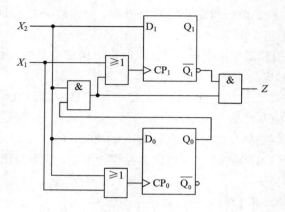

图 7.20　例 7.4 的逻辑电路图

由上面两个例子可以看出，时钟方程的确定对于脉冲异步时序逻辑电路而言，是一个关键步骤。在某些应用场合下，可以简单地由时序波形图直接找到时钟函数的可行方案，下面举例说明。

【例 7.5】　用 T 触发器（负边沿触发）设计一个异步六进制加法计数器，输入为计数脉冲 CP，输出为级联进位输出信号 Z，高电平有效。

解　（1）先画出六进制加法计数器的时序图，如图 7.21 所示。

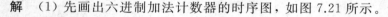
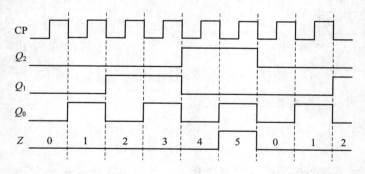

图 7.21　例 7.5 的六进制加法计数器的时序波形图

（2）分析时序波形图，观察 Q_0、Q_1、Q_2 发生变化的位置，找到一组可行的时钟方程。显然 Q_0 在每个 CP 下跳沿均发生状态翻转，因此，可以用 CP 作为 Q_0 的时钟。而 Q_1 在发生状态变化时，Q_0 都会同时从 1 变为 0，故可以用 Q_0 作为 Q_1 的时钟。Q_2 发生变化的边沿，也都有 Q_0 从 1 变为 0，所以也可以用 Q_0 作为 Q_2 的时钟。这样得出的时钟方程为：

$$CP_0 = CP \qquad CP_1 = Q_0^n \qquad CP_2 = Q_0^n$$

（3）写出状态转换真值表，如表 7.14 所示。

表 7.14 例 7.5 的状态转换真值表

时钟输入	原 态			次 态			电路输出
CP	Q_2^n	Q_1^n	Q_0^n	Q_2^{n+1}	Q_1^{n+1}	Q_0^{n+1}	Z
1	0	0	0	0	0	1	0
1	0	0	1	0	1	0	0
1	0	1	0	0	1	1	0
1	0	1	1	1	0	0	0
1	1	0	0	1	0	1	0
1	1	0	1	0	0	0	1
1	1	1	0	d	d	d	d
1	1	1	1	d	d	d	d

（4）根据时钟方程以及 T 触发器的特性方程，写出激励表。对于 T 触发器，当对应的时钟信号有效时（下跳沿），若次态发生变化，则激励 T 取值 1；若次态保持不变，则激励 T 取值 0。若对应的时钟信号无效，则激励 T 可取值 d（无关项）。这样，可以根据时钟方程，先写出各触发器何时时钟有效，然后依照上述方法写出时钟有效时的激励值，如表 7.15 所示。$CP_i = 0$，意味着时钟无效；$CP_i = \downarrow$，意味着时钟有效。

表 7.15 例 7.5 的激励表

输入	原 态			次 态			时钟			激励			输出
CP	Q_2^n	Q_1^n	Q_0^n	Q_2^{n+1}	Q_1^{n+1}	Q_0^{n+1}	CP_2	CP_1	CP_0	T_2	T_1	T_0	Z
1	0	0	0	0	0	1	0	0	$\downarrow$	d	d	1	0
1	0	0	1	0	1	0	$\downarrow$	$\downarrow$	$\downarrow$	0	1	1	0
1	0	1	0	0	1	1	0	0	$\downarrow$	d	d	1	0
1	0	1	1	1	0	0	$\downarrow$	$\downarrow$	$\downarrow$	1	1	1	0
1	1	0	0	1	0	1	0	0	$\downarrow$	d	d	1	0
1	1	0	1	0	0	0	$\downarrow$	$\downarrow$	$\downarrow$	1	0	1	1
1	1	1	0	d	d	d	d	d	d	d	d	d	d
1	1	1	1	d	d	d	d	d	d	d	d	d	d

（5）根据激励表，画出卡诺图，化简激励方程和输出方程。由表 7.15 可以画出激励信号 T_0、T_1 和 T_2 的卡诺图，如图 7.22 所示。然后化简求得激励方程为：

$$T_2 = Q_2^n + Q_1^n \qquad T_1 = \overline{Q_2^n} \qquad T_0 = 1$$

输出方程为：

$$Z = Q_2^n Q_0^n$$

（6）电路自启动检查。电路存在两个无效状态，需要对无效状态进行自启动检查。首先根据时钟方程、激励方程和输出方程，分别检查两个无效状态的次态和输出，如表 7.16 所示。

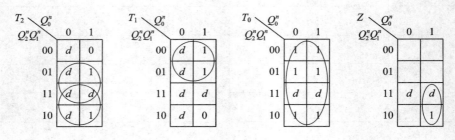

图 7.22　例 7.5 的激励和输出信号卡诺图

表 7.16　例 7.5 的自启动检查表

输入	原态			次态			时钟			激励			输出
CP	Q_2^n	Q_1^n	Q_0^n	Q_2^{n+1}	Q_1^{n+1}	Q_0^{n+1}	CP_2	CP_1	CP_0	T_2	T_1	T_0	Z
1	1	1	0	1	1	1	0	0	↓	1	0	1	0
1	1	1	1	0	1	0	↓	↓	↓	1	0	1	1

显然，电路在无效状态下，可以经过 1～2 个 CP 脉冲，进入到有效状态，因此可自启动；但是在 111 无效状态下，会输出错误 Z 值。因此，修正输出方程，在卡诺图化简时，不圈无关项即可，修正的输出方程为：

$$Z = Q_2^n \overline{Q_1^n} Q_0^n$$

完整的状态转移图如图 7.23 所示。

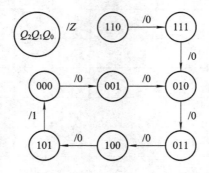

图 7.23　例 7.5 的异步六进制加法计数器状态转移图

（7）画出逻辑电路图，如图 7.24 所示。

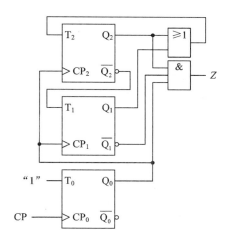

图 7.24　例 7.5 的异步六进制加法计数器电路图

7.3　电平异步时序逻辑电路

如前所述，脉冲异步时序逻辑电路的内部使用触发器或锁存器作为存储元件，且状态改变依赖于输入的脉冲信号（时钟脉冲或输入信号脉冲）；而电平异步时序逻辑电路则以延迟元件为存储电路，输入信号基于电平，电路状态的改变取决于输入信号电平的变化。

电平异步时序逻辑电路的基本模型如图 7.2 所示。类似于时钟同步状态机，电平异步时序电路也可以构造 Mealy 型和 Moore 型电路，如图 7.25 所示。

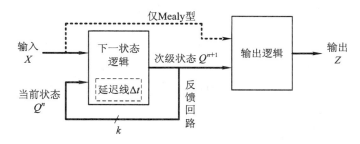

图 7.25　电平异步时序逻辑电路的 Mealy 型和 Moore 型电路

其存储电路为无时钟的带反馈的门电路，可将其抽象为延迟线（延迟元件）。事实上反馈回路就是记忆元件，总是储存着 0 或者 1。一个具有 k 个反馈回路的电平异步时序逻辑电路就有 k 个二进制状态变量和 2^n 种状态。事实上，在第 5 章描述的各种类型的锁存器和触发器本身都是电平异步时序逻辑电路，因为它们都至少含有一个反馈回路。

"延迟"是指反馈信号 Q^n 的变化和次级输出 Q^{n+1} 的变化之间有延迟时间。Δt 代表了输入信号 X 或反馈信号（当前状态）Q^n 到相应的次级输出 Q^{n+1} 之间的组合逻辑电路的延时情况。为便于分析，假设所有反馈回路的延迟时间 Δt 都相同。

电路中次级状态 Q^{n+1} 随 X 变化，延迟 Δt 时间发生变化，然后反馈到输入端，从而引起电路状态进一步变化，直到 $Q^{n+1}=Q^n$，电路才进入稳定状态。

同脉冲异步时序逻辑电路类似，在进行分析和设计时，通常对输入信号有以下限制或假设条件：

（1）每次只有一个输入信号发生变化，不允许同时发生变化。例如，当输入为 00 时，输入只能做 00→01 或 00→10 的变化，不能做 00→11 的变化。

（2）输入信号连续变化的时间间隔足以使电路达到一个稳定的内部状态。换句话说，仅当电路处于稳态时，才允许输入信号发生变化。

7.3.1　电平异步时序逻辑电路的描述方法

在带时钟的同步时序逻辑电路和脉冲异步时序逻辑电路中，电路状态的变化由时钟脉冲或者输入脉冲触发，无论输入如何随意发生变化，只需要在脉冲边沿采样输入的值及电路的状态，就可以很容易地得到电路的状态转换表和状态转换图。但是电平异步时序逻辑电路要困难得多，因此，通常会借助另外一些手段来进行描述，以利于分析和设计。下面分别进行介绍。

1. 逻辑方程组

在图 7.2 和图 7.25 中，电平异步时序逻辑电路的输入 $X_1 \sim X_n$、输出 $Z_1 \sim Z_m$、状态 $Y_1 \sim Y_K$ 之间的关系可用以下方程来描述：

输出方程：

$$Z_i = f_i(\text{输入，当前状态}) = f_i(X_1 \sim X_n, Y_1^n \sim Y_K^n), \ i = 1, \cdots, m$$

激励方程/状态方程：

$$Y_i^{n+1} = g_i(\text{输入，当前状态}) = g_i(X_1 \sim X_n, Y_1^n \sim Y_K^n), \ i = 1, \cdots, K$$

以上是在 t 时刻的稳态逻辑方程，其中，Y_i^n 表示电路中第 i 个反馈回路在 t 时刻的状态；Y_i^{n+1} 表示电路中第 i 个反馈回路在 $t + \Delta t$ 时刻的次级状态。

我们以 R-S 锁存器来分析电平异步时序逻辑电路，图 7.26 是其电路。为了方便分析，必须将反馈回路断开。在图 7.26(a)中，在反馈回路上插入一个虚构的缓冲器作为延迟元件，就可以将反馈回路断开；同时假设缓冲器的延迟时间为 Δt，而其他电路的延迟为 0。也就是将电路的所有延迟时间集中于虚构的缓冲器上。从表面上看，图 7.26(a)中似乎还有从输出 $\overline{Q}$ 到输入端的另一个回路，但是当插入图示缓冲器并将其视为延迟元件后，重新画出电路，如图 7.26(b)所示，就会发现电路中不再有其他回路，因此，R-S 锁存器是一个单回路的反馈时序电路。

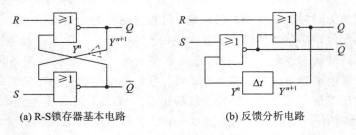

(a) R-S锁存器基本电路　　　　(b) 反馈分析电路

图 7.26　电平异步时序电路 R-S 锁存器

电路有两个输出 Q 和 $\overline{Q}$，有一个电路内部状态 Y。电路输出方程为：

$$Q = \overline{\overline{R + \overline{S + Y^n}}} = \overline{R}(S + Y^n) = \overline{R}S + \overline{R}Y^n$$

$$\overline{Q} = \overline{S + Y^n} = \overline{S}\,\overline{Y^n}$$

内部状态 Y 的方程为：

$$Y^{n+1} = \overline{R}S + \overline{R}Y^n$$

2. 状态转换真值表

将输入信号和当前内部状态的所有组合列出，按照输出方程和状态方程计算出输出信号和内部状态的次级状态，即可列出状态转换真值表，如表 7.17 所示。

表 7.17　R－S 锁存器的状态转换真值表

输入信号		当前状态	次级状态	输出信号	
R	S	Y^n	Y^{n+1}	Q	$\overline{Q}$
0	0	0	0	0	1
0	0	1	1	1	0
0	1	0	1	1	0
0	1	1	1	1	0
1	0	0	0	0	1
1	0	1	0	0	0
1	1	0	0	0	0
1	1	1	0	0	0

3. 状态转移表

显然，表 7.17 中的输出 Q 和 $\overline{Q}$ 与表 5.1 的不同，在正常情况下，Q 和 $\overline{Q}$ 互补，但有时候也相同，例如，当 $RS = 10$、$Y^n = 1$ 时，$Q = \overline{Q} = 0$。通过状态转移表即可方便地观察出电路的转移特性。将表 7.17 按照表 7.18 的方式重新组合，就是状态转移表。在表 7.18 中，为方便后续分析，输入组合按照格雷码的形式排列，保证相邻两列只有一个输入信号发生变化。

表 7.18　R－S 锁存器的状态转移表

当前状态	次级状态/输出：Y^{n+1} / $Q\,\overline{Q}$			
Y^n	$RS = 00$	$RS = 01$	$RS = 11$	$RS = 10$
0	⓪/01	1/10	⓪/00	⓪/01
1	①/10	①/10	0/00	0/00

在电平异步时序逻辑电路中，通过输入状态和内部状态的当前状态，就可确定电路的次级状态。因此，用总状态(Total State)来描述电路状态，简称总态，它是输入状态(Input State，电路输入的当前值 X)和内部状态(Internal State，储存于反馈回路中的值 Y)的组合，记为 $(X，Y)$。本例中，总态为 $(RS，Y)$。

在输入不变的情况下，若次级状态 Y^{n+1} 和反馈到输入端的当前状态 Y^n 保持一致，则称为稳定的总状态；否则，若次级状态 Y^{n+1} 和反馈到输入端的当前状态 Y^n 不一致，则称为不稳定的总状态。

由状态转移表确定的下一个内部状态值，如果和当前状态值相同，则可以判断该总态是稳定的总态，即电路状态不再发生变化；如果下一个内部状态值和当前状态值不相同，则该总态是不稳定的总态。在表 7.18 中，将稳定状态用圆圈圈起来特殊标识，即将表格中 Y^{n+1} 和 Y^n 一致的次级状态画上圆圈。例如，总态 $(RS, Y) = (00, 0)$ 是稳态，因为当前状态和次级状态都为 0；而总态 $(01, 0)$ 是不稳定的总态，因为当前状态为 0，次级状态为 1。

4. 流程表

通常称状态表为原始流程表。对于原始流程表中不稳定状态进行分析，追踪其输入不变的情况下的状态变化，直到变成稳态，将最终的稳态替代下一状态，就变成了流程表。因此，输入信号要保持一定的稳定不变的时间间隔，以使电路从可能的不稳定状态最终变化到稳定状态。

例如，在表 7.18 中，不稳定总态 $(RS, Y) = (10, 1)$ 的下一状态是 $(10, 0)$，则继续分析总态 $(10, 0)$ 的下一状态，仍是 $(10, 0)$，显然是稳态。所以流程表中，$(10, 1)$ 的下一状态直接填写其最终稳态 $(10, 0)$ 的次级状态/输出值 0/01，而不是其第一次变化的状态与输出 0/00。对其他不稳定状态进行同样分析，可以总结出：不稳定状态总是按照状态表在垂直方向上上下移动（因为输入不变）。

表 7.18 中的状态变化分析如图 7.27 所示，得到流程表如表 7.19 所示。

当前状态	次级状态/输出：$Y^{n+1} / Q\overline{Q}$			
Y^n	$RS=00$	$RS=01$	$RS=11$	$RS=10$
0	⓪/01	1/10	⓪/00	⓪/01
1	①/10	①/10	0/00	0/00

图 7.27　R－S 锁存器状态表非稳态分析

表 7.19　R－S 锁存器的流程表

当前状态	次级状态/输出：$Y^{n+1} / Q\overline{Q}$			
Y^n	$RS=00$	$RS=01$	$RS=11$	$RS=10$
0	⓪/01	1/10	⓪/00	⓪/01
1	①/10	①/10	0/00	0/01

5. 总态转移图

状态表和流程表反映了每一总态下的次级状态和输出，而总态转移图则反映的是在某一内部状态下，输入发生变化时的下一个稳定总态。总态转移图更能反映出电路在输入序列作用下电路变化的流程，因此又被称为流程图。

对照状态表或者流程表，当输入信号发生变化时，可以确定其下一个稳态。因为之前的限制和假设，输入信号只能做相邻变化。此时，在状态表或者流程表上表现为下一总态先做水平方向移动，然后做垂直方向移动，直到达到稳定总态。将所有总态在输入进行有效变化后的下一总态和输出用图示形式画出，就是总态转移图。

例如，在图 7.27 中，从状态 $(00, 0)$ 出发，输入从 00 到 01 变化，则总态变为 $(01, 0)$，

此时输出 $Q\overline{Q}$ 从 01 变为 10；然后从 (01，0) 出发，因其不是稳态，故分析出它的下一稳定总态是 (01，1)。这个总态变化总结为 (00，0)→(01，0)→(01，1)，可以用图 7.28(a) 表示。忽略其中的非稳态 (01，0)，并画出转移图，如图 7.28(b) 所示。电路的状况需要用总态和输出一起描述，即 $(X，Y)/Z$，本例中为 $(RS，Y)/Q\overline{Q}$。

图 7.28(a) 中仅仅显示了总态 (00，0) 和 (00，1) 的转移情况分析。对所有稳定状态的转移情况进行分析，就可以画出总态转移图，如图 7.28(b) 所示。显然，总态转移图中只包含了稳定总态，转移条件只有符合假设条件的情况，即输入只做相邻变化。

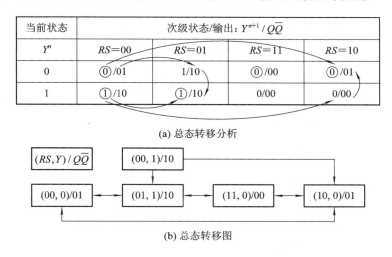

(a) 总态转移分析

(b) 总态转移图

图 7.28　R-S 锁存器的总态转移图

6. 时序波形图

与其他时序逻辑电路一样，时序波形图是描述输入、输出以及内部状态变化的一个有力工具。按照方程组，或状态转移表，或流程表，或总态转移图，都可以画出在一组典型输入序列下，电路输出以及内部状态的变化波形。图 7.29 是 R-S 锁存器的时序波形图。

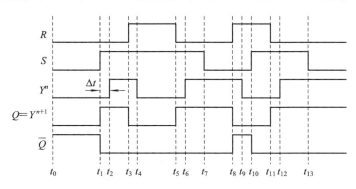

图 7.29　R-S 锁存器的时序波形图

可以注意到，在 t_1 时刻，Y^{n+1} 响应了输入 RS 从 00 到 01 的变化，从 0 变到 1；但是 Y^n 却延迟了 Δt 时间后才从 0 变为 1。在 t_1 时刻，电路处于非稳态 (01，0)（因为 $Y^n \neq Y^{n+1}$），直到 t_2 时刻才变成稳态 (01，1)。不稳定状态的时间点还有 t_3、t_5、t_8、t_{11}。这些不稳定状态存在的时间是 Δt，虽然非常短，但是对电平异步时序逻辑电路而言至关重要。

图 7.29 是针对图 7.26(b)所示电路画出的时序波形图，Y^n 比 Y^{n+1} 的变化延迟了 Δt 时间。然而在实际电路图 7.26(a)中，Y^{n+1} 直接反馈到输入端 Y^n（不经过延迟元件），但是 Y^n 必须经过两个或非门的延迟时间后才能更新为 Y^{n+1}。假设延迟时间也为 Δt，则 Y^{n+1} 比 Y^n 的变化延迟了 Δt 时间，反映到时序图上，Y^n 对应的波形就是 Q 的波形，也是 Y^{n+1} 的波形，因为 $Y^n = Y^{n+1} = Q$。后续分析中，不再加入虚构的延迟元件（如缓冲器），而直接使用电路中门电路延迟作为延迟线。

了解了电平异步时序逻辑电路的描述方法后，我们开始讨论其分析方法。

7.3.2 电平异步时序逻辑电路的分析

从上面的例子中，我们可以得出电平异步时序逻辑电路的分析过程如下：

(1) 分析电路图，确定反馈回路个数，并定义内部状态。

(2) 写出激励方程/状态方程和输出方程。

(3) 根据方程组，列出状态转换真值表。

(4) 根据状态转换真值表，列出状态转移表（流程表），并找出所有的稳定状态，画圈标记。

(5) 分析所有稳定状态的变化情况，画出总态转移图，必要时画出时序波形图。

(6) 说明电路功能。

下面通过例子来说明电平异步时序逻辑电路的分析过程。

【例 7.6】 分析图 7.30 所示的电平异步时序逻辑电路，写出其方程组，列出状态转移表，画出其总态转移图和时序波形图。

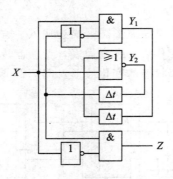

图 7.30　例 7.6 的电路图

解 由图可知，电路有两个带延迟线的反馈回路，内部状态用 Y_1 和 Y_2 两个信号表示，下面分析该电平异步时序逻辑电路。

(1) 写出方程组：

输出方程：

$$Z = \overline{X} Y_2^n$$

状态方程/激励方程：

$$Y_1^{n+1} = X \overline{Y_2^n} \qquad Y_2^{n+1} = \overline{X + Y_1^n}$$

(2) 由方程组写出状态转换真值表，如表 7.20 所示。

表 7.20　例 7.6 的状态转换真值表

输　入	当前状态		次级状态		输　出
X	Y_1^n	Y_2^n	Y_1^{n+1}	Y_2^{n+1}	Z
0	0	0	0	1	0
0	0	1	0	1	1
0	1	0	0	0	0
0	1	1	0	0	1
1	0	0	1	0	0
1	0	1	1	0	0
1	1	0	1	0	0
1	1	1	0	0	0

（3）写出状态转移表，标记出稳态，如表 7.21 所示。

表 7.21　例 7.6 的状态转移表

当前状态		次级状态/输出（$Y_1^{n+1}Y_2^{n+1}/Z$）	
Y_1^n	Y_2^n	$X=0$	$X=1$
0	0	01/0	10/0
0	1	⑪01/1	00/0
1	1	00/1	00/0
1	0	00/0	⑩10/0

显然，电路总态是（X,Y_1Y_2），有（0，01）和（1，10）两个稳态。

（4）分析电路在稳态下，输入发生变化后的电路状态的转移情况，得到总态转移图。首先分析稳态（0，01），如果 X 从 0 变为 1，则总态为非稳态（1，01）；（1，01）下一状态变为（1，00），不是稳态；继续观察，（1，00）的下一状态是（1，10），为稳态。因此，在 $X=0→1$ 时，总态变化情况是（0，01）→（1，01）→（1，00）→（1，10）。再分析稳态（1，10），如果 X 从 1 变为 0，则总态变为非稳态（0，10）；（0，10）下一状态变为（0，00），也不是稳态；继续观察，（0，00）的下一状态是（0，01），为稳态。因此，在 $X=1→0$ 时，总态变化情况是（1，10）→（0，10）→（0，00）→（0，01）。

可见，在 X 发生变化时，两个稳态之间相互转换，但是都经过了两个非稳态，才转移到稳态。总态转移图如图 7.31 所示。

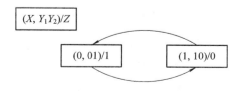

图 7.31　例 7.6 的总态转移图

369

（5）将总态转移的过程用时序波形图描述，如图 7.32 所示。

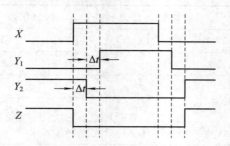

图 7.32　例 7.6 的时序波形图

【例 7.7】　分析图 7.33 所示的电平异步时序逻辑电路，描述其电路功能。

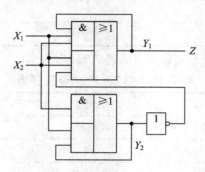

图 7.33　例 7.7 的电路图

解　电路有两个输入 X_1 和 X_2 与一个输出 Z，其内部状态有两个信号 Y_1 和 Y_2。分析过程如下：

（1）写出电路的输出方程和激励方程如下：

输出方程：

$$Z = Y_1^n$$

激励方程/状态方程：

$$Y_1^{n+1} = X_1 X_2 Y_1^n + X_1 X_2 \overline{Y_2^n}$$

$$Y_2^{n+1} = X_2 + X_1 Y_2^n$$

（2）列出电路的状态转换真值表，如表 7.22 所示。

表 7.22　例 7.7 的状态转换真值表

输　入		当前状态		次级状态		输　出
X_1	X_2	Y_1^n	Y_2^n	Y_1^{n+1}	Y_2^{n+1}	Z
0	0	0	0	0	0	0
0	0	0	1	0	0	0
0	0	1	0	0	0	1
0	0	1	1	0	0	1
0	1	0	0	0	1	0

输 入		当前状态		次级状态		输 出
X_1	X_2	Y_1^n	Y_2^n	Y_1^{n+1}	Y_2^{n+1}	Z
0	1	0	1	0	1	0
0	1	1	0	0	1	1
0	1	1	1	0	1	1
1	0	0	0	0	0	0
1	0	0	1	0	1	0
1	0	1	0	0	0	1
1	0	1	1	0	1	1
1	1	0	0	1	1	0
1	1	0	1	0	1	0
1	1	1	0	1	1	1
1	1	1	1	1	1	1

（3）列出电路的状态转移表，如表 7.23 所示。

表 7.23 例 7.7 的状态转移表

当前状态		次级状态/输出（$Y_1^{n+1}Y_2^{n+1}/Z$）			
Y_1^n	Y_2^n	$X_1X_2=00$	$X_1X_2=01$	$X_1X_2=11$	$X_1X_2=10$
0	0	⑩⓪/0	01/0	11/0	⑩⓪/0
0	1	00/0	⑪⓵/0	⑩⓵/0	⑩⓵/0
1	1	00/1	01/1	⑪⓵/1	01/1
1	0	00/1	01/1	11/1	00/1

显然，电路有 6 个稳态，表中画圈标记，稳态是：（X_1X_2，Y_1Y_2）=（00，00）、（10，00）、（01，01）、（11，01）、（10，01）、（11，11）。

（4）画出电路的总态转移图。从每个稳态出发，先按照输入信号做相邻变化，即按表格横向移动，如果不是稳态，则继续按照次级状态纵向移动，直到稳态。例如，从稳态（00，00）出发，因为输入 $X_1X_2=00$，所以只能做 01 或者 10 的变化。先看稳态（00，00）向右变为（01，00），由于（01，00）是非稳态，其次级状态为 01，因此滑动到下面的 $Y_1^nY_2^n=01$ 这一行，即总态（01，01）。观察可发现，（01，01）是稳态，因此，稳态（00，00）的一个流程变化是到稳态（01，01）。再看稳态（00，00）的另一个输入相邻变化，是总态（10，00），横向移动到最右边一列。显然，（10，00）是稳态，无需再转移。所以，稳态（00，00）的另一个流程变化是到稳态（10，00）。

这样逐个分析其他 5 个稳态的两个相邻变化，可以画出电路的流程图（总态转移图）如图 7.34 所示。

（5）说明电路的功能。由图可知，该电路是一个 00—10—11 序列检测器，即当两个输

371

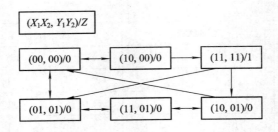

图 7.34 例 7.7 的总态转移图（流程图）

入信号 $X_1 X_2$ 上按顺序输入 $X_1 X_2 = 00$、$X_1 X_2 = 10$、$X_1 X_2 = 11$ 时，输出 $Z = 1$，否则为 0。

设电路的初始总态为 $(X_1 X_2, Y_1 Y_2) = (00, 00)$，当输入序列为 $00 \to 01 \to 11 \to 10 \to 00 \to 10 \to 11 \to 01$ 时，其总态及输出变化的时序波形图如图 7.35 所示。

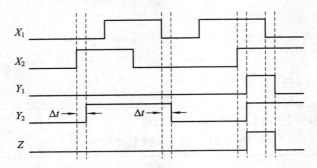

图 7.35 例 7.7 的时序波形图

7.3.3 电平异步时序逻辑电路中的竞争

1. 竞争

在电平异步时序逻辑电路中，会出现竞争（Race）现象。如果某个输入信号发生变化，会引起两个或多个电路内部状态同时发生改变，这时我们称电路存在"竞争"。

在前面的分析中，为简化分析过程，通常假设电路中所有的反馈回路上的延迟时间都相等，但是，实际情形并非如此。当输入发生变化时，若同时引起两个或多个激励状态量变化，如果它们各自的延迟又不相等，则有可能使电路停留在错误的状态。这种由于反馈所引起的竞争是电平异步时序电路中所特有的。

当竞争出现时，电路仍能够正常工作，则称这种竞争为非临界竞争（Non-critical Race）。正常工作是指无论输入如何变化，电路最终总是停留在正确的稳态上。反之，如果竞争使得电路进入并停留在错误的稳态上，则称为临界竞争（Critical Race）。

图 7.36(a)、(b)是竞争的两个例子。在图 7.36(a)中，总态 $(X_1 X_2, Y_1 Y_2) = (01, 00)$ 是一个稳态，当输入从 01 变为 11 时，总态变为 $(11, 00)$，其次级状态是 $Y_1 Y_2 = 11$，即 Y_1 和 Y_2 要从 00 变为 11。理想状态下，Y_1 和 Y_2 同时变化，总态从 $(11, 00)$ 变为稳态 $(11, 11)$，如图 7.36(a)中实线箭头所示。然而 Y_1 和 Y_2 不可能保证同时变化，可能出现的变化是 $00 \to 01 \to 11$，或 $00 \to 10 \to 11$，这样总态变化为 $(11, 00) \to (11, 01) \to (11, 11)$，或者 $(11, 00) \to (11, 10) \to (11, 11)$，如图 7.36(a)中虚线所示。可见，无论哪种变化，它都

会到达正确的稳态(11，11)，所以是非临界竞争。

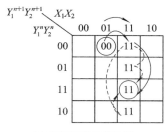

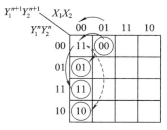

(a) 非临界竞争激励图　　　　　　(b) 临界竞争激励图

图 7.36　竞争的两种情况

在图 7.36(b)中，同样从稳态$(X_1 X_2，Y_1 Y_2)=(01，00)$出发，但是输入从 01 变为 00，则总态变为(00，00)，其次级状态$Y_1 Y_2$同样是 11，也就是需要Y_1和Y_2从 00 变为 11。同理，在理想状态下Y_1和Y_2同时变化，总态从(00，00)变为稳态(00，11)，如图 7.36(b)中实线箭头所示。当Y_1和Y_2无法同时变化时，则可能出现的变化是 00→01→11，或 00→10→11。但是从图 7.36(b)中可以看到，当次级状态$Y_1 Y_2$从 00 变为 01 这个过渡状态时，已经到达稳态(01，01)了，并且不再变化，即总态变化为(00，00)→(01，01)。同理，当次级状态$Y_1 Y_2$从 00 变为 10 这个过渡状态时，也已经到达稳态(10，10)了，即总态变化为(00，00)→(10，10)。这两种变化如图 7.36(b)中虚线所示。显然，两种情况都无法到达正确的稳态(11，11)，所以是临界竞争。

发生临界竞争有两个必要条件：

(1) 至少有两个状态变量同时变化。

(2) 输入变化后所在的列有至少两个不同的稳态。

【例 7.8】　分析例 7.7 的电路，说明是否有竞争，如果有竞争，是临界竞争还是非临界竞争。

　　解　可以分析状态转移表 7.23，观察在输入做相邻变化时，次级状态和当前状态是否有两位以上同时发生变化。也可以观察电路流程图 7.34 在总态转换时，次级状态变量是否有两位以上同时发生变化。

分析结果是：总态从稳态(10，00)到稳态(11，11)变化时，次级状态变量$Y_1 Y_2$从 00 变化到 11，同时发生变化，所以存在竞争。

下面继续分析(10，00)到(11，11)状态转换过程。

理想的稳态转换过程为：稳态(10，00)→非稳态(11，00)→稳态(11，11)。

有竞争的转换过程有两个：

(1) 稳态(10，00)→非稳态(11，00)→非稳态(11，10)→稳态(11，11)。因为到达了正确的稳态(11，11)，所以这个过程是非临界竞争。

(2) 稳态(10，00)→非稳态(11，00)→稳态(11，01)。因为到达了错误的稳态(11，01)，所以这个过程是临界竞争。

综上可知，例 7.7 的电路存在临界竞争。

2. 消除竞争

对电平异步时序逻辑电路而言，临界竞争所导致的错误后果比组合逻辑电路严重得多。所以，在设计电平异步时序逻辑电路的过程中，对激励状态 Y 要注意消除这种竞争。

通常可以采用无竞争状态赋值法来消除或者避免临界竞争。无竞争状态赋值法是指为所有可能发生转移且存在潜在竞争的稳态和非稳态赋值相邻的编码。有时候，需要在稳态和非稳态之间增加过渡状态，才能完全做到赋值相邻编码。

状态表中存在的潜在竞争，可以通过电路状态转移表或者流程表画出相邻图来分析。相邻图中每个顶点就是流程表中的一个状态；顶点之间的边代表了两个状态是相邻的，即两个状态之间有可能发生临界竞争；相邻的状态需要赋值相邻的编码。

那么如何画相邻图并进行相邻赋值呢？步骤如下：

（1）画出各个状态对应的顶点。

（2）观察每一行中的稳态和非稳态的转移关系，若某个稳态 A 可能转移到另一个非稳态 B（输入做相邻变化时），而该非稳态 B 所在的列又有多个稳态，则说明状态 A 和状态 B 之间有潜在竞争，是相邻状态。那么，在 A 和 B 对应的顶点之间画一条边，依次找出所有相邻状态，并连接它们，即可画出相邻图。

（3）进行相邻状态的相邻编码赋值。如果上述 A 和 B 的编码有两位不同，则在 A 转移到 B 状态的过程中，有可能在经过过渡状态时进入其他稳态，从而引起临界竞争。所以，需要为 A 和 B 分配相邻编码。从相邻图的任一顶点出发，为该顶点状态编码，然后改变其中一位，赋值给与其相邻的顶点状态，依次类推，完成所有状态的编码。

下面举例说明。

【例 7.9】 分析表 7.24 所示的流程表，为电路的激励状态 A、B、C、D 分配无竞争的状态编码。

表 7.24 例 7.9 的流程表

状态 S	次级状态			
	$X_1 X_2 = 00$	$X_1 X_2 = 01$	$X_1 X_2 = 11$	$X_1 X_2 = 10$
A	Ⓐ	Ⓐ	D	C
B	A	Ⓑ	D	Ⓑ
C	Ⓒ	A	D	Ⓒ
D	Ⓓ	B	Ⓓ	C

解 表 7.24 中有 4 个状态 A、B、C、D，相邻图顶点有 4 个，设总态为 $(X_1 X_2, S)$。

为得到相邻关系，先分析第一行。稳态 $(00, A)$ 可能转移到的非稳态为 $(10, A)$，该状态在第四列，其次级状态为 C，也就是说，状态 A 可能转移到状态 C；又因为第四列有两个稳态，因此在状态 A 转移到状态 C 的过程中有潜在竞争，故状态 A 和 C 相邻。第一行的另一个稳态为 $(01, A)$，它可能转移到的非稳态是 $(11, A)$，其次态是 D，即 A 可能转移到状态 D。但是该状态所在的第三列只有一个稳态，故 A 到 D 的转移中，不存在竞争，A 与 D 可以不相邻。

第二行有两个稳态 $(01, B)$ 和 $(10, B)$，它们都可能转移到 $(00, B)$，其次态为 A 状态，并且所在第一列有三个稳态，因此，状态 B 到 A 的转移过程中有潜在竞争，即 B 与 A 相邻。同理，B 与 D 可以不相邻。

第三行中，稳态 $(00, C)$ 可能转移到 $(01, C)$，其次态为 A，所在第二列有两个稳态，

所以 C 和 A 相邻。同理，C 和 D 可以不相邻。

第四行中，稳态 $(00, D)$ 可能转移到 $(01, D)$，其次态为 B，所在第二列有两个稳态，所以 D 和 B 相邻。稳态 $(00, D)$ 也可能转移到 $(10, D)$，其次态为 C，所在第四列也有两个稳态，所以 D 和 C 也相邻。

这样，画出的相邻图如图 7.37(a) 所示。然后为状态进行编码，因为 4 个状态，所以需要 2 位编码。假设 D 赋值 00，则与其相邻的 B 和 C 可以分别赋值 01 和 10，而 A 赋值 11，如图 7.37(b) 所示。显然，编码赋值方案不止一种，图 7.37(a) 所示的相邻图有 $4 \times 2 \times 1 \times 1 = 8$ 种，图 7.37(b) 的编码方案仅仅是其中一种。例如，$A = 00$，$B = 01$，$C = 10$，$D = 11$ 也是符合相邻要求的一种编码方案。

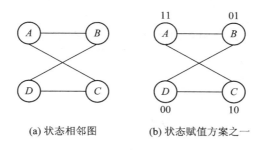

(a) 状态相邻图   (b) 状态赋值方案之一

图 7.37 例 7.9 的状态相邻图与状态赋值

在前述步骤 (3) 中，为相邻状态进行相邻编码赋值时，有时会出现无法满足所有相邻要求，这时需要添加一个新的过渡状态。下面举例说明。

【例 7.10】 分析表 7.25 所示的流程表，为电路进行无竞争状态赋值。

表 7.25 例 7.10 的流程表

状态 S	次 级 状 态			
	$X_1 X_2 = 00$	$X_1 X_2 = 01$	$X_1 X_2 = 11$	$X_1 X_2 = 10$
A	Ⓐ/0	Ⓐ/0	Ⓐ/0	B/0
B	Ⓑ/1	A/1	C/1	Ⓑ/1
C	A/0	A/0	Ⓒ/0	Ⓒ/0

解 流程表中有 3 个状态，首先分析每一行的稳态到非稳态的转移情况，画出其相邻图。

第一行分析结果是 A 与 B 相邻，第二行 B 和 C 相邻，第三行 C 与 A 相邻，故相邻图是一个三角形形状，如图 7.38(a) 所示。显然无法做到让 3 个状态编码都相邻。因此可以在 A 和 C 之间添加一个过渡状态 D，让 A 与 D 相邻，而 D 又与 C 相邻，从而消除 A 和 C 之间的状态竞争。这样，新的相邻图如图 7.38(b) 所示，也很容易得出一个可行的状态编码的赋值方案。

显然，这个增加的过渡状态使得电路的状态转移发生了改变，流程表随之也需要修改。在流程表中添加一行，代表新状态 D。在原来 A 到 C 转移的地方，修改次级状态 C 为 D（A 的次级状态为 D），同时 D 行所对应的同一列填 C（D 的次级状态为 C）。同理，在原来 C 到 A 转移的地方，修改次级状态 A 为 D（C 的次级状态为 D），同时 D 行所对应的

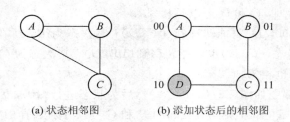

(a) 状态相邻图　　　　(b) 添加状态后的相邻图

图 7.38　例 7.10 的状态相邻图

同一列填 A（D 的次级状态为 A）。另外，输出保持不变，D 行其他列可以填为无关项，也可以填与 D 相邻的状态（A 或 C）。在本例中，只有两个 C 到 A 的转移，无 A 到 C 的转移；修改后的新流程表如表 7.26 所示。

表 7.26　例 7.10 的添加过渡状态后的流程表

状态 S	次级状态			
	$X_1 X_2 = 00$	$X_1 X_2 = 01$	$X_1 X_2 = 11$	$X_1 X_2 = 10$
A	Ⓐ/0	Ⓐ/0	Ⓐ/0	B/0
B	Ⓑ/1	A/1	C/1	Ⓑ/1
D	C/0	C/0	$-$/$-$	$-$/$-$
C	D/0	D/0	Ⓒ/0	Ⓒ/0

在这个例子中，即使增加了一个状态，但仍然只需要 2 个状态变量。但是有时为实现无竞争赋值，可能需要增加一个或者多个状态变量。图 7.39(a) 是一个 4 状态电路在最坏情况下的状态相邻图，即每个状态都与其他状态相邻。为实现无竞争赋值，在图 7.39(b) 中，添加了 4 个状态，使得原来的每个状态都用 2 个等效状态来表示。例如，状态 A 用等效的 $A1$ 和 $A2$ 表示，构成一个等效状态对。每个状态对都是等效的，并有相同的输出，而且每个状态都与其他任何状态对中的一个状态相邻，因此，每个状态就可以无竞争转移到任何其他状态对中的一个状态。例如，$A1$ 和 $D1$、$B1$ 和 $C2$ 都相邻，因此，$A1$ 的次级状态就可以是 $D1$、$B1$ 或 $C2$，并且都无状态竞争。

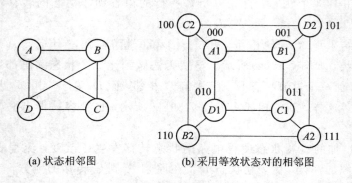

(a) 状态相邻图　　　　(b) 采用等效状态对的相邻图

图 7.39　4 状态电路在最坏情况下的状态相邻图

7.3.4　电平异步时序逻辑电路的设计

电平异步时序逻辑电路的设计包括以下几个步骤：

（1）根据文字描述，构造原始总态图和原始流程表。

（2）对流程表进行状态化简，得到最小化流程表。

（3）对简化的流程表进行无临界竞争的状态赋值。

（4）列出状态转换真值表。

（5）求出无冒险的激励方程/状态方程和输出方程。

（6）画出逻辑电路图。

下面通过具体的例子来说明设计过程。

【例 7.11】 设计一个电平异步时序逻辑电路，有两个输入 X_1 和 X_2，一个输出 Z，功能是：当输入 $X_1 X_2$ 上有 $00-01-11$ 序列时，Z 输出为 1；直到 $X_1 X_2$ 上再次输入 00，Z 才变为 0。电路在输入序列 $00-01-11-10-00-10-00-01-11-01$ 作用下，输出 Z 的时序波形图如图 7.40 所示。

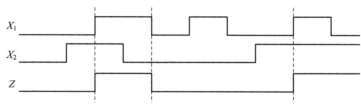

图 7.40　例 7.11 的时序波形图

解　按步骤设计如下：

（1）建立原始总态图，构造原始流程表。过程如下：

① 根据命题要求，假设一个总态/输出作为初始状态，其中，总态由输入组合以及内部状态构成，内部状态可以用 A、B 或 S_0、S_1 等一般符号表示，也可以用其他有意义的字符串表示。

② 从初始状态出发，输入做相邻变化，每出现一个新的总态/输出组合时，添加一个新状态，如果出现的总态/输出组合已经存在，则要看是否符合设计要求，若不满足设计要求，则仍应添加一个新状态。

③ 从所有的状态出发，输入做相邻变化，直到不产生新状态为止。

④ 由总态转移图形成原始流程表。

在本例中，总状态为 $(X_1 X_2, S)$，S 为内部状态，输出为 Z，状态用 $(X_1 X_2, S)/Z$ 表示。假设初始总态为 $(00, A)$，因为还未检测到 $00-01-11$ 序列，此时输出 Z 为 0，所以初始状态为 $(00, A)/0$。

由于每次只允许一个输入发生变化，所以从初始状态出发，可能的输入组合变化为 $X_1 X_2 = 01$ 或 $X_1 X_2 = 10$。这两种情况对应两个新的内部状态 B 和 C，同时输出 Z 也均为 0，扩展了两个状态为 $(01, B)/0$ 和 $(10, C)/0$，这个扩展过程如图 7.41(a) 所示。

然后从 $(01, B)/0$ 出发，输入有 00 和 11 两种相邻变化。当输入为 00 时，回到 $(00, A)/0$ 状态；当输入为 11 时，产生新状态 D，此时输入经过了 $00-01-11$ 序列，输

出 Z 应为 1，故该状态为 $(11, D)/1$。该过程如图 7.41(b)所示。

同样从 $(10, C)/0$ 出发，输入也有 00 和 11 两种相邻变化。当输入为 00 时，回到 $(00, A)/0$ 状态；当输入为 11 时，由于输出 Z 为 0，所以产生新状态 E，该状态为 $(11, E)/0$。该过程如图 7.41(c)所示。

继续分析状态 $(11, D)/1$ 的转移情况，因为命题要求 Z 要保持 1 直到输入为 00，所以 $(11, D)/1$ 可以转移到两个新状态 $(01, F)/1$、$(10, G)/1$。而这两个新状态能转移到次态一个为 $(11, D)/1$，另一个为 $(00, A)/0$，即当输入为 00 时，Z 变为 0。转移过程如图 7.41(d)所示。

再分析状态 $(11, E)/0$，当输入变为 10 时，状态回到 $(10, C)/0$；当输入变为 01 时，产生新状态 $(01, H)/0$。而 $(01, H)/0$ 状态在输入为 00 时，回到 $(00, A)/0$；在输入为 11 时，回到 $(11, E)/0$。至此，建立了完整的总态转移图（流程图），如图 7.41(e)所示。

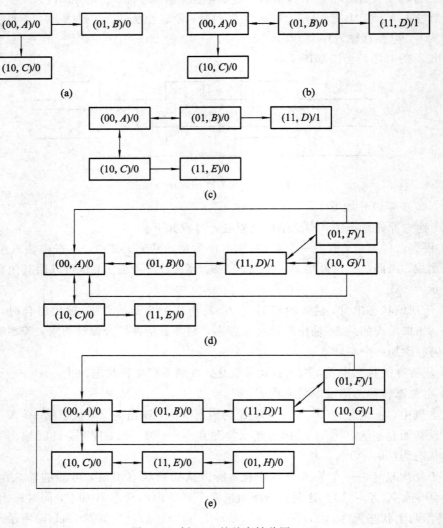

图 7.41　例 7.11 的总态转移图

根据流程图可以列出原始流程表，构造方法是：

① 画出流程表的表格。流程图中的每个内部状态，在流程表中占一行。本例中有 $A\sim H$ 八个状态，所以流程表有 8 行；输入有 X_1 和 X_2 两个信号，$00\sim11$ 共 4 个组合，故有 4 列。

② 填入所有稳态。流程图中的每个总态/输出都是一个稳态；对于某个稳定总态而言，其次级状态是保持不变的。因此，对于该稳定总态的输入值对应的列与内部状态对应的行交叉处的方格，填入内部状态自己以及对应的输出；然后画圈标记各个稳态。例如，对于流程图中的状态 $(00, A)/0$ 而言，在表格 $X_1X_2=00$ 一列、A 行交叉的方格处，填入 "Ⓐ/0"，表明：当输入为 00，且当前内部状态为 A 时，其次级状态也是 A，输出为 0。同理，对于状态 $(11, D)/1$，则在表格 $X_1X_2=11$ 一列、D 行交叉的方格处，填入 "Ⓓ/1"。依次类推，对于图 7.41(e) 中的每一个方框，都如此填入表中，即可得表 7.27(a)。

③ 从每行的稳态出发，对照流程图 7.41(e) 中的转移情况，将次级状态/输出逐个填入该行对应的相邻方格内。在相对稳态而言输入发生两位变化的方格，则填入无关项 "—/—"。例如，对于表 7.27(a) 中的第一行(A 行)，稳态是 $(00, A)/0$，对照流程图，其可能的两个转移是 $(01, B)/0$ 和 $(10, C)/0$，则在 A 行的 $X_1X_2=01$ 一列填入 "$B/0$"，在 A 行的 $X_1X_2=10$ 一列填入 "$C/0$"；由于输入不可能发生从 00 到 11 的转移，所以在 A 行的 $X_1X_2=11$ 一列填入 "—/—"。对于流程图中，次级状态的输出和当前状态的输出不同，则对应方格的输出当做无关项填写(也可以理解为从稳态出发转移到非稳态时，若输出发生改变，则忽略这个变化，视为任意项，因为输出值取决于最终的稳态)。例如，在流程图中，状态 $(01, B)/0$ 转移到 $(11, D)/1$，输出不一致，则在第二行(B 行)的 $X_1X_2=11$ 一列填入 "$D/—$"。分析每一行的稳态出发的转移情况，就可以得到完整的原始流程表，见表 7.27(b)。

表 7.27　例 7.11 的原始流程表

表 7.27(a)　填入稳态的原始流程表

状态 S	次级状态/输出			
	$X_1X_2=00$	$X_1X_2=01$	$X_1X_2=11$	$X_1X_2=10$
A	Ⓐ/0			
B		Ⓑ/0		
C				Ⓒ/0
D			Ⓓ/1	
E			Ⓔ/0	
F		Ⓕ/1		
G				Ⓖ/1
H		Ⓗ/0		

表 7.27(b)　完整的原始流程表

状态 S	次级状态/输出			
	$X_1X_2=00$	$X_1X_2=01$	$X_1X_2=11$	$X_1X_2=10$
A	Ⓐ/0	B/0	$-$/$-$	C/0
B	A/0	Ⓑ/0	D/$-$	$-$/$-$
C	A/0	$-$/$-$	E/0	Ⓒ/0
D	$-$/$-$	F/1	Ⓓ/1	G/1
E	$-$/$-$	H/0	Ⓔ/0	C/0
F	$-$/$-$	Ⓕ/1	D/1	$-$/$-$
G	A/$-$	$-$/$-$	D/1	Ⓖ/1
H	A/$-$	Ⓗ/0	E/0	$-$/$-$

（2）对原始流程表进行状态化简，得到最小化流程表。进行状态化简时，仍旧可以使用观察法和隐含表法，前者适用于状态少且转移简单的情况，而后者适用于状态多且转移复杂的情况。接下来，使用隐含表法完成本例的状态化简。

① 画出隐含表，然后两两比较。若状态相容则在方格内填"√"，若不相容则填"×"，若是否相容取决于次级状态是否相容，则方格内填入次级状态对。判断是否相容的方法与同步时序逻辑电路相同，参见"6.3.3 状态化简"一节。本例的隐含表如图 7.42 所示。

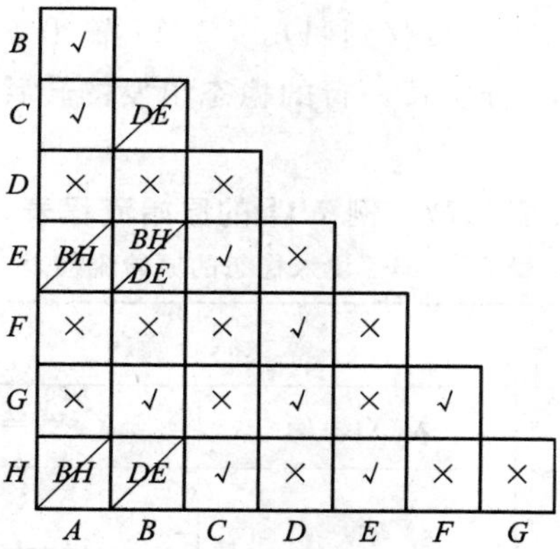

图 7.42　例 7.11 的隐含表

② 对不能确定是否相容的方格，做关联比较。若次级状态对相容，则该方格改填"√"，否则画斜线，表明不相容。比较结果，相容对有：$(A，B)$、$(A，C)$、$(B，G)$、$(C，E)$、$(C，H)$、$(D，F)$、$(D，G)$、$(E，H)$、$(F，G)$。

③ 对所有相容状态对，做状态合并图，找到最大相容类集合。状态合并图如图 7.43 所示，可以得到最大相容类集合为：$\{(A，B)，(C，E，H)，(D，F，G)\}$。

④ 重新更新原始流程表，得到最小化流程表。用 A 表示相容类 $(A，B)$，替换原始流程表中的 B；用 C 表示相容类 $(C，E，H)$，替换原始流程表中的 E 和 H；用 D 表示相容类 $(D，F，G)$，替换原始流程表中的 F 和 G。然后逐个合并，这样即可得到最小化流程表，如表 7.28 所示。

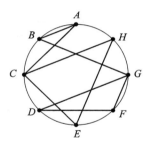

图 7.43 例 7.11 的状态合并图

表 7.28 例 7.11 的最小化流程表

状态 S	次级状态/输出			
	$X_1 X_2 = 00$	$X_1 X_2 = 01$	$X_1 X_2 = 11$	$X_1 X_2 = 10$
A	$Ⓐ/0$	$Ⓐ/0$	$D/-$	$C/0$
C	$A/0$	$Ⓒ/0$	$Ⓒ/0$	$Ⓒ/0$
D	$A/-$	$Ⓓ/1$	$Ⓓ/1$	$Ⓓ/1$

（3）对简化的流程表进行无临界竞争的状态赋值。分析表 7.28，可以得到状态相邻图，如图 7.44 所示。

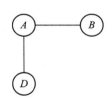

图 7.44 例 7.11 的状态相邻图

可以为其分配无竞争的状态编码：$A = 00$，$C = 01$，$D = 10$。

（4）列出状态转换真值表。用编码替代最小化流程表中的状态，并将无效状态编码的次级和输出设为无关项，这样得到的状态转移编码表如表 7.29 所示，与其对应的状态转换真值表如表 7.30 所示。

表 7.29 例 7.11 的状态转移编码表

状态 $Y_1^n Y_2^n$	次级状态/输出($Y_1^{n+1} Y_2^{n+1}/Z$)			
	$X_1 X_2 = 00$	$X_1 X_2 = 01$	$X_1 X_2 = 11$	$X_1 X_2 = 10$
00	00/0	00/0	10/d	01/0
01	00/0	01/0	01/0	01/0
11	dd/d	dd/d	dd/d	dd/d
10	00/d	10/1	10/1	10/1

表 7.30　例 7.11 的状态转换真值表

输　入		当前状态		次级状态		输　出
X_1	X_2	Y_1^n	Y_2^n	Y_1^{n+1}	Y_2^{n+1}	Z
0	0	0	0	0	0	0
0	0	0	1	0	0	0
0	0	1	0	0	0	d
0	0	1	1	d	d	d
0	1	0	0	0	0	0
0	1	0	1	0	1	0
0	1	1	0	1	0	1
0	1	1	1	d	d	d
1	0	0	0	0	1	0
1	0	0	1	0	1	0
1	0	1	0	1	0	1
1	0	1	1	d	d	d
1	1	0	0	0	1	d
1	1	0	1	0	1	0
1	1	1	0	1	0	1
1	1	1	1	d	d	d

（5）求出无冒险的激励方程/状态方程和输出方程。根据状态转换真值表，化简得到激励状态方程和输出方程。事实上，由状态转移编码表直接拆解，更容易画出激励和输出的卡诺图，如图 7.45 所示。

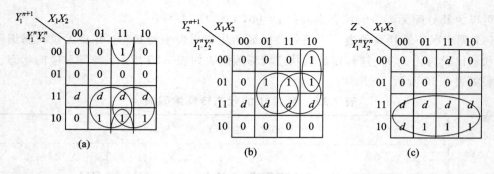

图 7.45　例 7.11 的激励状态与输出信号卡诺图

求得方程组如下：

输出方程：

$$Z = Y_1^n$$

激励状态方程：

$$Y_1^{n+1} = X_2 Y_1^n + X_1 Y_1^n + X_1 X_2 \overline{Y_2^n}$$

$$Y_2^{n+1} = X_2 Y_2^n + X_1 Y_2^n + X_1 \overline{X_2} \, \overline{Y_1^n}$$

（6）画出逻辑电路图，如图 7.46 所示。

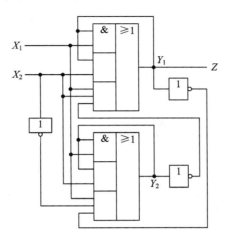

图 7.46　例 7.11 的激励状态与输出信号卡诺图

【例 7.12】　设计一个电平异步时序逻辑电路，输入有两个信号 E 和 X，输出为 Z。E 是使能信号，当 $E=0$ 时，输出 $Z=0$；当 $E=1$ 时，X 的第一次变化会使得 $Z=1$，Z 保持 1，直至 $E=0$，Z 才变成 0。输入和输出的波形关系如图 7.47 所示。

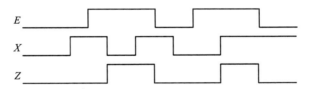

图 7.47　例 7.12 的时序波形图

解　根据题目要求，电路的总态是（$E\,X$, S），S 是内部状态，原始总态图中用（$E\,X$, S）/Z 表示状态。

（1）建立原始总态图和原始流程表。假设初始状态为（00, A）/0，由初始状态出发，输入做相邻变化：一个变为 $EX=01$，根据题意（当 $E=0$ 时，输出 $Z=0$），输出仍旧为 0，定义新状态为（01, B）/0；另一个变为 $EX=10$，根据题意（当 $E=1$ 时，X 的第一次变化会使得 $Z=1$），X 未发生变化，输出 $Z=0$，定义新状态为（10, C）/0。

然后从（01, B）/0 状态出发，可发生的一个输入变化是 $EX=00$，回到状态 A；另一个输入变化是 $EX=11$，产生新状态 D，输出为 0，状态为（11, D）/0。

从（10, C）/0 状态出发，可发生的一个输入变化是 $EX=00$，回到状态 A；另一个输入变化是 $EX=11$，产生新状态 W，此时满足条件"当 $E=1$ 时，X 的第一次变化会使得 $Z=1$"，输出 $Z=1$，即状态为（11, W）/1。

从（11, D）/0 出发，一个可能的转移是回到（01, B）/0；另一个可能的转移是到新状态（10, F）/1（当 $E=1$ 时，X 的第一次变化会使得 $Z=1$）。

从（11, W）/1 出发，若 $EX=01$，则输出 $Z=0$（因为 $E=0$），即转移到状态 B；若 $EX=$

10，则输出保持 $Z=1$（因为"Z 保持 1，直至 $E=0$，Z 才变成 0"），即转移到状态(10，F)/1。

从(10，F)/1 出发，若 $EX=00$，则回到 A，输出 0（直至 $E=0$，Z 才变成 0）；若 $EX=11$，则 Z 仍旧保持为 1，即转移到状态(11，W)/1。

至此，已经完成原始总态图，如图 7.48 所示。

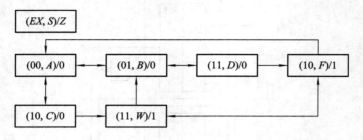

图 7.48　例 7.12 的原始总态图

按照图 7.48，可以先填入 $A\sim F$ 6 个稳态对应方格的次级状态/输出值，并画圈标记；然后从每一行的稳态出发，水平移动到相邻方格，填入对应的次级状态和输出。其原始流程表，如表 7.31 所示。

表 7.31　例 7.12 的原始流程表

状态 S	次级状态/输出			
	$EX=00$	$EX=01$	$EX=11$	$EX=10$
A	Ⓐ/0	B/0	$-$/$-$	C/0
B	A/0	Ⓑ/0	D/0	$-$/$-$
C	A/0	$-$/$-$	W/$-$	Ⓒ/0
D	$-$/$-$	B/0	Ⓓ/0	F/$-$
W	$-$/$-$	B/$-$	Ⓦ/1	F/1
F	A/$-$	$-$/$-$	W/1	Ⓕ/1

（2）对原始流程表进行状态化简，得到最小化流程表。可以画出隐含表，并通过两两比较和关联比较，确定状态对之间的相容情况，如图 7.49 所示。

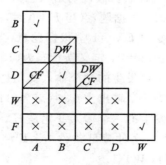

图 7.49　例 7.12 的隐含表

然后图 7.50 所示的通过状态合并图，得到最大相容类集合为{$(A，C)$，$(B，D)$，

384

$(W，F)\}$。分别用 A、B、W 来替代表格中的 A/C、B/D 和 W/F，就得到最小化流程表如表 7.32 所示。

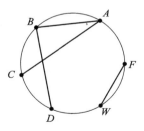

图 7.50 例 7.12 的状态合并图

表 7.32 例 7.12 的最小化流程表

状态 S	次级状态/输出			
	$EX=00$	$EX=01$	$EX=11$	$EX=10$
A	Ⓐ/0	$B/0$	$W/-$	Ⓐ/0
B	$A/0$	Ⓑ/0	Ⓑ/0	$W/-$
W	$A/-$	$B/-$	Ⓦ/1	Ⓦ/1

（3）对简化的流程表进行无临界竞争的状态赋值。表 7.32 对应的状态相邻图如图 7.51(a)所示，显然，不能找到一种方案，满足所有的相邻编码要求，因此，添加一个过渡状态 G 即可满足要求，如图 7.51(b)所示。则新的流程表更新为表 7.33 所示。

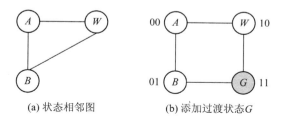

(a) 状态相邻图　　　　　(b) 添加过渡状态 G

图 7.51 例 7.12 的状态相邻图

表 7.33 例 7.12 的 4 个内部状态的流程表

状态 S	次级状态/输出			
	$EX=00$	$EX=01$	$EX=11$	$EX=10$
A	Ⓐ/0	$B/0$	$W/-$	Ⓐ/0
B	$A/0$	Ⓑ/0	Ⓑ/0	$G/-$
G	$-/-$	$B/-$	$-/-$	$W/-$
W	$A/-$	$G/-$	Ⓦ/1	Ⓦ/1

（4）列出状态转移编码表。显然，内部状态有 4 个，需要两位编码，编码如图 7.51(b)所示。假设内部状态变量为 Y_1、Y_2，依照表 7.33，写出其状态转移编码表，如表 7.34 所示。

表 7.34　例 7.12 的状态转移编码表

状态	次级状态/输出($Y_1^{n+1}Y_2^{n+1}/Z$)			
$Y_1^n Y_2^n$	$EX=00$	$EX=01$	$EX=11$	$EX=10$
00	00/0	01/0	10/d	00/0
01	00/0	01/0	01/0	11/d
11	dd/d	01/d	dd/d	10/d
10	00/d	11/d	10/1	10/1

（5）求出无冒险的激励方程/状态方程和输出方程。由表 7.34 拆解，可画出激励状态变量和输出变量的卡诺图，如图 7.52 所示。

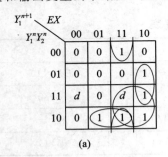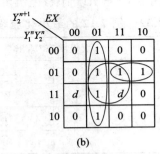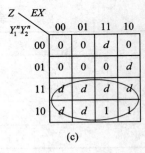

图 7.52　例 7.12 的激励状态与输出信号卡诺图

求得方程组如下：

输出方程：

$$Z = Y_1^n$$

激励状态方程：

$$Y_1^{n+1} = EY_1^n + XY_1^n \overline{Y_2^n} + EX \overline{Y_2^n} + E\overline{X}Y_2^n$$

$$Y_2^{n+1} = \overline{E}X + XY_2^n + E \overline{Y_1^n}Y_2^n$$

（6）画出逻辑电路图，如图 7.53 所示。

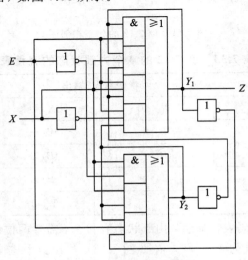

图 7.53　例 7.12 的电路图

7.4　集成异步计数器

7.4.1　集成异步计数器的结构

与同步计数器类似，也有一组异步计数器的集成芯片，例如，十进制异步计数器 74LS90、十二进制异步计数器 74LS92、4 位二进制异步计数器 74LS93。这 3 个计数器都是加法计数器，其结构都是由一个二进制计数器（1 个 J-K 触发器）和另外一个计数器（3 个触发器）构成的，2 个计数器有不同的计数脉冲输入信号。3 个芯片都有 14 个引脚，其中，含 2 个时钟信号 CP_A 和 CP_B，CP_A 为二进制计数器的计数脉冲，CP_B 为另外一个计数器的计数脉冲。图 7.54 为 3 个异步计数器的引脚排列图，注意它们共同的特点是电源（V_{CC}）和地（GND）的位置比较特殊，不在 7 和 14 引脚。

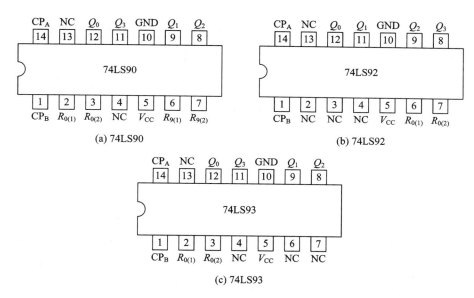

图 7.54　异步计数器集成芯片引脚排列

图 7.55 为 3 个计数器的内部结构。图中，J-K 触发器的激励输入 J 和 K 显示悬空的引脚，实际上是接高电平 H，等价于逻辑"1"。图 7.55(a) 的第四个触发器是主从式 R-S 触发器。

显然，在图 7.55 中，左边第一个触发器是一个二进制计数器，其余 3 个触发器构成另外一个异步计数器。对于 BCD 码计数器 74LS90 而言，另外一个计数器的计数进制是五进制（$2 \times 5 = 10$）；对于十二进制计数的 74LS92 而言，另外一个计数器的计数进制是六进制（$2 \times 6 = 12$）；对于 4 位二进制计数器 74LS93 而言，另外一个计数器的计数进制是八进制（$2 \times 8 = 16$）。4 个触发器的时钟不统一，因此均是异步脉冲时序逻辑电路。

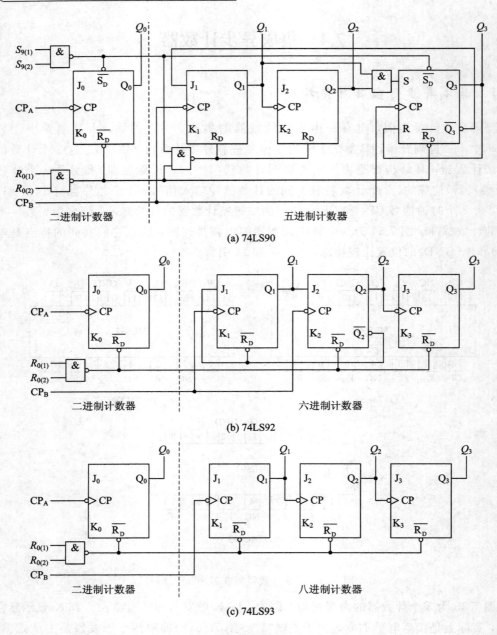

图 7.55　异步计数器集成芯片内部结构

7.4.2　集成异步计数器的功能

1. 十进制异步计数器 74LS90

74LS90 功能较为复杂，它可以实现二进制计数、五进制计数和十进制计数，而对于十进制计数来说，根据引脚的不同连接方式，还可以实现 8421 BCD 码十进制计数和 5421 BCD 码十进制计数。可以按照异步脉冲时序逻辑电路的分析方法，逐个分析图 7.55 中各个计数器的功能。表 7.35 是 74LS90 的功能表。

表 7.35　74LS90 的功能表

输入						输出				功能
异步复位		异步置 9		时钟						
$R_{0(1)}$	$R_{0(2)}$	$S_{9(1)}$	$S_{9(2)}$	CP_A	CP_B	Q_3	Q_2	Q_1	Q_0	
1	1	0	×	×	×	0	0	0	0	异步清零
		×	0							
0	×	1	1	×	×	1	0	0	1	异步置 9
×	0									
0	×	0	×	0	0	不变				保持
0	×	×	0	↓	0	Q_0				二进制计数
×	0	0	×	0	↓	$Q_3Q_2Q_1$				五进制计数
×	0	×	0	↓	Q_0	8421 码: $Q_3Q_2Q_1Q_0$				8421 十进制计数
				Q_3	↓	5421 码: $Q_0Q_3Q_2Q_1$				5421 十进制计数

由表 7.35 可知，74LS90 具有以下功能：

(1) 异步清零：当异步复位输入端 $R_{0(1)}$ 和 $R_{(2)}$ 同时有效（=1），而且置位输入端 $S_{9(1)}$ 和 $S_{9(2)}$ 无效（至少有一个为 0）时，不论有无时钟脉冲 CP_A 和 CP_B，计数器输出将被直接清零，即 $Q_3Q_2Q_1Q_0 = 0000$。

(2) 异步置 9：当异步置位输入端 $S_{9(1)}$ 和 $S_{9(2)}$ 同时有效（=1），而且复位输入端 $R_{0(1)}$ 和 $R_{0(2)}$ 无效（至少有一个为 0）时，不论有无时钟脉冲 CP_A 和 CP_B，计数器输出将被直接置为 9，即 $Q_3Q_2Q_1Q_0 = 1001$。

(3) 保持：当异步复位输入端 $R_{0(1)}$ 和 $R_{(2)}$ 无效（有一个为 0），而且异步置位输入端 $S_{9(1)}$ 和 $S_{9(2)}$ 也无效（有一个为 0）时，意味着计数器既不清零，也不置 9。若无计数脉冲，则计数器将保持输出不变。

(4) 计数：当 $R_{0(1)}$ 和 $R_{(2)}$ 有一个为 0 且 $S_{9(1)}$ 和 $S_{9(2)}$ 也有一个为 0 时，则计数器既不清零，也不置 9。此时，根据 CP_A 和 CP_B 的不同接法，若 CP_A 或 CP_B 上有计数脉冲来临，计数器即可实现二进制计数、五进制计数和十进制计数，如表 7.35 所示。

在实现 8421 码十进制计数时，有两种时钟接法：如果 CP_A 外接计数脉冲 CP，CP_B 接 Q_0，则二进制计数器作为低位计数，五进制计数器作为高位计数，此时可以实现 8421 码十进制计数功能，如图 7.56(a) 所示。如果 CP_B 外接计数脉冲 CP，CP_A 接 Q_3，则二进制计数器作为高位计数，五进制计数器作为低 3 位计数，因此，可以实现 5421 码十进制计数功能，输出 5421 码为 $Q_0Q_3Q_2Q_1$，如图 7.56(b) 所示。74LS90 的各进制计数编码顺序如表 7.36 所示。

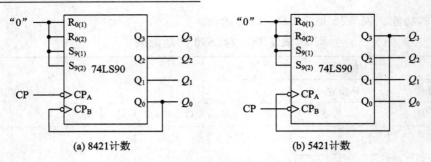

(a) 8421计数   (b) 5421计数

图 7.56 74LS90 十进制计数的两种连接方法

表 7.36   74LS90 的各进制计数编码顺序

计数	五进制计数			8421 BCD 码计数				5421 BCD 码计数			
	Q_3	Q_2	Q_1	Q_3	Q_2	Q_1	Q_0	Q_0	Q_3	Q_2	Q_1
0	0	0	0	0	0	0	0	0	0	0	0
1	0	0	1	0	0	0	1	0	0	0	1
2	0	1	0	0	0	1	0	0	0	1	0
3	0	1	1	0	0	1	1	0	0	1	1
4	1	0	0	0	1	0	0	0	1	0	0
5				0	1	0	1	1	0	0	0
6				0	1	1	0	1	0	0	1
7				0	1	1	1	1	0	1	0
8				1	0	0	0	1	0	1	1
9				1	0	0	1	1	1	0	0

2. 十二进制异步计数器 74LS92

观察图 7.55(b)可知，74LS92 事实上是三个计数器构成，Q_0 和 Q_3 各自是一个二进制计数器，时钟分别是 CP_A 和 Q_2，而 Q_1 和 Q_2 则是一个三进制计数器，时钟是 CP_B。74LS92 的功能表如表 7.37 所示。

表 7.37   74LS92 的功能表

输　入				输出				功　能
异步复位		时钟						
$R_{0(1)}$	$R_{0(2)}$	CP_A	CP_B	Q_3	Q_2	Q_1	Q_0	
1	1	×	×	0	0	0	0	异步清零
0 ×	× 0	0	0	不变				保持
		↓	0	Q_0				二进制计数
		0	↓	$Q_2 Q_1$				三进制计数
		0	↓	$Q_3 Q_2 Q_1$				六进制计数
		↓	Q_0	$Q_3 Q_2 Q_1 Q_0$				十二进制计数

由表 7.37 可知,74LS92 具有异步清零、保持和计数这 3 种功能,可以实现二进制、三进制、六进制和十二进制计数。当 CP_A 接计数脉冲 CP,Q_0 接 CP_B 时,就构成了十二进制计数器,如图 7.57 所示。各个进制计数器的计数编码顺序如表 7.38 所示。

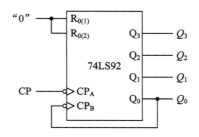

图 7.57　74LS92 十二进制计数的连接方法

表 7.38　74LS92 的计数顺序

计数顺序	三进制		六进制			十二进制			
	Q_2	Q_1	Q_3	Q_2	Q_1	Q_3	Q_2	Q_1	Q_0
0	0	0	0	0	0	0	0	0	0
1	0	1	0	0	1	0	0	0	1
2	1	0	0	1	0	0	0	1	0
3			1	0	0	0	0	1	1
4			1	0	1	0	1	0	0
5			1	1	0	0	1	0	1
6						1	0	0	0
7						1	0	0	1
8						1	0	1	0
9						1	0	1	1
10						1	1	0	0
11						1	1	0	1

3. 4 位二进制异步计数器 74LS93

分析图 7.55(c) 可知,74LS93 的触发器 Q_0 是一个独立的二进制计数器,时钟为 CP_A;而 $Q_3Q_2Q_1$ 是一个八进制异步计数器,Q_1 的时钟是 CP_B。将 Q_0 接至 CP_B 时,就是一个典型的十六进制异步计数器,计数顺序为 0~15。74LS93 具有异步清零、保持和计数三种功能,表 7.39 是其功能表。

表 7.39　74LS93 的功能表

输　入				输　出				功　能
异步复位		时钟						
$R_{0(1)}$	$R_{0(2)}$	CP_A	CP_B	Q_3	Q_2	Q_1	Q_0	
1	1	×	×	0	0	0	0	异步清零
0	×	0	0	不变				保持
×	0	↓	Q_0	$Q_3Q_2Q_1Q_0$				十六进制计数

7.4.3　集成异步计数器的应用

与同步计数器类似,异步计数器的应用也很广泛。在此,主要介绍两个方面:一是级联扩展;二是构成任意进制计数器。

1. 计数器级联

当计数容量不足时,可以使用相同或者不相同的计数器,将其级联构成计数容量更大的计数器。下面举例说明。

【例 7.13】　用 2 片 74LS90 芯片构造一个一百进制的计数器,计数值从 0~99 开始,按照 8421 BCD 码计数。

解　可以将 2 片 74LS90 级联,一片作为十位芯片,另一片作为个位芯片。74LS90 在进行 8421BCD 码计数时,计数顺序如表 7.36 所示。可以发现,当计数值从 1001 到 0000时,应该产生一个进位到高位,这时 Q_3 有个下跳变化。因此,可以将个位芯片的 Q_3 连接到十位芯片的 CP_A,即每当低位芯片由 1001 变为 0000 时,Q_3 才会产生 1 个下降沿,以此作为高位芯片的计数脉冲,高位才执行 +1 操作。其级联电路如图 7.58 所示。

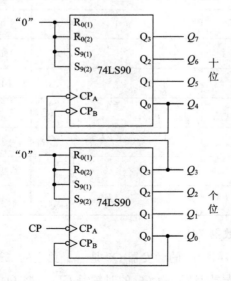

图 7.58　例 7.13　2 片 74LS90 级联为一百进制的计数器

【例 7.14】　用一片 74LS90 和一片 74LS93 芯片构造一个一百六十进制的计数器,计数值按照顺序从 0 到 159，使用二进制编码。

解 要实现的目标计数器的计数容量为 160，160＝10×16，故可以用一片 74LS90 设计成 8421BCD 码的十进制计数器，并作为高位芯片；而用一片 74LS93 作为低位芯片，并用其 Q_3 作为 74LS90 的计数脉冲输入。这样每当低位的 74LS93 计数到 1111，变成 0000 时，Q_3 从 1 到 0 的变化使得高位的 74LS90 芯片有计数脉冲产生，执行一次＋1 操作。连接图如图 7.59 所示。

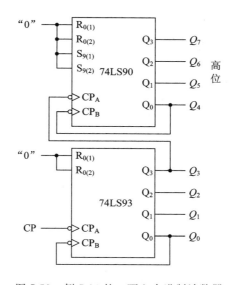

图 7.59 例 7.14 的一百六十进制计数器

2. 构成任意进制计数器

由于前述异步计数器的清零端均是异步，因此可以采用异步反馈归零法，使计数状态回到 0000，从而完成任意进制计数器的改造。

【例 7.15】 分别用 74LS90 和 74LS92 构造一个七进制计数器，画出连接图。

解 七进制计数器有 7 个计数状态，因为 74LS90 和 74LS92 芯片的清零端 $R_{0(1)}$ 和 $R_{0(2)}$ 都是异步信号，所以，计数值必须计数到 7，才能返回全零状态。连接图如图 7.60 所示。

74LS90 首先按照 8421BCD 计数方法连接，计数顺序是 0000～1001，第七个计数值是 0111。故将 Q_2、Q_1、Q_0 相与产生高电平，作为清零端 $R_{0(1)}$ 和 $R_{0(2)}$，则计数值从 0000→0001→0010→0011→0100→0101→0110→0111→0000，其中，0111 是短暂的瞬间状态，稳定的状态转换就是 0000～0110。

74LS92 按照十二进制计数方法连接，其计数顺序并非自然二进制顺序（事实上是 6421 码），第七个计数值是 1001。故将 Q_3 和 Q_0 相与产生高电平，作为清零端 $R_{0(1)}$ 和 $R_{0(2)}$，则计数值从 0000→0001→0010→0011→0100→0101→1000→1001→0000，其中，1001 是短暂的瞬间状态，稳定的状态转换是 0000～1000。事实上，也可以直接将 Q_3 和 Q_0 直接与 $R_{0(1)}$ 和 $R_{0(2)}$ 分别连接，如图 7.60(c) 所示。

【例 7.16】 用 74LS90 构造一个六十一进制计数器，计数按照 8421BCD 十进制编码进行。

解 先将 2 片 74LS90 级联实现一个百进制计数器，每片按照 8421BCD 码计数，然后

393

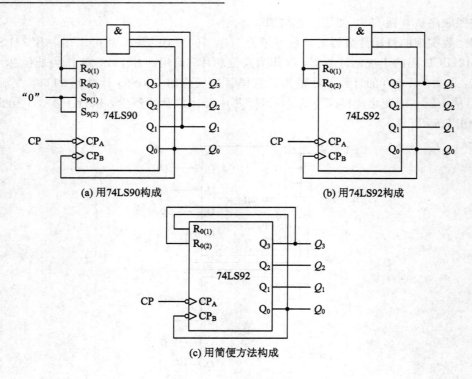

(a) 用74LS90构成　　　　　(b) 用74LS92构成

(c) 用简便方法构成

图 7.60　例 7.15 的七进制计数器

再进行任意进制计数器的改造。当高位芯片输出 6＝0110B，低位芯片输出 1＝0001B 时，计数器需要回到 0000 计数状态。故将高位芯片的 Q_2、Q_1 和低位芯片的 Q_0 相与后作为 2 片 74LS90 的复位输入端 $R_{0(1)}$ 和 $R_{0(2)}$。其实现电路如图 7.61 所示。

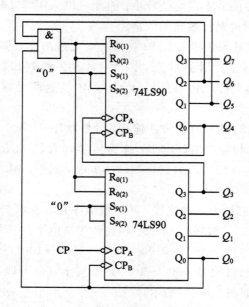

图 7.61　例 7.16 的六十一进制计数器

→ 本 章 小 结

时序逻辑电路分为同步时序逻辑电路和异步时序逻辑电路，在同步时序逻辑电路中，存储元件有统一的时钟信号，电路状态的改变与时钟信号同步；而在异步时序逻辑电路中，存储器元件没有时钟或者没有统一的时钟信号，对于任何输入信号的改变，都会引起电路状态发生改变。

异步时序逻辑电路根据输入信号的类型，分为脉冲异步时序逻辑电路和电平异步时序逻辑电路；前者的输入信号为脉冲式信号，后者的输入信号为电平式信号。

脉冲异步时序逻辑电路的分析与设计方法，与同步时序逻辑电路非常相似；但是有两个不同之处：一是不允许两个或两个以上输入端同时出现脉冲；二是触发器的时钟控制端是输入信号和电路当前状态的函数，需要用时钟方程来描述。

脉冲异步时序逻辑电路的分析步骤有：写出电路的方程组（时钟方程、激励方程、状态方程、输出方程）；列出状态转换真值表；画出状态转移图和时序波形图；分析并说明电路的逻辑功能。

脉冲异步时序逻辑电路的设计步骤有：建立原始状态图和原始状态表；进行状态化简；对状态赋值；写出状态转换真值表；选择触发器/锁存器的类型，写出方程组；对电路进行自启动检查；画出逻辑电路图。

电平异步时序逻辑电路与脉冲异步时序逻辑电路有很大不同，它以反馈回路上的延迟元件作为存储电路，输入信号则基于电平，电路状态的改变取决于输入信号电平的变化。对输入信号加以限制：每次只有一个输入信号发生变化，不允许同时发生变化；输入信号连续变化的时间间隔足以使电路达到一个稳定的内部状态。

描述电平异步时序逻辑电路的方法，除了方程组、电路图、状态转换真值表和时序波形图之外，还需要借助于流程表、总态转移图等描述形式。

电平异步时序逻辑电路的分析过程包括：分析电路图，确定并定义内部状态；写出方程组（激励方程/状态方程和输出方程）；列出状态转换真值表；列出状态转移表（流程表），确定所有的稳定状态；分析所有稳定状态的变化情况，画出总态转移图，必要时画出时序波形图；分析并说明电路功能。

如果电平异步时序逻辑电路中的某个输入信号发生变化，会引起两个或多个电路内部状态同时发生改变，这种现象称为"竞争"。当竞争出现时，电路最终总是停留在正确的稳态上，能够正常工作，则称为非临界竞争。反之，如果竞争使得电路进入并停留在错误的稳态上，则称为临界竞争。可以采用无竞争状态赋值法来消除或者避免临界竞争，即：为所有可能发生转移且存在潜在竞争的稳态和非稳态赋值相邻的编码；为实现无竞争状态赋值，有时需要在稳态和非稳态之间增加过渡状态。

电平异步时序逻辑电路的设计过程包括：构造原始总态图和原始流程表；对流程表进行状态化简，得到最小化流程表；进行无临界竞争的状态赋值；列出状态转换真值表；求出无冒险的激励方程/状态方程和输出方程；画出逻辑电路图。

本章还介绍了几种集成异步计数器的电路结构、功能及其应用。

本章的重点是脉冲型和电平型异步时序逻辑电路的分析与设计以及集成异步计数器的应用。本章的难点是脉冲型和电平型异步时序逻辑电路的分析与设计。

习　题

7.1　简述脉冲和电平异步时序逻辑电路的区别。

7.2　分析图 X7.1 所示的脉冲异步时序逻辑电路，当 CP 上有脉冲时，电路状态和输出 Z 会发生怎样的变化，说明其逻辑功能。

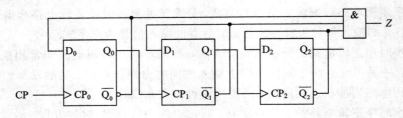

图 X7.1　习题 7.2 图

7.3　结合例 7.2，分析脉冲异步时序逻辑电路的输入脉冲的宽度，有什么限制？为什么？

7.4　分析图 X7.2 所示的电路：

（1）写出其方程组；

（2）列出其状态转换真值表；

（3）画出电路的状态转移图；

（4）说明其逻辑功能，并分析电路能否自启动。

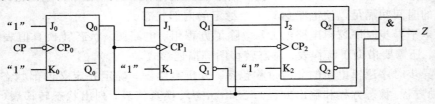

图 X7.2　习题 7.4 图

7.5　分析图 X7.3 所示的电路：

（1）写出其方程组；

（2）列出其状态转换真值表；

（3）画出电路的状态转移图；

（4）说明其逻辑功能，并分析电路能否自启动。

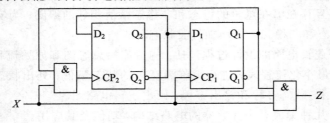

图 X7.3　习题 7.5 图

7.6　分析图 X7.4 所示的脉冲异步时序电路：

（1）写出方程组；

（2）列出状态转换真值表；

（3）画出状态转移表以及状态转移图；

（4）画出输入、内部状态及输出的典型时序波形图；

（5）试着描述电路的功能。

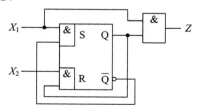

图 X7.4　习题 7.6 图

7.7　分析图 X7.5 所示的脉冲异步时序电路：

（1）写出方程组；

（2）列出状态转移表；

（3）画出电路的输入信号的响应时序波形图，该输入信号序列为：$X_1 - X_2 - X_1 - X_1 - X_1 - X_1 - X_2 - X_2$，假设电路初始状态为 00；

（4）当 $Z=1$ 时的波形是电平型的还是脉冲型的？为什么？

（5）说明电路的功能。

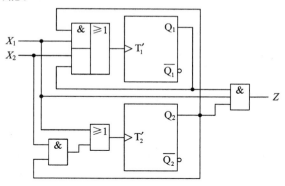

图 X7.5　习题 7.7 图

7.8　仿照表 7.3～7.6，写出 T 触发器的时钟控制或激励表。

7.9　用 J-K 触发器和逻辑门实现下列状态转移表中定义的脉冲异步时序逻辑电路。

表 X7.1　习题 7.9 状态转移表

原态	次态/输出		
	X_1	X_2	X_3
A	$A/0$	$B/0$	$C/1$
B	$B/0$	$C/0$	$D/0$
C	$C/0$	$D/1$	$A/1$
D	$D/0$	$A/0$	$B/1$

7.10　用 D 触发器重做例 7.3，即设计一个脉冲异步七进制减法计数器：输入为计数脉冲 CP；当计数值为 000 时，输出借位指示 $Z=1$。

7.11　用 T 触发器重做例 7.3，即设计一个脉冲异步七进制减法计数器：输入为计数脉冲 CP；当计数值为 000 时，输出借位指示 $Z=1$。

7.12　用 D 触发器设计一个脉冲异步六进制加法计数器：输入为计数脉冲 CP；当计数值为 101 时，输出进位指示 $Z=1$。

7.13　用 J-K 触发器设计一个脉冲异步五进制加法计数器：输入为计数脉冲 CP，输出为进位指示 Z。

7.14　用 T 触发器重做例 7.4。

7.15　选用合适的触发器，设计一个异步十进制 8421 码加法计数器。

7.16　用 D 触发器设计一个脉冲异步时序逻辑电路，功能是 X_1—X_2—X_3 序列检测器。该电路有 3 个输入端 X_1、X_2 和 X_3，一个输出端 Z；当且仅当 $Z=0$，而输入脉冲序列 X_1—X_2—X_3 发生时，输出 Z 从 0 变成 1；直到当 X_2 脉冲来临时，输出信号 Z 从 1 回到 0。

7.17　用 J-K 触发器设计一个脉冲异步时序逻辑电路，用于检测 X_1—X_2—X_1 序列。该电路有两个输入端 X_1 和 X_2，一个输出端 Z，当且仅当按照 X_1—X_2—X_1 序列输入脉冲时，输出 Z 同步输出一个脉冲，其他任何输入序列，均不会产生输出脉冲。其典型输入波形图如图 X7.6 所示。

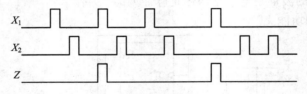

图 X7.6　习题 7.17 图

7.18　设计一个电子锁，输入为 X_1、X_2、X_3 这 3 个脉冲按钮，输出为锁的开关 Z。当锁在关锁状态（$Z=0$）时，依次按下按钮 X_1—X_2—X_2—X_1 时，锁打开（$Z=1$）；X_3 为复位按钮，一旦按下就使电子锁关锁（$Z=0$）。

7.19　脉冲和电平异步时序逻辑电路，对输入信号都有一定的限制或假设，请描述并加以对比。

7.20　如何确定脉冲和电平异步时序逻辑电路的内部状态个数？

7.21　分析图 X7.7 所示的电平异步时序电路：

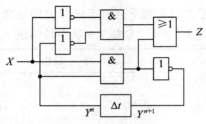

图 X7.7　习题 7.21 图

（1）写出方程组；

（2）列出状态转换真值表；

（3）画出时序波形图；

（4）描述电路的功能。

7.22　分析图 X7.8 所示的电平异步时序电路，写出方程组，并画出时序波形图。

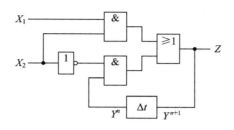

图 X7.8　习题 7.22 图

7.23　分析图 X7.9 所示的电平异步时序电路：

（1）请问电路有几个内部状态？

（2）写出方程组；

（3）列出状态转移表；

（4）假设初始状态为"全 0"，推导电路在输入信号序列为 $X_1 X_2 = 00 - 01 - 11 - 10 - 00 - 01 - 00 - 10$ 时的电路输出响应，画出时序波形图；

（5）描述电路的功能。

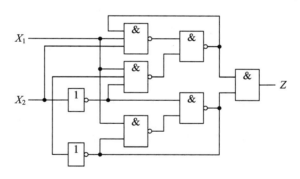

图 X7.9　习题 7.23 图

7.24　分析图 X7.10 所示的电平异步时序电路：

（1）写出方程组；

（2）列出状态转移表；

（3）假设初始状态为"全 0"，推导电路在输入信号序列为 $X_1 X_2 = 00 - 01 - 11 - 10 - 00 - 01 - 00 - 10$ 时的电路输出响应，画出时序波形图；

（4）描述电路的功能。

7.25　分析下列流程表：

（1）表中存在竞争吗？

（2）判断这些竞争是否是"临界"竞争；

（3）如果存在"临界"竞争，请考虑为各个状态重新编码，进行无竞争赋值。

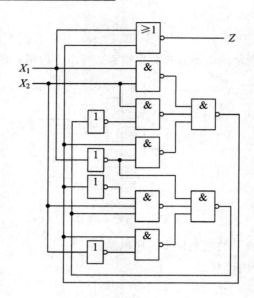

图 X7.10 习题 7.24 图

表 X7.2 习题 7.25 的流程表

当前状态		次级状态($Y_1^{n+1}Y_2^{n+1}$)			
Y_1^n	Y_2^n	$X_1X_2=00$	$X_1X_2=01$	$X_1X_2=11$	$X_1X_2=10$
0	0	⓪⓪	⓪⓪	11	01
0	1	11	⓪①	10	⓪①
1	1	①①	10	①①	10
1	0	00	00	①⓪	①⓪

7.26 例 7.8 分析了例 7.7 的电路，说明存在着临界竞争，请尝试消除电路中的临界竞争。

7.27 表 X7.3 为一个电平异步时序电路的流程表，请：

(1) 画圈标注稳态；

(2) 画出电路的总态转移图；

(3) 画出流程表对应的相邻状态图；

(4) 为各个状态进行无竞争状态赋值。

表 X7.3 习题 7.27 的流程表

状态 S	次级状态			
	$X_1X_2=00$	$X_1X_2=01$	$X_1X_2=11$	$X_1X_2=10$
A	$A/0$	$C/0$	$B/0$	$A/0$
B	$A/0$	$B/0$	$B/0$	$B/0$
C	$C/1$	$C/1$	$D/0$	$A/0$
D	$C/0$	$D/1$	$D/1$	$D/1$

7.28 请为表 X7.4 所示的流程表中的状态进行无竞争的状态分配。

表 X7.4 习题 7.28 的流程表

状态 S	次级状态			
	$X_1X_2=00$	$X_1X_2=01$	$X_1X_2=11$	$X_1X_2=10$
A	Ⓐ	C	Ⓐ	B
B	A	Ⓑ	C	Ⓑ
C	D	Ⓒ	Ⓒ	D
D	Ⓓ	B	A	Ⓓ

7.29 对于表 X7.5 所示的原始状态表，试：

（1）画出隐含表和状态合并图，进行状态化简；

（2）写出最小化状态表；

（3）画出状态相邻图，并进行无竞争的状态赋值。

表 X7.5 习题 7.29 的原始状态表

状态 S	次级状态/输出			
	$X_1X_2=00$	$X_1X_2=01$	$X_1X_2=11$	$X_1X_2=10$
A	Ⓐ/0	$B/-$	$-/-$	$C/-$
B	$D/-$	Ⓑ/$-$	$E/-$	$-/-$
C	$A/-$	$-/-$	$E/-$	Ⓒ/0
D	Ⓓ/$-$	$B/-$	$-/-$	$F/-$
E	$-/-$	$B/-$	Ⓔ/$-$	$F/-$
F	$A/-$	$-/-$	$E/-$	Ⓕ/1

7.30 化简下列原始状态表，并为其进行无竞争状态赋值。

表 X7.6 习题 7.30 的原始流程表

状态 S	次级状态/输出			
	$X_1X_2=00$	$X_1X_2=01$	$X_1X_2=11$	$X_1X_2=10$
A	Ⓐ/0	$B/-$	$-/-$	$D/-$
B	$A/-$	Ⓑ/0	$C/-$	$-/-$
C	$-/-$	$B/-$	Ⓒ/0	$H/-$
D	$E/-$	$-/-$	$G/-$	Ⓓ/1
E	Ⓔ/1	$F/-$	$-/-$	$D/-$
F	$E/-$	Ⓕ/1	$G/-$	$-/-$
G	$-/-$	$F/-$	Ⓖ/1	$H/-$
H	$A/-$	$-/-$	$C/-$	Ⓗ/0

7.31 分析表 X7.7 所示的流程表：

（1）电路有几个稳态？画圈标注，写出稳态对应的总态/输出；

(2) 假设初始总态为 $(11, B)$，$X_1 X_2$ 输入做 $11 - 10 - 00 - 01$ 的变化，请写出每个输入组合下，电路经过的非稳态和稳态以及电路的输出信号序列。

表 X7.7　习题 7.31 的流程表

状态 S	次级状态/输出 Z			
	$X_1 X_2 = 00$	$X_1 X_2 = 01$	$X_1 X_2 = 11$	$X_1 X_2 = 10$
A	$D/0$	$C/0$	$B/0$	$A/0$
B	$C/0$	$C/0$	$B/1$	$D/0$
C	$C/0$	$C/1$	$B/1$	$D/1$
D	$D/0$	$C/1$	$C/0$	$A/0$

7.32　表 X7.8 是一个最小化流程表，请按照状态分配（$A = 00$，$B = 01$，$C = 11$，$D = 10$），使用逻辑门实现对应的电平异步时序逻辑电路。

表 X7.8　习题 7.32 的最小化流程表

状态 S	次级状态/输出 Z			
	$X_1 X_2 = 00$	$X_1 X_2 = 01$	$X_1 X_2 = 11$	$X_1 X_2 = 10$
A	Ⓐ/0	Ⓐ/1	$B/-$	$C/-$
B	$A/-$	Ⓑ/0	Ⓑ/0	$D/-$
C	$A/-$	$A/-$	Ⓒ/1	Ⓒ/1
D	$A/-$	$B/-$	$C/-$	Ⓓ/0

7.33　一个电平异步时序逻辑电路有一个输入信号 X 和一个输出信号 Z；当输入 X 发生 $0 - 1 - 0$ 波形变化时，输出仅仅跟随输入发生的奇数次（第 1、3、5…）变化，忽略偶数次（第 2、4、6…）变化的这种波形，其典型波形如图 X7.11 所示。请建立原始总态图和原始状态表。

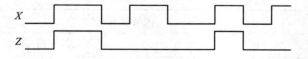

图 X7.11　习题 7.33 图

7.34　构造一个电平异步时序逻辑电路的原始总态图和原始状态表，电路有两个输入 X_1 和 X_2，输出为 Z；当 $X_1 = X_2$ 时，输出 $Z = 0$；当 $X_1 = 0$，X_2 从 0 到 1 变化时，$Z = 1$；当 $X_1 = 1$，X_2 从 1 到 0 变化时，$Z = 1$；其他情况，Z 均保持不变。

7.35　完成习题 7.33 的电平异步时序电路的设计：

(1) 对原始状态表进行化简，写出最小化流程表。

(2) 进行无竞争状态赋值；

(3) 写出方程组；

(4) 画出电路图。

7.36　完成习题 7.34 的电平异步时序电路的设计：

(1) 画出输入信号序列为 $X_1 X_2 = 00 - 10 - 11 - 10 - 00 - 01 - 11 - 01 - 11 - 10$

的波形图；

（2）进行状态化简，写出最小化流程表；

（3）进行无竞争状态赋值；

（4）写出方程组；

（5）画出电路图。

7.37 设计一个两位的输入序列检测器，输入为 X_1 和 X_2，输出为 Z；当 X_1X_2 上的输入信号序列为 11 — 10 — 00 时，输出 $Z=1$，直到再次输入 11，Z 才变为 0。

7.38 用与非门设计一个电平异步时序电路，输入有两个信号 X_1 和 X_2，输出为 Z；输入和输出满足以下设计要求：当 $X_1=0$ 时，$Z=0$；当 $X_1=1$，X_2 从 1 到 0 变化时，$Z=1$；Z 保持为 1，直到 $X_1=0$，Z 才回到 0。

7.39 设计一个多功能序列检测器，输入为 X_1 和 X_2，输出为 Z_1 和 Z_2。设计要求为：当输入 $X_1X_2=00$ 时，$Z_1Z_2=00$；当检测到输入信号序列 $X_1X_2=00$ — 01 — 11 时，$Z_1Z_2=01$，保持 01 直至 $X_1X_2=00$；当检测到输入信号序列 $X_1X_2=00$ — 10 — 11 时，$Z_1Z_2=10$，保持 10 直至 $X_1X_2=00$。

7.40 分别用 74LS90、74LS92、74LS93 构造一个六进制计数器。

7.41 分析图 X7.12 所示的计数器，它是多少进制计数器？它是 8421 码计数器还是 5421 码计数器？写出计数顺序。

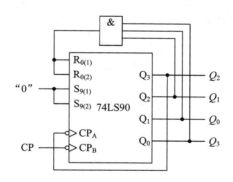

图 X7.12 习题 7.41 图

7.42 用 74LS90 构造一个三十六进制 5421 码计数器。

7.43 用一片 74LS90 和一片 74LS92 构造一个六十进制的 8421 码计数器。

7.44 用 74LS93 构造一个七十六进制计数器，计数按照 BCD 十进制编码进行。

第8章　脉冲产生电路

在数字系统中，数字信号本身就是传输和处理时间离散的电压或电流的脉冲信号；在时序逻辑电路中使用的时钟信号 CP 也是一个脉冲信号。本章主要介绍矩形脉冲的产生、变换和整形电路，实现这些功能单元电路主要有单稳态触发器、施密特触发器和多谐振荡器。

8.1　脉冲产生电路概述

1. 脉冲信号波形的类型

脉冲产生电路是指能产生一定周期和宽度的脉冲信号的电路。它是数字系统的核心部件之一。如前所述，在模拟电路中，传输和处理的是幅度随时间连续变化的电信号，是"连续信号"。而在数字电路中，传输和处理的是离散的、断续的电压或电流信号，是"脉冲信号"。换言之，脉冲信号是一种持续时间极短的电流或电压波形。广义地说，凡不具备连续正弦波形状的信号，都可以称为脉冲信号。常见的脉冲信号波形如图 8.1 所示。

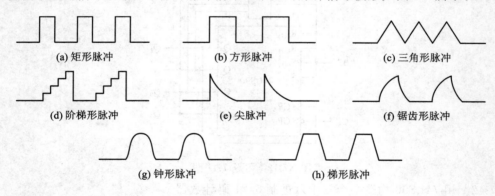

(a) 矩形脉冲　　　(b) 方形脉冲　　　(c) 三角形脉冲

(d) 阶梯形脉冲　　　(e) 尖脉冲　　　(f) 锯齿形脉冲

(g) 钟形脉冲　　　(h) 梯形脉冲

图 8.1　常见的脉冲信号波形

在数字系统中，最常用的脉冲信号是矩形脉冲和方形脉冲。事实上，数字信号本身的变化就是一个矩形脉冲：在正逻辑中，"1"就是矩形脉冲的高电平，"0"就是矩形脉冲的低电平。另外，在同步时序逻辑电路以及脉冲型异步时序逻辑电路中，时钟信号 CP 就是一种典型的矩形脉冲。根据电路特性，作为时钟信号的矩形脉冲要有一定的宽度、幅度且边沿陡峭。时钟信号的特性直接关系到电路能否正常工作。所以，本章主要以矩形脉冲为主要的讨论对象和设计目标。

2. 矩形脉冲的特性参数

图 8.1(a)所示的波形是理想的矩形脉冲。信号的上升和下降部分是瞬间的，不占用时间。但是，实际电路产生的矩形脉冲并非如此，如图 8.2 所示，上升和下降需要时间。为了定量描述矩形脉冲的特性，通常用以下几个参数来衡量：

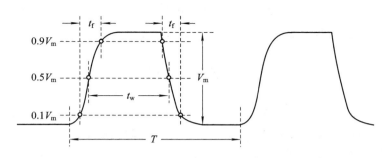

图 8.2　矩形脉冲的特性参数

（1）脉冲周期 T：如果脉冲信号是周期性重复的，则相邻两个脉冲信号的时间间隔就是脉冲周期 T。如图 8.2 所示，可以用一个脉冲的上升沿到下一个脉冲的上升沿来度量。脉冲周期的倒数就是周期脉冲信号的频率 f，频率就是单位时间内的脉冲个数，即：

$$f = \frac{1}{T}$$

（2）脉冲幅值 V_m：指脉冲信号电压变化的最大幅度。

（3）脉冲宽度 t_w：指从脉冲上升沿（前沿）的 $0.5V_m$ 处开始到脉冲下降沿（后沿）的 $0.5V_m$ 处为止的时间间隔。

（4）上升时间 t_r：指脉冲前沿从 $0.1V_m$ 处上升到 $0.9V_m$ 所需的时间。

（5）下降时间 t_f：指脉冲后沿从 $0.9V_m$ 处下降到 $0.1V_m$ 所需的时间。

（6）占空比 q：指脉冲宽度和脉冲周期的比率，即

$$q = \frac{T_w}{T}$$

在一个脉冲周期中，保持低电平的时间称为脉冲的休止期，时间为 $T - t_w$。对于理想矩形脉冲，其上升时间和下降时间均为零。对应理想的方波脉冲而言，占空比为 1∶2。

3. 矩形脉冲的产生

获取矩形脉冲的方法总体上有两种：一种是通过各种形式的多谐振荡器直接产生所需的矩形脉冲；另外一种是将已经产生的周期性变化的其他波形，通过整形电路变成所需的矩形脉冲。

利用多谐振荡器可以产生所需的矩形脉冲，在接通电源后，无需外加触发信号，即可自动产生周期性的矩形脉冲。多谐振荡器有两个工作状态，都是暂稳态，所以又称为无稳态（Astable）多谐振荡器或者自激多谐振荡器。

整形电路可对其他形状的信号（如正弦波信号、三角形信号和一些不规则的信号）进行处理，使之变换成所需的矩形脉冲信号。常用的整形电路有单稳态（Monostable）触发器和施密特（Schmitt）触发器，前者是单稳态电路，后者是双稳态（Bistable）电路。

利用单稳态触发器可以实现脉冲波形的整形、延时和定时。单稳态触发器有一个稳定状态和一个暂稳态，在外加触发信号的作用下，能从稳态翻转到暂稳态，延时后返回稳态。与此对比，前述的所有触发器和施密特触发器则是双稳态电路，即电路的两个状态（0 和 1）都是稳定的，直到受到外界的作用（触发）状态才发生变化。通常利用施密特触发器的回差特性可进行波形变换、脉冲整形和脉冲鉴幅等。

555 定时器是一种最常用的数字-模拟集成电路，它可以方便地构成多谐振荡器、单稳态触发器和施密特触发器。下面首先对 555 定时器加以介绍。

8.2　555 定时器

555 定时器是美国 Signetics 公司 1972 年研制的一种多用途的、用于取代机械式定时器的中规模集成电路，因输入端设计有 3 个 5 kΩ 的电阻而得名。它混合集成了数字电路和模拟电路，只要添加有限的外围元件（如电阻和电容），就可以很方便地构成自激多谐振荡器、单稳态触发器及施密特触发器等等。鉴于其在波形的产生与变换、定时、测量与控制方面的优势，加之使用灵活方便、成本低廉，555 定时器极其广泛地应用于家用电器、电子玩具、自动控制等众多领域。

目前生产的 555 定时器有双极型和 MOS 型两种类型。双极型的有 NE555、LM555、FX555 等，MOS 型的有 C7555 等；它们的内部结构、功能和引脚排列均相同，可以互相替代使用。在一块芯片内封装内有两个 555 电路的时基集成电路称为 556。

8.2.1　555 定时器的内部结构

双极型和 MOS 型 555 定时器的结构及工作原理基本相同。下面以双极型 555 定时器为例说明其内部结构。

555 定时器的内部结构如图 8.3(a)所示。它有 8 个引脚，其引脚排列如图 8.3(b)所示。其中，2 脚 $\overline{\text{TR}}$ 为触发输入端（Trigger），3 脚 OUT 为输出端，4 脚 $\overline{\text{MR}}$ 为复位端，5 脚 CO 为控制电压输入端（Control Voltage），6 脚 TH 为阈值输入端（Threshold），7 脚 DIS 为放电端（Discharge），8 脚和 1 脚分别接电源和地。

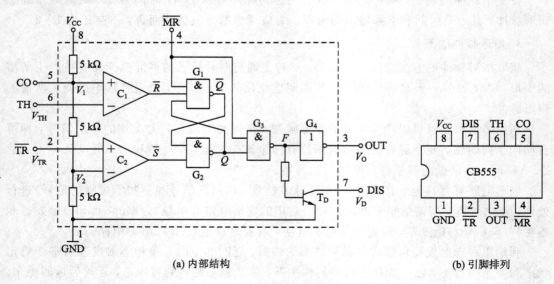

(a) 内部结构　　　　　　　　　　　　　　(b) 引脚排列

图 8.3　555 定时器内部结构和引脚排列

555 定时器内部电路由以下 5 个部分组成：

(1) 电压比较器。电路中有两个完全相同的高精度电压比较器 C_1 和 C_2。比较器有两个输入端，标有"＋"号的为同相输入端，标有"－"号的为反相输入端。当同相输入端电压 $V+$ 大于反相输入端电压 $V-$ 时，则比较器输出高电平；反之，若 $V+$ 小于 $V-$ 时，则比较器输出为低电平。比较器的两个输入端基本上都不向外电路索取电流，即输入阻抗趋于无穷大。

C_1 的同相输入端 $V+$ 是芯片的控制电压输入端 CO，C_1 的同相输入端 $V-$ 是芯片的阈值电压输入端 TH；C_2 的同相输入端 $V+$ 是芯片的触发输入端 $\overline{TR}$。

(2) 分压器。由 3 个阻值均为 5 kΩ 的电阻串联组成的分压器(555 由此得名)，为比较器 C_1 和 C_2 提供参考电压。当控制端电压输入端 CO 不加控制电压时，C_1 的正端电压 $V_1 = \frac{2}{3}V_{CC}$、C_2 的负端电压 $V_2 = \frac{1}{3}V_{CC}$。如果在控制端电压输入端 CO 另加控制电压，则可改变 C_1 和 C_2 的参考电压。例如，CO 外接固定电压 V_{CO} 时，则 $V_1 = V_{CO}$，$V_2 = \frac{1}{2}V_{CO}$。如果 CO 不需要外加电压时，一般不可悬空，可通过一个 0.01 μF 的电容接地，用以防止旁路高频干扰。

(3) 基本 $\overline{R}$-$\overline{S}$ 锁存器。与非门 G_1 和 G_2 构成了基本 $\overline{R}$-$\overline{S}$ 锁存器，它的状态由两个电压比较器的输出来控制。$\overline{MR}$ 是专门设置的可以从外部对锁存器进行清零的复位输入端，$\overline{MR}$ 引脚不受其他输入的影响，一旦置为低电平，就使得与非门 G_3 输出高电平($F=1$)，经过非门从 OUT 输出低电平。

(4) 泄放晶体管。晶体管 T_D 为外接电容提供充电、放电回路，称为泄放晶体管。晶体管 T_D 受基本 $\overline{R}$-$\overline{S}$ 锁存器 Q 端经过与非门 G_3 后的输出 F 控制：当 $F=0$ 时晶体管截止；当 $F=1$ 时，晶体管导通，555 定时器的 7 脚 DIS 与地相通，形成放电通道。

(5) 反相器。反相器 G_4 构成输出缓冲器，输出 $OUT = \overline{F}$。其作用是提高定时器的带负载能力和隔离负载对定时器的影响。

8.2.2 555 定时器的基本功能

555 定时器的功能表如表 8.1 所示。

表 8.1 555 定时器的功能表

输　　入			锁　存　器				输　　出	
$\overline{MR}$	TH	$\overline{TR}$	$\overline{R}$	$\overline{S}$	Q	F	OUT	T_D
0	×	×	×	×	×	1	0	导通
1	$V_{TH} < V_1$	$V_{TR} < V_2$	1	0	1	0	1	截止
1	$V_{TH} < V_1$	$V_{TR} > V_2$	1	1	不变	不变	不变	不变
1	$V_{TH} > V_1$	$V_{TR} < V_2$	0	0	1	0	1	截止
1	$V_{TH} > V_1$	$V_{TR} > V_2$	0	1	0	1	0	导通

输　入	锁　存　器	输　出
CO	V_1	V_2
不输入电压	$\dfrac{2}{3}V_{CC}$	$\dfrac{1}{3}V_{CC}$
外接电压 V_{CO}	V_{CO}	$\dfrac{1}{2}V_{CO}$

由图 8.3(a)和表 8.1 分析电路工作的各种情况如下：

（1）当 $\overline{TR}=0$ 时，与非门 G_3 的输出 $F=1$，经过非门 G_4 后，输出电压 V_O 为低电平；而 F 的高电平使得晶体管 T_D 饱和导通。

（2）当 $\overline{TR}=1$ 时，与非门 G_3 的输出 $F=\overline{Q}$；又因为 C_1 和 C_2 两个电压比较器的输出分别作为 $\overline{R}$ - $\overline{S}$ 锁存器的 $\overline{R}$ 和 $\overline{S}$ 端。这时，根据 TH、CO 和 $\overline{TR}$ 三个引脚上的输入电压，使得两个电压比较器的输出有不同组合（00/01/10/11），从而使 $\overline{R}$ - $\overline{S}$ 锁存器处于清零、置位和保持三种情况：

① 当 $V_{TH}<V_1$ 且 $V_{TR}<V_2$ 时，C_1 输出高电平、C_2 输出低电平，$\overline{R}\,\overline{S}=10$，$\overline{R}$ - $\overline{S}$ 锁存器的 $Q=1$，$F=0$，输出电压 V_O 为高电平，晶体管 T_D 截止。

② 当 $V_{TH}<V_1$ 且 $V_{TR}>V_2$ 时，C_1 输出高电平、C_2 输出高电平，$\overline{R}\,\overline{S}=11$，$\overline{R}$ - $\overline{S}$ 锁存器状态保持不变，输出电压 V_O 和晶体管 T_D 都维持原状。

③ 当 $V_{TH}>V_1$ 且 $V_{TR}<V_2$ 时，C_1 输出低电平、C_2 输出低电平，$\overline{R}\,\overline{S}=00$，$\overline{R}$ - $\overline{S}$ 锁存器的 $Q=\overline{Q}=1$，$F=0$，输出电压 V_O 为高电平，晶体管 T_D 截止。

④ 当 $V_{TH}>V_1$ 且 $V_{TR}>V_2$ 时，C_1 输出低电平、C_2 输出高电平，$\overline{R}\,\overline{S}=01$，$\overline{R}$ - $\overline{S}$ 锁存器的 $Q=0$，$F=1$，输出电压 V_O 为低电平，晶体管 T_D 饱和导通。

双极型定时器具有较大的驱动能力，而 CMOS 定时器具有低功耗、输入阻抗高等优点。555 定时器工作的电源电压很宽，并可承受较大的负载电流。双极型 555 定时器电源电压范围为 4.5～16 V，输出高电平不低于电源的 90%，最大负载电流可达 200 mA，可以直接驱动继电器、发光二极管、扬声器等元件。CMOS 型的 C7555 定时器电源电压范围为 3～18 V，输出高电平不低于电源电压的 95%，最大负载电流在 4 mA 以下。双极型 555 定时器的上升和下降时间典型值为 100 ns，而 CMOS 型的 7555 定时器只有 40 ns。

8.3　多谐振荡器

8.3.1　多谐振荡器的特点与主要参数

多谐振荡器是一种自激振荡器，在接通电源后，无需外加触发信号，就能自动产生矩形脉冲。"多谐"是指矩形脉冲中除了基波成分外，还含有丰富的高次谐波分量。

多谐振荡器具有以下特点：

（1）电路输出的高电平和低电平切换是自动进行的，无需外界的触发信号。

（2）多谐振荡器上电工作后，只有两个暂稳态，没有稳态，属于无稳态电路。工作时，电路状态在这两个暂稳态之间自动地交替变换，由此产生周期性连续不断的矩形波脉冲信号。

多谐振荡器工作原理是利用门电路实现对输入电压不停地充放电过程。主要参数如下：

（1）振荡周期 T 和频率 f。多谐振荡器的振荡周期 T 由充电时间 T_1 和放电时间 T_2 共同决定：$T = T_1 + T_2$。振荡频率 f 为振荡周期 T 的倒数：$f = 1/T$。

（2）脉冲信号占空比 q。占空比是脉冲宽度与脉冲周期的比率，事实上就是指电路接通的时间占整个电路工作周期的百分比。如前所述，占空比 $q = t_w/T$。

多谐振荡器电路通常有两种构造方法：一个是通过逻辑门电路；另一个是通过集成 555 定时器。在电路中加入石英晶体，可构成石英晶体振荡器，能够有效地稳频。下面分别介绍。

8.3.2　用逻辑门构成的自激多谐振荡器

多谐振荡器电路一般由开关器件和延时环节构成，如图 8.4 所示。

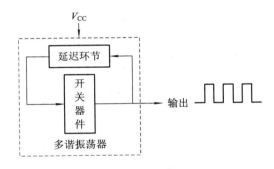

图 8.4　多谐振荡器电路

在图 8.4 中，开关器件（如门电路、电压比较器、BJT 等）用来产生高、低电平；反馈延迟环节则利用 RC 电路的充放电特性实现延时，并将输出电压恰当地反馈给开关器件使之改变输出状态，以获得所需要的振荡频率。

图 8.5 是一个用 CMOS 门电路构成的自激多谐振荡器。图 8.5(a) 是其逻辑电路图；图 8.5(b) 是其 CMOS 电路图。这里的开关器件为 G_1 和 G_2 两个 CMOS 非门，它们的输出 V_2 和 V_O 是矩形波，$V_{D1} \sim V_{D4}$ 是保护二极管；而电阻 R 和电容 C 构成的 RC 电路构成了延迟环节，它通过充放电将输出电压 V_O 的电压值改变后反馈到输入端 V_1，从而引起输出电压 V_O 自动振荡。

为便于电路分析，假设门电路的电压传输特性是理想的折线，即开门电平 V_{ON} 和关门电平 V_{OFF} 相等，并且等于电源电压 V_{DD} 的一半。这样，我们称该电压为阈值电平 V_{TH}，即 $V_{TH} = V_{ON} = V_{OFF} = V_{DD}/2$。当非门 G_1 和 G_2 的输入一旦高于 V_{TH}，则输出立即变为低电平 V_L；反之，输入一旦低于 V_{TH}，则输出立即变为高电平 V_H。接下来我们分析电路的两个暂稳态变化过程。

1. 第一暂稳态及电路自动翻转过程

假设在 $t=0$ 时刻接通电源，此时电容 C 尚未充电，电路初始状态为：$V_O=V_1=V_L(0)$，$V_2=V_H(1)$。定义该状态为第一暂稳态。此时，G_1 的 T_{P1} 管导通、T_{N1} 管截止，G_2 的 T_{P2} 管截止、T_{N2} 管导通；故电源 V_{DD} 就通过 T_{P1} 管、R、T_{N2} 管对电容 C 进行充电（因为 C 的左边为正电压，右边为地电平）。随着充电时间的增加，V_1 的电压值不断上升。在 t_1 时刻，V_1 上升至 V_{TH}（$=$ 开门电平 V_{ON}），意味着非门 G_1 输入由 $0(V_L)$ 变为 $1(V_H)$，则输出 V_2 立刻由 $1(V_H)$ 变为 $0(V_L)$，接着 V_2 的低电平使得 G_2 的输出 V_O 也由低电平翻转为高电平，即：$V_2=V_L(0)$，$V_O=V_H(1)$；电路进入第二暂稳态。这个翻转瞬间完成，是一个正反馈过程：

$$V_I \longrightarrow V_2 \longrightarrow V_O$$

电路翻转过程中电平变化的波形图如图 8.5(c) 所示。

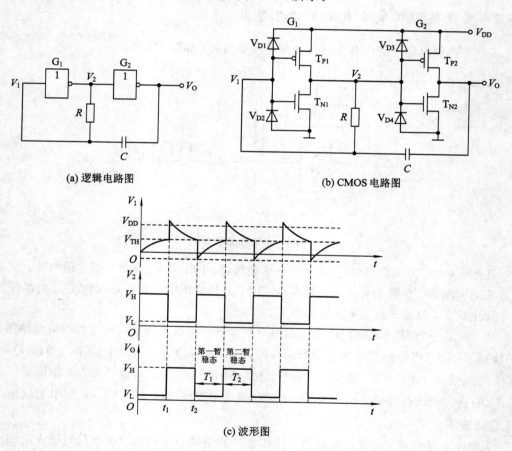

(a) 逻辑电路图　　　　　　(b) CMOS 电路图

(c) 波形图

图 8.5　用 CMOS 门电路构成的自激多谐振荡器

2. 第二暂稳态及电路自动翻转过程

电路进入第二暂稳态瞬间，V_O 由 V_L 上跳至 V_H，由于电容 C 两端的电压不能突变，则 C 的另一极板（即 V_1）的电压也应在 V_{TH} 的基础上上跳 V_H-V_L。但是因为二极管 V_{D1} 的钳位作用，V_1 的电压只能上跳至 V_H＋二极管的 V_{ON}。随后，电容 C 反向充电，因为此时 G_1 的 T_{P1} 管截止、T_{N1} 管导通，G_2 的 T_{P2} 管导通、T_{N2} 管截止，C 的左极板通过 R、导通的 T_{N1} 与地电平相连，右极板通过导通的 T_{P2} 与 V_{DD} 相连，所以反向充电回路是 $V_{DD} \rightarrow T_{P2}$ 管 $\rightarrow$ $C \rightarrow R \rightarrow T_{N1}$ 管 $\rightarrow$ GND。这个反向充电过程可视为放电，它使得 C 的左极板（即 V_1）的电压从高电平持续下降，直至 t_2 时刻，V_1 下降到 V_{TH} 后，电路又产生如下的正反馈过程：

描述为：V_1 下降到 V_{TH} 后，意味着 G_1 输入由 1 变为 0，则输出 V_2 由 0 变为 1；随之 G_2 的输出 V_O 由 1 变为 0。即：$V_2 = V_H(1)$，$V_O = V_L(0)$；电路再次进入第一暂稳态。同理，在进入第一暂稳态的瞬间，V_O 上的电压降低了 $V_H - V_L$，则电容 C 的左极板连接的 V_1 点电压也降低了 $V_H - V_L$，由于 V_{D2} 的钳位作用，V_1 点电压为负值：$-V_{ON}$；然后开始再次对 C 充电。

如此循环往复，电路依靠自身的正反馈结构，产生了两次快速的转换过程，依靠电容的充放电，又进行了两次慢速的暂稳态过程，完成了一个振荡周期，输出 V_O 的波形为矩形。振荡周期 T 是充电时间 T_1 和放电时间 T_2 的和，可用下列公式进行估算：

$$T = T_1 + T_2 = RC\ln4 \approx 1.4RC \tag{8.1}$$

在图 8.5 所示的自激多谐振荡器电路中，电阻 R 的阻值必须远远大于 CMOS 非门中 PMOS 管和 NMOS 管的导通内阻之和，电容 C 也远大于电路的分布电容，即 $R \gg R_{ON(P)} + R_{ON(N)}$，$C \gg C_{分布}$。但是当电源电压波动时，会引起振荡频率不稳定，在 $V_{TH} \neq V_{DD}/2$ 时，影响尤为严重。一般可在图 8.5(a)中增加一个补偿电阻 R_s，如图 8.6 所示。R_s 可减小电源电压变化对振荡频率的影响。当 $V_{TH} = V_{DD}/2$ 时，$R_s \gg R$，一般取 $R_s = 10R$。此时，可以估算图 8.6 所示电路的振荡周期 T 为：

$$T = T_1 + T_2 \approx 2RC\ln3 \approx 2.2RC \tag{8.2}$$

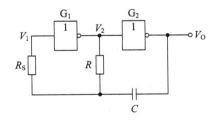

图 8.6 增加补偿电阻的多谐振荡器

8.3.3 5555 定时器构成自激多谐振荡器

用 555 定时器可以构成自激多谐振荡器，如图 8.7 所示。图 8.7(a)为其外部元件的连接框图，图 8.7(b)为细化的内部结构的原理图。

在图 8.7 中，R_1、R_2、C 是外接定时元件，将 555 定时器的阈值端 TH(6 脚)和触发端 $\overline{TR}$(2 脚)相连，并通过电容 C 接地，同时，又通过 R_2 接到 7 脚(泄放晶体管的集电极)。而 7 脚又通过 R_1 接到电源 V_{CC}。另外，控制电压端 CO(5 脚)通过 $0.01~\mu F$ 的电容接地，起

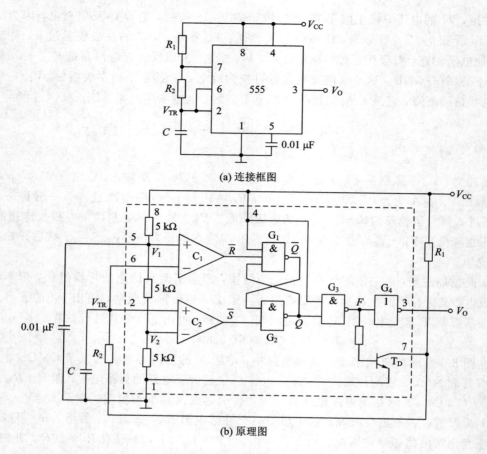

(a) 连接框图

(b) 原理图

图 8.7　用 555 定时器构成的自激多谐振荡器

到滤波作用；复位端 $\overline{\text{MR}}$ 接电源 V_{CC}，始终无效。由于 CO(5 脚)没有外加电压，因此 $V_1 = \dfrac{2}{3}V_{\text{CC}}$，$V_2 = \dfrac{1}{3}V_{\text{CC}}$。

　　图 8.8 为图 8.7 所示的自激多谐振荡器的输出波形。对其工作原理进行分析如下：

　　(1) 首次充电过程。在接通电源前由于电容 C 上无电荷，所以在接通电源瞬间 $V_{\text{TR}} = 0\text{V}$。参考 V_1 和 V_2 的电压值，555 定时器内部的比较器 C_1 输出为 1，C_2 输出为 0，基本 $\overline{\text{R}} - \overline{\text{S}}$ 锁存器 $Q = 1$、$\overline{Q} = 0$，$F = 0$，输出电压 V_0 为高电平，放电晶体管 T_D 截止。此状态定义为电路的起始状态，这时电源 V_{CC} 通过 R_1 和 R_2 开始对 C 进行充电。V_{TR} 的电压随着充电，从 0V 缓慢升高，充电到电源 V_{CC} 的时间常数为 $\tau_1 = (R_1 + R_2)C$。

　　(2) 放电过程。当 V_{TR} 上升到 $\dfrac{2}{3}V_{\text{CC}}$ 时，比较器 C_1 输出跳变为 0，C_2 输出 1，基本 $\overline{\text{R}} - \overline{\text{S}}$ 锁存器 $Q = 0$、$\overline{Q} = 1$，$F = 1$，V_0 输出为低电平，T_D 饱和导通。这为一个暂稳态。此时，电容 C 通过 R_2 和导通的 T_D 开始放电，V_{TR} 的电压随之下降。C 到地电平的放电时间常数为 $\tau_2 = R_2C$（忽略了 T_D 的导通内阻），显然比充电速度快。

　　(3) 再次充电过程。当 V_{TR} 由于放电下降到 $\dfrac{1}{3}V_{\text{CC}}$ 时，比较器 C_2 输出跳变为 0，C_1 输

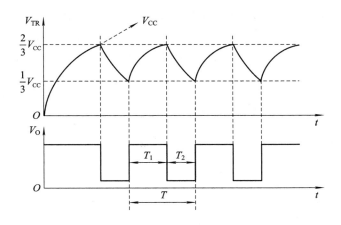

图 8.8 自激多谐振荡器的输出波形

出 1，基本 $\overline{R}$-$\overline{S}$ 锁存器立即变换为 $Q=1$，$\overline{Q}=0$，$F=0$，V_O 输出高电平，T_D 截止。电路进入另一种暂稳态。与起始状态类似，此时电源 V_{CC} 又开始通过 R_1 和 R_2 对 C 进行充电，V_{TR} 再次缓慢升高。

不难理解，接通电源后，电容 C 上的电压 V_{TR} 在 $\frac{1}{3}V_C$ 和 $\frac{2}{3}V_{CC}$ 之间反复变化，电路也就在两种暂稳态之间来回转换，从而产生振荡，在输出端就产生了矩形脉冲。

由上面的分析可知，矩形脉冲的高电平时间 T_1 等于电容电压 V_{TR} 从 $\frac{1}{3}V_{CC}$ 上升到 $\frac{2}{3}V_{CC}$ 所需要的时间，利用三要素公式，输出 V_O 波形中高电平持续时间 T_1 可用式（8.3）计算：

$$T_1 = \tau_1 \ln \frac{V_{CC} - \frac{1}{3}V_{CC}}{V_{CC} - \frac{2}{3}V_{CC}} = (R_1 + R_2)C\ln 2 \tag{8.3}$$

式中，V_{CC} 是充电的趋向值。显然，由式（8.3）可知，C 的充电时间（V_O 矩形波中高电平时间）T_1 取决于 R_1、R_2 的值和电容 C 的值。

C 的放电时间（V_O 矩形波中低电平时间）T_2 则取决于 R_2 的值和电容 C 的值，等于电容电压 V_{TR} 从 $\frac{2}{3}V_{CC}$ 下降到 $\frac{1}{3}V_{CC}$ 所需要的时间，计算公式如式（8.4）所示：

$$T_2 = \tau_2 \ln \frac{0 - \frac{2}{3}V_{CC}}{0 - \frac{1}{3}V_{CC}} = R_2 C\ln 2 \tag{8.4}$$

式中，0V 是放电的趋向值。这样，电路的振荡周期和振荡频率为：

$$T = T_1 + T_2 = (R_1 + R_2)C\ln 2 + R_2 C\ln 2 = (R_1 + 2R_2)C\ln 2 \approx 0.69(R_1 + 2R_2)C$$

$$f = \frac{1}{T} = \frac{1}{0.69(R_1 + 2R_2)C} \tag{8.5}$$

占空比 q 为：

$$q = \frac{T_1}{T} = \frac{R_1 + R_2}{R_1 + 2R_2} \tag{8.6}$$

通过改变电阻 R 和电容 C 的值就可以改变电路的振荡频率。用双极型 555 定时器构成的自激多谐振荡器的最高频率约为 500 kHz，用 CMOS 型的 555 定时器构成的自激多谐振荡器的最高频率也只有 3 MHz。因此，用 555 定时器构成的多谐振荡器在频率范围上有较大的局限性。

【例 8.1】 在图 8.7 所示的基于 555 定时器设计的自激多谐振荡器电路中，如果要求输出信号的振荡周期为 100 ms，占空比 $q = 2/3$，请计算给出电路中外接 R_1、R_2 及 C 的值。

解 首先，根据式(8.6)的占空比计算公式可得：

$$q = \frac{R_1 + R_2}{R_1 + 2R_2} = \frac{2}{3}$$

推导出：

$$R_1 = R_2$$

然后，根据振荡周期计算公式(8.5)可以得到：

$$T = 0.69(R_1 + 2R_2)C = 0.69 \times 3R_1 \times C = 0.1 \text{ s}$$

进而得到 R_1 的计算公式：

$$R_1 = R_2 = \frac{0.1}{0.69 \times 3 \times C} \Omega$$

假设选择 $C = 1\ \mu\text{F}$，则：

$$R_1 = R_2 = \frac{0.1}{0.69 \times 3 \times 10^{-6}} \approx 48 \text{ k}\Omega$$

这样，可以选择 $R_1 = R_2 = 47$ kΩ，然后串联一个 2 kΩ 的电位器，7 脚接 2 kΩ 电位器的中分点，如图 8.9 所示。

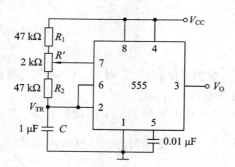

图 8.9 例 8.1 的电路图

由式(8.6)可见，该电路的输出波形的占空比总是大于 50%，即不能输出方波信号，而且占空比也不能调节。为使占空比可调节，可以采用如图 8.10 所示的自激多谐振荡器电路。

在图 8.10 中，利用了二极管的单向导电特性，将电容 C 的充电和放电回路隔离开来，再用一个电位器来调节多谐振荡器的占空比。

与图 8.7 相比，图 8.10 所示电路添加了二极管 V_{D1} 和 V_{D2} 以及可变电阻 R_P。电容 C 的充电回路为 $V_{CC} \rightarrow V_{D1} \rightarrow R_1 \rightarrow R_{P1} \rightarrow C$，充电时间常数为 $\tau_1 = (R_1 + R_{P1})C$。而放电回路为 $C \rightarrow R_{P2} \rightarrow R_2 \rightarrow V_{D2} \rightarrow T_D \rightarrow$ 地，故放电时间常数为 $\tau_2 = (R_{P2} + R_2)C$。其中，$R_P = R_{P1} + R_{P2}$。

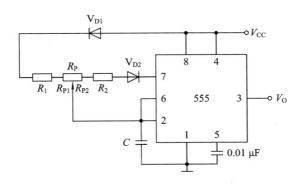

图 8.10 占空比可调的多谐振荡器电路

同式(8.2)和式(8.3),可求得:

$$T_1 = (R_1 + R_{P1})C \ln 2 = 0.69(R_1 + R_{P1})C \qquad (8.7)$$

$$T_2 = (R_{P2} + R_2)C \ln 2 = 0.69(R_{P2} + R_2)C$$

其振荡周期为:

$$T = T_1 + T_2 = (R_1 + R_P + R_2)C\ln 2 = 0.69(R_1 + R_P + R_2)C \qquad (8.8)$$

其占空比为:

$$q = \frac{T_1}{T_1 + T_2} = \frac{R_1 + R_{P1}}{R_1 + R_P + R_2} \qquad (8.9)$$

占空比可调节的范围为:

$$q_{min} = \frac{R_1}{R_1 + R_P + R_2}$$

$$q_{max} = \frac{R_1 + R_P}{R_1 + R_P + R_2} \qquad (8.10)$$

所以,只要调节电位器 R_P,使 $R_1 + R_{P1} = R_2 + R_{P2}$,则 $q = 0.5$;这时 V_O 输出波形就为方波。显然,R_1 和 R_2 的取值越小,可调的占空比范围就越大。但是 R_1 和 R_2 不能为 0,否则电路会停振。

改变 R_1、R_2、R_P 和 C 的值,可以改变电路的振荡频率。也可以通过改变 555 定时器的触发电平的方法来改变振荡频率。例如,可以改变 555 定时器的控制电压输入端 CO(5脚)的电压来改变比较器的参考电压,以达到改变振荡器频率的目的。

【例 8.2】 对于图 8.10 所示的占空比可调的 555 多谐振荡器,如果要求占空比在 1/3 和 2/3 之间可调,振荡周期为 1 s,请给出电路中外接 R_1、R_2、R_P 及 C 的值。

解 首先,依据题意,根据式(8.10)可得:

$$q_{min} = \frac{R_1}{R_1 + R_P + R_2} = \frac{1}{3}$$

$$q_{max} = \frac{R_1 + R_P}{R_1 + R_P + R_2} = \frac{2}{3}$$

变换并推导后,可以得出:$R_1 = R_2 = R_P$。

然后，由振荡周期计算公式(8.8)可得：

$$T = 0.69(R_1 + R_P + R_2)C = 0.69 \times 3R_1 \times C = 1 \text{ s}$$

取电容 $C = 10 \ \mu\text{F}$，则可算出电阻的阻值：

$$R_1 = R_2 = R_P = \frac{1}{0.69 \times 3 \times 10^{-5}} \approx 48 \text{ k}\Omega$$

8.3.4　石英晶体振荡器

用逻辑门或 555 定时器构成的自激多谐振荡器的振荡频率，受电源电压、温度变化的影响，器件的参数也随之变化，从而导致振荡频率不稳定。这对于稳定性和准确度要求很高的数字系统，显然不适用。例如，在数字时钟里，时钟频率的稳定性和准确度，就直接决定着计时的精度。

因此，必须采用稳频措施。目前普遍采用的稳频措施是：在多谐振荡器电路中加入石英晶体，构成石英晶体振荡器(简称晶振)。这种石英晶体振荡器，在常温下，频率不稳定度 $\Delta f / f$ 也能小于 10^{-6}。如果经恒温补偿后，晶振的 $\Delta f / f$ 甚至可以小到 10^{-9}。石英晶体振荡器产生的方波通常作为数字系统的基准时间，用于定时和计数。

图 8.11(a)给出了石英晶体振荡器的符号，图 8.11(b)给出了其电抗频率特性。由图可见，当外加电压的频率 $f = f_0$ 时，石英晶体的电抗 $X = 0$，这个频率的信号最易通过，而在其他频率下电抗都很大，信号被衰减。故石英晶体振荡器的工作频率是 f_0，这个频率仅仅取决于石英晶体的固有频率 f_0，f_0 与电路的电阻、电容和阈值电压等无关，只由石英晶体的结晶方向、外形尺寸所决定。所以石英晶体振荡器的频率稳定性极高，目前石英晶体已制成标准化和系列化出售，其精度甚至可达到 $10^{-10} \sim 10^{-11}$。

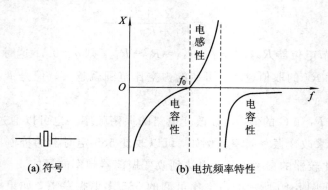

图 8.11　石英晶体振荡器

一种典型的石英晶体振荡器电路如图 8.12 所示。电路中 R_1、R_2 的作用是保证两个反相器在静态时都能工作在转折区(线性放大区)，使每一个反相器都成为具有很强放大能力的放大电路。对 TTL 反相器，常取 $R_1 = R_2 = 0.5 \sim 2$ kΩ。若是 CMOS 门则常取 $R_1 = R_2 = 10 \sim 100$ MΩ。C_1 的作用是耦合两个反相器；C_2 的作用是抑制高次谐波，以保证稳定的频率输出；电容 $C_1 = C_2 = 0.047 \ \mu\text{F}$。

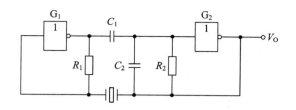

图 8.12　石英晶体振荡器电路

8.4　单稳态触发器

8.4.1　单稳态触发器的特点与主要参数

单稳态触发器(One-shot Monostable Multivibrator)具有以下特点:

(1) 电路有稳态和暂稳态两个工作状态,无外部触发的情况下,电路一直处于稳态。

(2) 在外界触发脉冲的作用下,电路能由稳态翻转到暂稳态,在暂稳态维持一段时间后,再次自动返回稳态。

(3) 暂稳态的持续时间和触发脉冲的宽度和幅度无关,仅取决于电路的定时器件的参数。

单稳态触发器在数字系统中,一般用于定时、延时以及脉冲波形的整形等。其主要电路参数有以下几个:

(1) 输出脉冲宽度 t_w。输出脉冲宽度是指电路维持暂稳态的时间,反映在输出脉冲上,即为输出脉冲的宽度(高电平或者低电平宽度)。

(2) 输出脉冲幅度 V_m。输出脉冲幅度是指输出脉冲的高电平和低电平之间的差值。

(3) 恢复时间 t_{re}。电路从暂稳态结束后,就开始放电,到电容放电全部完毕所需的时间,称为恢复时间。

(4) 分辨时间 t_d。在保证电路能正常工作的前提下,允许两个相邻触发脉冲的最小时间间隔,有:

$$t_d = t_w + t_{re} \tag{8.11}$$

单稳态触发器可以使用逻辑门或者 555 定时器构成,也可以直接使用集成单稳态触发器。

8.4.2　用 555 定时器构成的单稳态触发器

图 8.13 为用 555 定时器构成的单稳态触发器。图 8.13(a)是其连接框图;8.13(b)是细化的内部结构的原理图。

1. 工作原理

与自激多谐振荡器不同,单稳态触发器有外部触发输入信号 V_{TR},接 555 定时器的 $\overline{TR}$ (2 脚)。在 V_{TR} 的触发作用下(由高到低),电路由稳态→暂稳态→稳态进行转换,输出 V_O 的波形也随之由低电平→高电平→低电平发生变化。电路输出 V_O 以及电容电压 V_C 随输

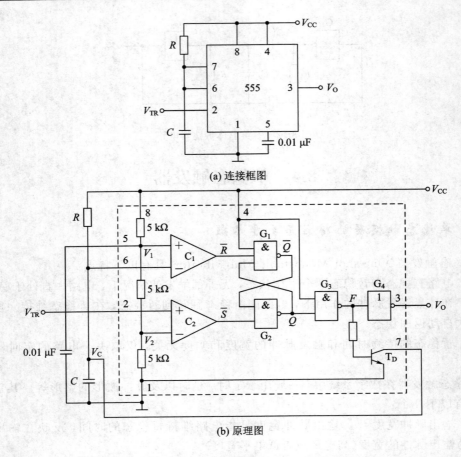

(a) 连接框图

(b) 原理图

图 8.13　用 555 定时器构成的单稳态触发器

入 V_{TR} 变化的波形如图 8.14 所示。电路工作时状态分析如下：

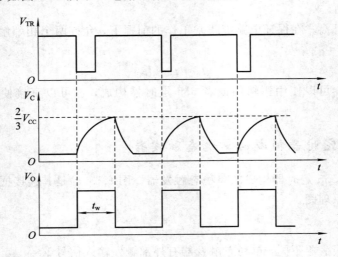

图 8.14　单稳态触发器的输出波形

1）上电初始状态

由于触发输入信号 V_{TR} 是低电平有效，因此在稳态下 V_{TR} 为高电平 V_{CC}。电源接通的瞬间，由于电容 C 上无电荷，所以电容电压 $V_C = 0V$。555 定时器内部的基本 $\overline{R} - \overline{S}$ 锁存器在上电的瞬间可能处于“0”或者“1”状态：

（1）假设 555 定时器内部的基本 $\overline{R} - \overline{S}$ 锁存器处于“0”状态，$Q = 0$、$\overline{Q} = 1$，$F = 1$，V_O 输出低电平，T_D 饱和导通。此时，V_C 通过导通的 T_D 与地相连，故电容 C 的两个极板电压都与地电平的相等，C 保持无电荷状态。555 定时器内部的电压比较器 C_1 和 C_2 都输出 1，$\overline{R} = \overline{S} = 1$，锁存器保持“0”状态，即电路处于稳态，$V_O$ 输出低电平。

（2）假设 555 定时器内部的基本 $\overline{R} - \overline{S}$ 锁存器处于“1”状态，$Q = 1$、$\overline{Q} = 0$，$F = 0$，V_O 输出高电平，T_D 截止。此时，电路为暂稳状态，电源 V_{CC} 就通过 R 向 C 充电。当充电至 $V_C = \frac{2}{3}V_{CC}$ 时，电压比较器 C_1 输出从 1 翻转为 0，$\overline{R} = 0$，$\overline{S} = 1$，则 $Q = 0$、$\overline{Q} = 1$，$F = 1$，V_O 输出低电平，然后电容 C 通过导通的 T_D 迅速向地放电，最后，$V_C \approx 0$。这时，电压比较器 C_1 又恢复输出 1，则 $\overline{R} = \overline{S} = 1$，锁存器保持“0”状态，即电路经过一个充放电过程后，终于处于稳态，V_O 输出低电平。

故上电后，无外部触发信号的情况下，电路最后处于稳态，V_O 输出低电平。

2）暂稳态

当 V_{TR} 由高电平变为低电平时，电路即被触发，此时电压比较器 C_2 由 1 翻转为 0，$\overline{R} = 1$，$\overline{S} = 0$，则 $Q = 1$、$\overline{Q} = 0$，$F = 0$，V_O 输出高电平，放电晶体管 T_D 截止，电路进入暂稳态。

如前所述，这时电源 V_{CC} 经 R 向 C 充电；当充至 $V_C = \frac{2}{3}V_C$ 时，电压比较器 C_1 输出 0，$\overline{R} = 0$，$\overline{S} = 1$，则锁存器状态翻转为 $Q = 0$、$\overline{Q} = 1$，$F = 1$，T_D 饱和导通，V_O 输出低电平，暂稳态结束，电路向稳态转换。

3）稳态

暂稳态结束后，T_D 饱和导通，$V_C = \frac{2}{3}V_{CC}$，则电容 C 会通过导通的 T_D 迅速向地放电，直至 $V_C \approx 0$。然后电压比较器 C_1 又恢复输出 1，则 $\overline{R} = \overline{S} = 1$，锁存器保持“0”状态，电路进入稳态，$V_O$ 输出低电平。

所以，当 V_{TR} 上有一个低电平的触发脉冲时，电路立即从稳态翻转到暂稳态；然后经过一次充电过程后，结束暂稳态；电容再次放电后，进入稳态并维持稳态。

2. 电路参数

在图 8.13 所示的单稳态触发器中，相关参数具体含义如下：

（1）输出脉冲宽度 t_w：暂稳态所持续的时间在此就是电容 C 的充电时间，即电容 C 从 0 V 充电到 $\frac{2}{3}V_{CC}$ 所需要的时间。由 RC 电路过渡过程的三要素公式可得输出脉冲宽度 t_w 的计算公式：

$$t_{w} = RC\ln\frac{V_{cc} - 0}{V_{cc} - \frac{2}{3}V_{cc}} = RC\ln3 \approx 1.1RC \tag{8.12}$$

通常，R 的取值在几百欧姆到几兆欧姆之间，电容的取值在几百皮法到几百微法之间。

（2）输出脉冲幅度 V_m：对于 CMOS 电路而言，$V_m = V_{OH} - V_{OL} \approx V_{cc}$。

（3）恢复时间 t_{re}：就是从暂稳态结束到电容 C 通过放电晶体管 T_D 放电至 $V_C = 0$ 所需的时间。这里的放电时间常数 $\tau = R_{CES}C$，R_{CES} 为放电晶体管 T_D 的饱和导通内阻，由于它很小（几欧姆到几十欧姆），故 t_{re} 极短。但是通常情况下，取 t_{re} 为 3～5 倍的 τ。

（4）分辨时间 t_d：是指输入触发信号的最小周期，如式（8.11）所示，它为脉宽和恢复时间之和。当输入触发信号是周期为 T 的连续脉冲时，为了保证单稳态触发器能够正常工作，也必须满足 $T > t_d = t_w + t_{re}$。

必须注意的是，在图 8.13 中，触发脉冲的脉冲宽度（即 V_{TR} 的低电平持续时间），必须小于电路输出的脉冲宽度 t_w，否则电路将不能正常工作。这是因为若单稳态触发器被触发翻转到暂稳态后，V_{TR} 仍维持低电平不变，则比较器 C_2 的输出保持为 0，基本 $\overline{R} - \overline{S}$ 锁存器保持在置 1 状态，这样电容 C 充电到 $\frac{2}{3}V_{cc}$ 时，无法自动结束暂稳态回到稳态。

解决这个问题的方法是在触发输入端加一个 RC 微分电路（即 R_P、C_P），以减少 V_{TR} 的低电平持续时间。加入 RC 微分电路的单稳态触发器如图 8.15 所示。

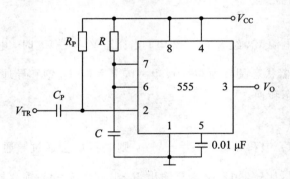

图 8.15　加入 RC 微分电路的单稳态触发器

【例 8.3】　对于如图 8.13 所示的单稳态触发器，假设 $R = 1\ \text{M}\Omega$，$C = 10\ \mu\text{F}$，请：

（1）计算输出脉冲的宽度 t_w。

（2）对于触发脉冲而言，有什么限制？

解：

（1）根据式（8.12），可以计算输出脉冲宽度：

$$t_w = 1.1RC = 1.1 \times 10^6 \times 10^{-5} = 11\ \text{s}$$

（2）触发脉冲的宽度要求小于 $t_w = 11\ \text{s}$，其间隔时间要求大于 $t_d = t_w + t_{re}$。

可以估算恢复时间 t_{re}：假设放电晶体管的深度饱和导通内阻为 $100\ \Omega$，则时间常数 τ

$=100\times10^{-5}=10^{-3}$ s，取 $t_{re}=5\tau=5\times10^{-3}$ s$=5$ ms。

因此，触发脉冲的最小间隔时间必须 >11 s$+5$ ms。

8.4.3　集成单稳态触发器

单稳态触发器在脉冲整形、定时和延时方面的应用非常广泛，因此，已经生产了 CMOS 和 TTL 的集成单稳态触发器产品。这些产品将整个单稳态电路集成在一个芯片上，只需外接有限的电阻和电容即可工作。它具有定时范围宽、稳定性好、使用方便等优点。

集成单稳态触发器按照能否重触发，可分为可重触发和不可重触发两类。可重触发是指单稳态触发器在暂稳态期间，能够接收新的触发信号，重新开始暂稳态过程。而不可重触发，则是指在暂稳态期间不能接收新的触发信号，只能在稳态时接收触发信号；其一旦被触发由稳态翻转为暂稳态后，即使再有新的触发信号到来，其既定的暂稳态过程也会继续下去，直至结束为止。图 8.16 给出了可重触发和不可重触发的单稳态触发器的输出波形。不可重触发的输出 V_{O} 的脉冲宽度 $=t_{w}$；但是可重触发的输出 V_{O} 的脉冲宽度可能大于 t_{w}，取决于第一个触发边沿和最后一个触发边沿以及 t_{w}。

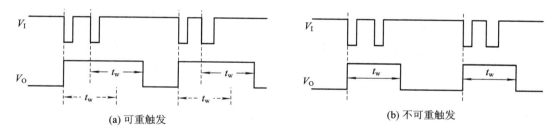

图 8.16　可重触发和不可重触发的单稳态触发器的输出波形

1. 不可重触发的集成单稳态触发器 74121

74121 是一种典型的 TTL 不可重触发的集成单稳态触发器。其引脚排列和逻辑符号如图 8.17 所示，其功能表如表 8.2 所示。

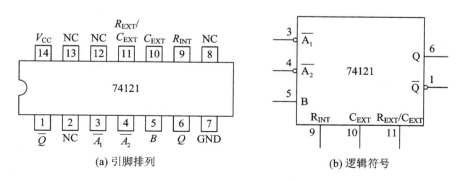

图 8.17　不可重触发单稳态触发器 74121

表 8.2 74121 的功能表

输 入			输 出		工作状态
$\overline{A_1}$	$\overline{A_2}$	B	Q	$\overline{Q}$	
0	×	1	0	1	保护稳态
×	0	1	0	1	
×	×	0	0	1	
1	1	×	0	1	
1	↓	1	⊓	⊔	下降沿触发
↓	1	1	⊓	⊔	
↓	↓	1	⊓	⊔	
0	×	↑	⊓	⊔	上升沿触发
×	0	↑	⊓	⊔	

$\overline{A_1}$、$\overline{A_2}$ 是两个下降沿有效的触发信号输入端，B 是上升沿有效的触发信号输入端。R_{EXT}/C_{EXT}、C_{EXT}、R_{INT} 是外接定时电阻和电容的连接端，外接定时电阻 R_{EXT}（阻值可在 1.4～470 kΩ 之间选择）应一端接 V_{CC}（14 脚）、一端接 R_{EXT}/C_{EXT}（11 脚），外接定时电容 C（容量在 10 pF～10 μF 之间选择）应一端接 C_{EXT}（10 脚），一端接 R_{EXT}/C_{EXT}（11 脚）。若 C 是电解电容，则其正极应接 C_{EXT}，负极接 R_{EXT}/C_{EXT}。常见的连接如图 8.18(a)所示。

74121 集成块的内部已设置了一个 2 kΩ 的定时电阻 R_{INT}，R_{INT}（9 脚）是其引出端；不用时可将 9 脚悬空。有时为了简化电路连线，取消外部电阻 R_{EXT}，只使用内部电阻 R_{INT}，这时，只需将 R_{INT}（9 脚）与 V_{CC}（14 脚）连接起来，如图 8.18(b)所示。因为 R_{INT} 较小，故使用内部电阻的单稳态触发器，脉宽比较小。

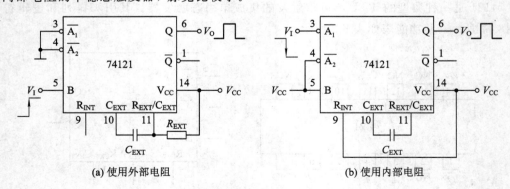

图 8.18 集成单稳态触发器 74121 的外部连接方法

在图 8.18(a)中，触发信号 V_I 是上跳沿触发，接到 74121 的 B 触发输入端，此时可以将 $\overline{A_1}$、$\overline{A_2}$ 接低电平。在图 8.17(b)中，触发信号 V_I 是下跳沿触发，接到 74121 的触发输入端 $\overline{A_1}$、$\overline{A_2}$ 中的一个引脚上，此时另一个 $\overline{A}$ 信号和 B 触发输入端可以一起接高电平。

对于图 8.17(a)所示的单稳态触发器而言，根据电路结构可以求出其输出脉冲宽度 t_w 的计算公式为

$$t_w = R_{EXT}C_{EXT}\ln 2 \approx 0.69 R_{EXT}C_{EXT} \tag{8.13}$$

在使用 74121 时，需要注意的是：74121 芯片在定时时间 t_w 结束后，定时电容 C 有一个充电恢复时间 t_{re}，如果在此恢复时间内又有触发脉冲输入，电路仍可被触发，但输出脉冲宽度会小于定时时间 t_w。

除了 74121 之外，还有 74221、74LS221 都是不可重触发的单稳态触发器。

2. 可重触发的集成单稳态触发器 74122

74122 是一种典型的可重复触发单稳态触发器。其引脚排列和逻辑符号如图 8.19 所示，其功能表如表 8.3 所示。

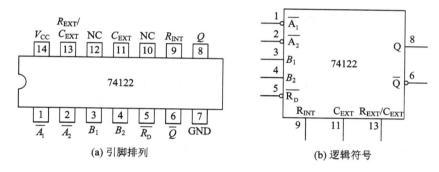

图 8.19 可重触发单稳态触发器 74122

表 8.3 74122 的功能表

输　入					输　出		工作状态
$\overline{R}_D$	$\overline{A}_1$	$\overline{A}_2$	B_1	B_2	Q	$\overline{Q}$	
0	×	×	×	×	0	1	复位
×	1	1	×	×	0	1	保护稳态
×	×	×	0	×	0	1	
×	×	×	×	0	0	1	
1	0	×	⤒	1	⊓	⊔	上升沿触发
1	0	×	1	⤒	⊓	⊔	
1	×	0	⤒	1	⊓	⊔	
1	×	0	1	⤒	⊓	⊔	
⤒	×	0	1	1	⊓	⊔	
⤒	0	×	1	1	⊓	⊔	

输入					输出		工作状态
$\overline{R}_D$	$\overline{A}_1$	$\overline{A}_2$	B_1	B_2	Q	$\overline{Q}$	
1	⌐	1	1	1	⊓	⊔	
1	⌐	⌐	1	1	⊓	⊔	下降沿触发
1	1	⌐	1	1	⊓	⊔	

74122 有 4 个触发信号输入端，$\overline{A}_1$、$\overline{A}_2$ 为下降沿有效，B_1、B_2 为上升沿有效。$\overline{R}_D$ 为低电平有效的直接复位输入，Q 和 $\overline{Q}$ 是一对互补输出端。外接定时电阻 R_{EXT} 和电容 C_{EXT} 的连接与 74121 相同，通常定时电阻 R 可在 $5\sim50$ kΩ 之间选择，定时电容 C_{EXT} 基本无限制。

74122 是可重复触发单稳态触发器，只要在输出脉冲结束前，又有触发脉冲输入，则可延长输出脉冲的持续时间。而 $\overline{R}_D$ 的优先复位功能，又能够在预期的时间内结束暂稳态过程，使电路返回到稳态。如果使用内定时电阻 R_{INT}，则只需外接一个定时电容，电路就可工作。

当定时电容 $C_{EXT}>1000$ pF 时，可用下式估算输出脉冲宽度 t_w：

$$t_w \approx 0.32R_{EXT}C_{EXT} \tag{8.14}$$

与 74121 一样，74122 在暂稳态结束后，也需用经过恢复时间 t_{re}，电路才能返回稳态。

8.4.4 单稳态触发器的应用

单稳态触发器是常用的单元电路，其应用范围很广，下面对其在脉冲波形的变换与整形、延时、定时等方面的应用举例说明。

1. 脉冲整形

单稳态触发器能够把不规则的输入信号 V_I 整形成为幅度、宽度都相同的矩形脉冲 V_O，这是因为 V_O 的幅度仅取决于单稳态触发器输出的高低电平 V_{OH} 和 V_{OL}，而宽度 t_w 只与外接的 R 和 C 有关。图 8.20 给出了单稳态触发器对不规则信号进行整形的例子。

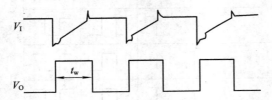

图 8.20　用单稳态触发器对不规则信号进行整形

2. 延时或定时

由于单稳态触发器一经触发，电路就进入暂稳态，暂稳态的维持时间由外接电阻、电容的参数决定。调节电阻、电容值就能够输出一个脉冲宽度比触发脉冲长得多的脉冲,因此,单稳态电路可以用于延时或定时。

【例 8.4】 设计一个楼道照明灯的延时电控电路,当按下楼道开关后,电灯点亮,延时 20 s 后,自动熄灭。

解 可以使用一个单稳态触发器,完成延时。楼道开关作为单稳态触发器的触发脉冲,输出信号可通过一个继电器来控制照明灯。考虑成本,用 555 定时器构成电路,其原理图如图 8.21 所示。

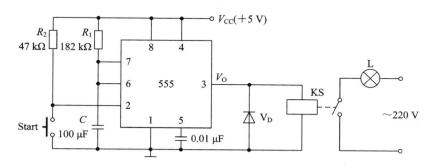

图 8.21 例 8.4 的电路原理图

在图 8.21 中,555 定时器与 R_1 和 C 共同构成了一个单稳态电路。楼道灯开关按键 Start 通过一个上拉电阻 R_2 接在电源 V_{cc} 上。在 Start 没有按下时,555 的触发输入 $\overline{TR}$ 为高电平;Start 按下时,产生一个负脉冲,使得 555 的触发输入 $\overline{TR}$ 变为低,从而电路进入暂稳态,输出端 V_O 变为高电平。此时,继电器 KS 吸合,从而接通了楼道灯 L 的电路,L 点亮。输出端 V_O 保持高电平的时间是暂稳态的维持时间,即 t_w,这也是楼道灯从点亮到熄灭的延时时间。由式(8.12)可知:

$$t_w = 1.1 R_1 C = 20 \text{ s}$$

如果取 $C = 100\ \mu F$,则:

$$R_1 = \frac{20}{1.1 \times 10^{-4}} \approx 182 \text{ k}\Omega$$

R_1 可以取一个 180 kΩ 电阻和一个 2 kΩ 电阻串联而成。

3. 选通

由于单稳态触发器的输出是有一定脉宽的高电平,所以可以作为选通信号,将输入信号的部分波形选通输出。

信号的选通如图 8.22 所示。图 8.22(a)是由单稳态触发器和与门构成的选通电路,图 8.22(b)是对应的选通波形。

由图 8.22(b)可见,单稳态触发器的输出 B 的下降沿比起输入 TR 的下降沿滞后了一个脉冲宽度 t_w,也即延时了 t_w,这很直观地反映了单稳态触发器的延时特性。同时,单稳态触发器的输出 B 作为与门的选通控制信号,当 B 为高电平时,与门选通,门输出 $F =$ 输入信号 A。当 B 为低电平时,与门关闭,门输出 $F = 0$。显然,与门选通的时间是恒定不变的,也就是单稳态触发器输出脉冲 B 的宽度 t_w。

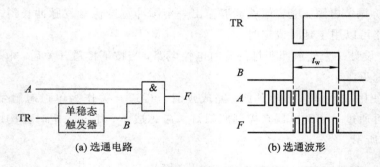

图 8.22　信号的选通

8.5　施密特触发器

8.5.1　施密特触发器的特点与主要参数

施密特触发器(Schmitt Trigger)有最显著的特点，就是能够将变化非常缓慢的输入脉冲波形，变换成适合数字系统需要的矩形脉冲；而其特有的滞迟特性，也大大增强了抗干扰能力。施密特触发器在脉冲的变换与整形中具有广泛的应用。

具体而言，施密特触发器具有以下特点：

(1) 施密特触发器输出有两种稳定状态：0 态和 1 态。

(2) 施密特触发器采用电平触发，也就是说，它的输出信号的电平值取决于输入信号的电平；故施密特触发器与第 5 章所述的触发器不同，它不具备存储能力。

(3) 对于有正向增长和负向增长的输入信号，电路有不同的阈值电平 V_{T+} 和 V_{T-}。当输入信号电压 V_I 上升且 $V_I > V_{T+}$ 时，输出状态就翻转；而当输入信号电压 V_I 下降且 $V_I < V_{T-}$ 时，输出状态就翻转。

对于特点(3)这样两种情况下触发电平不一致的特性，称为施密特触发器的回差特性，又称为滞迟特性，它是施密特触发器最与众不同的电气特性。其反映在电压传输特性上，如图 8.23 所示。图 8.23(a)是同相施密特触发器的电压特性曲线；图 8.23(b)是反相施密特触发器的电压特性曲线；图 8.23(c)是施密特触发器的符号示例。事实上，凡是具有回差特性的逻辑门，都可以添加施密特触发器的"回"字形符号。

在图 8.23 中，标识了施密特触发器的主要参数，包括以下几个：

(1) 上限阈值电压 V_{T+}。输入信号电压 V_I 在上升过程中，输出电压 V_O 发生状态翻转时，所对应的输入电压值，称为上限阈值电压，也称为正向阈值电压，记为 V_{T+}。

(2) 下限阈值电压 V_{T-}。输入信号电压 V_I 在下降过程中，输出电压 V_O 发生状态翻转时，所对应的输入电压值，称为下限阈值电压，也称为负向阈值电压，记为 V_{T-}。

(3) 回差电压 ΔV_T。将 V_{T+} 和 V_{T-} 之间的差值，称为回差电压，用 ΔV_T 表示，即：

$$\Delta V_T = V_{T+} - V_{T-} \tag{8.15}$$

回差电压 ΔV_T 大小直接反映了电路的抗干扰能力的强弱。

在图 8.23 中，实线上的箭头，代表了电压变化的过程。显然在图 8.23(a)中，当输入

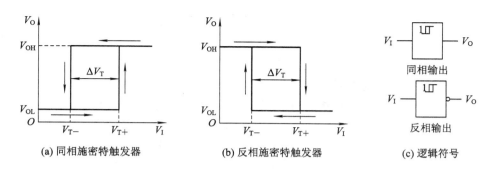

(a) 同相施密特触发器　　　　(b) 反相施密特触发器　　　　(c) 逻辑符号

图 8.23　施密特触发器的电压传输特性

电压 V_I 从低到高变化(→箭头)时，一旦超过 $V_\mathrm{T+}$，输出 V_O 立刻就同样发生从低到高的变化(↑箭头)；而当输入电压 V_I 从高到低变化(←箭头)时，一旦低于 $V_\mathrm{T-}$，输出 V_O 也立刻同样发生从高到低的变化(↓箭头)；因此称为"同相"施密特触发器。

而在图 8.23(b)中，当输入电压 V_I 从低到高变化(→箭头)时，一旦超过 $V_\mathrm{T+}$，输出 V_O 则立刻发生从高到低的变化(↓箭头)；当输入电压 V_I 从高到低变化(←箭头)时，一旦低于 $V_\mathrm{T-}$，输出 V_O 也立刻发生从低到高的变化(↑箭头)；因此称为"反相"施密特触发器。

8.5.2　施密特触发器的结构与原理

下面说明施密特触发器的电路结构与工作原理。

1. 三极管构成施密特触发器

图 8.24 为施密特触发器的基本电路结构。其两个三极管 T_1 和 T_2 通过一个共射极电阻 R_E 进行耦合构成，两个三极管的集电极电阻为 R_1 和 R_2，$R_1 > R_2$。

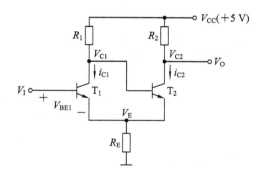

图 8.24　施密特触发器的基本电路结构

假设三极管发射结的导通压降为 0.7 V，那么分析输入电压 V_I 的变化情况：

(1) 当 V_I 上为低电平(约 0 V)时，因为 $V_\mathrm{BE1} = V_\mathrm{I} - V_\mathrm{E} < 0.7$ V，所以 T_1 截止。这时，V_C1 为高电平，使得 T_2 饱和导通，则 $V_\mathrm{O} \approx V_\mathrm{E}$。这个状态可以定义为 0 态。

(2) 若 V_I 逐渐升高，直到 $V_\mathrm{BE1} = V_\mathrm{I} - V_\mathrm{E} > 0.7$ V 时，T_1 管开始导通，并有如下的正反馈过程：

$$V_{\mathrm{I}}\!\uparrow \longrightarrow i_{\mathrm{C1}}\!\uparrow \longrightarrow V_{\mathrm{C1}}\!\downarrow \longrightarrow i_{\mathrm{C2}}\!\downarrow$$
$$\quad\quad\quad\quad V_{\mathrm{BE1}}\!\uparrow \longleftarrow V_{\mathrm{E}}\!\downarrow$$

进而使电路进入 T_1 饱和导通、T_2 截止的状态，$V_O \approx V_{CC}$，可以定义这个状态为 1 态。

（3）此时，若 V_I 从高电平逐渐降低，直到 $V_{BE1} = V_I - V_E = 0.7V$ 时，i_{C1} 开始减小，然后引起以下的另一个正反馈过程：

$$V_{\mathrm{I}}\!\downarrow \longrightarrow i_{\mathrm{C1}}\!\downarrow \longrightarrow V_{\mathrm{C1}}\!\uparrow \longrightarrow i_{\mathrm{C2}}\!\uparrow$$
$$\quad\quad\quad\quad V_{\mathrm{BE1}}\!\downarrow \longleftarrow V_{\mathrm{E}}\!\uparrow$$

这样，电路又返回了 T_1 截止、T_2 饱和导通的 0 态，$V_O \approx V_E$。

以上的变化过程，以图的形式表示，即如图 8.23(a) 所示。

通过上面的分析，可以得到以下几个结论：

（1）电路输出端的三极管 T_2，无论它由导通变为截止，还是截止变为导通，都伴随着正反馈过程的发生，因此，输出电压 V_O 的上升沿和下降沿都很陡峭。

（2）因为 $R_1 > R_2$，所以 1 态下 T_1 饱和导通时 R_1 上的分压值要大于 0 态下 T_2 饱和导通时 R_2 上的分压值；也就是说 1 态下的 V_E 值要小于 0 态下的 V_E 值。这说明，1 态翻转到 0 态（T_1 由导通变为截止）的电压输入 V_I 值，必然也要小于 0 态翻转到 1 态（T_1 由截止变为导通）的电压输入 V_I 值。前者就是输入电压 V_I 下降时，使得 T_1 由导通变为截止时的负向阈值电压 V_{T-}，而后者就是输入电压 V_I 上升时，使得 T_1 由截止变为导通时的正向阈值电压 V_{T+}；故 $V_{T-} < V_{T+}$。

（3）在 0 态时，T_2 饱和导通，输出电压 V_O 有：

$$V_O \approx V_E \approx \frac{R_E}{R_2 + R_E} V_{CC} \tag{8.16}$$

显然，V_O 不是接近 0 V 的逻辑低电平，因此，图 8.24 所示的施密特触发电路用于逻辑门电路时，还需要在电路的输出端添加电平转换电路，将 V_O 在 0 态下的电平 V_E 转换为标准的逻辑低电平 V_{OL}。

（4）施密特触发器的输出电平是由输入信号的电平决定的，触发的含义是指当 V_I 由低电平上升到 V_{T+}、或由高电平下降到 V_{T-} 时，会引起电路内部的正反馈过程，从而使 V_O 发生跳变。

2. CMOS 门电路构成施密特触发器

施密特触发器的名称来源于图 8.24 的电路，但是后来就将所有具有回差特性的电路，都称作施密特触发电路。图 8.25 就是用两个 CMOS 非门和两个电阻构成的一个施密特触发电路。图中，将两个反相器串接在一起，并将输出电压 V_O 通过两个分压电阻，反馈到输入端 V_I，是一个同相施密特触发器，符号如图 8.23(c)（同相输出）。如果将非门 G_1 的输出作为 V_O，则就是一个反相施密特触发器，符号如图 8.23(c)（反相输出）。

假设 CMOS 反相器 G_1 和 G_2 的阈值电压为 $V_{TH} = \frac{1}{2} V_{DD}$，并且 $R_1 < R_2$；分析过程如下：

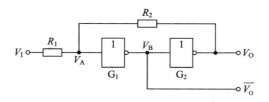

图 8.25　用 CMOS 反相器构成的施密特触发器

（1）当 $V_I = 0$ 时，输出 $V_O = V_{OL} \approx 0$。这时，$V_A \approx 0$。这个状态可以定义为 0 态。

（2）若 V_I 从 0 逐渐升高，直到 $V_A = V_{TH}$ 时，G_1 开始进入放大区，会引起如下的正反馈过程：

$$V_I \uparrow \longrightarrow V_A \uparrow \longrightarrow V_B \downarrow \longrightarrow V_O \uparrow$$

电路状态迅速转换为 $V_O = V_{OH} \approx V_{DD}$，可以定义这个状态为 1 态。这个过程中，当 $V_A = V_{TH}$ 时的 V_I 值，就是 V_{T+}；此时 V_O 仍旧为 0（未翻转）。根据分压原理，可求得 $V_A (= V_{TH})$ 的值：

$$V_A = \frac{R_2}{R_1 + R_2}(V_I - V_O) + V_O = \frac{R_2}{R_1 + R_2} V_{T+} = V_{TH} \tag{8.17}$$

故可求得 V_{T+} 的值为：

$$V_{T+} = \frac{R_1 + R_2}{R_2} V_{TH} = \frac{R_1 + R_2}{2R_2} V_{DD} \tag{8.18}$$

（3）此时，若 V_I 从高电平逐渐降低，直到 $V_A = V_{TH}$ 时，又会引起另一个正反馈过程：

$$V_I \downarrow \longrightarrow V_A \downarrow \longrightarrow V_B \uparrow \longrightarrow V_O \downarrow$$

然后电路又迅速返回了 0 态，$V_O = V_{OL} \approx 0$。同理，在这个 V_I 下降过程中，$V_A = V_{TH}$ 时的输入电压 V_I 的值就是 V_{T-}；此时 V_O 仍旧为 V_{DD}（未翻转）。根据分压原理，可求得 $V_A (= V_{TH})$ 的值为：

$$V_A = \frac{R_2}{R_1 + R_2}(V_I - V_O) + V_O = \frac{R_2}{R_1 + R_2}(V_{T-} - V_{DD}) + V_{DD} = V_{TH} \tag{8.19}$$

经过变换，并代入 $V_{TH} = \dfrac{1}{2} V_{DD}$，可求得 V_{T-} 的值为：

$$V_{T-} = \frac{R_2 - R_1}{2R_2} V_{DD} \tag{8.20}$$

由式（8.18）和式（8.20）可得到：

$$\Delta V_{T-} = V_{T+} - V_{T-} = \frac{R_1}{R_2} V_{DD} = \frac{R_1}{2R_2} V_{TH} \tag{8.21}$$

可见，通过改变 R_1 和 R_2 的比值，就可以调节 V_{T+} 和 V_{T-} 以及回差 ΔV_T 的大小，但是前提是 $R_1 < R_2$，否则电路不能正常工作，会进入自锁状态。

【例 8.5】　在图 8.25 中，假设 $\Delta V_T = 5$ V，$V_{T-} = 2$ V，请计算 R_1 和 R_2 的比值以及 V_{DD} 的值。

解　由式（8.21）和式（8.20）可得：

$$\begin{cases} \Delta V_{T-} = \dfrac{R_1}{R_2} V_{DD} = 5 \text{ V} \\ V_{T-} = \dfrac{R_2 - R_1}{2R_2} V_{DD} = 2 \text{ V} \end{cases}$$

可推导出 $\dfrac{R_1}{R_2} = \dfrac{5}{9}$，代入可求出 $V_{DD} = 9$ V。

8.5.3　用 555 定时器构成施密特触发器

用 555 定时器可以构成施密特触发器，如图 8.26 所示。图 8.26(a)是其连接框图，图 8.26(b)是细化的内部结构的原理图。只需将触发输入端 $\overline{\text{TR}}$(2 脚)和阈值输入端 TH(6 脚)连接起来作为信号输入端 V_1，$\overline{\text{MR}}$(4 脚)接电源电压 V_{CC}，然后在电压控制端 CO(5 脚)接 0.01 μF 的滤波电容即可。如果将 CO 接某一电位，则还可用来改变阈值电压和触发电压的电平。

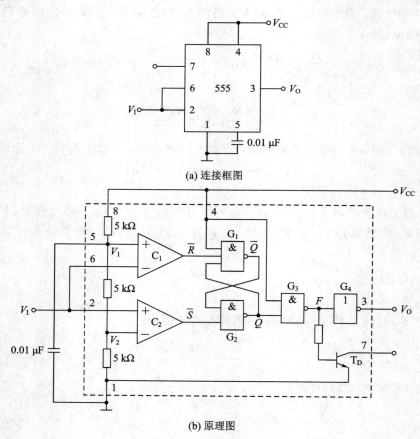

(a) 连接框图

(b) 原理图

图 8.26　用 555 定时器构成的施密特触发器

假设当 V_1 输入为三角波(三角形脉冲)时，施密特触发器的输出工作波形如图 8.27(a)所示，图 8.27(b)是电路的电压传输特性曲线。

下面分析电路的工作过程：

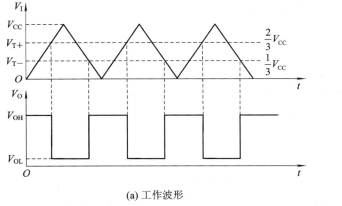

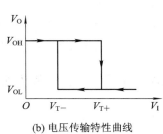

(a) 工作波形　　　　　　　　　　(b) 电压传输特性曲线

图 8.27　施密特触发器的波形与电压传输特性曲线

（1）当 $V_I = 0$ 时，555 定时器内部的电压比较器 C_1 输出 1，C_2 输出 0，基本 $\overline{R}$-$\overline{S}$ 锁存器被置为 1，即 $Q = 1$，$\overline{Q} = 0$，$F = 0$，V_O 输出高电平。在输入电压 V_I 达到 $\frac{1}{3} V_{CC}$ 时，虽然电路的电压比较器 C_2 输出由 0 变为 1，但是此时 $\overline{R} = \overline{S} = 1$，基本 $\overline{R}$-$\overline{S}$ 锁存器保持 1 状态，输出 V_O 仍旧高电平。在输入电压 V_I 未达到 $\frac{2}{3} V_{CC}$ 以前，电路的输出状态将维持不变。

（2）当 V_I 上升到 $\frac{2}{3} V_{CC}$ 时，比较器 C_1 输出变为 0，C_2 仍旧输出 1，$\overline{R} = 0$，$\overline{S} = 1$，基本 $\overline{R}$-$\overline{S}$ 锁存器被清零，即 $Q = 0$、$\overline{Q} = 1$，$F = 1$，V_O 输出翻转为低电平。

显然，该施密特触发器的上限（正向）阈值电压为：

$$V_{T+} = \frac{2}{3} V_{CC} \tag{8.22}$$

此后，V_I 再升高到 V_{CC} 的过程中，电路输出 V_O 仍旧不变。

（3）V_I 由 V_{CC} 开始逐渐下降，当 V_I 下降到 $\frac{2}{3} V_{CC}$ 以下，C_1 输出变为 1，C_2 仍旧输出 1，$\overline{R} = 1$，$\overline{S} = 1$，基本 $\overline{R}$-$\overline{S}$ 锁存器保持原态，只要 V_I 未下降到 $\frac{1}{3} V_{CC}$，V_O 输出仍旧为低电平。当 V_I 下降到 $\frac{1}{3} V_{CC}$ 时，比较器 C_2 输出变为 0，即 $\overline{R} = 1$，$\overline{S} = 0$，基本 $\overline{R}$-$\overline{S}$ 锁存器被置为 1，则 $Q = 1$、$\overline{Q} = 0$，$F = 0$，V_O 输出高电平。

显然，该施密特触发器的下限（负向）阈值电压为：

$$V_{T-} = \frac{1}{3} V_{CC} \tag{8.23}$$

此后，V_I 再降低，电路输出也不会改变。

这样，由图 8.27(a) 可见，施密特触发器将输入缓变的三角波 V_I 整形变为输出跳变陡峭的矩形脉冲 V_O。图 8.27(b) 是施密特触发器的滞回特性。V_I 上升阶段，当 V_I 上升到 $V_{T+} = \frac{2}{3} V_{CC}$ 时，电路输出 V_O 由高电平翻转为低电平；V_I 下降阶段，当 V_I 下降到 $V_{T-} =$

$\dfrac{1}{3}V_{CC}$时，电路输出 V_O 由低电平翻转为高电平。故电路的回差电压 ΔV_T 为：

$$\Delta V_{T-} = V_{T+} - V_{T-} = \frac{2}{3}V_{CC} - \frac{1}{3}V_{CC} = \frac{1}{3}V_{CC} \tag{8.24}$$

由以上分析可以看出，图 8.26 所示的电路是反相输出的施密特触发器。

若在 555 定时器的电压控制端 CO(5 脚)加入一个电压源，则会改变内部两个比较器的参考电压，从而可以改变回差电压 ΔV_T 的大小。

8.5.4　集成施密特触发器

由于施密特触发器应用非常广泛，因此在 TTL 和 CMOS 系列产品中，均有专门集成的施密特触发器，如 TTL 系列的 74LS13、7414、74132 以及 CMOS 系列的 MC4039、MC40106 等。

图 8.28(a)是 74LS13 的逻辑符号，图 8.28(b)是其引脚排列。

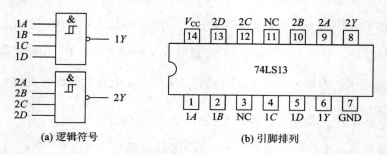

(a) 逻辑符号　　　　　　　　**(b) 引脚排列**

图 8.28　双 4 输入与非逻辑的集成施密特触发器 74LS13

74LS13 的逻辑功能是与非，即：

$$Y = \overline{ABCD}$$

74LS13 的两个与非门完全独立，施密特电路特性参数为：

$$V_{T+} = 1.7\ \text{V}, \quad V_{T-} = 0.8\ \text{V}, \quad \Delta V_T = 0.9\ \text{V}$$

8.5.5　施密特触发器的应用

施密特触发器主要应用于脉冲波形的整形和变换、脉冲鉴幅和多谐振荡器。

1. 波形变换和整形

利用施密特触发器的回差特性，可以将输入的缓慢变化的三角波、正弦波、锯齿波等周期信号波形，变换成边沿陡峭的矩形波形输出。在图 8.29(a)中，输入 V_I 是规则的正弦波，经过一个反相施密特触发器，从 V_O 输出了同频率的矩形波形，实现了波形变换。

矩形脉冲在电路传输过程中，有时会发生畸变或失真，从而变成不规则波形。此时也可以利用施密特触发器的滞迟特性进行脉冲波形整形。在图 8.29(b)中，输入 V_I 是不规则信号，经过一个同相施密特触发器，也从 V_O 输出了理想矩形波形，实现了波形整形。一般情况下，只要施密特触发器的 V_{T+} 和 V_{T-} 调整的合适，都能得到满意的整形效果。

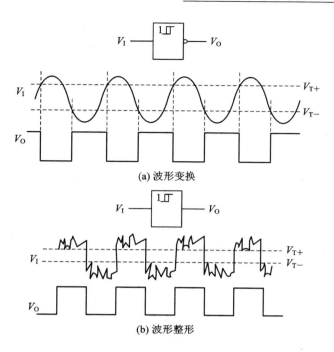

(a) 波形变换

(b) 波形整形

图 8.29 用施密特触发器实现波形变换和整形

2. 脉冲鉴幅

由于施密特触发器的输出状态取决于输入信号的电平高低，因此通过调整其 V_{T+} 和 V_{T-} 来鉴别输入脉冲的幅度。在图 8.30 中，输入信号 V_I 是一组幅度各异的脉冲信号，显然，只有那些幅度大于 V_{T+} 的脉冲才会在输出端产生输出信号。故施密特触发器能选出幅度大于 V_{T+} 的那些脉冲，具有脉冲幅度鉴别的能力。

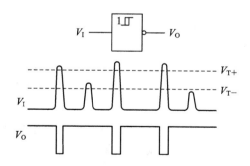

图 8.30 用施密特触发器进行脉冲鉴幅

3. 多谐振荡器

用施密特触发器和 RC 电路可以构成多谐振荡器，如图 8.31(a) 所示。图 8.31(b) 是其对应的振荡波形。分析其工作过程：

（1）在接通电源瞬间，电容 C 上无电荷，电压 V_I 为 0，输出 V_O 为高电平。

（2）V_O 的高电平通过电阻 R 对电容 C 充电，使 V_I 逐渐上升。当 V_I 达到 V_{T+} 时，施密特触发器发生翻转，输出 V_O 变为低电平。

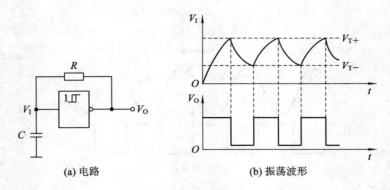

(a) 电路   (b) 振荡波形

图 8.31 用施密特触发器构成多谐振荡器

（3）此后电容 C 通过电阻 R 放电，使 V_I 逐渐下降。当 V_I 达到 V_{T-} 时，施密特触发器又发生翻转，输出 V_O 变为高电平，电容 C 又通过电阻 R 充电，如此周而复始，电路不停地振荡，在施密特触发器输出端 V_O 得到的就是如图 8.31(b) 所示的矩形脉冲。如再通过一级反相器对 V_O 整形，就可得到很理想的输出脉冲。

本 章 小 结

脉冲信号是一种持续时间极短的电流或电压波形。广义上，凡不具备连续正弦波形状的信号，都可以称为脉冲信号。脉冲产生电路就是能产生一定周期和宽度的脉冲信号的电路，它是数字系统的核心部件之一。

常见的脉冲波形有矩形脉冲、方波脉冲、锯齿波、三角波、梯形波等。在数字系统中，最常用的脉冲信号是矩形脉冲和方波。在同步时序逻辑电路以及脉冲型异步时序逻辑电路中，时钟信号 CP 就是一种典型的矩形波形。本章主要以矩形波形为主要的讨论对象和设计目标。

矩形脉冲的特性参数有脉冲周期 T、周期脉冲信号的频率 f、脉冲幅值 V_m、脉冲宽度 t_w、上升时间 t_r、下降时间 t_f、占空比 q。

获取矩形脉冲波形的方法总体上有两种：一种是通过各种形式的多谐振荡器直接产生所需的矩形脉冲；另一种是将已经产生的周期性变化的其他波形，通过整形电路变成所需的矩形脉冲。

利用多谐振荡器可以产生所需的矩形脉冲波形，在接通电源后，无需外加触发信号，即可自动产生周期性的矩形脉冲。多谐振荡器有两个暂稳态。无稳态（Astable）多谐振荡器，又称为自激多谐振荡器。多谐振荡器的实现方法有：用逻辑门和 RC 电路构成、用 555 定时器构成、用施密特触发器和 RC 电路构成等。在多谐振荡器电路中加入石英晶体，可构成石英晶体振荡器（简称晶振），具有极高的频率稳定性。

整形电路可对其他形状的信号，如正弦信号、三角信号和一些不规则的信号进行处理，使之变换成所需的矩形脉冲信号。常用的整形电路有单稳态（Monostable）触发器和施密特（Schmitt）触发器，前者是单稳态电路，后者是双稳态（Bistable）电路。

单稳态触发器有一个稳定状态和一个暂稳态，在外部触发信号的作用下，能从稳态翻转到暂稳态，延时后返回稳态。单稳态触发器可以由 555 定时器或者集成单稳态触发器，外加有限的电阻和电容构成。与前者相比，后者具有定时范围宽、稳定性好、使用方便等优点。集成单稳态触发器按照能否重触发，可分为可重触发和不可重触发两类。74121 是典型的不可重触发单稳态触发器，74122 是一种典型的可重复触发单稳态触发器。

利用单稳态触发器可以实现脉冲波形的整形、延时和定时。

施密特触发器是双稳态电路，即电路的两个状态(0 和 1)都是稳定的，直到受到外界的作用(触发)状态才发生变化。施密特触发器可以由逻辑门、555 定时器构成，也有集成的施密特触发器产品，如双-四输入与非逻辑的施密特触发器 74LS13。

通常利用施密特触发器的回差特性可以实现波形变换、脉冲整形和脉冲鉴幅等，还可以构成自激多谐振荡器。

555 定时器是一种最常用的数字-模拟集成电路，它可以方便地构成多谐振荡器、单稳态触发器和施密特触发器。

习　题

8.1　什么是脉冲信号？常见的脉冲信号有哪几种类型？

8.2　矩形脉冲的特性参数有哪些？是如何定义的？

8.3　一个理想的周期性矩形脉冲信号，其高电平持续时间是 10 ns，低电平持续时间是 30 ns，请计算该信号的以下特性参数：

(1) 脉冲宽度 t_w；

(2) 脉冲周期 T；

(3) 脉冲频率 f；

(4) 占空比 q。

8.4　一个 CPU 的主频时钟是 2.0 GHz($1\ G = 10^9\ Hz$)的方波脉冲，请计算：

(1) 脉冲周期 T；

(2) 脉冲宽度 t_w；

(3) 占空比 q。

8.5　假设 555 定时器的输出 OUT(3 脚)为高电平 V_{OH}，控制电压输入端 CO(5 脚)已通过 0.01 μF 的电容接地，放电端 DIS(7 脚)悬空。请分析：若要保持输出高电平不变，输入信号的条件是什么？

8.6　如果在题 8.5 中，555 定时器的输出 OUT(3 脚)为低电平 V_{OL}，若要保持输出低电平不变，输入信号的条件又是什么？

8.7　在图 8.5(a)所示的自激多谐振荡器中，假设两个非门的导通内阻小于 200 Ω，分布电容小于 0.01 μF，并且 $R = 2.2$ kΩ，$C = 0.1$ μF，请估算电路的振荡频率。

8.8　在图 8.6 所示的自激多谐振荡器中，假设两个非门的导通内阻小于 200 Ω，分布电容远远小于 0.1 μF，并且 $R_s = 47$ kΩ，$R = 4.3$ kΩ，$C = 0.1$ μF，请估算电路的振荡频率。

8.9　在图 8.7 所示的用 555 定时器构成的自激多谐振荡器中，若要产生占空比为 50% 的方波，请分析 R_1 和 R_2 的比值应符合什么要求。

8.10　在图 8.7 所示的用 555 定时器构成的自激多谐振荡器中，若 $R_1 = 18$ kΩ，$R_2 = 11$ kΩ，$C = 0.05$ μF，请：

（1）估算电路的振荡周期；

（2）估算电路的振荡频率；

（3）估算输出的脉冲信号的占空比；

（4）假设 $V_{CC}=5$ V，请仿照图 8.8 画出 V_{TR} 和 V_O 的波形，标明具体数值。

8.11　在图 8.7 所示的基于 555 定时器设计的自激多谐振荡器电路中，若要产生一个频率为 1 kHz、占空比 $q=\dfrac{3}{4}$ 的周期脉冲信号，请通过计算给出一个方案，指定电路中外接 R_1、R_2 及 C 的值。

8.12　在图 8.7 所示的自激多谐振荡器中，欲提高振荡器的频率，试说明下面列举的各种方法中，哪些是正确的，为什么？

（1）减小 R_1 的阻值；

（2）减小 R_2 的阻值；

（3）加大 C 的容量；

（4）加大电源电压 V_{CC}；

（5）在 CO 端（5 脚）接高于 $\dfrac{2}{3}V_{CC}$ 的电压。

8.13　在图 8.10 所示的用 555 定时器构成的占空比可调的自激多谐振荡器中，若 $R_1=3.3$ kΩ，$R_2=2.2$ kΩ，$R_P=2.0$ kΩ，$C=0.1$ μF，请：

（1）估算电路的振荡周期；

（2）估算电路的振荡频率；

（3）估算输出的脉冲信号的占空比可调范围；

（4）如果要产生方波，则说明可变电阻 R_P 的调节方法。

8.14　对于图 8.10 所示的占空比可调的用多谐振荡器电路，如果要求占空比在 1/4 和 3/4 之间可调，振荡频率为 1 kHz，请给出一个方案，确定电路中外接 R_1、R_2、R_P 及 C 的值。

8.15　图 X8.1 是用 555 定时器构成的压控振荡器，从 CO 端输入控制电压 V_I，试求 V_I 和振荡频率 f 之间的关系。当 V_I 升高时，输出的 V_O 的频率是降低还是升高？为什么？

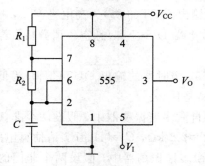

图 X8.1　习题 8.15 图

8.16　用 555 定时器设计一个自激多谐振荡器，要求输出脉冲的振荡频率为 100 kHz，占空比为 0.7。画出连接图，标注各个部件的值。

8.17　为何石英晶体振荡器的频率稳定性极高？在图 8.12 所示的石英晶体振荡器电路中，说明 R_1、R_2、C_1、C_2 的作用以及它们的取值范围。

8.18 对于图 8.13 所示的用 555 定时器构成的单稳态触发器，假设 $R = 51$ kΩ，$C = 0.01$ μF，电源 $V_{CC} = 10$ V，请：

（1）计算在触发脉冲作用下输出脉冲的宽度和幅度。

（2）说明对触发脉冲的宽度和间隔的要求。

8.19 分析图 8.13 所示的用 555 定时器构成的单稳态触发器，请问它是可重触发还是不可重触发的单稳态触发器？并说出理由。

8.20 图 X8.2(a) 是用 74121 构成的单稳态触发电路，$R_{EXT} = 10$ kΩ，假设触发后要输出宽度是 1.2 s 的脉冲，请：

（1）计算电容 C_{EXT} 的值。

（2）画出图 X8.2(b) 中 V_O 的波形。

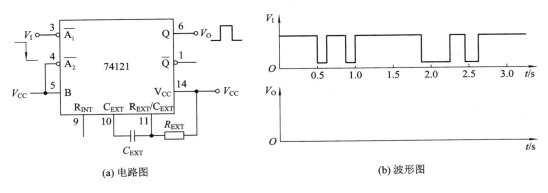

(a) 电路图　　　　　　　　　　　　(b) 波形图

图 X8.2 习题 8.20 图

8.21 在图 8.13 所示的单稳态触发器中，设 $V_{CC} = 9$ V，$R = 27$ kΩ，$C = 0.05$ μF。试求：

（1）估算出输出脉冲 V_O 的宽度 t_w。

（2）设 V_{TR} 为周期性的、负的窄脉冲，其脉冲宽度 $t_{w1} = 0.5$ ms，重复周期 $T_1 = 5$ ms，高电平 $V_H = 9$ V、低电平 $V_L = 0$ V，试对应画出 V_{TR}、V_O 的波形。

8.22 将 74121 的 $\overline{A_1}$、$\overline{A_2}$ 并接，作为输入 A，根据 74121 的功能表，请画出当输入 A 和 B 信号的波形如图 X8.3 时，输出 Q 端的信号波形。

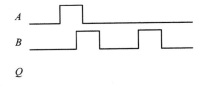

图 X8.3 习题 8.22 图

8.23 对于图 8.18 所示的单稳态触发器 74121 的两种外部连接方法，若要得到脉冲宽度 t_w 为 0.5 ms 的脉冲，则：

（1）若使用外接电阻，取 $C_{EXT} = 0.04$ μF，则外接电阻 R_{EXT} 应取多大？

（2）若使用内接电阻 R_{INT}，则外接电容 C_{EXT} 应取多大？

8.24 使用单稳态触发器 74121 设计一个单稳态电路，$C_{EXT} = 0.01$ μF，要求输出脉冲

的宽度 t_w 为 10 μs～10 ms，试估算 R 的取值范围。

8.25　使用单稳态触发器 74122 设计一个负脉冲触发的单稳态电路，$C_{EXT} = 0.05$ μF，要求输出脉冲的宽度 t_w 为 100 μs，试画出电路图。

8.26　在图 8.25 所示的施密特触发器电路中，假设 $R_1 = 2$ kΩ，$R_2 = 3.6$ kΩ，$V_{DD} = 10$ V，试计算：

（1）上限阈值电压 V_{T+}；

（2）下限阈值电压 V_{T-}；

（3）回差电压 ΔV_T。

8.27　在图 8.26 所示的用 555 定时器构成的施密特触发器电路中，假设：$V_{CC} = 9$ V，输入 V_I 为正弦波，其幅值 $V_m = 9$ V、频率 $f = 1$ kHz。试计算上限阈值电压 V_{T+} 和下限阈值电压 V_{T-}，并仿照图 8.27 画出对应的输出波形 V_O。

8.28　试分析图 8.31 所示的由施密特触发器构成的多谐振荡器的振荡频率。

8.29　试对比与总结自激多谐振荡器、单稳态触发器、施密特触发器三种电路在稳态特性、电路特点、电路作用、电路构成方面的区别。

8.30　试对比与总结用 555 定时器构成自激多谐振荡器、单稳态触发器、施密特触发器这 3 种电路的方法以及相关电路参数的计算。

参 考 文 献

[1]　[美]David M Harris. 数字设计和计算机体系结构[M]. 2 版. 陈俊颖，译. 北京：机械工业出版社，2016.

[2]　[美]John F Wakerly. 数字设计原理与实践[M]. 4 版. 林生，葛红，金京林，译. 北京：机械工业出版社，2007.

[3]　[美]Victor P Nelson，H Troy Nagle，Bill D Carroll，J David Irwin. 数字逻辑电路分析与设计[M]. 段晓辉，等，译. 北京：清华大学出版社，2016.

[4]　武庆生，詹瑾瑜，唐明. 数字逻辑[M]. 2 版. 北京：机械工业出版社，2013.

[5]　阎石. 数字电子技术基础[M]. 6 版. 北京：高等教育出版社，2016.

[6]　[美]Thomas L Floyd. 数字电子技术[M]. 10 版. 余璆，译. 北京：电子工业出版社，2014.

[7]　贾熹滨，王秀娟，魏坚华. 数字逻辑基础与 Verilog 硬件描述语言[M]. 北京：清华大学出版社，2012.

[8]　白中英，谢松云. 数字逻辑[M]. 6 版. 北京：科学出版社，2013.

[9]　徐秀平. 数字电路与逻辑设计[M]. 北京：电子工业出版社，2010.

[10]　龚之春. 数字电路[M]. 成都：电子科技大学出版社，1999.

[11]　蔡良伟. 数字电路与逻辑设计[M]. 西安：西安电子科技大学出版社，2009.

[12]　李建勋(S C Lee). 数字电路与逻辑设计[M]. 刘启业，译. 北京：科学出版社，1981.